# 烹饪化学

魏跃胜 编

華中科技大學出版社
http://www.hustp.com
中国·武汉

## 内容简介

本书分为十章，内容包括烹饪化学基础，糖类、脂类、蛋白质、维生素和矿物质等的结构和性质以及在食品加工过程中的变化，书中还包含食品颜色、食品风味物质等与食品烹饪相关的基本理论知识。

本书以基本概念、基本原理和基本方法为重点，力求重点明确、语言精练，强调化学的基础性与在烹饪中的应用。本书为烹饪专业核心主干课程的教学用书，亦可作为餐饮行业从业人员及广大营养保健爱好者的学习参考书。

**图书在版编目(CIP)数据**

烹饪化学/魏跃胜编. —武汉：华中科技大学出版社，2018.8(2024.8重印)
ISBN 978-7-5680-4241-3

Ⅰ. ①烹… Ⅱ. ①魏… Ⅲ. ①烹饪-应用化学 Ⅳ. ①TS972.1

中国版本图书馆 CIP 数据核字(2018)第 182027 号

**烹饪化学** 魏跃胜 编
Pengren Huaxue

策划编辑：汪飒婷
责任编辑：李 佩
封面设计：刘 婷
责任校对：刘 竣
责任监印：周治超
出版发行：华中科技大学出版社(中国·武汉) 电话：(027)81321913
武汉市东湖新技术开发区华工科技园 邮编：430223
录 排：华中科技大学惠友文印中心
印 刷：广东虎彩云印刷有限公司
开 本：787mm×1092mm 1/16
印 张：21.75
字 数：552 千字
版 次：2024 年 8 月第 1 版第 6 次印刷
定 价：69.00 元

# Foreword 前 言

烹饪化学是伴随着我国饮食业蓬勃发展而诞生的。人们生活水平的提高需要有大批高素质烹饪人才，自 1985 年设立烹饪高等教育以来，我国烹饪高等教育已形成规模，全国设有烹饪与营养教育本科专业的院校已近 20 所，高职高专 60 多所。烹饪化学作为烹饪专业基础课程之一，在人才知识结构和能力培养中占有非常重要的地位，烹饪化学的研究已渗透到烹饪各专业课程之中。

烹饪化学本质是食品化学的延伸。它源于食品化学但有别于食品化学，其主要任务是研究烹饪工艺中化学变化及规律并指导烹饪。课程的任务是在知识与烹饪技能之间建立起“桥梁”，充分运用食物成分性质的变化，设计、烹制出味美食佳、营养健康的食品。

烹饪化学是一门边缘学科。它融合了四大基础化学的理论，与食品化学、生物化学、食品营养与安全学、烹饪工艺学、食品加工学等学科知识相交融。本书在系统学习水、糖类、脂类、蛋白质、维生素和矿物质、色素和风味物质的基础上，增设第二章烹饪化学基础，扼要地介绍物质结构与作用力、酸碱理论、分散体系、界面现象、化学热力学和动力学相关知识，使学生更好地理解食品体系和烹饪化学特点。书中还结合教学内容，对典型烹饪工艺进行分析和知识介绍，增强理论与实践结合和知识的转化。

编者在十多年烹饪化学教学、科研活动中，经过不断的从理性到感性，从感性到理性的认识过程，随着知识的积累，对烹饪及烹饪化学有了深刻的理解，积累和收集了大量的文献、资料、图片，也绘制了教学图表，力求将食品化学、烹饪化学的研究成果充实到教材之中，有助于烹饪化学学科的发展。在编写过程中力求更贴近烹饪教学实际需要，教材内容经过多轮本科学生的使用。教材编写得到了魏峰副教授、董红兵副教授的大力支持，他们对编写提出了宝贵的意见，并对各章节进行了认真的审阅；王辉亚副教授、方元法副教授、中国烹饪大师李茂顺对烹饪工艺分析进行了指导和修正；梅兰、常圆坤等同学对全书进行了校对并提出了合理化建议；此书的出版，尹志宏老师给予了极大的帮助，在这里一并表示衷心感谢！

本书适合烹饪相关专业本科学生使用，可供高职高专烹饪专业学生使用，也可供餐饮行业、食品加工行业工程技术人员参考。

由于作者本身的学识水平有限，书中难免存在诸多的纰漏和错误，一些重要的热点问题或技术问题可能存在着不正确的地方，敬请大家批评指正，以便在今后的工作和教学中加以改正和完善。

感谢武汉商学院对本书出版的资助以及武汉商学院领导、华中科技大学出版社的大力帮助与支持，这是这本书得以出版的前提条件。

编 者

# Contents 目录

# 第一章　绪论

将烹饪与化学联系在一起，是社会与科学发展的必然结果。食物原料经过一番烹制后形成色、香、味、形俱美的食品，人们在享受美食、赞美厨艺的同时，自然而然地产生了对食品在烹制过程中物质变化规律和结果的探索，由此研究实现美味的途径与方法。烹饪化学正是在这种需求下发展起来的一门新兴应用科学。

## 第一节　烹饪与烹饪化学

### 一、烹饪的本质

在日常生活中，人们通常把烹饪看作“煮饭做菜”，饭菜做好后需要调理其滋味，因此，烹饪习惯上称为烹调。“烹饪”一词最早见于公元前约 2600 年前《易经》，《易经 · 鼎》中记载：“以木巽火，亨饪也。”“烹”，《集韵》注为“煮也”。《释文》：饪，煮得烂熟。现代《辞海》中对烹饪的解释是“烧煮食物”，是人们依据一定的目的在厨房里将食品原料加工成为菜肴、点心、主食等食品的过程。

烹饪是一个发展的过程，早期的先民“茹毛饮血”，谈不上烹饪，在征服自然的过程中，有了燧人氏钻木取火，以化腥臊，开启了人类的烹饪时代。根据现有的研究成果，可将烹饪发展过程分为茹毛饮血时期、火燔时期、陶烹时期、现代灶烹时期。

**1. 火是烹饪的基础**

人类用火的历史可以追溯到旧石器时期。从考古学的发现看，在山西芮城的西侯度旧石器时代早期遗址，发现了 180 万年前的西侯度人烧烤过的动物骨骼。在云南的元谋人遗址，也发现了骨骼被火烤过的遗迹。火不仅用于熟食，火的使用还促使人类步入文明时代。

新石器时期人类就开始生产饮用的陶器产品，新郑裴李岗文化遗址中(约公元前 5500—前 4900 年)出土了多种泥质红陶、夹砂红陶；稍晚的仰韶文化遗址中(约公元前 5000—前 3000 年)出土了绘彩的泥质红陶；后期的甘肃马家窑文化(约公元前 3000 年)遗址中出土了更加精美彩绘陶器，有陶制罐、瓮、钵、壶、缸、盘、盆、碗、瓶等器皿。大汶口文化和龙山文化(约公元前 2800—前 2500 年)，能够生产出鬶、豆、盉、盆、杯、盘、鼎、斝、觚、鬲、甗、甑等比较齐备的饮食器具，专用烹饪器具有鼎、鬲、甗、甑等。

进入商周时期，青铜器开始被使用，因金属有更好的耐热性和传热性能，使烹饪朝着专业化的方向发展。商周时期有了专门负责烹饪的人员——亨人,《周礼·天官·亨人》记载其职责为:“亨人掌共鼎镬,以给水、火之齐。……内饔之爨亨煮,辨膳羞之物。”亨人掌管烹器鼎、镬,掌握烹煮时用水的多少和火候的大小,将外饔和内饔所供食物在灶上烹煮,辨别所烹煮的各种牲肉和美味。

**2. 水是烹饪的要素**

《吕氏春秋·本味》记载:商汤得伊尹,谈论汤如何至味,伊尹曰:“凡味之本,水最为始。五味三材,九沸九变,火为之纪。时疾时徐,灭腥去臊除膻,必以其胜,无失其理。”烹饪发展到了理论阶段。人们为了更好地掌控火候,发明了灶具和铁制烹具。《齐民要术·醴酪》记载了铁制烹具的使用,“铁精不渝,轻利易燃。”铁釜质轻易加热,采用精炼的铁不易氧化生锈,防止食物变色。

**3. 烹饪是文化载体**

饮食文化在众多文化门类中独树一帜,国家兴亡,人生悲欢离合都融入其中。烹饪是饮食文化的基石,也是文化的载体,经过千百年磨砺,饮食文化更具有无限的魅力。古有“鸿门宴”之阴谋,“煮酒论英雄”之豪迈,更有“治国如烹小鲜”的道理。今天饮食全球化,饮食的交流也是文化的交流,包含民俗、宗教、哲学、经济和科技。

**4. 烹饪是一门科学技术**

“衣、食、住、行”四个要素是人类生存的必要条件。“食”即食物(foodstuff),它是提供营养素、维持人体代谢活动最基本的需求。由于人类大部分食物是经过一定的加工处理后才被食用的,因此通常把这些经过加工处理的食物称为食品(food)。现代意义上的食品包含五个方面的内涵,即营养功能、感官功能、保健功能以及安全性和方便性(储藏性)。食品的营养功能、安全性已经受到人们广泛重视,建立了相应的食品营养学、食品质量与安全学。食品的感官功能,也就是食品的愉悦功能(或享乐功能),是食品工作者所重视的方面,虽然在食品外观、滋味、色泽、香气、质地等方面很难给予一个准确的定义或标准,但是人们对食品感官性状的要求越来越高,感官需求也呈多样化。随着人们生活质量的提高和生活模式、消费模式的变化,食品保健功能和方便性已成为现代食品需要具备的性质。

烹饪是人们依据一定的目的利用原料、设备以及自身的能力完成某一菜肴、点心等食品生产的过程。烹饪食品品质的好坏,首先,取决于食物原料质量和性状,对于植物性、动物性和微生物类食物来说,由于组成的化学物质不同,其形态、色泽、风味各异。对于一个食品科学家来说,所有的食品不过是由不同有机物、无机物按照一定比例形成的混合物(集合体),食品的营养价值、安全性、感官性状等众多确定食品质量的因素,则是取决于这些物质的存在与否以及它们存在的水平(比例)。从这一方面看,食品的本质是物质的,是化学的。因此,熟悉、掌握食物的化学组成(亦称成分,components)以及相应的化学知识是非常必要的。

其次,厨师是烹饪的操纵者,是实现食品内涵的主体。厨师除了了解食物原料与设备外,还须具备顺利完成任务的动作方式或智力活动方式,也就是需要掌握相应科学理论、经验知识和操作技能,这些要素的综合组成了烹饪技术(cooking techniques)。

今天人们在研究如何吃好与好吃的同时,烹饪作为食品加工的一个主要部分,正在从厨房走进工厂。工业化生产带来的是规模化和标准化,开发研究满足不同人群需要的食品是烹饪技术科学发展的方向。

## 二、烹饪化学的发展

### 1. 近代化学发展

1661年英国化学家波义耳(Robert Boyle)首次提出“化学研究的对象和任务就是寻找和认识物质的组成和性质”，并为化学元素做出了科学而明确的定义：“它们应当是某种不由任何其他物质所构成的或是互相构成的、原始的和最简单的物质。”继之，燃素说认为可燃物能够燃烧是因为它含有燃素，燃烧过程是可燃物中燃素放出的过程，尽管这个理论是错误的，但它把大量的化学事实统一在一个概念之下，解释了许多化学现象。

1775年到1900年，是近代化学发展的时期。1775年前后，被称为“近代化学之父”的法国化学家拉瓦锡(Antoine-Laurent de Lavoisier)用定量化学实验阐述了燃烧的氧化学说，开创了定量化学新时期。19世纪初，英国化学家道尔顿(John Dalton)提出近代原子论，意大利科学家阿伏伽德罗(Amedeo Avogadro)提出分子学说。自从用原子-分子论来研究化学，化学才真正被确立为一门自然科学。

化学是研究物质组成、结构、状态、性质和变化规律的科学。它首先回答的问题是物质由什么组成。今天我们知道，物质是由分子构成的，分子又是由原子构成的。分子是构成物质的基本单位，原子是构成物质的最小粒子。从现代物理化学看，原子进一步分为质子、中子，质子、中子还可分为反物质、夸克。因此，化学是在原子、分子、离子层次上研究物质组成、结构、性质与变化规律的一门自然科学。

目前，化学形成了以无机化学、有机化学、分析化学、物理化学为基础的四大化学分支。化学研究对象从微观到宏观，又衍生出新的学科分支，如食品化学、生物化学、高分子化学、风味化学、植物化学、环境化学等。

### 2. 烹饪化学的形成

烹饪与化学有着天然的联系。人类第一次伟大化学实验是火的发明，而火的早期应用主要是在食物方面。用火熟食，改变食物的性状和风味，完成了人类有意识的第一次化学实验。实验的结果使人类抛弃了“茹毛饮血”进入到熟食阶段。由此，火的使用奠定了化学发展的基础。18世纪中叶以前，人类对于物质变化的认识多是表象的感性经验的积累，直到法国的“化学革命”才开始了现代意义的食物研究，开始对食物成分、性质、营养的分析、研究和应用。英国化学家戴维(Davy)在1813年出版了《农业化学原理》，论述了一些食品化学理论。1847年由Justus Von Liebig编写出版食品化学领域第一部著作《食品化学研究》，将食品分为含氮的(植物蛋白、酪蛋白)和不含氮的(脂肪、糖类)。在20世纪上半叶，科学家已经研究掌握了大部分食品的基本成分，并对它们的性质进行了分析。

20世纪50—60年代，西方国家食品工业处于高速发展时期，为了提高、改善食品的品质和产量，食品添加剂、饲料添加剂、农药开始大量使用，由此引起了人们对食品安全的关心，推动了食品化学分析的发展，一些具有影响的杂志如“Journal of Food Science”“Journal of Agricultural and Food Chemistry”和“Food Chemistry”等相继创刊发行，标志食品化学作为一个学科正式成立。食品化学经过不断发展，成为现代食品科学重要组成部分，它同食品微生物学、食品工程一起构成了食品科学中的三大支柱学科。与此同时，不同食品化学著作、教科书发行，代表了食品化学发展水平，其中Fennema的“Food Chemistry”和Belitz的“Food Chemistry”发行多版，在我国有较大影响力。

今天，随着人们生活方式(家庭模式)、消费方式的改变，餐饮业出现了前所未有的高速发展，每年消费量增速在10%以上。我国作为一个人口大国，十几亿人每天的吃饭问题受到了全社会的普遍关注，除了传统的食品营养、安全问题外，食品感官质量也已成为人们关注的热点。为适应餐饮业发展的需要，在食品化学的基础上又诞生了应用性的《烹饪化学》分支学科。

可以说是烹饪的"火"点燃了物质的化学变化，推动了人类对物质的认识和化学的发展。而化学揭示了食物变化的规律，人们利用物质变化规律去实现烹饪的目的。今天我们在烹饪中对水、火、原料以及酸、碱、盐的运用，都是化学理论在烹饪实践中的具体应用。

烹饪化学是用化学的理论和方法研究食物在烹饪加工过程中物质化学变化的一门学科。它是从化学的角度和分子水平研究食物的组成、结构、性质和功能以及在不同烹饪加工条件下所产生的物理、化学变化对食品营养价值、安全性和风味特征、感官性状等方面的影响进行研究的学科。

**3. 烹饪化学的发展**

烹饪化学是一门新兴学科，是伴随着我国饮食业的发展而诞生的。中华人民共和国成立初期，国家在各地商业中等技术学校开设中餐烹饪专业，为社会培养烹饪专门人才。1985年我国在高等学校试验设立烹饪高等专科教育，烹饪化学才真正开始起步，第一部《烹饪化学》由季鸿崑编写，于2000年由中国轻工业出版社出版。2003年在部分高校开设烹饪本科教育，之后又相继开设烹饪硕士研究生教育，烹饪化学得到了较大的发展。

烹饪化学是一门交叉学科和边缘学科。运用已有的无机化学、有机化学、分析化学、物理化学的理论与方法，现代生物化学、食品化学、生物酶学、烹饪工艺学研究成果，系统研究食品原料，食品的性状、功能，以满足人们对色、香、味、形、营养的需要。

随着烹饪教育的深入发展和新技术的应用，烹饪化学也面临着诸多的挑战，如传统中餐质与量模糊性的标准化问题、决定食品特性的分子鉴别方法、食品组分间的相互作用原理、食品稳定性等都需要进行深入的研究。

## 第二节 烹饪化学的研究内容

### 一、食品的化学组成

食品中所含的各种化学物质(成分，components)具有不同的功能作用。按其营养性质分：一部分是人体所必需的营养素(nutrients)，如蛋白质、脂类、糖类、维生素、水、无机盐类，如图1-1所示。另一部分是人体非必需的物质，如有机酸、有机碱、色素等。按物质在烹饪中的功能来分：有呈形物质，如水、蛋白质、脂肪、糖类；呈味物质，有机酸、低糖、生物碱类、辣椒素；呈香物质，醇类、硫化物和芳香化合物；呈色物质，叶绿素、血红素、花青素等。食品中呈味、呈香、呈色物质通常称为风味物质。

食品中除了天然的物质外，还有一些外源性的物质，为了改善食品的性状而人为添加的化学物质，如食品添加剂(food additives)，也有食品经微生物繁殖而产生的物质，这些物质大多数对食品是有利的。还有由于环境、设备污染等造成食品生产、加工过程中产生的化学污染物(contaminants)。例如农药残留、"三废"造成的重金属污染、加工过程中形成的有害物质。

食品中天然性的成分通常称为内源性食品成分，它是动植物体天然生长过程中形成的各种物质。食品中添加或污染而混入的成分称为外源性食品成分。

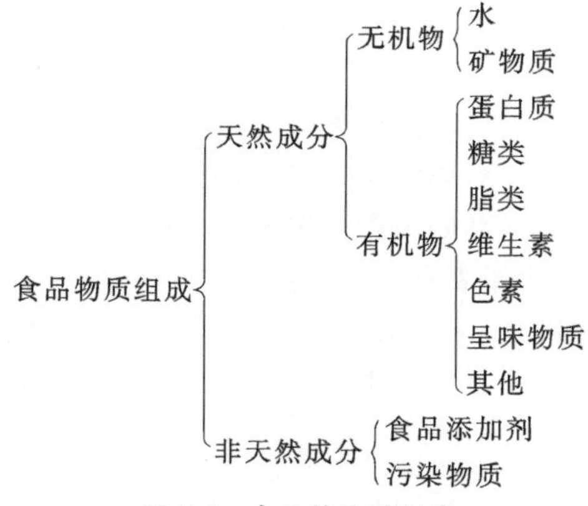


**图 1-1 食品的物质组成**

## 二、食品体系的特性

**1. 食品是多组分、多相分散体系**

首先，食品是一个多组分的混合物。食品、菜点的性质与单一成分的物质性质有较大的差异。如一块鲜猪肉，是由水分、蛋白质、脂肪、糖类、钙、铁、钾等许多成分组成的复杂体系，它不可能像单纯无机物或有机物那样呈现出明显的物理、化学性质，其表现出的性状是各物质综合作用的结果。

其次，大多数食品为多相共生状态。既有液体，也有固体和气体，界面特征明显。由于热力学性质不同，增加了食品的不稳定性。例如，面包中包含有液体、固体、气体三相，不可能用固态、气态、液态来简单描述，三相之间共同作用，形成了面包松软、黏弹、耐咀嚼的组织性状。

第三，食品是一个复杂的分散体系。多数食品为乳状胶体，具有胶体性质，也有乳状液的性质。食品中水是其主要的成分，特别是新鲜食品，水分含量高达70%～90%。水有明显溶剂化作用和增塑作用，在分散体系中既可充当分散质，也可充当分散相。同时，食品是高分子有机物聚合体，蛋白质、多糖、脂类物质之间的相互作用加之水分子的作用共同形成不同性状的胶体或乳胶体，赋予食品的流变性质，使食品呈现不同的感官性状。如肉糜制品，是由水、蛋白质、脂肪和淀粉等主要物质组成的一个水包油(O/W)的乳状胶体，其中蛋白质作用为乳化剂，蛋白质与水组成的分散相将脂肪均匀地分散，达到相对稳定状态。并且可以通过改变其主要物质的组成配比，实现其性状的最佳化。这一过程在食品加工、烹饪中称之为制胶(或胶凝)。

**2. 食品具有生物组织特性**

食物来源于植物和动物组织，在物质的组成上相似，都含有生物活性物质——蛋白质。

生物组织在结构上是复杂性和有序性的统一体系，生物体内物质的变化不是简单的化学变化，而是一个复杂的对环境因素高度敏感的生物性生理生化变化。生物组织具有细胞结构，细胞器和各种胞膜有着重要的生物作用，细胞结构保持组织的完整，也对食物的稳定起着重要的作用。作为高分子活性蛋白质，有其特殊的生物性质、化学性质和物理性质，对食品的结构、性质起着决定性作用。酶作为特殊的蛋白质，主导着食物的变化。例如，鲜肉虽然是死亡动物的生物组织，但生命大分子物质（蛋白质）仍然具有生物活性，仍然能够使肌肉产生僵硬、软化、溶解。

**3. 食品是一个非平衡体系**

食品和菜肴是多组分、多相分散体系，各组分和体系间在动力学和热力学上不稳定。当某一食物在一定条件下达到平衡状态时，一旦环境条件发生变化，它们之间相互作用也会发生变化，平衡被打破，又重新建立新的平衡。例如，食品中水分的变化，当食品中蒸汽压与环境蒸汽压不相等时，水蒸气就会沿着蒸汽压降落的方向运动，导致食品对水蒸气进行吸附或解吸。食品中水分的变动，使食品中组分发生变化，又加剧了食品体系的变化，食品变得不稳定起来。当各种变化又达到新的平衡时，食品又趋于稳定。如果温度升高，平衡破坏，食品又开始新的一轮平衡转化。

## 三、烹饪中的化学变化

烹饪是有目的的意识活动，通过对原料选择、组配设计、工艺处理、定型调味等操作工序实现食品感官性好、营养丰富、安全性高和养生保健作用。这一过程中每一环节无不涉及一系列的化学变化，对化学变化的运用与控制是烹饪化学研究的核心内容。表 1-1 列举烹饪加工的目标与可能产生的化学变化。

**表 1-1　烹饪加工的目标与可能产生的化学变化**

| 食品性状 | 发生的变化 | 控制措施（工艺） |
| --- | --- | --- |
| 质构 | 失去或增加溶解性、持水性，质地发生软硬、弹黏、松脆、坚韧等变化 | 保水、控水，盐溶、盐析 |
| 滋味 | 不良滋味，咸、苦、涩味等 | 采用对比、相消、相乘、转化 |
| 颜色 | 褐变、漂白（褪色）、产生异常颜色 | 保绿、护色、预防酶促与非酶褐变、增色、添色 |
| 气味 | 出现酸败味，产生焦糊味、腥臭味、异味等 | 抗脂肪氧化、调料调香、热变增香、除腥抑臭 |
| 营养价值 | 蛋白质、脂类、维生素的降解，利用率下降 | 防止氧化、高温劣化、碱作用 |
| 安全性 | 油脂分解聚合、蛋白质劣化、美拉德反应等 | 控制温度、时间、pH，反应速率 |

### （一）烹饪中物质的功能性质

**1. 水**

水是食品中主要的成分，也是化学反应中最重要的介质，水在烹饪中起到“核心”作用。烹调食品最讲究的是“鲜嫩”，而食物有水则鲜、则嫩。水是一个强极性分子，具有良好溶剂作用和增塑作用，烹饪中灵活运用水的性质改变食物中含水量，使食物达到理想的质构。增加水分，食物黏性增加、变软、变嫩；水分适当，食物富有弹性和咀嚼性；失去水分，食物变硬、变酥(脆)。食物中水分的“得”(结合)与“失”(分离)贯穿着烹饪工艺的整个过程。

**2. 蛋白质**

蛋白质是一种特殊的大分子生物活性物质,具有特殊的生物化学性质,是构成食物“形”(结构)的主体。蛋白质分子具有酸碱两性和双亲性(亲水性和疏水性),是天然的乳化剂。蛋白质独特的高分子结构具有良好的胶凝作用和组织性,利用蛋白质分子性质能够有效地将水、脂肪、糖类等物质以及气体有机结合在一起,形成特有乳胶状结构,从而形成各类食物特有的“形(态)”和“质(构)”。

蛋白质是重要的营养素,也是烹饪中鲜味物质的主要来源。烹饪中制汤,利用原料中蛋白质加热水解为胨、脲、肽和氨基酸,提高其营养价值,得到了味鲜、甘甜的汤汁。高汤作为烹饪的重要材料,将食物感官功能、营养功能和保健功能实现了完美结合。

蛋白质化学性质活泼,在高温、酸、碱作用下,分子易产生脱水、脱氨、脱羧反应。蛋白质、氨基酸的破坏,不仅其营养价值降低,也会产生一些不利于健康的物质。烹饪中蛋白质发生最为普遍的化学反应是美拉德反应,在使食物呈现良好的色泽和香气同时,也生成有害的环丙酰胺类物质。

**3. 糖类**

糖类是食物的主要成分,是食物热量的主要来源。我国居民膳食结构中,糖类占55%～70%。烹饪中糖类具有调味、上色、增香、赋形(稳定)的作用。

单糖、低聚糖具有甜味,是食品加工中主要的甜味添加剂。糖具有调和百味的作用,它能使咸味、苦味减弱;使酸味、辣味变得更柔和,是烹饪重要的调味料。糖类具有较好的亲水性,其水溶液黏性较大,因此,食品加工中使用糖作为增稠剂。淀粉是烹饪中重要的辅料,依据其结构分为直链淀粉与支链淀粉,利用其糊化后性质的不同,烹调中用于上浆、收汁、挂糊、定形等,赋予食品良好的感官性状。

糖在高温加热(200 ℃左右)时会产生分子内脱水生成糠醛类物质,再进一步聚合生成类黑精;也可发生分子间脱水缩合,生成焦糖素,即糖色。糖色是烹饪中应用最广的色素。还原糖与蛋白质在加热下产生羰氨反应,产生颜色变化和各类风味物质,由这一化学反应所产生的香精广泛应用于食品、化妆、烟草行业。

**4. 脂肪**

脂肪是重要的营养素,具有生香、润滑、起酥作用。食品加工中脂肪是重要的传热介质,其传热范围宽,温度可以从0～300 ℃,能够满足不同温度加热的需要。

油脂具有良好的塑性和成膜性,能够形成一层疏水的油膜,增加润滑感和起酥作用。油脂对食品质构的影响主要由油脂的流变性(多晶、塑性和黏性)决定。菜点制作中,油脂的正确使用是产品质量的关键。食品中水与油的配合适当,形成特殊的“水包油”和“油包水”结构,让食品达到“嫩、爽、滑”的口感。油脂根据其脂肪酸的组成不同呈现出不同的黏度,油脂的黏度会增加口味的厚重、油腻感觉,是一些菜肴所需要的感官性状。如川菜火锅,其底料油脂的使用,讲究滑而不薄,厚而不腻,对油脂有较高的要求。

脂肪分子结构中含有较多的不饱和双键,其性质不稳定,在氧气、氧化剂、光等因素作用下发生氧化反应,生成酸、醛、酮类物质,使食品呈现不良色泽和气味,即油脂的酸败。油脂在高温下(200 ℃以上),不饱和的C=C双键、C—H键断裂,油脂发生热氧化、热分解、热聚合、热缩合反应,使脂肪变色、变质、黏度增加,同时产生有害物质,对人体健康造成危害。因此,烹饪中油脂正确使用是食品质量、安全的重要保证,除了对油脂的正确选择外,油脂加热的温度一般不要超过 200 ℃。

**5. 风味物质**

食物中的风味物质有色素、香气和呈味物质。风味物质多为生物次生代谢产物，其性质极不稳定，易发生挥发、降解、氧化、中和等反应，造成食物出现变色、变味、失香等不良变化。食品加工中采用化学方式和物理方法进行保护。如叶绿素护绿技术，可通过中和酸护绿、离子置换护绿等；烹饪中采用焯水、爆炒等方法使蔬菜保持绿色。随着色谱检测技术的发展，对食品风味物质的结构、性质、变化过程的研究，形成了食品风味化学（food flavor chemistry）。

目前食品化学领域的一个热点问题是对植物组织中天然成分的研究。随着植物化学（phytochemistry）的兴起与发展，对食物中色素、呈味、呈香物质以及纤维素、植物胶的结构、性质、生理作用的研究不断深入，食品科学家们已经发现一些植物化学成分虽然不是传统意义上的人体必需的营养素，但对于人体健康、生理功能的正常发挥产生有益作用。美国食品及药品管理局（FDA）已经正式允许在食品标签上可以声称多种植物成分对人体的健康益处。

## （二）烹饪中化学变化的控制

千百年来，烹饪中火候选择与控制一直以来被行业看成是最高“机密”。火候，科学核心是热量，它决定化学反应方向和化学反应速率。化学热力学揭示物质系统状态变化是与环境之间能量交换的结果。烹饪多在恒压或恒容下进行，加热改变食物系统内能，提高了活化分子的数量使得化学反应得以进行。

温度和浓度是影响化学反应的两大因素。一般来说，升高温度反应速率加快。温度升高，使得分子运动速率加快，单位时间内碰撞频率增加；高温条件下系统的平均内能增大，分子的能量分布曲线右移，活化分子数增加。1884 年，荷兰科学家范特霍夫（Van't Hoff）指出：对于反应物浓度（或分压）不变的一般反应，温度升高 10 K，反应速率一般增加 2～4 倍，即范特霍夫规则：

$$Q_{10} = \frac{V_{(t+10)}}{V_t} = \frac{R_{(t+10)}}{R_t} = \text{常数}(2 \sim 4)$$

式中：$Q_{10}$ 为化学反应温度系数；$V$ 为反应速率；$R$ 为反应速率常数。

1889 年，瑞典化学家阿伦尼乌斯（Arrhenius）总结出反应速率对温度的依赖关系——阿伦尼乌斯方程（Arrhenius 方程），反应速率常数与温度的关系如下：

$$k = A\ \exp(-E_a/RT)$$

式中：$k$ 为速率常数；$T$ 为绝对温度；$E_a$ 为反应活化能；$R$ 和 $A$ 均为常数。

烹饪中实现对火候的控制，一是选择加热（传热）方式，二是选择烹饪方法。千百年来，人类用智慧在实践中创造出丰富多彩的烹饪方法（表 1-2），其精髓就是达到原料、温度、时间的统一，核心就是对反应速率、结果的控制。

**表 1-2　烹饪中传热方式与烹饪方法**

| 传热方式 | 温度范围/℃ | 烹饪方法 |
| --- | --- | --- |
| 火烹法（空气＋辐射） | 100～300 | 烤、烘 |
| 盐（砂）烹法 | | 贴 |

续表

| 传热方式 | 温度范围/℃ | 烹饪方法 |
| --- | --- | --- |
| 水烹法 | 0～100 | 炖、烩、氽、涮 |
| 蒸气烹法 | 110±2 | 蒸 |
| 油烹法 | 0～300 | 炒、熘、炸、烹、爆、煎、烧 |

## 四、烹饪与食品营养安全

烹饪的最基本目的是实现食品的营养与安全。通过烹饪提高食品的营养性，烹饪加工后的食物更有利于人体消化吸收；烹饪创造出色香味美的食品增强人们饮食愿望。同时，通过烹饪可消除食物中对人体健康有害的物质，杀死致病性微生物，破坏或清除有害物质，保证食品的安全。但是，烹饪中一些化学变化在改善食品品质性状的同时也存在安全问题。表1-3列举了部分化学变化可能存在的安全问题。

**表1-3　与食品质量安全相关的一些化学反应**

| 反应种类 | 实　例 | 不良问题 |
| --- | --- | --- |
| 非酶促褐变 | 焙烤食品，干制食品 | 丙烯酰胺生成 |
| 酶促褐变 | 鲜切水果、某些蔬菜 | 营养素破坏 |
| 氧化反应 | 维生素降解、脂类、色素 | 营养素破坏 |
| 水解反应 | 脂类、蛋白质、糖类、色素 | |
| 脂类异构化 | 顺式→反式、非共轭→共轭 | 降低营养，产生有害物质 |
| 脂类环化 | 单环脂肪酸 | 营养降低 |
| 脂类氧化分解—聚合 | 油炸食品中起泡 | 产生有害物质 |
| 蛋白质变性 | 蛋白质凝聚、酶失活 | |
| 蛋白质交联 | 肌肉重组、面筋形成、蛋清起泡 | |
| 多糖的降解 | 水果、蔬菜变软、溃烂 | |
| 淀粉老化 | 米面类食物回生 | 降低营养性 |
| 碱化作用 | 皂化反应、氨基酸外消旋、蛋白质交联 | 脂肪酸破坏并产生苦味，蛋白质营养破坏 |
| 亚硝胺反应 | 食品腌渍 | N-亚硝基化合物 |

由于食品的特殊性和复杂性，对于每一类化学反应来说，影响的因素很多，除了温度、浓度、压力、酸碱度、水分活度、气体成分、添加物等外，目前中餐烹饪中对化学反应的控制研究远远地落后于现代科学，仍习惯于依赖个人的技能，“少许”“适量”等模糊概念，存在着安全隐患。国内学者提出烹饪动力化学理论，并提出动力学函数——成熟值和过热值，通过建立传热条件为优化变量的烹饪数学模型，有机地将烹饪技术与数字化、标准化、机械化结合在一起，推动实现烹饪工业化转型和标准化生产。法国科学家 Herve This 和牛津大学物理教授 Nicholas Kurti 共同创造了分子料理(molecular gastronomy)，将化学、物理和其他科学原理运用到烹饪过程中，按照分子性质，找出最理想的烹调方法和条件，创造出独特感官菜肴。

# 第三节　烹饪化学的研究和学习方法

## 一、烹饪化学的研究方法

烹饪化学最基本的任务就是利用现代化学理论和现代分析技术，研究烹饪原料中组成成分、食品烹制过程中物质的物理、化学性质变化以及变化规律，同时对食品营养、安全、风味进行评定。由于食品是多组分构成的复杂体系，在加工、储藏时可发生许多复杂的化学变化，因而给烹饪化学研究工作带来许多的困难，因此其研究方法采用模拟体系或简单体系，从简化的研究体系中得出实验结果再应用于食品体系的研究。具体方法有下列几种方式。

**1. 由单一向多元**

食品的变化是一个由量变到质变的过程，每一种物质的变化都会产生一组结果，所有的结果最终作为食品的品质的一个或多个宏观现象（指标）表现出来。因此，在烹饪化学的研究中也是遵循循序渐进的原则，由单一物质作用研究向多种物质共同作用研究。首先对食品中某一主要物质（水、糖类、蛋白质、脂肪等）在加工、储藏时的变化情况进行研究，掌握其变化规律和影响因素；再从单一物质过渡到多种物质，研究物质之间的交互作用，变化规律和条件；最后采用模拟体系或简单体系从单一的体系到多体系，从中得出实验结果，确定各物质之间的相互作用和可能给感官、营养、安全带来的影响。

**2. 由静态向动态**

烹饪是一个动态过程，它包括对原料加工、处理、烹制、调味，各个阶段互相关联，既有相加又有相减的作用，是一个动态的过程。具体研究工作中，将动态过程分阶段、分内容进行研究。研究内容一般分为四个方面：①食品的各组成成分、营养、品质；②烹饪加工中物质产生的物理、化学变化，研究变化的动力学和环境因素对变化的影响；③确定上述变化中影响食品品质、安全性的主要因素，并加以控制；④系统阐明物质化学反应的历程、中间产物、最终产物及其对食品色、香、味、形、营、安全的影响。

**3. 实验与实践研究相结合**

化学是一门以实验为主的科学。烹饪化学研究基本方法是通过食品化学实验、感官实验和生产实验。在理论知识的指导下，以生产实验为基础，化学实验、感官实验为辅助，建立起反应物（食品配方）——反应条件（生产工艺）——生成物（食品感官、营养、安全质量）之间的关系，并将实验结果应用于实践。如食品配方的研制、工艺优化中应用正交实验，通过感官评定、分析检测建立起产品生产和质量检测评价研究体系，实现食品品质的优化。

## 二、烹饪化学的学习方法

烹饪化学的学习同其他专业化学一样，在学习物质结构、性质、变化的同时，重点学习和掌握物质的功能性质。物质的性质不是孤立的，而是以功能性质体现在传统的烹饪技艺中，应用在现代食品的创新和开发中。因此，要学好烹饪化学，不仅仅是对书本知识的学习，更重要的是在生活中注意多观察食物的性状，特别是对烹饪工艺的学习和体验，用化学的知识去解释所发生的现象。要学好烹饪化学，在学习中应做到如下几点。

(1) 注意学习掌握食物主要物质构成情况及食物性状特征，分析物质构成与食品性状之间的关系。

(2) 掌握物质的化学结构和化学性质，通过工艺学习体会物质性质的运用。

(3) 熟悉重要化学反应与食品品质的关系，掌握控制化学反应的条件。

(4) 注意对教学中相关烹饪工艺技术的案例学习和理解。

(5) 不明确的基础性问题及时查阅相关的书籍或进行相互交流学习。

(6) 培养对课程的学习兴趣，注意日常生活中对美食的关注，试着进行品评，用所学知识解释现象与原因。

## 思考题

1. 谈谈烹饪与化学的关系，你对烹饪化学的理解。
2. 烹饪化学研究的内容有哪些？烹饪化学与相关学科的联系表现在哪些方面？
3. 同其他物质相比，食物的性状有哪些特点？
4. 根据你的经验与知识，说说水、蛋白质、糖类、脂肪在烹饪中的功能作用。
5. 烹饪化学研究中面临哪些问题与困难？谈谈你对烹饪化学研究的建议。

# 第二章 烹饪化学基础

世界由物质组成，物质世界精彩纷呈，种类繁多。物质根据其元素组成有金属和非金属之分，有无机物和有机物之别，在形态上有气相、液相和固相。不同物质之所以表现出各自不同特征和性质，其根本原因是物质的微观结构的差异。认识物质世界必须研究物质的微观结构。这一章主要介绍与烹饪关系密切的化学基础知识，物质结构与作用力、酸碱理论、分散体系、界面现象和化学反应。

## 第一节 物质的化学结构与作用力

### 一、物质的组成与电子运动

物质是由分子构成的，分子又是由原子构成的。分子是构成物质的基本单位，原子是构成物质的最小粒子。从现代物理化学的角度看，原子由居于原子中心带正电荷的原子核和核外带负电荷的电子构成，原子核又由质子和中子构成。中性原子对外不显电性，因为核内质子数与核外电子数相等。

核电荷数($Z$)＝ 核内质子数＝核外电子数

电子的质量($9.109\times10^{-31}$)相对于质子、中子很小，原子的质量主要集中于原子核上，质子和中子的相对质量都近似为 1。

质量数(A)＝ 质子数($Z$)＋中子数($N$)

对于原子来说，核外电子的运动状态决定原子的化学性质。核外电子质量极小，运动速度极大，其运动并不遵循经典的力学规律。20 世纪初，以微观粒子的波粒二象性为基础发展起来的量子力学，揭示了核外电子运动的状态。原子核外电子运动是按照一定的轨道运行，1926 年，奥地利物理学家薛定谔(Erwin Schrödinger)根据法国物理学家德布罗意(Louis Victor de Broglie)关于物质波的观点，引用电磁波方程，提出和描述了微观粒子运动规律的波动方程——薛定谔方程。

$$\frac{\partial^2\psi}{\partial x^2}+\frac{\partial^2\psi}{\partial y^2}+\frac{\partial^2\psi}{\partial z^2}=-\frac{8\pi^2 m}{h^2}(E-V)\psi \tag{2-1}$$

通过薛定谔方程，可得到原子中电子概率分布的具体形式以及对应的能量。

## 二、物质的化学结构与化学键

根据物质的化学组成，将物质分为纯净物和混合物。纯净物由同种分子（或离子）构成，其中，由同一种元素组成的纯净物又称为单质。如食盐晶体由 $Na^{+}$ 和 $Cl^{-}$ 构成，氮气（$N_2$）由氮元素组成。混合物由不同种分子构成。食品是一个混合物，由蛋白质、脂肪、糖类、水等多种成分构成。

物质总是以原子（或离子）相互结合形成分子或晶体的状态存在。这表明分子或晶体中的原子（或离子）并不是简单地堆集在一起的，而是通过某种吸引力作用联系起来的，并且每种物质的分子或晶体表现的形式不同，说明其吸引力的大小也不同。

物质的化学结构（即分子结构），是指构成分子的原子（或离子）如何连接在一起的，以及原子（或离子）间作用方式和作用力大小。化学上把分子或晶体中相邻原子（或离子）间的作用力称为化学键（chemical bond）。化学键分为离子键、共价键、金属键。其中，共价键又分为极性共价键、非极性共价键和配位键。

除原子（或离子）间作用力外，在分子间还存在着一种较弱的作用力，这种作用力称为分子间作用力（force between molecule，或范德华力）。

### （一）离子键（ionic bond）

1916 年，德国化学家柯塞尔（Kossel）根据稀有气体原子的电子层结构特别稳定的事实，提出了离子键理论。原子形成化合物时通过失去或获得电子而形成正、负离子，这两种离子通过静电吸引力形成“离子型分子”。

当两种不同电荷的球形离子相互接近时，除了静电引力外，它们的电子层还产生排斥作用，使得两个离子不能极端靠近，而是在保持一定距离的位置上振动，从而使得正、负离子的电子云保持各自的独立性。正、负离子就形成了分子的正极和负极，因此，离子键是有极性的。

**1. 离子键的特点**

①离子键的本质是静电引力，离子键是由原子失或得电子后形成带正、负电荷的离子，离子间通过静电吸引力而形成的化学键。②离子键没有方向性，通常离子的电场分布是球形对称的，可以在任意方向上吸引异种电荷离子，因此，离子键没有方向性。③离子键没有饱和性，理论上讲，一个离子对其周围的所有带相反电荷的离子都有吸引力。以 NaCl 为例，虽然 $Na^{+}$ 和 $Cl^{-}$ 是 1∶1 结合，但一个 $Na^{+}$ 却并非只和一个 $Cl^{-}$ 成键，而是对其周围距离相等的六个 $Cl^{-}$ 都有相同的吸引力。没有饱和性并不是说一个离子可以吸引任意多个带相反电荷的离子，由于离子周围空间的限制，实际上每个离子都有各自的配位数。

**2. 影响离子键强弱的因素**

离子键主要受离子电荷、离子的电子层结构和离子半径的影响。①失去或得到电子的数目就是离子的电荷数，电荷数目越大，静电吸引力越强；②正离子的电子层构型除 8 电子稳定构型外，还有 2 电子型、18 电子型、18＋2 电子构型，不同的电子构型影响其活泼性；③原子失去电子为正离子时，其半径比原子半径小；原子得到电子变为负离子后，其半径比原子半径大。离子半径越小，离子间作用力越大。离子键强弱影响离子化合物的熔点、沸点和化学稳定性。

## （二）共价键(covalent bond)

1916 年美国化学家路易斯(Gilbert Newton Lewis)提出了原子间共用电子对的共价键理论。其内容为原子间可通过形成共用电子对使分子中各原子具有稳定的原子结构，从而形成分子。这种原子间通过共用电子对结合起来的化学键称为共价键(covalent bond)。由共价键形成的化合物称为共价化合物(covalent compound)。

价键理论在运用量子力学方法求解氢分子的薛定谔方程中，得到了两个氢原子互相作用(氢分子)能量 $E$ 和核间距 $d$ 之间的关系曲线，如图 2-1 所示。结果表明：若两个氢原子自旋方向相反，随着原子轨道的重叠(波函数相加)会出现一个电子概率密度较大的区域，氢原子将在系统能量最低核间距处成键，形成稳定的氢分子，即基态的氢分子。核间距离($d$)为 74pm，能量($E_s$)为 $-436\ \text{kJ}\cdot\text{mol}^{-1}$。若两个氢原子自旋方向相同，则相减的波函数单调递减，系统能量无限趋近 $E=0$，没有最低点，无法成键。

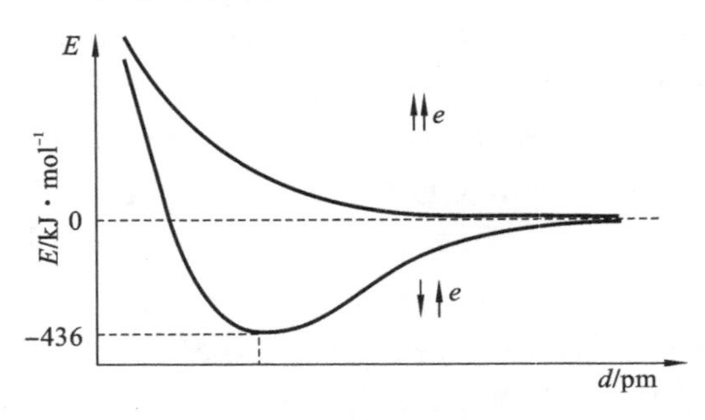


**图 2-1 氢分子形成能量曲线**

### 1. 共价键的特点

(1) 饱和性 在共价键的形成过程中，每个原子所能提供的未成对电子数是一定的，一个原子的一个未成对电子与另一原子的未成对电子配对后，就不能再与其他电子配对，每个原子能形成的共价键总数是一定的，这就是共价键的饱和性。

(2) 方向性 除 s 轨道是球形的以外，其他原子轨道都有其固定的延展方向，如图 2-2 所示，所以在形成共价键时，轨道重叠也有固定的方向，p、d 轨道总是沿轨道的最大重叠方向。共价键的方向性决定着分子的构型。

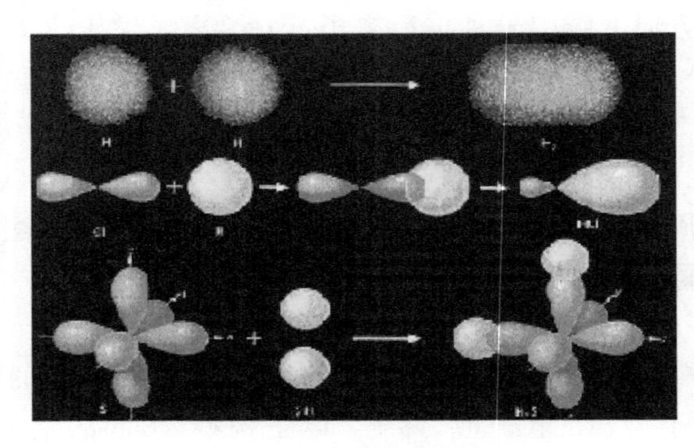

**图 2-2 共价键的方向性**

### 2. 共价键的键型

(1) $\sigma$ 键(sigma bond) 由两个原子轨道沿轨道对称轴方向相互重叠导致电子在核间

出现概率增大而形成的共价键，称为 σ 键，可简记为“头碰头”。例如，$H_2$ 分子中的 s-s 重叠，HCl 分子中的 s-$p_x$ 重叠，$Cl_2$ 分子中 $p_x$-$p_x$ 重叠。如图 2-3 所示。σ 键属于定域键，它可以是一般共价键，也可以是配位共价键。通常 σ 键的键能比较大，不易断裂，两个原子间最多只能形成一条 σ 键。

（2）π 键　成键原子的未杂化 p 轨道，通过平行、侧面重叠而形成的共价键，称为 π 键，可简记为“肩并肩”，如图 2-3 所示。π 键与 σ 键不同，它的成键轨道必须是未成对的 p 轨道。π 键性质各异，有两中心、两电子的定域键，也有共轭 π 键和反馈 π 键。2 个原子间最多可以形成 2 个 π 键。

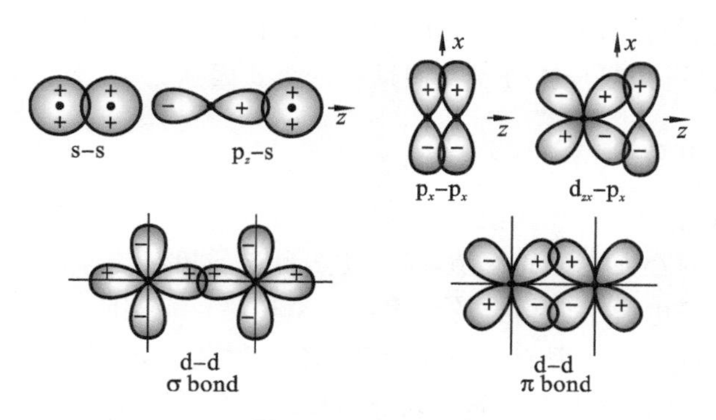


图 2-3　σ 键、π 键

（3）配位键（coordination bond）　配位键是一种特殊的共价键，它的特点在于共用的一对电子出自同一原子。形成配位键的条件是，一个原子有孤电子对，而另一个原子有空轨道。提供共用电子对的原子称为电子对给予体，而有空轨道的原子称为电子对接受体。例如，$NH_4^+$ 的形成，$NH_3$ 分子中，N 原子最外层的 5 个电子（$2s^2 2p^3$）中 3 个电子已与氢原子成键，还有一对孤电子，$H^+$ 是只有空的 1s 轨道的质子。N 原子中的电子对与 $H^+$ 的空轨道形成共价键，结果用“→”表示，$NH_4^+$ 的结构式如图 2-4 所示。

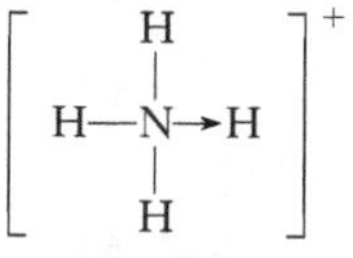

$$\left[\begin{array}{c} \quad H \\ \quad | \\ H—N→H \\ \quad | \\ \quad H \end{array}\right]^+$$

图 2-4　$NH_4^+$ 的结构式

配位化合物，尤其是过渡金属配合物，种类繁多，用途广泛，现已形成配位化学。一般来说，配位键属于 σ 键。

**3. 共价键极性**

从键的极性来看，离子键是最强的极性键，共价键则有极性和非极性之分。在共价分子中，当成键原子电负性相同时，两个原子核的正电荷中心与核外电子云的负电荷中心恰好重合，电子云没有偏移，形成了非极性共价键，例如，$H_2$、$O_2$ 等。由非共价键形成的分子称为非极性分子。

不同种原子形成的共价键，由于两个原子吸引电子的能力不同，则形成共价键后两原子核间的正、负电荷中心不重合，电子云出现了偏移，吸引电子能力较强的原子显负电性，吸引电子能力较弱的原子显正电性。这样形成的共价键便是极性共价键。由于电子云的偏离程度不同，又分为“强极性键”和“弱极性键”，例如，HCl、HBr 等强极性键，CO、$NH_3$ 等弱极性键。由极性共价键形成的分子称为极性分子。

**4. 共价键参数**

能表征化学键性质的物理量称为键参数(bond parameter),包括键能、键长和键角等。

键能(bond energy) 在标准状态下(100 kPa、298 K 时),气态分子每断裂 1 mol 化学键(成为气态原子)所需的能量($E_b$),单位 kJ · $mol^{-1}$。

键长(bond length) 成键两原子的核间平均距离。单位 pm,一般来说,两原子之间形成键长越短,则键能越大,分子越稳定。

键角(bond angle) 键角即两共价键的夹角,由于共价键的方向性,共价化合物的键角是一定的,但组成相似的化合物未必有相同的键角,孤对电子对成键电子有较大的排斥作用,可导致键角变小。键角是反映分子空间结构的重要因素之一。

### (三) 金属键(metallic bond)

金属晶体中,金属原子的自由电子能在整个晶体中移动,由于这种电子的移动,使得金属离子与自由电子之间存在较强的作用,因而使金属离子相互结合在一起,这种通过自由电子与金属离子之间的静电吸引力结合的作用称为金属键(metallic bond)。由于电子的自由运动,金属键没有固定的方向,因而是非极性键。金属键使金属具有很多特性。例如一般金属的熔点、沸点随金属键的强度而升高。其强弱通常与金属离子半径呈负相关,与金属内部自由电子密度呈正相关。

## 三、分子间作用力(intermolecular force)

化学键是分子中原子与原子之间的一种较强的相互作用力,它是决定物质化学性质的主要因素。但是对于一定聚集状态的物质而言,单凭化学键,不能解释物质的所有现象,即化学键还不能够说明物质的整体性质。分子与分子之间还存在着一种较弱的作用力——分子间作用力,也称范德华力(van der Waals force)。

气体凝聚成液体和固体,主要是通过分子间作用力。因此,分子间作用力是决定物质熔点、沸点、溶解度等物理性质的一个重要因素。

**1. 分子的极性和电偶极矩**

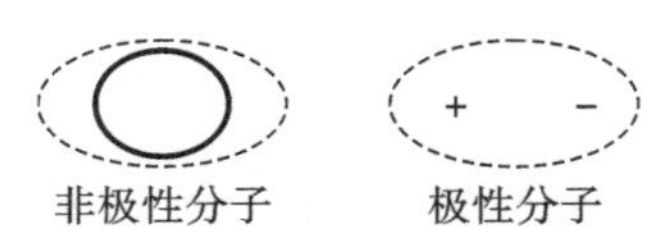


**图 2-5　极性分子与非极性分子**

分子是不显电性的,原因是分子中的正、负电荷数相等。但是分子内部两种电荷分布是不均匀的,分子被分成极性分子和非极性分子两类。设想在分子中每一种电荷都有一个“电荷中心”,当正(+)、负(-)“电荷中心”重合时,分子称为非极性分子(nonpolar molecule),当正(+)、负(-)“电荷中心”不重合时,分子称为极性分子(polar molecule)。如图 2-5 所示。

分子的极性可用分子的电偶极矩来衡量。电偶极矩($\mu$)定义为分子中正、负电荷中心间的距离($d$)和极上电荷($q$)的乘积:

$$\mu = qd \tag{2-2}$$

电偶极矩的数值可由实验测得,单位是库仑 · 米(C · m)。电偶极矩数值越大,说明分子极性越强。反之电偶极矩为零的分子称为非极性分子。表 2-1 列出一些分子的电偶极矩。

表 2-1　常见分子的电偶极矩(在气体状态下)

| 分子 | 电偶极矩 $\mu/(10^{-30}C\cdot m)$ | 分子空间构型 | 分子 | 电偶极矩 $\mu/(10^{-30}C\cdot m)$ | 分子空间构型 |
|---|---|---|---|---|---|
| $H_2$ | 0 | 直线形 | $H_2S$ | 3.07 | V 形 |
| CO | 0.33 | 直线形 | $H_2O$ | 6.24 | V 形 |
| HF | 6.40 | 直线形 | $SO_2$ | 5.34 | V 形 |
| $CO_2$ | 0 | 直线形 | $NH_3$ | 4.34 | 三角锥形 |
| HCl | 3.62 | 直线形 | $CH_4$ | 0 | 正四面体 |
| HBr | 2.60 | 直线形 | $CHCl_3$ | 3.37 | 正四面体 |

分子的极性对物质的性质有明显的影响。例如,“相似相溶”原理,极性分子易溶于极性溶剂,非极性分子易溶于非极性溶剂。$NH_3$、$SO_2$等极性物质在水中溶解度较大,而$CO_2$、$CH_4$等非极性物质不溶于水。用微波炉加热食物,就是由于食物中含有强大的极性水分子,当微波通过时,水分子在超高频电磁场中反复交变极化,完成了电能向热能的转换,食物被加热。

**2. 分子间作用力**

当非极性分子相互靠近时(图 2-6(a)),由于分子中电子和原子核不断运动,电子云和原子核会发生相对位移,使得分子中的正、负电荷中心出现瞬时偏移,分子发生瞬时变形,产生了瞬时偶极(instantaneous dipole)。分子中原子数越多、原子半径越大或原子中电子数越多,则分子变形越显著。一个分子产生的瞬时偶极会诱导邻近分子的瞬时偶极采取异极相邻的状态(图 2-6(b)),这种瞬时偶极之间产生的吸引力称为色散力,又称为伦敦力(London force)。虽然瞬时偶极存在时间极短,但异极相邻的状态总是不断重复,使得分子始终存在着色散力。

当极性分子和非极性分子相互靠近时(图 2-7(a)),除存在色散力外,非极性分子在极性分子的固有偶极(inherent dipole)的电场影响下也会产生诱导偶极(induced dipole)(图2-7(b)),在诱导偶极和极性分子的固有偶极之间产生的吸引力称为诱导力(induced force)。同时,诱导偶极又反作用于极性分子,使偶极长度增加,极性增强,加大了分子间的吸引力。在极性分子与非极性分子间都存在诱导力。

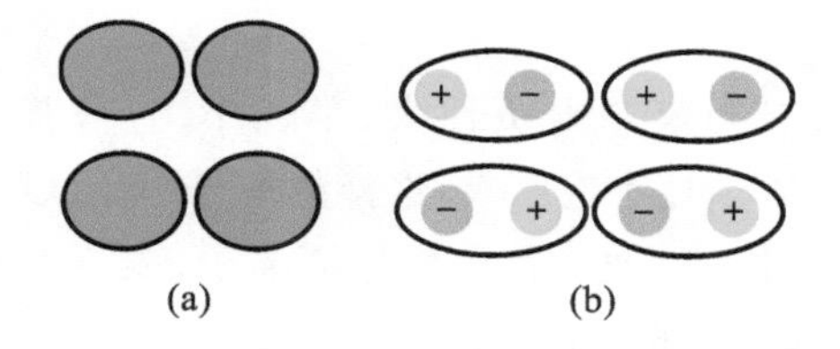


图 2-6　非极性分子间色散力产生示意图

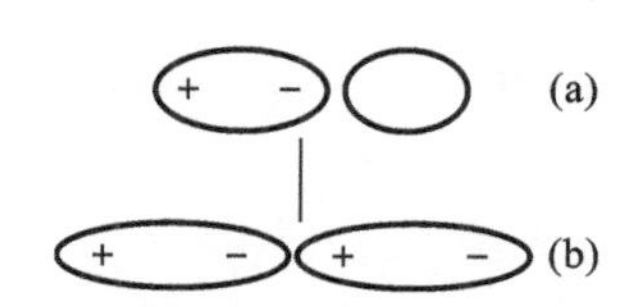


图 2-7　非极性分子与极性分子诱导力示意图

当极性分子相互靠近时(图 2-8(a)),除存在色散力作用外,由于它们固有偶极之间的同极相斥,异极相吸作用,它们在空间上按照异极相邻的状态取向(图 2-8(b))。由固有偶极的取向而引起的分子间吸引力称为取向力(orientation force)。取向力只有极性分子之间才存在。由于取向力的存在,所以极性分子靠得更近,在两个相邻分子固有偶极的诱导下,每个分子的正、负电荷中心的距离会进一步缩短(图 2-8(c)),因此,极性分子间也存在诱导力。

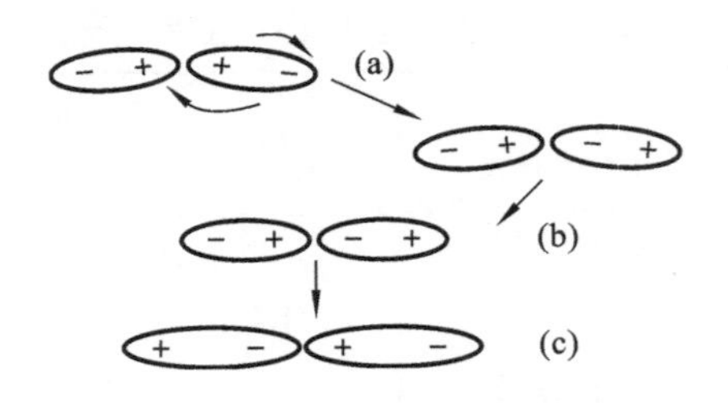


图 2-8　极性分子取向力示意图

可见，色散力在各分子间都存在，只有当极性分子极性较大时才以取向力为主，而诱导力一般较小。部分分子的分子间作用力的分配情况如表 2-2 所示。

表 2-2　部分分子的分子间作用力的分配情况

| 分子 | 取向力/($kJ \cdot mol^{-1}$) | 诱导力/($kJ \cdot mol^{-1}$) | 色散力/($kJ \cdot mol^{-1}$) | 总作用力/($kJ \cdot mol^{-1}$) |
|---|---|---|---|---|
| $H_2$ | 0 | 0 | 0.17 | 0.17 |
| CO | 0.003 | 0.008 | 8.74 | 8.75 |
| HCl | 3.30 | 1.10 | 16.82 | 21.22 |
| HBr | 1.09 | 0.71 | 28.45 | 30.25 |
| HI | 0.59 | 0.31 | 6.054 | 61.44 |
| $NH_3$ | 13.30 | 1.55 | 14.73 | 29.58 |
| $H_2O$ | 36.36 | 1.92 | 9.00 | 47.28 |

分子间作用力的特点：分子间作用力是普遍存在的一种作用力，其强度较小（一般为几千焦至几十千焦每摩尔），与共价键（通常为 100～500 $kJ \cdot mol^{-1}$）比较相差 1～2 个数量级。分子间作用力作用范围较小，通常为 0.3～0.5 nm。分子间作用力没有方向性和饱和性，与分子间距离的 7 次方成反比，即随着分子间距离的增大而迅速减小。

**3. 氢键(hydrogen bond)**

分子间除了范德华力外，在某些分子间还存在着与分子间作用力大小相当的另一种作用力——氢键(hydrogen bond)。氢原子与电负性较大的 X 原子（例如 F、O、N 原子）形成共价键时，由于键的极性很强，共用电子对强烈地偏向 X 原子一边，而氢原子的核几乎“裸露”出来。这个半径很小的氢核能吸引另一个分子中电负性较大的 Y 原子（或 X 原子）的孤对电子，从而形成氢键。

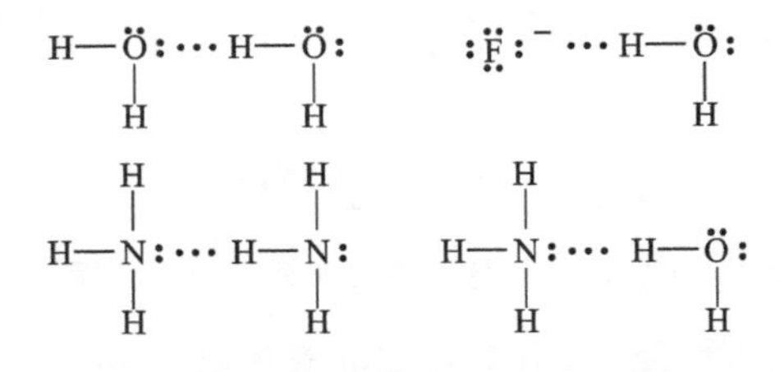

图 2-9　分子间氢键产生示意图

氢键只有当氢与电负性大、半径小，且有孤对电子的原子结合时才能形成，这样的原子有 F、O、N 等，图 2-9 为水分子间、水分子与氟离子、氨气分子间、氨气与水分子间氢键。

氢键相当普遍，特别是食品化学中，蛋白质、糖类、有机酸、醇等分子间都存在大量的氢键。氢键键能平均在 20～40 $kJ \cdot mol^{-1}$，比化学键弱，与分子间力具有相同的数量级，属于分子间作用力范畴。对于某些物质，由于氢键的作用，分子间力作用加强，影响其物理、化学性质。

氢键可分为分子间氢键和分子内氢键。如果分子中同时含有氢键的供体和氢键的受体，而且两者位置合适，则可形成分子内氢键。分子内氢键一般具有环状结构，由于键角等原因，通常情况下以六元环最为稳定，五元环次之。如果氢键供体或受体间既能形成分子内氢键又能形成分子间氢键，那么在相同条件下，分子内氢键的形成优先，尤其是能够形成六元环状的情况。分子内与分子间氢键虽然本质相同，但前者是一个分子的缔合体而后者是两个或多个分子的缔合体。

**4. 疏水作用**

当在水溶液中加入非极性物质时，它不溶解，反而被水排斥。水和疏水分子的接触减至最低的倾向被称为疏水效应(hydrophobic effect)或疏水作用(hydrophobic interaction)。许多大分子或分子聚合物构象(如蛋白质)都与疏水效应相关。

从热力学分析，非极性物质从水溶液中转移到非极性溶剂中，在所有的情况下，自由能($\Delta G$)变化均为负值，这表明这种转移是自发过程。但是转移过程中如果是吸热($\Delta H>0$)或无吸热($\Delta H=0$)，这就意味着熵($-T\Delta S$)的变化都很大且是负值($\Delta S$)。显然在非极性物质从水溶液转移到非极性溶剂中是熵所驱动的(即自由能的变化绝大多数归因于熵的变化)。

疏水作用的结果使得水分子有序的氢键网络结构被非极性分子的加入而打破。非极性基团既不接受也不提供氢键，因此，水溶液中被非极性基团占据了的腔表面的水分子不能按照通常的方式与其他水分子形成氢键。为了恢复失去的氢键能，这些表面的水分子自我定向形成氢键键合网络，将非极性分子占据的腔包围起来。导致非极性物质不利的水合自由能，其结果是非极性物质趋向于被水相排斥，非极性基团的聚集使得表面积最小，而整个系统损失的熵最小。

# 第二节 酸碱理论

酸、碱是两种重要的化合物，在食品加工和烹饪中有着重要的作用。烹饪用醋酸来调味和防止食品的败坏，干鱿鱼的涨发中加入食用碱，就会起到很好的效果。通过调节食品酸碱度可以分离蛋白质，也可用于增强蛋白质的水溶性。

人们在研究酸碱物质的性质、组成和结构关系时，提出了不同的酸碱理论。重要的有酸碱电离理论、酸碱质子理论和酸碱电子理论。

## 一、酸碱电离理论

酸碱电离理论是由阿伦尼乌斯(Arrhenius)根据电离学说提出的。他认为在水中能电离出氢离子($H^+$)并且不产生其他阳离子的物质称为酸；在水中能电离出氢氧根离子($OH^-$)并且不产生其他阴离子的物质称为碱。

$$CH_3COOH \longrightarrow CH_3COO^- + H^+$$

$$NaOH \longrightarrow Na^+ + OH^-$$

酸碱强度根据其水溶液中 $H^+$、$OH^-$ 浓度来衡量。酸碱的中和反应其实是氢离子与氢氧根离子结合生成水。

$$H_2O \rightleftharpoons H^+ + OH^-$$

$$k_w = \frac{[H^+][OH^-]}{H_2O} \tag{2-3}$$

当酸碱溶液浓度较低时，溶液的酸度通常用 pH 表示：

$$pH = -\lg[H^+] \tag{2-4}$$

溶液的碱度通常用 pOH 表示：

$$pOH = -\lg[OH^-] \tag{2-5}$$

在常温标压下：

$$pH + pOH = pK_w = 14 \tag{2-6}$$

电离理论简单、明确，但也有明显的局限性。它不能解释 $NH_3$ 水溶液为什么会显碱性，也不能说明非水溶液中许多其他现象。

## 二、酸碱质子理论

1923 年丹麦化学家布朗斯特(J. N. Bronsted)和英国化学家劳莱(T. M. Lowry)同时提出酸碱质子理论。质子理论认为：凡是能给出质子($H^+$)的物质是酸，即质子的给予体(proton donor)，例如 HCl、HAc、$NH_4^+$ 等。凡是能够接受质子的物质是碱，即碱是质子的接受体(proton acceptor)，例如 NaOH、$NH_3$、$CaCO_3$ 等。

质子理论认为，酸和碱不是孤立的，酸给出一个质子后的物质就是碱，碱接受一个质子后的物质就是酸。这种酸碱相互依存的关系称为酸碱共轭关系(conjugate)。酸碱共轭关系可以表示为

$$\text{酸}(HA) \rightleftharpoons \text{质子}(H^+) + \text{碱}(A^-)$$

$$\underset{\text{酸}_1}{HCl} + \underset{\text{碱}_2}{H_2O} \rightleftharpoons \underset{\text{酸}_2}{H_3O^+} + \underset{\text{碱}_1}{Cl^-}$$

反应中，$HCl—Cl^-$ 是共轭酸碱对，HCl 是酸，$Cl^-$ 是碱；$H_3O^+—H_2O$ 是共轭酸碱对，$H_3O^+$ 是酸，$H_2O$ 是碱。

酸碱的强弱不仅与酸碱本身给出质子和接受质子的能力有关，同时也受溶剂给出和接受质子的能力影响。例如，醋酸(HAc)在水中是弱酸，而在氨水中则是强酸。因为氨水接受质子的能力(碱性)比水强，从而提高了醋酸的电离。因此，要比较酸的强弱，首先要确定溶剂，一般情况下以水作为溶剂来比较各种酸碱的强弱，测定各种酸碱的电离平衡常数。

例如：

$$\text{酸}\quad CH_3COOH + H_2O \rightleftharpoons H_3O^- + CH_3COO^-$$

$$k_a = \frac{[H_3O^+][CH_3COO^-]}{[CH_3COOH]} \tag{2-7}$$

$$\text{碱}\quad CH_3COO^- + H_2O \rightleftharpoons CH_3COOH + OH^-$$

$$k_b = \frac{[CH_3COOH][OH^-]}{[CH_3COO^-]} \tag{2-8}$$

醋酸电离平衡常数：$k_w = k_a \cdot k_b$。

弱酸碱电离平衡常数除受溶剂影响外，温度也对电离常数有影响，电离常数($k_w$)一般随着温度升高而增大。

## 三、酸碱电子理论

1916 年美国化学家路易斯(Lewis)提出：凡是给出电子对的分子、离子或原子团都是碱，凡是能接受电子对的分子、离子或原子团都是酸。根据这一理论，酸碱反应不再是质子的转移，而是碱性物质提供电子对与酸性物质形成配位共价键的反应。酸碱电子理论与质子理论大体相同，接受质子的碱物质至少要有一对孤对电子(未成键的电子对)提供，即路易斯碱；而给出质子的酸物质至少要有一个空轨道接受电子对，即路易斯酸。

在有机化学中，酸碱电子理论应用较广，N、O、S 等原子都有未成键的孤对电子，在化学反应中作为碱可提供电子对。

## 四、食物的酸碱性

食物由于所含物质的不同而具有酸碱性。需要注意的是食物酸碱性有两种情形，即表观酸碱性和生理上酸碱性。所谓表观酸碱性，是指食物未经消化之前表现出的酸碱性，与化学上的酸碱一致。例如柠檬未消化吸收前因含有大量的柠檬酸，化学上柠檬酸是酸性物质，表观上给人感觉也是酸味。生理上酸碱性，是指食物在经过人体消化、吸收、利用后，其最终残留物质给人体体液带来酸碱性的影响。带来酸性影响的称为生理酸性食物，带来碱性影响的称为生理碱性食物。柠檬主要由糖类、有机酸和无机物组成，经人体消化吸收利用后，糖类、有机酸转变为 $CO_2$ 和 $H_2O$ 排出体外，而无机盐保留在体内，$Na^+$、$K^+$ 等离子对人体体液影响为碱性，因此柠檬在生理上是碱性食物。

在食品分析中，测定食物生理酸碱性方法，通常是将被测食物进行灼烧，使之完全氧化，最后测定其残留灰分的酸碱度，或测量其无机离子的组成。通常生理性酸性食物中含有较多的 P、S、N、Cl 等非金属元素，生理性碱性食物则含有较多的 Na、K、Ca、Mg 等金属元素。常见食物生理酸碱度值如表 2-3 所示。

表 2-3　常见食物生理酸碱度

| 酸性食物 | 酸碱度/(mmol/100 g) | 碱性食物 | 酸碱度/(mmol/100 g) |
|---|---|---|---|
| 猪肉 | −5.60 | 豆腐 | +0.20 |
| 牛肉 | −5.00 | 四季豆 | +5.20 |
| 鸡肉 | −7.00 | 菠菜 | +12.00 |
| 蛋黄 | −18.00 | 莴苣 | +6.33 |
| 鲤鱼 | −6.40 | 萝卜 | +9.28 |
| 虾 | −1.80 | 马铃薯 | +5.20 |
| 白米 | −11.67 | 莲藕 | +3.40 |
| 面粉 | −6.50 | 海带 | +14.60 |
| 花生 | −3.00 | 苹果 | +8.20 |
| 啤酒 | −4.80 | 香蕉 | +8.40 |

注：表中数值为 100 g 食物样品完全燃烧后，用中和滴定法所消耗标准酸或碱的量(mmol)。“−”表示酸性，“+”表示碱性。

人们每日食物中，酸、碱性食物大体上要保持平衡，从而维持人体体液的 pH 保持在 7.35～7.45 正常范围内，过酸性、过碱性对人体健康都有不利作用。

## 第三节　物质分散体系

把一种或几种物质分散在另一种（或几种）物质中所构成的体系称为分散系。被分散的物质称为分散相（或分散质），另一种连续相的物质称为分散介质（或分散剂）。如牛奶是由脂肪球、蛋白质、水等物质组成的复杂体系，脂肪球、蛋白质被分散，为分散相，水为分散介质。啤酒是气体分散在溶液中的体系。绝大多数的食品从物理化学性质分析属于分散体系，表现出不同体系的复杂性，其分散系组成决定了食品的质地、口感和稳定性。常见的食品分散体系有胶体、乳状液、泡沫和凝胶。

### 一、分散系的分类

目前，分散系有两种不同的分类方法。一是按分散相的均匀度分为均相分散系和多相分散系。均相分散系只有一个相，在连续相和分散相之间没有相界面，分离较难，属于热力学稳定系统。如乙醇—水、食盐—水、葡萄糖—水以及许多饮料所组成的分散系。如果两种液体互不相溶，一种液体以小液滴形式均匀分散于另一种液体中构成的体系，则分散系中实际有两个相，故为多相分散系。如油—水、淀粉—水、泡沫食品等组成的分散系。二是根据分散相在分散系中存在时的粒子直径分为分子分散系、胶体分散系和粗分散系，化学中通常以粒子直径来划分。见表 2-4。

表 2-4　分散系的分类情况

<table>
<tr><th>粒子直径</th><th colspan="2">类型</th><th>分散相</th><th>性质</th><th>实例</th></tr>
<tr><td><1 nm</td><td colspan="2">分子分散系</td><td>原子、离子、小分子</td><td>1. 均相、稳定体系<br>2. 扩散快，能透过滤纸、半透膜<br>3. 形成真溶液</td><td>蔗糖、食盐、醋酸等水溶液</td></tr>
<tr><td rowspan="2">1～100 nm</td><td>胶体分散系</td><td>高分子</td><td>高聚物大分子</td><td>1. 均相、稳定体系<br>2. 扩散慢，不能透过半透膜<br>3. 形成真溶液</td><td>肌肉<br>肉糜<br>蛋白质溶液</td></tr>
<tr><td>胶体分散系</td><td>溶胶</td><td>胶粒（原子、分子聚集体）</td><td>1. 多相、不稳定体系<br>2. 扩散慢，不能透过半透膜<br>3. 形成真溶液</td><td>高汤</td></tr>
<tr><td>>100 nm</td><td colspan="2">粗分散系</td><td>粗粒子</td><td>1. 多相、不稳定体系<br>2. 扩散很慢或不扩散，发生分离，不能透过半透膜<br>3. 形成乳状液、悬浊液</td><td>泥浆<br>牛奶<br>豆浆<br>沙拉酱</td></tr>
</table>

分散系实际上是一切天然和人工形成的由两种或两种以上物质组成的混合体系。按照分散相和分散介质聚集状态的不同，除气体—气体分散系外，多相分散系分为八类，表 2-5 列出了不同的多相分散系。

**表 2-5　胶体分散系和粗分散系分类**

| 分散相 | 分散介质 | 名称 | 实例 |
| --- | --- | --- | --- |
| 液体 | 气体 | 气溶胶 | 雾、云 |
| 固体 | | | 尘、烟 |
| 气体 | 液体 | 泡沫 | 肥皂泡、蛋泡 |
| 液体 | | 乳状液 | 牛奶、豆浆 |
| 固体 | | 溶胶、悬浮液 | 油漆、泥浆 |
| 气体 | 固体 | 固体泡沫 | 泡沫塑料、馒头 |
| 液体 | | 凝胶 | 珍珠、蛋白质凝胶 |
| 固体 | | 固溶胶 | 有色玻璃、合金 |

## 二、物质分散过程

自然界中物质的分散过程是由纯净物变成混合物的过程。有些分散过程是自发的，有些分散过程是外力作用的结果，但所有的分散过程都伴随有能量的变化。

以氯化钠水溶液为例说明氯化钠在水中的分散过程(常称为溶解过程)。在分散体系中存在两种物质——水和氯化钠，在溶解过程中，分子间存在着三种作用：①溶质-溶质的相互作用。NaCl 晶体中，$Na^+$ 和 $Cl^-$ 按一定顺序通过离子键作用相互排列着，要使它们离解必须有较强力的作用；②溶剂—溶剂之间相互作用。水分子为极性分子，水分子之间存在着分子间作用力和氢键作用；③溶质—溶剂相互作用。要实现氯化钠在水中的分散，就要克服①和②的作用力。水作为极性分子，其带负电荷的 O 原子与 $Na^+$ 结合，带正电荷的 $H^+$ 与 $Cl^-$ 结合，只有当它们作用力足够大时(③＞①＋②)，才能把 $Na^+$ 和 $Cl^-$ 从晶格中拉出，形成溶液。

由此可见，分散过程是一个吸热和放热相伴随的过程。要克服溶剂-溶剂、溶质-溶质间作用力需要吸收能量，而溶质的分散过程需要释放能量。当分散过程中释放能量大于吸收能量时，分散体系表现为放热；反之则是吸热。例如氢氧化钠溶于水是放热过程，水温升高；而硝酸铵溶于水则是吸热过程，水温降低，周围水甚至可以出现结冰。

烹饪过程中调味、码味、炝锅等工艺都是物质的分散过程，由一种或若干种物质形成特定混合物，使食物具有多种多样的风味。物质在分散过程中伴随着能量的变化以及物理、化学性质的改变。

## 三、胶体分散系

胶体分散系在生物界普遍存在，就人体而言，其各组织结构都是含水的胶体分散系。各种生物体也都与胶体的性质相关，因此，绝大多数食品属于胶体分散系。

### (一) 胶体分散系性质

胶体以其特殊的粒子结构，具有光学性质、力学性质和电学性质。

### 1. 丁铎尔现象

1869 年，化学家丁铎尔将一束会聚的光线通过溶胶时，从侧面可以看到一个发光的圆锥体，这种现象称为丁铎尔现象(Tyndall phenomenon)。

丁铎尔现象的本质是光的散射。当光线射入分散系统时可能发生两种情况：一是分散系中分散相粒子直径大于入射光的波长，则主要发生光的反射或折射，所以能看到混浊现象，粗分散系统属于这种情况；二是分散相粒子的直径小于入射光波长，则产生散射现象，此时光波绕过分散相粒子而向各个方向散射出去，因此从侧面看到光。可见光波长为 380～780 nm，胶粒直径在 1～100 nm 之间，则胶粒直径小于光波长，所以发生散射现象。

### 2. 布朗运动

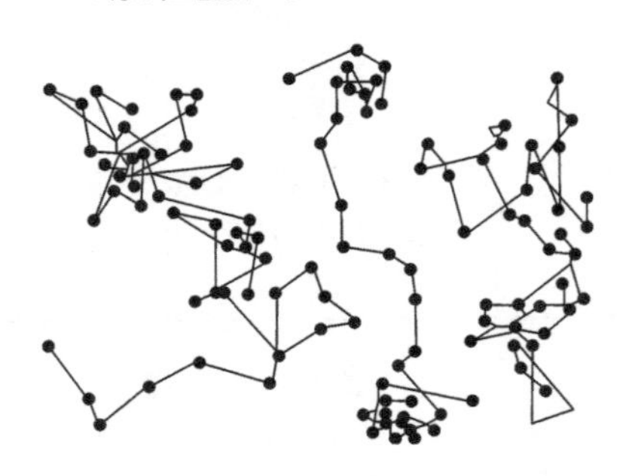

**图 2-10　溶胶粒子布朗运动示意图**

1827 年，英国植物学家布朗在显微镜下观察到悬浮在水中的花粉不断地做不规则运动，超显微镜发明后，观察到溶胶胶粒不断做不规则的“之”字形的连续运动，称为布朗运动(Brownian motion)，如图 2-10 所示。布朗运动与溶胶的胶粒相关，胶粒越小，布朗运动越激烈，布朗运动的激烈程度不随时间而改变，但随着温度的升高而增强。

1905 年和 1906 年，爱因斯坦和斯莫霍基夫分别提出了布朗运动理论。爱因斯坦利用分子运动论的一些基本概念和公式，并假设溶胶粒子是球形，推导出了布朗运动扩散方程，也称爱因斯坦公式：

$$x = \left(\frac{RTt}{3L\pi\eta\gamma}\right)^{\frac{1}{2}} \tag{2-9}$$

式中：$x$ 为在观察时间($t$)内溶胶中胶粒沿 $x$ 轴方向的平均位移(m)；$\gamma$ 为胶粒半径；$\eta$ 为分散介质黏度；$L$ 为阿伏伽德罗常数。

该公式将胶粒的位移与胶粒的大小、分散介质的黏度、温度、观察时间等联系起来，对于研究胶体分散系的动力学性质，确定胶粒的大小和扩散系数等具有重要应用意义。

### 3. 电化学性质

如果把溶胶放在电场环境中，胶粒在分散介质中做定向移动而趋向阳极或阴极，这种现象称为电泳(electrophoresis)。产生电泳的原因：溶胶的胶粒表面总是带有电荷，在电场作用下，电荷发生定向移动。

胶体带电界面呈现双电层结构。大多数固体物质与极性介质接触后，界面上会带电，电荷可能源于离子的吸附、固体物质的电离或溶液的电解，从而形成双电层(double electric layer)。根据斯特恩(Stern)双电层模型(图 2-11)，当固体表面带正电时，双电层的溶液一侧由两层组成，第一层为吸附在固体表面的水化离子层(与固体表面所带电荷相反)，称为斯特恩平层(Sttern layer)，因水化离子与固体表面紧密靠近，又称为紧密层或吸附层，其厚度近似于水化离子的直径，用 δ 表示；第二层为扩散层(diffuse layer)，它是自第一层(紧密层)边界开始

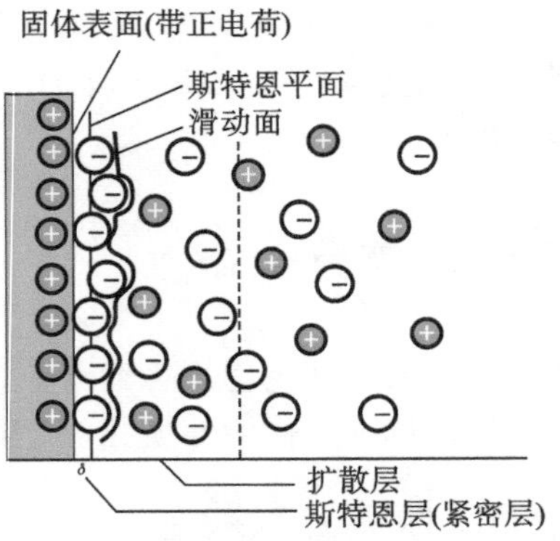

**图 2-11　斯特恩双电层模型**

至溶胶本体由多渐少扩散分布的过剩水化反离子层。由斯特恩层中水化反离子中心线所形成的假想面称为斯特恩平面(Stern section)。在外加电场作用下,它带着紧密层的固体颗粒与扩散层间作相对移动,其间的界面为滑动面(movable section)。

固体表面至溶胶本体间的电势差 $\Phi_e$ 称为热力学电势;由斯特恩面至溶胶本体间的电势差 $\Phi_\delta$ 称作斯特恩电势;由滑动面至溶胶本体间的电势称为 ζ 电势,亦称为流动电势。

**4. 溶胶胶团的结构**

在溶胶中,分散相与分散介质之间存在着界面。根据扩散双电层理论,胶粒周围存在着带相反电荷离子的扩散层,使整个胶粒周围形成离子氛。如图 2-12 所示。以 KI 加到 $AgNO_3$ 溶液中形成 AgI 溶胶为例,图 2-13 显示碘化银溶胶团结构,胶核与紧密层在内的胶粒是带电的,胶粒与分散介质(扩散层和溶胶本体)间存在着滑动面,滑动面两侧的胶粒与介质之间做相对运动。扩散层带的电荷与胶粒所带电荷相反,整个溶胶呈电中性。

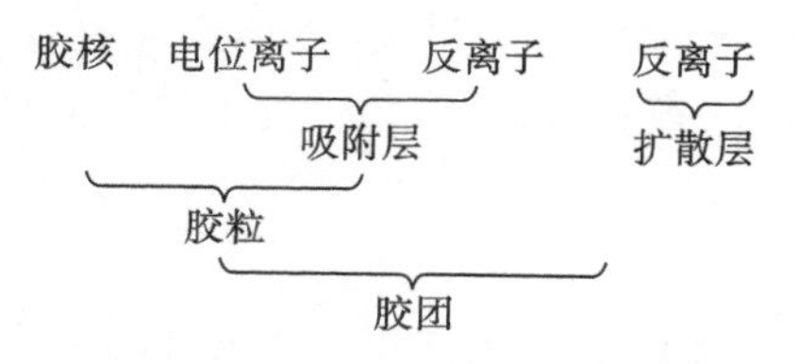


**图 2-12　溶胶粒子结构示意图**

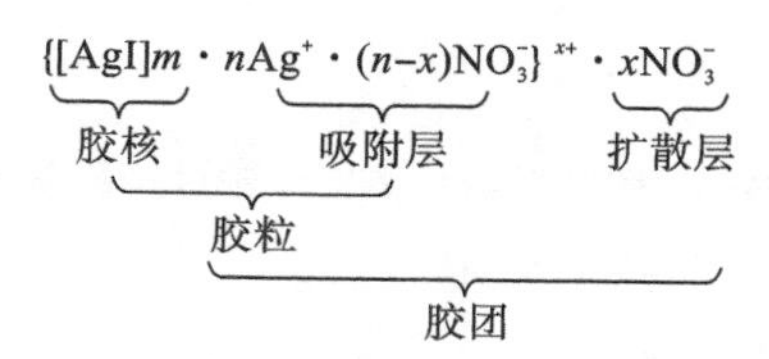


**图 2-13　AgI 溶胶粒子带电分析图**

## (二)溶胶的稳定性

溶胶是固体分散相分散在液体中形成的分散系。分散相粒子半径为 1～100 nm。溶胶是高度分散系,具有热力学不稳定性,但又具有动力学稳定性,这是一对矛盾体。在一定条件下溶胶的胶粒能够保持相对稳定,其原因有以下几点。

**1. 溶胶的动力学稳定性**

溶胶的胶粒比较小,布朗运动激烈,布朗运动产生的动能足以克服胶粒重力的作用,使胶粒均匀分散而不聚沉。这是溶胶具有动力学稳定性的一个原因,但不是重要因素。另外,分散介质的黏度对溶胶的动力学稳定性也有影响,介质的黏度越大,胶粒越难聚沉,溶胶的动力学稳定性越大;反之,介质黏度越小,胶粒越易聚沉,溶胶的动力学稳定性越小。

**2. 溶胶的电学稳定性**

人们对溶胶的稳定性进行了长期研究,在扩散层模型研究的基础上,由 Darjaguin、Landau、Verwey、Overbeek 等人提出了溶胶稳定理论(即 DLVO 理论)。该理论认为:溶胶在一定条件下的稳定性取决于粒子间的相互吸引力和静电排斥力。若排斥力大于吸引力则胶体稳定,反之则不稳定。

胶粒间的吸引势能 $U_A$:胶粒间的吸引力本质上是范德华力,胶粒间的引力是胶粒中所有分子引力之和,其引力产生的势能为

$$U_A \propto \frac{1}{x^2} \quad 或 \quad U_A \propto \frac{1}{x} \tag{2-10}$$

式中:$x$ 为粒子间平均距离,吸引力所产生的势能与粒子间的距离成反比。

胶粒间的排斥势能 $U_R$:在溶胶中相同胶粒带相同电荷,每个胶粒周围的扩散层也带同种电荷。当带相同电荷的胶粒相互靠近时,周围的扩散层相互重叠,产生静电排斥力,静电排斥力产生的势能为

$$U_{R} \propto \exp(-kx) \tag{2-11}$$

式中：$x$ 为两胶粒间距离；$k$ 为胶粒双电层厚度。排斥势能与粒子间的距离成反比。

此两种势能之和即系统总势能。

$$U_{总} = U_{A} + U_{R} \tag{2-12}$$

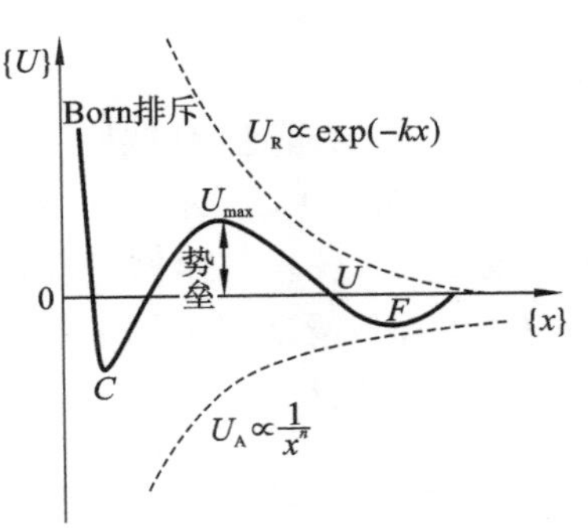


图 2-14　胶粒间吸引势能与排斥势能曲线

$U_{总}$的变化决定着系统的稳定性。当静电排斥力大于吸引力时，胶粒运动即使互相碰撞也会重新分开，因此难以聚集成较大的颗粒而聚沉。溶胶中胶粒所带电荷越多，相互排斥力越大，溶胶越稳定。

由图 2-14 可知，随着两胶粒间的距离 $x$ 缩小，$U$ 值先出现一极小值 $F$，此时发生胶粒的聚凝（可逆的），$x$ 继续缩小，$U$ 值增大，直到最大值 $U_{max}$。$x$ 进一步缩小出现极小值 $C$，此时发生粒子间的聚沉（不可逆）。

**3. 溶剂化作用**

溶剂和溶质分子或离子之间通过静电力相互作用称作溶剂化作用。溶胶中胶核外层吸附层上的电位离子和反离子与溶剂有很强的吸引作用，因此，在胶粒外层形成了一层溶剂化膜，如果溶剂为水，则形成水化膜。当胶粒相互靠近时，溶剂化膜将胶粒保护起来，胶粒间形成隔膜，有阻止胶粒相互碰撞的作用，增加了胶粒的稳定性，溶剂化膜的存在是溶胶稳定的又一因素，但不是主要因素。如蛋白质溶胶，蛋白质作为亲水胶体，在其胶粒外层就有一层水化膜，防止蛋白质分子碰撞而发生聚沉。如图 2-15 所示。

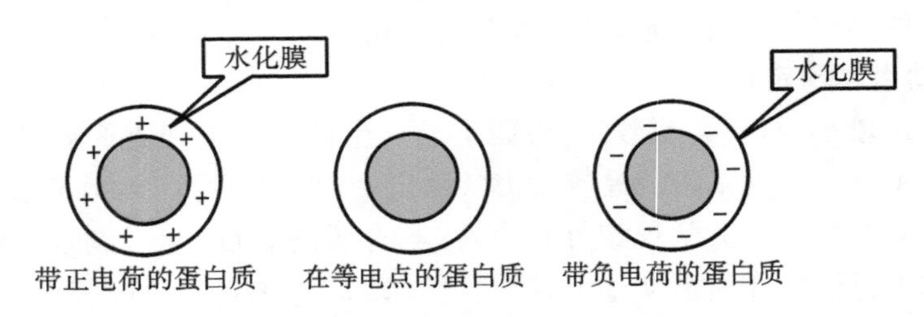


图 2-15　蛋白质溶胶外层水化膜示意图

## （三）溶胶的聚沉

溶胶是多相高度分散体系，胶粒存在着较大的表面积，体系界面吉布斯自由能较高，胶粒间的碰撞使其产生自发聚集的趋势。溶胶的胶粒聚集成较大颗粒并从溶剂中沉淀的过程称为聚沉（coagulation）。引起胶粒聚沉的因素如下。

**1. 电解质**

往溶胶中加入少量电解质后，一是增加了溶胶中总粒子浓度，二是增加了与胶粒带相反电荷的离子浓度，使扩散层中的反离子更多地进入吸附层，从而导致胶粒的电荷减少甚至被完全中和，最终导致溶剂化膜的消失，胶粒迅速聚集沉淀。例如，在豆浆蛋白质溶胶中，加入酸性或碱性物质，就会破坏蛋白质分子的带电性，从而破坏其表面的水化膜，使蛋白质分子聚集成为更大分子，迅速发生聚沉。如图 2-16 所示。

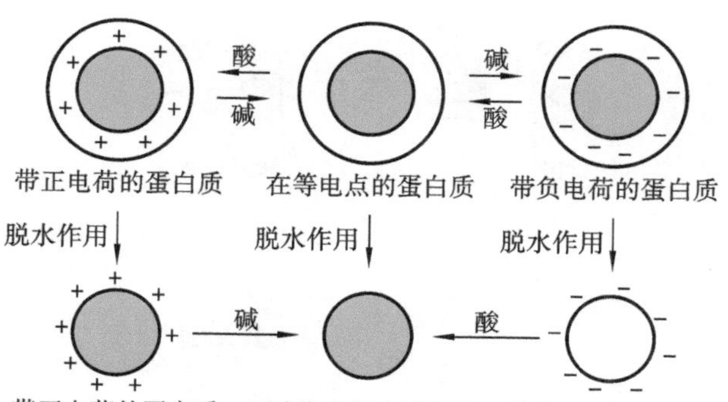


**图 2-16　蛋白质溶胶聚沉示意图**

使一定量溶胶在一定时间内完全聚沉所需要电解质的最小浓度，称为电解质对溶胶的聚沉值(coagulation value)。反离子对溶胶的聚沉起主要作用，其聚沉值与反离子的价数有关。反离子为 1 价、2 价、3 价的电解质的聚沉值之比为

$$\left(\frac{1}{1}\right)^6 : \left(\frac{1}{2}\right)^6 : \left(\frac{1}{3}\right)^6 = 100 : 1.6 : 0.14$$

即聚沉值与反离子价数的 6 次方成反比，此规律称为舒尔兹-哈迪(Schulze-Hardy)规则。反离子浓度愈高，进入斯特恩层的反离子愈多，降低了斯特恩电势 $\Phi_\delta$，从而降低了扩散层重叠的斥力。

同号离子对聚沉亦有影响，同号离子与胶粒间由于强烈的范德华力而产生吸附，从而改变了胶粒的表面性能，降低了反离子的聚沉作用。

**2. 溶胶体系的相互作用**

当带相反电荷的两种溶胶适量混合时，带异性电荷的两种胶粒相互吸引，中和彼此所带电荷，从而使两种溶胶都发生聚沉。例如，明矾净水就是利用明矾溶于水后电解出来的 $Al^{3+}$ 形成 $Al(OH)_3$ 胶体分散系，其胶粒带正电荷，与水中泥土胶体中带负电荷的胶粒相互作用，中和其电荷，破坏水化膜，当两者所带电量相等时，胶粒完全聚沉。如果两者电量不相等，则发生不完全聚沉。

**3. 高分子化合物作用**

往溶胶中加入极少量的高分子化合物溶液，长链的高分子化合物可以吸附很大的胶粒，并以搭桥的方式把这些胶粒连接起来，从而形成了疏松的絮状沉淀，这类沉淀称为絮凝物(flocculate)。高分子化合物对溶胶的这种沉淀作用称为高分子化合物的絮凝作用(polymer flocculation)。能产生絮凝作用的高分子化合物称为絮凝剂(flocculant)。例如，烹饪中常常用淀粉来勾芡，就是利用淀粉高分子絮凝作用，起到胶凝收汁的效果。高分子化合物对溶胶的絮凝作用见图 2-17(a)。

如果在溶胶中加入大量高分子化合物，反而会增加溶胶的稳定性，称为高分子化合物对溶胶的保护作用。其机理是高分子浓度过高，将胶粒表面完全覆盖无法形成搭桥效应，此时不但不发生聚沉，相反会出现空间稳定效应。见图 2-17(b)。

**4. 加热的影响**

加热会使溶胶发生聚沉。加热时胶粒获得了足够的能量，胶粒的运动加快，胶粒间碰撞的机会增加；同时，温度升高，能削弱胶核对反离子的吸附作用，从而减弱了胶核所带电荷量，

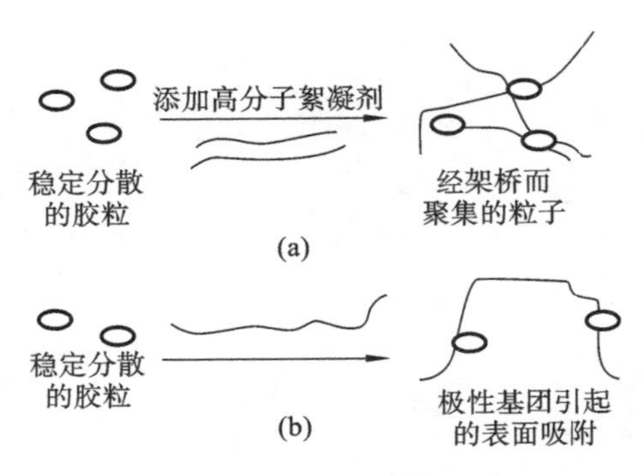


**图 2-17 高分子化合物对溶胶的作用**

(a) 吸附架桥;(b) 表面吸附

溶剂化程度也随之降低。因此,加热同时减弱了溶胶稳定的三个因素,其结果是使溶胶聚沉。

## (四) 凝胶

通常我们把能够流动的胶体称为溶胶,而不流动的胶体称为凝胶。溶胶在一定条件下,整个结构失去其流动性,形成稠厚、富有弹性的胶冻状态,这种性质称为胶凝性。例如,蛋清在加热的条件下形成胶凝状态,失去了流动性,但增加了弹性。烹饪中许多食物就是利用胶凝性制成的。如豆腐、水果布丁、鱼糕、肉糕等。

凝胶是一种特殊的分散体系,通常是由溶胶粒子或纤维状高分子分散相互作用,或通过分子间力(范德华力、氢键等)作用,形成三维立体网络状结构,分散介质被保持或固定在网络结构中,失去了流动性。凝胶的形成与溶胶的聚沉是不同的:首先溶胶的聚沉失去了一切胶体性质,而凝胶仍然是胶体,只是形态不同,呈现液态、固态(或半固态);其次,溶胶的聚沉是不可逆的,而凝胶则存在可逆和不可逆两种情况,即加热条件下,热可逆性凝胶可恢复其流动性。例如,低温下明胶为凝胶,当对其加热后,又形成溶胶状态,恢复其流动性。

凝胶根据不同的标准具有很多种分类法。对于食品凝胶而言,主要根据聚合物和粒子网络结构进行划分,凝胶分为聚合物凝胶和颗粒凝胶(图 2-18)。聚合物凝胶基质包括长的线性链状分子,它们在链的不同位点与其他分子发生交联,根据交联的性质可分为共价交联(图 2-18(a))和非共价交联(图 2-18(b))。在食品凝胶中以非共价交联为主,长链分子之间通过盐桥、微晶区域、氢键或者特定的分子间缠结形成聚合物凝胶。颗粒凝胶与聚合物凝胶相比,大多数颗粒凝胶网络结构更加粗糙,具有更大的孔隙(图 2-18(c))。颗粒凝胶还可细分为硬质颗粒,如塑性脂肪中的三酰甘油;另一种为变形颗粒,如牛奶胶体中的酪蛋白胶束。聚合物分子之间的交联包括许多不同性质的力,一个接合区内可以有范德华力、静电力、疏水作用、氢键,一些蛋白质分子还可以通过共价键(如二硫键)交联。

根据形成凝胶的物质特性不同,凝胶可通过多种方式诱导,食品加工中主要有冷置凝胶和热置凝胶。

(1) 冷置凝胶 当加热至一定温度时,形成网络结构的物质溶解或形成非常小的颗粒分散体系,然后通过冷却工艺,使网络结构内分子的构象发生变化,物质间通过非共价键形成凝胶。例如明胶,塑性脂肪。

(2) 热置凝胶 当球蛋白溶液加热至高于其变性温度,同时,蛋白质浓度达到凝胶所需浓度时,蛋白质分子间产生交联形成了凝胶。通常热凝胶是不可逆的,并且随着温度的降低

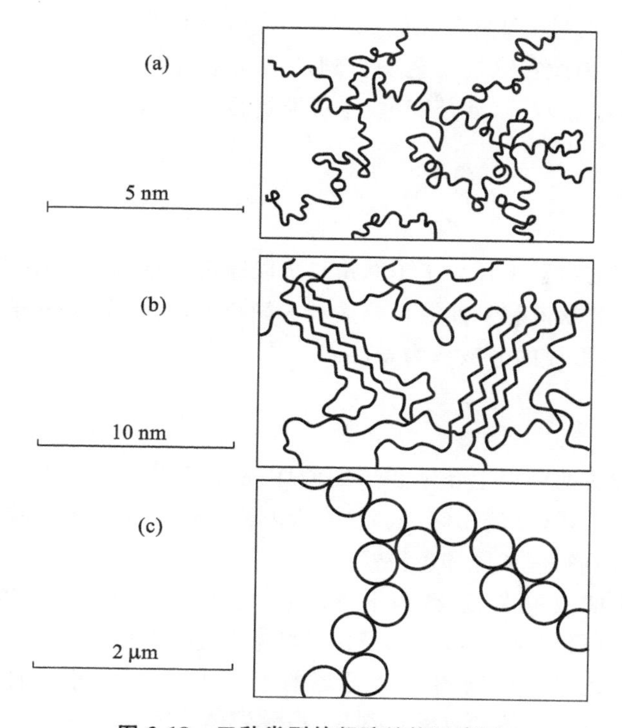


**图 2-18　三种类型的凝胶结构示意图**

(a) 聚合物凝胶：共价交联；(b) 聚合物凝胶：微晶区；(c) 颗粒凝胶

硬度增强。

凝胶表现为塑性流体和黏性流体结合的特性(即具有黏弹性)，凝胶虽然有较好的稳定性，但放置时间较长或条件改变时，也会发生性质的变化。凝胶具有以下特性。

(1) 凝固性

凝胶由于失去了流动性，因而往往形成一定的形状。这正是烹饪中菜肴形成各式各样"形"的主要因素。有了凝胶性，可以根据菜品感官的需要来对原料进行加工，产生具有良好弹性的食品。例如利用鱼肉、鸡蛋和淀粉为原料制成鱼糕。

(2) 弹性

凝胶的网络状结构，分散介质被"固定"在网格中不能"自由"移动，而相互交联的网状高分子或胶粒仍有一定的柔韧性，使凝胶成为具有弹性的半固体。凝胶的弹性与分散相和分散介质的比例有较大的关系，当两种比例相适时，弹性较大；当分散介质量过多或过少时，弹性都会降低。因此，在食品加工或烹饪过程中，非常重要的技术是食品配方的研制。

(3) 离浆性

离浆性也叫脱水性，收水性。新制备的凝胶放置较久后会出现液体从胶体中分离出来，致使胶体的体积变小，弹性降低，这种现象称为离浆。其实质就是水分的丢失。例如豆腐放置时间较长后，由于环境温度、湿度等变化，作为分散介质的水摆脱了分散相的作用而蒸发，使豆腐出现变干、体积收缩现象。因此，做好的食品如果放置时间较长，都需要采取措施防止离浆现象的产生。

(4) 溶胀性

当凝胶与分散介质接触时，会自动吸收分散介质而出现体积膨胀，这个过程称为凝胶溶胀。凝胶是介于液态(溶胶)和固态之间的一种形态,既可吸水又可脱水,吸水使其黏性增加,而脱水弹性增加。因此在烹饪工艺中得到广泛应用,各类肉制品作为一种凝胶,可以通过工艺(如盐溶)让其吸收水分,使其变嫩;也可通过盐析,使其失去水分而变硬。

## 四、粗分散系

粗分散系分散相的粒子半径大于 100 nm,所以通常呈混浊不透明状态。粗分散系按分散相状态不同又分为乳状液和悬浊液。分散相为微小液滴时,形成的分散系为乳状液;分散相为微小固体颗粒时,形成的分散系为悬浊液。

### (一)乳状液

乳状液是指两种或两种以上互不相溶的液体混合,其中一种液体以液滴形式分散到另一种液体中形成的分散系,分散相(分散质)称为内相,连续相(分散介质)称为外相。食品中典型乳状液有牛奶、奶油、蛋黄酱和色拉酱。

乳状液有着较大的液-液界面,热力学不稳定,放置一段时间后,小液滴很快聚集形成较大的液滴,甚至出现分层现象。因此,为了使乳状液稳定,必须降低分散系的界面自由能,让液滴不发生聚集。为此,向分散系中加入适当的表面活性物质(乳化剂)可以使其形成稳定乳化液。两种互不相溶的液体加入乳化剂后,一种液体分散在另一种不相溶液体中,形成高度分散系的过程称为乳化(emulsification)。乳化后得到的分散体系称为乳化液(emulsified liquid)。

乳化剂不是为了形成乳状液,而是当乳状液形成后乳化剂可以维持乳状液的稳定性。乳化剂的作用机理是分子定向地吸附在分散相和分散介质的液—液表面上,一方面降低了乳状液分散系的界面张力,另一方面在分散相液面周围形成了具有一定机械强度的单分子保护膜或形成了具有静电斥力的双电层,防止了乳状液的分层、絮凝、凝结等现象,从而使乳状液稳定。

### (二)乳状液的类型

乳状液可分为两种类型:一种是油分散在水中,称为水包油型,内相为油,外相为水,用 O/W 表示(图 2-19(a)),例如牛奶;另一种水分散在油中,称为油包水型,内相为水,外相为油,用 W/O 表示(图 2-19(b)),例如奶油是典型的油包水。除了这两种类型外,还有多重乳状液,如 W/O/W 型或 O/W/O 型。

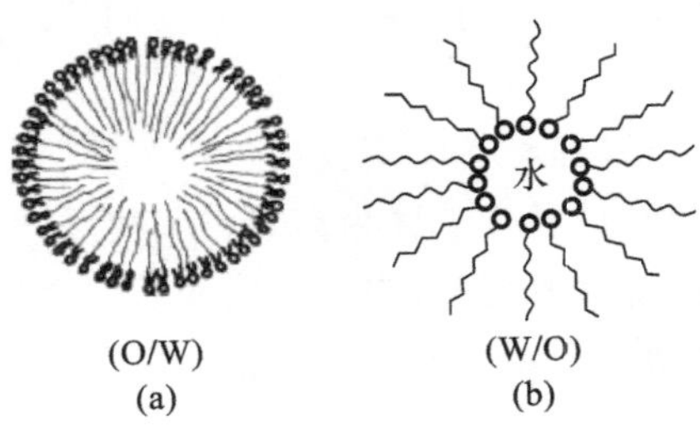


**图 2-19 乳化剂的结构与作用示意图**

注:"o"表示亲水基;"~~~"表示憎水基。

O/W 型乳状液外观与牛奶相似，而 W/O 型乳状液像油或油脂。一种液体如果能与分散相混溶，那么它一定能与乳状液混溶。因此，一种染料能使乳状液染色，就是因为它能与分散相混溶。实验中常采用亚甲蓝染色 O/W 型乳状液，苏丹红染色 W/O 型乳状液。

食品加工中水与油按比例使用，形成不同类型的乳状液。往往根据内相所占比例大小，分为低内相比、中内相比和高内相比乳状液。表 2-6 所列常见加工食品的内相、外相组成。

**表 2-6　常见加工食品乳状液类型**

| 水包油(O/W) | | | 油包水(W/O) |
|---|---|---|---|
| 低内相比(30%以下) | 中内相比(30%～70%) | 高内相比(77%以上) | 低内相比(30%以下) |
| 牛奶 | 重奶油 | 蛋黄酱 | 奶油 |
| 奶油、奶酪 | 液体起酥油 | 色拉酱 | 人造奶油 |
| 充气冰激凌 | 肉类乳状液 | | |
| 固体蛋糕 | 腊肉、香肠 | | |

## (三) 乳状液的形成

乳状液的形成常用的工艺方法以分散原理为依据，需要油、水和乳化剂，通过外界向体系提供机械能。分散相在很大的速度梯度作用下，分裂成许多较小的液滴，液滴可以承受变形并由于拉普拉斯压力(Laplace pressure)的作用而发生破裂。液滴越小，拉普拉斯压力越大，对于一个半径为 0.5 μm，表面张力为 0.01 N/m 的乳状液，拉普拉斯压力为 40 kPa，因此，只有外加相当大的能量才能使其破裂，还可以使用乳化剂降低两相的界面张力来实现。搅拌可以产生足够的剪切应力，在制备 O/W 型乳状液时，搅拌是一种常用方法，它可以将液滴打碎成直径小于几个微米甚至更小的液滴。搅拌速度越高，时间越长，得到液滴越小。但一般液滴直径不会低于 1～2 μm。要得到更小液滴，必须采用高压均质机，可以使液滴直径小于 0.2 μm。

食品的 O/W 型乳状液体系由三部分组成：一是处于内相的物质，脂肪或油类；二是界面物质，处于脂质与水相之间，起乳化剂作用，有蛋白质、磷脂、单甘油酯等物质；三是水相自身。

## (四) 乳状液的不稳定性

乳状液的不稳定性有几种表现形式：分层或沉降、絮凝、聚结、熟化和相转变。

**1. 分层或沉降**

分层或沉降(creaming or sedimentation)由于油相和水相的密度不同，在外力(重力、离心力)作用下液滴将上浮或下沉，在乳状液中建立平衡的液滴梯度，这个过程称为分层或沉降。虽然分层使乳状液的均匀性遭受到破坏，液滴往往密集地排列在体系的一端(上层或下层)，两层界限可以是渐变式，也可以是界限明显。一般情况下，液滴大小没有改变，只是乳状液内形成了平衡的液滴浓度梯度。如图 2-20(a)、(b)所示。

**2. 絮凝**

絮凝(flocculation)分散相的液滴聚焦成团，形成液滴簇(絮凝物)，这一过程称为絮凝

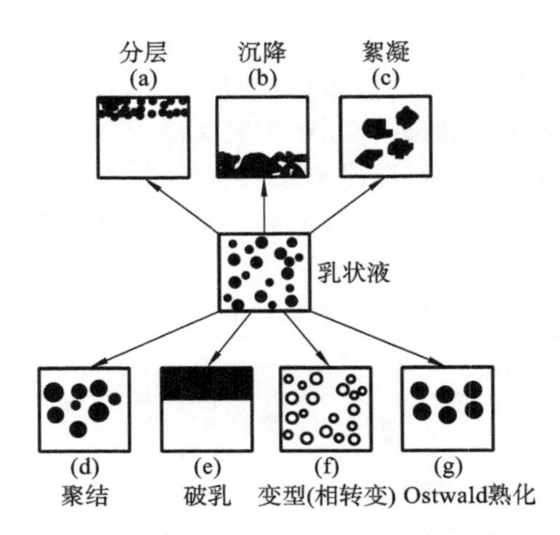


**图 2-20 乳状液不稳定性的表现形式示意图**

(图 2-20(c))。絮凝是由于液滴间的吸引力引起的,主要有分子间力和氢键,这种作用力较弱,因而絮凝过程可以是可逆的,搅拌可使聚集物分开,重新形成乳状液。

**3. 聚结**

在乳状液中,当两个液滴相接触时,液滴之间形成薄的液膜受到外界因素的影响,液膜厚度会发生变化,如果局部变薄,液膜易发生破裂形成较大的液滴,这一过程称为聚结(coalescence)(图 2-20(d))。聚结通常是不可逆的,根据油相的物理状态不同,将聚结分为两种类型:一是分散相完全是液体时,聚结的液滴融入较大的脂肪球中,最终以游离的油出现在表面(即析油);二是油相为半凝固状态时,存在一些液体油的扩散,形成的聚集物(结块)是不对称的,称为部分聚结。

**4. 奥斯特瓦尔德(Ostwald)熟化**

存在不同大小液滴的乳状液不易发生絮凝或聚结,可以保持稳定。但随着时间的推移会出现液滴大小分布向大液滴的方向移动,液滴大小分布曲线变得更集中,液滴大小趋向均匀化,这种现象称为奥斯特瓦尔德熟化(图 2-20(g))。奥斯特瓦尔德熟化是造成泡沫不稳定的主要原因,在乳状液中不常见,但是熟化过程一旦发生,较小的液滴合并成较大的液滴,就能进一步引发乳状液的不稳定。

**5. 相转变**

相转变(phase inversion)是乳状液分散相与连续相相互转变的现象。在乳状液制备过程中,分散相与连续相添加的顺序、乳化剂的性质、分散相与连续相的体积比、体系的温度等因素对相的转变都会产生影响。当分散相的体积分数高时(如蛋黄酱)易发生相转变。

## 五、泡沫体系

泡沫是一种气体分散在液体介质中的多相不均匀体系,气体是分散相,液体是连续相。从形态学上看,泡沫有两种类型:①球形泡沫,由分离度很宽的球状气泡组成,如冰激凌和奶油,气液比低,气泡保持大致球状结构;②不规则泡沫,由形状不规则的气泡组成,将分散气泡隔离的是狭窄的薄层状薄膜,如啤酒泡沫。

泡沫体系的气泡比起乳状液体系的液滴来讲,分层的速度快于液滴好几个数量级。同时，气泡与油类在水中的溶解度相比，空气在水中的溶解度要大得多，使得泡沫体系更容易发生奥斯特瓦尔德熟化。如果气体是二氧化碳（如面包、碳酸饮料等一些食品体系），则溶解度更高，大约要高 50 倍。因此，泡沫体系的研究相当困难。食品体系形成的泡沫分散体系非常复杂，泡沫的大小变化很大，直径从一微米到几厘米不等。均匀分布的泡沫使食品具有细腻、滑润、松软的口感，还能提高风味成分的分散性。在某种意义上讲，泡沫与 O/W 型乳状液有相似性，两者都是一种疏水流体分散在连续水相中形成的分散体系。

## （一）泡沫的形成方法

**1. 饱和法**

通常某一气体（$CO_2$或 $N_2O$，因为它们的溶解度很高）在高压下，可溶解于液相中，当压力释放后，就会形成气泡。例如，碳酸饮料和啤酒，当加压的容器打开，过剩的压力被释放，$CO_2$变得过饱和，它将渗入到所有空穴中，气泡不断增长，当体积足够大时就会上升形成一个气泡层。发酵面团在形成 $CO_2$过程中，同样过剩的 $CO_2$聚集成小气泡，并不断增长，最后形成肉眼可见的气泡结构。

**2. 机械力作用**

当气流通过一个狭窄的开口被引入到水相时（喷射）会产生气泡，产生的气泡较大，其直径在 20～100 μm。搅打也可以使空气混入液体中获得较小的气泡，如蛋清经过搅打，随着剪切力（搅打速度）的增加，可以获得较小的气泡，这也是烹饪或工业生产中常用的方法。

## （二）泡沫的破裂

泡沫一般会显示三种类型的不稳定性。

**1. 奥斯特瓦尔德熟化（歧化反应）**

奥斯特瓦尔德熟化即气泡从小气泡向大气泡中扩散。产生的原因是小气泡有较大的曲面压力，其内压比大气泡中的内压大，两者内压又都大于外部压力。小气泡通过液膜向大气泡中排气，小气泡不断变小直到消失，大气泡也因变大，其液膜变得更薄，最后破裂（图 2-21）。

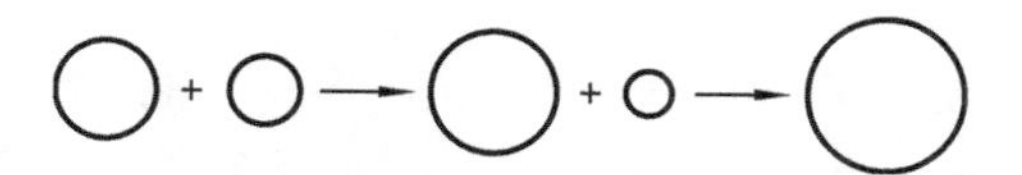


**图 2-21　奥斯特瓦尔德熟化示意图**

大多数情况下，奥斯特瓦尔德熟化是泡沫不稳定性中最重要的类型，尤其在食品体系中，气泡的体积比其他种类的泡沫都要小。在泡沫的顶层，熟化反应发生最快，因为空气可以直接扩散到大气中，而气泡与大气之间的水层又非常薄。同时，在泡沫内部，奥斯特瓦尔德熟化发生的速率也相当快，很容易发生气泡破裂。

**2. 沥水（排液）**

沥水是指由于重力作用，从泡沫层排出或经泡沫层排出液体。泡沫的存在是气泡有一层液膜相隔，由于气液两相的密度和性质有很大差异，气泡间的液膜在重力作用下产生向下的排液现象，使液膜变薄，同时膜的强度随之下降，如果加之外界力的作用更容易破裂，造成气泡的合并。

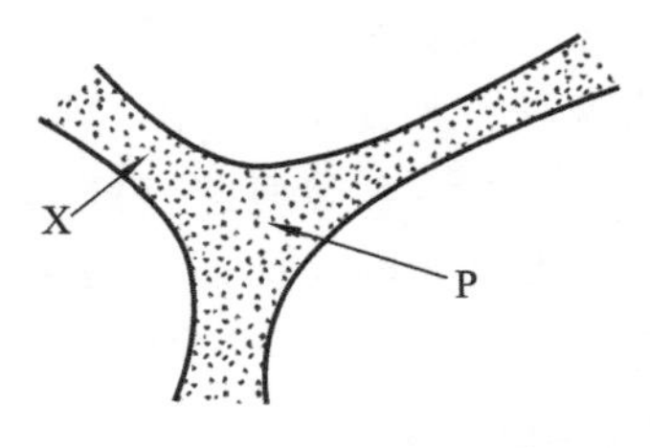

图 2-22 Plateau 区边界

3. 表面张力作用

当三个气泡聚结在一起时，它们之间形成三角样液膜，这一液膜区称为 Plateau 区边界，简称为 P 区（图 2-22）。如果三个气泡大小相同，则交界面之间形成 120°的夹角，因为每一交界面上具有相同的界面张力。但 P 区为三个气泡交界处，X 为两个气泡的交界处，P 区曲率较 X 区曲率大，这就意味着 P 区的曲面压力小于 X 区，液体从 X 区流向 P 区而导致液膜变薄，泡沫的稳定性下降。由于表面张力的作用，最终导致泡沫破裂。

### （三）泡沫稳定的影响因素

1. 适度降低表面张力

泡沫排液的速度和气泡液膜的交界处与正常界面（两个气泡接触面）之间的压力差有关，表面张力低则压差小，排液速率慢，这有利于泡沫的稳定。但表面张力不宜过低，否则会导致液膜机械强度减弱，不利于泡沫的稳定。

2. 增加泡沫表面黏度

表面黏度是泡沫稳定的重要因素。增大表面黏度可以增强液膜抵抗强度，减缓液膜排液和气体跨膜扩散的速度，提高泡沫的稳定性。

3. 增加相邻界面之间的静电和空间排斥作用

可以将离子和非离子表面活性剂、高聚物和其他助剂吸附在液膜表面，使气泡产生排斥效应起到对抗排液作用，减少泡沫之间接触产生的熟化反应。

除此之外，影响泡沫稳定性的还有液相的黏度、温度等因素。

# 第四节　界面现象

前面讨论了分散系，在分散系中普遍存在气-液、气-固、液-液、液-固、固-固五种分散系，这些不同的体系中，粒子（或分子、原子）间存在着彼此接触的界面，其厚度约为几个分子层的大小（纳米级）。在界面层内相邻两个体相有不同的热力学及动力学性质，其强度性质沿着界面层的厚度连续地递变，表现出不同的物理、化学性质。近几年来应用最广的液晶，就是利用液-固界面具有的电、磁、光学特性。

界面化学是研究物质在多相体系中表面的特征和表面发生的物理和化学变化及其规律的科学。

## 一、界面现象原理与表面张力

界面不是两相接触的几何面，它有一定的厚度，可以是多分子层界面，也可以是单分子层界面。故有时将界面称为界面相。界面的结构和性质根据相邻的两相不同而不同。自然界中有许多现象都与界面性质有关，例如荷叶上的水珠，水在毛细管中的虹吸现象等，都与界面发生的物理化学变化有关。

**1. 界面现象产生的原理**

物质表面层的分子与内部分子所处的环境不同，内部分子所受邻近相同分子的作用力是对称的，各个方向的力彼此抵消，合力为零。而表面层分子，一方面受到体相内部相同分子的作用，一方面又受到界面另一相不同分子的作用，因此，界面层会出现一些特殊的性质，最简单的情况是形成“液-气”系统，如图 2-23 所示。在气-液界面上的分子受气相分子作用力小，受液相分子作用力大，从而表面层中的分子恒受到指向液体内部的拉力作用，液体表面的分子总是趋于向内部移动以缩小表面积。对于一定体积的液滴来说，在不受外力作用下，它的形状总是以球形最为稳定。

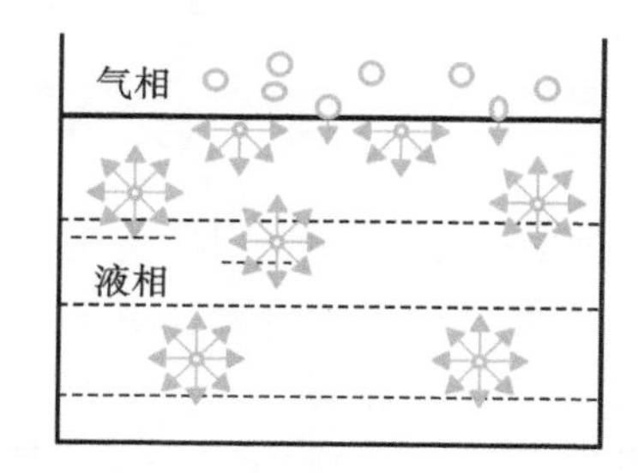


**图 2-23　气-液界面分子作用力**

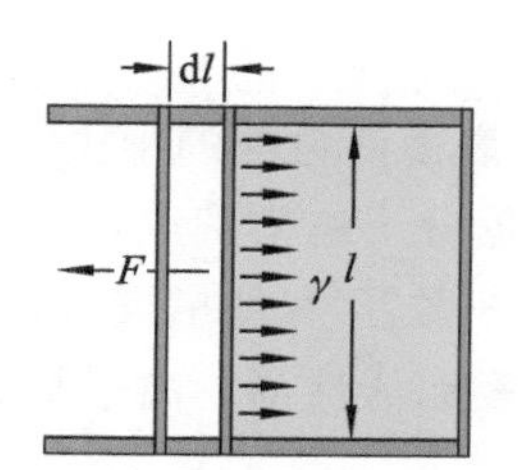


**图 2-24　液体表面张力分析图**

**2. 表面张力**

表面张力的测定如图 2-24 所示，在金属框上装有可以滑动的铂丝，将铂丝固定于某位置后沾上一层液膜，这时放松铂丝，铂丝就会在液膜表面张力作用下自动向右移，使液膜面积缩小。这种沿着液体表面垂直作用于单位长度上平行于液体表面的收缩力，称为表面张力(surface tension)。用符号“$\gamma$”表示，单位是牛顿/米(N/m)。

$$\gamma = F/2l \tag{2-13}$$

式中：$\gamma$ 为液体表面张力，N/m；$F$ 为作用于液膜上的平衡外力，N；$l$ 为单面液膜的长度，m。

从式(2-13)可知，液膜的长度越小，表面张力越大。试验结果表明，制备油-水乳状液时，体积为 1 $cm^3$ 的油滴(球表面积 4.83 $cm^2$，直径 1.24 cm)分散成直径为 $2\times10^{-4}$ cm (2 $\mu$m)的微小油滴，表面积增大到 30000 $cm^2$，即增大了 6210 倍。这些微小油滴较原油滴具有高得多的表面张力，它们与表面平行，阻碍了油滴的分布。因此，反表面张力必须通过做功来消耗增大的表面能，所消耗的功 $W$ 与表面积增大 $\Delta S$ 和表面张力 $\gamma$ 成正比：

$$W = \Delta S \cdot \gamma \tag{2-14}$$

从式(2-14)可知，降低表面张力，可以使机械功明显减小；反之，所需要的机械功越大。单纯以机械功制备乳状液，得到的乳状液是很不稳定的，容易破坏。为了使乳状液较长时间地保持稳定，需要加入乳化剂以抑制两相的分离，使它在热力学上稳定。

## 二、表面活性剂

能够使液滴表面张力显著降低的物质称为表面活性剂。表面活性剂是一类能改变系统表面状态，具有润湿、乳化、分散、起泡等作用的化学物质。

**1. 表面活性剂的分子结构**

表面活性剂的分子结构特点是具有两亲性，由具有亲水性的极性基团(亲水基)和具有亲油性(憎水基)的非极性基团两部分组成。如洗衣粉的主要成分是烷基苯磺酸钠,它的亲油基团是烷基,而亲水基团是磺酸钠。

在水溶液中,亲水基受到强极性分子水的吸引,溶于水中,而亲油基团远离水向空气(或油)中移动。如图 2-25。

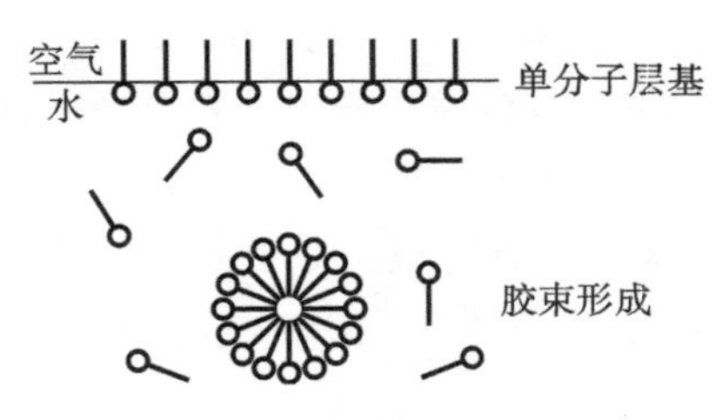


**图 2-25　表面活性剂作用示意图**

**2. 表面活性剂的种类**

根据分子结构特点,表面活性剂分为离子型和非离子型两大类,见表 2-7 所示。表面活性剂溶于水后,凡能解离成离子的称为离子型表面活性剂;在水中不能解离成离子的称为非离子型表面活性剂。离子型又可分为阳离子型和阴离子型表面活性剂。

**表 2-7　表面活性剂的分类**

| 类型 | | 表面活性剂 | HLB |
|---|---|---|---|
| 阴离子型 | 肥皂 | 油酸钠 | 18 |
| | 磷脂 | 卵磷脂、脑磷脂 | 较大 |
| | 乳酸酯 | 硬脂酰-2-乳酸酯 | 21 |
| | 去垢剂 | 十二烷基硫酸钠 | 40 |
| 阳离子型 | 不用于食品,主要用于洗涤剂 | | |
| 非离子型 | 脂肪醇 | 十六醇 | 1 |
| | 单酰基甘油 | 单硬脂酸酰甘油 | 3.8 |
| | 司盘类 | 山梨醇酐单硬脂酸酯 | 4.7 |
| | | 山梨醇酐单油酸酯 | 7 |
| | | 山梨醇酐单月桂酸酯 | 8.6 |
| | 吐温类 | 聚氧乙烯山梨醇单油酸酯 | 16 |

表面活性剂按分子结构分类,对活性剂的选择有指导作用,如阳离子型与阴离子型活性剂不能混合使用,否则会发生沉淀反应而失去表面活性作用。由于食品中物质具有多重极性,故食品中多采用非离子型表面活性剂。

**3. HLB 值**

表面活性剂应用非常广。如何选择和评价表面活性剂就显得尤其重要。在建立评价方法中,较多采用格里芬(Griffin)提出的“亲水-亲油平衡值”(简称 HLB 值)表示,对于非离子型表面活性剂,HLB 值为

$$\mathrm{HLB} = 20(M_{\mathrm{W}}/M) \tag{2-15}$$

式中:$M_{\mathrm{W}}$ 为亲水部分的相对分子质量;$M$ 为总相对分子质量。

对于非离子型的大多数多元醇脂肪酸酯类乳化剂,可按下列公式计算:

$$HLB = 20(1 + S/A) \tag{2-16}$$

式中:$S$ 为脂肪酸酯的皂化值;$A$ 为脂肪酸的酸价。

石蜡不含亲水基,100%亲油性,其 HLB 值为 0,聚乙二醇所含基团全部为亲水基,100%亲水性,其 HLB 值为 20,其他非离子型表面活性剂的 HLB 值介于 0～20。表 2-8 列出常用非离子活性剂的 HLB 值。

**表 2-8　HLB 值与非离子型表面活性剂功能的关系**

<table>
<tr><th rowspan="2">HLB 值</th><th colspan="2">所占百分比/(%)</th><th rowspan="2">在水中性质</th><th rowspan="2">应用范围</th></tr>
<tr><th>亲水基</th><th>亲油基</th></tr>
<tr><td>0</td><td>0</td><td>100</td><td rowspan="2">HLB 1～4,不分散</td><td></td></tr>
<tr><td>2</td><td>10</td><td>90</td><td>HLB 1～3,消泡作用</td></tr>
<tr><td>4</td><td>20</td><td>80</td><td>HLB 3～6,略有分散</td><td>W/O 型乳化作用(最佳 3.5)</td></tr>
<tr><td>6</td><td>30</td><td>70</td><td rowspan="2">HLB 6～8,经过剧烈搅打后呈乳浊状分散</td><td>HLB 7～9,湿润作用</td></tr>
<tr><td>8</td><td>40</td><td>60</td><td rowspan="2">HLB 8～18,O/W 型乳化作用(最佳 12)</td></tr>
<tr><td>10</td><td>50</td><td>50</td><td>HLB 8～10,稳定乳化作用</td></tr>
<tr><td>12</td><td>60</td><td>40</td><td rowspan="2">HLB 10～14,趋向形成透明性分散</td><td rowspan="2">HLB 13～15,去污清洗作用</td></tr>
<tr><td>14</td><td>70</td><td>30</td></tr>
<tr><td>16</td><td>80</td><td>20</td><td rowspan="2">HLB 13～20,呈溶解状透明胶状体</td><td rowspan="2">HLB 15～18,助清作用,增溶作用</td></tr>
<tr><td>18</td><td>90</td><td>10</td></tr>
<tr><td>20</td><td>100</td><td>0</td><td></td><td></td></tr>
</table>

## 三、表面活性剂的作用

### 1. 润湿与渗透作用

表面活性剂使固体表面产生润湿转化(由不润湿变为润湿或其逆向过程)的现象,称为润湿作用。例如,水不能润湿石蜡片,但在水中加入一些表面活性剂之后,水就能在石蜡片上铺展开来,产生润湿。食品面包制作中,水、油与面粉的润湿作用不好,加入表面活性剂后,提高水、油、面粉的润湿性和均匀性。面包口感润滑度增加。

表面活性剂使液体渗入多孔性固体的现象,称为渗透作用。渗透作用实质是润湿作用的应用之一,例如,未脱脂的奶粉在水中不容易溶解(分散),但加入表面活性剂磷脂后,就能够很好地溶解。

### 2. 乳化与去乳化作用

水与油混合生成乳化液的过程,称为乳化作用。乳化液是液体以极其小的液滴形式分散在另一种与其不相溶的液体中形成多相分散系统。欲使乳化液稳定、不分层,通常需加入表面活性剂。形成 W/O 型或 O/W 型乳化液。

乳化液中油与水分离的过程,称为去乳化(破乳)作用。如将牛奶脱去脂肪制成脱脂牛奶,采用亲油强的表面活性剂去除油脂。

### 3. 起泡与消泡作用

泡沫是指气体分散在液体中的分散系,如碳酸类饮料,$CO_2$ 气体分散在液体水中。泡沫

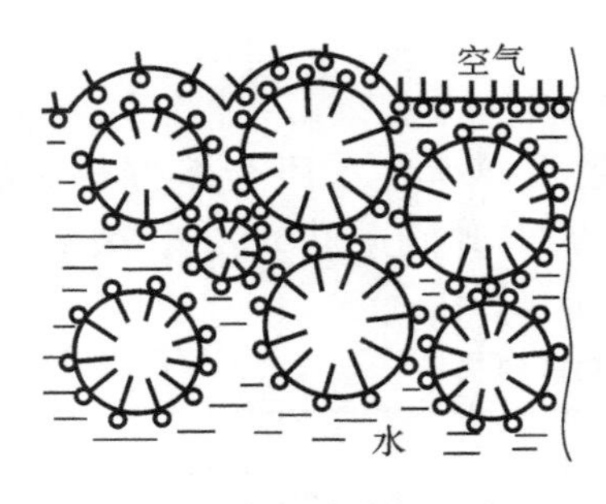

图 2-26 起泡剂作用示意图

作为粗分散系，极容易出现气-液分离，是热力学不稳定体系。能够形成稳定的泡沫的现象，称为起泡作用。使不稳定的泡沫粗分散系稳定的物质称为起泡剂。凡是能降低界面表面张力和表面能的物质都具有起泡剂的作用(图 2-26)。例如肥皂、烷基苯磺酸钠等，在洗涤中都有起泡作用。烹饪中泡沫食品，例如馒头、面包、蛋糕等也是泡沫分散系，加入乳化剂可以改善其稳定性，使食品中泡沫均匀而稳定，食品达到质地细腻、弹性好的效果。

使已形成泡沫消除的现象，称为消泡剂。消泡剂实际上是一类表面张力小、溶解度小的物质，如油脂。消泡剂表面张力小于气泡液膜的表面张力，又容易在气泡液膜表面替代原来的起泡剂，本身不能形成较稳固的吸附膜，故产生裂口，泡沫内气体外泄，导致泡沫破裂而消泡。

**4. 增溶作用**

表面活性剂能够使溶质溶解度增大的现象，称为增溶作用。例如，洗涤过程中，被洗下的污垢增溶后，较好地溶解在水中，而不再重新附着在衣物上。人体消化吸收中也有增溶作用，小肠不能直接吸收脂肪，却能通过胆汁的增溶作用使脂肪吸收。烹饪中为了原料吸收水分，也常常利用增溶作用。例如牛肉的上浆用蛋清、泡打粉等物质。

# 第五节 化学反应

化学反应主要是研究反应过程中物质的性质改变、物质间量的变化、能量的交换和传递、反应条件和速率等方面的问题。在烹饪中，人们更关心的是物质变化的结果，例如，颜色、气味等。虽然化学变化纷繁复杂，但是其基本规律十分简单清晰。掌握了这些规律，许多化学反应都可以认识、利用，甚至可以进行控制、设计。因此，在烹饪化学中我们要了解和掌握物质反应的方向和程度，从而在烹饪过程中对化学反应进行控制和设计，满足食品的“色、香、味、形”的要求，以及实现产品标准化生产。

要研究化学反应，首先必须了解化学热力学和化学动力学知识。

## 一、化学热力学知识

化学热力学是将热力学的基本原理应用于化学反应以及与化学有关的物理现象。主要内容是利用热力学第一、第二、第三定律计算化学变化过程中的能量转换和研究化学变化过程的方向和限度问题，以及物质熵的计算，为化学平衡奠定基础。

### (一) 热力学能

热力学能(thermodynamic energy)，又称为内能(internal energy)，是体系内一切能量的

总和，通常用$U$表示，单位为$kJ \cdot mol^{-1}$。它包括体系内各种物质的分子或原子的位能、振动能、转动能、平动能、电子的动能以及核能等，但不包括系统整体运动时和系统整体处于外力场中具有的势能。理想气体的内能($U$)只是温度的函数。

热力学能($U$)是一个状态函数，当系统处于一定状态时，热力学能具有一定值。当系统状态发生变化时，其热力学能必然发生变化。此时，其能量的改变量只与始态和终态有关，与途径无关。在一定条件下，系统的热力学能与系统的物质质量成正比，即热力学能具有相加性。

$$\Delta U = U_{终} - U_{始} \tag{2-17}$$

通常我们无法知道一个系统的热力学能的绝对值。但系统变化时，热力学的改变量($\Delta U$)可以从过程中系统与环境交换的热和功的数值来确定。在化学变化中，只要知道热力学能的改变量就行了，目前尚不能研究其确定值。

这在烹饪过程中对于“火候”的研究非常重要。例如煨汤，我们只要掌握开始和结束两种状态中热力学能的改变量($\Delta U$)，就可以计算出系统(汤)与环境(热源)交换的热量值。

## (二) 热力学第一定律

化学反应中新物质的生成总是伴随着能量的变化。人们经过长期的实践和科学实验证明：在任何过程中，能量既不能创造，也不能消灭，只能从一种形式转变为另一种形式。在转变过程中，总量保持不变。这就是热力学第一定律，也称能量守恒定律。

要掌握能量守恒定律，必须理解物质状态、状态函数和热力学能的概念和意义，系统与环境进行能量交换的两种形式——热和功。

**1. 热力学第一定律表达式**

对封闭系统，如图 2-27 所示，它处于状态Ⅰ时，具有一定的热力学能$U_1$。从环境吸收的热量$Q$，并对环境做体积功$W$，达到状态Ⅱ，此时的热力学能$U_2$。对于该封闭系统，根据能量守恒定律：

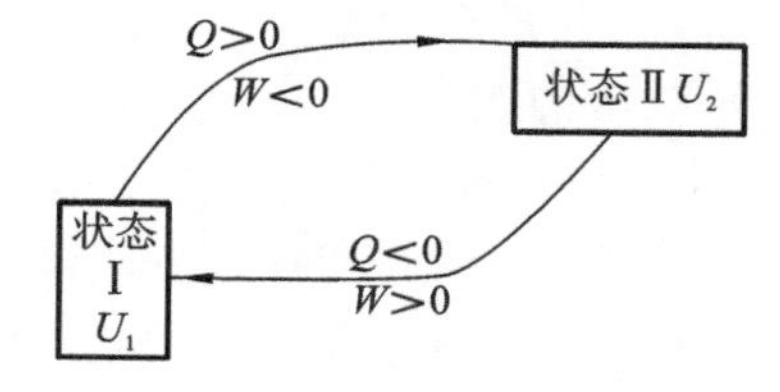


**图 2-27　系统热力学能的变化图**

$$U_2 - U_1 = Q + W \tag{2-18}$$

或

$$\Delta U = Q + W \tag{2-19}$$

式(2-18)和式(2-19)为热力学第一定律(first law of thermodynamics)数学表达式，其实质是能量守恒与转化定律。

对于隔离系统：

因为　　$Q=0$，　$W=0$

故　　$\Delta U=0$

即隔离系统的热力学能量是守恒的。

**2. 化学反应热效应——焓**

化学反应的本质是旧的化学键断裂和新的化学键生成，化学键断裂需要消耗能量，而化学键生成能够释放能量，化学反应过程必然伴随着能量的变化。化学反应系统与环境进行能量交换的主要形式是热。通常把只做体积功，且起始状态与终止状态具有相同温度时，系统吸收或放出的热量称为化学反应热(heat of reaction)。吸收或放出热量称为化学反应的热效应。按反应的条件不同，反应热分为定容过程反应热和定压过程反应热。

定容反应热($Q_V$)：对于封闭系统，在定容过程中，$\Delta V=0$，$W=0$，非体积功为零。根据热力学第一定律：

$$\Delta U=Q+W=Q_V$$

即

$$Q_V=\Delta U \tag{2-20}$$

式中：$Q_V$ 为定容反应热。下标 $V$ 代表定容过程。

式(2-20)的意义是：在定容条件下的化学反应，其反应热等于该系统中热量的改变量。即定容反应过程中，体系吸收的热量全部用来改变体系的内能($Q_V=\Delta U$)。

定压反应热($Q_p$)：大多数化学反应是在定压(恒压)条件下进行的，烹饪过程大多为定压过程。定压条件下，体积功即膨胀功为

$$W=-p\cdot\Delta V$$

$$\Delta U=U_2-U_1=Q+W=Q_p-p\cdot\Delta V=Q_p-p\cdot(V_2-V_1)$$

因为

$$p_1=p_2=p_0$$

则

$$U_2-U_1=Q_p-(p_2V_2-p_1V_1)$$

$$Q_p=(U_2+p_2V_2)-(U_1+p_1V_1) \tag{2-21}$$

式中：$U$、$p$、$V$ 是状态函数；$(U+pV)$的复合函数当然也是系统的状态函数。

这一新的状态函数热力学定义为焓(enthalpy)，用符号 $H$ 表示，即

$$H=U+pV \tag{2-22}$$

焓($H$)作为状态函数，焓与热力学能的单位相同，单位为 J、kJ 等。其绝对值也尚不可测定。当系统状态发生改变时，焓的定义式(2-6)改变为

$$Q_p=H_2-H_1=\Delta H \tag{2-23}$$

即焓的改变量为

$$\Delta H=H_2-H_1=Q_p \tag{2-24}$$

$\Delta H$ 为焓的改变量，称为焓变(enthalpy change)。式 2-24 表明，定压过程的反应热等于状态函数焓的改变量。$\Delta H<0$ 时，表示恒压下反应系统向环境放热，是放热反应；$\Delta H>0$ 时，表明系统从环境吸热，是吸热反应。

从焓的定义式(2-24)可知，焓具有能量单位，因热力学能和体积都具有加和性，所以焓也有加和性。实际中系统焓的绝对值是无法确定的，只要知道状态变化时的焓变即可。

## (三) 热力学第二定律

一切化学反应中的能量转化都遵循热力学第一定律。但是，不违背第一定律的化学变化，却未必都能自发进行。那么，在什么条件下化学反应才能进行？进行哪种反应呢？这是第一定律所不能够回答的，需要热力学第二定律来解决。

**1. 反应的自发性**

化学自发过程(spontaneous process)就是在一定条件下不需要任何外力作用就能自动进行的过程。即无须外界能量而自然发生的过程。自发过程的共同特征是从有序到无序的转换。非自发过程(unspontaneous process)如果没有外力作用，它们都不能自动地进行。

以物理过程为例，水总是由高处向低处流；反之，则需要外力做功才能实现水往高处流。任何一个过程都要遵守热力学第一定律，因为两个物体的总能量并没有改变。因此，需要新的衡量标准来定义自发性。

**2. 物质的混乱度——熵**

根据什么来确定化学反应的自发性？人们了解大量的物理、化学过程，发现所有自发过程都遵循以下规律。

(1) 从过程的能量变化看，物质系统倾向于取得最低能量状态。

(2) 从系统中质点分布和运动状态来分析，物质系统倾向于取得最大混乱度。

(3) 凡是自发过程通过一定的装置都可以做功，如水力发电。

化学反应自发性的焓变判据：物质系统倾向于取得最低能量状态，对于化学反应就意味着放热反应($\Delta H<0$)才能自发进行。即系统的焓减少，反应将能自发进行。在反应过程中，系统有趋向于最低能量状态的倾向(最低能量原理)。最低能量原理是许多实验事实的总结，对多数放热反应是适用的。但有些吸热反应也能自发地进行。例如，冰融化过程是个自发过程，但又是吸热的。这种情况就不能用焓变来解释。

化学反应除取决于焓变这一重要因素外，还取决于另一因素——熵变。

熵(entropy)是表示系统内部质点在一个指定空间区域内排列和运动的无序程度的物理量，用符号 $S$ 表示，单位为 $J \cdot mol^{-1} \cdot K^{-1}$。熵值大小对应的是物质的混乱度，混乱度(disordor)是有序度的反义词，即组成物质的质点在一个指定空间区域内排列和运动的无序程度。熵值越大对应的混乱度越大，物质无序状态程度高；反之，物质处于有序状态。

**3. 热力学第二定律(即熵增原理)**

热力学第二定律(second law of thermodynamics)是根据大量的观察结果总结出来的热运动规律，其内容如下。

(1) 热量总是从高温物质传到低温物质，不可能作相反的传递而不引起其他变化。

(2) 功可以转变为热能，但任何热机不能全部地、连续不断地把所接受的热能转变为功，而不产生其他任何影响。

(3) 在孤立系统中，实际发生的过程总是使整个系统的熵值增大，即

$\Delta S_{孤立}>0$　　自发过程

$\Delta S_{孤立}<0$　　非自发性过程

$\Delta S_{孤立}=0$　　平衡状态

熵($S$)与热力学能($U$)、焓($H$)一样是系统的一种性质，都是状态函数。物质状态一定，熵值也一定；状态变化，熵值也变化。熵值也具有可加性，熵值大小与物质的量成正比。

## (四) 热力学第三定律

1906 年，W. H. Nernst[德]提出，任何理想晶体在热力学温度 0 K 时，熵都等于零。纯物质完整有序晶体在 0 K 时的熵值为零。即

$$S^{*}(\text{完整晶体}, 0\ K)=0 \tag{2-25}$$

当一物质 B 的理想晶体从热力学温度 0 K 升温至 $T$ 时，系统熵的增加即为系统在 $T$ 时的熵(S)，熵与系统内物质的量($n$)的比为该物质在 $T$ 时的摩尔熵 $S_m$：

$$S_m=S/n \tag{2-26}$$

纯物质 B 的单位物质的量的规定熵称为摩尔熵(molar entropy)。标准状态下的摩尔熵称为标准摩尔熵(standard molar entropy)，以符号 $S_m^{\ominus}$ 表示，SI 单位为 $J \cdot K^{-1} \cdot mol^{-1}$。可以从相关化学用表中查询标准状态(298.15 K，100.00 Pa)的摩尔熵值。

熵与物质的聚集状态有关。熵有如下变化规律：

(1) 物质的熵，随温度的升高而增大；

(2) 同一物质，气态熵大于液态，液态大于固态；

(3) 相对分子质量越大，熵越大；

(4) 结构相似，相对分子质量不同的物质，熵随相对分子质量增大而增大；

(5) 相对分子质量相同的物质，结构越复杂，熵越大。

通过熵变确定化学反应的方向，根据热力学第二定律：在任何自发过程中，系统和环境的熵变化的总和是增加的。它指出了宏观过程进行的条件和方向。

$$\Delta S_{总}=\Delta S_{系统}+\Delta S_{环境}>0$$

即：$\Delta S_{总}>0$，自发变化；$\Delta S_{总}<0$，非自发变化；$\Delta S_{总}=0$，系统处于平衡状态。

但是，大多数化学反应并非孤立系统，用系统的熵增大作为反应自发性判断的依据并不具有普遍意义。对于定温、定压，系统与环境有能量交换的情况下，判断反应自发性的判断依据是吉布斯函数变化。

### (五) 吉布斯函数变化与反应方向

物质的自发过程与其焓($H$)和熵($S$)值的变化相关。对于化学反应来说当 $\Delta H<0$ 时，就意味着放热反应，反应才能自发进行；$\Delta S>0$ 时，体系混乱度增加，意味着自发过程的发生。对于一个自发过程，在恒压下，有

$$\Delta S\geqslant Q_p/T \tag{2-27}$$

将式(2-24)代入式(2-27)，在恒温和恒压下，有

$$\Delta S\geqslant Q_p/T=\Delta H/T \tag{2-28}$$

于是得到

$$\Delta H-T\Delta S\leqslant 0 \tag{2-29}$$

这是 1878 年美国化学家吉布斯(J. W. Gibbs)提出的自发性的准确判据，常称为吉布斯函数(Gibbs function)，用符号 $G$ 表示，他将其定义为 Gibbs 自由能。

$$G=H-TS \tag{2-30}$$

在恒温、定压下，当系统发生状态变化时，其函数的变化为

$$\Delta G=\Delta H-T\Delta S \tag{2-31}$$

即在恒温、定压下，化学反应的自发过程满足如下条件。

$$\Delta G=\Delta H-T\Delta S<0$$

当 $\Delta G<0$ 时，这样的变化过程是对外释放能量的过程；当 $\Delta G>0$ 时，变化过程不能自发进行，这样过程是吸收能量的，它们必须在外来能量的驱动下进行；当 $\Delta G=0$ 时，反应处于平衡状态，正反应速率与逆反应速率相等。对于大多数化学反应，$\Delta G$、$\Delta H$、$\Delta S$ 是能够被测出的，但 $G$、$H$、$S$ 是不能测其绝对值的。

从式(2-31)可知，一个化学反应：当 $\Delta H>0$ 时，只有当 $\Delta S>0$ 且足够大时才能自发进行；相反，当变化过程中的 $\Delta S<0$ 时，若要保证反应进行，必须 $\Delta H<0$ 且足够小。反应的自发性($\Delta G$)用 $\Delta H$ 和 $\Delta S$ 表征见表 2-9。

**表 2-9　反应的自发性($\Delta G$)用 $\Delta H$ 和 $\Delta S$ 表征**

| $\Delta H$ | $\Delta S$ | $\Delta G=\Delta H-T\Delta S$ |
|---|---|---|
| − | + | 焓变(放热)和熵变两者都有利于自发反应。任何温度下，反应都能自发进行 |
| − | − | 焓变有利于自发反应，但熵变相反。只有当温度低于 $T=\Delta H/\Delta S$ 时，反应是自发的 |

续表

| $\Delta H$ | $\Delta S$ | $\Delta G=\Delta H-T\Delta S$ |
|---|---|---|
| + | + | 熵变有利于自发反应，但焓变相反。只有当温度高于 $T=\Delta H/\Delta S$ 时，反应是自发的 |
| + | − | 焓变与熵变两者都对自发反应起相反作用，在任何温度下都不会发生自发反应 |

需要强调的是，通过 $\Delta G$ 可以判断自发反应的方向，但不能确定反应过程的速度。反应速率取决于反应的具体机理，与 $\Delta G$ 无关。

## 二、化学动力学基础

化学动力学是研究化学反应速率和机制的科学。主要任务是研究反应条件（如浓度、温度、催化剂等）对反应速率的影响和反应的具体过程。

### （一）化学反应速率的概念

不同化学反应的速率极不相同：有的极快，在瞬间即可完成，如炸药的爆炸，酸碱的中和等；有的反应较慢，如金属的腐蚀，高聚物的老化等；有的则非常缓慢，甚至不能察觉，如岩石的风化等。

国家标准规定，用浓度为基础的化学反应速度（rates of chemical reaction），把单位时间、单位体积内化学反应的反应进度定义为反应速率。对于化学反应，有

$$a\mathrm{A}+b\mathrm{B}\longrightarrow y\mathrm{Y}+z\mathrm{Z}$$

其化学反应速率为

$$v=-\frac{\mathrm{d}c_{\mathrm{A}}}{a\mathrm{d}t}=-\frac{\mathrm{d}c_{\mathrm{B}}}{b\mathrm{d}t}=\frac{\mathrm{d}c_{\mathrm{Y}}}{y\mathrm{d}t}=\frac{\mathrm{d}c_{\mathrm{Z}}}{z\mathrm{d}t}\tag{2-32}$$

反应的速率单位为 $\mathrm{mol\cdot dm^{-3}\cdot s^{-1}}$。反应物质化学计量数 $a$、$b$ 取负值，产物的化学计量数 $y$、$z$ 取正值。

例如，氨的合成反应 $N_2(g)+3H_2(g)\longrightarrow 2NH_3(g)$，其化学反应速率为

$$v=-\frac{\mathrm{d}c_{(\mathrm{N_2})}}{\mathrm{d}t}=-\frac{\mathrm{d}c_{(\mathrm{H_2})}}{3\mathrm{d}t}=\frac{\mathrm{d}c_{(\mathrm{NH_3})}}{2\mathrm{d}t}$$

### （二）化学反应速率的测定

化学反应速率的测定方法有化学法和物理法。化学法可通过测定不同时刻任一反应组分的浓度，得到组分浓度-时间的变化率，从而计算出化学反应速率。如图 2-28 所示，由实验测得反应物 A 的浓度 $c_{\mathrm{A}}$ 与时间 $t$ 的数据，以 $c_{\mathrm{A}}$、$t$ 为坐标作图，得一曲线，曲线在某一时刻的切线斜率就是 A 物质在 $t$ 时刻的消耗速率，即

$$v=\frac{\mathrm{d}c_{\mathrm{A}}}{\mathrm{d}t}$$

物理法，根据反应组分的某一物质的物理性质（如折射率、电导率、旋光度、吸收光谱、比色、质谱、色谱等），随着反应进行的程度而发生变化，且物理性质的变化与反应组分的浓度呈线性关系，通过物理性质与时间的关系，换算出浓度与时间的关系，从而得到化学反应

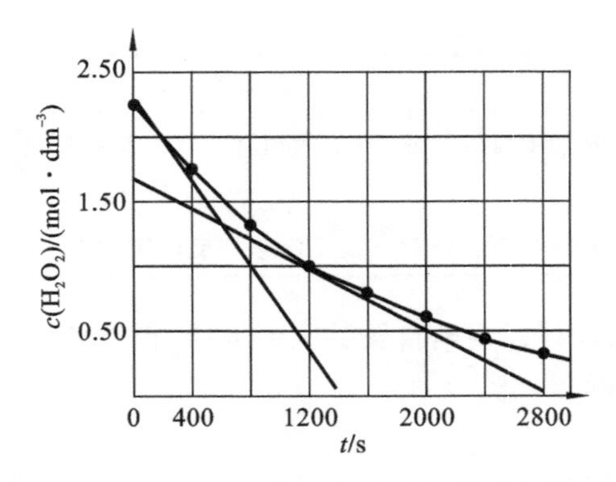


**图 2-28　$H_2O_2$分解 $c$-$t$ 曲线与化学反应速率**

速率。

## （三）影响化学反应速率的因素

化学反应的速率是由反应物本身性质和外部条件共同决定的。其主要因素有反应物的浓度、温度和催化剂。

**1. 浓度与反应速率**

实验证明，在一定温度下，增加反应物的浓度可以加快反应速率。对于一个系统来说，当增加反应物浓度时，单位体积内反应物分子总数增多，活化分子数目也增多，碰撞理论认为：化学反应的必要条件是反应物分子（或原子、离子）之间的互相碰撞。具有高能量的活化分子间碰撞次数越多，反应速率越快，浓度的增加可使单位时间内有效碰撞次数增加，导致反应加快。

（1）基元反应：反应物分子只经过一步就直接转变为生成物分子的反应称为基元反应，对于基元反应

$$aA + bB \longrightarrow cC$$

反应速率为

$$v = k \cdot c_A^a \cdot c_B^b \tag{2-33}$$

式中：$k$ 为反应速率常数，单位为 $mol \cdot m^{-3} \cdot s^{-1}$。

该反应速率与各反应物浓度的幂的乘积成正比，这个结论称为质量作用定律。

当 $c_A = c_B = 1\ mol \cdot m^{-3}$时，则 $v = k$。这表明，某反应在一定温度下，反应物为单位浓度时，反应速率在数值上就等于反应速率常数。因此，反应速率常数较大的反应，其反应速率就较快，反之，反应速率较慢。对于某一反应来说，$k$ 值与温度、催化剂等因素有关，而与浓度无关，不随浓度变化而变化。

但对于大多数化学反应来说不是基元反应，而是分步进行的复杂反应，质量作用定律虽然适用于其中每一步反应，但不适用于总反应。

（2）非基元反应：对于非基元反应

$$aA + bB \longrightarrow I_1 \longrightarrow I_2 \longrightarrow cC$$

其反应速率方程式为

$$\nu = k \cdot c_A^m \cdot c_B^n \tag{2-34}$$

式中：$I_1$、$I_2$表示反应中间物；$m \neq a$，$n \neq b$，$m$、$n$ 需要经过实验确定。

在速率方程中，各反应物浓度幂中的指数称为该反应物的级数，所有反应物级数的代数和称为该反应的级数。一级反应任何时间的反应速率与反应物的浓度成正比，二级反应的反应速率与反应物浓度的平方成正比。反应速率常数 $k$ 的单位与反应级数相关，一级反应的速率常数单位是秒的倒数（$s^{-1}$）；二级反应速率常数的单位是 $m^3 \cdot mol^{-1} \cdot s^{-1}$；$n$ 级反应速率常数 $k$ 的单位为 $(mol \cdot m^{-3})^{(1-n)} \cdot s^{-1}$。

（3）简单级数反应速率的计算

简单级数速率方程一般有微分形式、积分形式。它表示物质浓度 $c$ 与反应时间 $t$ 的函数关系式。对于食品而言，大多数化学反应符合一级反应，因此这里主要讨论一级反应的速率方程的计算与应用。

对于反应：　$A \longrightarrow C$

若反应的速率与反应物浓度的一次方成正比，则该反应为一级反应。一级反应的速率方程为

$$-\frac{dc_A}{dt} = kc_A \tag{2-35}$$

$$-\frac{dc_A}{c_A dt} = k$$

积分得到

$$\ln\frac{c_{A,0}}{c_A} = kt$$

即

$$\ln c_A = -kt + \ln c_{A,0} \tag{2-36}$$

其指数形式为

$$c_A = c_{A,0}\exp(-kt) \tag{2-37}$$

式中：$k$ 为反应速率常数；$c_{A,0}$ 为 $t=0$ 时反应物 A 的起始浓度；$c_A$ 为反应进行到 $t$ 时刻反应物 A 的浓度。

式(2-36)是一个 $y=ax+b$ 形式的线性方程，$\ln c_A$ 对 $t$ 作图将产生一条斜率为 $-k$、截距为 $\ln c_{A,0}$ 的直线。由此求得反应速率常数 $k$，可以计算出不同时间反应物的浓度。

**2. 温度与反应速率**

（1）阿伦尼乌斯方程

大多数化学反应的速率随着温度的升高而增大。温度升高，分子平均能量增加，运动速率增大，单位时间内分子碰撞的次数增加。

1889 年，瑞典化学家阿伦尼乌斯（Svante August Arrhenius）总结出反应速率对温度的依赖关系——阿伦尼乌斯方程，反应速率常数与温度的关系如下。

指数形式：

$$k = A\exp(-E_a/RT) \tag{2-38}$$

对数形式：

$$\ln k = -\frac{E_a}{RT} + \ln A \tag{2-39}$$

式中：$A$ 为指前因子或频率因子，单位与 $k$ 相同；$E_a$ 为活化能，单位为 $J \cdot mol^{-1}$ 或 $kJ \cdot mol^{-1}$；$R$ 为摩尔气体常数；$T$ 为热力学温度，单位为 K。

由式(2-39)可见 $k$ 与 $T$ 的关系不是线性的，$\ln k$ 与 $1/T$ 为线性关系。

直线的斜率：$-\frac{E_a}{R}$

直线的截距：$\ln A$

由直线的斜率可求得活化能 $E_a$；由截距可得到指前因子 $A$。

就式(2-39)对温度 $T$ 取导数。得到

$$\frac{\mathrm{dln}(k)}{\mathrm{d}T}=\frac{E_a}{RT^2} \tag{2-40}$$

从式(2-40)可知，$\ln k$ 随温度 $T$ 的变化与活化能 $E_a$ 成正比。表明活化能大的反应，升高温度，反应速率增加显著。即升高温度有利于活化能大的反应进行，而降低温度有利于活化能小的反应进行。利用这一原则，选择适宜的反应温度或采取升高和降低温度的方法，可加快主反应速率，而抑制副反应速率。

(2) 阿伦尼乌斯方程的应用

阿伦尼乌斯方程在食品研究中的应用较广，作为预测食品货架期的数学模式，阿伦尼乌斯方程描述货架寿命随研究食品所处的环境条件的变化而变化，从动力学和统计学中衍生出来的。其主要价值在于它可以在高温下进行加速破坏实验(ASLT)，即把产品储存于一个加速破坏的恶劣环境条件下之下，检测食品品质的变化来确定此种条件下食品货架期，可以在高温(1/$T$)下收集数据，然后将这些数据外推确定实际储存条件下的货架期。

**即食南美对虾货架寿命的预测**

研究表明，即食南美对虾中挥发性盐基氮与感官评定结果之间有较好的相关性(P>0.95)，且即食南美对虾的挥发性盐基氮含量为 16.0 mg/100 g 可作为其货架寿命的终点。因此可选择挥发性盐基氮作为评价产品变化货架期的关键因子。

在三个不同储藏温度(30 ℃、35 ℃、40 ℃)下进行储藏实验，定期测定关键品质因子挥发性盐基氮(至少有 3 个平行样)，数据见表 2-10、表 2-11、表 2-12。

**表 2-10　30 ℃即食南美对虾的挥发性盐基氮含量(mg/100 g，实测值)**

| 储藏天数 | 0 | 10 | 20 | 30 | 40 | 50 | 60 | 70 |
|---|---|---|---|---|---|---|---|---|
| TBNS | 2.19 | 2.40 | 2.83 | 4.95 | 7.07 | 9.31 | 12.9 | 16.13 |

**表 2-11　35 ℃即食南美对虾的挥发性盐基氮含量(mg/100 g，实测值)**

| 储藏天数 | 0 | 7 | 14 | 21 | 28 | 35 | 42 | |
|---|---|---|---|---|---|---|---|---|
| TBNS | 2.19 | 3.24 | 4.97 | 6.81 | 9.11 | 15.31 | 23.59 | |

**表 2-12　40 ℃即食南美对虾的挥发性盐基氮含量(mg/100 g，实测值)**

| 储藏天数 | 0 | 4 | 8 | 12 | 16 | 20 | 24 | 28 | 32 |
|---|---|---|---|---|---|---|---|---|---|
| TBNS | 2.19 | 2.51 | 3.96 | 5.66 | 8.45 | 10.12 | 12.57 | 17.06 | 21.17 |

对表 2-10、表 2-11、表 2-12 中数据分析，建立品质变化函数 $c_A$(不同储藏温度下挥发性盐基氮含量)对时间($t$)的一级反应动力学方程：

$$\ln c_A=-kt+\ln c_{A,0}$$

式中：$k$ 为挥发性盐基氮变化速率常数；$c_A$是不同储藏时间下发盐基氮的含量；$c_{A,0}$是挥发盐基氮的初始含量。经过回归分析法，结果见表 2-13。

表 2-13　不同储藏温度下即食南美对虾挥发性盐基氮含量随时间变化的方程

| 储藏温度/℃ | 回归方程 | $R^2$ | $k$ 值 |
|---|---|---|---|
| 30 | $\ln c_A=0.0313t+0.6305$ | 0.9795 | 0.0313 |
| 35 | $\ln c_A=0.0553t+0.7706$ | 0.9951 | 0.0553 |
| 40 | $\ln c_A=0.0738t+0.7782$ | 0.9867 | 0.0738 |

根据阿伦尼乌斯关系式，根据实验获得的不同储藏温度($T$)条件下的挥发性盐基氮变化速率常数 $k$，可建立 $k$ 与储藏温度之间的 Arrhenius 关系式：

$$\ln k=-\frac{E_a}{RT}+\ln A$$

根据一级动力学方程和阿伦尼乌斯方程，给定感官评定终点对应的挥发性盐基氮以及某一储藏温度，即可求出即食南美对虾的货架寿命。

以 $\ln k$ 对储藏温度的倒数 $1/T$($T$ 为热力学温度,K)得线性回归方程：

$$\ln A=-8.2658\times 1/T+23.851\qquad (R^2=0.9683)$$

由线性方程得到

$$\ln A=23.851,\quad -E_a/R=-8.2658$$

即

$$A=2.28\times 10^{10},\quad E_a=68.73\ \text{kJ/mol}$$

食南美对虾储藏过程中挥发性盐基氮变化速率常数 $k$ 与储藏温度($T$)之间阿伦尼乌斯方程为

$$k=2.28\times 10^{10}\exp(-68.73\times 10^3/RT)$$

根据上述方程进行外推，求得 20 ℃和 25 ℃时挥发性盐基氮变化速率常数分别是 $k_{20\,℃}=0.0127$ 和 $k_{25\,℃}=0.0205$。

再将 20 ℃、25 ℃储藏时挥发性盐基氮变化速率常数 $k_{20\,℃}$ 和 $k_{25\,℃}$ 分别代入方程：

$$\ln c_A=-kt+\ln c_{A,0}$$

取 $c_A=16.0$ mg/100g(终点值)，$c_{A,0}=2.19$ mg/100g(初始值)，计算即食南美对虾的货架寿命理论值如表 2-14。

表 2-14　根据动力学模型计算的不同储藏温度下即食南美白对虾的货架寿命

| 储藏温度/℃ | 20 | 25 | 30 | 35 | 40 |
|---|---|---|---|---|---|
| 货架寿命/天 | 156.1 | 97.2 | 61.5 | 39.5 | 25.7 |

### 3. 催化剂与反应速率

1）催化剂与催化作用

催化剂(catalysts)是指能够显著改变化学反应速率，而其本身的化学性质、结构和质量在反应前、后没有明显改变的物质。催化剂加快反应速率的作用称为催化作用。

催化剂质量虽不消耗，但实际上它参与了化学反应，并改变了反应机理。催化剂的特征：①只能对热力学上可能发生的反应起作用；②只能改变反应途径，不能改变反应的始态和终态，可缩短达到平衡的时间，不能改变平衡状态；③催化剂有选择性，每个反应有它特有的催化剂；④只有在特定的条件下催化剂才能表现出活性。

催化剂的作用分为均相催化与多相催化。均相催化：催化剂与反应物均在同一相中的催化反应。多相催化：催化剂与反应物不属于同一物相的催化反应。其作用机理：①改变了反应机理；②多相催化必须在相界面上发生反应，多相反应要受到扩散或吸附的影响；③增大催化剂的表面积或采用搅拌等措施有利于多相反应速率的提高。

2）生物酶催化反应

酶是动植物和微生物产生的具有催化作用的蛋白质。酶的分子直径为 3～100 nm，所以酶催化反应介于单相催化和多相催化之间，一般将其归属于液相催化的范畴。生物体的化学反应几乎都是在酶的催化作用下进行的。例如，膳食中的糖类、蛋白质、脂肪的消化、分解、体内合成都是在相应酶的催化作用下完成的。目前，发现的生物酶多达 3000 种。

酶催化作用机理较为复杂，米凯利斯认为酶催化反应机理是反应物 A 先与酶 X 结合生成中间配合物 AX，然后由中间配合物继续反应生成产物 E，同时酶复原，即

$$A+X \longrightarrow AX$$
$$AX \longrightarrow E+X$$

被催化的反应物 A 称为底物。中间配合物 AX 能量高、活性大，可视为稳态，即 AX 的浓度随时间的变化率可视为零。

## 思考题

1. 说明离子键与共价键的特点，以及影响化学键大小的因素。
2. 比较分子间作用力与氢键的形成机制，氢键只存在于分子之间吗？
3. 比较酸碱电离理论、质子理论和电子理论，说明酸碱的实质。
4. 说明胶粒双电层结构以及溶胶稳定的原因。
5. 分析说明影响溶胶稳定性的因素。
6. 说明食品中乳状液的类型以及乳状液不稳定的表现形式，如何加强乳状液的稳定性。
7. 说明乳化剂的结构特点和作用机理，乳化剂适用的范围。
8. 说明泡沫不稳定的原因，如何增加泡沫的稳定性。
9. 说明吉布斯函数变化与化学反应方向的关系。
10. 实践中如何计算物质反应中的活化能（$E_a$）？

# 第三章　水

水是最简单的无机化合物之一，是食品中最为普遍存在的一个组成成分。天然食物中含水量较高，平均在70%左右，高含水食物可达90%以上。食物的含水量与其特定的性状相一致，含水量的不同，表现出色、香、味、形和口感各异。食物中的水以结合水和自由水两种形式存在，水与食物中其他物质的结合与水的物理、化学性质密切相关。水的溶剂性质(分散作用)与蛋白质、糖类、脂类等大分子和其他物质构成不同的分散体系，形成溶液、胶体和乳状液。水分子结晶具有膨胀性，食品冻藏中因膨胀产生的机械压力对食品品质有较大的影响。水也是微生物生长繁殖的重要因素，食物中水分的多少影响食品的储藏性。

水在烹饪中的作用表现尤其突出，水对食物的新鲜度、流变性、呈味等都具有重要的影响。烹饪时可利用水分子的活性来改变食物的性状，通过增加水分使食物软化、增加弹性、黏性；也可通过除去部分或全部的水分，增加食物硬度、松脆性。

## 第一节　水分子与冰的结构

### 一、水分子的结构

水分子是由2个氢原子和1个氧原子以H—O共价键组成的化合物。氧原子核外电子层排布$2s^2 2p^4$，有2个未配对电子，容易从其他原子获得2个电子，达到饱和稳定结构。水分子中，氢原子核外电子云为$1s^1$，有1个未配对电子，H原子与O原子成键，O原子的2p轨道进行$sp^3$杂化，形成4个$sp^3$杂化轨道，2个$sp^3$杂化轨道与2个H原子1s轨道重叠形成两个$\sigma$共价键。每一个$\sigma$键的解离能为460 kJ·$mol^{-1}$。另外两个$sp^3$杂化轨道由氧原子本身的孤对电子占据($\Phi_1$、$\Phi_2$)。定域分子轨道绕着原有轨道轴保持对称定向，形成了1个近似四面体的结构。氧原子位于四面体的中心，四面体的4个顶点中的2个为氧原子的孤对电子占有，2个被氢原子占有，如图3-1(a)所示。气态的水分子中2个H—O键角为104.5°，与典型四面体夹角109.28°非常接近，O—H核间距为0.96 nm，氢和氧范德华半径分别是0.12 nm和0.14 nm，如图3-1(b)所示。

**1. 水分子的极性**

水分子的V形结构以及H—O共价键由于氧原子对电子的吸引力强，共用电子对强烈地偏向氧原子一端，氢原子几乎成为裸露的带正电荷的质子。水分子中氧原子带有−0.66e

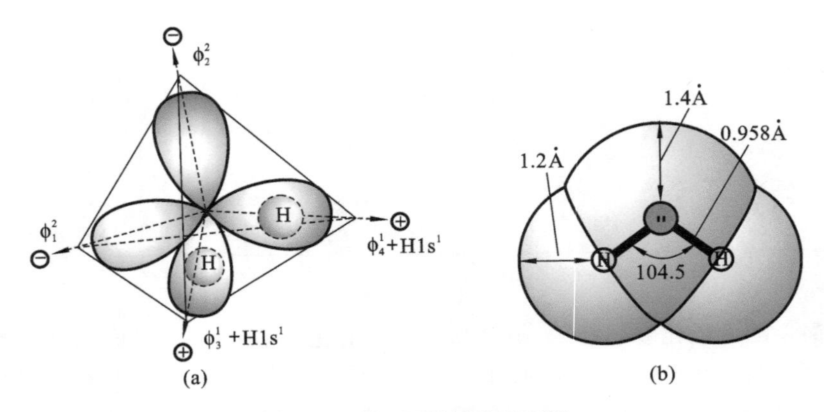


**图 3-1　水分子的结构示意图**

(a) $sp^3$ 杂化构型;(b) 气态水分子范德华半径

(注:1Å=0.1 nm)

的部分负电荷($\delta^-$),2 个 H 原子各带+0.33e 部分正电荷($\delta^+$)。水分子内电荷的不对称性分布使得纯水在蒸汽态时存在 6.24 $\mu/10^{-30}$C·m 电偶极矩。因此,H—O 共价键为极性共价键,水分子是典型的偶极分子(polar),水分子具有两个 40%离子特性的 $\sigma$ 键,水分子可以发生电离,通常水中含有 $H_2O$、$H_3O^+$、$OH^-$ 微粒。

**2. 水分子的缔合**

在常温下水呈一种有结构的液态,它由若干个水分子缔合成水分子簇$(H_2O)_n$。这主要由于水分子是偶极分子,分子中氧原子带部分负电荷,氢原子带部分正电荷,分子之间能够通过静电引力及氢键形成四面体结构。如图 3-2、图 3-3 所示。因此,水分子间的吸引力比同样以氢键结合成分子簇的其他小分子(如 HF、$NH_3$)要大得多。如氨气分子是由 3 个氢供体和 1 个氢受体构成的四面体,只能在二维空间形成氢键结构,所含的氢键数目比水分子少。

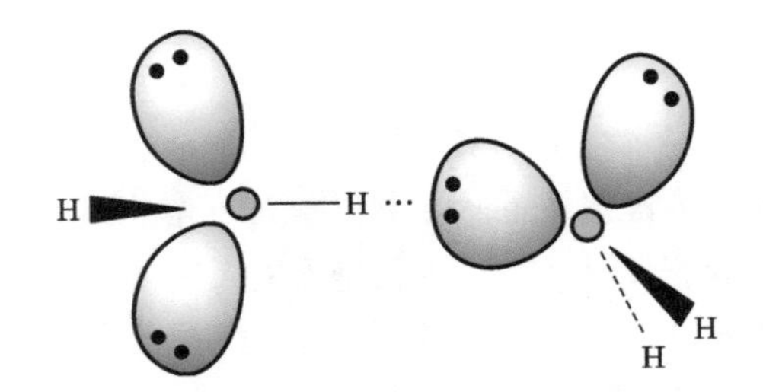


**图 3-2　水分子间氢键示意图**

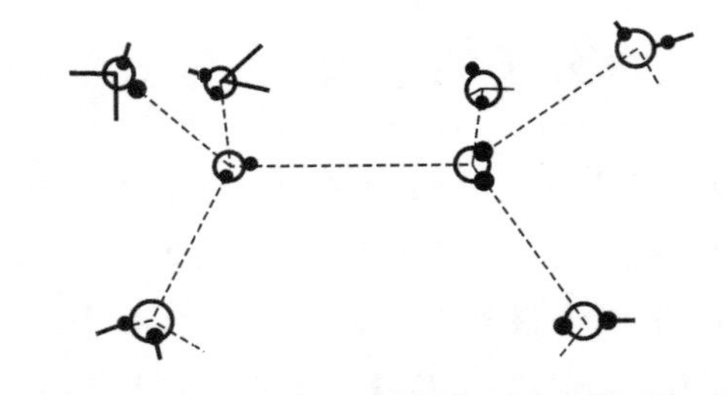

**图 3-3　水分子四面体缔合结构下的氢键模式示意图**

水分子间缔合(association)受环境温度等因素的影响,分子间的氢键键合的程度在 0 ℃时,水分子的缔合数是 4,当温度上升时,缔合数增加,因而密度也增加。同时,由于温度升高,分子的布朗运动加剧,导致水分子间距离增大使得水的体积增大,其密度降低。水分子缔合数与分子间距离作用的结果,决定了水的密度。

由于水分子间作用力是不断地变化的。在常温下水呈现一种无形的流动液体,水分子通常形成缔合数为 3~5 的圆环结构(图 3-4),并且处于不断的变化之中,宏观上体现出水的流动性。随着温度的变化,水的缔合作用也不断地变化,温度上升较高时,水分子间氢键难以形成,水分子缔合作用减弱,水分子团减小,当温度达到沸点时,气态的水为单分子。当温度下降时，水的缔合作用加强，多数水分子缔合在一起。

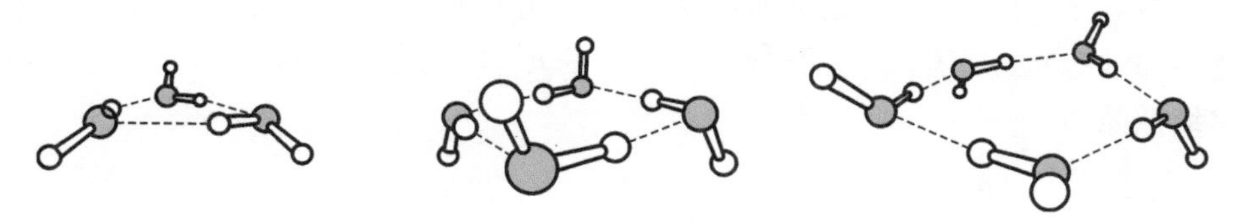

图 3-4 水分子缔合状态(3～5 个圆环结构)

水分子之间形成的三维氢键为它的许多异常物理性质给出了合乎逻辑的解释。例如，水的比热容高、熔点高、沸点高、表面张力大和相变热高，都与断开分子间氢键所需要的额外能量有关。

## 二、冰的结构

冰是水分子有序排列而成的巨大且生长的晶体，是水分子依靠氢键连接在一起的刚性结构。每一冰晶由一个水分子与周围四个水分子以氢键相连，呈四面体包围，四面体作用力指向使冰晶形成一个开放的、密度低的结构。冰中最邻近的 O—O 核间距离为 0.276 nm，O—O—O 键角约 109°，非常接近完美的四面体角 109.28°(图 3-5(a))，水分子(W)和它相邻近的 1、2、3 和 W′四个分子缔合成四面体。当几个晶胞结合在一起组成一个晶胞群时，水分子按照一定的排列方式连接成正六方环稳定结构，如果从三维角度观察，冰晶呈现正六方晶体结构，并表现出分层性(图 3-5(b))。

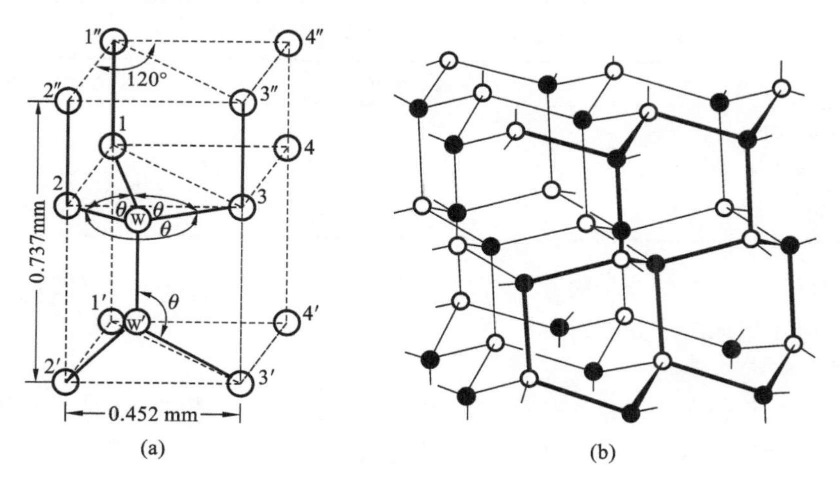


图 3-5 冰晶结构示意图

(a) 冰晶正四面体结构；(b) 冰的正六方结构与分层性

冰晶的晶形、大小、位置和取向受水中溶质种类、数量、冻结速度等因素影响。冰晶有 11 种结构，冷冻食品中常见的有正六方形、不规则树状、粗糙球状、易消失的球晶，以及中间状态冰晶体。大多数冷冻食品中冰晶体为有序的六方形结构，但对于含有较多高分子蛋白质、明胶等物质，限制了水分子的运动，冰晶体主要为立方体和玻璃状晶体。

水在冰点温度时并不一定结冰，其原因是溶质能降低水的冰点，再者水会产生过冷现象。过冷是由于无晶核存在，液态水冷却到冰点以下仍不结晶的现象。如果在过冷水中加入一粒冰晶，过冷现象会立即消失并在晶核周围生长成大的晶体，这种现象称为异相成核。当大量的水缓慢冷却时，由于有足够时间在冰点产生异相成核，因而会形成粗大的冰晶体。如果快速冷却液态水会产生很高的过冷现象，很快形成许多晶核，晶体生长速度相对较慢，结果形成细微晶体。

# 第二节　水的物理化学性质

## 一、水的物理性质

**1. 密度**

水在 4 ℃（277 K）时密度最大为 1.000 g/cm$^3$，水结冰后密度变小，0 ℃时为 0.9169 g/cm$^3$。通常情况下，水分子优先选择四面体的空间结构排列方式，靠氢键缔合形成大的网络。在温度不变的情况下，整个体系保持一个较稳定的状态。当温度升高时，伴随着氢键断裂，最邻近的水分子间的距离增加，密度减小；但当冰融化为水时，密度却增大，这是因为冰融化时，最邻近的水分子的平均数增加，从而使密度增加，此时分子数增加效应大于分子间距离增加效应。表 3-1 所示在不同温度下，水分子配位数与分子间的距离。

表 3-1　水与冰结构中水分子之间的配位数和距离

| 分子状态及温度 | 水分子配位数 | 水分子间距离/nm |
|---|---|---|
| 0 ℃冰 | 4.0 | 0.276 |
| 1.5 ℃水 | 4.4 | 0.290 |
| 83 ℃水 | 4.9 | 0.305 |

显然水分子 0～4 ℃时分子间距离增加占优，4 ℃以上，配位数增加占优。较理想的水为 5～6 个水分子组成的小分子团。

**2. 比热容和相转变热**

水的比热容、相转变热较相类似原子组成的分子大很多，这是由于水分子间强烈的氢键作用的结果，当发生相转变时，必须获得额外的能量破坏水分子间的氢键。

水的比热容，又称比热，是指水温度升高 1 ℃所吸收的热量。水的比热容为 4.18 kJ・kg$^{-1}$・℃$^{-1}$（或 1 cal・g$^{-1}$・℃$^{-1}$）。水的相转变热，即熔化热、蒸发热和升华热，具体见表 3-2。

表 3-2　水与冰的物理性质

| 物理量 | 物理量测定值 |
|---|---|
| 相对分子质量 | 18.01534 |
| 熔点（0.1 MPa） | 0.000 ℃ |
| 沸点 | 100.000 ℃ |
| 临界温度 | 374.15 ℃ |

续表

| 物理量 | 物理量测定值 | | |
| --- | --- | --- | --- |
| 临界压力 | 22.14 MPa(218.6 atm) | | |
| 三相点温度/压力 | 0.0099 ℃/611.73 Pa | | |
| 熔化热(0 ℃) | 6.012 kJ/mol | | |
| 蒸发热(100 ℃) | 40.63 kJ/mol | | |
| 升华热(0 ℃) | 50.91 kJ/mol | | |
| 其他性质 | 20 ℃ | 0 ℃ | 0 ℃ |
| 密度(kg/L) | 0.998203 | 0.999841 | 0.9168 |
| 黏度(Pa·s) | $1.002\times10^{-3}$ | $1.787\times10^{-2}$ | — |
| 界面张力(相对空气,N/m) | $72.75\times10^{-3}$ | $75.6\times10^{-3}$ | — |
| 蒸气压(Pa) | $2.337\times10^{3}$ | $6.104\times10^{2}$ | $6.104\times10^{2}$ |
| 热容($J\cdot kg^{-1}\cdot K^{-1}$) | 4.1819 | 4.2177 | 2.1009 |
| 导热系数($J\cdot m^{-1}\cdot s^{-1}\cdot K^{-1}$) | $5.9883\times10^{2}$ | $5.644\times10^{2}$ | $22.40\times10^{2}$ |
| 热扩散系数($m^2/s$) | $1.4\times10^{-5}$ | $1.1\times10^{-4}$ | $1.1\times10^{-4}$ |
| 介电常数(静态) | 80.36 | 80.00 | 91 |

**3. 水的导热性**

热传导是热能从高温向低温转移的过程，是一个分子向另一个分子传递动能的结果(包括自由电子的移动)。热传导率是指材料直接传导热量的能力，亦称为导热率。水的热传导率较高，20 ℃时，其热传导系数为 $5.983\times10^{2}\ J\cdot m^{-1}\cdot s^{-1}\cdot K^{-1}$。

水所具有的良好的热传导性以及高的熔点、沸点和比热容对于烹饪来说是非常必要的，用水作传热介质、保温材料，并且能将温度控制在一定的范围，既可杀灭食物中的病原菌，又可使蛋白质适度变性、淀粉糊化、结缔组织和植物纤维组织软化，同时，还可以保持食物中水分的稳定。

**4. 水的黏度**

液态的水具有较低的黏度。20 ℃时，其黏度为 $1.0020\times10^{-3}$ Pa·s，0 ℃时为 $1.793\times10^{-3}$ Pa·s。水分子由于氢键排列，其高度动态性形成了水的低黏性，加之水的介电常数非常大，20 ℃时为 80.36，因此，水具有很强的溶解能力和流动性，生活中作为清洗剂。

**5. 水的膨胀性**

一般稀释水的膨胀系数为 0.025%/℃，以百分率表示，冰的膨胀系数为 9%。食品冷冻储藏过程中，由于结冰体积膨胀，导致水果、蔬菜或动物肌肉细胞组织被破坏，解冻后会导致汁液流失、组织溃烂、滋味改变。含水量高的加工食品，冷冻储藏也会因水结冰产生膨胀，当外层结构不能承受内部膨胀压力时，就会产生龟裂现象。因此，含水量高的果蔬类食品不能冻藏，而含水量适中的加工食品应采用速冻，冻结速度越快，越能限制水分子的活动范围使其不宜形成大的冰晶，减少对细胞组织的破坏。

## 二、水的化学性质

**1. 水的电离**

由于水是一个极性分子，它有非常大的介电常数，普通水在 0 ℃时介电常数为 80，20 ℃时为 80.36，高于其他溶剂。水电离式如下：

$$H_2O \rightleftharpoons H^+ + OH^-$$

$$k_w = \frac{[H^+][OH^-]}{H_2O} \tag{3-1}$$

由此可见，通常情况下水中同时存在着 $H_2O$、$H^+$、$OH^-$，从化学意义上讲，水溶液是由 $H_2O$、$H^+$、$OH^-$ 组成的集合体（或称为分子分散系）。因此水对离子型化合物有非常强的结合（溶解）能力。非离子极性化合物如糖类、醇类、醛类、蛋白质等均可与水形成氢键而溶于水。即使不溶于水的脂肪和某些非极性物质，也可在适合情况下形成乳状液或胶体分散系。

**2. 水与离子或离子基团的作用**

离子或离子基团（$Na^+$、$Ca^{2+}$、$Cl^-$、$NH_4^+$、$NO_3^-$ 等），通过自身的电荷与水分子偶极子产生离子-偶极作用（水合作用），这部分水是食品中结合最紧密的部分。水中加入盐类后其冰点降低，说明水分子与离子间的相互作用。

由于水分子具有较大的偶极矩，能与离子产生强的相互作用（图 3-6）。如水分子与 $Na^+$ 的水合作用能为 83.68 $kJ \cdot mol^{-1}$，比水分子间氢键平均键能（约 20.9 $kJ \cdot mol^{-1}$）大三倍。当环境 pH 发生变化时可以影响溶质分子的离解，水与离子或离子基团的结合会随溶质的离解程度增加而增加。

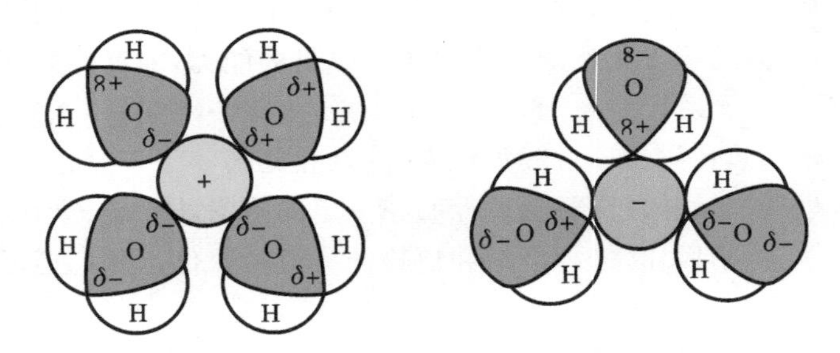


**图 3-6　水分子与离子或离子基团的作用示意图（离子-偶极）**

离子或离子基团与水的结合，都会影响水分子形成分子簇网状结构。对于一些离子半径较大、电场强度弱（如 $K^+$、$Br^-$、$NH_4^+$、$NO_3^-$ 等）的离子，破坏了水的网状结构，所以其溶液的流动性比纯水流动性更大。而离子半径小、电场强度强的（如 $Na^+$、$Ca^{2+}$、$F^-$、$OH^-$ 等）离子，有助于水形成网状结构，因此其溶液的流动性比纯水流动性更小。从最终结果看，所有离子对水的结构都有破坏作用。

离子除了影响水的结构外，还可以通过与水的结合改变水溶液的介电常数。胶体周围双电层的离子就能明显影响介质、其他非水溶质相溶程度。因此，蛋白质的构象和胶体稳定性受体系中离子浓度的影响较大，如蛋白质盐溶与盐析。

**3. 水与极性基团的作用**

极性基团是指分子中不带电荷，但具有电偶极作用的基团。例如蛋白质、淀粉、果胶、纤维素分子中的—OH、—$NH_2$、—SH、—COOH、—$NH_2$ 等基团。水与它们之间的相互作用力比离子作用力要弱，通过氢键而结合（图 3-7）。水与极性基团结合的牢固程度与其极性大小相关。对于极性大的基团，其结合力大；对于极性较小的基团，结合牢固度小。例如，蛋白质分子中的氨基和羧基、果胶中未酯化的羧基，无论是晶体还是溶液，都呈离解状态，与水形成氢键键能大，结合牢固。而蛋白质分子中的酰胺基、淀粉、纤维素中羟基则与水形成的氢键键能小，牢固程度就差一些。这就是为什么烹饪中糊化后的淀粉容易老化的原因。

通过氢键而结合的水其流动性极小。水与食品中蛋白质、淀粉、果胶、纤维素等分子中极性基团以氢键而结合，从而减小了水的流动性，增加了黏度。烹饪中常用淀粉勾芡，用明胶、琼脂等物质做成冻胶（水晶）食品，用糖作为饮料的稳定剂，就是基于水与极性基团的作用。同样，由于水分子与极性基团的作用，降低了水的结冰点，降低的程度与极性物质的浓度相关。

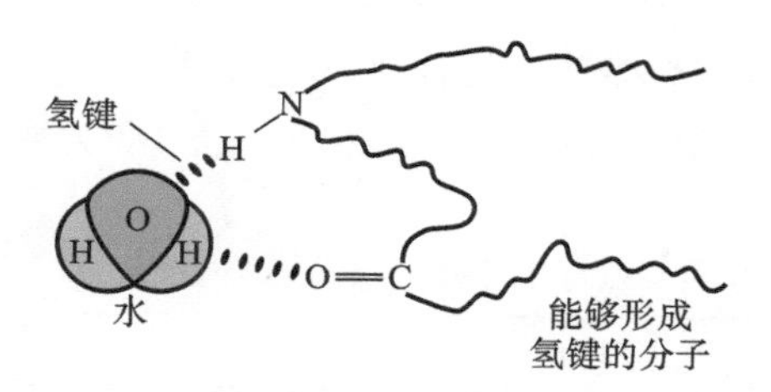


**图 3-7　水分子与极性基团的作用示意图（偶极-偶极）**

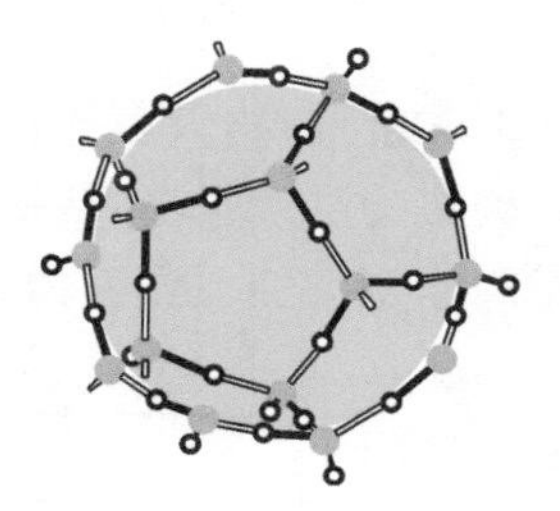

**图 3-8　笼形水合物结构示意图**

**4. 水与非极性基团的作用**

非极性基团也称疏水基，主要是由 C—H 组成的烷烃基。含有疏水基团的物质称为疏水物质。有机物中的糖类、脂肪酸、蛋白质都含有非极性基团（疏水基），因此，当水中加入疏水物质时，由于分散体系中的熵减少（$\Delta S<0$），水和疏水分子产生排斥作用，此过程称为疏水作用或疏水效应（hydrophobic interaction）。

疏水作用产生两个结果：一是破坏了水分子正常的网状结构，使疏水基附近的水分子之间氢键键合增强，水分子簇更紧密；二是疏水基团之间聚集加强，从而使它们与水的接触面积减少。这两种作用的结果是形成了笼形水合物（clathrate hydrates）（图 3-8）。食品中产生疏水作用较普遍，水与蛋白质、脂肪、色素等之间都会形成疏水作用，结果会引起蛋白质聚集、沉淀，水与油脂分离产生"油珠"。

1）笼形水合物

笼形水合物是冰状包合物，其中水是"主体"物质，被笼状结构物理截留的另一种非极性小分子为"客体"。笼形水合物的意义在于它们代表了水对非极性物质结构形成的最大程度的影响。笼形水合物的"主体"一般由 20～74 个水分子组成，"客体"是相对分子质量较低的化合物，只有当它们的形态和大小适合于笼形的"主体"才能被截留。典型的"客体"包括相对分子质量小的烃类、卤烃、稀有气体、短链伯胺、仲胺、叔胺和烷基胺等。水与客体之间的相互作用涉及范德华力，但有些情况下为静电作用。此外，相对分子质量较大的"客体"（如蛋白质、糖类、脂肪等）也能与水形成笼形化合物。在食品中这种结构比结晶水合物更为重要，它们能够影响蛋白质、脂类分子的结构和稳定性。笼形水合物存在于天然生物中。

2）水与复杂大分子结构之间的相互作用

通常一个大分子中同时具有极性、非极性两种基团，亲水性和疏水性区域共存，相互作用和相互干扰是不可避免的。以蛋白质为例，水与蛋白质的非极性基团之间不可避免的疏

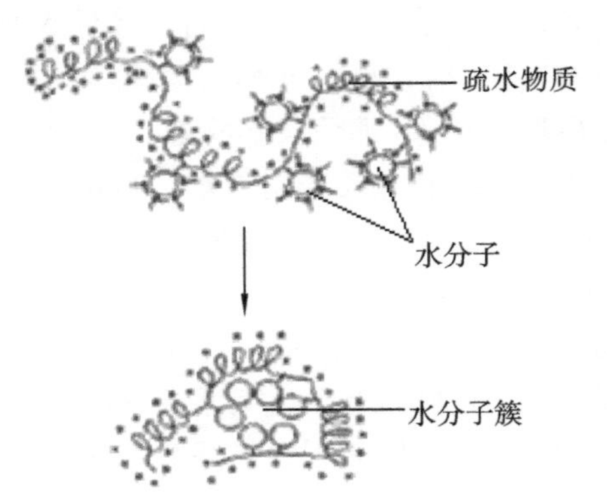


图 3-9 球蛋白内部疏水作用示意图

水作用对蛋白质的功能性质具有重要的影响，通常食品中低聚蛋白质分子中约40%的氨基酸侧链是非极性的。由于蛋白质的非极性基团暴露于水中，在热力学上是不利的，蛋白质会出现如图3-9所示疏水基团的缔合或“疏水作用”。动物肌肉中含量最高的球蛋白非极性基团占据40%～50%的表面积，所产生的疏水作用维持蛋白质的球形结构(三级结构)。一旦破坏这种结构，使其内部的亲水基团暴露出来，就能大大提高蛋白质与水的结合能力。

食品的组成成分较为复杂，由无机盐、糖类、脂肪、蛋白质、维生素、色素等组成。疏水作用在保持食品性状上非常重要，大多数蛋白质分子中含都有较多的非极性氨基酸残基，在疏水力的作用下相互聚集的程度很高，从而影响甚至决定了蛋白质的结构和功能。表3-3为水与不同溶质相互间作用类型与作用力。

表 3-3 水-溶质相互作用类型与作用力

| 作用类型 | 实例 | 作用力 | 备注 |
| --- | --- | --- | --- |
| 氢键 | 水—水 | 2～40 kJ·mol$^{-1}$ | |
| 偶极—离子 | 水—离子 | 40～600 kJ·mol$^{-1}$ | 与离子直径及电荷有关 |
| 偶极—偶极 | 水—有机分子带电基团 | | 受pH和离子强度影响 |
| | 水—蛋白质 $NH_2$ | 5～25 kJ·mol$^{-1}$ | |
| | 水—蛋白质 COOH | 5～25 kJ·mol$^{-1}$ | |
| | 水—糖、侧链 OH | 5～25 kJ·mol$^{-1}$ | |
| 疏水水合 | 水+R ⟶ R·$nH_2O$(水合) | 低 | 累积总和较大 |
| 疏水作用 | R+R ⟶ 2R(水合)+ 水 | 低 | 累积总和较大 |

烹饪工艺中，正是利用水分子的特殊性质，水与食品中无机盐、糖类、脂肪、蛋白质以不同的方式作用，实现对食品降水、增水、保水，以改善和保持食品的特有性状。

(1) 降低食品中水分　通过水与离子化合物结合降低食物中水分。例如，金华火腿的制作中，要让猪肉中的水分降低，加入高浓度的食盐进行分段盐析，就是利用水与$Na^+$、$Cl^-$产生离子-偶极作用，肌肉中的自由水，甚至一些与蛋白质结合的水形成离子化的水，使肉中水分减少，形成特殊风味并有利于储藏。

(2) 增加食品中的水分　通过增加水与食品中亲水物质结合来实现。烹饪中常常要对一些干性物料进行涨发处理，例如，黑木耳的涨发，木耳中蛋白质分子与水分子的结合，改变蛋白质分子的构象，使其变软，或使其产生弹性和咀嚼性。有时也通过化学、机械方法改变食物中蛋白质结构，增加其极性基团数目，增加结合水的数量，如鱿鱼的碱发，碱破坏了胶原蛋白的结构，使亲水极性基团数目增多，增加水的结合量，经涨发后的鱿鱼变得适口。

(3) 保持食品中的水分　烘焙工艺中重要技术是保水，通常加入油脂，与水产生疏水作用，限制水的移动，从而达到保水目的。例如，面包制作中加入一定比例的脂肪和乳化剂，在高温烘烤过程中，防止水分的蒸发，保持面包松、软、韧、咀嚼性好的良好口感，也解决了淀粉的老化问题。

# 第三节　食物中的水分

## 一、食物中的水分含量

除了少数调料物质外，食物大多数为生物体。水是生命物质重要的组成成分之一，生物体内水分含量所占质量比例通常在70%～90%。动物类食物中，肌肉组织含水量较高，在70%～80%之间，骨骼、脂肪组织的含水量最低，在0～15%之间。植物类食物中，不同品种、组织、器官和成熟度，含水量存在较大差异。一般来说，叶类、根茎类含水量大于种子类；营养器官（叶、茎、根）含水量为70%～90%；繁殖器官（种子）含水量为12%～15%。

食品的含水量不仅与食物的种类有关，还与食品加工、储存相关。一些常用食物原料的含水量见表3-4。

**表3-4　常见食物中水分含量**

| 食品 | 含水量/(%) | 食品 | 含水量/(%) | 食品 | 含水量/(%) |
|---|---|---|---|---|---|
| 乳制品 | | 肉、水产、家禽 | | 黄瓜 | 96 |
| 牛奶 | 87 | 鲜蛋 | 74 | 萝卜 | 92 |
| 乳粉 | 4 | 鸡肉 | 75 | 苹果 | 84 |
| 奶油 | 15 | 猪肉 | 35～72 | 红薯 | 69 |
| 鲜奶油 | 60～70 | 牛肉 | 62～67 | 菠萝 | 80 |
| 冰激凌 | 65 | 鱼肉 | 70 | 干水果 | ≤25 |
| 高脂食品 | | 肥猪肉 | 6～9 | 谷物类 | |
| 人造奶油 | 15 | 贝类 | 72～86 | 大米 | 10～12 |
| 蛋黄酱 | 15 | 水果、蔬菜 | | 面粉 | 10～13 |
| 食用油 | 0 | 葡萄 | 81 | 通心粉 | 9 |
| 面包 | 35～45 | 芦笋 | 93 | 糖类 | |
| 沙拉酱 | 40 | 嫩玉米 | 74 | 白糖 | ≤1 |

## 二、食物中水的存在状态

食品中的水不是单独存在的，它与食品中的其他成分发生化学或物理作用，因而改变了水的性质。按照食品中水与其他成分之间相互作用的强弱，可将食品中的水分为结合水和自由水两大类。

**1. 结合水**

结合水（又称束缚水），是指存在于食品中的与非水成分通过化学键结合的水，是食品中结合较牢固的水。食品中大多数结合水是由于水分子与食品中的无机离子以及蛋白质、淀粉、果胶等有机物分子中的羧基、羰基、氨基、亚氨基、羟基、巯基等亲水性基团通过离子—偶极作用或氢键键合作用产生的。它与同一体系中的自由水相比较，分子运动减小，并且水的其他性质明显发生改变，例如−40 ℃时不结冰。根据水与食品中非水组分之间的作用力的强弱可将结合水分为构成水、单层水和多层水。

构成水，是指与食品中其他亲水物质(或亲水基团)结合最紧密的部分，通常以离子键或离子-偶极结合并与非水物质构成一个整体，成为分子结构的一部分。

单层水(又称邻近水)，是指亲水物质的强亲水基团周围缔合的单层水分子膜，它与非水成分主要依靠离子-偶极、极强氢键缔合作用结合在一起。食品中蛋白质、糖类非水成分的强极性基团羧基、氨基、羟基等直接以氢键结合的第一个水分子层。邻近水与非水成分之间的结合能力较强，很难蒸发，也不能被微生物所利用。一般来说，食品干燥后安全储藏的水分含量要求为该食品的单分子层水。

多层水，是指单分子水化膜外围绕亲水基团形成的另外几层，主要依靠水—水氢键缔合在一起。虽然多层水与亲水基团的结合强度不如单层水，但由于它们与亲水物质靠得足够近，因此其性质也大大不同于纯水。

食品中结合水较为复杂，对结合水的理解要根据食物的性状进行综合考虑。

(1) 结合水的表观数量常因采用的测定方法不同而异；结合水的真实含水量受食物的种类、品质、加工等因素的影响。

(2) 结合水不应看成是完全不流动的水，随着水的结合程度增大，尽管水分子与邻近的水分子之间相互交换位置的速率也随之降低，但通常不会为零。

(3) 水与溶质的结合同时改变了两种成分的性质。这种改变是由分子之间的相互作用引起的，因而受分子特性的影响。例如当离子或带电基团与水以静电作用时，影响了水分子正常的几何定向，造成邻近水分子的缔合结构和流动性改变。同时水也会造成溶质的反应性改变，影响其结构，例如对蛋白质构象的影响。

(4) 细胞结构中有少量的水受到微毛细管物理作用的限制，其流动性与蒸汽压均降低。当毛细管半径小于0.1 μm时，这部分水几乎不移动，其水分活度显著降低，相当于结合水。

**2. 自由水**

自由水(也称体相水)，是指食品中与非水成分无结合的水，是一种被物理截留的水。根据食品中自由水的分布情况，将其分为游离水、截流水和毛细管水。

游离水，是指在食品原料中可以自由流动的那部分水。游离水没有与非水物质进行化学结合，这部分水可自由流动。如动物组织中的血液、淋巴液、尿液，植物组织中的细胞液、导管中液体。

截留水(又称滞化水)，是指被生物组织中的显微和亚显微结构或组织膜所截留在细胞、大分子凝胶、骨结构中的水。这部分水不能自由流动。例如，蔬菜中滞留在细胞、导管中的水，一般不会流出，当受到机械挤压时(如榨汁)，截留的水才会流出。有些被物理截留的水即使是对食品组织进行切割或剁碎时也不会流出。然而，在食品加工中，这部分水表现出几乎与纯水相似的性质。在干燥时易被除去，在冷冻时易转变为冰，并可作溶剂。也就是说这部分水整体上流动性受到严格限制，但水分子的运动基本与纯水相同。

在组织或凝胶中截留的水对食品品质有重要的作用。凝胶的脱水收缩，冷冻食品的解冻水渗出以及宰后动物组织因生理活动使肌肉 pH 值下降导致含水量的降低。都是因为组织截留水的损失引起食品质量的降低。

毛细管水，指生物组织中由于天然形成的毛细管而保留的水分，是存在于生物体细胞间隙的水。毛细管的直径越小，持水能力越强，当毛细管直径小于 0.1 μm 时，毛细管水实际上已经成为结合水，而当毛细管直径大于 0.1 μm 时则为自由水，大部分毛细管水为截留水。食物中水的分类与特征见表 3-5 所示。

表 3-5 食物中水的分类与特征

| 分类 | | 特征 | 典型食物中比例/(%) |
|---|---|---|---|
| 结合水 | 构成水 | 食物中非水成分组成部分 | 小于 0.03 |
| | 单层水 | 与食物中非水成分中极性基团以水—离子、水—偶极强烈结合形成单层水分子 | 0.1～0.9 |
| | 多层水 | 在极性基团外以水—水、水—偶极结合形成水分子层 | 1～5 |
| 自由水 | 游离水 | 能自由流动的水，性质如纯水 | 5～96 |
| | 截留水 | 被组织中的显微和亚显微结构与组织膜所截留水，性质如纯水 | 5～96 |
| | 毛细管水 | 滞留在毛细管中的水，其性质如纯水 | 5～96 |

### 3. 食物中水的性质

食物中结合水与自由水之间的界限很难进行定量截然区分。只能根据其物理、化学性质作定性的区别。一般来说，结合水与食物有机大分子中极性基团的数量有比较固定的关系。例如，1 g 蛋白质可结合 0.3～0.5 g 水，1 g 淀粉能结合 0.3～0.4 g 水。结合水稳定不易流失，即使用压榨的方法也不能将其除去。结合水有以下性质：①冰点低于 0 ℃，甚至在 −40 ℃时不结冰；②不易蒸发，沸点要高于纯水的沸点(标准大气压)，要使水分蒸发必须克服分子间作用力；③一般不参与化学和生物化学反应，也不被微生物利用；④不具有溶剂性质，不能溶解溶质。而自由水则相反，具有以下特点：①容易流失，温度升高或降低压力，都能引起水分的蒸发而减少；②结冰点或略低于 0 ℃结冰；③具有良好的溶剂作用，可溶解溶质；④可被微生物利用。

食品中水分存在的形式与食品的稳定性、感官性状有较大的关系。根据自由水与结合水的性质可知：自由水越低，食品越稳定；反之，稳定性较差。而烹饪中，经常利用自由水来改变食物组织性状，截留水的量反映烹饪原料的持水能力和可塑性，这部分水对某些加工产品(如灌肠、鱼丸、肉饼)的质量有直接的影响，往往通过增强水与脂肪的乳化作用来实现截留水的增加。对于生鲜类食品，原料中的毛细管半径大于 1 μm，毛细管截留水很容易被挤压出来。由于生鲜原料的毛细管半径大都在 10～100 μm 之间，所以加工很容易造成其汁液的流失，一般不宜长时间加热，也不宜进行冷冻。由于结冰后体积增大，冰晶会对烹饪原料产生一定的膨压，使组织受到一定的破坏，解冻后组织不能复原，就容易造成汁液的流失、烹饪原料的持水能力降低，直接影响烹饪产品的质量。

**鲜猪肉中水的分布情况**

100 g的鲜猪肉,通常总含水量为70～75 g,蛋白质含量为16～20 g,脂肪含量为5～15 g。在总含水量中有10 g左右水是被蛋白质吸附的结合水,其余的60～65 g仍是自由水,不过这些自由水都因肌肉组织中各种细胞结构、纤维结构、膜结构、脂肪组织、渗透压、毛细管虹吸作用、表面吸附力等固定在各种微观结构中,所以,肉中的水几乎都不能流动。如果用刀切开肉或沥干时,也只有少许自由水流失,大约15 g。往肉中加入大量食盐时,可使更多的水渗出,这些水就是因渗透压改变而从肌肉的凝胶结构或细胞结构中流出的,这部分水是在肌肉中含量最多的一种水,可达40 g左右。

## 三、水与食品品质的关系

**1. 水与食品的“鲜嫩”**

食品的品质取决于自身的组成成分和结构。水是重要的组成成分,是影响其品质最主要的因素之一。对于新鲜类食品,水分含量是反映其鲜嫩度的重要指标。蔬菜水果组织中含水量多,其质地多汁鲜嫩,口感表现为脆嫩。一旦失去部分水分,组织细胞内的压力降低,出现萎蔫、皱缩、干瘪、失重和失鲜,其食用价值降低。新鲜的肉类呈现凝胶状态,含有较高的水分,肉的弹性好,色泽鲜亮。

烹饪中为了保持原料中的水分,需要根据不同原料选择合适的烹调方法。一般来说,生长周期长的动物,其组织中含水量相对少,肌肉结构紧密,结缔组织较多。烹饪时宜小火长时间加热,使蛋白质结构发生改变,增加含水量。不当的加热会使肌肉中水分进一步丢失,组织变得更加紧密,质地变硬,失去弹性,咀嚼感觉“老柴”。幼嫩的动物其组织含水量高,结构疏松,肌肉显得鲜嫩,烹饪宜采用急火短时间加热,尽量减少组织中水分的丢失,保持鲜嫩口感。因此,烹饪工艺中,一是设法保持食物原料的水分,让其不失水;二是通过增加食物原料的水分,使其达到一定的含水量,实现“嫩”的目的。

**2. 水与食品风味**

食品中的自由水主要影响食品的鲜嫩(质地),而结合水则对食物中蛋白质、糖类物质的性质有较大的影响。烹饪中采用高温烘烤、油炸、微波加热等方式使蛋白质变性、糖分子脱水,出现食品变色、增味的现象。而这些变化有的是烹饪所期望达到的风味,有的则是烹饪失败的结果。以油炸食品为例说明食品熟制过程中水分的变化与风味的形成。

(1) 水分挥发阶段　油温加热到一定温度,原料或生坯投入到热油之中,原料的加入使油温下降,原料表现的温度低于100 ℃,但表面的水分开始蒸发,随着表面水分的蒸发,内部水分不断向表面移动,原料表面的高分子物质(蛋白质、糖类)在温度作用下完成了吸水膨胀。由于原料表面水分较多,油温仍保持在100 ℃左右,继续加热,油温升高,表面水分蒸发加快,油面出现大量的气泡。原料表面水分继续挥发,内部水仍不断向外扩散,外层油开始向原料内部扩散、渗透。当原料表面的自由水基本失去后,表面的高分子化合物结构变化基本完成,如淀粉糊化、蛋白质变性、凝固等,这时完成了原料或生坯的定型。

(2) 脱水分解阶段　原料或生坯表面的自由水基本失去后,如果再继续加热,油温进一步升高，表面的温度超过 100 ℃，蛋白质、糖类等高分子物质中结合水开始失去，分子产生脱水分解。分解产生的小分子相互之间又发生多种化学反应，整个阶段处于分解、化合变化中，生成很多气味物质和中间产物，使食物产生香气。随着脱水过程的进行，原料表面形成干燥的外壳，如果不停止加热，脱水反应向原料内部延伸。

（3）脱水缩合、聚合　原料或生坯在表面发生脱水反应之后，如果油温继续升高，当表面温度达到或超过 170 ℃时，脱水分解反应加快，生成物之间发生聚合、缩合反应，主要有羰氨反应、焦糖化反应等，使食物表面硬化并形成不同色泽（褐变），与此同时，产生不同种香气，形成良好的外形、色泽和气味。

以上三种失水程度与温度和加热时间呈正比，因此烹饪中控制好温度、时间使化学变化达到“恰到好处”，就可以产生色、香、味、形俱全，外焦里嫩的风味效果。

# 第四节　食品的水分活度

## 一、水分活度

水分含量不仅与食品品质相关，也与食物的败坏有着密切关系。当水分含量高时，食物的保存就很困难，因此，水分含量常作为判断食物变化的指标。但是，水分含量不是一个十分可靠的量度，原因是含水量相同的食品，由于非水成分不同，水分存在的形式各异。结合水与非水成分结合强，稳定性高，不容易被微生物利用和作为溶剂参与化学反应。自由水与非水成分结合弱或无结合，稳定性差，易被微生物利用并参与化学反应。因此，单用水分含量很难准确反映食品的稳定状况。于是人们采用“水分活度”来反映水与各种非水成分缔合的强度，利用水分活度作为食品储藏性的指标。

**1. 水分活度的定义**

物质的活性（substance activity）是由路易斯（Lewis）根据热力学平衡定律推导出来的，随后被广泛地应用于食品。他将水分活度定义为

$$A_W = \frac{f}{f_0} \tag{3-2}$$

式中：$A_W$为水分活度；$f$ 为溶剂逸度（溶剂从溶液中逸出的趋势）；$f_0$为纯溶剂的逸度。

在低温条件下（室温下），$f/f_0$和 $p/p_0$之间差值较小（低于 1%）。食品水分活度（water activity，$A_W$）是指在一定温度下，食品中的水分饱和蒸汽压与纯水的饱和蒸汽压的比值，即

$$A_W = \frac{p}{p_0} \tag{3-3}$$

式中：$p$ 为某种食品在密闭容器中达到平衡状态时的饱和蒸汽压；$p_0$为在同一温度下纯水的饱和蒸汽压。

对于纯水来说，因 $p=p_0$，故 $A_W=1$。对于溶液来说，其饱和蒸汽压肯定要低于溶剂饱和蒸汽压，即 $p<p_0$，故 $A_W<1$。溶液的浓度越大，$p$ 越小，$A_W$越小。由于食品原料中非水成

分较多(小分子盐类及有机物),其水饱和蒸汽压低于纯水饱和蒸汽压,因此,食品原料的 $A_W$ 永远小于 1。

水分活度也可以用溶液溶剂、溶质质量表示。根据拉乌尔(Raoult)定律:溶质的分压与其质量成正比,即

$$p = p_0 \cdot x \tag{3-4}$$

则

$$A_W = \frac{p}{p_0} = x = \frac{n_1}{n_1 + n_2} \tag{3-5}$$

式中:$x$ 为溶液中溶剂的摩尔分数;$n_1$ 为溶液中溶剂的量;$n_2$ 为溶液中溶质的量。

式(3-5)说明食品的水分活度与其组成有关。食品中的含水量越大,水分活度越大;食品中的非水物质(亲水物质)越多,结合水越多,水分活度越小。

$n_2$ 可以通过冰点下降法,然后按式(3-6)计算求出。

$$n_2 = G\Delta T_f / 1000K_f \tag{3-6}$$

式中:$G$ 为样品中溶剂的量,g;$\Delta T_f$ 为样品冰点下降温度,℃;$K_f$ 为水的摩尔冰点降低常数。

水分活度也可以用相对平衡湿度表示,相对平衡湿度是指大气中水蒸气分压与相同温度下纯水的饱和蒸汽压之比。在一定温度下,当食物中的水分与周围环境相平衡时,即食品中的水分蒸汽压与食品周围环境中的水汽分压相等,则

$$A_W = ERH/100 \tag{3-7}$$

式(3-6)意味着流通环境的相对湿度对食品的水分活度有较大的影响,即当食品的水分活度乘以 100、其值比环境的相对湿度低的情况下,食品在流通过程中吸湿。梅雨季节高湿度的条件下,干燥食品极易吸湿、发霉就是这个道理。相反,高水分活度食品在低湿度下放置,水分活度也会下降。因此,为了维持适当的水分活度,必须用各种包装材料抑制水分的变化。

值得强调的是,水分活度是样品的固有性质,反映了样品水分存在状态。仅当样品与环境达到平衡时,式(3-6)的关系才成立。少量样品(1 g 以下)与环境达到平衡就要耗费大量时间,故对于大量样品,当温度低于 50 ℃时,与环境几乎不可能达到平衡。

食品的水分活度可以用食品中水的摩尔分数表示,但食品中水和溶质相互作用或水和溶质分子相互接触时会释放或吸收热量,这与拉乌尔定律不符。当溶质为非电解质且质量摩尔浓度小于 1 时,$A_W$ 与理想溶液相关不大,如果溶质为电解质时,则会出现较大的差异。表 3-6 给出了理想溶液、电解质、非电解质的水分活度。

**表 3-6　纯溶质水溶液的水分活度**

| 溶液① | $A_W$ |
| --- | --- |
| 理想溶液 | 0.9823② |
| 丙三醇(甘油) | 0.9816 |
| 蔗糖 | 0.9806 |
| 氯化钠(食盐) | 0.967 |
| 氯化钙 | 0.945 |

注:①1 kg 水(55.51 mol)中溶解 1 mol 溶质。②$A_W$=55.51÷(1+55.51)=0.9823。

从表 3-6 可知,纯溶质水溶液的 $A_W$ 值与按拉乌尔定律预测的值不相同,所以对于复杂

食品体系，用食品组分和水分含量计算 $A_W$是不可行的。

**2. 水分活度的测定方法**

目前水分活度的测定方法有相对湿度传感器测定法、恒定相对湿度平衡法和冰点测定法。

（1）相对湿度传感器测定法　将已知含水量的样品置于恒温密闭的小容器中，使其达到平衡，然后通过电子测定仪或湿度测定仪测定样品和环境空气的平衡相对湿度，即可得到所测样品的水分活度。

（2）恒定相对湿度平衡法　是将样品置于恒温密闭的小容器中，用一定浓度的饱和盐溶液控制密闭容器的相对湿度，定期测量样品的水分含量变化，然后绘图求得水分活度。表3-6是几种纯溶质水溶液的水分活度。

（3）冰点测定法　先测定样品的冰点降低温度（$\Delta T_f$）和含水量（$n$），然后代入式（3-5）和式（3-6）中计算水分活度。采用该方法测定水分活度时引起的误差较小，通常小于0.001/℃。

**3. 水分活度与含水量的关系**

一般情况下，食物中的含水量越高，水分活度也越大。在恒定温度下，将食品水分含量（以每单位质量干物质中水的质量表示）对 $A_W$ 作图得到的曲线，如图3-10所示为高水分含量食品水分活度与含水量的关系。

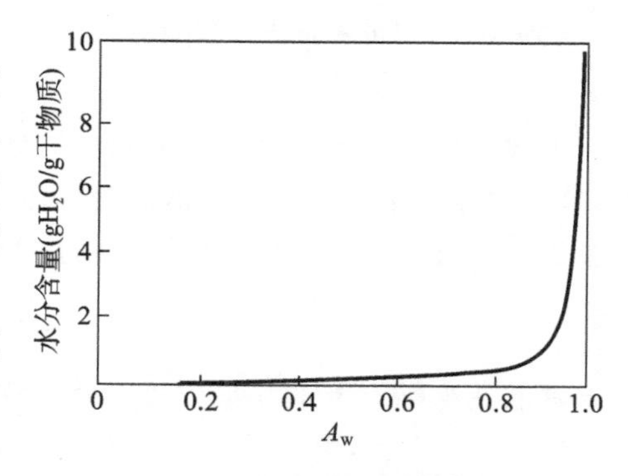


**图 3-10　水分活度与原料含水量的关系**

可以看出，两者之间关系呈曲线关系，而非直线关系。当食物中的含水量低于0.5 g水/g干物质时，食物的含水量稍有增加，就会引起水分活度迅速上升（$A_W$0～0.85）。当含水量大于0.5 g水/g干物质时，随着食物的含水量快速增加，而水分活度变化较缓（$A_W$0.85～1.0），反映出低水分含量时，自由水较少，高水分含量时，自由水增加较多。

**4. 水分活度与温度的关系**

由于蒸汽压和平衡相对湿度都是温度的函数，所以水分活度也是温度的函数。水分活度与温度的函数可用克劳修斯-克拉伯龙（Clausius-Clapeyron）方程来表示。

$$\frac{\mathrm{dln}A_W}{\mathrm{d}(1/T)}=-\frac{\Delta H}{R} \tag{3-8}$$

经整理可导出

$$\ln A_W=-\Delta H/RT+C \tag{3-9}$$

式中：$T$ 为热力学温度，K；$R$ 为气体常数；$\Delta H$ 为在样品的水分含量下的等量净吸附热。

从式（3-8）中可以得出，水分活度（$A_W$）与温度（$T$）构成了固定关系，$\ln A_W$与 $1/T$ 为一线性关系。说明样品的 $A_W$对数值在一定的温度范围内随着绝对温度的升高而成比例升高。如图3-11所示为马铃薯淀粉水分活度与温度（$\ln A_W$-$1/T$）关系。

从图可知马铃薯淀粉水分活度与温度之间有良好线性关系。水分活度起始值为0.5时，在温度2～40 ℃范围内，温度系数为0.0034 $K^{-1}$。一般来说，温度每变化10 ℃，$A_W$变化0.03～0.20，因此温度的变化对水分活度产生的效应会影响食品的稳定性。

但是，当食品温度变化范围较大时，$\ln A_W$ 对 $1/T$ 作图并不始终是直线。当食品的温度低于 0 ℃时，直线发生转折(图 3-12)。因此，对于冰点以下的水分活度需要重新定义。

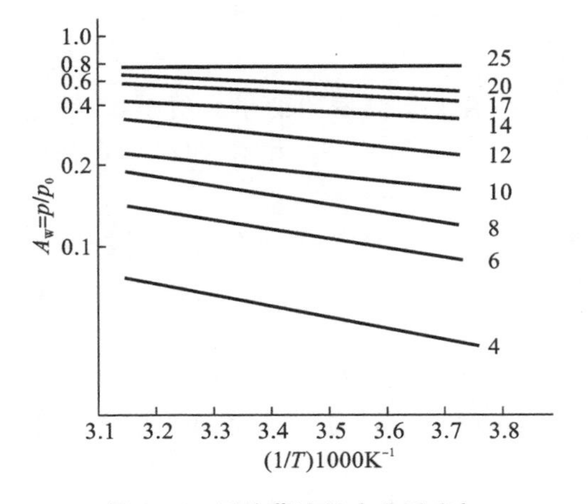


**图 3-11　马铃薯淀粉水分活度与温度($\ln A_W$-$1/T$)关系**

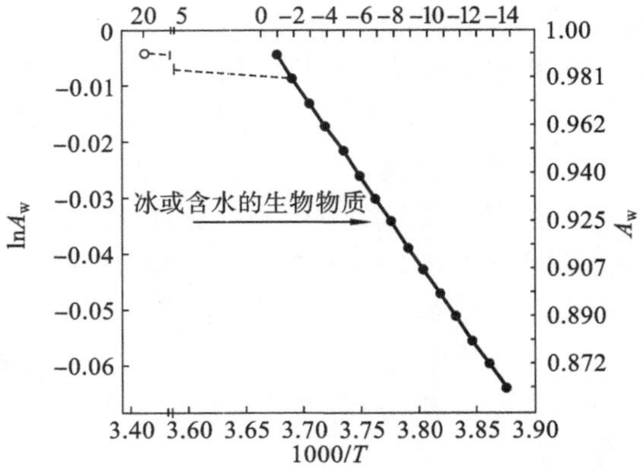

**图 3-12　高于或低于冰点温度时样品 $A_W$-$T$ 的关系**

也就是说在计算冻结食物的水分活度时，$A_W=p/p_0$ 中的 $p_0$ 应该是过冷水的蒸气压。因为，这时样品中水的蒸汽压是冰的蒸气压，如果 $p_0$ 再用冰的蒸气压，这样水分活度的计算就失去了意义，因此，冻结食物的水分活度的计算式为

$$A_W=\frac{p_{纯冰}}{p_{过冷水}} \tag{3-10}$$

食品在冻结点上下其水分活度表示意义是不同的，它们之间的差异如下。

(1) 冰点以上，食物的水分活度是食物组成和食品温度的函数，并且主要与食品的组成有关；而在冰点以下，水分活度与食物的组成没有关系，只与水分状态相关，而仅与食物的温度有关。

(2) 冰点上下食物水分活度的大小与食物理化特性的关系不同。如在 −15 ℃时，水分活度为 0.80，微生物不会生长，化学反应缓慢；在 20 ℃时，水分活度为 0.80 时，化学反应快速进行，且微生物较快的生长。

(3) 不能用食物冰点以下的水分活度预测食物在冰点以上的水分活度，同样，也不能用食物冰点以上的水分活度预测食物冰点以下的水分活度。

## 二、水分吸附等温线

### 1. 水分吸附等温线的意义

在恒定温度下，以食品中的水分含量(以单位干物质质量中水的质量表示)对 $A_W$ 作图得到的曲线称为水分吸附等温线(moisture sorption isotherms，MSI)。MSI 表示食品水分活度与水分含量关系的曲线。在水分吸附等温线中低水分含量范围内(0～0.8)，含水量稍有增加就会导致水分活度的大幅度增加，把低水分含量区域内的曲线放大，结果呈现出反“S”形态曲线。为了深入理解吸附等温线的含义和实际应用，根据水分活度与水分含量的关系可将曲线分成三个区域(图 3-13)。干性物料因吸附作用结合的水从Ⅰ区(干燥时)向Ⅲ区(高含水)移动时，水的物理化学性质发生变化。

Ⅰ区：低含水量区，水分子和食品成分中的离子基团、极性基团以水-离子、水-偶极结合，可被认为是结合最牢固或可移动最小的水。其结合力最强，所以 $A_W$ 也最低，一般为 0～0.25，相当于物料含水量为 0～0.07 g水/g 干物质。它可以简单地看作为物料固体成分的一部分。在Ⅰ区末端（区间Ⅰ和区间Ⅱ的分界线）位置的这部分水可看成是在干物质可接近的强极性基团周围形成一个单分子层所需水的近似量。Ⅰ区的水不能溶解溶质，对食品的固形物不产生增塑效应，微生物不能利用，因此在低湿度的环境条件下，干燥食品是比较稳定的。

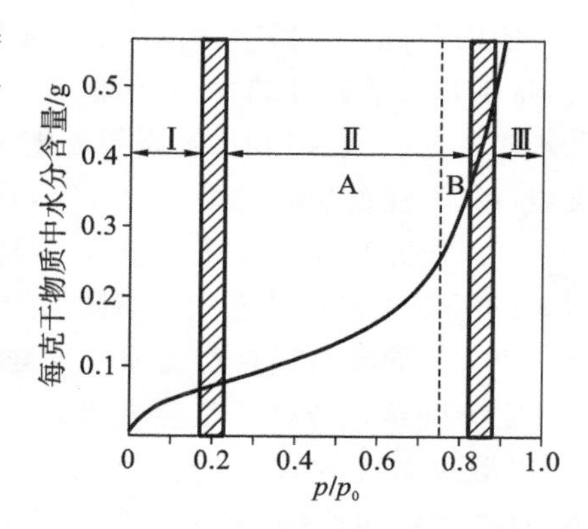


图 3-13　干性原料吸湿等温线

Ⅱ区：水分子占据固体物表面第一层的剩余位置和亲水基团周围的另外几层位置，形成多分子层结合水，主要靠水—水和水—偶极氢键键合，同时还包括直径＜0.1 μm 的毛细管中的水。$A_W$ 为 0.25～0.8，相当于物料含水量在 0.07～0.33 g/g 干物质。Ⅱ区食品中的水分稍有增加，就可以引起 $A_W$ 较大的变化，如果此阶段的斜率增大，说明对食品的固形物产生增塑效应越明显。水分活度的增大，加快了大多数反应的速度。

Ⅲ区：包括Ⅰ区和Ⅱ区的水，再加上Ⅲ区上边界内增加的水。$A_W$ 在 0.8～0.99 之间，物料含水量最低为 0.14～0.33 g/g 干物质，最高为 20 g/g 干物质。这部分水是食品中结合最不牢固和最容易移动的水。其蒸发热基本上与纯水相同，既可以结冰也可作为溶剂，并且还有利于化学反应的进行和微生物的生长。

**2. 滞后现象**

一种食物一般有两条吸附等温线，一条是干燥食品在吸附水分时（回湿）的吸附等温线（常称为吸湿线），另一条是含水分较高食品干燥时水分移出的解吸等温线（常称为解湿线），这两条曲线并不重合，这种不重合现象称为"滞后"现象（图 3-14）。通常物质在指定的水分活度下，解吸过程中样品的水分含量总是大于回吸过程中样品的水分含量。这种现象产生的原因是：干燥时食品中水分子与非水物质基团之间的作用部分地被非水物质基团之间的相互作用所代替，而吸湿时不能完全恢复这种代替作用。

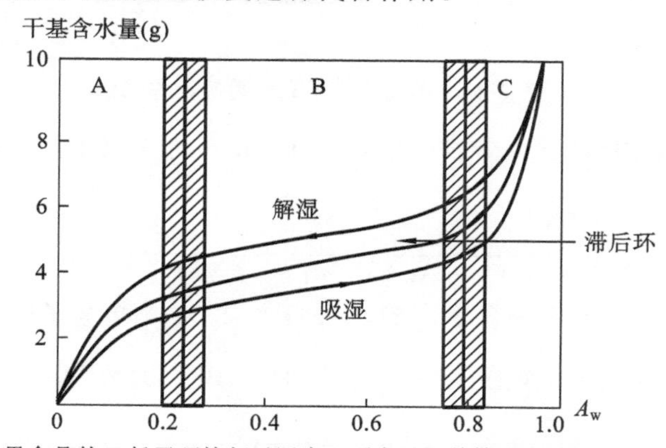


图 3-14　水分吸附等温线的滞后现象

吸附等温线与解吸等温线在食品加工中有较好的应用。首先通过比较吸附和解吸等温线，特别是其滞后环的大小、形状、位置等来判断食品干制或涨发复水的情况，从而选择恰当的加工工艺。其次，利用吸附等温线来控制组配食品加工过程中水分的移动。水分吸附等温线(MSI)在食品研究中应用较广，具体如下。

(1) 研究和控制食品浓缩与干燥进程，因为浓缩和干燥过程中除去水的难易程度与相对蒸汽压有关。食品蒸汽压高则易于除去，反之，则难以除去。

(2) 指导食品混合物的配方以避免水分在组分之间的转移。

(3) 确定包装材料是否具有足以保护特定体系的阻湿性，高吸湿物料(吸附等温线较陡)吸湿速度快，夺取水分能力大，在与环境大气相对湿度相平衡前水分含量已超过了临界值，这类物料如糖粉、速溶咖啡、饼干等必须用阻湿性高的材料包装。低吸湿物料(吸附等温线较平缓)吸湿性差，正常储藏条件下不易变质，可以用一般阻湿性材料。

(4) 确定抑制体系中指定微生物生长所需的含水量。

(5) 预测食品的化学和物理稳定性与含水量的关系。

**3. 水分吸附等温线与温度的关系**

由于水分活度随温度的升高而增大，其变化符合 Clausius-Clapeyron 方程，所以同一食品在不同温度下具有不同的吸附等温线。图 3-15 表示马铃薯在不同温度下的吸附等温线。

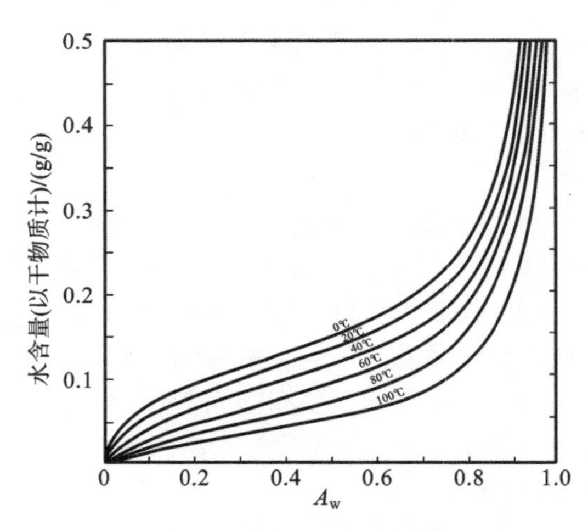


**图 3-15　不同温度下马铃薯吸附等温线**

利用水分吸附等温线数据，根据布仑奥(Brunauer)等人提出的方程可以得出食品的单分子层水值。

$$\frac{A_W}{m(1-A_W)} = \frac{1}{m_1 c} + \frac{(c-1)}{m_1 c} A_W \tag{3-11}$$

式中：$A_W$为水分活度；$m$ 为水分含量，g $H_2O$/g 干物质；$m_1$为单分子层水值；$c$ 为常数。

利用 $\frac{A_W}{m(1-A_W)}$ 对 $A_W$作图，可得一直线，称为 BET 直线，此直线的截距为 $\frac{1}{m_1 c}$，斜率为 $\frac{(c-1)}{m_1 c}$。通过测定某一食品在恒定温度下不同水分活度时的含水量，可以求得该食品在此温度时的单层水含量。

$$单分子层水(m_1) = \frac{1}{Y截距 + 斜率} \tag{3-12}$$

例如，某一食品在某一温度下当水分活度为 0.04，含水量为 0.0405；当水分活度为 0.32，含水量为 0.117；求该食品的单分子层水含量。经过解二元一次方程得食品中单层水 $m_1 = 0.0889$ g/g。

## 三、水分活度与食品稳定的关系

综合前面的论述，在大多数情况下食品的稳定性与水分活度是紧密相关的。研究食品水分活度与微生物生长、化学反应速率间的关系，不仅可以预测食品的货架期，分析食品败坏原因，而且可以利用水分活度的变化研究控制食品败坏的方法。

**1. 水分活度与微生物生长**

各类微生物生长都需要一定的水分活度。一般来说，食品中各种微生物的生长繁殖由其水分活度所决定，只有当食品中水分活度大于某一临界值时，特定的微生物才能生长。从微生物生长总体规律来看，细菌对低水分活度最敏感，酵母菌次之，霉菌敏感性较差。普通细菌要求 $A_W > 0.91$，酵母菌 $A_W > 0.87$，霉菌 $A_W > 0.80$。而一些耐渗透压、耐干性微生物则要求水分活度较低，当 $A_W$ 在 0.65 左右时耐干性酵母和霉菌仍能生长。通常只有 $A_W < 0.6$ 时微生物才无法生长。表 3-7 列举了食品中常见微生物生长所要求的最低水分活度。

**表 3-7 微生物生长所需的最低水分活度**

| 微生物 | 水分活度 | 微生物 | 水分活度 | 微生物 | 水分活度 |
| --- | --- | --- | --- | --- | --- |
| 普通细菌 | 0.91 | 嗜盐菌 | 0.75 | 耐高渗酵母菌 | 0.61 |
| 普通酵母菌 | 0.87 | 沙门氏菌 | 0.93 | 耐干性酵母菌 | 0.65 |
| 普通霉菌 | 0.80 | 大肠杆菌 | 0.95 | 耐干性霉菌 | 0.65 |

食物中水分活度在 0.91 以上时，以细菌繁殖引起的腐败为主。但并不是说酵母菌和霉菌不能生长发育，而是细菌的繁殖能力显著增强，抑制了其他微生物的生长繁殖。当在食品中加入食盐、糖后，水分活度下降，一般细菌不能生长，嗜盐菌、霉菌却能生长，也会造成食品的腐败。水分活度 0.90 以下的食品腐败主要是由酵母菌和霉菌所引起的。

在研究食品微生物败坏与水分活度的关系时，了解食物中腐败菌、病原菌生长的最低水分活度有很重要的意义。研究表明：大多数食物中毒病原菌生长最低水分活度在 0.86～0.97之间，肉毒杆菌生长最低水分活度为 0.93～0.97。因此，在食品生产、加工、储藏过程中采用必要的工艺和技术控制水分活度，可以提高食品安全。表 3-8 给出了不同食物水分活度范围和可能生长的微生物。

**表 3-8 不同水分活度下食品中可能生长的微生物**

| $A_W$范围 | 抑制的微生物 | 该范围内常见食品 |
| --- | --- | --- |
| 1.00～0.95 | 假单胞菌、大肠杆菌、变形杆菌、志贺氏菌属、芽孢杆菌、产气荚膜梭状菌、一些酵母菌 | 新鲜食品、蔬菜、水果、鲜肉、鲜鱼、牛奶、熟食；40%蔗糖或 7%的含盐食品 |

续表

| $A_W$范围 | 抑制的微生物 | 该范围内常见食品 |
| --- | --- | --- |
| 0.95～0.91 | 沙门氏菌属、副溶血弧菌、肉毒梭状芽孢杆菌、沙雷氏菌、乳酸杆菌、一些霉菌、酵母菌 | 干酪、腌制肉、水果浓缩汁；55%蔗糖或12%的含盐食品 |
| 0.91～0.87 | 大多数酵母菌、微球菌 | 发酵香肠、蛋糕、人造奶油；65%蔗糖或15%的含盐食品 |
| 0.87～0.80 | 大多数霉菌、金黄色葡萄球菌、大多数酵母菌 | 浓缩果汁、水果糖浆、面粉、大米、豆类 |
| 0.80～0.75 | 大多数嗜盐菌、产毒素的曲霉 | 果酱、果冻、糖渍水果 |
| 0.75～0.65 | 嗜旱霉菌、二孢酵母菌 | 果干、坚果、糖类、牛轧糖 |
| 0.65～0.60 | 耐渗透压酵母、少数霉菌 | 含水量在15%～20%的果干、蜂蜜 |
| 0.60～0.50 | 微生物不能增殖 | 含水量12%的酱、水量10%调味品 |
| 0.50～0.40 | 微生物不能增殖 | 含水量5%的全蛋粉 |
| 0.40～0.30 | 微生物不能增殖 | 含水量3%～5%曲奇饼、脆饼干、硬皮面包 |
| 0.30～0.20 | 微生物不能增殖 | 含2%～3%水分的全脂奶粉、5%水量脱水蔬菜 |

**2. 水分活度与酶的活性**

水分活度对酶活性的影响主要体现在两个方面：一方面水分活度影响酶促反应底物的可移动性；另一方面水分活度影响酶的构象。当水分活度小于0.85时，食物含水量较低，大部分酶失去活性。如酚氧化酶、过氧化物酶、维生素C氧化酶、淀粉酶等。然而，脂肪氧化酶较为特殊，在0.1～0.3低水分活度下，脂肪氧化酶仍能保持较强活力，酶促反应较快；随着水分活度的增加，酶活性降低，酶促反应也降低；当水分活度大于0.7时，酶活性又增加。脂肪氧化酶这种性质与脂肪的非极性有关。

**3. 水分活度与化学反应**

食品中的化学反应是影响食品稳定的另一个重要因素。生鲜食品储存中普遍存在着氧化反应、酶促反应，加工后的食品存在着非酶促反应、脂肪自动氧化、淀粉老化、蛋白质变性、水解、色素分解等。这些重要的化学反应与水分活度关系密切。

1）脂肪的氧化酸败

脂肪氧化酸败与水分活度之间呈现由高到低，再由低到高的过程。当$A_W$较低（0.1以下）时，脂肪氧化速度很大；随着$A_W$增加，脂肪氧化速度逐步下降，$A_W$接近吸附等温线中区域Ⅰ和区域Ⅱ交接处时达到最低；当$A_W$进一步增加时，脂肪的氧化速度上升，直至$A_W$接近区域Ⅲ边界为止，而后$A_W$增加脂肪氧化速度又降低（图3-16(c)）。脂肪氧化速度时高时低的原因如下。低水分活度状态下，食品中增加少量的水，加入的水与脂肪氧化反应中的过氧化物形成了氢键，氢键保护了过氧化物的分解，明显干扰了脂肪的氧化过程。另外，增加少量的水对于食品中存在的可能对脂肪氧化起催化作用的微量金属离子产生螯合作用，使其催化作用降低，也干扰了脂肪的氧化速度。当增加的水使$A_W$超过区域Ⅰ达到区域

Ⅱ和区域Ⅲ交界处时，脂肪氧化速度迅速增加，此区域内所增加的水加大了氧的溶解度并使脂肪分子产生溶胀，从而加速了氧化过程。当 $A_W$ 达到区域Ⅲ（$A_W$>0.8）时，随着 $A_W$ 增加，脂肪氧化速度降低，这主要是因为水对反应物和催化剂的稀释作用。

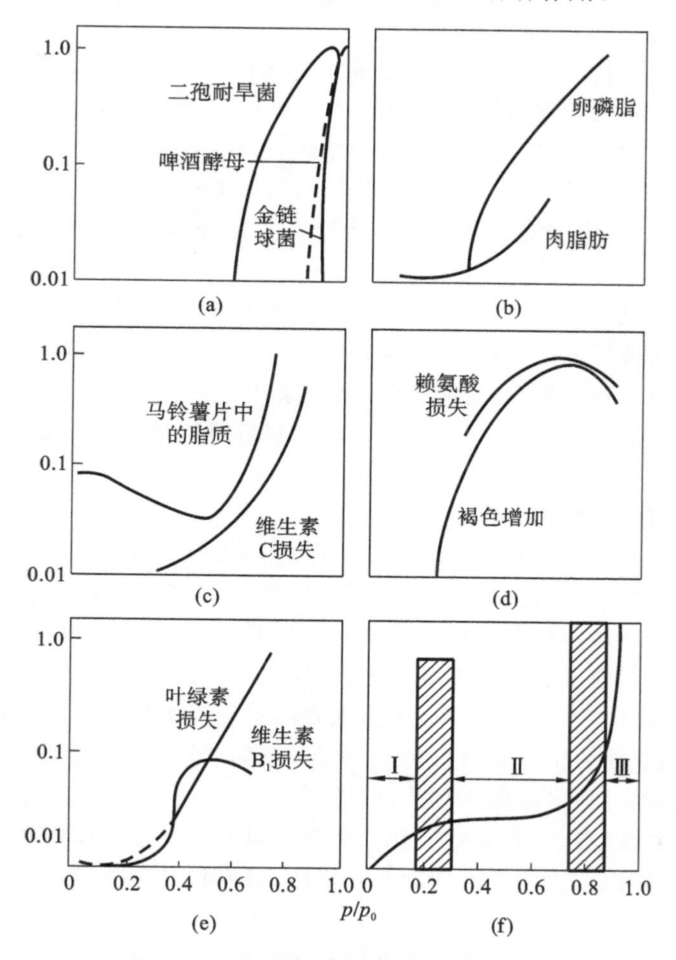


**图 3-16　水分活度与食品稳定性的关系**

(a) 微生物与 $A_W$ 的关系；(b) 酶水解与 $A_W$ 的关系；(c) 氧化反应与 $A_W$ 的关系；
(d) 美拉德反应与 $A_W$ 的关系；(e) 化学反应与 $A_W$ 的关系；(f) 水分含量与 $A_W$ 的关系

2）蛋白质的变性

蛋白质分子中通常存在着大量的亲水基团和疏水基团，这些基团自身相互作用使蛋白质分子各自保持特有的有规律的高级结构。当这一结构发生改变时蛋白质许多功能性质也随之发生改变，这种变化称之为蛋白质的变性。水作为极性分子，对蛋白质具有较强的亲合力，随着水分的增加，蛋白质分子膨胀，暴露出肽链中可能被氧化的基团，使其氧化性增强。研究发现，食品中水分含量为 4%时，蛋白质变性仍然会缓慢发生，水分含量控制在 2%以下时，蛋白质的变性才会停止。

3）非酶褐变

非酶褐变是食品中普遍存在的变色现象，主要有美拉德反应和焦糖化反应。当 $A_W$ 不超过区域Ⅰ（$A_W$<0.2）时，非酶褐变难以发生；当 $A_W$>0.2 时，非酶褐变随着水分活度的增加而加速；$A_W$ 在 0.6～0.8 之间时，非酶褐变最为严重（图 3-16（d））。$A_W$ 在此范围内，一些重要化学反应(脂类的氧化、维生素的分解等)速率都达到最大,也促进了食品非酶褐变。当水分活度进一步增大($A_W$>0.9)时,食品中的各种化学反应速度大都呈下降趋势。其原因为:水分含量增加产生了稀释效应,从而减慢了反应速度。

4) 色素氧化分解

食物的色泽决定了其感官质量和商品价值。色素的稳定性与水分活度有关。食物原料中最常见的色素是脂溶性色素(叶绿素、类胡萝卜素)。一般来说,这类色素与脂肪性质相同,在单分子层水分含量下最稳定;随着$A_W$的增加,叶绿素、类胡萝卜素分解速度加快。而一些水溶性色素(花青素、类黄酮、儿茶素)溶于水,其性质很不稳定,在$A_W$较高(0.9 以上)的情况下,1~2 周后其特征性色泽都会发生改变;当$A_W$较低时,表现为水分活度越低色泽越稳定(图 3-16(e))。

从上述的讨论可见,水分活度与化学反应的关系非常紧密,水分活度过低或过高,对食品中的化学反应具有降低或阻止作用;化学反应最大速度发生在中等水分活度值范围。要使食品中化学反应速度达到最小,通常将水分活度控制在吸附等温线的区域Ⅰ内,此时食品中水分含量是单层水分含量,可以通过单层水值的计算准确地预测干燥食品最大稳定状态下的含水量。

**4. 水分活度与食品的质构**

食品的质构与含水量特别是自由水有直接的关系,食品因其成分和结构不同,其含水量各异,自由水与结合水的构成比例也不同;即使是同样的含水量,水分活度也不一样。水分活度大的食品比水分活度小的食品更具有塑性和湿润性,这是因为水分的状态不同而形成的。水分活度对于干燥食品质构影响非常大,干燥食品理想的水分活度在 0.3~0.5 之间。当食品水分活度从 0.3 增大至 0.65 时,大多数食品的硬度降低而黏度增加。因此,要保持干燥食品的理想性质,水分活度保持为 0.3~0.5。例如,饼干、爆玉米花、油炸土豆片等脆性食品,还有糖粉、奶粉、速溶咖啡等干性饮品,需要使产品保持相当低的水分活度,当水分活度增加时就会出现结块、变软、发黏等变化。对含水量较高的食品(蛋糕、面包、馒头等),需要保持合理的水分活度,当发生失水引起水分活度下降时,就会变硬,当发生吸水引起水分活度增加时,就会产生变软、变形、发黏。研究表明,将一些肉类食品(火腿、牛肉、香肠等)的水分活度从 0.70 提高到 0.99 时,能获得更令人满意的食品质构。

根据食品中的水分活度可将食品分为三类:高含水量食品,$A_W$在 0.85 以上;低含水量食品,$A_W$ 在 0.2 以下;中含水量食品,$A_W$ 在 0.20~0.85 之间。实际中,通常将$A_W$在0.60~0.85 之间的食品作为中等含水量食品,其含水量在 20%~40%之间。

综合水分活度与微生物、酶活性、化学反应、食品质构之间的关系,图 3-17 所示为水分活度与食品稳定性的关系。

## 四、水分活度的控制

由于食物的水分活度与其感官性状和稳定性有直接关系,为了保持食物特有的性质或延长它的储藏期,需要对其水分活度进行控制。由于低水分活度条件下食品的储藏性较好,所以对那些季节性强、不宜存放的食物常采用降低水分活度的方法进行储藏,加工时采用浓缩或脱水干燥方法除去食物中的部分或全部水分。

常用的干燥方法有喷雾干燥、流化床干燥、真空干燥、冷冻干燥、日晒、烟熏等,以真空冷

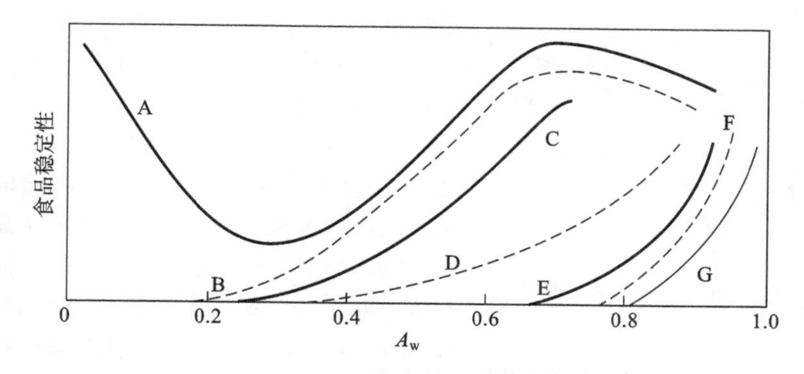


**图 3-17　水分活度与食品稳定性的关系**

A—脂肪氧化；B—非酶褐变；C—水解；D—酶活力；E—霉菌生长；F—酵母生长；G—细菌生长

冻干燥效果最优。浓缩方法有蒸发、冷冻浓缩、膜渗透等，或利用盐、糖、甘油等添加剂来调节原料的水分活度，如糖渍、盐渍。除此之外，对那些要求保持一定的水分活度的物料，也可采用适当的包装材料来进行控制。吸附等温线在选择包装材料时起关键作用。高吸湿物料（吸附等温线较陡）吸湿速度快，必须用玻璃瓶或阻水塑料包装，如糖粉、速溶咖啡等。低吸湿物料（吸附等温线较平缓）吸湿性差，且在正常储藏条件下不易变质，可以用聚乙烯材料包装。对于高水分活度物料（水分活度一般高于大气相对湿度），包装可防止水分散失，但由于这类物料容易因微生物生长而败坏，所以应配合低温储藏。此外，当一个环境（或同一储存容器）同时存放几种不同物料时，还应注意由于各种物料间水分活度不同导致水分迁移而使某些物料劣变。例如干燥的腊肠、冻干脱水蔬菜、淀粉等物料混放时，易发生水分移动而串味，原本得到控制的化学反应速度加快。

# 第五节　分子流动性与食品稳定性

## 一、冷冻与食品稳定性

常温下，食品中的水分以液体形式存在。当食品温度低于水的结冰点时，水就会结冰，从液态转变为固态，食品的组织结构发生了变化，虽然低温抑制了微生物的生长，降低了化学反应速度，对提高食品的储藏稳定性有正面作用。但是，水结冰对食品稳定性也存在着两个不利的影响：①水转化成冰后体积增大，产生局部压力，对组织细胞产生机械性破坏，造成液汁的流失，或使得细胞内的酶与底物接触，导致酶促反应发生；②冷冻产生的浓缩效应使食品中溶质浓度提高，引起食品体系的物理化学性质的改变。如 pH 值、离子强度、黏度、表面张力、渗透压等发生改变，影响食品质量。

因此，研究水与溶质之间行为的变化规律是非常必要的。水结冰对溶质产生浓缩作用，同样溶质的存在会影响体系中水结冰的数量。当某一特定的溶质浓度增加时，任何温度下冰的生成量都会下降。图 3-18 所示为一个简单的二元液态体系示意图，图中显示出二元液

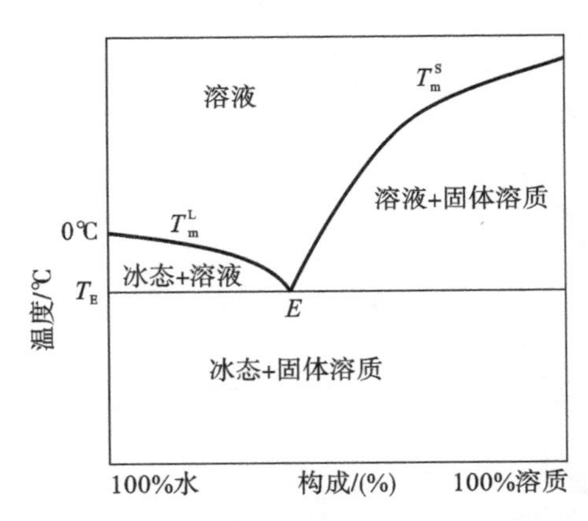


**图 3-18 水的简单二元体系示意图**

$T_m^L$—熔点曲线；$T_m^s$—溶解度曲线；

$T_E$—共熔点温度；$E$—共熔点

态溶液的冰点随着溶质浓度的变化而变化。

从图中可以看出：①由于溶质的存在，水在冰点时并不一定结冰，由于溶质作用，水的结冰温度由 0 ℃降到 $T_E$（$E$ 点为共熔点）。在水中加入食盐，冰点降低就是这个原因。②溶质的浓度、种类影响冰晶的生成数量，同时也影响冰晶的晶形、大小、结构、位置、取向以及结冰速度。当溶质的性质与浓度对水分子的流动干扰不太大时（如甘油、糖醇、蔗糖等），冰晶仍为六方形晶体；当溶质为大分子（蛋白质、明胶、多糖）时，冻结速度加快，不规则和玻璃态结构占优势。温度越低，冻结速度越快，水分子的活动范围受到限制不易形成大的冰晶，甚至完全形成玻璃态结构。此时，食品达到稳定状态。

在冷藏过程中，为了提高食品的稳定性，对于不需要冷冻的食品，可以增加小分子溶质作为抗冻剂，降低水结冰点。对于需要冷冻保藏的食品，一是采用快速冷冻方法，在短时间内形成无数个晶核，减少冰晶体积；二是采用深温冷冻，使食品形成玻璃态结构，达到稳定态。

## 二、分子流动性与食品稳定性

长期以来，水分活度作为控制与预测食品稳定性的指标在实践中得到了有效的应用。随着食品科学的研究，近年来分子流动性（molecular mobility，$M_m$）作为另一个预测食品稳定性的指标。分子的流动性与食品中许多扩散被限制的性质相关。在分子流动性研究中，重点关注食品组分中分子的流动性，分子扩散限制对食品稳定性的影响。

### 1. 食品的玻璃态

探讨分子流动性之前，首先要了解玻璃态、玻璃化温度的概念。玻璃态（glassy state）是物质的一种非晶体或无定形态，处于玻璃态的物质像固体一样具有一定的形状和体积，又像液体一样分子之间的排列近似有序。因此，玻璃态是非晶体态或无定形态。所谓的无定形态（amorphous）是指物质处于一种非平衡、非结晶状态，当饱和条件占优势并且溶质保持非结晶态时，此时形成的固体就是无定形态。此状态下，大分子聚合物的链段运动被冻结，只允许在自由体积很小的空间运动。分子的转动和平移已经降低至可以忽略的水平，但是一些小分子仍然有一定的平移和转动。而当大分子聚合物转变为柔软的具有弹性的固体时，就是所谓的高弹态（或“橡胶态”），分子具有相当的变形，它也是无定形态。非晶态体系从玻璃态向高弹态转变（玻璃化转变）时的温度称为玻璃化温度（glass transition temperature，$T_g$）。对于一个复杂的体系，当它的温度低于玻璃化温度（$T_g$）时，除了小分子外，所有的分子失去了流动性，仅仅保留有限的转动与振动。但是，此时体系的物理性质发生了极大的变化，诸如体积、比热容、膨胀系数、热导率、折射率、弹性模量等都发生了突变或不连续性的变化。

### 2. 分子流动性

分子流动性（$M_m$）是分子的转动和平行流动性的总度量。物质处于完整的晶体状态时，

其 $M_m$ 为零；物质处于完全玻璃态时，其 $M_m$ 也几乎为零，其他任何情况下则大于零。食品作为一个复杂体系与其他大分子（聚合物）一样，往往是以无定形态存在的，食品的稳定性通常不会很高。但具有良好的黏弹性和口感，这正是食品烹饪或加工所期望的品质。因此，对于某一食品既希望达到预期的品质，同时又要使食品处于亚稳态或相对稳定的非平衡态。

决定食品品质的主要成分是水和占支配地位的几种非水成分。水分子体积小，常温下为液体，水还具有黏度低的特征，所以在体系温度处于 $T_g$ 时，水分子仍然可以转动和平移。而作为食品主要非水成分的蛋白质、多糖、脂肪大分子化合物是决定食品分子流动性的主要因素。由于食品的特殊性，绝大多数食品的 $M_m$ 不等于零。当食品所处的环境条件使其 $M_m$ 大幅下降时，食品受扩散限制的一些性质就会非常稳定，变化缓慢甚至不发生变化。分子流动性对食品品质的影响见表 3-9。

**表 3-9　分子流动性对食品品质的影响**

| 干燥或半干燥食品 | 冷冻食品 |
| --- | --- |
| 流动性与黏性 | 水分迁移（冰结晶现象） |
| 结晶与再结晶过程 | 乳糖结晶（冷甜食品中出现砂状结晶） |
| 巧克力表面起糖霜 | 酶活力在冷冻时仍保留，有时会出现提高 |
| 食品干燥时出现爆裂 | 冷冻干燥升华阶段无定形区的结构塌陷 |
| 干燥或中等水分食品的质地变化 | 食品体积收缩（冷冻甜点中泡沫结构的塌陷） |
| 冷冻干燥中发生食品结构塌陷 | |
| 酶的活性 | |
| 美拉德反应 | |
| 淀粉的糊化 | |
| 淀粉老化导致烘烤食品的陈化 | |
| 焙烤食品在冷却时的爆裂 | |
| 微生物孢子的热灭活 | |
| 微胶囊风味物质从芯材的逸出 | |

**3. 状态图**

通常以水和食品中占支配地位的溶质作为二元物质体系，绘制食品的状态图。在恒压下，以溶质含量为横坐标，以温度为纵坐标作二元体系状态图（图 3-19）。状态图（state diagram）包含了平衡状态和非平衡状态的信息。图中粗虚线代表亚稳定态，实线为平衡状态。食品二元体系状态图相对于标准的水相图（图 3-18）增加了玻璃化转变曲线（$T_g$）和一条从 $T_E$（低共熔点）延伸到 $T_g^*$ 的曲线。$T_g^*$ 是特定溶质的最大冷冻浓缩溶液的玻璃态化转变温度，即体系发生冷冻浓缩时，最大浓缩溶液的玻璃态转化为高弹态（橡胶态）时的温度。干燥食品、半干燥食品以及冷冻食品不是以热力学平衡状态存在的，故在研究这类食品的分子流动性与食品稳定性的关系时，二元体系状态图比水相图更为重要。如果食品状态处于玻璃化曲线（$T_g$ 线）的左上方而又不在其他的亚稳态线上，食品就处于不平衡状态；相反，如果食品状态处于玻璃化曲线（$T_g$ 线）的右下方，食品就处于稳定的玻璃态。

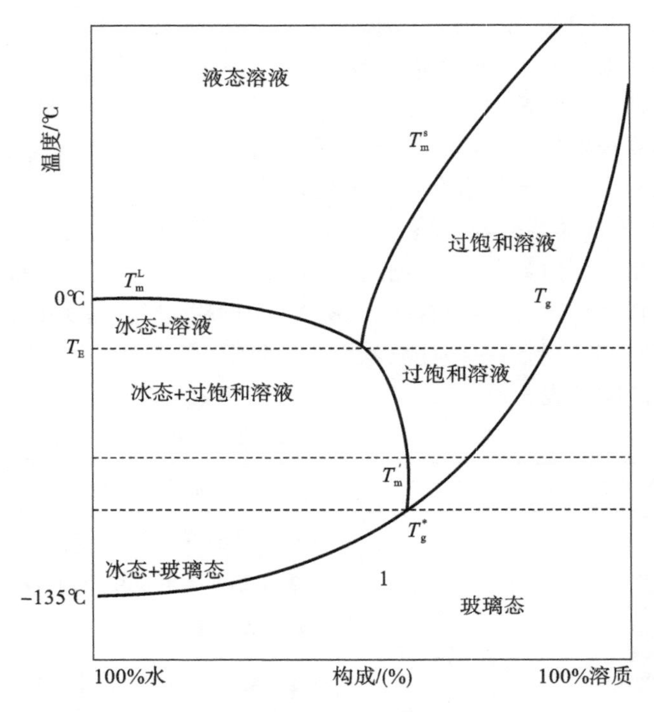


**图 3-19　食品二元体系示意图**

假设：最大冷冻浓缩，无溶质结晶，恒定压力，无时间相依性。$T_m^L$ 为熔点曲线；$T_m^s$ 为溶解度曲线；$T_E$为共熔点温度；$T_g$ 为玻璃化相变曲线；$T'_m$为起始熔化温度；$T_g^*$ 是最大冷冻浓缩溶液的溶质特定玻璃化相变温度。

从图 3-19 中可知，当溶质浓度为 0 时玻璃化转变温度是－135 ℃。这表示不同溶质对玻璃化转变温度曲线的影响直接影响 $T_g$和 $T'_m$曲线，从而造成曲线的差异。

图 3-19 中冰融化曲线 $T_m^L$和饱和溶解曲线 $T_m^s$，以及它们的交点 $E$(共熔点)所描述的都是真正平衡状态。在 $E$ 点以后，$T_m^L$的延长线描述的是一个新的、更为复杂的体系。首先，这一体系只有在溶质结晶失败(食品普遍存在)时存在。溶质未结晶时，$T_m^L$曲线高浓度一侧对应的状态图区域为过饱和溶液。因此，从 $E$ 到 $T'_m$是非平衡态区。$T_m^L$曲线延长线从 $E$ 到 $T_g^*$ 段通常用于亚稳态平衡，同时该曲线给出了在任意温度下，部分冰结晶后形成的过饱和溶液中溶质的最高浓度。在任意温度下，根据冷却过程中实际结晶过程的差异，体系中的冰结晶量有可能较低，从而过饱和溶液中溶质浓度低于 $T_m^L$曲线代表的最大值。所以，冷却速度越快，温度越低，结晶有可能越不完全。

在一定温度下，体系会达到冷却时不再有更多的冰结晶分离出来的情况。在理想状态下，这一现象可以用 $T_m^L$曲线与 $T_g$的交点 $T_g^*$ 表述，此时的溶质浓度为 $C_g^*$ 。曲线 $T_g$描述的是均匀、无定形体系的玻璃化转变温度随体系组成的变化，从纯水的－135 ℃到纯溶质的 $T_g$处。在形成冰结晶的平衡体系中，共熔点 $E$ 定义了共熔浓度$c_E$，即由冰单独结晶向冰与溶质共结晶转变的平衡体系临界浓度。只有在这一特殊的状态下，才可能出现冰与溶质的共结晶，且共结晶中水与溶质的比例和 $c_E$浓度下溶液相中两者的比例相同。当初始浓度较高时，体系通过冰的结晶达到浓度 $c_E$；而当溶质初始浓度较低时，则通过溶质的结晶来实现。

从二元状态图中可以知道，体系处于玻璃态时，温度应低于 $T_g$；而体系处于高弹态时，体系的温度在 $T'_m$～$T_g$之间。大分子化合物处于这两种不同状态时所具有的典型特性是不同的。玻璃态下具有易脆、高模量、高黏度、更低的反应速率和较低比热容，而高弹态（橡胶态）下则柔软易于变形，较低模量、相对低的黏度和较大的反应速率。食品体系的 $T_g$ 受水、溶质的影响较大，通常水分含量增加 1%，其 $T_g$ 会降低 5～10 ℃。对于简单食品体系，可以通过差示扫描量热仪（DSC）进行分析得到它的 $T_g$ 或其范围。对于复杂食品体系很难通过 DSC 分析得到，通常采用已知各成分的玻璃化温度按照以下公式计算其 $T_g$。

$$T_g = \frac{w_1 T_{g1} + k w_2 T_{g2}}{w_1 + k w_1} \tag{3-13}$$

式中：$w_1$、$w_2$ 为两个成分的质量分数；$T_{g1}$、$T_{g2}$ 为两个成分的玻璃化温度；$k$ 为经验常数。

**4. 状态图的实际应用**

利用状态图可获得食品（产品）最佳的储存条件。大多数的食品以亚稳定态或非平衡状态存在，动力学方法比热力学方法更适合了解、控制和预测它们的性质。分子的流动性与食品的许多由扩散限制的重要性质有着密切的联系，与分子流动性相关的重要物质是水和起支配作用的一种或几种大分子溶质。分子流动性可较好地应用于食品体系的化学反应，蛋白质变性、酶促反应、质子转移变化、游离基团的结合等都与分子流动性相关。根据化学反应理论，化学反应的速率由三方面决定，一是分子扩散因子 $D$，二是分子碰撞频率 $A$，三是反应的活化能 $E_a$。对于一个以扩散速度为主要控制因子的反应，虽然反应可能具有较高的碰撞频率和较低的反应活化能，但由于扩散速度低，反应速度也处于较低水平。另外，在一般条件下不是扩散速度占主要因子的反应，当水分活度或体系温度降低时，也可能使扩散速度成为控制因子，原因是水分降低导致体系的黏度增加（扩散速率与黏度成反比），或者体系温度降低，减少了分子的运动（分子运动空间缩小）。这类食品包括有淀粉食品（如面条）、蛋白质类食品（如豆腐）、中等水分食品、干燥和冷冻食品。通过状态图可以较直观地了解食品的稳定性，当 $T<T_g$ 时，食品体系所处的状态为玻璃态。此时分子运动最低，只有较少的单元（分子侧链、支链、链节）能够运动，高分子链不能实现构象的转变，体系各种由扩散控制的反应过程进行很慢，甚至不发生，食品处于稳定状态；相反，当 $T>T_g$ 时，体系所处的状态为高弹态（橡胶态），此时可能出现整个聚合物链的平移，体系强度急剧下降，各种分子扩散运动控制的变化反应相当高，食品处于不稳定状态。

对于必须储藏在温度高于玻璃化温度的产品，可以用 Willianms-Landel-Ferry（WLF）动力学方程估计其货架期。

$$\lg\left(\frac{t}{t_g}\right) = \frac{C_1(T-T_g)}{C_2+(T-T_g)} \tag{3-14}$$

式中：$t$、$t_g$ 分别代表温度为 $T$、$T_g$ 的松弛时间；$C_1$、$C_2$ 是常数（通常情况下，$C_1=17.44$，$C_2=51.6$）。

分子流动性对冷冻食品稳定性有重要的影响。考察一个缓慢冷冻的复杂食品体系，图 3-20 给出了二元食品体系中几种条件下状态图的变化过程。$A$ 点为食品的开始冷冻点，当冷冻开始时除去热量使其状态变为 $B$（最初的冰点），由于此时没有晶核不会形成结晶，所以需要进一步降低温度至 $C$（过冷状态）；到达 $C$ 点后产生晶核，晶核成长为冰晶体并释放出一些热量使温度上升到 $D$；然后有更多的冰晶体生成，非冷冻相开始浓缩，食品的冰点下降并且组成沿着 $D$ 到 $T_E$ 变化，此时 $T_E$ 就是最低共熔点温度。不过，在食品体系中很少有溶质在 $T_E$ 或低于此温度结晶的，除了乳制品中常见的乳糖低共熔混合物的形成，乳糖产生结晶，严重影响了乳制品的品质。

当低共熔物没有形成时，冰的进一步结晶会导致溶质的许多亚稳定态过饱和，未冻结相

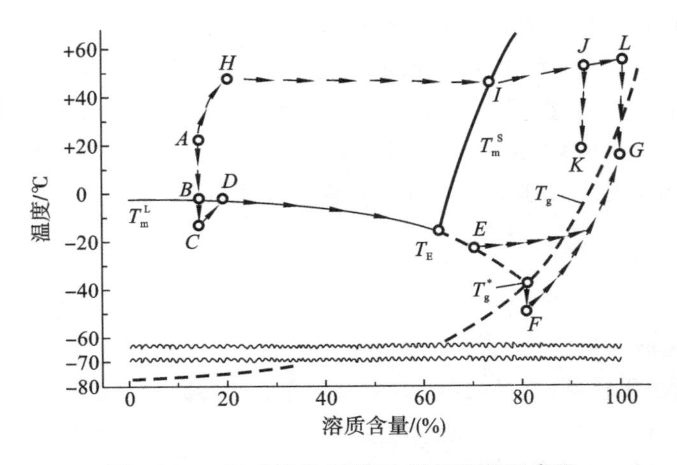


**图 3-20　二元食品体系冷冻、干燥路径示意图**

冷冻不稳定顺序 ABCDE,稳定顺序 ABCDE $T_g^*$ F,冷冻干燥不稳定顺序 ABCDEG,稳定顺序 ABCDE $T_g^*$ FG,干燥不稳定 AHIJK,稳定顺序 AHIJLG

则沿着 $T_E$变化至 $E$,$E$ 点温度一般是大多数食品的冷冻储藏温度,此时食品体系正好处于玻璃温度曲线的左上方,体系具有较大的 $M_m$,体系仍处于一种不稳定状态。如果温度进一步降低,则有更多的冰形成,非冻结相进一步浓缩,体系的组成由 $E$ 点向 $T_g^*$ 移动,在 $T_g^*$ 大多数的过饱和未冻结相转化为包含有冰晶的玻璃态,此时再进一步冷却不会导致进一步的冷冻浓缩,只是体系的温度下降,由 $T_g^*$ 向 $F$ 变化,体系仍然处于玻璃态。对于食品而言,在 $T_g^*$ 或低于 $T_g^*$ 时 $M_m$大大降低,由扩散性质控制的性质非常稳定。表 3-10 列举了部分食品的最大冷冻浓缩溶液的溶质特定玻璃化相变温度($T_g^*$)。

**表 3-10　部分食品的最大冷冻浓缩溶液的溶质特定玻璃化相变温度($T_g^*$)**

| 食品 | | $T_g^*$ /℃ | 食品 | | $T_g^*$ /℃ |
|---|---|---|---|---|---|
| 果汁 | 橘汁 | −37.5±1.0 | 蔬菜 | 甜玉米 | −8 |
| | 菠萝汁 | −37 | | 马铃薯 | −12 |
| | 梨汁 | −40 | | 豌豆 | −25 |
| | 苹果汁 | −40 | | 青刀豆 | −27 |
| | 白葡萄汁 | −42 | | 菠菜 | −17 |
| | 柠檬汁 | −43±1.5 | 干酪 | 切达 | −24 |
| 水果 | 草莓 | −41～−33 | | 意大利波罗伏洛 | −13 |
| | 蓝莓 | −41 | | 奶油干酪 | −33 |
| | 桃 | −36 | 肌肉组织 | 鳕鱼肌肉 | −11.7±0.6 |
| | 香蕉 | −35 | | 鲭鱼肌肉 | −12.4±0.2 |
| | 红元帅苹果 | −42 | | 牛肉肌肉 | −12±0.3 |
| | 番茄 | −41 | 甜点 | 香草冰激凌 | −33～−31 |

# 第六节　烹饪中水的应用

## 一、增塑作用

水是食物中最重要的成分，也是可塑性最大的组分。食品按含水量可分为高含水量食品和低含水量食品。高含水量食品有液态、半固态两类，液态食品包括溶液、溶胶和乳状液，如蔗糖溶液、牛奶、豆浆、果汁、汤汁等，它们具有流动性。半固态食品有凝胶、生物组织体、糊状体（或膏状）食物，如肌肉组织、果冻、馒头、米饭等，它们几乎没有流动性，但有良好的黏弹性。

食物中含水量的多少直接影响着食物的感官性状和流变学性质。通常所说的“嫩”与“形”与水密切相关。其中水对半固态食品感官性状和流变性影响最大。含水量较高时，食品有软、糯、黏、滑等“嫩”的特点；水量适中时，食品富有弹性、韧性和咀嚼性等特点；少水或无水食品则表现为硬、脆、酥、粉的特点。果蔬类食品水分含量很高，具有多汁、鲜嫩、组织松脆的性状。一旦失去水分，就变得枯萎、干瘪、变色、口感发生变化，储藏性降低。

天然食物中含水量有多有少，烹饪过程中要进行增水和减水，才能达到烹制预期的结果。因此，许多烹饪工艺、技法目的都是对食物中水分含量进行控制。

含水量低的食品往往需要增加水分。除了自然水浸泡法外，物料的胀发有物理方法和化学方法。化学的方法有上浆、腌渍、酶解、酸碱处理。通过改变食物中蛋白质、糖类的结构，释放更多亲水基团或改变其带电性，增加其与水的结合。对应化学变化有蛋白质盐溶、蛋白质酶水解、蛋白质电离、淀粉糊化等。例如牛蹄筋的“碱发”。牛蹄筋主要成分是胶原蛋白，亲水性差，通过普通的胀发工艺难以达到烹饪所要求的效果，利用碱性物质（氧化钙、碳酸钙）对牛蹄筋进行碱化，破坏部分蛋白质的结构，增加亲水基团，使蛋白质分子吸水溶胀，实现含水量的提高，达到黏弹度的适口性。物理的方法有机械锤打、切分、搅拌，通过外力改变蛋白质、淀粉等物质结构，达到增加水分的目的。

烹饪工艺中除了增加食物中的水分外，还有保水工艺技术。例如挂糊、拍粉、上浆、勾芡、乳化等工艺，在以后的章节中会分别讨论。

对于含水量高的食品，有时需要降低水分得到良好适口性。化学方法主要利用盐渍或糖渍，使食物中的水分转化为离子化水，去除部分与蛋白质、糖类结合的水分。物理方法则是利用加热使食物水分蒸发或脱水，有“煸、炸、焙”等工艺，食物失水或脱水后变“硬、脆、酥”。

食物含水量不同，烹饪的技法也不相同。老龄动物肌肉组织含水量少，肉质硬，采用“煨、焖”等工艺技法，宜中小火长时间烹制，让物质充分水解，使肉质变得酥嫩，汤汁香浓。幼嫩的禽畜肉含水量高，采取“烧、煮”等工艺，旺火炖时，就能达到烹饪效果，如果时间长，反而减少了水分，变得老柴。水分适中的食物，可中火进行“烧、炖”等技法。而水分高的蔬菜宜大火爆炒。

## 二、传热作用

水分子作为强极性分子，具有良好的导热性、高比热容、高渗透、低黏度等热力学特点，加之有较恒定的熔点、沸点，能够保持加热的稳定性和均匀性。因此，在食品加工中是良好的传热介质。

利用水的黏度低、流动性好的特点，在加热过程中，水分子之间形成热对流，通过水分子的运动，使热量传递变得更为迅速。水分子小，其渗透力强，处于沸点的水分子有很强的机械作用力，对食品的烹制、物质的溶解、脂类的乳化都有较强的作用能力。

水的高比热容和恒定的沸点(标准气压)，能够稳定地将热能快速而且恒定传递给食物或环境，并且在一定范围内，即使热源功率增大或减小，传热稳定性也不受影响。因此，水的传热具有恒定性特点。

水的沸点受压力的影响较大。水的温度和压力遵循热力学定律，压力越大，温度越高。通常情况下，温度升高 10 ℃，物质化学反应速度增加 2～3 倍。因此，在食品烹饪过程中，为了提高熟制的速度，通常采用增加压力的烹饪方法。也可以利用这一特点，通过减压技术，在低温下使水达到沸点，降低食物中的含水量，干燥食物。

## 三、分散作用

水是强极性分子，是良好的溶剂，在食品烹饪中起分散作用。烹调中需要对食物进行胀发、膨润、匀质化、调味、上色等，水的分散作用必不可少。例如，对食物进行调味时，对于固态或半固态食物，通常在加入食盐后要加入一定量的水，有利于食盐的分散，味道更加均匀。食物经烹制，水与蛋白质、糖类亲水物质结合，食物变得膨润，有利于均匀地上色。

水的分散作用增加了食品的营养功能。通过加热，加快食物中蛋白质、淀粉水解成相对分子质量较小的物质，有利于人体消化吸收。水溶解矿物质，能提高其吸收利用率，增加食物的营养功能。

### 上浆工艺

上浆是用淀粉、水、食盐和调味料与主料一起调拌，使主料水分增加，表层裹上一层薄薄浆液的过程。其目的是增加和保持食物的水分，使其嫩度、滋味和营养得到保持。

上浆工艺中化学理论的运用主要有水增塑作用、蛋白质盐溶和淀粉糊化。上浆的主料一般为畜禽肉类、水产品，肌肉中含有高比例的肌动蛋白和肌球蛋白，肌肉经过切分处理后，当加入低浓度盐离子(0.2%～0.4%)时，由于球蛋白盐溶作用，肌动蛋白与肌球蛋白解离，分子极性提高，结合水能力增强。加入适量的水和淀粉，经过充分搅拌形成黏稠性的糊状体。淀粉在肌肉表面形成一薄层水淀粉层，当对肌肉进行加热时，淀粉层迅速吸收周围组织(主要是蛋白质)释放出的水分而糊化，形成一层糊状层包裹在肌肉的表面，以防止肌肉加热过程中水分继续蒸发流失，起到保水作用。

上浆质量的好坏，主要受以下几种因素影响。

1. 食盐添加量 用量过少对盐溶性蛋白质的溶解能力提升不够,蛋白质水合能力提高不大,黏度不强,表现为“没上劲”;用量过多,则会产生盐析作用,致使蛋白质大量脱水,反而降低其持水性,质地变硬。用量适当,才能获得满意的上浆效果。

2. 淀粉 淀粉是原料上浆不可缺少的辅料。淀粉在水中受热会发生糊化,吸收了食物中蒸发出的水分形成一种均匀稳定的黏性糊状体。但淀粉用量也不能过大,否则会造成淀粉糊化过程中吸水增多,影响原料的嫩度。

3. 水 水是原料上浆的目标物质。其作用表现在三个方面。一是溶剂作用,水溶解食盐,增加盐溶性蛋白质的溶解,增加原料黏性。二是分散剂作用,不仅分散可溶性物质,对不溶性蛋白质、淀粉也有分散作用,使淀粉均匀黏附于原料表层。三是增塑作用,水与蛋白质分子结合,增加原料含水量,提高肉质嫩度;水浸润到淀粉颗粒中,有助于其糊化。如果用水过少,则原料吸水不足,以致嫩度不够,并且浆液过稠,加热时原料易产生粘连。用量过多,则浆液过稀,难以在原料周围形成一层完整的保护层,出现脱浆现象。

上浆的作用主要体现在如下几个方面:①有助于提高食物的嫩度;②有助于保持食物的形态;③有助于保护营养成分;④有助于上色、增香和提味。

## 思考题

1. 名词解释:结合水、自由水、疏水作用、笼形水合物、水分活度、吸附等温线、滞后现象、单分子层水、玻璃态、橡胶态(高弹态)、玻璃转化温度、状态图。
2. 试从水的分子结构理论解释水和冰的物理、化学性质。
3. 水分子与离子或离子基团、极性基团、非极性基团作用的方式与作用力有何特点?
4. 食品中自由水、结合水存在的方式,两者性质上有何区别?
5. 比较食品水分活度与水分含量的区别,说明水分活度与食品稳定的关系。
6. 简要说明吸附等温线的意义,吸附等温曲线受哪些因素的影响?
7. 吸附等温线滞后环大小说明了什么?滞后环越大越好吗?
8. 简要说明分子流动性与食品稳定性有何关系?
9. 玻璃转化温度($T_g$)在预测食品稳定性方面有哪些作用?
10. 新鲜猪肉中含水量在70%左右,为什么不见有水分流出?
11. 经过盐腌制的食品,为什么能够较长时间的存放?
12. 烹饪加工中为了使菜肴保持“适宜口感”,如何根据需要对水分进行调节?
13. 奶粉、面粉等食品怕受潮,而面包、蛋糕等食品为何不怕受潮?

# 第四章　糖类

## 第一节　概　　述

糖类常称作碳水化合物(carbohydrates),源于此类物质由C、H、O三种元素组成,且其分子中氢和氧的比例为2∶1,与水分子($H_2O$)元素组成相同,这类物质好像由碳和水[$C_m(H_2O)_n$]组成的,故称为碳水化合物。随着化学科学的发展,人们发现这一称谓并不完全确切。一些物质具有碳水化合物的结构但并不属糖类,相反一些糖类并不符合碳水化合物的结构。例如,甲醛($CH_2O$)、醋酸($C_2H_4O_2$)、乳酸($C_3H_6O_3$)等虽符合[$C_m(H_2O)_n$]通式,但不是糖类。而脱氧核糖($C_5H_{10}O_4$)、鼠李糖($C_6H_{12}O_5$)不符合[$C_m(H_2O)_n$]通式而归属糖类。还有些糖类含有氮、硫、磷等元素。因历史沿用已久,糖类仍然被称作碳水化合物。

糖类结构的研究发现,糖类除由C、H、O三种元素组成外,其化学结构中含有羰基和多个羟基官能团,因此,现代化学将糖类物质定义为多羟基醛或多羟基酮及其衍生物。

糖类广泛存在于各种生物体内,是地球上存在最丰富的物质,通过绿色植物的光合作用形成,在植物体内含量最为丰富,占其干重的90%以上。除低分子的甜味物质(单糖、双糖)外,绝大多数以高分子形式存在,例如淀粉、纤维素、果胶等。在节肢动物(如昆虫、蟹、虾)外壳中存在壳聚糖(甲壳质)。高等动物不能自身合成糖类,主要从植物中获取。糖类是人体三大热量营养素之一,我国居民的膳食中来自糖类提供的能量占55%～65%,主要是由植物性膳食提供。

糖类在食品加工和烹饪中应用非常的广泛,除了日常作为甜味剂、增稠剂外,目前还不断通过化学和生物化学手段,改善它们的性质以扩大其用途。例如,淀粉经过酸处理,生成低黏度变性淀粉,降低淀粉老化程度。不溶性的纤维素经过化学改性,生成可溶性羟甲纤维素,可制成纤维素基食物胶。

### 一、糖类的分类

根据糖类水解所产生的单糖分子数量不同,将其分为单糖、低聚糖和多糖。

单糖(monosaccharide)是指不能被水解为更小单元的糖类。单糖是低聚糖、多糖构成的基本单位。根据其所含碳原子数目,可分为丙糖、丁糖、戊糖和已糖。其中戊糖和已糖是重要的单糖,在食品中含量较为丰富。戊糖有核糖、脱氧核糖、木糖和阿拉伯糖,已糖有葡萄糖、果糖、半乳糖、甘露糖等。

低聚糖(oligosaccharide)又称寡糖，一般是由2～10个单糖分子经糖苷键结合而成，通过水解后又能生成相应数目的单糖。低聚糖按水解产生的单糖数目可分为二糖、三糖、四糖、五糖等。食品中以二糖最为常见，主要有蔗糖、乳糖、麦芽糖等。棉籽糖为三糖，由一分子葡萄糖、果糖和半乳糖组成。

多糖(polysaccharide)也称多聚糖，是由10个以上单糖分子经糖苷键结合而成的大分子糖类。自然界中的多糖一般由一百个以上的单糖组成，例如淀粉、纤维素、半纤维素、果胶、卡拉胶等。多糖根据其分子中单糖的组成分为均多糖(或均一多糖、同型多糖)，即多糖是由一种单糖组成，有淀粉、纤维素等，它们分别由α-D-葡萄糖和β-D-葡萄糖组成。由两种或两种以上的单糖组成的多糖称为杂多糖(或混合多糖)，例如黄原胶、卡拉胶、果胶等。

根据糖类中是否含有非糖基团将其分为单纯多糖和复合多糖，单纯多糖不含有非糖基团，也就是一般意义上的多糖。复合多糖含有非糖基团，如糖蛋白、脂多糖等物质。多糖具有生物学功能，可分为结构多糖和功能多糖。结构多糖是指组成生物体的多糖，如纤维素。功能多糖指在生物体新陈代谢中起信号传导、生物信息识别等功能作用的多糖。

## 二、食物中的糖类

糖类在动物和植物性食物中都含有。植物中糖类含量较高，占其干重的50%～90%；而人体、动物组织中糖类含量较少，一般不超过干重的2%；微生物体内糖类占菌体干重的10%～30%。植物中糖类主要以淀粉、纤维素、低聚糖为主，而游离性单糖、双糖含量较少。表4-1所示为常见果蔬中游离单糖、双糖的存在情况。

**表4-1　部分果蔬中游离糖含量(以新鲜果蔬计，单位为1%)**

| 水果类 | D-葡萄糖 | D-果糖 | 蔗糖 |
|---|---|---|---|
| 苹果 | 1.17 | 4.04 | 3.78 |
| 葡萄 | 4.86 | 7.84 | 2.26 |
| 桃子 | 0.91 | 1.18 | 4.92 |
| 梨子 | 0.95 | 4.77 | 1.61 |
| 樱桃 | 4.49 | 7.38 | 0.22 |
| 草莓 | 2.09 | 2.40 | 1.03 |
| 香蕉 | 4.04 | 2.01 | 10.03 |
| 西瓜 | 0.74 | 3.42 | 3.11 |
| 蜜橘 | 1.50 | 1.10 | 4.01 |
| 蔬菜类 | | | |
| 花椰菜 | 0.73 | 0.67 | 0.42 |
| 胡萝卜 | 0.85 | 0.85 | 4.24 |
| 黄瓜 | 0.87 | 0.86 | 0.06 |

续表

| 蔬菜类 | D-葡萄糖 | D-果糖 | 蔗糖 |
|---|---|---|---|
| 莴苣 | 0.07 | 0.16 | 0.07 |
| 洋葱 | 2.07 | 1.09 | 0.89 |
| 番茄 | 1.12 | 1.34 | 0.01 |
| 菠菜 | 0.09 | 0.04 | 0.06 |
| 甜玉米 | 0.34 | 0.31 | 3.03 |
| 甘薯 | 0.33 | 0.30 | 3.37 |

谷物中只含有少量的游离单糖，在生长过程中游离单糖输送至种子转化为多糖(淀粉)。例如，玉米粒含有0.2%～0.5%的D-葡萄糖、0.1%～0.4%的D-果糖和1%～2%的蔗糖。甜玉米甜味较高，采摘尚未成熟的玉米，蔗糖还没有全部转变为淀粉，如果采摘后立即煮沸或冷冻，使糖转化酶钝化，这样可以保留大部分蔗糖的含量，使玉米保持甜、嫩的口感。

水果一般是在完全成熟之前采收，这样保持果实有一定的硬度以利于运输和储藏。在储藏和销售过程中，由于生物的呼吸作用，淀粉转化为蔗糖和其他单糖，甜味增强。水果经过这种后熟作用变甜、变软。

动物性食物中含糖类比较少，主要以糖原的形式存在于肌肉、肝脏中。糖原是一种葡聚糖，结构与支链淀粉相似，代谢方式也与淀粉相同。动物乳汁中存在乳糖，牛奶中含有的乳糖在5%左右，母乳中含有半乳糖，能够直接被婴儿吸收利用。

# 第二节 单　　糖

单糖是最简单的糖类，是不能再水解的糖单位。单糖是低聚糖和多糖的基本构成单元。所有食物中的低聚糖和多聚糖摄入人体后，都必须水解成单糖，才能被机体吸收和利用。

## 一、单糖的分子结构

单糖按碳原子数目可分为丙糖、丁糖、戊糖、己糖。丙糖是最简单的单糖，分子中含有醛基，也称为甘油醛。丙糖含有一个手性碳原子，即不对称碳原子，它连接4个不同的原子或基团，在空间形成两种不同的差向异构体，立体构型呈镜面对称。如图4-1所示。

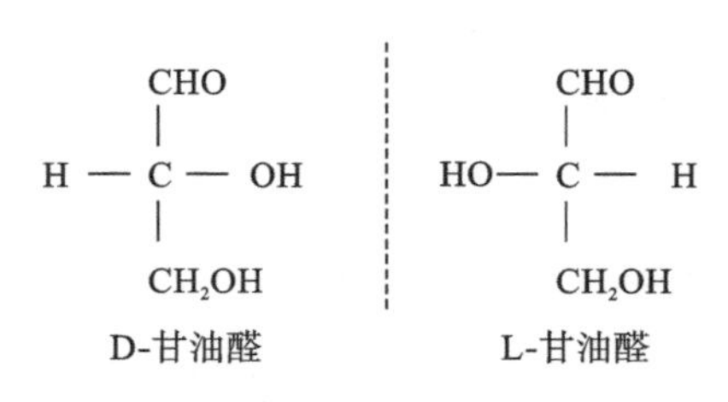


图4-1　甘油醛(丙糖)的费歇尔投影式

根据罗沙诺夫(Rosanoff)建议采用甘油醛作为标准，把手性碳原子上羟基在右边规定为D-型，羟基在左边的规定为L-型，且所有的醛糖构型都以此为标准。单糖分子中离羰基最远的手性碳原子上羟基与D-甘油醛手性碳原子羟基取向相同的称为D-型糖；与L-甘油醛手性碳原子羟基取向相同的称为L-型糖。因此，单糖(C3～C6)产生了两个系列的成员——D-型和L-型。自然界存在的单糖，多为D-型，L-型极少见。

单糖中除了丙糖有一个手性碳原子外，丁糖、戊糖、己糖分别有2个、3个、4个手性碳原子，因而它们有多个不同的异构体。图4-2为单糖衍生D-型糖类。

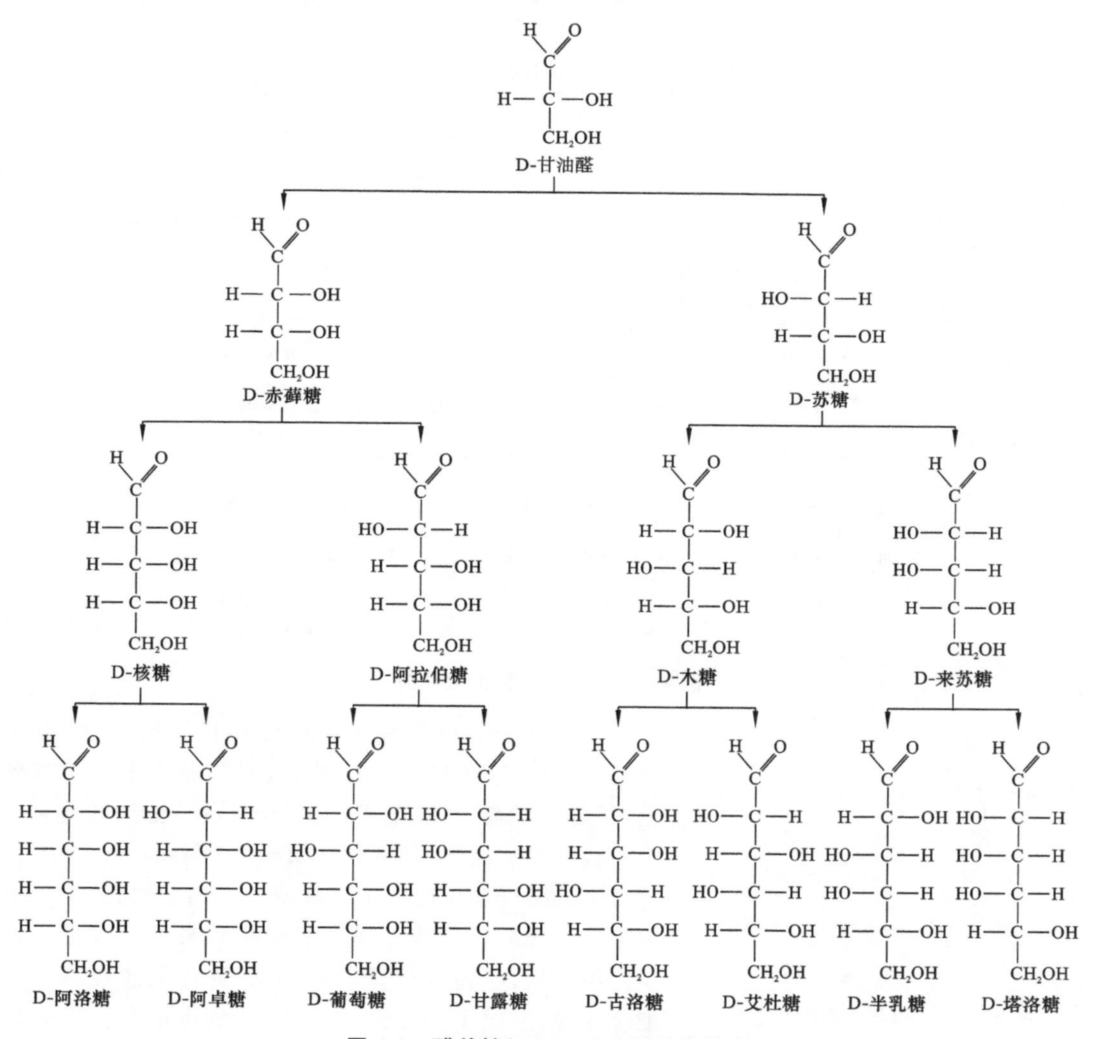


**图4-2　醛单糖(C3～C6)D-型衍生糖类**

从图4-2所列的醛单糖D-型系列化合物可知，单糖存在着多种异构体，其数目符合式(4-1)：

$$分子异构体数(X)=2^n \tag{4-1}$$

式中，$n$为手性碳原子个数。

以己醛糖为例，分子中含有4个手性碳原子，共有16种对映异构体($2^4=16$)，除图4-2中列出的8种D-型体外，尚有8种L-型体。

羰基有醛基和酮基，单糖又分为醛糖和酮糖。醛糖与酮糖互为异构体，酮糖与相对应的醛糖少一个手性碳原子,因此其对映异构体数目较醛糖少一半。酮单糖最简单的是甘油酮,不含手性碳原子,所以没有异构体。丁酮糖含有一个手性碳原子,应有两个对映异构体,分别为D-型和L-型,己酮糖含有3个手性碳原子,按式(4-1),有$2^3=8$个异构体,4种D-型体,4种L-型体。自然界发现的果糖多以D-果糖的形式存在,图4-3为酮糖异构体。

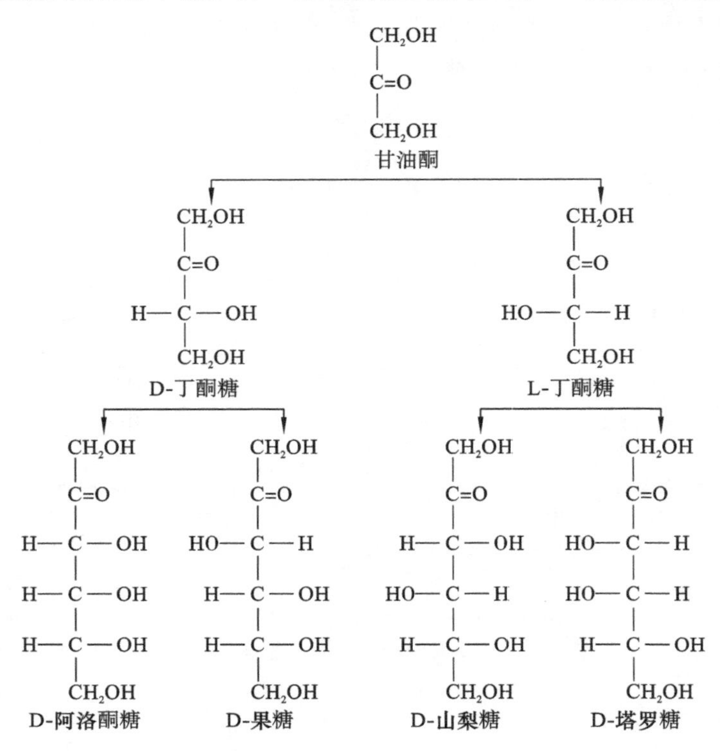


**图4-3 酮单糖D-型衍生糖类**

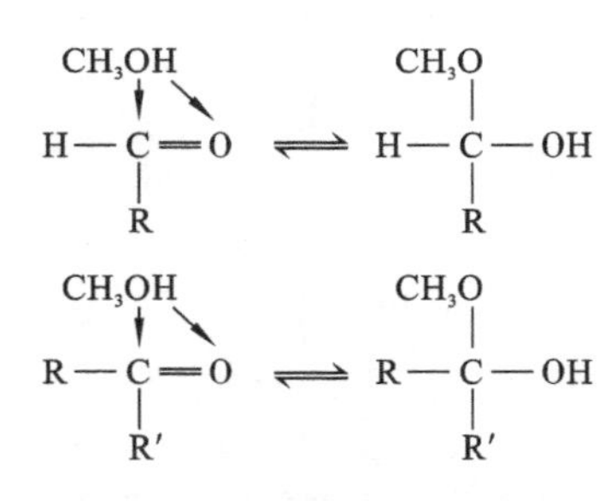

**图4-4 醛、酮与甲醇反应生成半缩醛、半缩酮**

单糖分子结构具有开链式和环状结构(五碳以上糖)。无论是醛单糖还是酮单糖,因其分子中既含有羰基,又含有羟基,其中羰基非常活泼,容易受到羟基氧原子亲核进攻生成半缩醛(酮),如图4-4所示。

半缩醛(酮)反应由于在单糖分子内部进行,结果单糖分子生成环状结构。现以葡萄糖和果糖为例进行说明。很明显,葡萄糖分子醛基与$C_5$位置上的羟基发生缩合反应,形成了一个六元糖环,称为吡喃环。成环以后,由于醛基氧原子变成了半缩醛羟基,于是新产生一个手性碳原子,在碳链的左右两侧形成一对对映体(α-与β-),如图4-5(a)。

同样,对于己酮糖D-果糖来说,也有类似的情况(图4-5(b))。即原来的酮基氧原子变成了半缩酮羟基,形成了一个五元糖环,称为呋喃环,也新增加了一个手性碳原子,相应的对映异构体数目也增加了一倍(α-与β-)。英国化学家哈沃斯(S. N. Haworth)以费歇尔投影式为基础,研究发现,为了使$C_5$上羟基的氧原子反应生成环,$C_5$必须旋转将氧原子带往上方,并将羟甲基($C_6$)带到上方。己糖的结构变为以吡喃或呋喃为基本骨架的环状结构式,称为

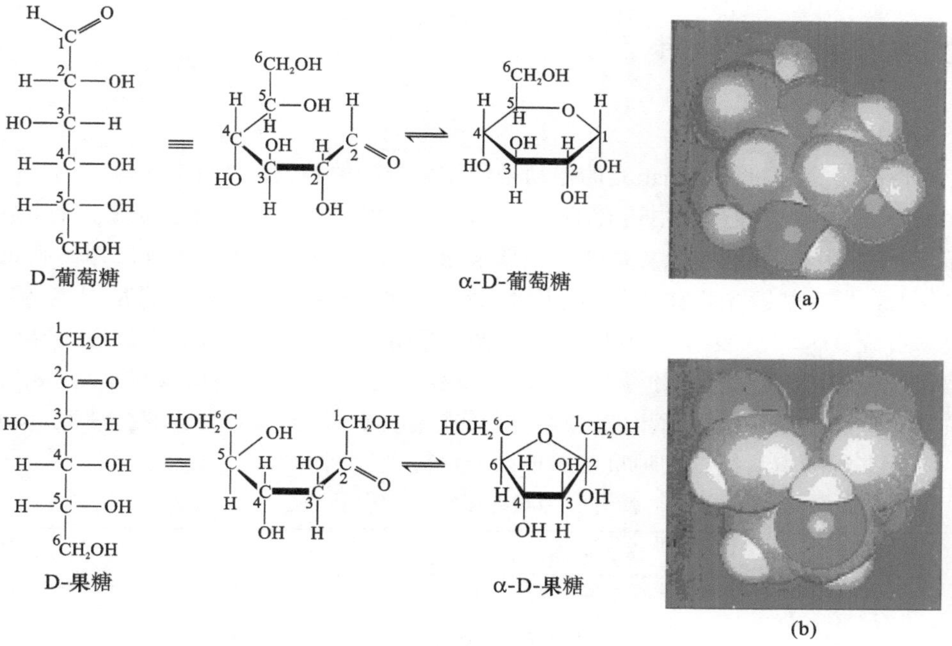

D-葡萄糖 α-D-葡萄糖 (a)

D-果糖 α-D-果糖 (b)

**图 4-5 醛糖、酮糖哈沃斯结构转变图**

(a) α-D-吡喃葡萄糖；(b) α-D-呋喃果糖模型

哈沃斯(Haworth)投影式。

上述结论通过糖溶液的变旋光现象得到确证，而且在水溶液中以平衡体系存在。对于半缩醛(酮)羟基来说，它的空间位置两种选择，化学上规定：凡是半缩醛(酮)羟基与其定位的碳原子(即 $C_5$)上的羟基在链同一侧的叫 α 型，在不同侧的叫 β 型。

然而，结合着向上或向下直立的基团的吡喃环并不像哈沃斯结构那样是平面状的。单糖由于构型不同，其构象也不同。以葡萄糖为例，它的构象主要是两种较稳定的椅式结构，还有一些其他构象，如船式、半椅式的构象。在椅式构象中，每个碳原子的一个键在环平面的上方或下方，这些键称为轴向键或轴向位置。不涉及成环的其他键，它们在轴向键的上方或下方，相对于环投影，它们是在周边外环绕，被称为平伏键，如图 4-6(a)所示。β-D-葡萄糖 $C_2$、$C_3$、$C_5$ 和环氧原子保持在同一平面上，而 $C_4$ 高于平面，$C_1$ 的位置低于平面，如图 4-6(b)所示，这种构象可以用 $^4C_1$ 表示。

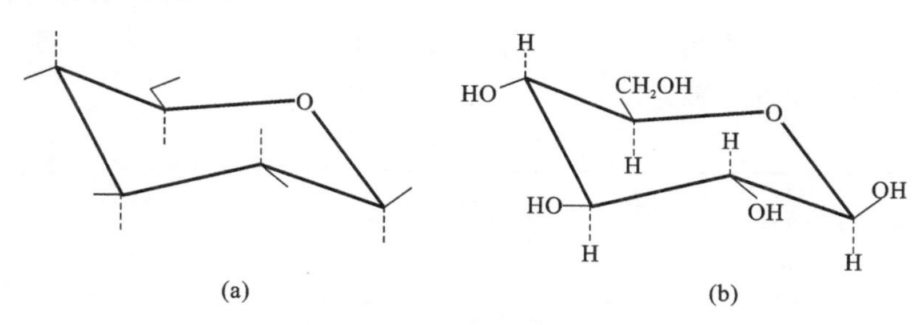


**图 4-6 葡萄糖分子椅式构象**

(a) 吡喃环的平伏键(实线)和轴向键(虚线)的位置；

(b) β-D-吡喃葡萄糖构象，大基团位于平伏方向，氢原子位于轴向位置

## 二、单糖的物理性质

### 1. 旋光性

旋光性是指物质使平面偏正光的振动平面发生旋转的特性。大多数单糖分子不仅具有手性碳原子，而且在空间构象中还有不对称性，所以具有旋光性。旋光性是鉴定糖的一个重要指标，也可以用于单糖(包括蔗糖和一些低聚糖)的定量分析。旋光性单位为比旋光度，表示符号$[\alpha]_D^{20}$,“D”以钠光灯作光源，波长平均为 589.3 nm。“20”表示测量温度为 20 ℃，“+”表示右旋(D)，“−”表示左旋(L)。比旋光度是指 1 g/mL 的糖溶液通过透光层为0.1 m时的偏振光旋转角度。例如，葡萄糖+52.2°，表示右旋 52.2°。许多单糖在水溶液中有变旋光现象，糖溶液放置一段时间后，其比旋光度会发生改变，分子从 α 型转变为 β 型，说明糖溶液是一种动态的平衡系统。几种重要的单糖的比旋光度见表 4-2。

**表 4-2　单糖的比旋光度($[\alpha]_D^{20}$)**

| 糖 | α 型 | 平衡 | β 型 |
|---|---|---|---|
| D-葡萄糖 | +112 | +52.5 | +19 |
| D-半乳糖 | +150.7 | +80.2 | +52.5 |
| D-甘露糖 | +29.3 | +14.5 | −17 |
| D-果糖 | | −92 | −133.5 |
| D-核糖 | | −23.7 | |
| D-木糖 | +93.6 | +18.8 | |
| L-阿拉伯糖 | +55.4 | −105 | +190.6 |

### 2. 甜度

单糖均有甜味。糖甜味的高低称为甜度。甜度标准规定蔗糖 10%～15%的水溶液 20 ℃的甜度为 1(或者 100)，其他糖物质与之比较得到相对甜度。在天然糖中，果糖最甜，如果蔗糖甜度为 1.0，则果糖是 1.75，葡萄糖 0.7，半乳糖 0.6，麦芽糖 0.5，乳糖 0.4。同一单糖的甜度受结构影响，果糖中 β∶α=3∶1，葡萄糖 α∶β=3∶2。

### 3. 溶解性

纯净的单糖为白色结晶，具有较强的吸湿性。单糖分子中有多个羟基，增加了它的水溶性，所以极易溶于水，尤其在热水中的溶解度极大(表 4-3)。单糖在乙醇中也能溶解，但不溶于乙醚、丙酮、脂肪等有机溶剂。

**表 4-3　几种糖在水中的溶解度(g/100 g 水)**

| 名称 | 20 ℃ | 30 ℃ | 40 ℃ | 50 ℃ | 90.8 ℃ |
|---|---|---|---|---|---|
| 果糖 | 374.78 | 441.70 | 538.63 | 665.58 | — |
| 蔗糖 | 199.4 | 214.3 | 233.4 | 257.6 | — |
| 葡萄糖 | 87.67 | 120.46 | 162.38 | 243.76 | 563.3 |

糖的溶解度与温度和渗透压有关。一般随着温度的升高，糖的溶解度增大。单糖中果糖的溶解度最高，远远高于葡萄糖和蔗糖。糖溶液的渗透压随着浓度的增高而增大，在相同

浓度时，其渗透压与相对分子质量成反比，相对分子质量越小，渗透压越大。渗透压高有利于食品的保藏。糖液的渗透压低时，不足以抑制微生物的生长，储藏性差。50%的蔗糖溶液能抑制普通酵母菌的生长，70%～80%的蔗糖溶液才能抑制细菌和霉菌的生长。果糖浆由葡萄糖和果糖、蔗糖组成，其渗透压较高，具有较好的防腐作用，食品加工时常用来作为果汁和蜜饯类食品的保藏剂。

**4. 吸湿性和保湿性**

吸湿性是指糖在空气湿度较高的情况下吸收水分的情况。保湿性指糖在较高空气湿度下吸收水分而在较低空气湿度下不易散失水分的性质。糖类都具有吸湿和保湿性功能，糖类的这种性质在食品加工、烹饪中应用较广，在面包、蛋糕等糕点的制作中通常需要加入一定量的糖类，对于保持产品的黏弹性、柔软性，防止淀粉老化、失水干燥有重要的贡献。

果糖吸湿性较强，因此，在通常储藏方式下呈现液态。糖的吸湿性由大到小的顺序：果糖，转化糖，葡萄糖，麦芽糖，蔗糖。糖的吸湿性说明：生产硬质糖果时宜采用吸湿性低的蔗糖；生产软糖宜采用吸湿性高的转化糖和果葡糖浆。

**5. 结晶性**

单糖和双糖的结晶性顺序为：蔗糖>葡萄糖>果糖和转化糖。葡萄糖易于结晶，形成的晶体细小，蔗糖结晶晶体则较大。果糖和转化糖由于存在不同的异构体，造成其很难结晶。淀粉糖浆是葡萄糖、低聚糖和糊精的混合糖，自身也不能结晶。烹饪中往往利用糖的结晶特性，制作不同特色的甜食食品。例如，利用葡萄糖结晶，在菜肴表面制作“挂霜”效果，在烘焙食品（如月饼）中加入转化糖可防止出现结晶。

**6. 黏性**

对于单糖和双糖，在相同浓度下，溶液的黏度由小到大的顺序：葡萄糖，果糖，蔗糖，淀粉糖浆。与一般物质溶液的黏度不同，葡萄糖溶液的黏度随温度的升高而增大，但蔗糖溶液的黏度则随温度的增大而降低，淀粉糖浆的黏度随转化度的增大而降低。根据糖类的黏度不同，在产品中选用糖类时要加以考虑。例如果汁、罐头、糖浆等可选用淀粉糖浆或果葡糖浆来增加黏稠度，清凉型的要选用蔗糖以减小黏度。烹饪时常加入适量的蔗糖，利用其随温度的变化而起定型的作用。

利用糖的黏性在泡沫食品（如蛋糕）、饮料生产中来保持泡沫的稳定性。糖分子在水-气界面形成一层黏性的膜，以防止泡沫的破裂。但糖的黏度也不能过大，否则会限制泡沫的产生，因此，实际应用中糖的种类、浓度需要科学地选择。

**7. 抗氧化性**

氧气在糖溶液中的溶解度比水中的溶解度低很多。因此，糖溶液降低了溶解氧，减少了氧化作用。利用这一性质，配制一定浓度的糖溶液有利于保持果蔬的颜色、风味和维生素C。同时，单糖都具有还原性，能够与氧发生氧化反应，因此，单糖是良好的抗氧化剂。

**8. 降低结冰点**

由于糖与水有较好的结合，限制了水分子的移动，当在水中加入糖时会引起溶液的冰点降低。糖溶液冰点降低的程度取决于其浓度和糖的相对分子质量，糖的浓度越高，相对分子质量越小，溶液冰点下降得越多。相同浓度下对冰点降低的程度由大到小的顺序：葡萄糖，蔗糖，淀粉糖浆。生产冰激凌类冷冻食品时，混合使用淀粉糖浆和蔗糖，不仅可以减缓冰点降低的程度，还可以促进冰晶细腻，黏稠度高，甜味适中。目前，食品储藏中普遍使用糖醇作为抗冷冻剂。

## 三、单糖的化学性质

单糖分子结构中包含羰基、羟基，所以单糖的化学性质也是羰基和羟基化学性质的集中体现，烹饪过程中重要的变化有脱水反应、氧化还原反应、聚合反应、分解反应。

**1. 与碱的作用**

单糖在 pH 值为 3～7 的介质中比较稳定。但在极端条件下容易发生各种化学反应，在碱性溶液中易发生异构化和分解反应。糖在碱溶液中的稳定性受温度的影响很大，高温情况下，糖很快发生烯醇化反应、分解反应。

1）烯醇化反应

烯醇化反应（enolization）也称作异构化反应（isomerization），由于单糖分子中含有一个羰基，用稀碱处理单糖，就能发生烯醇化反应。例如，用稀碱处理 D-葡萄糖，得到 D-葡萄糖、D-甘露糖和 D-果糖三种物质的平衡混合物（图 4-7）。整个重排过程是由于葡萄糖的烯醇化生成 1，2-烯二醇，烯二醇可以异构化为葡萄糖、甘露糖、果糖，形成了由三种糖组成的复合糖。同样地用稀碱处理 D-甘露糖或 D-果糖也能发生类似的烯醇化反应，形成类似的混合物。

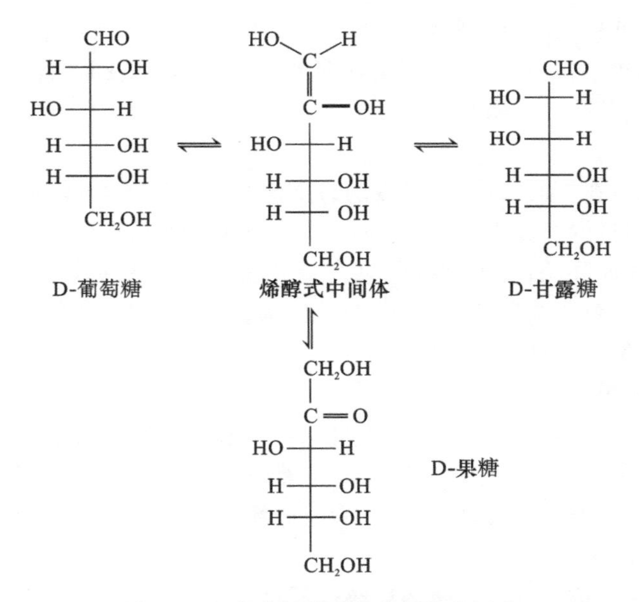


**图 4-7　D-葡萄糖烯醇化和异构化反应**

随着碱浓度的增大，糖的烯醇化可以不断进行下去，除生成 1，2-烯二醇外，还可以生成 2，3-烯二醇、3，4-烯二醇。但在弱碱性条件下，烯醇化一般停止于生成 2，3-烯二醇阶段。

从反应结果来看，反应过程中生成了果糖，由于果糖的甜度超过葡萄糖一倍多，故可以利用异构化反应处理葡萄糖液或淀粉糖浆（主要为葡萄糖），得到一部分的果糖，提高糖的甜度，从而可以降低糖的加入量以减少成本。这种糖的混合液称为果葡糖浆。

但是，直接用碱来进行异构化反应时，果糖转化率为 21%～27%，糖分损失为 10%～15%，同时会产生一些副产物，影响产物的色泽和风味。目前采取淀粉水解得到葡萄糖，再通过异构酶来催化葡萄糖发生异构化反应，得到廉价的甜味剂——果葡糖浆。目前食品工业上已应用第三代固相酶反应器进行转化，果糖含量达到 90%，葡萄糖、高碳糖分别只有 7%、3%，固形物达到 80%。

2）分解反应

在高浓度碱的作用下，单糖发生分解反应，产生较小的糖、酸、醇和醛等化合物。例如，葡萄糖与碱长时间混合或在高浓度条件下，发生连续烯醇化反应，糖链在双键处产生断裂生成小分子甘油醛、丙酮（图 4-8）。

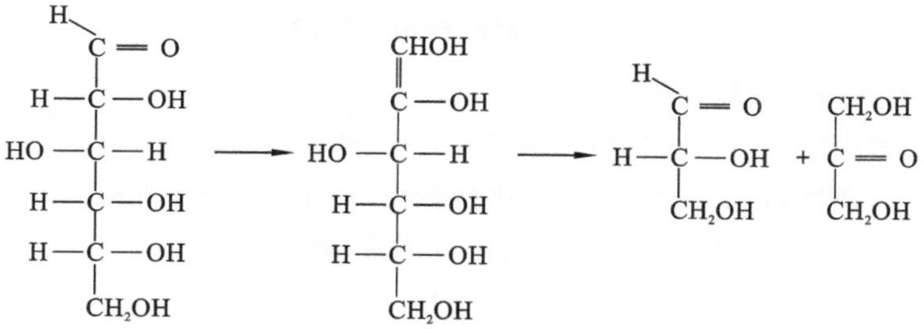

图 4-8　D-葡萄糖在高浓度碱液中分解

此外，单糖与碱长时间或在高浓度作用下，糖分子内发生氧化与重排作用生成羧酸类化合物，此类化合物的元素组成与原单糖没有区别，只是分子结构的改变，也是一种异构化反应，产物称为糖精酸类。如 D-葡萄糖在稀碱作用下生成糖精酸，在强碱作用下生成异糖精酸和间糖精酸（图 4-9）。

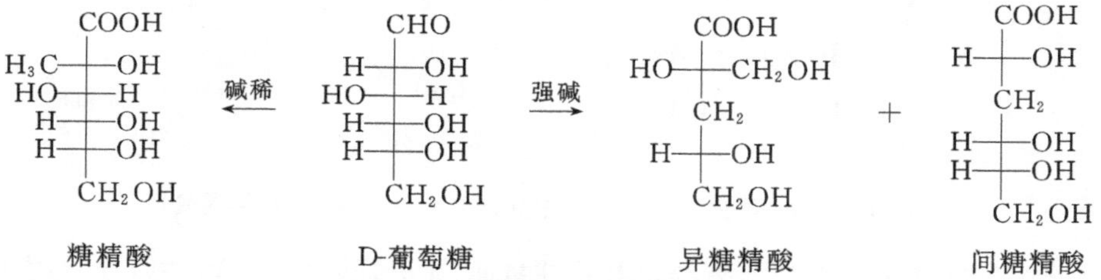

糖精酸　D-葡萄糖　异糖精酸　间糖精酸

图 4-9　D-葡萄糖与不同浓度碱反应

**2. 与酸的作用**

糖在酸性条件下较碱性稳定。在室温情况下，受稀酸的作用，单糖不发生化学变化；但是在强酸或高温状态下，也会发生复合反应和分解反应。

1）强酸介质中的反应

单糖在低浓度无机强酸（稀盐酸、稀硫酸）作用下，发生分子间脱水反应，生成二糖，如图 4-10 所示。此反应为糖苷水解的逆反应，这种反应称为复合反应。若复合程度较高，还能生成三糖或其他低聚糖。但该反应较为复杂，除了生成 α-和 β-1，6 键二糖外，还有其他的二糖生成，对低聚糖的合成没有实际意义。如麦芽糖是由两个葡萄糖分子经 α-1，4 糖苷键结合而成，水解后生成两分子葡萄糖。但通过复合反应，这两分子葡萄糖并不是再经 α-1，4 糖苷键结合生成麦芽糖，而是经由 α-1，6 或 β-1，6 键结合生成异麦芽糖和龙胆二糖。

2）弱酸介质中的反应

在有机弱酸和加热的条件下，单糖易发生分子内脱水反应，生成相应环状结构产物呋喃甲醛（糠醛）类。如戊糖生成糠醛、己糖生成 5-羟甲基糠醛。这个脱水反应机理涉及分子内脱水（β-消去反应）、环化反应。不同单糖相比，己酮糖较己醛糖更容易发生，原因是，第一步

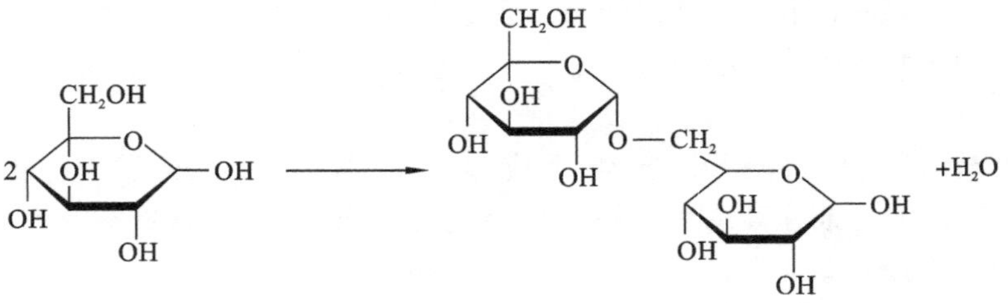

图 4-10　葡萄糖分子间脱水缩合

是烯醇化反应，酮糖较醛糖容易进行。

单糖在有机酸作用下的脱水反应在烹饪中经常出现。菜肴制作中加入调味料糖与醋，如果加热中温度高、时间长，糖会产生脱水生成糠醛、羟甲基糠醛（图 4-11），随着糠醛类物质的聚集，产生了类黑精，出现变色反应，即通常所谓的“烧糊了”。

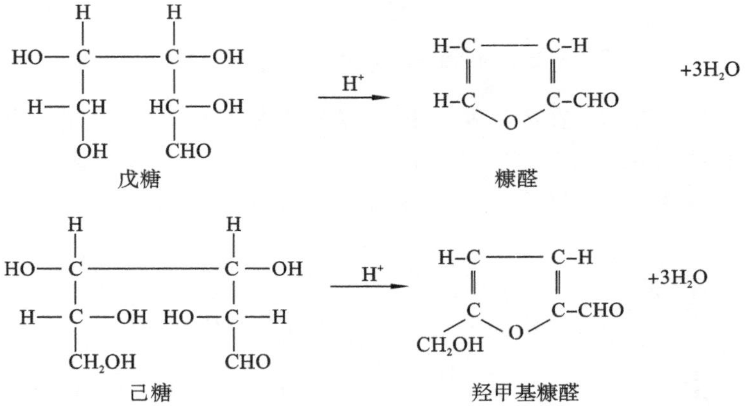

戊糖　　糠醛　　$+3H_2O$

己糖　　羟甲基糠醛　　$+3H_2O$

图 4-11　戊糖、己糖在酸性介质中共热脱水生成糠醛、羟甲基糠醛

己糖脱水生成羟甲基糠醛。糠醛及其衍生物能与 α-萘酚反应显紫色，故常用于糖的定性和定量分析。

在酸性介质中单糖也可以发生烯醇化反应生成其他单糖。反应同样通过中间产物烯二醇进行。但与碱性条件下的烯醇化反应相比，酸性条件下烯醇化反应受反应条件影响较大，还存在其他副反应，如降解、脱水反应等。

糖与酸是烹饪中两个主要的调味品，甜酸味在各大菜系中都占有一定位置，以苏菜与浙菜最为出名。例如，糖醋排骨、松鼠鳜鱼等。单纯将糖与酸混合在一起，甜味因酸而减弱，酸味也因甜味而降低。但将糖与酸（醋酸、柠檬酸）混合加热，通过有效控制发生一定的烯醇化反应，生成复合糖，使甜味更甜，加之适宜的酸味，产生了“甜酸味”。并且，所形成的复合糖黏度大，不容易结晶，附着在菜肴表面具有晶莹剔透的保形效果。

**3. 氧化反应**

单糖在不同氧化条件下，其分子中羟基、醛基（酮基）可以发生部分氧化，生成不同的产物。无论是醛糖或酮糖，都能和银氨（托林 Tollens）试剂反应生成银（银镜反应）；跟费林（Fehling）试剂反应生成 $Cu_2O$ 红色沉淀（铜镜反应）。后一个反应可用来检验尿液中是否含有葡萄糖，可用于糖尿病诊断。果糖也能进行这个反应，因为在碱性条件下，酮糖可经过烯醇化互变转变成醛糖，再与氧化剂反应。

饱和溴水具有氧化性，醛糖的醛基会被氧化成羧基生成相应的糖酸，而酮糖与溴水不起作用，可以通过这一反应区别醛糖和酮糖（图 4-12）。

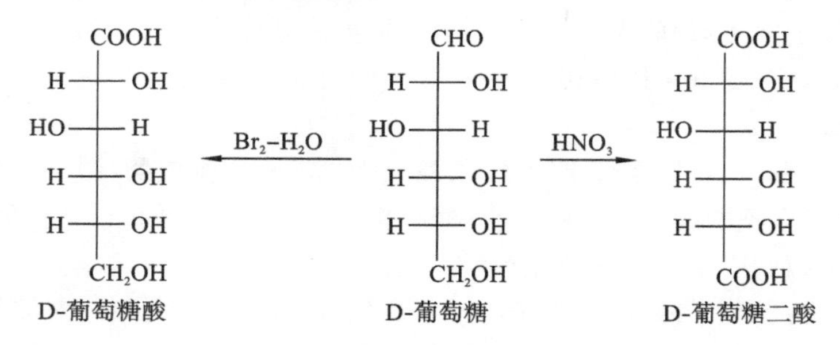


**图 4-12　葡萄糖被溴水、硝酸氧化**

氧化生成的葡萄糖酸的羧基与 $C_4$ 位（$C_5$ 位）的羟基之间很容易发生分子内的酯化反应，得到 γ-内酯或 δ-内酯（图 4-13）。

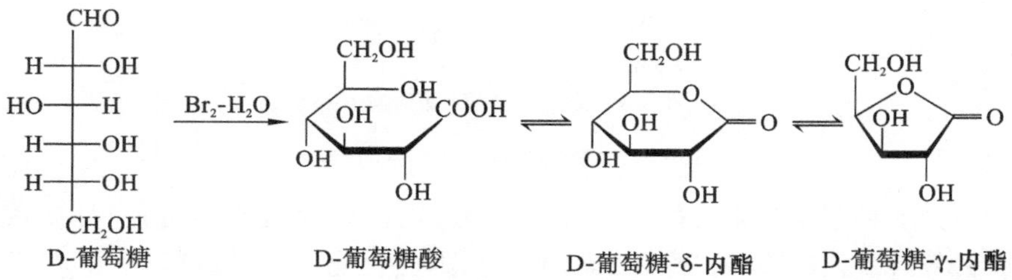

CHO H—OH HO—H H—OH H—OH CH$_2$OH　Br$_2$-H$_2$O

D-葡萄糖　D-葡萄糖酸　D-葡萄糖-δ-内酯　D-葡萄糖-γ-内酯

**图 4-13　葡萄糖氧化反应机制**

在食品加工或烹饪加工中，葡萄糖-δ-内酯可作为添加剂（酸味剂、凝固剂、疏松剂），D-葡萄糖-γ-内酯是一种温和酸化剂，适用于肉制品、乳制品和烘焙食品中，特别是烘焙食品中可以作为化学膨松剂的组分，起到调节碱的作用。D-葡萄糖-δ-内酯在豆腐制作中作为凝固剂，常与硫酸钙混合使用，制成内酯豆腐。葡萄糖酸还与元素锌、亚铁、钙结合作为营养强化剂，有利于锌、亚铁、钙的吸收。

**4. 还原反应**

单糖分子中游离的羰基易还原成醇。D-葡萄糖中的羰基在一定压力与催化剂（钠汞齐）作用下，得到 D-葡萄糖醇（或山梨糖醇），如图 4-14 所示。山梨糖醇是生产抗败血酸的原料，具有保湿作用，又是一种功能性甜味剂，甜度仅是蔗糖的一半。D-果糖还原后得到葡萄糖醇和甘露糖醇的混合物。木糖经过加氢还原后得到木糖醇，其甜度是蔗糖的 70%。

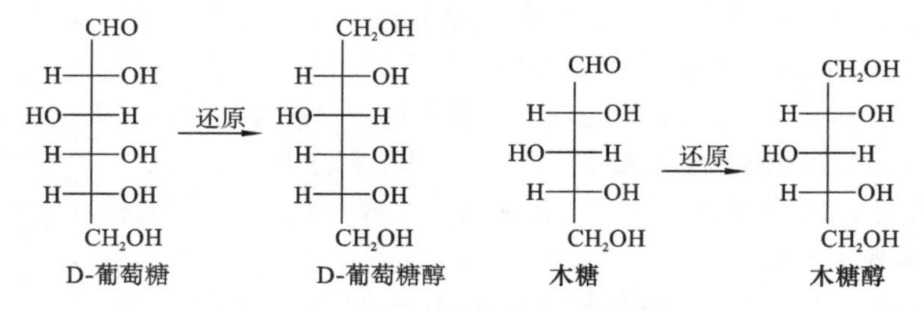


**图 4-14　葡萄糖、木糖还原为糖醇**

目前糖醇在食品加工中作为功能性添加剂，发展较为迅速，除了用于改善食品品质（保湿剂)、控制水分活度(抗冻剂)外,还有较好的保健作用。①糖醇在体内不被代谢,作为甜味剂使用,可用于糖尿病、肥胖病人;②糖醇也不易被口腔中微生物发酵而产生酸性物质,有利于防止龋齿;③分子中无羰基,无还原性,不会产生美拉德反应导致食品发生褐变;④糖醇能与金属离子螯合,具有抗氧化作用;⑤糖醇对大肠中菌群有调节作用。

**5. 酯化反应**

单糖中的醇羟基,在一定条件下,与有机酸或无机酸作用生成酯(图 4-15)。在自然界中存在着许多天然的多糖酸酯,如乙酸酯、硫酸酯、琥珀酸半酯等。例如,马铃薯淀粉中含有少量的磷酸酯基,卡拉胶中含有硫酸酯基(硫酸一酯,R—$OSO_3^-$)。磷酸酯基的存在改变了淀粉的性质,增加了淀粉分子的极性,为了防止其老化,常常利用酯化反应对淀粉进行改性。

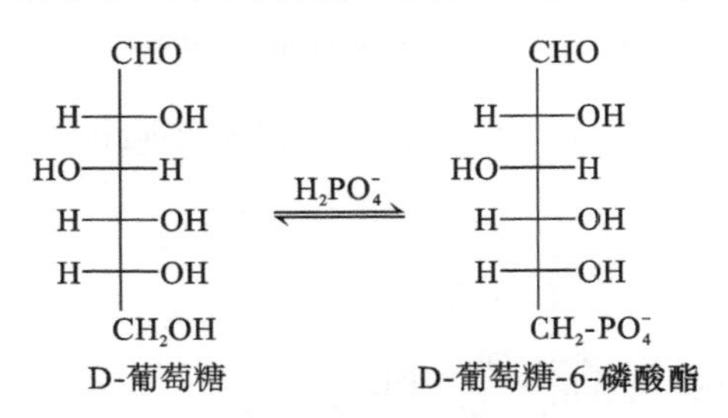


**图 4-15　糖磷酸酯代谢的中间产物**

蔗糖脂肪酸酯是蔗糖和脂肪酸(通常有硬脂酸、软脂酸)酯化反应形成,是食品中常用的乳化剂和脂肪替代品,有一酯、二酯、三酯,通常根据乳化能力需要进行混合,广泛用于油包水型(W/O)、水包油(O/W)型乳状液中。

**6. 成苷反应**

单糖的环状结构中的半缩醛羟基,比其他位置上的羟基活泼,可以继续和其他含有活性氢原子的化合物反应,缩合失去一分子的水,生成由糖基和非糖基组成的一类化合物,称之为苷。如 α-D-吡喃葡萄糖和甲醇缩合生成 α-D-甲基吡喃葡萄糖苷(图 4-16)。

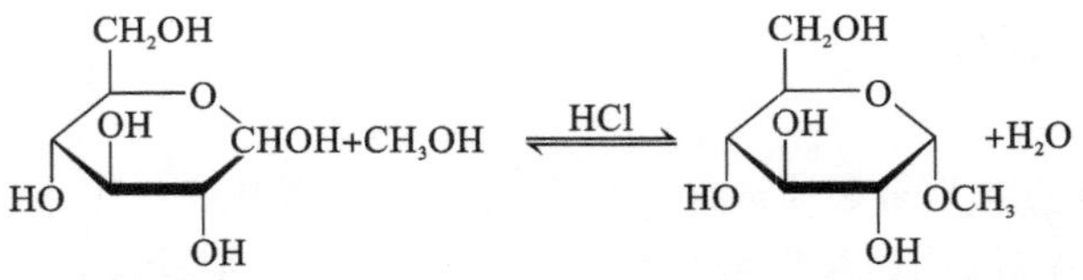

α-D-吡喃葡萄糖 + $CH_3OH$ $\xrightleftharpoons{HCl}$ α-D-甲基吡喃葡萄糖苷 + $H_2O$

**图 4-16　葡萄糖与甲醇成苷反应**

苷也称甙,在糖苷分子中,糖的部分称为糖基,非糖部分称为配基。由 α 型单糖形成的糖苷称为 α-糖苷,由 β 型单糖形成的糖苷则称之为 β-糖苷。糖苷是无色无臭的晶体,味苦,能溶于水和乙醇,难溶于乙醚,有旋光性。天然的糖苷一般是左旋的。糖苷比较稳定,其水溶液在一般的条件下不能再转化成开链式,当然也不会再出现自由的半缩醛羟基。因此,糖苷没有变旋光现象,也没有还原性。糖苷在碱性溶液中稳定,但在酸性溶液中或酶的作用下,则易水解成原来的糖。

糖苷在自然界分布很广,化学结构也很复杂,并且兼有明显的生理作用,例如,广泛存在于银杏(白果)和许多种果核仁中的苦杏仁苷,洋地黄苷和洋地黄毒苷、皂角苷等,其结构中含有糖基和其他基团,图 4-17 所示为苦杏仁苷。

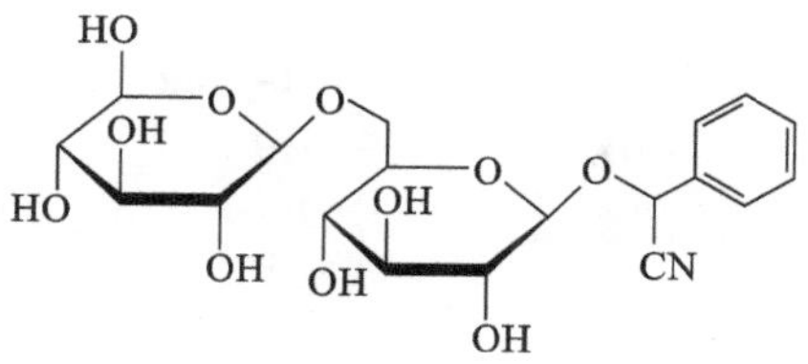

图 4-17 苦杏仁苷的分子结构式

苦杏仁苷非糖配基部分由苯甲醛和 HCN 加成而成。苦杏仁苷有明显的止咳平喘的效果，但因氰基有毒，所以银杏、杏仁等不宜生吃、多吃。

**7. 羰氨反应**

食品在油炸、焙烤、烘焙等烹饪加工中，还原糖同蛋白质分子中的氨基酸残基或游离氨基发生羰氨反应，称为美拉德反应(Maillard reaction)。羰氨反应是羰基化合物与氨基化合物经过脱水、裂解、缩合、聚合等一系列反应过程，最终生成深色物质和挥发性成分的总称。最初是由法国化学家美拉德(L. C. Maillard)发现：当甘氨酸和葡萄糖的混合液在一起加热时会形成褐色的所谓"类黑色素"，故将此类反应用他的名字来命名。

食品中的羰基化合物包括含有醛基、酮基、羧基的化合物，氨基化合物包括游离氨基酸、肽类、蛋白质、胺类等。试验证明活性的醌、二酮、不饱和醛酮等羰基化合物，单独存在时，也发生褐变，而与氨基酸、蛋白质等共存时，更有促进作用。羰基化合物与氨基化合物几乎在所有食品中都含有，所以食品发生美拉德反应也十分普遍。

食品加工、烹饪时菜肴的上色、增香都直接与羰氨反应有密切的关系。可以说羰氨反应是食品中最重要的化学反应之一。

1) 羰氨反应过程和机理

羰氨反应的过程非常复杂，各个阶段的反应机理至今并未完全研究清楚。反应产物的种类也很多，最主要的终产物一类为类黑色素，另一类是杂环类化合物。由于类黑色素的结构不太清楚，目前大多从反应时段上将羰氨反应分为三个阶段。

(1) 初期阶段　这是羰氨反应开始时的化学反应阶段，主要特征为有少量水分产生，pH 值下降，但从食品宏观现象来看，并无多大变化，没有色素产生。这一阶段的化学反应如下。

羰氨缩合：氨基化合物的氨基与羰基化合物的羰基发生加成、脱水等反应。例如，氨基酸中的氨基与葡萄糖的醛基反应，可生成 N-葡萄糖胺(Schiff 碱)。这个反应是可逆的，一般碱性条件有利于正反应方向进行。

分子重排(Amadori 分子重排)：羰氨缩合产物自身快速发生分子内各基团的重新组合，即分子重排，产生一种较稳定的产物，此时反应不可逆。对于 N-葡萄糖胺(醛糖胺)经过 Amadori 分子重排的反应，转变成 1-氨基-1-脱氧-2-酮糖(果糖胺)。该物质还可与葡萄糖反应，生成双果糖胺(图 4-18)。

同样，若用果糖反应缩合的 N-果糖胺又可经海因斯(Heyenes)分子重排为 N-果糖胺，再进一步反应生成 2-氨基-2-脱氧葡萄糖(图 4-19)。

(2) 中期阶段　初期阶段的产物不稳定，要进一步反应，此时有明显的气味产生，还原物增多，但颜色仍未明显变化，此时处于中间阶段。在这一过程中，虽未见到有色物产生，但紫外吸收已大大增加，说明有部分大分子结构产生。对于初期反应生成的双果糖胺，它在中期阶段的主要变化途径有三条。

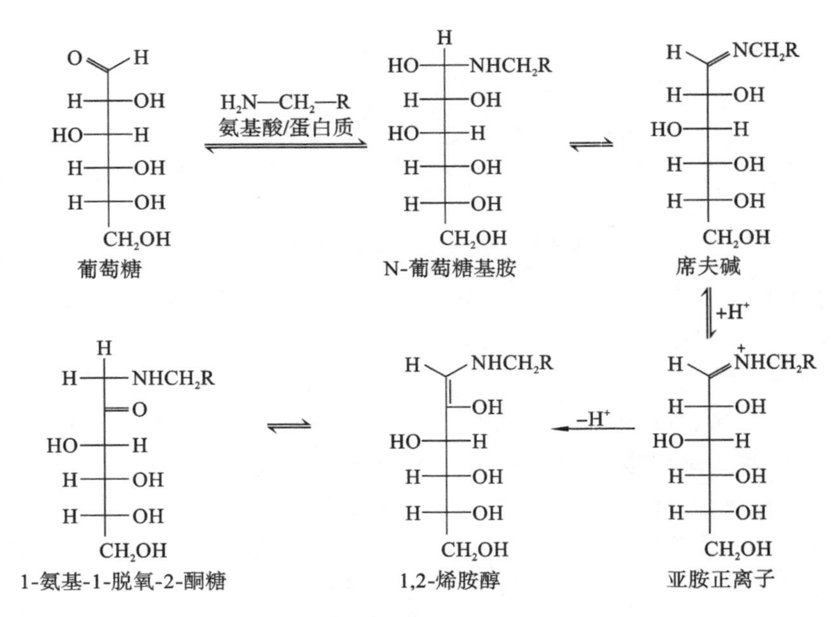


图 4-18　Amadori 分子重排

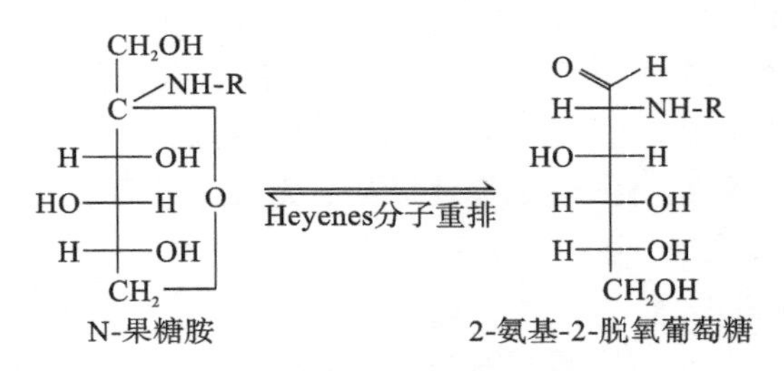


图 4-19　Heyenes 分子重排

1,2-烯醇化途径：果糖胺经 1,2-烯醇化，放出氨基物，自身脱水、环化生成羟甲基糠醛(HMF)。HMF 的积累与褐变速率关系密切，HMF 的含量积累到一定时会快速进入反应末期产生褐变，可以根据 HMF 的生成量、生成速度来监测食品中褐变反应发生情况。同时，HMF 也能分解成活性更大的物质(图 4-20)。

2,3-烯醇化途径：果糖胺经 2,3-烯醇化，会形成还原酮(图 4-21)，还原性酮非常活泼，化学反应性强，能进一步脱水，再与胺缩合；或自身产生分解、形成小分子物质，如二乙酰、乙酸、丙酮醛等等。

Strecker 降解：果糖胺直接发生裂解，产生如二乙酰、丙酮醛等产物。其中，有些中间产物是 α-二羰基化合物，它能与氨基酸进一步反应，使氨基酸分解，这个反应叫斯特勒克(Strecker)降解。反应如图 4-22 所示。

在 Strecker 降解中，α-氨基酸分解成 $CO_2$ 和少了一个碳原子相应的醛，它们都能挥发，特别是醛化学性质活泼，又有气味。而 α-二羰基物变成氨基还原酮，它的化学性质也较活泼，加热时通过烯醇化异构化为烯醇胺。烯醇胺分子间缩合环化生成一种新的杂环化合物——吡嗪类物质，这个物质是香味的主要成分和特征成分，其形成过程如图 4-23 所示。

控制食品 Strecker 反应的程度非常重要，这不仅是因为反应超出一定限度会给食品的风味带来不利的影响，而且因为降解的产物可能属于有害物质，大量的氨基酸也在这一反应

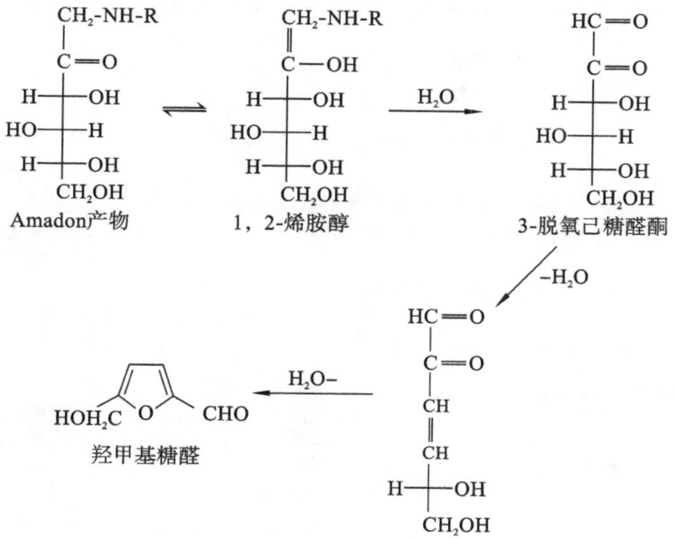

$CH_2$-NH-R
C=O
H—OH
HO—H
H—OH
$CH_2OH$
Amadon产物
⇌
$CH_2$-NH-R
C—OH
H—OH
HO—H
H—OH
$CH_2OH$
1，2-烯胺醇
$\xrightarrow{H_2O}$
HC=O
C=O
H—OH
HO—H
H—OH
$CH_2OH$
3-脱氧己糖醛酮
$-H_2O$
HC=O
C=O
CH
CH
H—OH
$CH_2OH$
$H_2O$-
$HOH_2C$ O CHO
羟甲基糖醛

图 4-20　羟甲基糖醛(HMF)生成

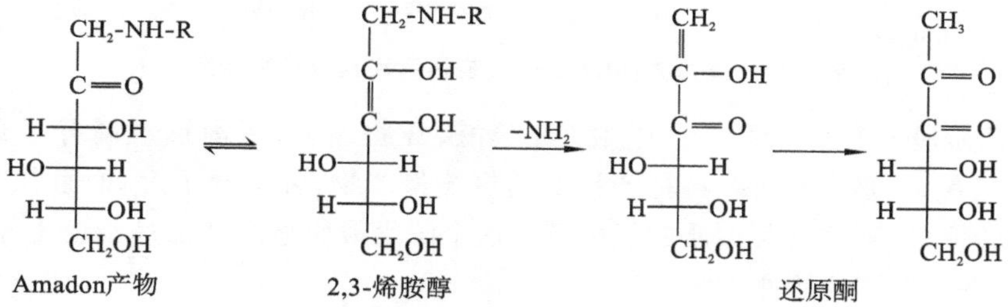

$CH_2$-NH-R
C=O
H—OH
HO—H
H—OH
$CH_2OH$
Amadon产物
⇌
$CH_2$-NH-R
C—OH
C—OH
HO—H
H—OH
$CH_2OH$
2,3-烯胺醇
$-NH_2$
$CH_2$
C—OH
C=O
HO—H
H—OH
$CH_2OH$
→
$CH_3$
C=O
C=O
H—OH
H—OH
$CH_2OH$
还原酮

图 4-21　还原酮生成

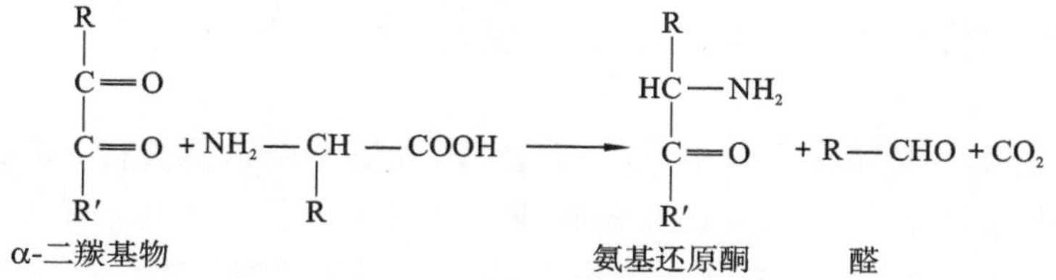

R—C=O—C=O—R′ + $NH_2$—CH(R)—COOH ⟶ R—HC(—$NH_2$)—C=O—R′ + R—CHO + $CO_2$
α-二羰基物
氨基还原酮
醛

图 4-22　Strecker 降解生成酮和醛

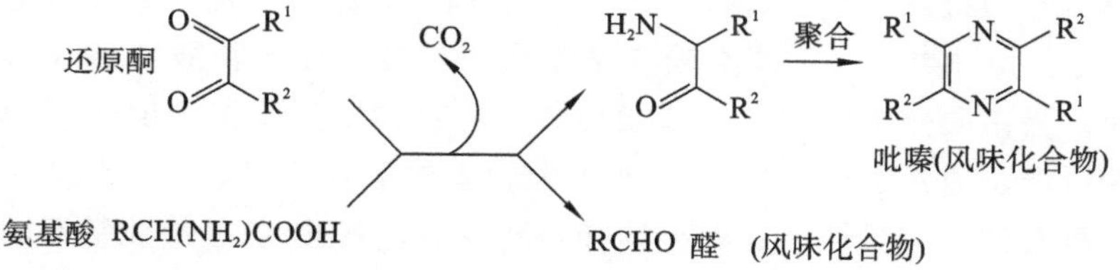

还原酮
O R[1]
O R[2]
$CO_2$
氨基酸 RCH($NH_2$)COOH
$H_2N$ R[1]
O R[2]
聚合
R[1] N R[2]
R[2] N R[1]
吡嗪(风味化合物)
RCHO 醛　(风味化合物)

图 4-23　Strecker 降解生成吡嗪类物质生成

中分解。

在中间阶段，除了生成还原酮化合物外，氨基酮糖或氨基醛糖还可以通过其他途径形成各种杂环化合物，包括有吡啶、苯并吡啶、呋喃化合物，含硫、氮环状化合物等。同时，在中期反应中，有大量的裂解产物，它们是风味物质的一个重要来源（图 4-24）。

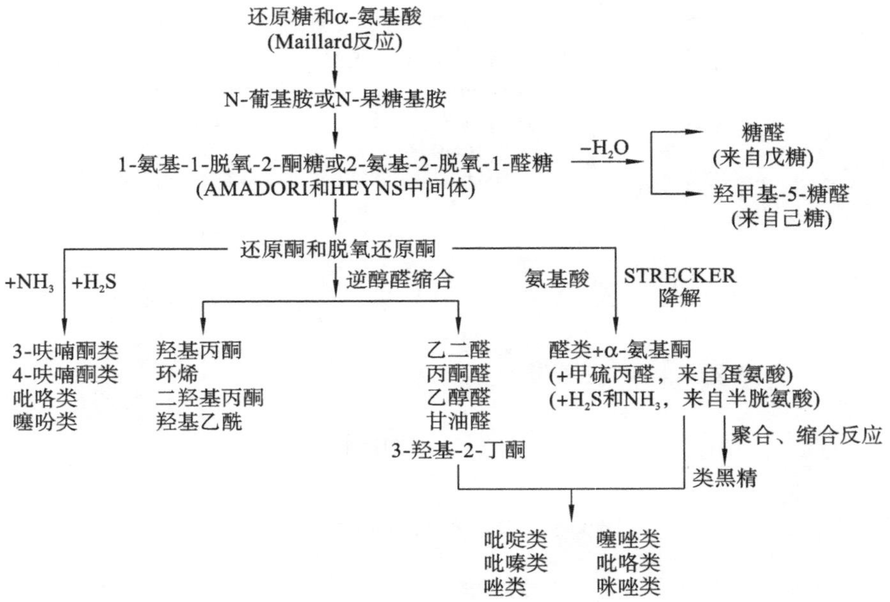

还原糖和α-氨基酸
(Maillard反应)
N-葡基胺或N-果糖基胺
1-氨基-1-脱氧-2-酮糖或2-氨基-2-脱氧-1-醛糖
(AMADORI和HEYNS中间体)
$-H_2O$
糖醛
(来自戊糖)
羟甲基-5-糖醛
(来自己糖)
还原酮和脱氧还原酮
$+NH_3$ $+H_2S$
逆醇醛缩合
氨基酸
STRECKER
降解
3-呋喃酮类
4-呋喃酮类
吡咯类
噻吩类
羟基丙酮
环烯
二羟基丙酮
羟基乙酰
乙二醛
丙酮醛
乙醇醛
甘油醛
3-羟基-2-丁酮
醛类+α-氨基酮
(+甲硫丙醛，来自蛋氨酸)
($+H_2S$和$NH_3$，来自半胱氨酸)
聚合、缩合反应
类黑精
吡啶类
吡嗪类
唑类
噻唑类
吡咯类
咪唑类

**图 4-24 美拉德(Maillard)反应历程和重要产物示意图**

(3) 终期阶段　这个阶段中，主要发生醇醛、醛胺缩合，逐渐形成高分子量的有色物质——类黑色素；它是中期阶段各种产物的随机缩聚产物，分子量不定，而且往往与蛋白质中赖氨酸共价交联，形成含蛋白质的黑糊精。这个阶段最明显的特征是颜色迅速变深；另外不溶物增加，黏接性增大也很明显。

2) 羰氨反应的影响因素和控制

与所有化学反应一样，羰氨反应的影响因素包括反应物种类、反应条件。食品中影响羰氨反应的主要因素有：糖的种类、氨基的位置、温度、时间、pH 值、水分、金属离子和褐变抑制剂。

(1) 糖物质种类　羰基化合物中，羰基越活泼，羰氨反应越易进行。α、β 不饱和醛很易反应，α-二羰基化合物，抗坏血酸等还原酮物质也容易反应。单糖比双糖反应快，醛糖比酮糖快，还原糖比非还原糖快。戊糖比己糖快约 10 倍。各种单糖的褐变反应速度顺序如下：

五碳糖＞六碳糖；醛糖＞酮糖。

戊糖中，核糖＞阿拉伯糖＞木糖；己糖中，半乳糖＞甘露糖＞葡萄糖＞果糖。

(2) 氨基化合物种类　一般胺类较氨基酸易于褐变。在氨基酸中，则以碱性大的氨基酸褐变较迅速。蛋白质分子中所含氨基能与羰基化合物发生美拉德反应，但其反应速度要比肽和氨基酸缓慢。通常发生反应的速度由大到小的顺序为：胺＞氨基酸＞肽＞蛋白质。具有 ε-$NH_2$ 的氨基酸反应活性远远大于具有 α-$NH_2$ 的氨基酸；氨基酸侧链不同，其发生褐变的程度也不同，碱性氨基酸有高褐变活性。氨基酸反应速度由大到小的顺序为：赖氨酸＞色氨酸＞精氨酸＞谷氨酸＞脯氨酸。因此，可以预料，在美拉德反应中赖氨酸损失是非常严重的。例如，鲜牛奶在 100 ℃加热几分钟赖氨酸损失超过 5%，脱脂奶粉 150 ℃加热几分钟则损失 40%。

(3) 温度的影响　羰氨反应受温度影响比较大（图 4-25），遵循 Van't Hoff 规则，温度每升高 10 ℃，其褐变速度相差 3～5 倍。因此，烹饪中火候的控制对菜点色香味的影响很大，这与温度影响羰氨反应有关。一般来说，在技术上准确控制羰氨反应较困难，这也是烹饪中火候难控制的原因之一。

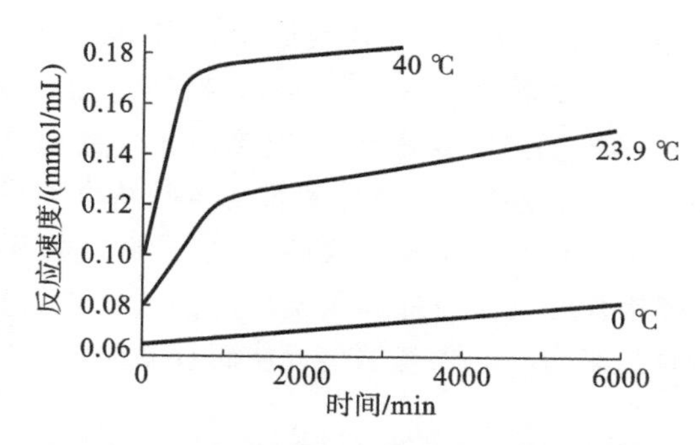


**图 4-25　温度对葡萄糖与亮氨酸反应速度的影响**

羰氨反应一般在 30 ℃以上有褐变发生，当温度在 120 ℃时，不论有氧或无氧存在其褐变速度相同。而 20 ℃以下则进行较慢，在 10 ℃以下能较好地抑制反应，所以许多食品可用冷冻保存。不过有些食品，特别是油脂类食品，在冻藏时，因局部浓缩效应，仍要褐变，如冷冻鱼肉、乳品、蛋粉等。

(4) pH 值的影响　在 pH 4～9 范围内，羰氨反应随 pH 值的增加而加快。pH 值过低(pH<5)，反应发生较慢或不发生褐变。此时氨基酸或蛋白质中的氨基被质子化，以$—NH_3^+$形式存在，阻碍了氨基与羰基形成氨基糖。在 pH 6～9 时，最适宜羰氨反应，这恰好是大多数食品的 pH 值。研究表明，pH 值对葡萄糖与亮氨酸反应速率的影响如图 4-26。很多酸性食品，例如泡酸菜，因 pH 值低不易褐变，烹饪过程中为了防止食品褐变有时加入食醋，减少褐变程度，例如，炒土豆丝或土豆片时，加入食醋或柠檬酸，能有效控制褐变。

(5) 金属离子　$Fe^{3+}$、$Cu^{2+}$等对美拉德反应有促进作用，因此，食品加工处理、储藏过程中要防止金属离子的混入。有些金属离子(如 $Mn^{2+}$、$Sn^{2+}$等)对美拉德反应有抑制作用。在卵清蛋白—葡萄糖—金属离子组成模拟体系中，研究表明在 50 ℃、相对湿度为 65%时，$Fe^{3+}$、$Cu^{2+}$等对褐变反应有促进作用，而 $Na^+$对褐变反应无影响(图 4-27)。

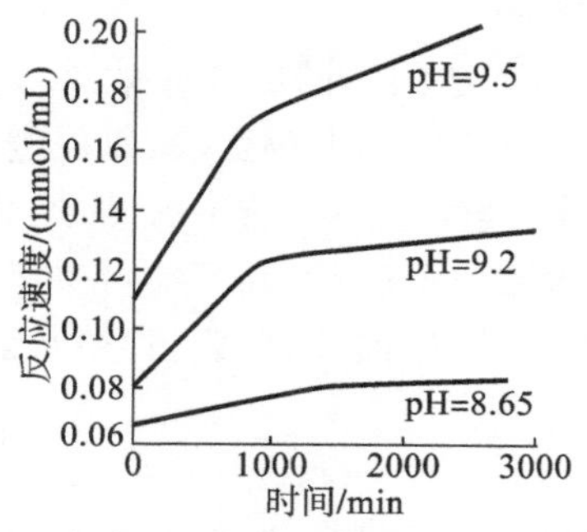


**图 4-26　pH 值对葡萄糖与亮氨酸反应速率的影响**

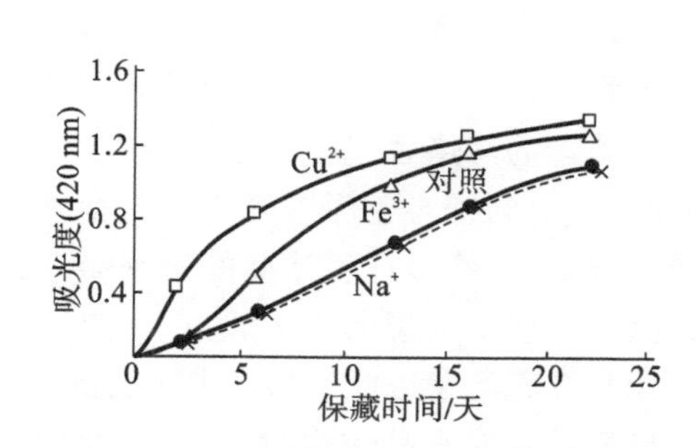


**图 4-27　金属离子对非酶褐变的影响**

(6) 水分活度的影响　水分活度对羰氨反应影响较大，水分活度过高或过低都不利于羰氨反应的发生。当食品中水分活度在 0.6～0.85 时最容易发生。完全干燥的情况下(水分活度低于 0.2)，褐变反应难以进行，容易褐变的奶粉或冰激凌粉的水分需控制在 3%以下，才能抑制褐变反应。而液体状食品，水分较高，其褐变反而较缓慢。原因是水分高降低了反应物的浓度，也阻碍了温度的上升，从而降低了反应速率。

（7）氧气　虽然氧气并不直接影响羰氨反应，但它对脂肪含量高以及含酚类物质多的食品的变色有明显的促进作用。低氧或无氧降低了脂肪和酚物质的氧化，减少羰基化合物的生成。氧气虽然对食品美拉德反应早期羰氨反应没有影响，但对反应中、后期影响较大。因此，容易褐变的食品，在 10 ℃以下的真空储存，可以减慢褐变的发生。

（8）褐变抑制剂　一些物质能抑制羰氨反应，起到防止食品褐变的作用，称为褐变抑制剂。最常用的是 $SO_2$、亚硫酸盐等还原剂。亚硫酸根与羰基结合形成加成化合物，其加成物能与氨基化合物缩合，缩合物不能再进一步生成席夫式碱和 N-葡萄糖基胺，从而阻止羰氨反应（图 4-28）。一些钙、镁盐有时也作为抑制羰氨反应的抑制剂。这主要是利用氨基酸与 $Ca^{2+}$ 或 $Mg^{2+}$ 能形成不溶性盐来阻止与羰基的接近从而避免反应。

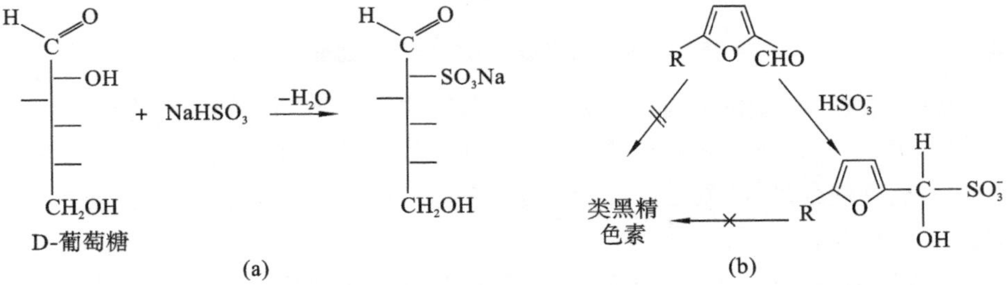

**图 4-28　亚硫酸根与羰基化合物的反应**

（a）亚硫酸盐阻止席夫碱和 N-葡萄糖基胺；（b）亚硫酸盐阻止类黑精色素的生成

3）羰氨反应对食品品质与菜点质量的影响

羰氨反应可以给食品与菜肴的色泽、风味、营养价值等带来较大的影响。这些影响有好有坏，其主要表现如下。

（1）羰氨反应是食品与菜肴褐变的主要类型

加热食品的上色机制主要是羰氨反应。例如，烤面包、烤制干货、油炸、干煸类菜点，不同程度地发生羰氨反应，出现颜色的褐变和产生气味，形成特殊风味。但是，一些食品也会因羰氨反应带来品质下降，例如，奶粉、肉类干制品等储藏久后颜色改变，是由羰氨反应引起的。

（2）羰氨反应是食品与菜肴风味产生的主要化学反应

烹饪中通过羰氨反应产生一些特征的风味食品。为了达到不同的风味效果，对所参加的反应物进行调整。例如，焙烤风味，在焙烤面包、点心、烧饼时刷上鸡蛋液，以促进其着色，并获得诱人的焙烤香气。面包风味：当还原糖同赖氨酸含量高的蛋白质一起加热时发生羰氨反应，可得到特有色泽和气味。奶香风味：当乳糖发生羰氨反应时，其产物对牛奶巧克力、焦香果糖、太妃糖等产生浓郁的奶香味。还有一些油炸食品，如油条、薯条、肯德基食品等通过羰氨反应产生理想的香味。

（3）羰氨反应是食品加工中主要的工艺化学反应

羰氨反应对食品质构（水溶性、黏着性和固定性）起到一定作用。羰氨反应中分子脱水、缩合是主要的变化，对食品的质构有非常大的影响。例如，烤鸭过程中，水分丢失过多，鸭肉的质地会差，颜色也深。只有当两者达到统一时，风味才完美，这也是长期以来人们对食品品质追求的结果。

现代食品化学研究发现，羰氨反应中间产物如醛、酚、酮，终产物类黑色素都具有还原性，在食品中具有一定的抗氧化作用，可抑制油脂的氧化。研究表明在谷物油中加入类黑精能明显降低谷物油的过氧化值。挥发性的杂环化合物也具有抗氧化作用。羰氨反应生成的呋喃、吡咯、噻吩、噻唑、吡唑、吡嗪等含有硫、氮化合物，硫醇类的杂环化合物对苹果中多酚氧化酶(OPP)褐变有抑制作用，并且其效果好于维生素 C。羰氨反应生成的还原酮具有还原和螯合作用，通过提供电子破坏自由基的链式反应，达到抗氧化的目的。

(4) 羰氨反应对食品营养价值、安全性的影响

在烹饪中，羰氨反应的反应物主要是还原糖和氨基酸或蛋白质。这两类物质的反应，势必造成食物中糖类和氨基酸、蛋白质的破坏和降低。从羰氨反应速率研究分析，赖氨酸反应速率最大，作为必需氨基酸的赖氨酸破坏也最大，图 4-29 表明加热到 150 ℃条件下食品中赖氨酸的损失情况。除了蛋白质外，糖类、脂类的羰基也参与反应，其营养作用也发生了变化。

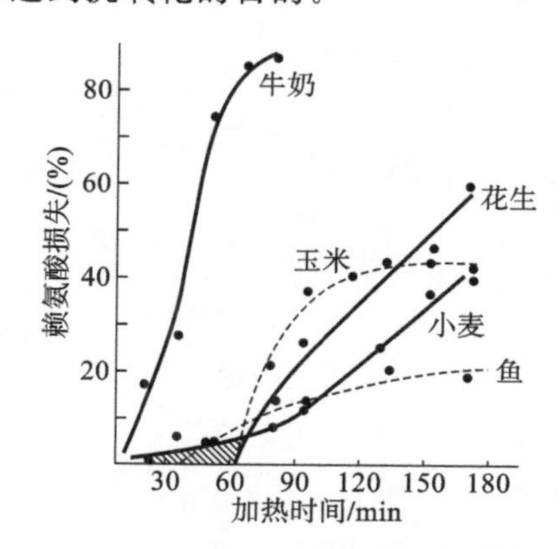


图 4-29 加热到 150 ℃食品中赖氨酸损失情况

羰氨反应中产生的各种物质，对人体有害作用最大的是丙烯酰胺和杂环胺。2002 年瑞典国家食品管理局(NFA)和斯德哥尔摩大学研究人员报道，在一些油炸和烧烤的淀粉类食品(如油炸土豆片、谷物、面包)中检测出丙烯酰胺之后，挪威、英国、美国等国家也相继报道了类似结果。通过油炸、焙烤、膨化、烤制等制备的食品中检测出丙烯酰胺，而未经热处理甚至煮沸的食品中(如煮熟的土豆)没有检测到丙烯酰胺，在罐藏或冷冻的水果、蔬菜及植物蛋白制品中不含或很少含有丙烯酰胺(去核的成熟橄榄除外)。丙烯酰胺是一种公认的神经毒素，可能是人类微弱的致癌因子。但其致病浓度远高于从食品中的摄入量。常见食品中丙烯酰胺的含量范围见表 4-4。

表 4-4 常见食品中丙烯酰胺的含量范围

| 食品种类 | 丙烯酰胺含量(μg/kg)① |
|---|---|
| 烤制杏仁 | 236～457 |
| 硬面包圈 | 0～343 |
| 面包 | 0～364 |
| 谷物早餐 | 34～1057 |
| 可可 | 0～909 |
| 咖啡(未冲调) | 3～374 |
| 含菊苣的咖啡 | 380～609 |
| 曲奇 | 36～432 |
| 饼干及相关产品 | 26～1540 |
| 油炸薯条 | 20～1325 |
| 薯片 | 117～196② |
| 椒盐脆饼 | 46～386 |
| 玉米粉圆饼 | 10～33 |
| 片状玉米饼 | 117～196 |

注：①通常只有少量样品会出现极端值。②甜的薯片含有 4080 μg/kg。

资料来源：美国 USDA 食品安全与应用营养研究中心。

丙烯酰胺来自还原糖(羰基部分)和游离的 L-天冬酰胺的 α-氨基的二次反应(图4-30)。这个反应可能始于席夫碱(Schiff)中间体,通过脱羧基反应,然后 C—C 键断裂,从而生成丙烯酰胺。油炸土豆片或薯条会生成丙烯酰胺,因为土豆中含有游离的 D-葡萄糖和游离的 L-天冬酰胺。

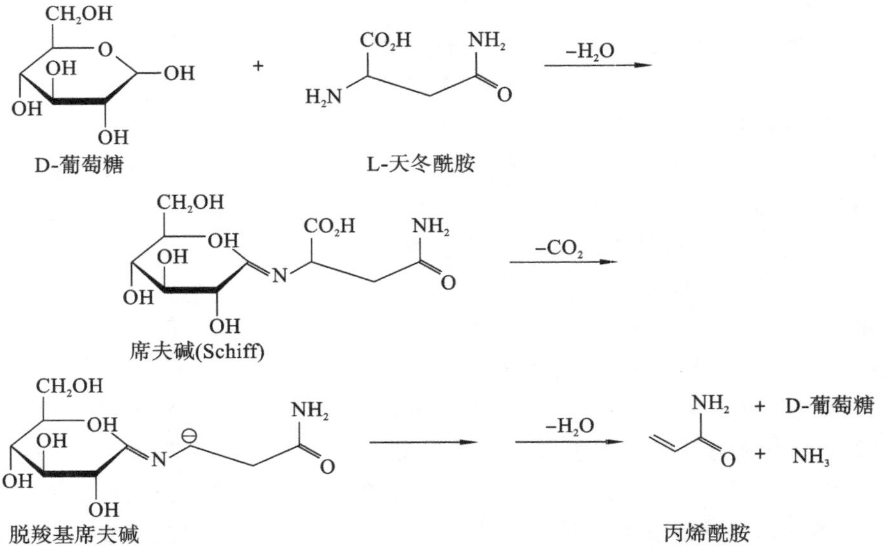

D-葡萄糖 + L-天冬酰胺 $\xrightarrow{-H_2O}$ 席夫碱(Schiff) $\xrightarrow{-CO_2}$ 脱羧基席夫碱 $\longrightarrow$ $\xrightarrow{-H_2O}$ 丙烯酰胺 + D-葡萄糖 + $NH_3$

图 4-30 食品中丙烯酰胺可能的形成途径

丙烯酰胺的生成温度至少需要 120 ℃,也就是说水分含量高的食品中不会产生。当温度接近 200 ℃时,反应最为剧烈。在 200 ℃以上过度加热,丙烯酰胺的含量由于热降解作用而降低。食品中的丙烯酰胺还受 pH 值的影响,当 pH 值增加到 4 以上时,有利于丙烯酰胺的生成。在酸性条件下,丙烯酰胺的生成量减少,其原因可能是由于天冬酰胺的 α-氨基质子化,降低了它的亲核能力,而且当 pH 值降低时,丙烯酰胺的热降解速度也会增加。随着加热的进行,食品表面的水分逐渐挥发,表面温度升高至 120 ℃以上,丙烯酰胺含量快速增加。

防止食品中丙烯酰胺产生通常可以通过以下一个或多个途径来实现:①去除一个或所有的反应底物;②改变反应条件,如温度、pH 值、水分等;③去除食品中生成的丙烯酰胺。对于土豆制品,通常将其在水中漂白或浸泡去除反应底物(还原糖和游离的天冬酰胺),可以去除 60%以上的丙烯酰胺。

虽然研究表明食品中丙烯酰胺的摄入与致癌风险之间没有直接关联。但是人们正在研究它对长期的致癌性、致突变以及神经毒性方面的影响,同时也避免食品烹饪、加工和制备中丙烯酰胺的产生。

**8. 焦糖化反应**

糖类(还原性糖或非还原性糖)在不含氮化合物的情况下直接加热到熔点以上时,产生发焦变黑的现象,称为焦糖化反应(caramelization)。少量的酸和某些盐类可以加速该反应。虽然焦糖化反应不涉及氨基酸和蛋白质参与,但与羰氨反应有许多相似之处,其最终产物焦糖素也是一种复杂的混合物,由不饱和的环状(五元环或六元环)化合物形成的高聚物组成。与美拉德褐变一样,产生麦芽酚、异麦芽酚等风味物质和香气物质。在焙烤、油炸食品中,焦糖化作用控制得当,可以使产品得到悦人的色泽及风味。所谓的"糖色"就是指焦糖化反应所产生焦糖素的色泽。

焦糖化反应在烹饪工艺中起着重要的作用，通过熬糖制备糖色是食品上色的主要途径。焦糖化应根据其变化过程和反应产物分为三个阶段，以蔗糖为例说明烹饪中糖色的形成过程。

第一阶段：蔗糖分子脱水。蔗糖加热达到其熔点(180～186 ℃)开始熔化，经一段时间分子内脱水，第一次起泡，蔗糖脱去一分子水形成异蔗糖酐，异蔗糖酐无甜味，稍有苦味感，大约半小时起泡暂时停止，其反应式为

$$C_{12}H_{22}O_{11} \longrightarrow C_{12}H_{20}O_{10} + H_2O$$

第二阶段：生成焦糖酐。继续加热，异蔗糖酐分子间继续脱水，产生第二次起泡，持续时间更长，失水量约为9%，形成焦糖酐。焦糖酐平均分子式为 $C_{24}H_{36}O_{18}$，熔点为138 ℃，浅褐色，有明显苦味。

$$2C_{12}H_{22}O_{11} \longrightarrow C_{24}H_{36}O_{18} + 4H_2O$$

第三阶段：焦糖素生成。焦糖酐进一步发生分子间脱水并第三次起泡，形成焦糖烯($C_{36}H_{50}O_{25}$)，继续加热分子脱水缩合成高分子量的难溶性深色物质焦糖素($C_{125}H_{188}O_{80}$)。

$$3C_{12}H_{22}O_{11} \longrightarrow C_{36}H_{50}O_{25} + 8H_2O$$

焦糖素的等电点通常在3.0～4.9之间。其等电点对于食品加工来说有着重要的意义。例如，用焦糖来使饮料食品上色，如果pH值达到其等电点时，会产生絮凝、浑浊、沉淀现象，影响感官质量。目前商业上生产四种焦糖色素，主要的区别是制作工艺中是否加入铵或亚硫酸离子。第一种焦糖，也称普通焦糖或耐酸焦糖，在不加入铵或亚硫酸离子，可能会加入酸或碱的条件下，直接用糖制备，这是传统的焦糖制备方法。第二种为耐硫化焦糖，是在亚硫酸盐存在下，不含有铵离子，可能会在加入酸或碱的条件下，加热糖制备。这种焦糖为红棕色，可以增加啤酒或含醇饮料的色泽，含有略带负电荷的胶体颗粒，溶液的pH值为3～4。第三种焦糖为铵化焦糖，含有铵离子而不含亚硫酸盐，可能会在加入酸或碱的条件下，加热糖制备。这种焦糖为红棕色，可以用于焙烤食品、糖浆和布丁中，含有略带正电荷的胶体颗粒，溶液的pH值为4.2～4.8。第四种焦糖为硫铵焦糖，是同时加入亚硫酸盐和铵离子，可能会在加入酸或碱的条件下，加热制备糖。这种焦糖为棕色，可以用于焙烤食品、糖浆、可乐或其他酸性饮料，含有略带负电荷的胶体颗粒，溶液的pH值为2～4.5。

## 四、食物中重要的单糖

**1. 葡萄糖**

葡萄糖(glucose)广泛存在于自然界中。在室温下，从水溶液结晶析出的葡萄糖是含有一分子结晶水的单斜晶系结晶，构型为α-D-葡萄糖，熔点为80～86 ℃，比旋光度$[\alpha]_D^{20}$=+112°，在50 ℃以上则变为无水葡萄糖。自98 ℃以上的热水溶液或酒精溶液中析出的葡萄糖是无水的斜方结晶，构型为β-D-葡萄糖，熔点为146～147 ℃，比旋光度$[\alpha]_D^{20}$=+18.7°。

葡萄糖甜度为蔗糖的65%～75%，其甜味有凉爽之感，适宜食用。葡萄糖加热后逐渐变为褐色，温度在170 ℃以上，则生成焦糖。葡萄糖溶液能被多种微生物发酵，是发酵工业的重要原料。工业上生产葡萄糖，都以淀粉为原料，经酸法或酶法水解而制得。

**2. 果糖**

果糖(fructose)多与葡萄糖共存于果实及蜂蜜中。果糖易溶于水，在常温下难溶于酒

精。果糖吸湿性很强，因而从水溶液中结晶较困难，但从酒精溶液中析出的是果糖的无水结晶体，熔点为 102～104 ℃。

果糖为左旋糖，其比旋光度受温度影响较大。如 10％的果糖溶液，在 0 ℃时，$[\alpha]_D^{20}=-104.09°$，而在 90 ℃时，$[\alpha]_D^{20}=-51.75°$。果糖比糖类中的其他糖都甜，尤其是 β-果糖的甜度最大，其甜度随温度而变，为蔗糖的 1.03(热)～1.73(冷)倍。果糖很容易消化，适于幼儿和糖尿病患者食用，它不需要胰岛素的作用，能直接被人体代谢利用。在食品工业上，用异构化酶在常温常压下使葡萄糖转化为果糖。

**3. 半乳糖**

半乳糖(galactose)存在于母乳中，自然界中不多见。半乳糖很少以单糖的形式存在于食品中，主要以半乳聚糖形式存在于植物细胞壁中，牛乳中乳糖含量较高，由半乳糖和葡萄糖组成，半乳糖主要由乳糖分解得到。半乳糖在体内转化为葡萄糖后吸收利用。

**4. 其他单糖**

食物中还存在一些其他的单糖，如 L-阿拉伯糖，主要存在于植物分泌的胶黏质及半纤维素等多糖的结构单元中。D-木糖以缩聚状态广泛存在于自然界植物中，如玉米、木屑、稻草等的半纤维素中。D-核糖和脱氧核糖存在于动物、植物的细胞中，作为 RNA 和 DNA 的组成部分。食品中还存在有一些糖醇，如甘露醇、山梨糖醇、半乳糖醇，存在于浆果、果实、海藻类中。糖醇都不含有羰基，无还原性，现作为保健型甜味剂较普遍应用于食品饮料中。

# 第三节　低　聚　糖

低聚糖也称寡糖(oligosaccharide)，分子结构上很像苷，不过其中的糖基和配基两个部分都是糖而已。由于低聚糖仍属小分子化合物，所以它们仍可以形成结晶体，可溶于水，有甜味，也有旋光性，在酸性溶液或酶作用下水解成单糖。低聚糖只有水解成单糖，人体才能吸收利用。

根据低聚糖分子结构是否保留有半缩醛羟基，可将其分为还原性糖和非还原性糖。分子中仍然保留有半缩醛羟基，这类低聚糖具有和单糖一样的性质，如有变旋光现象，具有氧化性和还原性，这种低聚糖属于还原糖。如果组成的单糖相互之间都以半缩醛羟基缩合，在形成的低聚糖分子中不再有半缩醛羟基，那么这类低聚糖不再具有上述性质，这种低聚糖称为非还原性糖。

低聚糖一般是由 2～10 个单糖通过糖苷键连接而成的糖类物质。食品中重要的低聚糖为二糖(或双糖)，主要有蔗糖、麦芽糖和乳糖。

## 一、蔗糖

蔗糖主要来源于甘蔗和甜菜。甘蔗中蔗糖的含量为 16％～25％，甜菜中为 12％～15％。蜂蜜中含有较高的蔗糖(30％左右)，水果中也含有一定量的蔗糖。烹饪常用的白砂糖、绵白糖、冰糖等主要成分均是蔗糖。

**1. 蔗糖的分子结构**

蔗糖是食物中存在的主要低聚糖，是一种典型的非还原性糖。它是由一分子 α-D-吡喃葡萄糖和一分子 β-D-呋喃果糖彼此以半缩醛(酮)羟基相互缩合而成的(图 4-31)。形成的蔗糖分子中不再有半缩醛(酮)羟基，故蔗糖为非还原性糖。

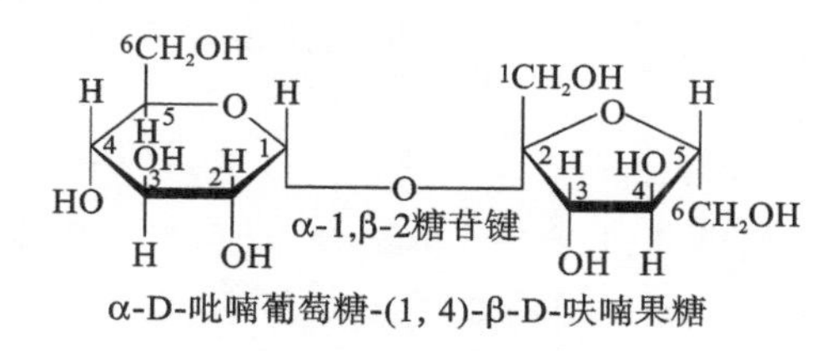


图 4-31　蔗糖分子结构(注意：β-果糖进行部分翻转)

**2. 蔗糖的性质**

蔗糖是烹饪中最常用的甜味剂，其甜味仅次于果糖。常温下，蔗糖是一种无色透明的单斜晶系的结晶体，易溶于水，较难溶于乙醇。蔗糖的相对密度为 1.588，纯净蔗糖的熔点为 186 ℃。蔗糖在水中的溶解度随着温度的升高而增加。加热至 200 ℃时即脱水形成焦糖。

蔗糖是右旋糖，其 16%水溶液的比旋光度是$[\alpha]_D^{20}=+64.5°$。蔗糖在稀酸或酶的作用下水解，生成等量的葡萄糖和果糖的混合物，这种混合物称为转化糖。它们的比旋光度也发生了变化。即如下式：

$$\text{蔗糖}+H_2O \longrightarrow \text{D-葡萄糖}+\text{D-果糖}$$

$$[\alpha]_D^{20}=+64.5° \qquad [\alpha]_D^{20}=+52.7° \qquad [\alpha]_D^{20}=-92°$$

转化糖比旋光度为$[\alpha]_D^{20}=-19.75°$。

在蜂蜜中存在蔗糖转化酶，故蜂蜜中含有大量的果糖，其甜度较大，比葡萄糖的甜度大一倍。烹饪过程中，转化作用也存在于面团发酵过程的早期。蔗糖可以被酵母菌分泌的蔗糖酶所水解，所以在烘制面包的面团中，蔗糖是不可缺少的添加剂。因为它不仅有利于面团的发酵，而且在烘烤过程中，所发生的焦糖化反应、美拉德反应能增进面包的颜色。

蔗糖的再结晶与玻璃体的形成：蔗糖溶液在过饱和时，不但能形成晶核，而且蔗糖分子会有序地排列，被晶核吸附在一起，从而重新形成晶体，这种现象称作蔗糖的再结晶。烹饪中制作挂霜菜就是利用了这一原理。其烹饪工艺为：先将蔗糖溶液进行加热，在这个过程中，随着温度的升高，水分逐渐挥发，蔗糖溶液出现过饱和，蔗糖分子开始结晶，结晶体挂在菜点的表面，形成“糖霜”，增加菜点的美感。中餐中还有一道甜菜“拔丝”，是利用蔗糖熔化形成玻璃体附着在食物的表面。其制作工艺为：将蔗糖放入水中或油中熬制，当蔗糖完全熔化(含水量为 2%左右)时，停止加温，加入准备好的食品，熔化的糖液迅速冷却，这时蔗糖分子不易形成结晶，而只能形成非结晶态的无定形态——玻璃体。玻璃体不易被压缩、拉伸，在低温时呈透明状，并具有较大的脆性。

蔗糖在烹饪中的应用较广，除常作为甜味剂外，还用作增黏剂、保湿剂、防腐剂、增色剂等。

## 二、麦芽糖

麦芽糖在新鲜的粮食中并不会游离存在，只有谷物类种子发芽或淀粉储存时受到麦芽淀粉酶的水解才会大量产生。利用大麦芽中的淀粉酶,可使淀粉水解为糊精和麦芽糖的混合物,其中麦芽糖占1/3。这种混合物称为饴糖。饴糖具有一定的黏度,流动性好,有亮度。在制作“北京烤鸭”时,需用饴糖涂在鸭皮上,待糖液晾干后进烤炉,在烤制过程中糖的颜色发生变化,使得鸭皮产生诱人的色泽。

现在工业上采用芽孢杆菌的β-淀粉酶水解淀粉制得麦芽糖。麦芽糖也可以还原为麦芽糖醇,用于无糖巧克力的生产。

**1. 麦芽糖的分子结构**

麦芽糖由两分子α-D-葡萄糖通过1,4-苷键结合而成,也可以由一分子α-D-葡萄糖和一分子β-D-葡萄糖结合而成。麦芽糖的结构如图4-32所示。

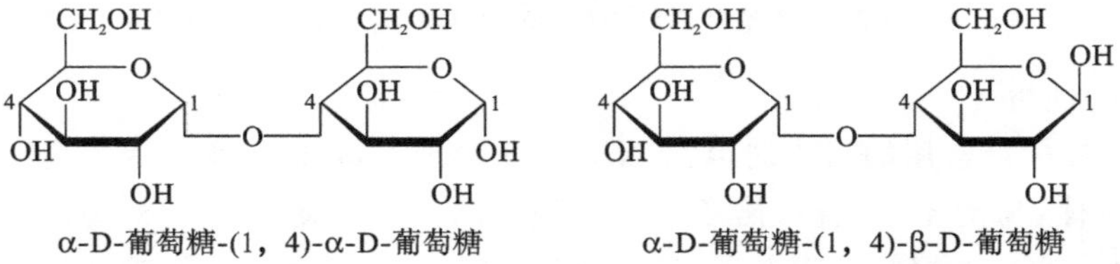

α-D-葡萄糖-(1, 4)-α-D-葡萄糖　　α-D-葡萄糖-(1, 4)-β-D-葡萄糖

**图4-32　麦芽糖α-麦芽糖和β-麦芽糖分子结构**

**2. 麦芽糖的性质**

麦芽糖为白色针状结晶体,含一分子结晶水。熔点为160～165 ℃,易溶于水而微溶于乙醇。麦芽糖的甜度仅为蔗糖的46%左右。麦芽糖分子中仍保留了一个半缩醛羟基,所以它是典型的还原性糖。具有单糖所有的性质,如变旋光现象、成苷和氧化还原反应等。

麦芽糖能被酵母菌发酵,直接、间接发酵均可。麦芽糖在酶催化下水解生成两分子葡萄糖,葡萄糖则是酵母菌生长所需的养料,发酵面团的制作通过酵母菌的作用,先将淀粉分解为麦芽糖,麦芽糖再水解为葡萄糖,葡萄糖生物氧化为二氧化碳和水,产生发泡作用。

$$\underset{[\alpha]_D^{20}=+130^\circ}{\text{麦芽糖}} \longrightarrow \underset{[\alpha]_D^{20}=+52.7^\circ}{\text{2D-吡喃葡萄糖}}$$

## 三、乳糖

乳糖是哺乳动物乳汁中的主要糖分,主要以游离形式存在。牛、羊乳中主要含有乳糖,含量4%～7%。人乳中含乳糖在7%左右,乳糖是哺乳动物生长发育主要的糖类来源。就人类而言,乳糖占婴儿哺乳期消耗能量的40%。牛乳中还含有0.3%～0.6%的乳糖,作为双歧乳杆菌生长的重要能量来源。双歧杆菌是母乳喂养的婴儿小肠中主要的微生物群落。

**1. 乳糖分子结构**

乳糖由β-D-吡喃半乳糖和D-吡喃葡萄糖以β-1,4苷键结合而成。其结构如图4-33所示。乳糖具有还原性,含有α型和β型两种立体异构体,α-乳糖$[\alpha]_D^{20}=+85.0^\circ$,无水时熔点为223 ℃。β-乳糖$[\alpha]_D^{20}=+34.9^\circ$,熔点为252 ℃。到达平衡时,$[\alpha]_D^{20}=+55.3^\circ$。β型乳糖熔点较α型高,常温下为白色固体。

**2. 乳糖的性质**

乳糖为白色结晶体,在水中的溶解度较小。α型乳糖在20 ℃时,其溶解度为8 g/100 mL,100 ℃时为70 g/100 mL;β型乳糖20 ℃时,其溶解度为55 g/100 mL,100 ℃时为95 g/100 β-D-半乳糖-(1，4)-α-D-葡萄糖　　β-D-半乳糖-(1，4)-β-D-葡萄糖

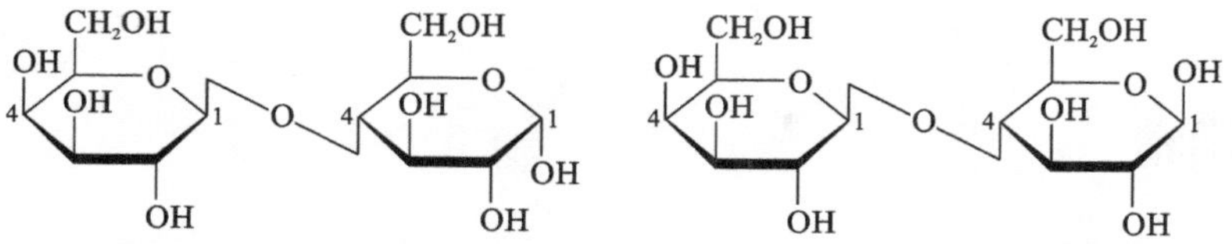

图 4-33 乳糖分子结构

mL。这一性质在冷冻浓缩乳制品中会导致 α 型乳糖的结晶，影响其品质。乳糖相对甜度仅为蔗糖的 39%。乳糖不能被普通酵母菌发酵，但能被乳酸菌作用产生乳酸发酵。酸奶的形成就是依据于此。乳糖的存在可以促进婴儿肠道中双歧杆菌的生长。乳糖容易吸收香气成分和色素，故可用它来保留这些物质。例如，在面包制作时加入乳糖，则它在烘烤时因发生羰氨反应而形成面包皮的金黄色。

乳糖分子中保留了葡萄糖的半缩醛羟基，所以乳糖是还原性二糖。具有单糖所有的性质，如变旋光现象、成苷和氧化还原反应等。

乳糖在稀酸或酶的作用下水解，生成等量的葡萄糖和半乳糖。婴幼儿时期由于体内缺少乳糖酶，用牛乳喂养时，乳糖不能水解为半乳糖和葡萄糖吸收利用，容易产生腹泻，即“乳糖不耐受”现象。

## 四、大豆低聚糖

大豆低聚糖(soybean oligosaccharide)是指从大豆籽粒中提取的可溶性低聚糖的总称。其主要成分有水苏糖、棉籽糖和蔗糖等。棉籽糖是半乳糖基以 α-(1,6)糖苷键与蔗糖中葡萄糖相连接的三糖，水苏糖是棉籽糖的半乳糖基以 α-(1,6)糖苷键与半乳糖基连接的四糖(图 4-34)。它们都属于半乳糖苷类低聚糖。棉籽糖溶于水，甜度是蔗糖的 20%～40%，吸湿性非常低，是低聚糖中吸湿性最差的，在空气中放置不会吸湿结块。因而有较好的热稳定性。

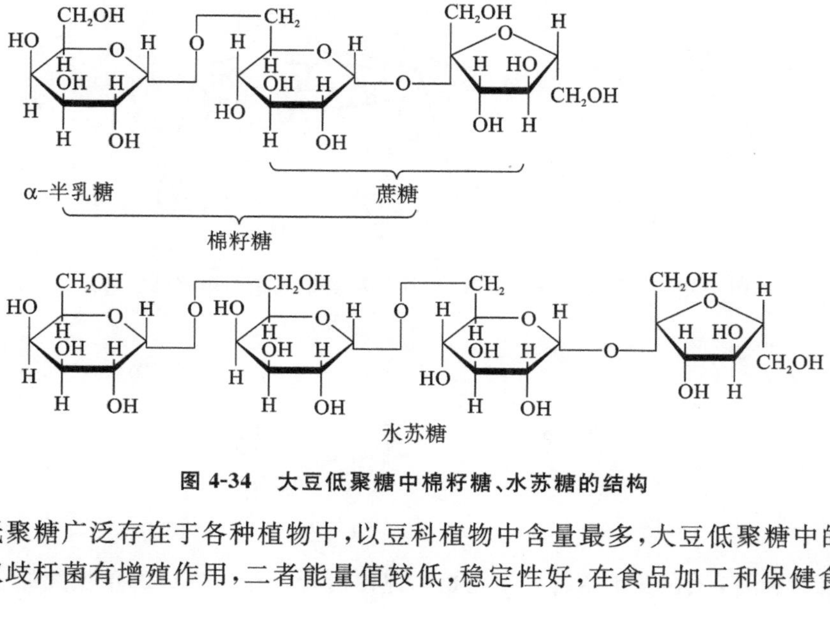

α-半乳糖　蔗糖

棉籽糖

水苏糖

图 4-34 大豆低聚糖中棉籽糖、水苏糖的结构

大豆低聚糖广泛存在于各种植物中，以豆科植物中含量最多，大豆低聚糖中的棉籽糖和水苏糖对双歧杆菌有增殖作用，二者能量值较低，稳定性好，在食品加工和保健食品中有较

好的应用前景。

## 五、环糊精

环糊精(cyclodextrin)又称为沙丁格糊精、环状淀粉或环多糖，是由α-D-吡喃葡萄糖通过α(1,4)糖苷键连接而成的一类环状低聚糖。环糊精聚合度由6、7或8个单糖单元组成，分别称为α-环糊精、β-环糊精、γ-环糊精(图4-35)。环糊精由人工合成，它是淀粉在α-淀粉酶作用下降解为麦芽糊精，利用从芽孢杆菌得到的环麦芽糊精葡萄糖苷基转移酶，作用于麦芽糊精，使葡糖基转移至麦芽糊精的非还原末端，则得到具有6～12个吡喃葡萄糖单位的非还原性环状低聚糖，以β-环糊精应用最广。

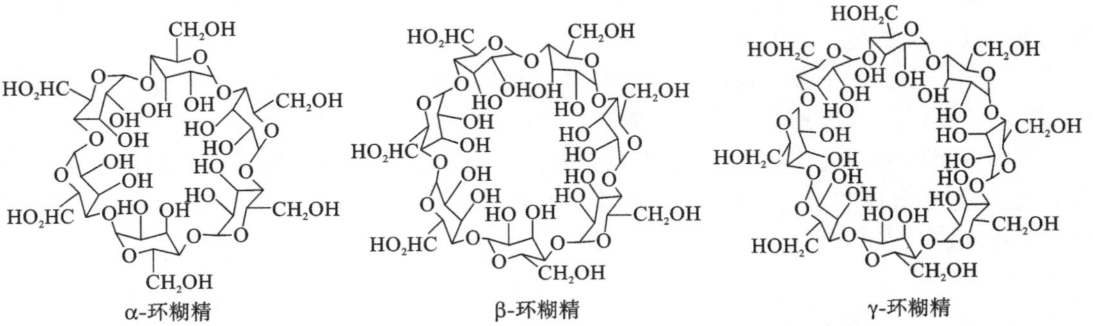

α-环糊精　　β-环糊精　　γ-环糊精

图4-35　α-、β-、γ-环糊精结构

环糊精的环形结构如同一个缺少顶部的漏斗，外侧为亲水基团，内部为疏水基团，形成空穴(图4-36)。由于其分子表面存在羟基，因此环糊精具有水溶性，γ-环糊精水溶性最强。环糊精这种特殊的结构，在食品加工中有广泛的应用。例如，利用内部空穴包埋风味物质、脂类和色素物质，也可以包埋一些不良成分(不良气味、去除胆固醇等)，还可以防止脂类氧化，提高食品添加剂的稳定性。

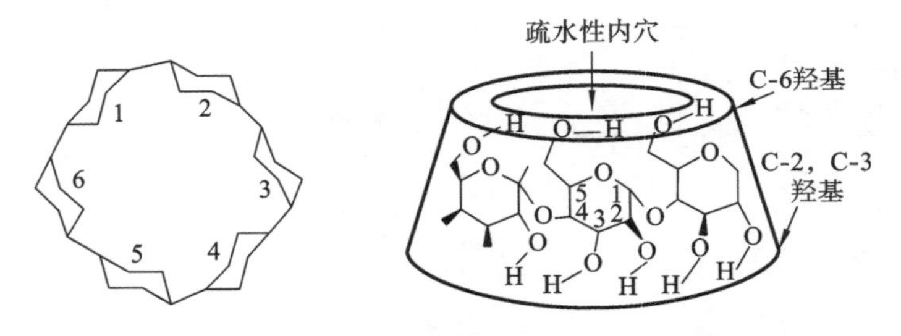


图4-36　环糊精漏斗状结构(外侧亲水基团，内侧为疏水性结构)

# 第四节　多　　糖

多糖(高聚糖)广泛存在于生物界中。植物体内由光合作用生成的单糖经缩合后成为多糖，可作为储存物质，或作为结构物质。自然界中90%以上的糖类是以多糖形式存在的。动物将摄入的多糖经过消化后变为单糖，再吸收进入体内以供机体需要，而多余部分则重新构成特有的多糖(肝糖原)，储存于肝脏、肌肉之中。

## 一、多糖的结构

多糖(polysaccharide)是一类天然高分子化合物，聚合度(分子中单糖的数目称聚合度，DP)由20到数千。自然界中多糖聚合度通常在100以上，大多数在200～3000，纤维素较大，聚合度在7000～15000。支链淀粉聚合度非常大(DP>60000)，相对分子质量至少为$1\times10^8$。多糖一般由(1,4)及(1,6)两种糖苷键连接，所以多糖也是一种苷。

自然界组成多糖的单糖有戊糖或已糖，以及一些单糖衍生物，如糖醛酸、葡氨基糖等。由相同的糖单元组成的多糖称为均一多糖，纤维素、淀粉都是由D-葡萄糖组成的均一多糖。两种或两种以上的单糖组成的多糖称为杂多糖(或非均一多糖)。由两种不同单糖单元组成称为二杂多糖，三种不同单糖单元组成称为三杂多糖，如此类推。

多糖有两种结构，一种是直链，另一种是支链。直链结构中糖基单元之间以(1,4)糖苷键连接形成线性结构，如直链淀粉、纤维素。支链结构中除了以(1,4)糖苷键连接的主链外，在直链上还有以(1,6)糖苷键连接的支链，如支链淀粉。多糖中羟基众多，分子内由于非共价键(如氢键)作用，大多数的多糖具有空间结构。直链淀粉以螺旋方式存在，而支链淀粉则以树枝状结构存在。

## 二、多糖的性质

### 1. 多糖的溶解性

多糖通常不是纯粹的单一物质，而是由聚合度不同的物质组成的混合物。结构高度有序的多糖以晶体形式存在，在性质上多糖与单糖或低聚糖不同，一般不溶于水。但是多糖的分子链通常是由戊糖和已糖结构单元组成，每个糖基单元大多数平均含有3个羟基，每个羟基可以和一个或多个水分子形成氢键。同时，环氧原子以及连接糖环的糖苷氧原子也可以与水形成氢键，因此，多糖具有较强的亲水性和持水能力。在水溶液中，多糖颗粒先产生溶胀，在加热情况下部分溶解或完全溶解。

在食品体系中，多糖具有控制水分移动的能力，影响着食品的性状。水与多糖的羟基以氢键结合，在结构上产生了显著的改变，它使多糖分子溶剂化，而水自身的运动也受到了限制，与多糖通过氢键结合的水不容易结冰，这部分水通常被称为塑化水。从化学角度看，这部分水并没有被牢固结合，只是其运动受到了限制。正是这部分水的作用，改变了食品的许多功能性质，例如黏度、流变性、稳定性等。

多糖的相对分子质量大，属于高分子化合物，它不会显著改变溶液的渗透压，也不会显著降低水的冰点。因此，多糖可以作为冷冻食品的稳定剂，但不具有低温保护剂的效果。例如，淀粉冷冻时形成两相体系，一个是结晶水(即冰晶)，另一个是淀粉分子(占70%)和非冷冻水(占30%)组成的玻璃体。玻璃体中的非冷冻水分子运动受到了极大限制，不能吸附到冰晶核或结晶增长的活性位置，因而阻止了冰晶的增长，起到冷冻稳定的作用。在冻藏温度(-18 ℃)下，无论是相对分子质量高或低的糖类都能有效保护食品的结构与质构不受破坏，提高产品质量与储藏的稳定性。这就是因为糖类控制了冰晶周围冷冻浓缩无定形介质的数量和结构状态。

多糖大多数以短的螺旋结构存在，高度有序的多糖一般是完全线形（只占少数），分子链因相互紧密结合而形成结晶结构，最大限度地减少了水接触的机会，因此不溶于水。只有在剧烈条件下，例如，在碱或其他溶剂中，分子间的氢键断裂才能增加水溶性。纤维素是以β-D-吡喃葡萄糖残基进行有序排列和线形伸展而成的结构，一个纤维素分子长链与另一纤维素分子长链中相同部分相互结合，导致纤维素分子在结晶体区平行排列，水分子不能与纤维素的这些部位发生氢键键合（图 4-37）。当在碱性或酶作用下，结晶体被破坏，水分子才能与纤维素中亲水基团以氢键键合。

**图 4-37　在结晶区内分子链是平行和定向结合**

无周期结构的无支链杂多糖和大多数支链多糖，由于它们链段间的相互作用还不足以提供形成一定长度的结构域，因而不能形成胶束微晶体结构，这些不规则的链段间不容易接合在一起，从而增加了多糖分子的水合作用，其水溶性也可能随之提高。

**2. 多糖的黏度与稳定性**

可溶性大分子多糖都可以形成黏稠溶液。在天然多糖中，有阿拉伯胶、瓜尔胶、黄原胶、魔芋葡苷聚糖等多糖，其分子带有电荷基团结构，水溶性好，可以形成胶或亲水胶体。烹饪与食品加工中利用多糖高聚物来增加食品黏稠性和稳定性。一般用量在 0.25%～0.5%即可产生很高的黏度甚至形成凝胶。此外，还可利用可溶性多糖改变半固体食品的形态，提高 O/W 型乳状液的稳定性，控制液体食品和饮料的流动性与质地。

高聚物的黏度受分子大小、形状及其在溶剂中的构象的影响。线性的多糖高聚物分子旋转和伸屈时占有较大的空间，分子间碰撞、产生摩擦消耗能量，使黏度增大。因此，线性多糖在浓度很低时，也能形成高黏度的溶液。黏度与多糖聚合度（DP）、高分子链的形状以及柔顺性有关。多糖黏度随着聚合度、分子的伸展性、刚性增加而增加（图 4-38）。

高度支链的多糖分子比具有相同分子质量的直链多糖分子占有的体积小得多（图 4-39）。因此，高度支链的分子相互碰撞频率也低，溶液黏度比具有相同聚合度的直链分子低得多，这也就意味着高度支链的多糖分子溶液与直链多糖分子溶液在相同浓度下具有相同黏度时，高度支链多糖分子质量一定比直链多糖分子大得多。

**图 4-38　多糖分子形成随机线圈**

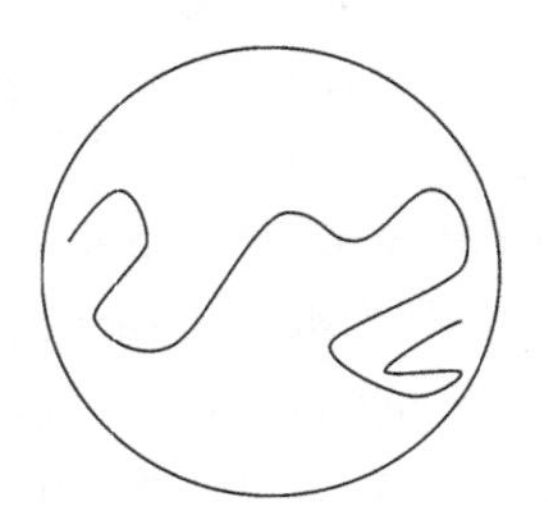

**图 4-39　相同分子质量的支链多糖与直链多糖体积比较**

无支链的高聚糖通过加热溶于水，形成不稳定的分子分散体系，温度下降，很快出现沉淀或胶凝。这是由于长的分子链段相互碰撞并在几个糖基之间形成氢键，开始形成短的缔合，然后延伸成拉链状，大大增强了分子间的缔合。分子的其他链段与有组织的核碰撞并结合到核上，使定向结晶大大增加。直链分子连续结合形成穗状胶束，达到一定大小后由于重力作用而沉淀。这就是淀粉老化的原理。

具有带电基团的直链多糖由于静电斥力，阻止链段相互靠近也能形成稳定的溶胶体。原因在于库仑力的作用引起分子链的伸展，使黏度增大形成胶体或胶溶液。例如，海藻酸钠每一个糖基单元是一个醛酸基，含有一个以盐的形式存在的羧酸基；黄原胶每 5 个糖基单元，有一个醛酸基和一个羧酸基存在；卡拉胶是一个带负电荷的直链混合物，直链中存在许多硫酸一酯基。这类带电荷多糖非常容易形成胶体或溶胶。其流动性受下列因素的影响：水合分子或聚集体的大小、形状、带电多少和是否容易变形。

多糖溶液一般呈现两种流动性质，即假塑性流动和触变性流动。这对食品的性状有较大的影响。

1）假塑性流动

假塑性流动是指随着剪切速率增大流动加快，也就是说，受到的应力越大，黏度越小（图 4-40）。应力包括咀嚼、吞咽、倒出、机械泵送、机械混合等。黏度的变化与时间无关，随着剪切速率变化，流动速率也发生瞬时变化。通常情况下，形成胶的相对分子质量越大，假塑性就越大。刚性、线性分子更容易产生假塑性流动。

食品科学中，黏度大的食品通常感觉是黏嘴，难以吞咽。发黏与食品假塑性大小相关，假塑性大，一般不具有发黏感觉（短流）；相反，假塑性小，有发黏感觉（长流）。若要感觉不黏，在咀嚼、吞咽所产生的低剪切率下，要让食品的流动性增加。

2）触变性流动

触变性流动是第二类剪切变稀流动。在触变性流动中，随着流速增加黏度下降并不是瞬时发生的。在恒定剪切速率下，触变溶液的黏度下降和时间有关，剪切停止后，重新回到原来的黏度需要一定的时间。这种性质反映了凝胶→溶液→凝胶的转变，也就是说，触变溶液在静止时是一种弱凝胶。

大多数的胶体溶液，温度升高引起黏度下降。这种性质非常重要，意味着在较高温度可以制备较高浓度的溶液，冷却时黏度升高，起到增稠效果。

**3. 多糖的凝胶性**

凝胶是由分子或颗粒（如晶体、乳状液滴、分子聚集体）连接而成的连续的三维网络结构。网中充满了大量的连续液相，好似一块海绵。在许多食品中，多糖和蛋白质高聚物分子能形成三维网状凝胶结构（图 4-41）。连续的三维网状结构是由分子间氢键、疏水作用、范德华力和离子桥联、缠结或共价键形成的连接区，网络结构中充满了小分子的溶质、水，以及部分高聚物。

凝胶具有固体和液体二重性质。当高聚物分子在长链的某一段上相互作用形成结合区和三维网络时，液体溶液被改变成类似海绵结构的物质并具有一定的形状。三维网状结构对外界应力具有显著的抵抗作用，使其呈现弹性固体性质。由于连续液相中的分子是完全可以移动的，使凝胶的硬度比正常固体小，在某些方面呈现黏性液体的性质。因此，凝胶是一种黏弹性的半固体，也就是说，凝胶对应力的响应具有弹性固体的性质和部分黏性液体的性质。

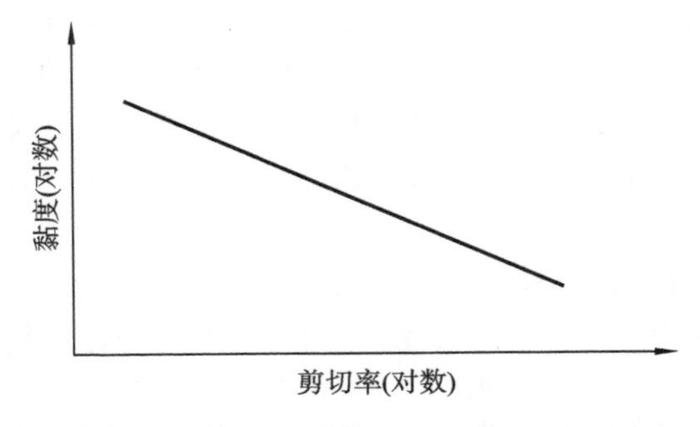


**图 4-40　假塑性流体，黏度与剪切速率相关对数图**

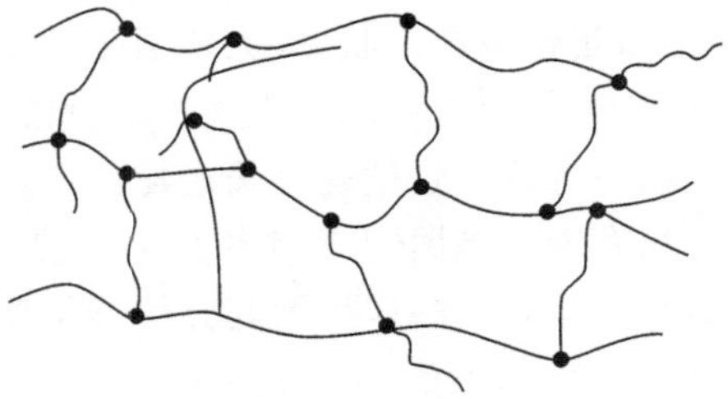

**图 4-41　凝胶三维网状结构示意图**

在食品中加入 0.25%～0.5%的多糖（或胶）即能产生极大的黏度，甚至形成凝胶。例如，果冻、仿水果块等。不同的凝胶有不同的用途，选择的标准取决于所期望的黏度、凝胶的强度、流变性质、pH 值、加工温度、与其他配料的相互作用。亲水的胶体具有多种功能，它们可以作为黏结剂、增稠剂、膨松剂、结晶抑制剂、澄清剂、脂肪替代品、乳化剂、胶黏剂、成膜剂等。

**4. 多糖的水解性**

在食品加工或储藏过程中，多糖比蛋白质更容易水解而导致解聚，多糖水解的结果使食品体系黏度下降。因此，食品中往往需添加相对高浓度的食用胶，以防止黏度过快下降。

在酸或酶的作用下，低聚糖、多糖的糖苷键水解，水解程度取决于 pH 值、温度、时间、多糖结构、酶的活力。由于温度升高，在酸性食品加热过程中最容易发生水解，一般在配方中添加较多的多糖（胶）以弥补多糖解聚产生的缺陷，多糖的水解也是决定其货架寿命的重要因素。

多糖由酶催化水解，水解速率和终产物受酶的特异性、pH 值、时间、温度的影响，可生成单糖残基数不同的断片，最后完全水解生成单糖。目前食品工业上主要利用酶催化淀粉水解生成玉米糖浆（也称果葡糖浆），其类型见表 4-5。

**表 4-5　果葡糖浆的组成与相对甜度**

| 组成和甜度 | | 果葡糖浆类型 | | |
|---|---|---|---|---|
| | | 42%果糖（普通果葡糖浆） | 55%果糖 | 90%果糖 |
| 质量百分数/（%） | 葡萄糖 | 52 | 40 | 7 |
| | 果糖 | 42 | 55 | 90 |
| | 低聚糖 | 6 | 5 | 3 |
| 相对甜度 | | 100 | 105 | |

### 工业淀粉制糖

工业上常通过淀粉水解来生产各种食品加工原料。根据淀粉水解程度的不同可得到糊精、淀粉糖浆、果葡糖浆、麦芽糖浆、葡萄糖等，常用的生产方法有酸法和酶法。

酸法淀粉制糖：以无机酸作为催化剂使淀粉发生水解反应转变成葡萄糖，这个工序在工业上称为“糖化”。淀粉在酸性条件下加热除发生糖化反应形成葡萄糖外，还有其他副反应发生。如发生复合反应形成异麦芽糖和龙胆二糖，发生脱水反应生成环状糊精或双糖。影响淀粉水解反应的因素较多，主要如下：①淀粉的种类，不同淀粉的水解难易程度不一样，由难到易依次为马铃薯淀粉＞玉米淀粉＞高粱等谷类淀粉＞大米淀粉；②淀粉的形态，无定形的淀粉比结晶态的淀粉容易被水解；③淀粉的化学结构，直链淀粉比支链淀粉易于水解，α-1,4糖苷键比α-1,6糖苷键易于水解；④催化剂，不同的无机酸对淀粉水解反应的催化效果不一样，在相同浓度下，催化强弱顺序为盐酸＞硫酸＞草酸。同时温度也是影响淀粉水解的重要因素，温度越高水解速度越快。

酶法淀粉制糖：酶对淀粉的水解包括糊化、液化和糖化三个工序。常用于淀粉水解的酶有α-淀粉酶、β-淀粉酶和葡萄糖淀粉酶。α-淀粉酶用于液化淀粉又称为液化酶，β-淀粉酶和葡萄糖淀粉酶用于淀粉糖化，又称为糖化酶。α-淀粉酶是一种内切酶，只能水解α-(1,4)糖苷键，不能水解α-(1,6)糖苷键，但可越过α-(1,6)糖苷键水解α-(1,4)糖苷键，但不能水解麦芽糖中的α-(1,4)糖苷键，利用α-淀粉酶对淀粉进行水解，产物中含有葡萄糖、麦芽糖、麦芽三糖。β-淀粉酶是一种外切酶，从淀粉的还原端开始对淀粉进行水解，能水解α-(1,4)糖苷键，不能水解α-(1,6)糖苷键，且不能越过α-(1,6)糖苷键水解α-(1,4)糖苷键。利用β-淀粉酶对淀粉进行水解，产物中含有β-麦芽糖和β-极限糊精。葡萄糖淀粉酶是一种外切酶，从淀粉的非还原端水解α-(1,4)、α-(1,6)和α-(1,3)糖苷键，最终产物为葡萄糖。

# 第五节 食物中的多糖

多糖广泛分布于自然界，它是构成动植物基本架构的物质。例如植物的纤维素、半纤维素和果胶，动物体内的几丁质、黏多糖。食物中常见多糖主要有淀粉、纤维素、果胶等。一些多糖是作为生物代谢储备物质存在的，如淀粉、糊精，还有的多糖具有重要的生理作用，如人参多糖、灵芝多糖、枸杞多糖等，有明显的增强免疫、降血脂、抗病毒活性。多糖的功能与性质是目前食品科学、生物医学研究较集中的领域。烹饪中淀粉作为重要的原料，除了直接制作各式各样的食品外，淀粉还是重要的辅料，在勾芡、上浆、挂糊、上色等工艺上应用广泛。

## 一、淀粉

淀粉以颗粒状存在于植物的种子（如麦、米、玉米等）、块茎（如薯类、莲藕、山药等）以及坚果（如栗子、白果等）中，也存在于植物的其他部位。它是植物最重要的储备性多糖，也是人体所需能量的主要来源。淀粉在植物中存在的状态不同，其结构性质上有较大的差异，烹饪中常常将淀粉分为地上淀粉和地下淀粉。从植物中分离得到的淀粉多是白色粉末状，若在显微镜下观察，可以看到不同来源的淀粉粒的形状和大小都不相同。一般来说，地下淀粉（主要为一些植物的地下根、茎，含支链淀粉较多）多为大而圆滑的颗粒；地上淀粉（生长在地上植物的种子，含直链淀粉较高）多为小且有棱角的颗粒（图4-42）。

淀粉颗粒的构造，每一个淀粉颗粒中又包含了许多个淀粉分子，而每一个淀粉分子又是由许多个葡萄糖分子聚合而成的，由于分子结构不同，淀粉分为直链淀粉和支链淀粉两类，其性质也有所不同。

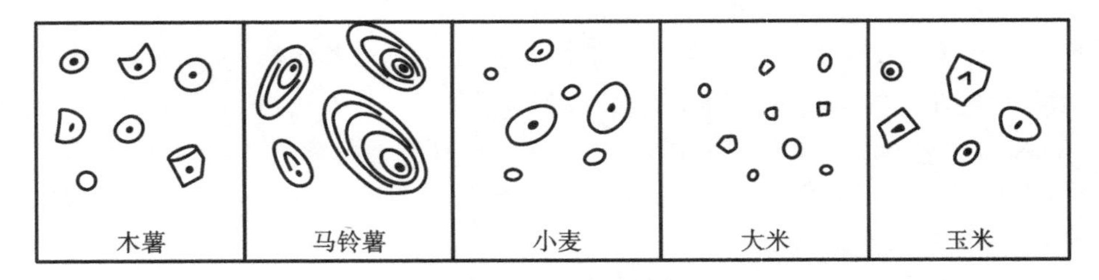


图 4-42 部分淀粉粒的形状

淀粉颗粒存在着结晶区和无定形区，Gildey 和 Bociek 将单独以直链淀粉结构组成的区域定义为无定形区，以双螺旋结构组成的区域定义为结晶区。淀粉颗粒中结晶区占体积的25%～50%，其余为无定形区。结晶区与非结晶区无明显的界线，只是结构的不同。在偏光显微镜下观察淀粉颗粒时，淀粉颗粒呈现黑色的十字形特征，将淀粉分成 4 个白色的区称为偏光十字形特征。这是由于淀粉颗粒内部存在结晶区与无定形区的缘故。两种结构在密度和折射率上不同而产生的各向异性现象。不同品种的淀粉的偏光十字形特征的位置、形状有明显的差异，可以通过其偏光十字形特征进行鉴别。图 4-43 为玉米淀粉与马铃薯淀粉的偏光显微镜照片。

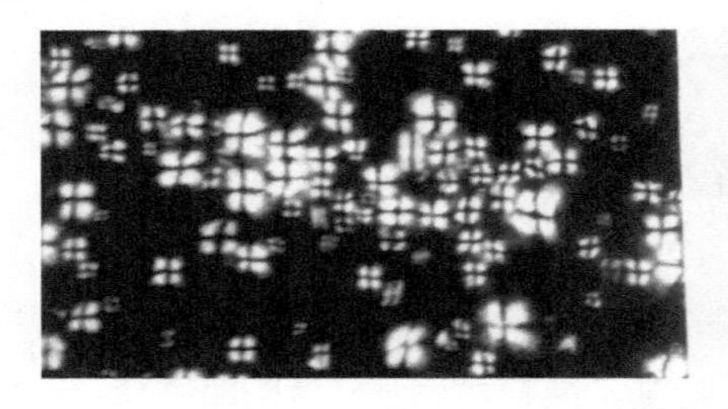
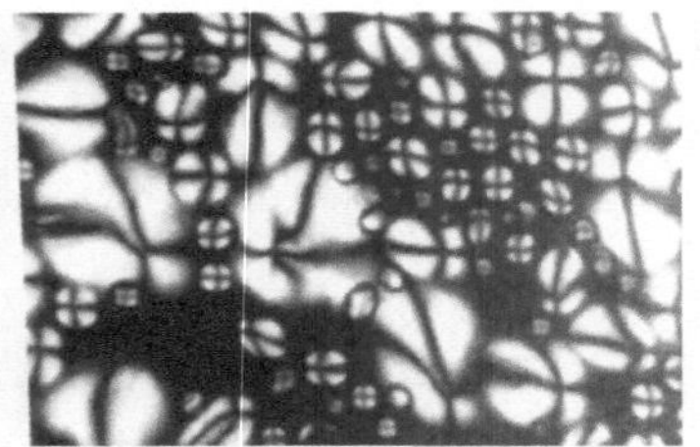

图 4-43 玉米淀粉与马铃薯淀粉的偏光显微镜像(400 倍)

**1. 淀粉的结构**

淀粉经淀粉酶水解生成麦芽糖，进一步用酸水解生成葡萄糖。由此可见，淀粉是由葡萄糖单元组成的链状结构。大多数的淀粉颗粒是由两种不同的高聚物组成的混合物：一种是直链多糖，称为直链淀粉；另一种是具有高度支链的多糖，称为支链淀粉。

1) 直链淀粉

直链淀粉是 α-D-吡喃葡萄糖以 α-(1,4)糖苷键连接起来的，一条长而不分支的多糖苷链。每个直链淀粉分子有一个还原性端基(存在半缩醛羟基)和一个非还原性端基(图4-44)。

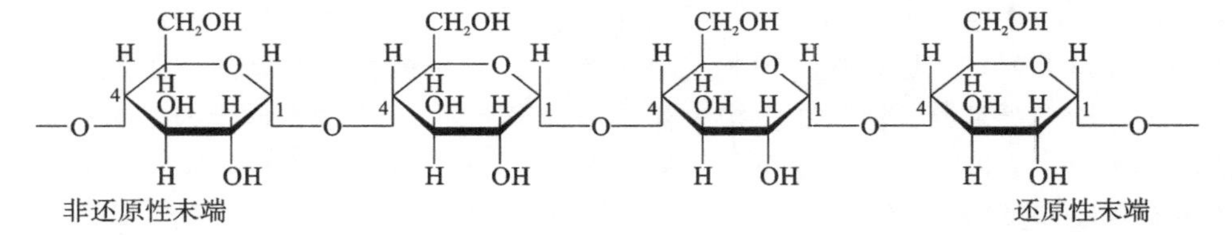


图 4-44 直链淀粉结构

直链淀粉的相对分子质量在 60000 左右，相当于由 300～400 个葡萄糖分子缩合而成，直链淀粉不是完全伸直的，它的分子通常是卷曲成螺旋形(图 4-45)的，呈右手螺旋结构，每一圈有 6 个葡萄糖残基。螺旋内部含有氢原子，具有亲油性，羟基位于螺旋外部。

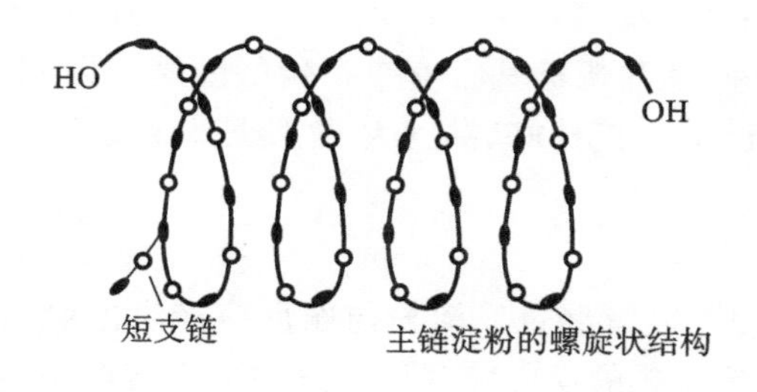


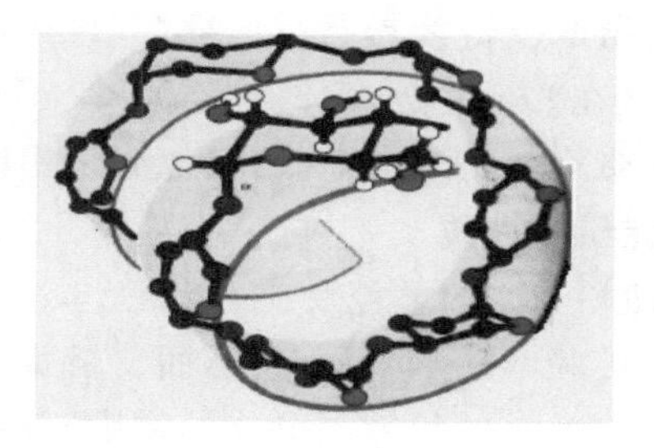

图 4-45　直链淀粉分子示意图

2）支链淀粉

支链淀粉首先由 α-D-吡喃葡萄糖以 α-(1,4)糖苷键连接成一条主链，除主链外，还有一些分支，以 α-(1,6)糖苷键与主链相连接，分支点的糖苷键占总糖苷键的 4%～5%，一般的主链每隔 6～9 个葡萄糖残基就有一个支链，每个支链的长度为 15～18 个葡萄糖残基。这些支链又和第三层的支链相连。因此，支链淀粉的相对分子质量很大，通常在 $1\times10^8$～$5\times10^8$（DP 60000～3000000）之间。支链淀粉结构形态如同树枝一样（图 4-46）。

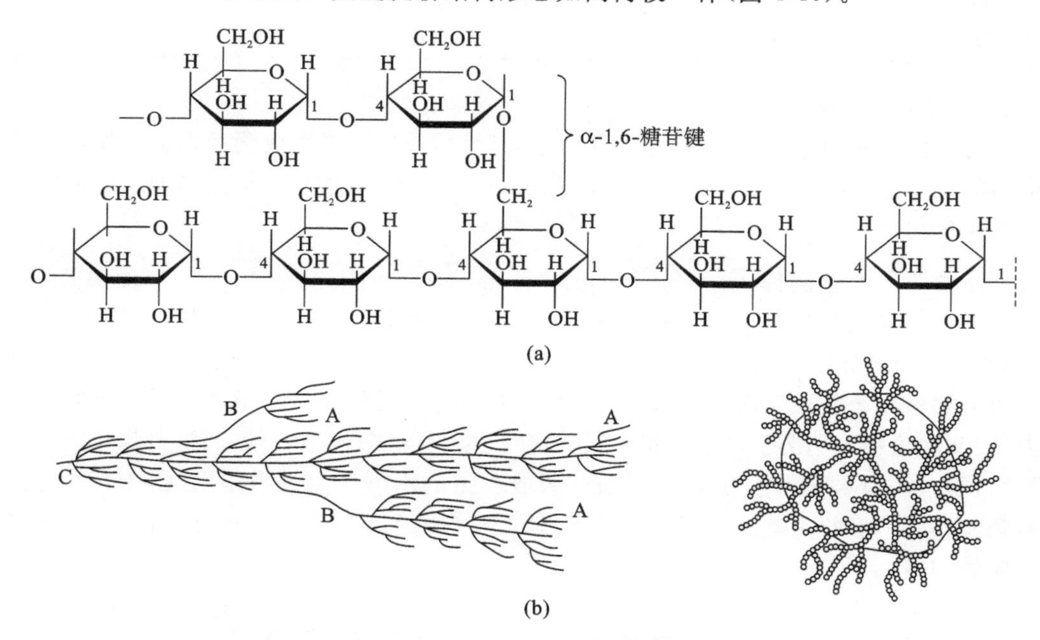


图 4-46　支链淀粉分子结构示意图（线圈内为结晶区）

（a）支链淀粉分子结构；（b）支链淀粉模拟结构

一般的淀粉都含有直链和支链两种结构。直链淀粉占 10%～30%，大多数含有 70%的支链淀粉（表 4-6）。普通玉米、马铃薯分别含有 28%和 21%的直链淀粉，其余部分为支链淀粉。蜡质玉米几乎全部为支链淀粉，而有的豆类淀粉（绿豆）全部是直链淀粉。

表 4-6　常见淀粉中直链淀粉占比情况

| 性状 | 普通玉米 | 蜡质玉米 | 高值玉米 | 马铃薯 | 木薯 | 小麦 | 大米 |
|---|---|---|---|---|---|---|---|
| 颗粒直径/μm | 2～30 | 2～30 | 2～24 | 5～100 | 4～35 | 2～55 | 2～8 |
| 直链淀粉含量/(%) | 28 | <2 | 50～70 | 21 | 17 | 28 | 14～32 |

马铃薯的支链淀粉具有独特性，它含有磷酸酯基，大多数(60%～70%)接在O—6位，其他(1/3)接在O—3位，每215～560个α-D-吡喃葡萄糖基含有一个磷酸酯基。因此，马铃薯淀粉分子带有弱的负电荷，与其他淀粉相比，其水溶性好、黏度大、透明度和稳定性好。

**2. 淀粉的性质**

1) 淀粉与碘的显色反应

直链淀粉与碘产生深蓝色，而支链淀粉则显紫红色。淀粉与碘反应产生的颜色变化主要取决于淀粉链的长度和分支的密度。淀粉与碘的反应随分子质量的减小溶液呈色依次变化为：蓝色→紫色→橙色→无色。淀粉水解物的链长度与碘呈色之间的关系见表4-7。但淀粉、糊精与碘的反应并不是化学反应，是一个物理过程，是由于碘在淀粉分子螺旋结构中吸附而引起的。在淀粉分子的每一个螺旋结构中能吸附一分子的碘，吸附的作用力为范德华力，这种作用力改变了碘的原有色泽。在淀粉水解过程中可以通过颜色改变判断水解程度。

**表4-7 淀粉水解物的链长度与碘呈色之间的关系**

| 链长度 | <12 | 12～15 | 20～30 | 35～40 | >45 |
|---|---|---|---|---|---|
| 螺旋数 | 2 | 2 | 3～5 | 6～7 | 9 |
| 与碘反应呈色 | 无色 | 棕色 | 红色 | 紫色 | 蓝色 |

2) 淀粉的水解反应

淀粉在酸或酶的作用下水解，经过几个中间阶段，最后全部生成葡萄糖。水解的过渡产物糊精的相对分子质量是逐步降低的。因此，在整个水解过程中，水解液与碘反应的颜色也逐步发生变化：

$$\text{淀粉}\xrightarrow{\text{水解}}\underset{(\text{显蓝色})}{\text{红色糊精}}\xrightarrow{\text{进一步水解}}\underset{(\text{显红色})}{\text{无色糊精}}\xrightarrow{\text{进一步水解}}\underset{(\text{不显色})}{\text{麦芽糖}}\xrightarrow{\text{进一步水解}}\underset{(\text{不显色})}{\text{葡萄糖}}$$

3) 淀粉的溶解性

由于淀粉分子间氢键众多，导致淀粉分子间作用力较强，在一定条件下无法破坏这些作用力，因此淀粉颗粒不溶于冷水。将干燥的淀粉放入冷水中，水分子进入淀粉颗粒内部的无定形区，与一些亲水基团作用，淀粉颗粒因吸收少量的水可产生溶胀作用(图4-47)。此外，淀粉颗粒具有一定的完整性，溶胀作用的水分子只能进入组织性较差的非结晶区，不能破坏其晶体的完整性。

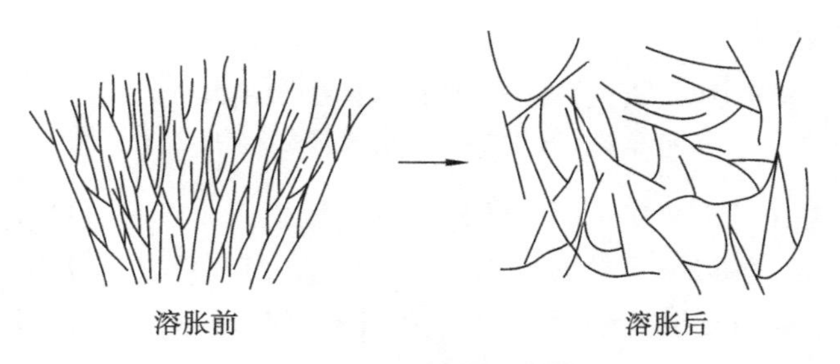


**图4-47 淀粉的溶胀过程**

淀粉的溶解度通常是指一定温度下，淀粉在水中加热处理30 min后溶解在水中的质量百分数。对于不同的淀粉其溶解度不同。马铃薯淀粉由于含有较多的磷酸基，颗粒较大，所以内部组织结构较疏松，溶解度相对较高。玉米淀粉颗粒小，结构致密，同时还存在脂肪类化合物，抑制了淀粉的溶胀和溶解，其溶解度较低。但不论是哪种淀粉，当温度升高时，热熵增大，分子间氢键被破坏，淀粉的溶胀性和溶解性都增大。

## 二、淀粉的糊化

### 1. 淀粉糊化的含义及过程

将淀粉混合于冷水中，搅拌使其成为悬浊液，称为淀粉乳浆。若停止搅拌，经过一段时间静置，则水中淀粉可以全部聚沉，水与淀粉产生分离，上层为清水，说明淀粉不溶于冷水。若将淀粉乳浆加热至一定温度(55 ℃以上)，则淀粉颗粒吸水膨胀，随着温度的升高，淀粉颗粒的体积不断增大，直到最后破裂，乳浆全部变成黏性很大的糊状物，称为淀粉糊。淀粉糊形成以后，虽然停止搅拌，但仍不会发生沉淀。这种将淀粉混合于水中并加热，达到一定温度后，淀粉颗粒溶胀、破裂，形成黏稠、均匀的糊状物的过程，称为淀粉的糊化(gelatinization)。

根据淀粉分子的变化，通常将糊化过程分为以下三个阶段。

(1) 可逆吸水阶段：在这个阶段，并未达到糊化开始温度。水分子只是由淀粉颗粒的孔隙进入到内部的非结晶区域，水分子与许多不定型的极性基团结合，或者被它们吸附。这一阶段，淀粉颗粒内层虽然被溶胀，但淀粉悬浊液的黏度变化不大，淀粉粒的外形基本不变。此时如将淀粉颗粒取出进行干燥脱水，仍可恢复原状(图 4-48(b))。因此这一阶段的吸水变化是可逆的。例如，淘过的米晾干后仍然是米而不是米饭。

(2) 不可逆吸水阶段：当将淀粉乳浆加热升温到糊化开始温度时，淀粉颗粒内部的晶体结构会破坏，水分子进入淀粉颗粒的内部，并与一部分淀粉分子相结合，整个淀粉颗粒不可逆地大量吸收水分，体积可快速膨胀到原来体积的 50～100 倍，导致结晶"溶解"，淀粉悬浊液迅速变成黏稠的胶体溶液。此时若用偏光显微镜观察，偏光十字形特征完全消失。这说明淀粉内部的结晶区域已全部被破坏。待冷却后观察，发现淀粉颗粒的外形已发生了变化，大部分都已失去了原有结构，少部分淀粉分子呈溶解状态。这时的淀粉已无法恢复到原有状态，理化性质也与原来的淀粉粒不同。所以这一阶段称为不可逆吸水阶段(图 4-48(c))。

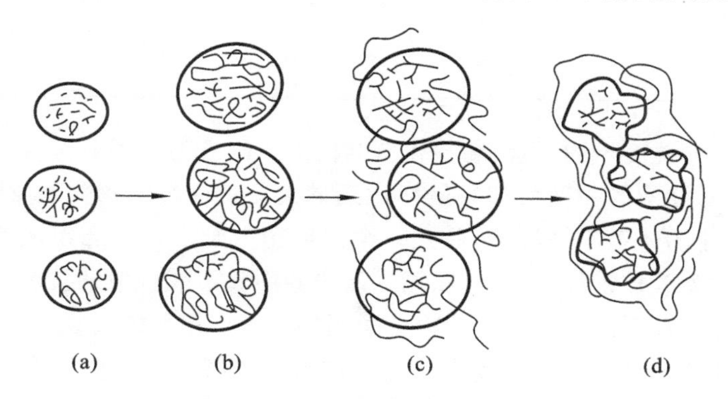


**图 4-48　淀粉糊化过程示意图**

(a) 天然淀粉颗粒；(b) 淀粉吸水产生可逆性溶胀；
(c) 晶体结构被破坏的淀粉颗粒；(d) 完全解体的淀粉颗粒

(3) 淀粉颗粒解体阶段：这一阶段，由于温度继续升高，此时有更多的淀粉分子溶解于溶液中，淀粉颗粒完全解体，淀粉分子全部被水分散，形成溶胶或黏稠的糊状物(图 4-48

(d))。

淀粉糊化过程中还会发生胶凝现象。在淀粉颗粒受热膨胀至外膜破裂时，某些直链淀粉分子进入水中，当温度降低时，各直链淀粉分子间可通过氢键相互键合，并与淀粉颗粒键合，从而形成三维网状结构。温度继续降低，则形成的氢键增多，网状结构也更为牢固，并且包围住大量的水分子，形成有一定强度的弹性凝胶或胶冻。这就是淀粉利用糊化和胶凝制作粉丝、粉皮、凉粉的原理。

支链淀粉分子，由于体积紧凑，不易形成较多的分子间氢键，所以不会产生胶凝，但可以使淀粉糊的黏度大大提高。

淀粉糊化后，包含还没有完全糊化的淀粉粒子、分散的淀粉分子以及其他物质，通常称为淀粉糊。

从淀粉糊化的过程可以看出，淀粉糊化作用的本质是淀粉颗粒中有序态（晶态）和无序态（非晶态）的淀粉分子之间的氢键断裂，以淀粉分子等多种形态分散在水中形成亲水性胶体。处于糊化的淀粉称之为 α-淀粉。

因各种淀粉颗粒的大小不同，晶体结构不同，各种淀粉的糊化温度也不同。淀粉糊化从开始到完全结束有一个过程，其温度变化是一个范围。因此，通常用糊化开始温度和糊化完成的温度共同表示淀粉的糊化温度。把淀粉颗粒开始溶胀时的温度，称为糊化开始温度，形成淀粉糊时的温度，称为糊化终了温度。表 4-8 显示不同淀粉的结晶状态与糊化温度。

**表 4-8　淀粉的糊化温度**

| 淀粉种类 | 淀粉颗粒特性 | | 糊化温度/℃ |
|---|---|---|---|
| | 直径/μm | 结晶度/(%) | |
| 高值玉米 | 5～25 | 20～25 | 67～87 |
| 蜡质玉米 | 5～25 | 39 | 63～72 |
| 马铃薯 | 15～100 | 25 | 58～66 |
| 甘薯 | 15～55 | 25～50 | 82～83 |
| 木薯 | 5～35 | 38 | 52～64 |
| 小麦 | 2～38 | 36 | 53～65 |
| 稻米 | 3～9 | 38 | 61～78 |

虽然淀粉糊化的温度不同，但淀粉糊化有共同点。随着温度的升高和时间延长，淀粉颗粒首先发生溶胀，悬浊液的黏度增加并最终达到最大值。淀粉的糊化通常发生在一个较小的温度范围内，糊化的体系不是溶液，而是一个由淀粉分子多种状态组成的凝胶分散系，常把处于糊化状态的凝胶体系称之为“淀粉糊”，淀粉糊中除了被分散的淀粉分子外，还存在淀粉的颗粒剩余物。冷却后的淀粉糊因淀粉分子间的相互作用形成凝胶。

淀粉糊化后淀粉的性质发生了重大变化。淀粉糊的特点如下。①晶体结构消失，组织膨松。淀粉糊化的程度可以用偏光显微镜测定淀粉粒悬浮液中完全糊化的淀粉粒的数量，晶体结构越少，说明糊化程度越高。晶体结构的破坏有利于淀粉酶水解，因此，糊化淀粉更有利于人体的消化吸收。②淀粉分子与水结合，持水性增大，组织膨松，黏度增大。③淀粉糊化形成黏稠凝胶体，弹性增加，分子经过有序排列，透明性增强。这些特点正是烹饪或食品加工所期望达到的良好性状。总之，糊化后的淀粉，在黏度、强度、韧性等方面更加适口，同时更容易消化吸收。

但是，由于直链淀粉与支链淀粉的结构不同，所以在性质上亦有较多差异。两者糊化后在黏度、流变性、透明度和老化倾向上有所不同（表 4-9）。烹饪上常常利用淀粉糊化后的不同性状制作特定的产品。例如，采用含直链淀粉高的豆粉制作粉皮或粉丝，利用了如下性质：直链淀粉在热水中糊化后分子均匀分散在水中形成溶胶；温度降低后，分子重新凝聚形成微束状晶体（老化），降低其糊化度；再熟时具有良好的弹性、润滑性和耐煮性（不易再糊化）。烹饪中正是根据淀粉糊化后的性状不同，多采用玉米淀粉来勾芡，而马铃薯淀粉多用于稠汤。

**表 4-9 部分淀粉颗粒和淀粉糊的性质**

| | 普通玉米 | 蜡质玉米 | 高直链玉米 | 马铃薯淀粉 | 木薯淀粉 | 小麦淀粉 |
|---|---|---|---|---|---|---|
| 颗粒大小/μm | 2～30 | 2～30 | 2～24 | 5～100 | 5～35 | 2～55 |
| 直链淀粉/(%) | 28 | <2 | 50～70 | 21 | 17 | 28 |
| 糊化温度/℃ | 62～80 | 63～72 | 66～170 | 58～65 | 52～65 | 52～85 |
| 相对黏度 | 中等 | 中等高 | 非常低 | 非常高 | 高 | 低 |
| 淀粉糊流变性 | 短流 | 长流 | 短流 | 很长流 | 长流 | 短流 |
| 淀粉糊透明度 | 不透明 | 很轻微混浊 | 不透明 | 清澈 | 清澈 | 不透明 |
| 胶凝老化倾向 | 高 | 非常低 | 非常高 | 中至低 | 中等 | 高 |

注："短流"是指呈假塑性的剪切变稀黏性溶液；"长流"是指黏性溶液具有很弱剪切变稀或无剪切变稀性质。

**2. 影响淀粉糊化的因素**

淀粉糊化、淀粉糊黏度以及淀粉凝胶的性质不仅取决于淀粉的种类、体系的温度，还取决于共存的其他组分的种类和数量。例如低相对分子质量糖、蛋白质、脂类、酸碱度和水等物质。

1）淀粉颗粒结构

淀粉分子间作用力大，分子排列紧密，晶体体积小，破坏分子间作用力和拆开晶体区所需要的能量高，淀粉不易糊化。因此小颗粒的淀粉糊化温度高，而大颗粒淀粉糊化温度低。

淀粉颗粒中直链淀粉/支链淀粉的比例影响其糊化。直链淀粉在冷水中不易溶解、分散，当完整的淀粉颗粒完全糊化时，直链淀粉从淀粉颗粒中渗出并分散在溶液中，形成黏稠的淀粉糊。直链淀粉分子间存在的作用力相对较大，直链淀粉含量越高，淀粉难以糊化，糊化温度越高。相反支链淀粉由于其晶体较大，糊化温度相对较低。

2）水分

水在淀粉糊化过程中充当分散剂的作用，它将淀粉分子分散开，形成黏性溶液。没有适当量的水，淀粉是不能糊化的。要想使淀粉糊化完全，需要体积几倍于淀粉的水。例如，蒸米饭时，一般新米需水量大约是米量的 1.3 倍（体积比约 1∶1），陈米约为 1.5 倍（体积比约 1∶1.2）。含水量少的干淀粉（水分含量低于 3%），加热到 180 ℃以上才可能使其糊化，而相对于含水量 60%的淀粉悬浊液，70 ℃的加热温度通常就能够完全糊化。水对淀粉的分散作用受盐、糖和其他强水结合剂的影响。

3）温度与时间

淀粉达到完全糊化时，温度必须高于其糊化开始温度，还需经历一定的加热时间。淀粉糊化是一个吸热过程，只有热量达到一定程度，淀粉才能完全糊化。淀粉完全糊化可以通过差示扫描量热计(DSC)测定糊化温度(玻璃化转变温度,$T_g$)和糊化焓($\Delta H$)。此外,还可以用旋转黏度计连续测定黏度变化,监测淀粉糊化程度与温度的关系。图 4-49 所示淀粉颗粒体积随着加热的进行逐渐增大,淀粉悬浮液的黏度也随之增加,然后淀粉颗粒崩解而体积变小,体系的黏度也明显下降。图 4-50 显示不同淀粉糊化过程中黏度随温度、时间变化的曲线。

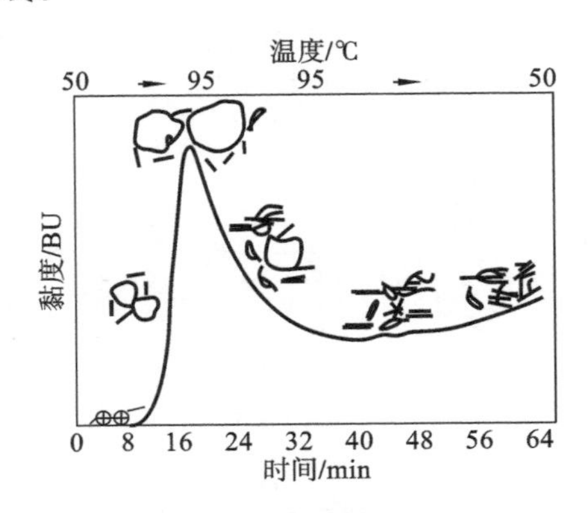


图 4-49 淀粉糊化黏度变化图

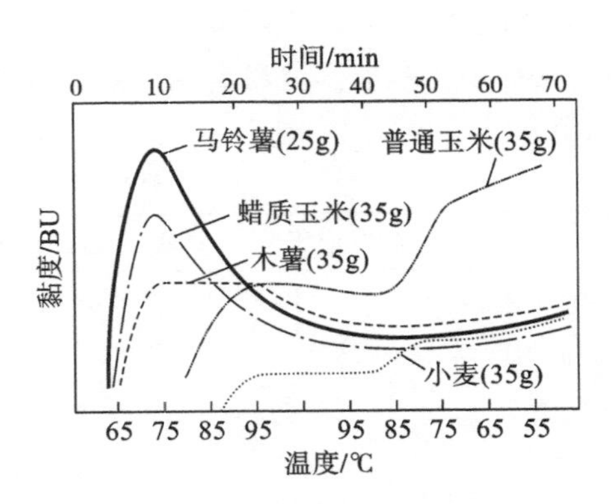


图 4-50 不同淀粉糊化黏度变化曲线

4) 糖浓度

高浓度的糖可降低淀粉糊化的程度、黏度峰值和凝胶强度。双糖推迟淀粉糊化时间和降低最大黏度的作用比单糖更强,不同糖物质抑制淀粉糊化能力不同,蔗糖>葡萄糖>果糖。糖产生的可塑性及干扰淀粉分子联结区的形成,使凝胶的强度减弱。

5) 脂类

脂类化合物由于与直链淀粉形成复合物,脂肪部分进入其螺旋结构,阻止了淀粉的溶胀。因此含油脂较高的食物糊化较难,必须提高其温度。例如,面包的生产,必须在 180 ℃下烘焙。

淀粉中添加单软脂酸甘油酯或单硬脂酸甘油酯,使糊化温度上升,并且提高产生最大黏度所需要的温度,降低形成凝胶的温度和使凝胶的强度减弱,脂肪酸或单酰甘油的脂肪组分能和单螺旋结构的直链淀粉形成配合物(图 4-51),熔融温度为 100～120 ℃,高于结晶有序结构的双螺旋支链淀粉,这类配合物一般不容易从淀粉颗粒中渗出,并阻止水分渗入淀粉颗粒。脂类—直链淀粉配合物还干扰联结区的形成。

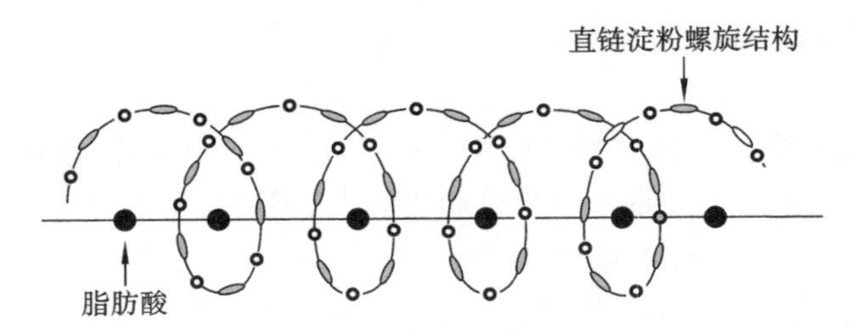


图 4-51 脂肪酸与直链淀粉形成配合物示意图

6) pH 值

大多数食品的 pH 值范围为 5～7,对淀粉的糊化影响较小。一般淀粉在碱性中易于糊化,淀粉糊在中性至碱性条件下(pH 7～9),淀粉糊化速率明显增大,且黏度稳定。当 pH 值在 5 以下时，淀粉糊的黏度将急剧降低，淀粉发生了水解反应，产生相对分子质量较小无增稠作用的糊精。例如，在 pH 值较低时，色拉调味料和水果馅饼中，淀粉糊的最大黏度明显下降，并在烹调加工时迅速降低黏度（图 4-52）。

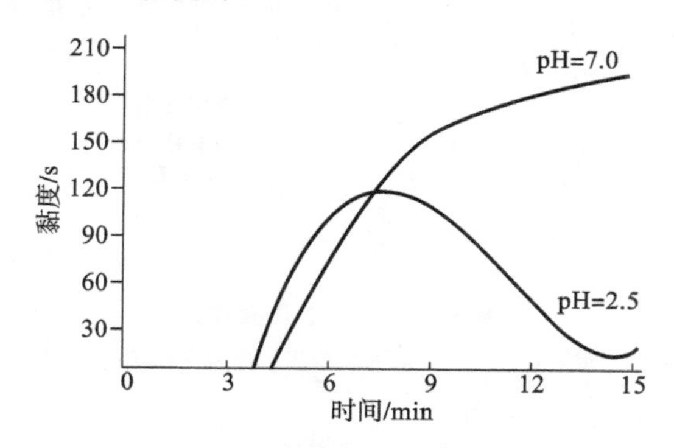


**图 4-52 pH 值对热淀粉糊黏度的影响（5%浓度，90 ℃）**

7）盐

由于淀粉呈中性，低浓度的盐对糊化或凝胶的形成几乎没有影响。但马铃薯淀粉是个例外，因为它含有磷酸基团，还有一些变性淀粉也含有带电荷基团，它们对盐敏感，依据性质不同可以增加或降低淀粉的溶胀性。在具体应用时需要考虑这种电荷效应。

淀粉与蛋白质的相互作用是非常重要的。特别是糊状物和面团中小麦淀粉与面筋相互作用形成的结构。目前食品中淀粉与蛋白质相互作用的本质还不完全清楚，研究两种大分子间作用还存在着较多的困难，无论是模拟体系还是真实食品体系。

另外，还有一些脲类、胍类物质能够破坏氢键，在常温下就能使淀粉分子内氢键消除。例如，二甲基亚砜、液氨等强氢键破坏剂，在常温下也可使淀粉糊化。

## 三、淀粉的老化

### 1. 淀粉老化的原理

糊化了的淀粉（α-淀粉）在室温下放置时，硬度会变大，体积缩小，这种现象称为淀粉的老化（retrogradation），俗称为“回生”。例如面包、馒头等在放置时变硬、干缩，主要就是因淀粉糊老化的结果。

淀粉的老化是由于糊化了的淀粉，在冷却和储存过程中，淀粉分子的运动减弱，分子趋向于平行排列，以某些原有的氢键结合点为核心，相互靠拢、缔合，并排挤出水分，分子逐渐地、自动地由无序态排列成有序态，相邻淀粉分子间的氢键又逐步恢复，恢复到与原来淀粉结构类似、致密的整体结构，通常称为 β-淀粉（图 4-53）。淀粉老化的实质是一个再结晶过程。直链淀粉比支链淀老化的速率快，老化后的直链淀粉非常稳定，即使加热、加压也很难使其再溶解。

但是，食品中大多数淀粉是直链与支链淀粉的混合体，且支链淀粉所占比例高于直链淀粉，由于两种淀粉分子混合在一起，老化后的淀粉则仍然有加热使其糊化的可能。老化后的淀粉与原淀粉相比较，其结晶程度低，与水的亲和力下降，溶解度降低，不易被淀粉酶水解，消化吸收率降低。

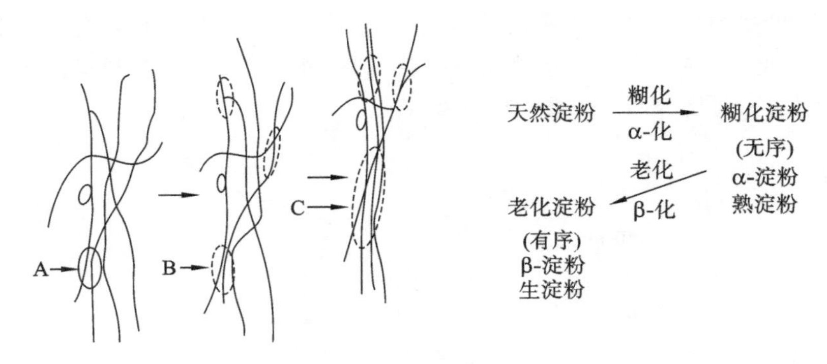


**图 4-53　淀粉老化模式图**

A—原有的氢键聚合点;B、C—老化过程中形成的氢键聚合点,微晶束形成

### 2. 影响淀粉老化的因素

1）淀粉的种类

对于不同来源的淀粉,其老化难易程度并不相同。直链淀粉比支链淀粉易于老化见表4-10,所以含支链淀粉多的糯米或糯米粉制品,不容易发生老化现象。不同来源淀粉老化发生的顺序:绿豆淀粉＞玉米淀粉＞小麦淀粉＞甘薯淀粉＞马铃薯淀粉＞蜡质玉米淀粉。

**表 4-10　直链淀粉与支链淀粉的区别**

| 类型 | 分子构成 | 分子形态 | 溶解性 | $I_2$反应 | 糊化性 | 老化性 |
|---|---|---|---|---|---|---|
| 直链淀粉 | 由葡萄糖以α-1,4 糖苷键缩合而成 | 直链卷曲呈螺旋状无分支结构 | 不溶于冷水可溶于热水 | 呈蓝色 | 不易糊化,糊化温度高 | 老化趋势强,溶液不稳定 |
| 支链淀粉 | 由葡萄糖以α-1,4 和 α-1,6 糖苷键缩合而成 | 聚合体近似球状,具有树枝状结构,每个分支卷曲呈螺旋状 | 不溶于水,热水中溶胀 | 呈紫红色 | 易糊化 | 老化趋势弱,溶液较稳定 |

2）温度

温度对于淀粉的老化有较大的影响,高于 60 ℃或低于－20 ℃都不发生老化。60～0 ℃随温度降低,老化速度加快,0～－20 ℃随温度降低,老化速度减慢。2～4 ℃为淀粉发生老化的最适温度。但是,糊化后的淀粉类食物不可能长时间放置在一个高温环境中,食物一经冷却降至常温即可发生老化现象。为了防止淀粉的老化,即阻止淀粉分子的再结晶,可将淀粉食物迅速降温至－20 ℃左右,使得淀粉分子间的水分迅速结晶,从而阻碍了淀粉分子的相互靠近,避免形成氢键。例如速冻饺子、包子就是依据此原理。

3）含水量

含水量小于 15%时基本不老化,例如饼干、方便面等;含水量为 30%～60%时老化的速度最快;含水量大于 70%时,老化变慢,因为此时淀粉分子浓度较低,凝聚的机会减小。食品加工中为了防止淀粉的老化,可以将糊化的淀粉在高温下迅速脱水(水分含量低于 10%),或低温冷冻迅速脱水。例如方便面等快餐食品。

4）其他因素

低聚糖(蔗糖、糖醇等)的存在,淀粉不易老化。其作用机理:一是这类物质本身吸水性强,能够保持淀粉凝胶中的水,使溶胀淀粉保持稳定的状态;二是它们进入到淀粉末端链之间,阻碍淀粉分子缔合。

脂类(磷脂、单硬脂酰甘油酯、双软脂酰甘油酯等)对抗老化有较大的作用,它们阻止淀粉分子平行、定向地靠近结合,分子间无法形成氢键。例如,面包由于淀粉老化会表现出面包失水变硬和新鲜度下降,为了防止老化,在产品的配方中加入具有极性的脂类(乳化剂),直链淀粉的疏水螺旋结构,与极性脂类分子的疏水部分相互作用形成配合物,从而影响淀粉糊化和抑制淀粉分子的重新排列,阻止了淀粉的老化过程,有效提高了食品的货架期。同时,脂类物质的添加也防止了水分的丢失,使面包不容易干燥,从而保持了面包柔软、黏弹的性状。

此外,糊化程度也对老化有影响,一般糊化程度越高,淀粉颗粒解体越彻底,则重新凝聚而老化的速度越慢。

**3. 淀粉老化的应用**

淀粉老化后,由于重新结晶,不易被淀粉酶作用,人体不易消化吸收,降低了淀粉的营养作用。因此,防止淀粉的回生,是淀粉类加工食品需要面对的问题。对于蒸好的馒头、煮好的米饭、烤好的面包等,都需要做好防老化处理。

在食品加工和烹饪中,还有一类食品是利用淀粉老化来制作特殊性状的。例如绿豆粉丝、豆粉皮等制品,就是选用含直链淀粉多、易于老化的绿豆淀粉为原料制作。经过先糊化再老化过程,淀粉分子形成有序结晶体,防止食品在加热过程中再被完全糊化,这样可以提高产品的弹性、韧性,加热烹制过程中不再完全糊化而发生断裂、稠汤等现象,达到弹、韧、滑、亮的品质。

**抗性淀粉与化学改性淀粉**

1. 抗性淀粉

目前根据淀粉在人体小肠中生物利用性将淀粉分为三类。

(1) 易消化淀粉(ready digestible starch,RDS),是指在人体小肠中迅速被消化吸收的淀粉分子,也就是糊化淀粉或 α-淀粉。

(2) 不易消化淀粉(slowly digestible starch,SDS),是指那些在小肠就被完全消化吸收,但速度较慢的淀粉,主要是一些未经完全糊化的淀粉。

(3) 抗性淀粉(resistant starch,RS)又称抗酶解淀粉及难消化淀粉,是指在小肠中不能被酶解,但在人的大肠中可以发酵的淀粉。

食品中的抗性淀粉有三类:①物理包埋淀粉($RS_1$),主要存在于完整的或部分研磨的谷粒之中;②抗性淀粉颗粒($RS_2$),是指未经糊化的生淀粉粒和未成熟的淀粉粒,常存在于某些天然食品中,如马铃薯、大米、玉米等都含有抗性淀粉;③老化淀粉($RS_3$),是指糊化后的淀粉在冷却或储藏过程中部分发生重结晶,存在于冷米饭、冷馒头、油炸淀粉类食物中。这种淀粉较其他淀粉难降解,在小肠中不被消化吸收,在大肠中被肠道菌发酵分解,其性质类似可溶性纤维,具有一定的保健作用,近年来开始受到爱美人士的青睐。

2. 化学改性淀粉

改性淀粉自 1821 年在欧洲出现以来,有较长的发展历史。改性后的淀粉性质得以改善,可以满足食品加工和特殊需要。通过引入某些化学基团使分子结构发生变化,使不溶性淀粉溶于冷水，也可以使可溶性淀粉通过改性为不溶于冷水、乙醇和乙醚，溶于或分散于沸水中，形成胶体溶液或乳状液体。

(1) 预糊化淀粉　淀粉糊化后在干燥滚筒上快速干燥，得到可以溶于冷水的胶凝状淀粉产品，作为方便食品或焙烤食品的助剂。

(2) 酯化淀粉　淀粉分子中的羟基与酸或酸酐形成淀粉酯，常见的有淀粉醋酸酯、淀粉磷酸酯等。淀粉磷酸酯是淀粉在碱性条件下与磷酸盐在 120～125 ℃下的酯化反应，可以提高淀粉的增稠性、透明性，改善在冷冻—解冻过程中的稳定性，具有抗老化功能，在冷冻食品中应用。

(3) 交联淀粉　交联淀粉是由淀粉与含有双键或多功能官能团的试剂反应所生成的淀粉衍生物。使用的交联试剂有：三偏磷酸二钠、氯氧化磷、乙酸与二羧酸酐的混合物等，其作用于淀粉颗粒，将不同的淀粉分子“交联”结合。交联淀粉具有更高的糊化温度，增强了对剪切力的抵抗力，增加了对低 pH 值的稳定性，得到黏度更高、稳定性更好的淀粉糊。

(4) 氧化淀粉　淀粉悬浊液与次氯酸钠在低于糊化温度下反应，淀粉发生水解和氧化反应，生成的产物平均每 25～50 个葡萄糖残基中有一个羧基。由于直链淀粉氧化后，链成为扭曲状，因而不易产生老化。氧化淀粉糊化黏度低，但稳定性好，不易老化，较透明，成膜性好，在食品加工中得以形成稳定溶液，适宜作分散剂或乳化剂，也可作为色拉调味料或蛋黄酱的填充物。

## 四、纤维素和半纤维素

### 1. 纤维素

纤维素(cellulose)是植物组织中的一种结构性多糖。它是植物骨架和细胞的主要成分，在棉花、亚麻、木材等植物中含量均很高。纤维素通常和各种半纤维素、果胶、木质素结合在一起，三者之间结合类型、结合程度影响着植物性食品的质地。纤维素还是膳食纤维的主要成分。

纤维素是无色、无臭、无味具有纤维状结构的物质。纤维素像淀粉一样完全水解也能生成 D-葡萄糖，但部分水解则生成纤维二糖。纤维二糖是 2 分子的 β-D-葡萄糖通过糖苷键结合而成。所以纤维素与淀粉不同的是，前者的构成单元是 β-D-葡萄糖，后者的构成单元是 α-D-葡萄糖。

纤维素分子是 D-葡萄糖通过 β-(1,4)糖苷键相连而成的直链分子。含有 10000～15000 个葡萄糖残基，相对分子质量为 1600000～2400000。纤维素结构如下(图 4-54)。纤维素线形构象使分子容易按平行并排的方式牢固地缔合，用 X 光射线衍射法研究纤维素的微观结构，发现纤维素是由 60 多条纤维分子平行排列，并且互相以氢键连接起来的束状物质(图 4-55)。虽然氢键键能较小，但由于纤维素间氢键众多，因此纤维微晶束结合相当牢固，导致纤维素化学性质稳定，在水中不会溶解。

由于纤维素分子较大，其具有如下的特性：①很高的吸水性能，纤维素不溶于水，但其亲水性却很强，容易吸水膨胀；②纤维素分子结构中有较多的羟基，对阳离子有结合交换能力；③纤维素对有机化合物、金属离子有螯合作用。

纤维素在酸或纤维素酶的作用下水解生成 β-D-葡萄糖。食草性动物体内有纤维素酶，故能够利用纤维素作为能量来源。人体缺乏纤维素酶，故不能吸收利用纤维素，但大肠中某

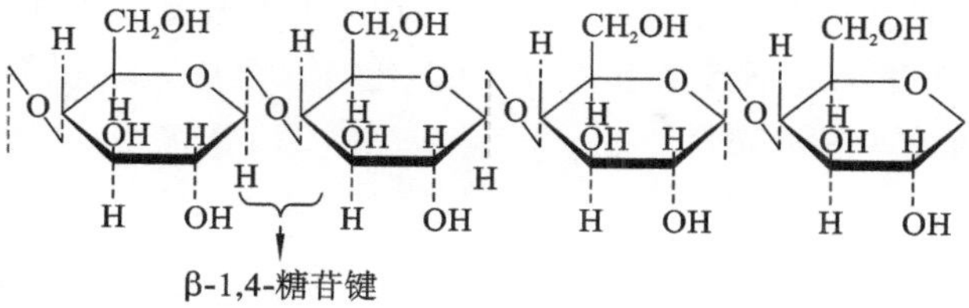

β-1,4-糖苷键

图 4-54 纤维素链状结构示意图

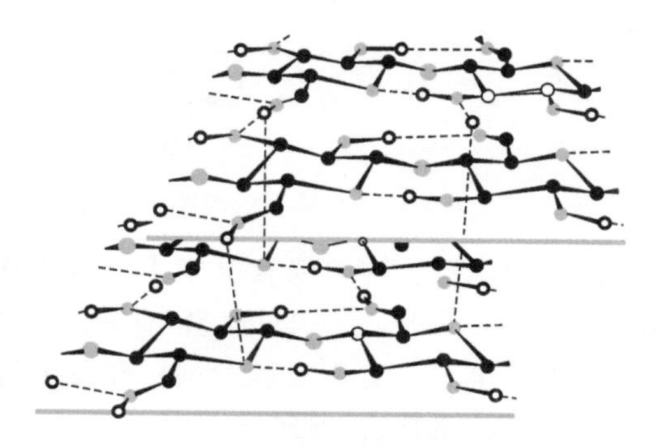

图 4-55 纤维素束状结构示意图

(分子间 O-3 与 O-5,O-4 与 O-6 氢键连接)

些细菌能够将纤维素分解,产生二氧化碳和水以及能量。

$$纤维素+水\xrightarrow{酸或纤维素酶}\beta\text{-D-}葡萄糖$$

纤维素虽然不能给人体提供营养和热量,但却是人体重要的膳食纤维来源。膳食纤维是指植物的可食部分或糖类的类似物,它们不在人体小肠被吸收,但在大肠内完全或部分发酵。膳食纤维具有填充作用,可使人产生饱腹感,改善人体肠道细菌的菌群,调节血糖、胆固醇,促进排便、排毒作用。根据其溶解性可分为水溶性膳食纤维和不溶性膳食纤维。水溶性膳食纤维有果胶、葡聚糖、半乳甘露糖、琼脂、卡拉胶、黄原胶等,不溶性膳食纤维有纤维素、半纤维素、木质素、原果胶、甲壳素等。

由于纤维素有较强的吸水能力,纤维素粉末吸水后重量可达自身重量的 3～10 倍,将纤维素粉加到烘烤食品中,可有效减少焙烤后的收缩,增加食品的持水力,并延长其保鲜期。

经过化学改性的纤维素称为改性纤维素。目前应用最广泛的纤维素衍生物是羧甲基纤维素钠(纤维素—O—$CH_2$—COONa,CMC),它是用氢氧化钠—氯乙酸处理纤维素制成的,羧甲基纤维素分子链长,具有刚性并带有负电荷,在溶液中因库仑力排斥作用呈现高黏性和稳定性。羧甲基纤维素具有适宜的流变学性质,无毒又不被人体消化等特点,在食品中广泛应用。例如在布丁、馅饼、牛奶蛋糊、干酪中,羧甲基纤维素作为增稠剂和黏合剂。由于羧基甲纤维素对水结合容量大,所以在一些冷冻食品中,可用它阻止水的结晶生成,延长食品货架期。

改性纤维素中还有甲基纤维素(纤维素—O—$CH_3$,MC)和羟丙基纤维素(纤维素—O—$CH_2$CHOH—$CH_3$,HPMC)。甲基纤维素的制备是在碱性条件下,纤维素与三氯甲烷反应得到。羟丙基纤维素是纤维素与三氯甲烷和环氧丙烷在碱性条件下制得。它们都有增强对水的吸收和保持的作用。

**2. 半纤维素**

与纤维素不同,半纤维素(hemicellulose)是含有 D-木糖的一类杂聚多糖,它水解能产生戊糖、葡萄糖醛酸和一些脱氧糖。半纤维素广泛存在于所有陆地植物中，而且多在木质化部分存在。食品中最主要的半纤维素是由β-(1,4)D-吡喃木糖基单位组成的木聚糖，通常含有β-L-呋喃阿拉伯糖基侧链（图 4-56）。

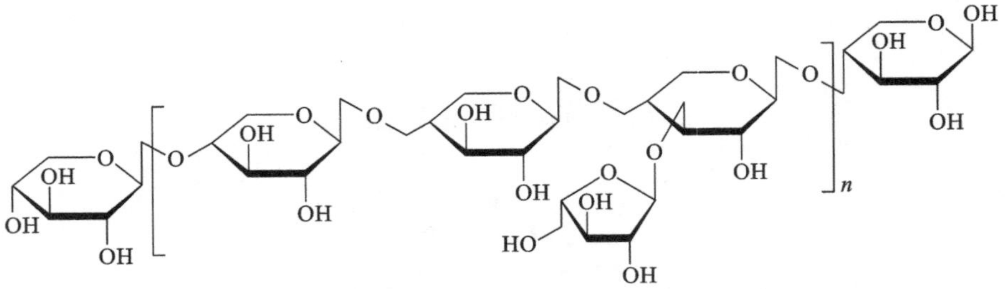

图 4-56 半纤维素的结构

半纤维素也是膳食纤维的重要来源。在焙烤食品中半纤维素作用较大，它能提高面粉结合水的能力，改进混合物的质量，降低混合物的总热量，有利于人体健康，并且有延缓面包的老化作用。在保健方面由于半纤维素具有促进胆汁酸的排除和降低胆固醇含量，有利于肠道蠕动和排便，对降低心血管疾病、结肠癌、糖尿病发病率有一定的作用。

## 五、果胶

果胶(pectin)是植物细胞壁的成分之一，存在于初生细胞壁和细胞间的中胶层，在初生壁中与纤维素、半纤维素、木质素和某些伸展蛋白质交联，保持细胞的牢固性。细胞间的中胶层起着将细胞黏结在一起的作用。果胶物质广泛存在于植物中，尤以果蔬中含量多，但不同的果蔬其果胶物质的含量不同。

果胶物质的基本结构是α-D-吡喃半乳糖醛酸以α-(1,4)糖苷键结合的长链聚合物，分子中主链常常连接有α-L-鼠李糖残基，侧链连接有D-木糖和阿拉伯糖等，在结构上产生不规则性，从而限制了分子间的链间缔合程度，影响凝胶。半乳糖酸游离的羧基部分以甲酯化的状态存在，部分与钙、钾、钠等离子结合，其基本结构如图 4-57 所示。

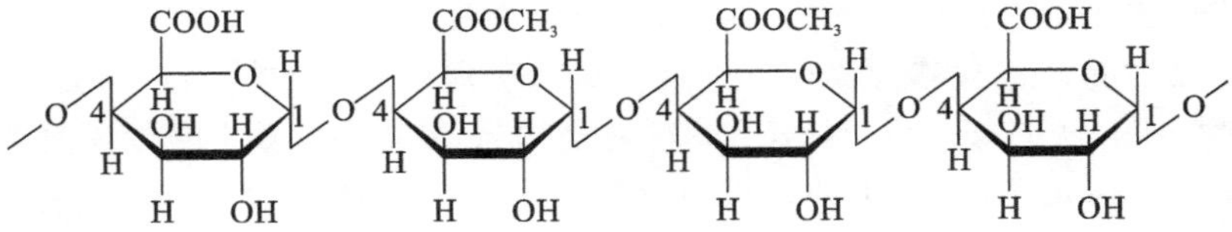

图 4-57 果胶结构图(甲酯化与游离羧基)

植物体内的果胶物质一般以三种形态存在，即原果胶、果胶、果胶酸。它们在植物中存在的状态与植物的成熟度相关。根据定义，超过一半以上羧基以甲酯型($—COOCH_3$)存在的果胶称为高甲氧基果胶(HM)；低于一半羧基以甲酯型存在的果胶为低甲氧基果胶(LM)。羧基被甲醇酯化的百分数为酯化度(DE)或甲基化度(DM)。

**1. 原果胶**

原果胶是与纤维素和半纤维素结合在一起的甲酯化聚半乳糖醛酸，存在于植物的细胞壁中，在未成熟的果蔬中含量较多。未成熟的果蔬比较坚硬，这与原果胶的存在直接相关。原果胶不溶于水，原果胶属于高甲氧基果胶，但在酸或果胶酶的作用下可水解生成果胶。

$$原果胶+水 \xrightarrow{酸或果胶酶} 果胶(酯水解)$$

这一反应对于果蔬植物成熟非常重要，成熟期间，植物细胞壁的通透性增加，果胶酶进入到细胞壁，酶与底物发生作用，使原果胶生成果胶，改善水果、蔬菜的质地和风味。

**2. 果胶**

果胶的主要成分是半乳糖醛酸甲酯以及少量的半乳糖醛酸通过 α-(1,4)糖苷键连接形成的长链状高分子化合物。果胶易溶于水，不溶于乙醇。果胶的相对分子质量依其来源不同而异。苹果、梨等水果中的果胶相对分子质量在 25000～35000 之间，柑橘的果胶相对分子质量在 40000～50000 之间。成熟果蔬细胞液中含量较多。

果胶根据其羧基甲酯化程度有高甲氧基果胶(HM)，也有低甲氧基果胶(LM)。果胶能形成具有弹性的凝胶，不同酯化度类型的果胶形成凝胶的机制有差异。高甲氧基果胶，必须在低 pH 值和高糖浓度中方可形成凝胶，一般要求果胶含量<1%，蔗糖浓度 58%～75%，pH 值为 2.8～3.5。因为在低酸性条件下，可以阻止羧基解离，使高度水合作用和带电的羧基转变为不带电荷的分子，从而使其分子间的斥力减少，分子水合作用减弱，结果有利于果胶分子间的结合和三维网络结构的形成。高浓度的蔗糖争夺水分子，致使中性果胶分子溶剂化程度大大降低，有利于形成分子间氢键和凝胶的形成。果胶凝胶加热至 100 ℃时仍然能保持其特性。果胶分子间氢键主要有羟基—羟基、羧基—羧基、羟基—羧基几种类型。

果胶是一种亲水的胶体物质，其水溶液在有适量的糖、有机酸存在时，能够形成凝胶。利用这一特性，可用来加工果酱、果冻等食品。在高糖、低 pH 值的条件下，果胶在室温甚至在接近沸腾的温度时，也可以形成凝胶。这种凝胶与明胶形成的凝胶有很大的不同，明胶溶液在 30 ℃以下时，即可形成凝胶，但加热超过 30 ℃时则转为溶胶。

果胶的高凝胶强度与相对分子质量和分子间缔合程度呈正相关。一般情况下，凝胶的强度与果胶的相对分子质量呈正比，相对分子质量越大，有利于形成三维空间结构；果胶酯化程度从 30%增加到 50%将会延长胶凝时间。这是因为甲酯基的增加，使果胶分子间氢键键合的立体干扰增大。酯化程度为 50%～70%时，由于分子间的疏水作用增强，从而缩短了凝胶时间。果胶的胶凝特性与果胶酯化度的关系(表 4-11)。

**表 4-11 果胶酯化度对凝胶形成的影响**

| 酯化度/(%) | 凝胶形成条件 | | | 凝胶形成速度 |
|---|---|---|---|---|
| | pH 值 | 糖/(%) | 二价离子 | |
| >70 | 2.8～3.4 | 65 | 无 | 快 |
| 50～70 | 2.8～3.4 | 65 | 无 | 慢 |
| <50 | 2.5～5.6 | 无 | 有 | 快 |

高甲氧基果胶(HM)形成凝胶的条件是加入足够的糖和酸，而低甲氧基果胶(LM)形成凝胶的条件必须有二价阳离子存在，如钙离子、镁离子等。二价阳离子产生桥联作用，随着离子浓度增大，胶凝的温度与凝胶强度都有所增加。LM 由于低糖，因此在食品加工中应用较广。在水果加工中，用钙盐对水果进行前处理，可以提高制品的硬度、脆性。

温度对果胶凝胶强度也有较大的影响。当脱水剂(如糖)的含量和体系的 pH 值适当时，在 0～50 ℃范围内，温度对果胶胶凝影响不大，但温度过高或加热时间过长，果胶将发生降解，蔗糖也会发生转化，从而影响果胶的强度。

**3. 果胶酸**

果胶酸是果胶的甲酯基完全水解后生成的一种半乳糖醛酸。当果实成熟时，果胶去甲酯化，生成果胶酸。果胶酸微溶于水，遇钙可形成不溶于水的沉淀，黏性很小，不形成凝胶。

植物在生长、成熟过程中，原果胶、果胶、果胶酸也随着变化。未成熟的果蔬细胞间含有大量的原果胶，组织饱满、坚硬，随着成熟原果胶水解为可溶于水的果胶，并且渗入到细胞汁液中，使得果实的组织变软而有弹性。当果胶被去甲酯化变成果胶酸时，则果实变成软疡状态。

$$\text{果胶}+\text{水}\longrightarrow\text{果胶酸}+\text{甲醇（酯水解）}$$

在水果、蔬菜的储藏保鲜中，为了保持其特有质构和风味，防止水果、蔬菜溃烂，需要阻止果胶水解生成果胶酸。在水果采摘后经过含有 $CaCl_2$ 的温水处理（60～70 ℃），一方面使果胶酶钝化，同时生成果胶酸钙，果胶酸钙有粘连组织的作用，起到了水果保脆的效果。受到水浸后的马铃薯、甘薯等不易煮烂，也是因为有果胶酸钙生成的缘故。蔬菜在腌渍过程中，乳酸菌的发酵产生大量的乳酸，有效阻止了原果胶的水解，若采用硬水（含 $Ca^{2+}$、$Mg^{2+}$），则可生成果胶酸钙、果胶酸镁，使腌制成的黄瓜等质地脆嫩。

## 六、食物中其他的多糖

**1. 甲壳素（几丁质）**

甲壳素（chitin）又称几丁质、壳多糖，是含氮多糖类物质。甲壳素是甲壳类动物的外壳（如虾壳、蟹壳）及昆虫类外骨骼的结构成分。在虾壳中含甲壳素 15%～30%，蟹壳中含甲壳素 15%～20%。其组成单位为 2-乙酰胺-2-脱氧葡萄糖，通过 β-(1,4) 糖苷键连接，其结构式如图 4-58 所示。

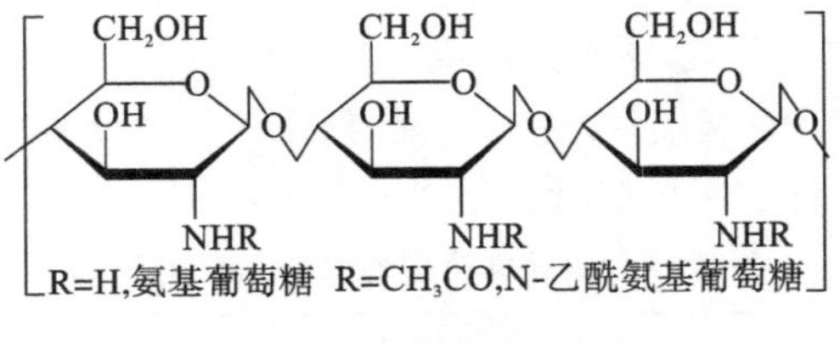

R=H，氨基葡萄糖　R=$CH_3CO$，N-乙酰氨基葡萄糖

**图 4-58　甲壳素的结构图**

甲壳素是白色或灰白色半透明片状固体，无毒、无味，不溶于水、稀酸、稀碱和一般溶剂，可溶于浓盐酸和浓硫酸，但同时发生配糖键和胺键的水解。甲壳素在浓盐酸中加热水解，生成氨基葡萄糖和醋酸。甲壳素进行碱水处理去除乙酰基后，得到聚葡萄糖胺，即所谓壳聚糖。壳聚糖是溶于水的多糖，其分子带有游离的氨基，在酸性溶液中形成盐，呈阳离子性质。

甲壳素来源于虾、蟹、昆虫等甲壳动物的外壳，可通过浓酸、浓碱来提取甲壳素。只要控制好酸度进行水解，可以得到微晶甲壳素。

从甲壳素中提取的壳聚糖广泛应用于食品中，可作为冷冻食品（凉菜、汤汁、点心）和室温存放的食品（蛋黄酱、芝麻酱、花生酱和奶油）的增稠剂和稳定剂。壳聚糖有抑菌和抗氧化作用，在现代食品中作为天然防腐剂和抗氧化剂，是优良的食品保鲜剂。由于壳聚糖水溶液具有游离氨基，还能作为果汁、食醋、酒类等液体食品的澄清剂。

**2. 海藻胶（琼胶）**

琼胶（agar）又称作琼脂、洋菜、洋粉等，它存在于海藻（如石花菜属）细胞壁中。琼胶习惯上被不正确地称为琼脂，但它是一种多糖类的胶质而非脂类物质。在烹饪中琼胶被广泛用作果冻和某些冻制凉菜的胶凝剂。在微生物学上，琼胶是最常见的培养基成分。

琼胶的主要成分是β-D-吡喃半乳糖和3,6-脱水α-L-吡喃半乳糖。琼胶为非均匀多糖混合物，相对分子质量变化范围较大，在$1.1\times10^4\sim3\times10^6$之间。在缩合的单糖中，包括9个分子的D-半乳糖和1个分子的L-半乳糖。L-半乳糖的C4羟基与D-半乳糖相连，C5羟基则成为硫酸酯的钙盐，其余D-半乳糖都是通过1,3-苷键相连的。其结构如图4-59所示。

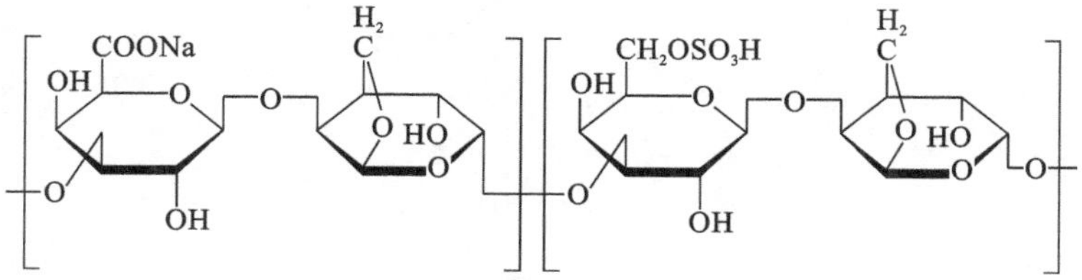

图 4-59 琼胶结构图

琼胶是无色、无定形的固态物质。它不溶于冷水，但可吸水膨胀，可以溶于90 ℃以上的热水，具有很强的胶凝能力，溶液冷却即可凝固。琼胶是最强的胶凝剂，浓度为0.04%时仍可以产生胶凝作用。凝胶的凝固性和稳定性随琼胶浓度的增加而增大，例如1.5%琼胶溶液在32～39 ℃时可形成凝胶，在97 ℃时也不会熔化。凝固琼胶几乎不被人体消化，是一种低热值的烹饪原料。

琼胶吸水膨润需要一定的时间，一般经过数小时后可吸收相当于自身重量(干物质)的10～20倍的水分。吸水膨润的琼胶再加水并加热很容易分散形成溶胶，将溶胶逐渐冷却时，其黏度便会逐渐增大，最终失去流动性而成为凝胶。琼胶的浓度越高，所含蔗糖的浓度越大，则形成凝胶时的温度也越高。琼胶凝胶的凝固温度见表4-12。

表 4-12 琼胶凝胶的凝固温度(℃)

| 琼胶浓度% | 蔗糖浓度 | | | |
|---|---|---|---|---|
| | 0% | 10% | 30% | 60% |
| 0.5 | 28.0 | 28.0 | 29.6 | 32.5 |
| 1.0 | 32.5 | 32.8 | 34.1 | 38.5 |
| 1.5 | 34.1 | 35.0 | 34.0 | 40.0 |
| 2.0 | 35.0 | 34.0 | 37.7 | 40.7 |

当琼胶浓度一定时，蔗糖浓度越大，凝胶的强度也越大；但当蔗糖浓度超过75%时，凝胶的强度反而变小。琼胶的凝胶如长时间放置，便会出现离浆现象(失水)。当加入的琼胶量较多，加热时间较长时，形成的凝胶就越不易离浆。当凝胶中加入大量蔗糖时，也会使离浆程度降低。

琼胶广泛用于食品中，主要基于其形成凝胶的功能以及乳化和稳定的性质。在冷冻果汁、点心、糖果、牛奶和冰激凌中，琼胶用量约为0.1%，并通常与角豆胶、明胶混合使用。酸奶、干酪和软糖中其用量为0.1%～1%。

**3. 黄原胶**

黄原胶(xanthan gum,XG)是由黄杆菌(在甘蓝族植物的叶子上发现的一种微生物)所合成的细胞外多糖。黄原胶与纤维素具有相同的主链，即由β-D-吡喃葡萄糖通过β-1,4糖苷键连接主链，主链每隔一个 β-D-吡喃葡萄糖基单元在 O-3 位上边接一个 D-甘露糖基、D-葡萄糖基、D-甘露糖基的“三糖单元”侧链。部分侧链末端的甘露糖 4，6 位 C 上连接有一个丙酮酸形成环乙酰，而部分连接主链的甘露糖在 C-6 被乙酰化（图 4-60）。天然黄原胶相对分子质量很高，一般大于 $2\times10^6$。

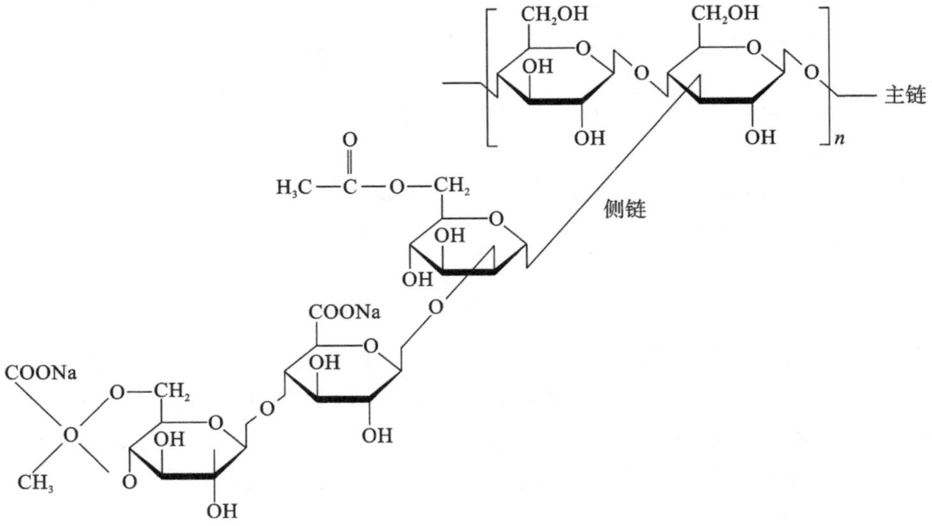

图 4-60　黄原胶五糖重复单元结构

黄原胶的性质取决于分子中环乙酰基和乙酰基团的含量。一般而言，黄原胶中丙酮酸取代基的含量在 30%～40%之间，乙酰化的基团在 60%～70%之间。两者在链上的分布并无规律，脱去丙酮酸基团后的黄原胶分子间作用力显著减小，丙酮酸基团在黄原胶分子中相互之间可能形成氢键，并与邻近侧链的乙酰基形成氢键，以此来稳定黄原胶的分子结构。而乙酰基团通常被认为，它提供了分子内的相互作用力，因为脱去乙酰基后黄原胶分子变得更加柔顺。

黄原胶的二级结构是由侧链绕主链骨架反向缠绕，通过氢键、静电力等作用所形成的五重折叠的棒状螺旋结构，从而使得螺旋结构不受外界环境的影响。天然黄原胶具有相对较规整的双螺旋结构。在低离子强度下，黄原胶在热处理过程中能够发生螺旋-卷曲链的转变，也称为有序-无序的转变。经过长时间的热处理，黄原胶螺旋链伸展为无序的卷曲链结构，该段温度通常称为构象转变温度；冷却后，螺旋和卷曲链在体系中均有相当程度的存在。

黄原胶是应用非常广泛的一种食品胶，这是因为它具有以下重要的特性：①能溶于热水或冷水；②低浓度的溶液具有较高的黏度；③在较大的温度范围内（0～100 ℃）溶液的黏度基本不变，这是食品胶中非常独特的；④在酸性体系中保持溶解性和稳定性，在 pH 3～11 范围内，黏度最大值和最小值相差不到 10%；⑤与盐具有很好的相容性，黄原胶溶液能和许多盐（钾、钠、钙、镁盐等）溶液混溶，黏度不受影响。在较高盐浓度条件下，甚至在饱和盐溶液中仍保持其溶解性而不发生沉淀和絮凝，其黏度几乎不受影响；⑥与其他的胶（如瓜尔胶、刺槐豆胶）相互作用形成凝胶；⑦能显著地稳定悬浮液和乳状液以及具有很好的冻融稳定性；⑧黄原胶假塑性非常突出，黄原胶水溶液在静态或低的剪切力作用下具有高黏度，在高剪切力作用下表现为黏度急剧下降，但分子结构不变。而当剪切力消除时，则立即恢复原有的黏度。剪切力和黏度的关系是完全可塑的。这种假塑性对稳定悬浮液、乳浊液极为有效。

黄原胶在食品工业中用作稳定剂、稠化剂和加工辅助剂，包括制作罐装和瓶装食品、面包食品、奶制品、冷冻食品、色拉调味品、饮料、酿造、糖果、糕点配品等。黄原胶可被强氧化剂（如过氯酸）降解，随温度升高降解加快。

**4. 卡拉胶**

卡拉胶（Carrageenan，KGM）是从麒麟菜、石花菜、鹿角菜等红藻类海草中提炼出来的亲水性胶体，其化学结构是由硫酸基化或非硫酸基化的半乳糖和3,6-脱水半乳糖通过α-(1,3)糖苷键和β-(1,4)糖苷键交替连接而成，在1,3连接的D-半乳糖单位C4上带有1个硫酸基。相对分子质量为20万以上。卡拉胶的反应活性主要来自半乳糖残基上带有的半酯式硫酸基（$ROSO_3^-$）。它具有较强的阴离子活性，是一种典型的阴离子多糖，由于其中硫酸酯结合形态的不同，可分为κ型、ι型、λ型（图4-61）。

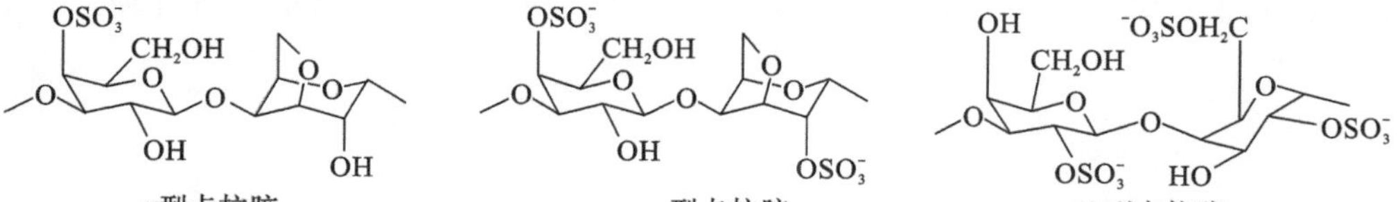

**图4-61 κ、ι、λ型卡拉胶理想的单元结构**

卡拉胶的凝胶形成过程分为4个阶段：第一阶段，卡拉胶溶解在热水中，其分子形成不规则的卷曲状；第二阶段，当温度下降到一定程度时，其分子向螺旋化转化，形成单螺旋体；第三阶段，温度再下降，分子间形成双螺旋体，为立体网状结构，这时开始有凝固现象；第四阶段，温度进一步下降，双螺旋体聚集形成凝胶。硫酸酯基团对卡拉胶的理化性能影响非常大。一般认为硫酸酯含量越高越难形成凝胶。κ型卡拉胶含有较少的硫酸酯基团，形成凝胶硬，不透明且脆性胶高，胶体有脱水收缩现象。ι型卡拉胶中硫酸酯含量高于κ型卡拉胶，形成弹性好，透明性高的软凝胶。λ型卡拉胶在形成单螺旋体时，C-2位上含有硫酸酯基团，妨碍双螺旋体的形成，因而λ型卡拉胶只起增稠作用，不能形成凝胶。

卡拉胶的凝胶强度、黏度和其他特性很大程度上取决于卡拉胶的类型和相对分子质量、体系pH值、含盐、乙醇、氧化剂和其他食品胶共存的状况。卡拉胶中的κ型卡拉胶和ι型卡拉胶形成的凝胶一般是热可逆的，即加热凝胶融化成溶胶，溶胶冷却时又形成凝胶，即有凝胶—溶胶的可逆反应。此外，加入某些阳离子也能明显地增高凝胶强度。如κ型卡拉胶中加入$K^+$形成的凝胶强度高，硬而且脆；ι型卡拉胶中加入$Ca^{2+}$时形成的凝胶强度增大，弹性强但不脆。

温度是影响卡拉胶的一个重要因素。所有的卡拉胶水合物在高温下表现出低流动性的黏度，尤其是κ型和ι型卡拉胶。冷却过程中，卡拉胶在40～70 ℃之间形成不同的凝胶类型，凝胶类型取决于卡拉胶的种类和阳离子的浓度。

在酸性条件下（pH＜4.3），卡拉胶溶液加热会失去黏度和凝胶强度。这是由于卡拉胶在pH值较低时发生水解，将3,4-脱水-D-半乳糖的连接断开。在高温和低阳离子浓度下，水解程度增加。然而，一旦溶液的温度低于凝胶温度，钾离子可与卡拉胶上的硫酸盐基团结合，这样可以阻止水解现象的发生。

卡拉胶与刺槐豆胶、魔芋胶、黄原胶等胶体产生协同作用，能提高凝胶的弹性和保水性。通过复配广泛用于制造果冻、冰激凌、糕点、软糖、罐头、肉制品、八宝粥、银耳燕窝、羹类食品和凉拌食品中。

**5. 魔芋葡甘聚糖**

魔芋葡甘聚糖(KGM)是继淀粉、纤维素之后,一种较为丰富的可再生天然高分子多糖,由于具有优良的胶凝性、成膜性、增稠性和持水性等特点而被广泛应用于食品领域。KGM主要来源于天南星科魔芋(属多年生草本植物)的块茎。魔芋块茎经过粗加工制成的魔芋粉,已被我国确认为食品添加剂和原料。

KGM是一种相对分子质量高、非离子型葡甘聚糖,其平均相对分子质量在20万~200万之间,在酸性条件下可被淀粉酶、甘露聚糖酶和纤维素酶等水解,产生D-葡萄糖和D-甘露糖。两种糖按1∶(1.6~1.8)分子比,通过β-(1,4)糖苷键聚合而成,在某些糖残基C-3位上存在并由β-1,3糖苷键组成的支链;主链上每32~80个糖残基有三个支链,每条支链有几个至几十个糖残基,主链上大约每19个糖残基上有1个以酯键结合的乙酰基。乙酰基是KGM结构的重要基团,其不仅影响KGM的亲水性,而且影响KGM的凝胶性质。其结构如图4-62所示。

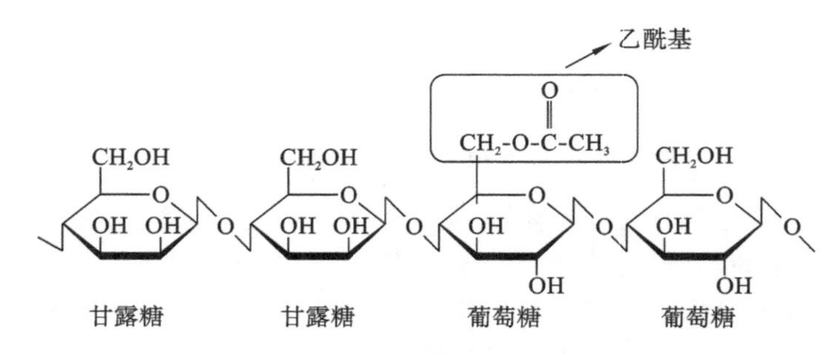


**图4-62 魔芋葡甘聚糖单元结构**

KGM独特的结构决定了其具有许多优良的特性,其中最显著的特性是其凝胶性能。研究表明:其独特的凝胶性能主要是在一定条件下可以形成热不可逆(热稳定)凝胶和热可逆(热不稳定)凝胶。KGM独特的凝胶行为主要表现在以下三个方面:①加碱形成不可逆凝胶;②与黄原胶等其他胶复配协同,形成热可逆凝胶;③通过添加硼砂,形成热稳定凝胶。

热不可逆凝胶形成的机理:通过添加碱性物质,如氢氧化钙、氢氧化钠等强碱或碳酸钠、磷酸钠等弱酸强碱盐形成碱性环境,在加热条件下,KGM分子链上由乙酸与糖残基上羟基形成的酯键发生水解,即脱去乙酰基。这样KGM分子链变为裸状,糖链上的羟基与水分子形成分子内和分子间氢键而产生部分结构结晶,以这种结晶为结节点形成了网状结构体,即凝胶。所形成的热不可逆凝胶,对热稳定,即使重复加热,其凝胶强度变化也不大,故称为热不可逆凝胶。

黄原胶在水溶液中达到一定浓度时,可以形成可逆的弱凝胶结构,此过程称为KGM与黄原胶的复配(图4-63)。黄原胶与KGM均为非凝胶多糖,在适当的条件下可形成热可逆凝胶。黄原胶与KGM复配(图4-63)具有增效作用,在40 ℃时呈固态,50 ℃以上呈半固态或液态。KGM与黄原胶复配机理可以解释为:KGM和XG在同一水介质中溶解时,经过一定的热处理形成初步的三维网状结构。共混胶黏度比相同浓度单一胶的黏度增加数倍,可形成胶冻状,通过协同作用形成热可逆凝胶。

**6. 动物多糖——糖原**

糖原是动物体中的主要多糖。糖原是葡萄糖极容易利用的储存形式,它是由葡萄糖残基组成的较大的有分支的高分子化合物。糖原中葡萄糖残基大部分是以α-(1,4)糖苷键连

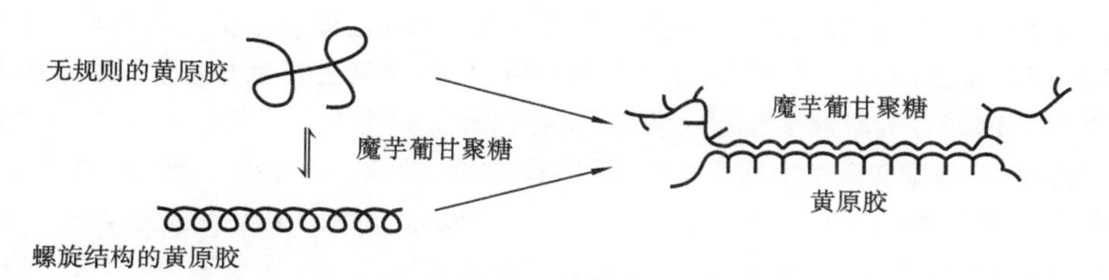


**图 4-63　魔芋葡甘聚糖与黄原胶的复配结构模拟图**

接，分支是以 α-(1,6)糖苷键结合的。大约每 10 个残基中有一个 α-(1,6)糖苷键。糖原中其分支端基含量占 9%，而支链淀粉为 4%，故糖原的分支程度比支链淀粉高 1 倍多。糖原的相对分子质量很高，约为 5000000，其结构如图 4-64 所示。

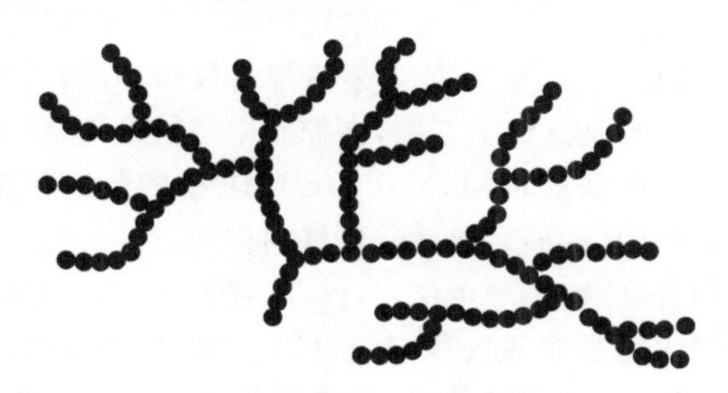

**图 4-64　糖原的结构示意图**

糖原的两个主要储藏部位为肝脏及骨骼肌。肝脏中的糖原浓度比肌肉中要高些，但是在肌肉中储存的糖原总量则比肝脏多，这是因为肌肉的总量大的缘故。糖原在细胞的胞液中以颗粒状存在，直径为 10～40 nm。除动物外，在细菌、酵母、真菌及甜玉米中也有糖原的存在。

正常人体所含的糖原共 400 g 左右，其中肝糖原用以维持血液中葡萄糖含量的恒定，肌糖原是肌肉内的能量储备形式之一。当人体摄入过量的糖类和脂肪时，就将多余的部分转化成糖原储存在肝脏和肌肉中；当人体因运动等原因缺糖时，糖原再分解为葡萄糖供给身体的需要。

# 第六节　糖类在烹饪中的应用

糖类作为营养素给人体提供能量外，由于它们具有良好的亲水、增稠、调味、增色等性质，是食品烹饪加工的重要原料，用于食品调味、上色、赋形和保藏等方面。烹饪中常用的糖物质有蔗糖、麦芽糖、淀粉等。

## 一、风味作用

首先，单糖、低聚糖具有甜味，是烹饪中必不可少的调味品。糖有调和百味的功能，甜味能降低苦味、咸味，减少酸味刺激，糖和酸的配合适当，还可产生一种类似水果的酸甜味，开胃可口。如糖醋鳜鱼、糖醋里脊、鱼香肉丝等菜肴制作中，先将一定量比的蔗糖和食醋加热熔化，火候控制得当，发生一定程度的烯醇化反应，再将原料进行翻炒，达到酸甜和谐可口。糖在烹饪中可以和有机酸发生酯化反应，有增香和解腻的作用。著名东坡肉在卤制时需要加入一定量的糖，糖与脂肪酸发生酯化作用，形成了油、润、酥、糯，香郁味透，肥而不腻的口感。

烹饪中常利用糖的熔化、结晶性质增加菜品的风味。如甜菜类有拔丝香蕉、拔丝汤圆等，就是先将蔗糖熔化，处于熔融状态，再将处理好的食料放入快速颠锅翻炒，直至原料均匀地裹上糖汁，立即装盘，趁热食用，由于糖的黏性在移动食物时产生了糖丝，出现了拔丝效果。同样利用糖熔化产生琉璃效果，如冰糖葫芦。挂霜则是利用溶化的糖在冷却过程中重新结晶，结晶体挂在食料的表面，形成一种像霜一样的白色晶体，产生良好的感官效果。

其次，大多数糖类作为食品风味的前体物质，参与 Maillard 反应，产生吡嗪类、吡咯类、咪唑类等气味物质和类黑精素，形成食品特有的色泽和气味；糖类也可以通过焦糖化反应产生吡喃酮、吡喃、内酯、羰基化合物、麦芽酚、异麦芽酚等风味物质，所生成的焦糖素（糖色）是食物加工中重要色素来源。食品烹饪加工中，在控制得当的条件下，通过这两个反应使食品呈现良好的色泽和气味。现代研究证明，Maillard 反应和焦糖化反应所产生的中间产物还具有良好的抗氧化作用，对食品的储藏保鲜有良好的作用。

最后，糖类物质可以与风味物质产生作用，保存、截留挥发性风味物质和小分子物质，特别是一些低聚糖和高分子多糖是有效的风味结合剂。如利用环状糊精的结构制成微胶囊，对脂溶性风味物质进行保留，还有阿拉伯胶、褐藻酸盐通过与风味物质的截留，减少风味物质的挥发，也可以降低氧化反应造成风味物质的损失。

## 二、亲水作用

对水的亲和作用是糖类物质的基本性质之一。从化学结构来看，糖基单元中平均含有三个亲水基团—OH，每一个亲水羟基团都可以和水分子通过氢键方式结合。同时环氧原子以及糖苷键中氧原子也可以与水形成氢键。因此，单糖和低聚糖都具有良好的溶解性。除纤维素、淀粉有溶胀作用外，大部分的多糖同水分子间也有较强的作用，能溶于水或在水中分散。

食品对水的结合能力通常以吸湿性或持水力来衡量。吸湿性是指食物在空气湿度较高的情况下吸收水分的情况。持水力是指食品保持水分的能力，通常用保湿性来描述，即食品在较高空气湿度下吸收水分而在较低空气湿度下不散失水分的能力。食品体系中水分的多少直接影响其流变性和质构，糖类是食品中的重要亲水物质，糖物质的种类、组成比例都影响着食品的性状。表 4-13 显示不同环境中糖类的吸湿情况。

**表 4-13　不同环境下糖吸收空气中水分的能力**

| 糖类 | 20 ℃不同相对湿度和时间的吸收率/(%) | | |
|---|---|---|---|
| | RH=60%，1 h | RH=60%，9 天 | RH=100%，25 天 |
| D-葡萄糖 | 0.07 | 0.07 | 14.5 |
| D-果糖 | 0.28 | 0.63 | 73.4 |
| 蔗糖 | 0.04 | 0.03 | 18.4 |
| 麦芽糖（无水） | 0.80 | 7.00 | 18.4 |
| 乳糖（无水） | 0.54 | 1.2 | 1.4 |

糖的结构对水的结合速率和结合量有极大的影响。结晶良好的糖的吸湿性很低，如蔗糖。不纯的糖或糖浆对水有较强的吸收能力，如饴糖和玉米糖浆由于存在麦芽低聚糖，其吸湿能力更好，常作为保湿剂。多糖中，尤其是各种胶类多糖，分子大链长，亲水基团多，并且具有形成三维网状结构（凝胶）固定水分子的能力，所以对水有更强的作用，亲水力更大。

烹饪中常将糖类物质作为吸水剂、增稠剂使用，以保持食品良好的性状。如在面包类、糕点类生产中加入一定比例的蔗糖，除了产生甜味效果，最重要的是利用糖的亲水性能，起到吸湿作用，保持面包中的水分不丢失，这样有效地阻止了淀粉的老化和蛋白质变性，保持面包柔软、黏弹的性状，延长了面包的货架期。

相反，对于一些干燥的含糖食品则需要防止糖的吸湿作用。如饼干，如果不加以防湿，因糖吸附环境中的水分而使其松脆性状变得黏软。

## 三、稳定作用

多糖对食品质地有良好的稳定作用，包括乳化稳定、悬浮稳定、凝胶稳定。食品作为一种不稳定的体系，水分是造成不稳定的重要因素之一。多糖能够通过氢键与水结合形成结合水，这种水的结构由于多糖分子的存在发生了显著的变化，其流动性受到限制，不会结冰，能使多糖分子产生溶胀，也称为塑化水。从化学角度看，这种水并没有牢固地束缚，但它的运动受到了阻滞，它能与其他的水进行交换。这一点对凝胶类食品（肉糜、鱼糜、火腿肠等）感官性状非常重要，提高或调节制品的嫩度、弹性和稳定性。

多糖的稳定作用主要表现在：①增稠作用，多糖与水结合后其黏度增加（如淀粉糊化），对食品中其他组分具有黏合作用；②胶凝作用，一些多糖（胶类）具有良好的胶凝性，一般使用0.25%～0.5%浓度的胶（多糖）即能达到一定黏度和形成凝胶。果冻、奶冻、果酱以及人造食品使用多糖作为赋形剂或胶凝剂，实践中可以根据多糖的特点应用于不同的食品中；③多糖是冷冻稳定剂，多糖溶液冷冻时，非冷冻水是高度浓缩的多糖溶液的组成部分，由于黏性很高，因此水的运动受到了限制，水分子不能吸附到晶核或结晶长大的活性位置，因此抑制了冰晶的生长，提供了冷冻稳定性。在冷藏温度（低于－18 ℃）下，无论是大分子或是小分子糖类物质都能有效保护食品的结构与质构不受破坏，提高产品的质量与储藏稳定性。

烹饪中多用淀粉作为增稠剂，来改善和控制食品的流动性与质构。汤汁中加入淀粉等多糖，能够提高汤汁的稠度，增加厚重感。使用淀粉勾芡起到收汁作用，同时也作为黏稠剂，保持食物之间的黏合，稳定形状。

## 四、创新食物品种

在食品生产加工中，利用高聚物分子（多糖、蛋白质、脂类）通过氢键、疏水作用、离子桥联、缠绕或共价键形成连接区，形成三维网状凝胶结构，液相是由相对分子质量低的溶质和部分高聚物链组成的水溶液。凝胶具有固体性质，也具有液体性质。根据营养和感官的需要，对体系中物质的组成进行复配，形成新的食品。如午餐肉、营养火腿肠等。

烹饪中为了增加食品花色，丰富食物品种，常常利用多糖胶凝作用来制作新的食物，如鱼糕、肉糕，利用淀粉、蛋白质、脂肪高分子形成凝胶网状结构，通过加入水、油以及其他食物形成“嫩、爽、滑”的佳肴,有“吃鱼不见鱼,吃肉不见肉,胜似鱼和肉”的感觉。

亲水胶体在食品加工中应用较广。多糖凝胶可以作为黏结剂、增稠剂、膨松剂、结晶抑制剂、澄清剂、混浊剂、成膜剂、脂肪代替品、泡沫稳定剂、持水剂、乳化剂、胶粘剂等等,表4-14列举了多糖在食品加工中的应用。

表 4-14 多糖在食品加工中的应用

| 食品加工应用 | 多糖选择 |
|---|---|
| 低脂人造黄油 | 卡拉胶 |
| 提高肉制品水结合能力及乳化稳定 | 琼胶、淀粉 |
| 果冻 | 琼胶、卡拉胶、褐藻酸盐 |
| 调味料、蛋黄酱的稳定与增稠 | 黄原胶、褐藻胶、瓜尔胶、改性淀粉 |
| 水果汁中悬浮物的稳定 | 果胶、褐藻胶、瓜尔胶 |
| 增加面团的结合水能力抗老化 | 琼胶、瓜尔胶、卡拉胶 |
| 上浆、挂糊 | 淀粉 |
| 收汁、增稠 | 淀粉、琼胶、黄原胶 |

## 糊浆调配工艺

糊浆工艺是中餐烹饪最为重要的工艺之一。主要使用淀粉、水、鸡蛋等原料在烹饪食物(主料)的表面挂上一层黏性的糊和浆,使食物在加热过程中起到对水、风味和营养物质的保护作用,这种在食物表面增加保护膜的制作方法就是糊浆工艺的主要内容。根据烹饪的具体要求和保护层加工方法的不同分为上浆、挂糊、拍粉、勾芡四大类。上浆、挂糊、拍粉三种方法的原理基本相同,利用淀粉糊化黏附在食物表面形成一层外壳以起到保护、增香、添色的作用。勾芡则是利用淀粉的糊化调节食物汤汁的黏稠度,调和菜品感官性状,使色、香、味充分均和。

糊浆工艺中淀粉的选择十分重要。原因是淀粉的品种不同,其结构不同,糊化的温度、糊化后的性质也不同。烹饪中需要根据菜品的要求正确选择相应的淀粉。常用的淀粉及特性如下。

1. 绿豆淀粉

绿豆淀粉是直链淀粉含量最高的一种淀粉,通常在60%以上,甚至可以达到100%。淀粉颗粒小而均匀,粒径为15～27 μm,热黏度高,稳定性和透明性均好,糊化后黏丝长,凝胶强度大,但容易老化,宜作勾芡和制作绿豆粉丝、粉皮、凉粉之类食品。

2. 玉米淀粉

玉米淀粉是目前中餐烹饪中使用最为广泛的淀粉,常称为“生粉”。其直链淀粉含量在25%左右,颗粒小而不均匀,平均粒径为15 μm,糊化温度较高,为64～72 ℃,糊化的速度相对较慢,黏度上升速度也较慢。但糊化后其黏度大,糊丝短,凝胶强度大,透明性差,使用中宜高温使其完全糊化,主要用于勾芡、上浆。

3. 马铃薯淀粉

马铃薯淀粉为地下淀粉,颗粒较大,直径为50 μm左右,直链淀粉含量约为21%,糊化温度相对较低，为 59～66 ℃。淀粉糊化迅速，黏度上升快，糊化后即可达到最大黏度，糊丝长，但黏度稳定性差，很快又开始下降。马铃薯淀粉糊化后透明性好，宜用于上浆、挂糊。

4. 小麦淀粉

小麦淀粉颗粒呈圆形，直径为 2～55 μm，直链淀粉平均含量 28%，糊化温度为 52～85 ℃，淀粉糊化黏度较低，糊丝短，凝胶力都较差，且容易老化。在烹饪中经加工制成澄粉，澄粉糊化后透明性较好，主要用于面点工艺中花色点心、面塑的制作。

5. 甘薯淀粉

甘薯淀粉即红薯淀粉，颗粒较大呈椭圆形，粒径在 15～55 μm，直链淀粉含量在 19% 左右，糊化温度较高，为 80～83 ℃，热黏度高，糊丝长，透明性较好，但凝胶强度弱，主要用于制作甘薯粉丝。

6. 木薯淀粉

木薯淀粉主要产于南方，特点是细腻、洁白、杂质少，吸水性强、溶胀性大。木薯淀粉直径为 5～35 μm，直链淀粉含量为 17%，糊化温度为 52～65 ℃，糊化后黏性大，糊丝长，透明性好，木薯淀粉还具有冷冻—解冷冻性、稳定性高等特点。其主要作为增稠剂和黏合剂使用。

7. 糯米淀粉

糯米淀粉几乎不含直链淀粉，较容易糊化，黏性高，且不易老化。宜制作元宵、年糕等食品。

## 思考题

1. 名词解释：单糖、低聚糖、多糖、醛糖、酮糖、还原糖、环糊精、美拉德反应、焦糖化反应、淀粉糊化、淀粉老化、变性淀粉、抗性淀粉、转化糖、高甲氧基果胶、低甲氧基果胶。
2. 简述糖类物质化学结构特点，糖物质分类，食品中代表性糖物质有哪些？
3. 举例说明糖的溶解性、结晶性、保湿性和吸湿性、黏性、抗冷冻性在食品加工中的应用。
4. 以葡萄糖为例，说明糖在不同酸性条件下的反应。
5. 以葡萄糖为例，说明碱性条件下糖的烯醇化反应，烯醇化反应在食品加工中的意义。
6. 简要说明美拉德反应过程，影响美拉德反应因素。
7. 简要说明焦糖化反应的过程，糖色的种类和特点。
8. 组成淀粉的基本单位是什么？试比较直链淀粉、支链淀粉结构上有何不同？两种淀粉糊化后糊状体的流变性和稳定性有何区别？
9. 简要说明淀粉糊化和老化的本质，如何促进淀粉糊化与防止淀粉老化？
10. 说明果胶的结构特点，果胶形成凝胶的条件和影响因素。
11. 简要说明纤维素的结构特点，纤维改性与应用。
12. 烹饪中常用调料酱油，试说明酱色是如何形成的？
13. 龙口粉丝具有透明、爽滑、弹牙、不稠汤等特点，试分析其形成的化学机理。
14. 为什么奶粉放置久了会出现变色现象？
15. 烹饪中常用玉米淀粉来勾芡，试说明玉米淀粉勾芡的优、缺点。
16. 烤面包产生的色泽和香气能否进行调节、控制？

# 第五章　脂类

脂类(lipids)是存在于生物体或食品中难溶于水而易溶于有机溶剂的一类化合物的总称。它包括脂肪和类脂。脂类与蛋白质、糖类一起构成食物的三大营养素,是食物中主要的组成成分之一。脂类分布很广,动植物组织中都有,是构成生物体的重要物质。

动物体内脂肪为结缔组织,一般储存于皮下、大网膜、肠系膜和脏器周围,具有保温和保护脏器的作用。如猪皮下脂肪,俗称为“猪肥膘肉或猪油”。植物体内脂肪主要集中储存在果实和种子中,花生、大豆、菜籽、葵花籽、核桃等都是脂肪含量较高的食物。

脂类按物理状态通常将常温下呈固态称为脂(fat),呈液态的称为油(oil),两者合称为油脂。按化学结构分为简单脂(或单纯脂)、复合脂和衍生脂。简单脂有三酰甘油、蜡质;复合脂较多,主要有鞘脂类、脑苷脂类和神经节苷脂类;衍生脂有类胡萝卜素、固醇类、脂溶性维生素等(表 5-1)。

**表 5-1　脂类物质分类**

| 类别 | 种类 | 组成物质 |
| --- | --- | --- |
| 简单脂类 | 酰基甘油 | 甘油+脂肪酸 |
| | 蜡质 | 长链醇+长链脂肪酸 |
| 复合脂类 | 磷酸酰基甘油 | 甘油+脂肪酸+磷酸+含氮基团 |
| | 鞘磷脂类 | 鞘胺醇+脂肪酸+磷酸+胆碱 |
| | 脑苷脂类 | 鞘胺醇+脂肪酸+糖 |
| | 神经节苷脂类 | 鞘胺醇+脂肪酸+糖类 |
| 衍生脂类 | 类胡萝卜素、脂溶性维生素 | 维生素 A、E |
| | 固醇类 | 维生素 D、胆固醇 |

油脂在烹饪中具有非常重要的作用。其特殊的物理和化学性质,除了作为传热介质外,油脂的组成、晶体结构、熔融和固化行为,以及它同水或其他非脂类分子的缔合作用,使食物呈现滑润、松软、光洁、香酥的风味。但是,油脂不稳定,在烹饪加工中会产生复杂的化学变化,也会产生一些不利于健康甚至有害的物质。

# 第一节　脂肪的结构

## 一、脂肪的结构

### 1. 脂肪的物质组成

脂肪由C、H、O三种元素组成，复合脂中还含有少量的P、S、N元素。脂肪是由一分子的甘油（丙三醇）与三分子的脂肪酸构成的酯，称为三酰甘油（triacylglycerol）或甘油三酯。丙三醇分子含有三个羟基，是典型亲水物质，能与水和乙醇混溶，不溶于有机溶剂。脂肪酸（fatty acids）为直链的一元羧酸，短链脂肪酸溶于水，具有挥发性，长链脂肪酸则不溶于水。甘油完全酯化后生成三酰甘油不溶于水，溶于有机溶剂。

### 2. 酰基甘油的结构

三酰甘油是多元酯物质。根据甘油与脂肪酸酯化的程度，可将酰基甘油分为一酰甘油、二酰甘油和三酰甘油。如果甘油只部分酯化，其分子结构中还保留亲水的羟基，因此，一酰甘油、二酰甘油分子结构具有亲水和亲油双重性，在油脂化学中常作乳化剂。在食用油脂中，绝大多数为三酰甘油。例如，棕榈油中三酰甘油为96.2%，其他酯占1.4%。而可可脂中三酰甘油为52%。

$$\begin{array}{c} CH_2-OH \\ | \\ HO-C-H \\ | \\ CH_2-OH \end{array} + 3R_1COOH \longrightarrow \begin{array}{c} \delta CH_2OCOR_1 \\ | \\ R_2COOCH \\ \beta\,| \\ \alpha CH_2OCOR_3 \end{array} + 3H_2O$$

组成三酰甘油的三分子脂肪酸可以相同，也可以不同。三酰甘油分为单纯三酰甘油（$R_1=R_2=R_3$）、混合二酰甘油（$R_1=R_2\neq R_3$）和混合三酰甘油（$R_1\neq R_2\neq R_3$）。天然油脂中脂肪酸极少相同，多为含有不同脂肪酸的混合三酰甘油。

在天然油脂中，脂肪酸与甘油三羟基酯化不是完全随机的。绝大多数天然三酰甘油将β位置优先提供给不饱和脂肪酸，饱和脂肪酸多出现在α、δ位置。因此，来源不同的油脂其脂肪酸分布有其特点，植物油β位置为不饱和脂肪酸，动物脂肪β位置多为饱和脂肪酸，海洋生物油脂β位置上多为不饱和脂肪酸。

天然油脂的脂肪酸组成也不是一成不变的，会受到很多因素的影响。如植物种子中的油脂组成往往受气候、土壤、种植纬度、成熟度等因素的影响。动物脂肪受饲料、喂养方式、脂肪生长部位、动物健康状态等因素影响。

### 3. 酰基甘油的命名

在植物、动物中发现的脂肪酸99%以上都与甘油发生了酯化。在活体组织中，游离脂肪酸并不普遍，因为它们能够破坏细胞膜结构，是细胞毒素。一旦脂肪酸与甘油酯化后，它们表面活性就降低，毒性也就随之降低。

三酰甘油有几种不同的系统命名，但经常使用脂肪酸的俗名来命名。如果三酰甘油中只含有一种脂肪酸(如硬脂酸),那么它的命名为三硬脂酸甘油酯,或甘油三硬脂酸酯,也可以采用硬脂酸的缩写表示为 StStSt 或 18∶0-18∶0-18∶0。

含有不同脂肪酸的三酰甘油,则根据每个脂肪酸的立体位置是否已知而有不同命名。由于甘油分子完全对称,当一个伯羟基($\alpha$ 位)被酯化或两个伯羟基($\alpha$、$\delta$ 位)被不同脂肪酸酯化时,三酰甘油中心碳原子具有手性,因此,三酰甘油中甘油部分的三个碳原子可以用立体标号(Sn,立体有择位次编排系统)来区分(图 5-1)。

如果脂肪酸立体位置是未知的,那么一个含有棕榈酸、油酸、硬脂酸的三酰甘油可以命名为棕榈酰-油酰-硬脂酰-甘油酯。如果脂肪酸的立体位置是已知的,Sn-会被加到名字中。如 1-棕榈酰-2-油酰-3-硬脂酰-Sn-甘油酯(图 5-2),或写成 Sn-1-棕榈酰-2-油酰-3-硬脂酰,或 Sn-甘油酯-1-棕榈酰-2-油酰-3-硬脂酰。也可以用脂肪酸的缩写表示 Sn-POSt 或 Sn-16∶0-18∶1-18∶0 表示。

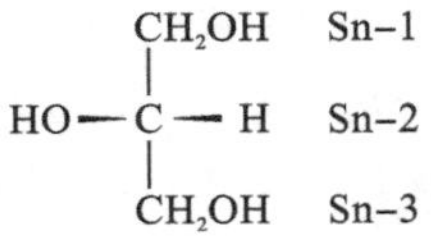

$$\begin{array}{ccc} & CH_2OH & \text{Sn-1} \\ & | & \\ HO- & C & -H \quad \text{Sn-2} \\ & | & \\ & CH_2OH & \text{Sn-3} \end{array}$$

**图 5-1 甘油的费竭尔平面投影与 Sn 命名法**

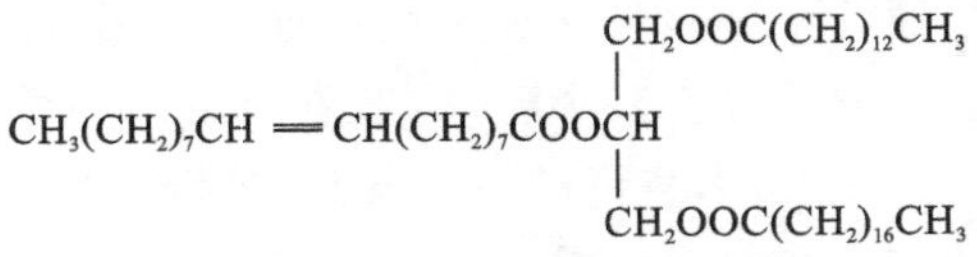

$$\begin{array}{l} \qquad\qquad\qquad\qquad\qquad\qquad\qquad CH_2OOC(CH_2)_{12}CH_3 \\ \qquad\qquad\qquad\qquad\qquad\qquad\qquad | \\ CH_3(CH_2)_7CH = CH(CH_2)_7COOCH \\ \qquad\qquad\qquad\qquad\qquad\qquad\qquad | \\ \qquad\qquad\qquad\qquad\qquad\qquad\qquad CH_2OOC(CH_2)_{16}CH_3 \end{array}$$

**图 5-2 1-棕榈酰-2-油酰-3-硬脂酰-Sn-甘油酯**

## 二、脂肪酸

脂肪酸是三酰甘油的主要部分,约占总相对分子质量的 95%。对于油脂来说,脂肪酸的组成直接影响其物理、化学性质。天然油脂多为混合油脂,目前已知的自然界中存在的天然脂肪酸有近 800 多种。常见的有七八十种之多。天然脂肪酸在结构上有以下特点。

(1) 天然脂肪酸碳原子数目在 4~24 之间,以 12~18 碳最多,无论是饱和或不饱和脂肪酸均以直链一元羧酸存在,脂肪酸的碳链由碳、氢两种元素组成。但存在极少数的脂肪酸衍生物,如羟基脂肪酸,蓖麻油分子中蓖麻油酸含有一个羟基。

(2) 绝大多数天然脂肪酸脂肪链中碳原子数为偶数,其中以 16 碳和 18 碳脂肪酸含量最高,大多数脂肪酸分子含 1~3 个双键,并以 16 碳、18 碳、20 碳不饱和脂肪酸为主。

(3) 不饱和脂肪酸中,单不饱和脂肪酸双键位置一般在 9~10 碳之间,多不饱和脂肪酸双键之间通常隔着一个亚甲基($-CH_2-$),一般不共轭,为非共轭的戊二烯结构。几乎所有不饱和脂肪酸都是顺式(Z,cis),极少数有反式结构(E,trans)。

天然脂肪酸的这些结构特点,对于人体的消化吸收和营养价值有着重要的作用。

**1. 脂肪酸的命名**

1) 普通命名

普通命名也称习惯命名,多以天然油脂产物来源进行命名,例如,月桂酸、豆蔻酸、棕榈酸、硬脂酸、油酸、亚油酸、花生酸等。

2) 系统命名法

(1) 选取含有羧基的最长碳链为主链,从羧基端开始编号,顺次为 1、2、3…,也可以用甲、乙、丙…来编号。按照其碳原子的数目定名为某酸。

例如:$CH_3-(CH_2)_{16}-COOH$ 命名为:十八碳酸。

(2) 若分子中含有双键,则以含双键和羧基最长的碳链为主链,命名为某烯酸,并依次标出不饱和键的位置。

例如：$CH_3(CH_2)_7CH=CH(CH_2)_7COOH$ 命名为：9-十八碳一烯酸。

$CH_3(CH_2)_4CH=CHCH_2CH=CH(CH_2)_7COOH$ 命名为：9,12-十八碳二烯酸

3) 数字命名法

(1) 选取含有羧基和双键的最长碳链为主链，以甲基端开始对碳原子进行编号，以符号“ω”或“n”作为标记。

(2) 数字命名法的表示形式：n∶mω[z]。n 为碳原子数，m 为双键数目，z 表示第一个不饱和双键所在碳原子数。

例如，$CH_3(CH_2)_7CH=CH(CH_2)_7COOH$(9-十八碳一烯酸)，数字命名法为 18∶1ω9。$CH_3(CH_2)_4CH=CHCH_2CH=CH(CH_2)_7COOH$ (9,12-十八碳二烯酸)，数字命名法表示为 18∶2ω6。

ω系统命名法非常有意义。因为脂肪酸与甘油酯化后，很多生物酶识别脂肪酸是从甲基端开始，因此，该系统可以根据脂肪酸生物活性和生物合成来源对脂肪酸进行分类。目前已知生物体内最常见的有 ω-3、ω-6、ω-9，它们具有不同的生物活性。

在不饱和脂肪酸中，顺式构型是天然存在的形式。顺式结构中，烷基链的碳原子位于分子的同一侧，而反式构型则是分别位于分子的两侧(图 5-3)。多不饱和脂肪酸(两个以上的双键)的双键通常被一个亚甲基分开，即戊二烯结构。在戊二烯结构中，双键在碳 1 和碳 4 位置。双键不是共轭的，而是被一个亚甲基碳分开了(图 5-4)。这就意味着大部分不饱和脂肪酸双键是以三个碳分隔的(如 9,12,15-十八碳三烯酸)。因此，对于大部分天然的不饱和脂肪酸，如果第一个双键的位置是已知的，则其他的双键位置就可以预测得到，这也是数字系统命名法的优点。

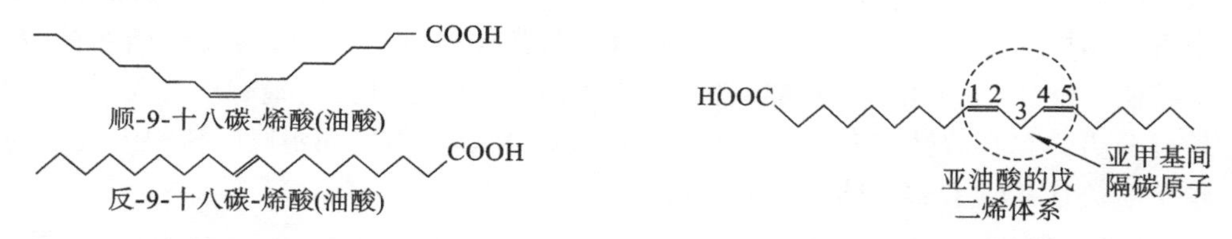


**图 5-3 不饱和脂肪酸中顺式与反式双键的差异**　　**图 5-4 多不饱和脂肪酸亚油酸的戊二烯结构**

ω系统命名法有时还标出双键的顺、反结构及位置，c 表示顺式；t 表示反式，例如，9c-18∶1，即顺十八碳一烯酸。

天然脂肪酸的普通命名、系统命名、数字命名对照见表 5-2。关于脂肪酸更多的命名参见国际纯粹与应用化学联合会(International Union of Pure and Applied Chemistry, IUPAC)网站(http://www.chem.qmul.ac.uk/iupac/lipid)。

**表 5-2 食物中常见脂肪酸命名对照**

| 普通命名 | 系统命名 | 数字命名 | 英文缩写 |
| --- | --- | --- | --- |
| 酪酸(butyric acid) | 丁酸 | 4∶0 | B |
| 己酸(caproic acid) | 己酸 | 6∶0 | H |
| 辛酸(caprylic acid) | 八碳酸 | 8∶0 | Oc |
| 癸酸(capric acid) | 十碳酸 | 10∶0 | D |

续表

| 普通命名 | 系统命名 | 数字命名 | 英文缩写 |
| --- | --- | --- | --- |
| 月桂酸(lauric acid) | 十二碳酸 | 12∶0 | La |
| 豆蔻酸(myristic acid) | 十四碳酸 | 14∶0 | M |
| 棕榈酸(palmtic acid) | 十六碳酸 | 16∶0 | P |
| 硬脂酸(stearic acid) | 十八碳酸 | 18∶0 | St |
| 花生酸(eicosanoic acid) | 二十碳酸 | 20∶0 | Ad |
| 棕榈油酸(palmitoleic acid) | 9-十六烯酸 | 16∶1ω9 | Po |
| 油酸(oleic acid) | 9,十八碳一烯酸 | 18∶1ω9 | O |
| 亚油酸(linoleic acid) | 9,12 十八碳二烯酸 | 18∶2ω6 | L |
| α-亚麻酸(linolenic acid) | 9,12,15 十八碳三烯酸 | 18∶3ω3 | α-Ln |
| γ-亚麻酸(linolenic acid) | 6,9,12 十八碳三烯酸 | 18∶3ω6 | γ-Ln |
| 花生四烯酸(arachidonic acid) | 5,8,11,14 二十碳四烯酸 | 20∶4ω6 | An |
| EPA(eciosapentanoic acid) | 二十碳五烯酸 | 20∶5ω3 | EPA |
| DHA(decosahexanoic acid) | 二十二碳六烯酸 | 22∶6ω3 | DHA |

**2. 脂肪酸的分类**

脂肪酸的种类较多,脂肪酸的分类主要有两种方法,一是根据分子中碳链的长短,二是碳链中含有不饱和双键(C=C)的数目。根据脂肪酸碳链的长短分为:短链脂肪酸(6 碳以下),中链脂肪酸(8～12 碳),长链脂肪酸(14 碳以上)。根据脂肪酸碳链中有无 C=C 双键,脂肪酸可分为饱和脂肪酸(SFA)和不饱和脂肪酸(UFA)。不饱和脂肪酸传统上又分为单不饱和脂肪酸(MUFA)和多不饱和脂肪酸(PUFA)。

1) 饱和脂肪酸

低级饱和脂肪酸碳原子数目在 10 以下,常温呈液态,可溶于水,具有挥发性,往往有特殊气味。如丁酸、己酸、辛酸、癸酸。如果脂肪中含有少量的游离丁酸(酪酸),会表现出特殊的奶酪气味。高级饱和脂肪酸碳原子数目在 12 以上,常温呈固态。主要有十二烷酸(月桂酸)、十四烷酸(豆蔻酸)、十六烷酸(棕榈酸或软脂酸)、十八烷酸(硬脂酸)、二十烷酸(花生酸)。其中,软脂酸、硬脂酸在天然食用油中分布最广。

2) 不饱和脂肪酸

天然不饱和脂肪酸的双键位置有其明显特征。目前,不饱和脂肪酸双键位置常见的有三类:ω-3、ω-6、ω-9,即第一个不饱和双键位置分别位于甲基端为起点的第 3、6、9 碳原子上。对人体重要的脂肪酸有油酸(18∶1ω9),亚油酸(18∶2ω6),a-亚麻酸(18∶3ω3),花生四烯酸(20∶4ω6)。

动物、植物油脂中都含有饱和脂肪酸和不饱和脂肪酸,但两者分布比例有较大的区别。畜禽类脂肪组织中,饱和脂肪酸所占比例较高,水产品、植物油脂中不饱和脂肪酸所占比例较高。常用食物油脂中脂肪酸组成见表 5-3。

表 5-3 常用食物油脂中脂肪酸组成/(%)

| 脂肪 | <10∶0 | 12∶0 | 14∶0 | 16∶0 | 18∶0 | 20∶0 | 16∶1 | 18∶1 | 18∶2 | 18∶3 | 20∶1 | PUFA | 总饱和度 |
|---|---|---|---|---|---|---|---|---|---|---|---|---|---|
| 牛脂肪 | 0.1 | 0.1 | 3.3 | 25.5 | 21.6 | — | 3.4 | 38.7 | 2.2 | 0.6 | — | | 50.6 |
| 猪脂肪 | 0.1 | 0.1 | 1.5 | 24.8 | 12.3 | 0.8 | 3.1 | 45.1 | 9.9 | 0.1 | 0.8 | | 38.8 |
| 羊脂肪 | | | 4.6 | 24.6 | 30.5 | — | — | 36.0 | 4.3 | — | — | | 59.7 |
| 鸡脂肪 | | 0.2 | 1.3 | 23.2 | 6.4 | — | 6.5 | 41.6 | 18.9 | 1.3 | | | 31.3 |
| 鸡蛋 | | | 0.3 | 22.1 | 7.7 | — | 3.3 | 26.6 | 11.1 | 0.3 | | | 30.1 |
| 黄油 | 7.2 | 3.1 | 11.7 | 26.2 | 12.5 | — | 1.9 | 28.2 | 2.9 | 0.5 | | | 62.7 |
| 大豆油 | | | 0.1 | 11 | 4 | — | 0.1 | 23.4 | 53.2 | 7.8 | — | | 15.0 |
| 玉米油 | | | — | 12.2 | 2.2 | — | 0.1 | 27.5 | 57 | 0.9 | — | | 14.4 |
| 橄榄油 | | | — | 13.7 | 2.5 | — | 1.2 | 71.1 | 10.0 | 0.6 | — | | 16.2 |
| 菜籽油 | | | — | 3.9 | 1.9 | — | 0.2 | 64.1 | 18.7 | 9.2 | | | 5.5 |
| 棉籽油 | | | 1 | 29 | 4 | — | 2 | 24 | 40 | — | 3.0 | | 34.0 |
| 芝麻油 | | | | 7～10 | 5 | | | 35～50 | 37～49 | | | | 13.0 |
| 亚麻油 | | | | 4.8 | 4.7 | | | 19.9 | 15.9 | 52.7 | | | 9.5 |
| 棕榈油 | | 0.2 | 1.0 | 37.7 | 4.3 | 0.2 | | 44.4 | 12.1 | | | | 43.4 |
| 可可脂 | | | 0.1 | 25.8 | 34.5 | — | 0.3 | 35.3 | 2.9 | | | | 60.4 |
| 椰子油 | 15 | 48.5 | 17.6 | 8.4 | 2.5 | | | 6.5 | 1.5 | | | | 91.9 |
| 鳕鱼油 | | | 1.4 | 19.6 | 3.8 | — | 3.5 | 13.6 | 0.7 | 0.1 | | >50 | 24.8 |
| 比目鱼 | | | 0.8 | 9.6 | 9 | — | 2.5 | 12.3 | — | — | 4 | >50 | 19.4 |

从表 5-3 中可以发现油脂组成的一般趋势。大部分植物油，特别是源自油料种子的油，脂肪酸有很高的不饱和度，主要是含 18 碳系列脂肪酸。油酸(18∶1ω9)在橄榄油、菜籽油中含量很高，亚油酸(18∶2ω6)在大豆油、玉米油、谷物油中含量高，亚麻酸在亚麻籽中含量较高。而椰子油、棕榈油、可可脂则含有大量的饱和脂肪酸。来源于动物脂肪中饱和脂肪酸含量较高，饱和脂肪酸含量由高到低顺序为，羊脂肪＞牛＞猪＞鸡＞鸡蛋＞鱼，棕榈酸和硬脂酸是其主要的饱和脂肪酸。来源于海洋动物的三酰甘油含有大量的 ω-3 类脂肪酸，如二十碳五烯酸(EPA)和二十二碳六烯酸(DHA)。

# 第二节 油脂的物理性质

## 一、色泽和气味

纯净脂肪为无色的。油脂通常带有颜色与油脂中含有脂溶性的色素物质有关。植物性油脂中含色素物质较多，分离提纯有一定的困难，因而色泽较深。如大豆油呈现黄色，与含有的维生素 A、大豆黄酮等色素相关；橄榄油呈黄绿色，与含有的维生素 A、叶绿素等色素相关。动物性脂肪大多数色泽较浅，呈现乳白色，如猪油、牛脂肪等。鸡脂肪呈浅黄色或深黄色，这与其饲料有一定的关系。

纯净油脂为无味的。日常生活中使用的油脂呈现不同的气味，主要由油脂中游离的脂肪酸和一些脂溶性有机物产生，特别是一些具有挥发性的低级脂肪酸(10 碳以下)。不同的油脂脂肪酸组成不同，因此，油脂气味有着较大的差别。例如猪油、牛油、羊油各有其特殊气味。此外，有些油脂中含有一些非脂肪酸的挥发性成分，它们也产生一些特殊的气味。如芝麻油的芳香气味被认为是由乙酰吡嗪产生。而菜籽油特殊的气味与芥子苷有关，芥子苷在酶作用下产生的异硫氰酸烯丙酯是菜籽油主要气味成分。椰子油的香味是由壬基甲酮产生的。因此不同油脂发出不同的气味，通过气味也可以判断出不同的油脂(图 5-5)。

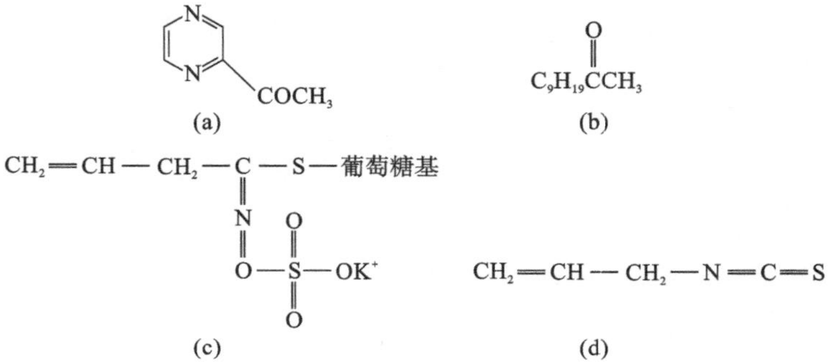

(a) 吡嗪环（N, N）—$COCH_3$

(b) $C_9H_{19}C(=O)CH_3$

(c) $CH_2{=}CH{-}CH_2{-}C(=N{-}O{-}SO_2{-}O^-K^+){-}S{-}$葡萄糖基

(d) $CH_2{=}CH{-}CH_2{-}N{=}C{=}S$

**图 5-5　不同油脂具有的不同气味物质**

(a) 芝麻香味——乙酰吡嗪；(b) 椰子油香味——壬基甲酮；

(c) 2-丙烯基硫代葡萄糖苷(芥子苷)；(d) 异硫氰酸烯丙酯菜籽油味

未经过精制或脱臭不彻底的油脂可能带有多种气味，主要是由于一些代谢中间产物或反应中间产物所产生。如豆腥味、青草味、霉味等，是由酮、醛、酸物质产生的异味。

## 二、油脂的物理特性

食用油脂的物理特性主要取决于脂肪酸的组成、分子间作用力及三酰甘油分子的结构。特别是分子间的吸引力强度，分子堆积的紧密程度决定其热敏性、密度和流变学特性。表 5-4列举了 20 ℃下液态油(三油酸甘油酯)和水的主要物理性质比较，可看出油脂特殊的物理性质。

**表 5-4　20 ℃下液态油(三油酸甘油酯)和水的主要物理性质比较**

| 物理指标 | 油 | 水 |
|---|---|---|
| 相对分子质量 | 885 | 18 |
| 熔点/℃ | 5 | 0 |
| 密度/($kg/m^3$) | 910 | 998 |
| 可压缩性/($m \cdot s^2 \cdot kg^{-1}$) | $5.03\times10^{-10}$ | $4.55\times10^{-10}$ |
| 黏度/($mPa \cdot s$) | ≈50 | 1.002 |

续表

| 物理指标 | 油 | 水 |
|---|---|---|
| 导热系数/($W\cdot m^{-1}\cdot s$) | 0.170 | 0.598 |
| 比热容/($J\cdot kg^{-1}\cdot K$) | 1980 | 4182 |
| 热膨胀系数/(1/℃) | $7.1\times10^{-4}$ | $2.1\times10^{-4}$ |
| 介电常数 | 3 | 80.2 |
| 表面张力/($mN\cdot m^{-1}$) | ≈35 | 72.8 |
| 折射率 | 1.46 | 1.333 |

**1. 熔点与凝固点**

油脂的熔点是指开始熔化到完全熔化的温度。对一般的化合物而言，熔点即为凝固点。但油脂的凝固点比其熔点低1～5 ℃，这与油脂的黏滞性和同质多晶结构有关。脂肪的熔点受多种因素影响：①酰基甘油酯化程度，三酰甘油＞二酰甘油＞一酰甘油；②脂肪酸饱和程度越高，其熔点越高；③脂肪酸碳链越长，其熔点越高；④反式脂肪酸的熔点高于顺式脂肪酸。由于天然油脂是由不同的脂肪酸组成的，并有同质多晶现象，因而天然油脂无准确、固定的熔点，其熔点一般为一个范围。

**2. 沸点和蒸气压**

油脂的蒸气压很低，所以它的沸点很高。常压下，硬脂酸或更高级脂肪酸的沸点在300 ℃以上。油脂的沸点随着相对分子质量的增大而升高，通常有以下顺序：三酰甘油＞二酰甘油＞一酰甘油＞脂肪酸＞脂肪酸的低级醇酯。蒸气压则按相反的顺序变化。

**3. 折光性**

油脂和脂肪酸的折光性呈现出以下规律性特点：①同系列中，不饱和脂肪酸的折光性比饱和脂肪酸高，相对分子质量大的脂肪酸折光性比相对分子质量小的高，共轭脂肪酸的折光性大于非共轭脂肪酸；②脂肪酸的折光性比由它所构成的三酰甘油的折光性小；③混合三酰甘油折光性一般接近单三酰甘油，油脂折光率在1.30～1.80之间，很少有更高的折光率。由于不同油脂折光率不同，因此，折光率可用于对油脂的鉴别，以判断某一来源的油脂是否有掺假的可能性。

**4. 烟点、闪点、燃点**

烟点、闪点、燃点是油脂在接触空气时加热稳定性指标。烟点是指在不通风的情况下加热油脂观察到油脂发烟时的温度，一般精炼油脂在200 ℃左右；闪点是指油脂在加热时油脂中挥发物能被点燃但不能维持燃烧的温度，一般为250 ℃以上；燃点是指油脂在加热时油脂的挥发物能被点燃且持续燃烧时间不少于5 s的温度，一般为300 ℃以上。未精炼的油脂，特别是游离脂肪酸含量高的油脂，其烟点、闪点、燃点都会大大降低。常见油脂的熔点、凝固点、烟点、闪点和燃点见表5-5所示。

**表5-5　常见油脂的熔点、凝固点、烟点、闪点和燃点**

| 油脂 | 熔点/℃ | 凝固点/℃ | 烟点/℃ | 闪点/℃ | 燃点/℃ |
|---|---|---|---|---|---|
| 花生油 | −2 | | 149 | | |
| 橄榄油 | 3.0 | | 170 | 225 | 354 |
| 大豆油 | −23～2 | −10～−7 | 228 | 282 | 363 |

续表

| 油脂 | 熔点/℃ | 凝固点/℃ | 烟点/℃ | 闪点/℃ | 燃点/℃ |
|---|---|---|---|---|---|
| 棉籽油 | −2～2 | −8～−7 | 220 | 262 | 360 |
| 玉米油 | −12～−11 | −10～−7 | 215 | 275 | 357 |
| 菜籽油 | −9 | −24～−20 | 232 | 263 | 350 |
| 棕榈油 | 27～42 | | | | |
| 椰子油 | 23～26 | | | | 330 |
| 牛油 | 40～50 | | | | 344 |
| 猪油 | 28～48 | | 221 | 242 | |

## 三、油脂的结晶特性

### 1. 油脂的晶型

固态和液态三酰甘油分子的排列方式如图5-6所示。在特定的温度下，三酰甘油的物理性状依赖于它的自由能，自由能由焓和熵组成。$\Delta G_{S\to L}=\Delta H_{S\to L}-T\Delta S_{S\to L}$。焓 $\Delta H_{S\to L}$ 表示三酰甘油由固态转变成液态时，分子之间相互作用的总作用力改变量，而熵 $\Delta S_{S\to L}$ 表示由于熔化过程而引起的分子组织的改变量。固态时油脂分子间的结合力要强于液态时，固态时分子能更有效地堆积，因此 $\Delta H_{S\to L}$ 是正值，更倾向于形成固态。相反，液态时分子的熵值要高于固态时，因此 $\Delta S_{S\to L}$ 是正值，倾向形成液态。在低温下，焓大于熵（$\Delta H_{S\to L}>T\Delta S_{S\to L}$），因此固态具有最低自由能。随着温度的升高，熵的贡献变得逐渐重要，在高于某一特定温度时（即熔点），熵大于焓（$\Delta H_{S\to L}<T\Delta S_{S\to L}$）。因此液态具有最低自由能。固态变为液态（熔化）是吸热的，因为必须提供能量使分子间相距更远。相反，液态变为固态（结晶）是放热的，当分子相互靠近时体系需要释放能量。尽管在低于熔点温度时，结晶还不能立即形成，直到液态的油在熔点以下很好地被冷却，自由能还需提供晶核的形成。

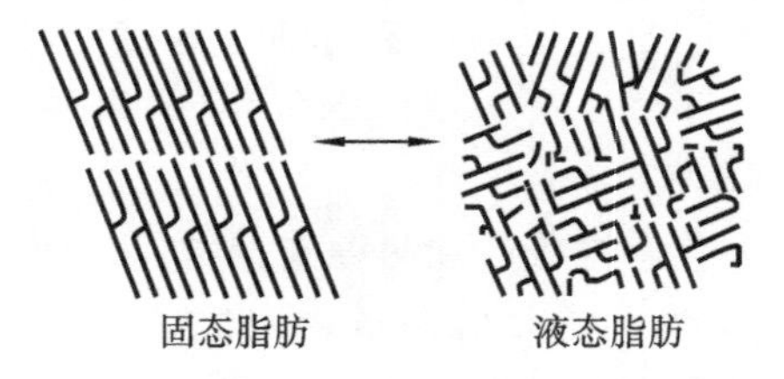


**图5-6　固态和液态三酰甘油分子的排列方式**

油脂由液体变为固体时的温度称为油脂的凝固点。由于脂肪是长链化合物，在其温度处于凝固点以下时，通常会以一种以上的晶型存在，因而脂肪会显示出一个以上的熔点，天然脂肪的这种因结晶类型的不同而导致其熔点相差较大的现象称为同质多晶现象(polymorphism)。不同晶型自由能不同，因此表现出不同的物理性质，如熔点、相对密度和凝固点。它表明了化学组成相同的物质可以有不同的晶体结构，而晶体熔化后变成相同的液体，诸多的不同点也随之消失。各同质多晶体的稳定性不同，稳定性较差的亚稳定态自发地向稳定性高的同质多晶体转化，天然脂肪一般具有此趋势，并且转化是单向的。

固态脂肪存在高度有序的晶体结构。天然油脂一般都存在3～4种晶型，按熔点增加的顺序依次为：玻璃质固体（亚 α 型或 γ 型），α 型，β′型和 β 型，其中 α 型，β′型和 β 型为真正的晶体。α 型：熔点最低，密度最小，不稳定，为六方堆砌型；β′型和 β 型熔点高，密度大，稳定性好，β′型为正交排列，β 型为三斜型排列（图 5-7）。同一脂肪酸三酰甘油的同质多晶体物理特征见表 5-6。

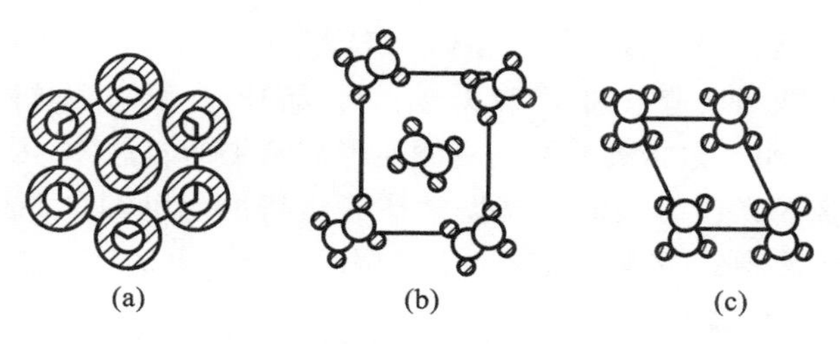


**图 5-7　油脂三类晶胞堆积示意图**

(a) 正六方堆积；(b) 普通正交堆积；(c) 三斜晶系堆积

**表 5-6　同一脂肪酸三酰甘油的同质多晶体物理特征**

| 晶体特征 | α 型 | β′型 | β 型 |
|---|---|---|---|
| 链排列 | 六方、无序 | 正交、部分有序 | 三斜、有序 |
| 空间排布间隔 | 0.42 nm | 0.38～0.42 nm | 0.37 nm、0.46 nm |
| 近红外吸收特征 | 720 $cm^{-1}$ | 719 $cm^{-1}$、727 $cm^{-1}$ | 717 $cm^{-1}$ |
| 密度 | 最低密度 | 中等密度 | 密度最大 |
| 熔点 | 低熔点 | 中等熔点 | 高熔点 |
| 稳定性 | 不稳定 | 较稳定 | 高稳定 |

亚晶胞结构定义了烃基链的横向堆积模式。X 衍射发现 α 晶型中脂肪酸侧链排列呈现无序，六方形亚晶胞构中，链堆积松弛，并且由于碳原子可以旋转一定角度使烃基链形成无序构象导致特定链链相互作用消失。β′晶型的正交晶胞结构中，脂肪酸侧链有序排列，二维晶格呈矩形，这表明存在特定链相互作用而形成的紧密堆积链。β 晶型中三斜晶胞结构有一个倾斜的二维晶格，脂肪酸侧链朝一个方向倾斜，表明结构中具有特定的链相互作用而形成的紧密堆积。

脂肪酸碳链交错排列的方式有两种：分别是 2 倍或 3 倍于脂肪酸的碳链长度，2 倍链长结构中，甘油三酯的脂肪酸相互交叠（音叉式），而三倍链长结构中脂肪酸不交叠。图 5-8 表示为 DCL-二倍碳链长结构（β-2 型）和 TCL-三倍碳链长结构（β-3 型）。通常甘油三酯的脂肪酸酰基相同或极其相似时形成 2 倍链长结构，当其中一种或两种脂肪酸的化学性质与其他脂肪酸有很大不同时形成 3 倍链长结构。

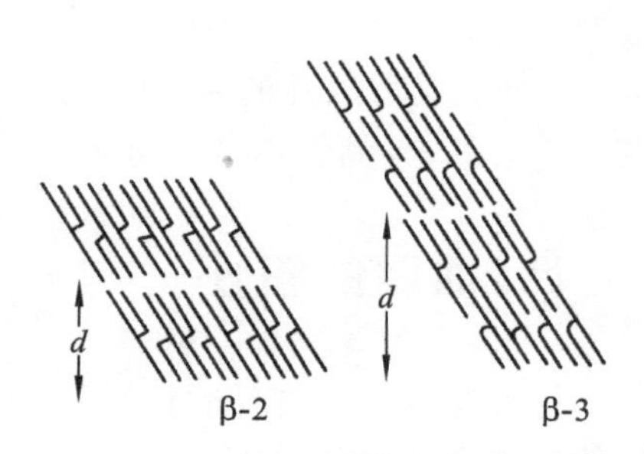


**图 5-8　脂肪的晶型结构示意图**

虽然 β 型晶体热力学最稳定，但是三酰甘油通常先形成 α 晶型，因为它形成晶核时所需活化能最低。随着时间的推移，晶体以一定的速度逐步转变为稳定的晶型，这依赖于环境温度、压力和纯度。晶型的转变所需时间受三酰甘油成分同质化的影响，对于相似的分子结构，并且有相对同质组成的油脂，其 α 晶型转变发生较快。

反之，晶型转化发生较慢。迅速冷却熔融的甘油三酯晶体转变的过程可表示为

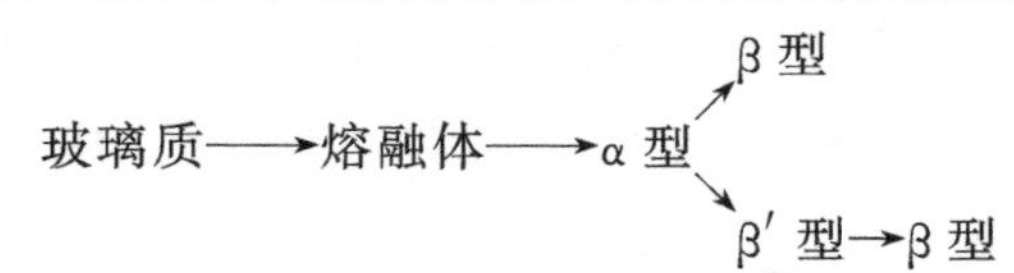


对油脂晶型的了解认识非常重要，晶型影响着食品的物理化学性质和感官性状。某些食品优良的质构和外观（如人造黄油、巧克力、焙烤食品）取决于脂肪晶体的形成和保持合适的多晶型。人造黄油和用于涂抹的起酥油更倾向形成精细的β′晶体，因其要求口感细腻，光泽明亮，覆盖力强且表面光滑。大的β晶型常作为烘烤的起酥油（如猪油），可以形成大的"片状"。烹饪加工中，油脂的晶型可以通过工艺调配进行晶型的转变。

**2. 影响油脂晶型的因素**

1）油脂分子的结构

一般来说，单纯性酰基甘油容易形成稳定的β型结晶，而且多为β-2型，而混合酰基甘油由于侧链长度不同，空间阻碍增大，容易形成β′型，并以β-3排列。表5-6所示同一脂肪酸三酰甘油的同质多晶体物理特征。

2）油脂的来源

不同来源的油脂形成晶型的倾向不同。易于形成β′型的油脂有棉籽油、菜籽油、乳脂肪、牛脂肪、改性猪油；易于形成β型的有大豆油、花生油、玉米油、橄榄油、可可脂等。

3）油脂的加工工艺

熔融状态的油脂冷却时的温度和速度将对油脂的晶型产生显著的影响，油脂从熔融状态逐渐冷却时首先形成α晶型，当α晶型缓慢加热融化后逐渐冷却就会形成β晶型，再将β晶型缓慢加热融化后逐渐冷却则形成β′晶型。实际应用的例子，用棉籽油加工色拉油时进行冷冻净化（或称冬化）处理，这一过程要求缓慢进行，要得到优质精炼油尽量形成粗大的β晶型，如果冷却过快，则形成亚α型，不利于过滤。

油脂的晶型在食品加工中应用较广泛。通过精制过程得到尽可能多的稳定晶体是保证品质的关键。例如，巧克力要求表面光滑，35 ℃以下不变软而入口后容易熔化，不产生油腻感。可可脂只有β晶体熔点为35 ℃左右，因此加工中要求在严格条件下进行，使可可脂形成稳定的晶体而又不使晶体颗粒过粗。首先将可可脂加热到55 ℃以上使其全部熔化，然后缓慢冷却，在27 ℃时开始结晶生成，在略高于该温度（29 ℃）下停止冷却，然后再加热到33 ℃，使β晶型以外的晶体熔化，在29 ℃冷却和33 ℃加热重复操作多次，使可可脂完全转变为β结晶，且晶体不会太粗大。

## 四、油脂的塑性

塑性是指在一定外力作用下，表观固体物质具有抗变形的能力。油脂的塑性是指表观固体脂肪在外力作用下，当外力超过分子间作用力时开始流动，表现出流动性，外力撤销后，脂肪重新恢复原来的状态。在室温下，油脂并非严格的固体，而是固态与液态两相的混合体，脂肪中固—液两相的比例可用膨胀计来测量，常用固体脂肪指数（solid fat index，SFI）来表示。测定若干温度下25 g油脂固态和液态时体积的差异，除以25即为固体脂肪指数。美国油脂化学协会（AOCS）规定的测定温度为10 ℃、21.1 ℃、26.7 ℃和33.3 ℃；国际纯粹与应用化学联合会（IUPAC）规定为10 ℃、15 ℃、20 ℃和25 ℃。

油脂的固体性和液体性两者交织在一起，使油脂具有可塑性并保持一定的外形，油脂的可塑性取决于以下几点。

**1. 固体脂肪指数**

室温下呈现固态的油脂（如猪油）实际上是固态和液态两相的混合物。当油脂中固液比适当时，塑性最好；固体脂过多，形成刚性交联，油脂表现过硬，失去了流动性，塑性不好；液体油过多，则流动大，油脂表现过软易变形，并可导致油的离析，塑性也不好。另外，油脂固体脂肪指数与抗渗油能力和口融性有较大的关系。室温下，固体脂肪指数高抗渗油性好，但较高温度（大于 30 ℃）时，指数高会影响口融性，口感变差。表 5-7 所示为部分天然油脂在一定温度下的固体脂肪指数。

**表 5-7　部分天然油脂在一定温度下的固体脂肪指数**

| 油脂 | 固体脂肪指数 | | | | |
|---|---|---|---|---|---|
| | 10 ℃ | 21.1 ℃ | 26.7 ℃ | 33.3 ℃ | 37.8 ℃ |
| 椰子油 | 55 | 27 | 0 | 0 | 0 |
| 可可脂 | 62 | 48 | 8 | 0 | 0 |
| 棕榈油 | 34 | 12 | 9 | 6 | 4 |
| 奶油 | 32 | 12 | 9 | 33 | 0 |
| 猪油 | 25 | 20 | 12 | 4 | 2 |
| 牛脂 | 39 | 30 | 28 | 23 | 18 |

固体脂肪由稳定状态变为不稳定状态时体积会增大。通过膨胀计来测量液体油与固体脂的比容（体积比）随温度的变化结果就可以得到油脂的固体脂肪指数。图 5-9 所示为甘油酯混合物的热焓或膨胀率曲线，固体在 $X$ 点开始熔化，在 $Y$ 点全部转化为液体。曲线 $XY$ 表示体系中固体成分的逐步熔化，在曲线 $b$ 点是固—液混合物，此时固体脂肪的比例是 $ab/ac$，而液态油脂的比例是 $bc/ac$，一定温度下的固—液体积比（$ab/bc$）也就是固体脂肪指数。

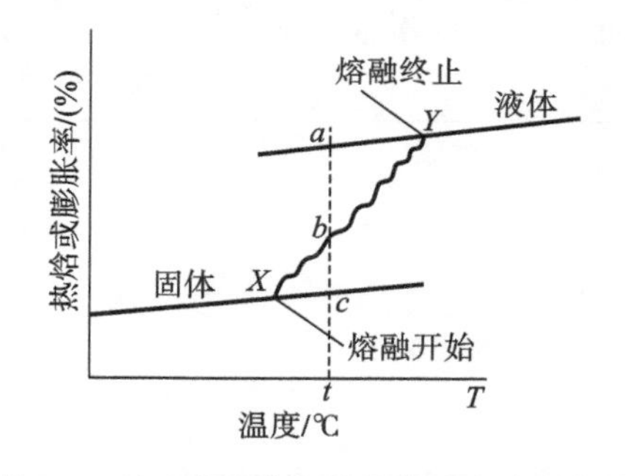


**图 5-9　甘油酯混合物的热焓或膨胀率曲线**

**2. 油脂的晶型**

油脂为 β′晶型时，塑性最强，因为 β′晶型在结晶时将大量小气泡引入产品，从而赋予产品较好的塑性；β 型结晶体所包含气泡量少且体积大，因而塑性较 β′晶型差。晶体的大小对塑性脂肪的流动性有很大的影响。对于固液两相共存的塑性脂肪，当脂肪晶体表面积不足以束缚所有的液相时，就会产生油离析。随着晶体体积变小，晶体表面积变大，油脂会逐渐变硬。人造奶油经过快速冷却后产生大量体积较小的晶体，不会发生固液分离。

**3. 熔化温度范围**

天然油脂通常没有一个固定的熔点，熔化温度范围是从熔化开始到熔化结束之间的温度差。熔化温度范围越大，油脂的组成成分也就越复杂，油脂塑性也越大。

塑性大的油脂具有良好的涂抹性，在烹调中具有重要的作用。制作焙烤食品，在面团调制过程中加入塑性油脂，由于其涂抹性好，因此可形成较大面积的薄膜和细条，使面团的延展性增强。油膜的隔离作用可使面筋颗粒彼此不能黏合成大体积的面筋，从而降低了面团的弹性和韧性，油膜的阻隔也降低了面团的吸水率，使面制品黏性降低或完全无黏性，从而达到起酥的效果。塑性油脂的另一个作用是，在调制过程中它包裹了一定数量的气体，使面团的体积增大，也起到了起酥的作用。饼干、糕点、面包等产品生产中使用的专用塑性油脂称为起酥油，具有在 40 ℃时不变软，低温下不太硬、不易氧化的特点。

塑性大的油脂成膜能力越强，其润滑性越好。烹饪中采用塑性大的油脂，可以在食品的表面形成一层均匀的油膜，减少食物的粘连，食物在口腔咀嚼过程中使人感觉油润、爽滑。人的口舌对食品颗粒形状的感受程度有一定的阈值，当颗粒直径大于 5 μm 时口感粗糙。人造奶油、巧克力要求细腻，滑润，有丝滑般的口感，因此，其制作过程中要选晶型小、塑性大的油脂。

## 五、油脂的黏性

油脂除了塑性外还有一定的黏性。油脂的黏性是由酰基甘油分子侧链之间的作用力产生。影响油脂黏性的内因是三酰甘油脂肪酸链的长短及饱和程度。脂肪酸碳链越长，油脂黏性越大；饱和程度越高，黏性越大。例如，牛脂肪和羊脂肪中饱和十八碳酸比猪脂肪中高，而猪脂肪中以十六碳酸为主，在黏性上猪脂肪较牛羊脂肪低。相反，脂肪酸内双键结构阻碍了分子间的相互靠近，因而侧链间作用力减弱，黏度降低。

温度是影响油脂黏性的重要外因。一般来说，黏性随温度升高而降低，也就是说高温度下油脂流动性增强。表 5-8 为部分油脂在不同温度下的黏度。

**表 5-8　部分油脂在不同温度下的黏度**

| 油脂 | 温度(℃) | 黏度($10^{-3}$ Pa·s) |
|---|---|---|
| 大豆油 | 0 | 172 |
| | 10 | 99.7 |
| | 25 | 50.9 |
| | 50 | 21.36 |
| | 108 | 8.5 |
| 葵花籽油 | 20 | 60.2 |
| | 40 | 35.4 |
| | 60 | 15.5 |
| | 100 | 6.4 |
| 棉籽油 | 16 | 91.0 |
| 牛油 | 70 | 1540 |
| 猪油 | 50 | 2420 |

塑性与黏性是油脂的两个重要性质。塑性反映的是混合油脂的抗变形能力，黏性表示分子间的摩擦阻力，两者与油脂的分子结构相关，是对立统一的。烹饪时，对油脂的塑性和黏性运用得当能够使菜肴达到预期的口感。

**油脂塑性与黏性的应用**

油脂的塑性与黏性在烹饪中具有很重要的意义。人们在摄取食物时希望得到不同的口感，有时期望滑润、爽快；有时又期望黏稠、厚重。因而在烹制工艺上要根据不同食材选用不同性质的油脂。例如，青菜中含油脂很少、纤维素多，缺乏滑润感。为了增加青菜的润滑性，通常在烹调时要在植物油中加一点猪油，改变油脂中固体与液体的比例，以提高油脂的塑性，从而含水量高、纤维多的青菜就可产生爽口、滑润感。但在吃火锅时，又希望味道厚重些，有点黏稠感，这时需要适当提高油脂的黏性，火锅油料（底料）根据季节温度的变化，增加黏性较大的动物性油脂，以增强汤汁中的油脂在口腔黏膜上的附着性，使人们饮食过程中体会着麻、辣风味，但又不感觉到特别的烫。因此，烹饪中需要根据原料的性质合理地使用油脂以达到良好的效果。通常水分含量高的鲜嫩食物（青菜、鱼、虾类）选用塑性好的油脂烹制，而水分含量相对低、需要进行焖、烧、煮的食物则选用黏度较大的油脂。

## 六、油脂的乳化

油脂难溶于水，可溶于有机溶剂。油脂中通常有微量的水存在，含水量随温度升高而增加，这一特性促进油脂在高温下的水解。

当油与水混合一起时，由于表面张力和密度的不同，油、水会产生分层。即使经充分搅动、静置后，进入水相的油分子总是力图聚集在一起形成“油珠”。为了使两种互不相溶的混合物形成稳定的体系，必须降低其表面张力。

**1. 乳状液**

乳状液是两种或两种以上不相混溶的混合物，其中一种液体以微粒的形式分散到另一种液体中形成的分散体系。在热力学上，乳状液是不稳定体系。从微观上看，乳状液是粗分散体系，乳状液的性质在很大程度上取决于物质组成和制备方法。

乳状液根据其形式分为两大类：一类为油包水型（W/O），水为内相或分散相，油为外相或连续相；另一类为水包油型（O/W），油为内相或分散相，水为外相或连续相。食品中常见的乳状液体系有 W/O 型，如奶油、人造黄油、冰激凌等，其中含水量约为 16%，油在 80%以上；O/W 型有牛奶、豆浆、色拉调味料、汤汁等。

乳状液一般呈乳白不透明液状。这种外观与分散相的液滴大小有密切的关系。一般乳状液分散相的直径为 1～10 μm，当液滴直径较大时可以分辨出两相；液滴直径在 1 μm 左右时，呈现乳白色乳状液；直径在 0.1～1 μm 时，呈现蓝白色乳状液；直径小于 0.05 μm 时为透明液体。

**2. 乳化作用**

向油-水混合液中加入一种化学剂，油和水能够均匀地混合在一起，这种由互不相溶的两相中的一相均匀稳定地分散到另一相的过程，称之为乳化。组成的混合液为乳状液。乳状液的形成，需要加入第三组分——表面活性剂。这种能够使乳化发生的物质称为乳化剂。

乳化剂不仅能够形成乳状液，而且当乳状液形成后乳化剂可以维持乳状液的稳定性。因此，乳化剂的作用表现在两个方面：一是降低液滴表面张力，以利于制备直径较小的微粒；

二是在两相间形成界面，为体系提供长时间抗聚结的稳定作用。

乳状液的形成常用的工艺方法是以分散原理为依据，通过外界向体系提供机械能。强烈的机械搅拌使液滴发生变形和破裂，在制备 O/W 型乳状液时，由于水的黏度较低，搅拌可以把液滴打碎成直径小到几个微米或更小的液滴；如果连续相的黏度较高，则需要产生足够的剪切应力。高速搅拌机制备乳状液时，速度越高，时间越长，所搅拌物料体积越小，产生液滴的直径也就越小。通常液滴直径为 1～2 μm。

食品加工中常用的乳化剂有天然乳化剂和人工合成乳化剂。天然乳化剂有脂肪酸盐类、一酰甘油、二酰甘油、磷脂、蛋白质等。天然乳化剂作为食品组成中的一部分，使用时可以按需要配制。由于其安全性高，食品加工和烹饪中应用较广。人工合成乳化剂有单脂肪酸甘油酯类、蔗糖脂肪酸酯类、山梨糖醇酐脂肪酸酯类、聚氧乙烯山梨醇酐脂肪酸酯类等。烹饪中乳化剂的应用除了乳化作用外，主要用于食品的保湿、分散、防止老化和结晶。

乳化剂按照其乳化能力分为亲水性、亲油性乳化剂，常见的人工合成食品乳化剂如下。

单硬脂酸甘油酯，分子式为 $C_{21}H_{42}O_{47}$，相对分子质量为 358.57。凝固点不低于 50 ℃，HLB 值为 2.8～3.5，具有良好的亲油性，常作为 W/O 型乳化剂，因其本身乳化性很强，也可作为 O/W 型乳化剂。单硬脂酸甘油酯本身就是一种油脂，在人体内正常代谢，安全性高，食品中没有限制性规定，主要用于各类食品。

蔗糖脂肪酸酯，是蔗糖与脂肪酸反应生成的一大类有机化合物的总称。脂肪酸有硬脂酸、软脂酸、棕榈酸和月桂酸等。一般蔗糖分子上只有三个羟基酯化，通常蔗糖脂肪酸酯为一、二、三酯的混合物。根据其酯化程度配比不同，蔗糖脂肪酸脂亲水亲油平衡值(HLB)在3～15 之间，可作为 W/O 型、O/W 型乳化剂，蔗糖脂肪酸脂由于其凝固点高还可作为食品保鲜膜。

山梨糖醇酐脂肪酸酯，由山梨醇及其单酐、二酐与脂肪酸反应生成，商品名司盘（Span）。根据酯化脂肪酸及数目不同，有山梨糖醇酐单月桂酸脂（Span20），山梨糖醇酐单棕色酸脂（Span40），山梨糖醇酐单硬脂酸酯（Span60），山梨糖醇酐双硬脂酸酯（Span65），山梨糖醇酐单油酸酯（Span80），山梨糖醇酐脂肪酸酯类亲水亲油平衡值为 2.1～8.6，主要作为 W/O 型乳化剂。

聚氧乙烯山梨醇酐脂肪酸酯，商品名吐温（Tween）。有聚氧乙烯山梨醇酐单月桂酸酯（Tween20）、单棕榈酸酯（Tween40）、单硬脂酸酯（Tween60）和单油酸酯（Tween80），用于面包和乳化香精。

**3. 乳化剂在食品中的应用**

乳化剂在烹饪中应用较为普遍，特别是在烘焙食品生产中。乳化剂与水、蛋白质、糖类、脂类相互作用，在改善食品品质、保鲜、湿润、防止结晶（老化）等方面有非常重要的作用。

1）乳化剂与糖类物质的作用

大多数乳化剂分子中有线型的脂肪酸长链，可与直链淀粉连接而形成螺旋复合物，降低淀粉分子的结晶程度，并进入到淀粉颗粒内部而阻止淀粉结晶。乳化剂可防止淀粉类制品的老化、回生、凝聚、沉淀，对面包、糕点等湿润性淀粉类食品具有保持其柔软性和保鲜度的作用。高度纯化的单硬脂酸甘油酯这种作用最为明显。

2）乳化剂与蛋白质的作用

蛋白质分子中既有亲水基团又有亲油基团，可分别通过氢键、疏水作用与乳化剂中亲水基团或疏水基团结合。乳化剂与蛋白质的络合在烘焙食品、面粉制品中可以强化面筋的网络结构，防止因油水分离所造成的淀粉老化、蛋白质硬化，同时增强韧性和抗拉力（油面条），以保持其柔软性，抑制水分的蒸发，增加制成品的体积，改善口感。

3）乳化剂与油脂作用

有水存在时，乳化剂可使脂类物质成为稳定的乳状液；没有水存在时，乳化剂可使油脂产生不同类型的结晶，改善食品的口感。一般情况下，油脂的晶型为不稳定的 α-晶型和 β-初级晶型，其熔点较低，但可以缓慢地从低熔点的 α-晶型过渡到高熔点的 β-晶型。不同晶型的油脂赋予食品不同的感官性状和品质。在食品中加入乳化剂可以调节油脂的晶型，以达到预期的效果。如人造黄油，加入不同类型的三酰甘油，使油脂晶型由 β 晶型转变为 β′晶型。

烹饪中常制作肉类制品，包括肉丸子、香肠、火腿、鱼糕等，其主要原料有蛋白质、水、脂肪与调味料。肉经过斩碎、搅拌形成稳定的乳胶体，熟制后得到“嫩、爽、滑”的口感，赋予产品新的性状。其中蛋白质既是胶凝剂又是乳化剂，使水与油脂形成稳定的乳状液，保留了肉制品中的水分。同样，巧克力生产中加入乳化剂硬脂酸甘油酯，形成 β 晶型，防止砂糖结晶和油水分离，保持良好的密度和稳定性。

**重组肉类制品**

为了改善肉类的营养和性状，增加适口性（黏、滑、嫩、爽、弹），利用蛋白质的胶凝性、乳化性对肉类进行重组，烹饪工艺中称之为制胶。设备有绞肉机、搅拌机等。其主要步骤如下。

1. 原料斩切　原料肉洗净后，根据肉制品的种类将肉斩切为大小不同的颗粒。斩切的目的：一是改变组织结构，增大蛋白质结合水的面积，提高其持水量，使产品达到相应的“嫩度”；二是改善肉制品组织的均匀性。

2. 物料混合　将肌肉颗粒、水、油脂、食盐、淀粉、调味料等按比例依次混合，形成一个多相分散体系。为了使肉类蛋白质充分溶解和溶胀，通常在制品生产前数小时内对物料进行混合。

3. 乳化　肌肉中蛋白质、水、脂肪和盐混合，经过搅拌机剪切作用，由于肌肉中蛋白质既是凝胶基质又是乳化剂，经过充分搅拌后形成 O/W 乳胶状体（即肉糜）。新形成的乳胶状体在组织均匀性、含水量、弹性等方面均得到改善。肉糜的形成包括两个变化过程：一是蛋白质分子吸水膨胀、交联形成黏性的网络状基质；二是蛋白质分子对水、脂肪球的乳化作用形成乳状液，使水、脂肪均匀分散在蛋白质网络结构基质中，进一步增加了乳状液的稳定性。

4. 肉糜乳胶体的形成　肌肉纤维结构的破坏改变了蛋白质分子结构，不溶性蛋白质（肌球蛋白、肌动蛋白、肌动球蛋白）在适当的盐离子浓度作用下产生盐溶效应，与水分子的结合能力提高，蛋白质吸水膨胀，产生了黏性基质。在搅拌力的作用下蛋白质分子发生交联形成网络结构，淀粉颗粒分布于网络中，水溶性或不溶性蛋白质充当乳化剂，使水、脂肪、蛋白质形成乳状液均匀分散在蛋白质网络结构中。这种乳胶体结构具有良好的稳定性，还可以防止热处理时水分的丢失和脂肪颗粒融化而聚合。

肉糜中乳状液为水包油型（O/W）乳状液，分散相主要是固体颗粒或脂肪液滴，连续相则是蛋白质水溶液。

影响肉糜形成与稳定的因素如下。

（1）温度　搅拌时由于摩擦作用，温度会升高，部分脂肪会熔化，蛋白质变性。一方面有利于蛋白质吸附到分散的脂肪颗粒上，同时温度的适当提高也有助于可溶性蛋白质释放；另一方面温度过高，乳状液的稳定性会被破坏。温度的高低主要由脂肪的熔点来决定。一般禽类肉控制在10～20 ℃(猪肉15～18 ℃，牛肉21～22 ℃)。水产品温度控制在10 ℃以下，搅拌过程中低速有利于保持温度的稳定，高速搅拌升温较快，常加入冰水以控制温度。

(2) 脂肪颗粒的大小　在肉糜形成中，脂肪颗粒应尽可能小，有利于乳状液形成。但脂肪颗粒过小，脂肪总表面积会大幅增加，这样会造成可溶性蛋白质数量不足，影响乳状液的稳定性。

(3) pH值　肌肉中主要蛋白质的等电点为4.7～5.4，提高pH值有利于蛋白质的溶解。经过后熟的鲜肉其盐溶性蛋白质可达到50%，有利于肉糜的稳定。因此，肉糜生产中采用冷鲜肉。

(4) 肉糜的黏度　当肉糜黏度较小时，脂肪颗粒会重新聚集形成较大的颗粒，使肉糜乳状液出现分离现象。这种现象出现在肉糜加热处理后，被冷却放置时更为明显。因此，通常加入多糖(如淀粉)以提高肉糜的黏性，减少水油分离。

# 第三节　油脂的化学性质

## 一、油脂的水解

三酰甘油不溶于水，在高温、高压和有水存在的条件下，可水解生成甘油和脂肪酸。在酸、碱、酶、催化剂以及金属离子(锌、铜)存在的条件下水解反应较易进行，化学上常用稀硫酸和稀盐酸作为催化剂。乳化剂能够增加油脂与水的接触面，能促进水解作用。油脂在储存过程中，因受微生物的污染，微生物分泌脂肪酶，将油脂转化为脂肪酸，再经氧化酶作用进一步转化为能量。酶的水解产物较为复杂，除脂肪酸外，还有醛、酮、醇等小分子物质，因而油脂经酶水解后产生一些令人厌恶的气味，俗称的“哈喇味”。当油脂含有杂质和水分时，更容易发生酶水解。

油脂水解是一个分步过程。水解产物有游离脂肪酸、甘油、一酰甘油和二酰甘油，其化学反应式如下。

$$\begin{array}{c}H_2C-O-\overset{O}{\overset{\|}{C}}-R_1\\ |\\ R_2-\overset{O}{\overset{\|}{C}}-O-CH\\ |\\ H_2C-O-\overset{O}{\overset{\|}{C}}-R_3\end{array} + 3H_2O \xrightarrow{\text{酸或酶}} \begin{array}{c}R_1-\overset{O}{\overset{\|}{C}}-O-H\\ R_2-\overset{O}{\overset{\|}{C}}-O-H\\ R_3-\overset{O}{\overset{\|}{C}}-O-H\end{array} + \begin{array}{c}CH_2OH\\ |\\ HOCH\\ |\\ CH_2OH\end{array}$$

甘油三酯　　　　脂肪酸　　　　甘油

食物烹饪过程中，油炸含水量较高的食品时，由于水和热量的双重作用使得油脂的水解速度加快。因此，烹饪时要注意油脂的重复使用问题。水解后油脂中含有游离脂肪酸，引起酸价值升高，同时，低级脂肪酸挥发产生不良气味，出现油脂酸败现象。酸败的程度，可用酸价值来衡量。酸价值(acid value，AV)是指中和 1 g 油脂中游离脂肪酸所消耗的以毫克为单位的氢氧化钾的量。显然，酸价值愈高，酸败愈严重，油脂的品质愈差。食品加工和储藏中，应该尽量控制水的含量，避免水解反应的发生。

水解在碱性条件下是不可逆的，生成的脂肪酸与碱继续反应生成脂肪酸盐，即皂化反应。

## 二、皂化反应

油脂在碱性条件下发生完全水解反应，水解生成的游离脂肪酸与碱中和生成相应的脂肪酸盐，此反应是工业制成肥皂的主要化学反应，故称作皂化反应(saponification)，其反应式如下。

$$\begin{array}{l} H_2C-O-CO-R_1 \\ R_2-CO-O-CH \\ H_2C-O-CO-R_3 \end{array} + 3NaOH \longrightarrow \begin{array}{l} R_1-CO-O-Na \\ R_2-CO-O-Na \\ R_3-CO-O-Na \end{array} + \begin{array}{l} CH_2OH \\ HOCH \\ CH_2OH \end{array}$$

甘油三酯　　　　脂肪酸钠盐　　　　甘油

工业上皂化反应以食品加工后的劣质油脂、餐后的泔水油经过加工处理，最终产品为肥皂。完全皂化 1 g 油脂所消耗的 KOH 的量(mg)称皂化值。皂化值可以用来评价油脂的化学组成，判断脂肪酸平均相对分子质量的大小。皂化值越低，意味着 1 g 油脂皂化消耗较少的 KOH，说明混合脂肪酸平均相对分子质量越大，因为脂肪中长链脂肪酸含量较高。反之，皂化值越高，说明油脂中含有较多的低分子脂肪酸。

## 三、加成反应

### 1. 加成反应

油脂中多含有不饱和的脂肪酸，由于不饱和双键的存在，很容易受到亲电子基团的攻击发生加成反应。含有不饱和脂肪酸的油脂可以与卤素发生加成反应，常称之为卤化反应。

$$R-CH=CH-+I_2 \longrightarrow R-CHI-CHI-$$

通常用碘与油脂进行加成反应来测定脂肪酸不饱和程度的大小。100 g 油脂在一定条件下所能吸收的碘(g)称为碘价值(iodine value)。不饱和脂肪酸含量越高，分子中双键越多，碘价值越大。烹饪时可根据油脂的碘价值来划分油脂性质从而合理用油。

干性油，碘价值大于 130，由于稳定性差，只作为一般用油，不适宜作为煎炸用油。

半干性油，碘价值在 90～130 之间，稳定性较好，多用作烹饪用油。

不干性油，碘价值小于 90，稳定性高，通常作为高温用油，如煎炸、烘焙、起酥用油。

**2. 加氢反应**

油脂氢化是对不饱和脂肪酸中双键加氢的化学过程。特别是多不饱和脂肪，在常温下呈液态，通过加氢后增加了油脂的饱和程度，从而使其在室温条件下呈现出固态，表现出不同的结晶性能（使三酰甘油组成更趋同一），并且使油脂具有更好氧化稳定性。油脂加氢反应还有另一个作用，加氢可以破坏胡萝卜素中的双键结构从而使油脂脱色。氢化后的油脂由于有良好的稳定性和塑性，广泛用于人造奶油、起酥油。

氢化反应需要催化剂（Pt、Ni 等）加速反应过程，通入氢气，反应温度在 250～300 ℃范围内进行。氢化反应包括三个步骤：①不饱和脂肪酸与催化剂在双键两端结合；②氢被吸附到催化剂的碳——金属络合物上，打破碳与催化剂之间的键，形成半氢化状态；③半氢化状态与另一个氢反应，完成金属络合物全部替代，最终形成氢化脂肪酸。然而，氢化反应过程中，当氢不足够时，反应方向也可以发生改变，脂肪酸将从催化剂上释放，双键又重新形成，此时所形成的双键可以是顺式，亦可以是反式（图 5-10）。这就是油脂氢化过程中反式脂肪酸形成的原因。

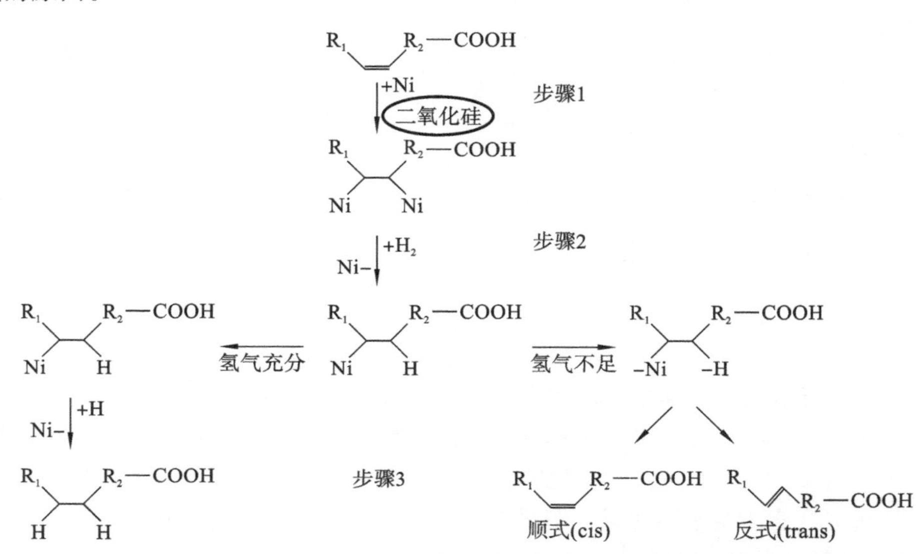


图 5-10 油脂氢化反应中饱和脂肪酸以及顺式、反式脂肪酸的形成过程

目前研究发现膳食中反式脂肪酸与心血管疾病的发病风险有着相互关联的作用，因此世界卫生组织（WHO）建议限制或减少膳食中反式脂肪酸的摄入。

## 四、油脂的氧化与抗氧化

**1. 油脂的氧化类型**

油脂在氧气作用下，首先产生氢过氧化物，根据油脂氧化过程中氢过氧化物产生的途径不同可将油脂的氧化分为自动氧化、光敏氧化和酶促氧化。油脂氧化是含油脂类食品品质劣化的主要原因之一，氧化可产生的令人不愉快的气味（如苦涩味）和一些有害物质，这些变化统称为油脂酸败（lipids rancidity）。

1）自动氧化

脂质的自动氧化是一种由自由基（free radical）引发的链式反应，包括链引发、链传播、链终止三个阶段。自由基被定义为含有一个或多个未成对电子的分子或原子。自由基处于激发态，能量高，非常不稳定。不同种类的自由基其能量差异很大。如羟基自由基（·OH）有较高的能量，几乎能够通过夺氢反应氧化任何分子。

经典的脂质氧化反应过程：在链引发期，油脂中不饱和脂肪酸在光、热、金属催化剂的作用下，使其双键相邻的亚甲基脱氢，引发烷基自由基（R·）产生；R·与空气中氧结合，形成过氧自由基（ROO·），ROO·又作用于其他分子双键相邻的亚甲基的氢，形成强氧化物过氧化氢（ROOH），同时产生新的R·，并不断传播。如此循环之后，自由基之间发生反应，最终形成非自由基化合物，链式氧化反应终止。

（1）诱导期：油脂分子在光、热、金属催化剂的作用下，脂肪酸去氢形成烷自由基（R·），此阶段反应较慢。一旦烷自由基形成，它就可通过双键电子离域使双键移位来保持其稳定性，或者从多不饱和脂肪酸通过形成共轭双键来增加其稳定性。双键迁移主要生成具有较高稳定性的顺式或反式共轭体系，其中以顺式占主导，因为它更加稳定。图5-11表明亚油酸在诱导阶段的变化。亚油酸的亚甲基断裂去氢，双键重排生成两种异构体，去氢后的烷基主要存在于四个不同的位置（图5-12）。脂肪酸的不饱和程度越大越容易激发。脂肪链中碳氢共价键的键能为98 kcal/mol。如果碳原子和富集电子的双键相邻，碳氢键能减弱为89 kcal/mol。在多不饱和脂肪酸中，双键呈亚甲基连接的戊二烯结构（图5-13），亚甲基碳氢共价键键能被两边的双键减弱，它的键裂解能为80 kcal/mol。由于碳氢键断裂解能降低，去氢反应变得更容易，则油脂易于氧化。通常亚油酸（18：2ω6）较油酸（18：1ω9）易氧化程度大10～40倍。多不饱和脂肪酸多一个双键则多一个亚甲基碳上去氢的位点，亚油酸（18：2ω6）有一个亚甲基断裂碳，亚麻酸（18：3ω3）有两个，花生四烯酸（20：4ω6）有三个。大多数情况下，随着亚甲基的增多，氧化速率成倍增加。

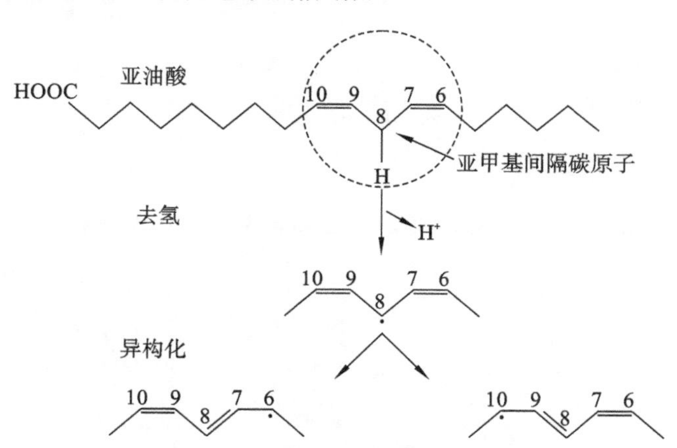


**图5-11 亚油酸酯氧化诱导阶段的变化**

（2）链传递：传导阶段首先是氧加到烷基自由基上，生成过氧自由基（ROO·）；过氧自由基又与另一些亚甲基上除去的氢形成氢过氧化物（ROOH）和新的烷自由基（R·）；过氧自由基能量较高，不饱和脂肪酸中碳氢键较弱，可以促进其他分子去氢化；新的烷自由基又与氧作用生成过氧自由基，以上反应步骤重复进行，直至自由基相互结合生成稳定的非自由基产物。链传递反应的活化能较低，此阶段反应较迅速，并且不断循环进行，产生大量的氢过氧化物（图5-14）。氢过氧化物是脂类自动氧化的主要初期产物，目前对氢过氧化物的测定是检测脂肪酸败变质的重要指标。

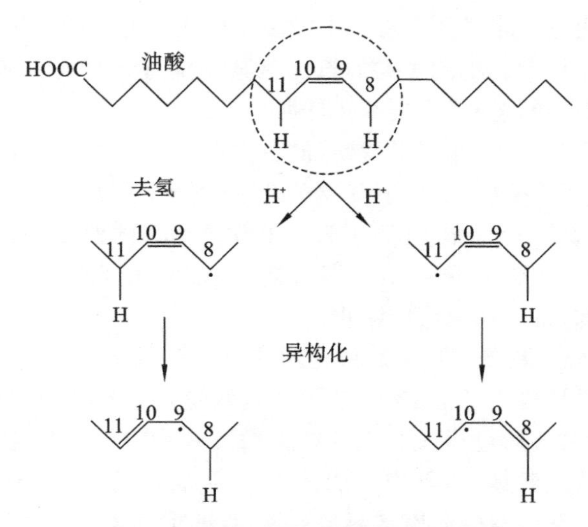


图 5-12　油酸酯氧化诱导阶段的变化

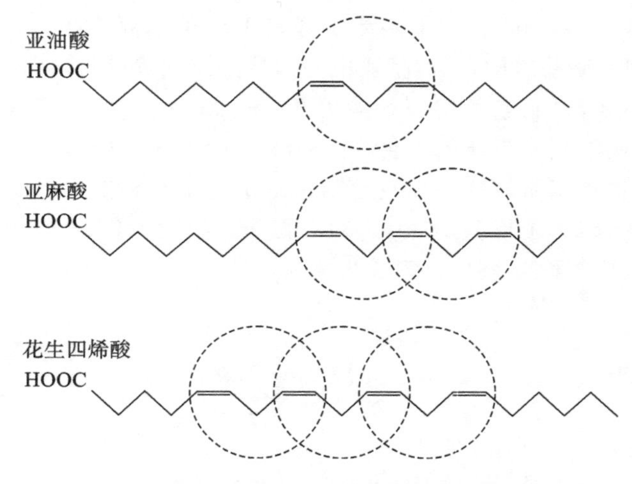


图 5-13　亚油酸、亚麻酸、花生四烯酸分子中戊二烯结构

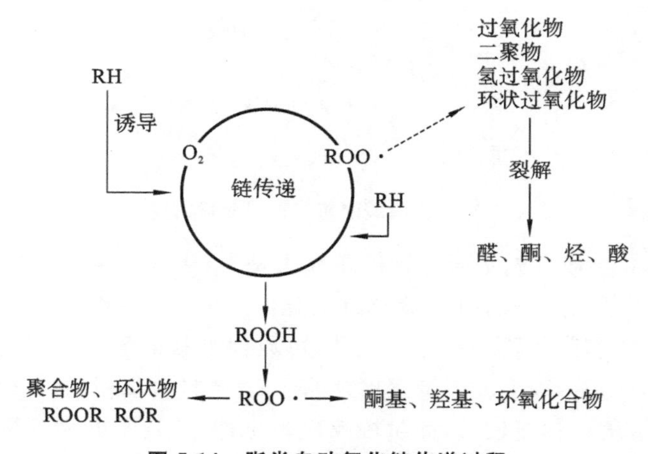


图 5-14　脂类自动氧化链传递过程

(3) 终止期：随着环境中氧气扩散速率的减小(浓度的降低)，可氧化分子数目减少，产生的自由基之间相互作用，最终形成稳定的化合物。过氧自由基之间形成酯、烷烃、醛、酮等，烷自由基之间形成脂肪酸二聚物。聚合物的形成严重影响了油脂的质量，通常将其作为判断煎炸油质量的指标。

$$ROO\cdot + ROO\cdot \longrightarrow ROOR + O_2$$
$$ROO\cdot + R\cdot \longrightarrow ROOR$$
$$R\cdot + R\cdot \longrightarrow R{-}R$$

2) 光敏氧化

光敏氧化是不饱和脂肪酸与单线态氧直接发生氧化反应。O 原子外层电子构型 $2s^2 2p^4$，原子外层轨道因有两个未成对电子，它们可按相互自旋平行或反平行排列，形成两个不同的能态，分别称为三线态氧($^3O_2$)和单线态氧($^1O_2$)。三线态氧($^3O_2$)的两个电子位于 $2p_z$反键轨道上，自旋方向相同而轨道不同，遵从泡利不相容原理，具有相同自旋方向的两个电子不能在同一个电子轨道上(图 5-15)。三线态氧静电排斥能量较小，处于基态。如果氧反键 2p 轨道上的电子具有相反的自旋方向，则被称为单线态氧($^1O_2$)。单线态氧静电排斥能量大，处于激发态。单线态氧($^1O_2$)可能有两种能态，一种是比基态能量大 94 kJ 的$^1\Delta$，另一种是大于基态能量 157 kJ 的$^1\Sigma$，两种能态电子分别按图 5-15 所示方式排列。

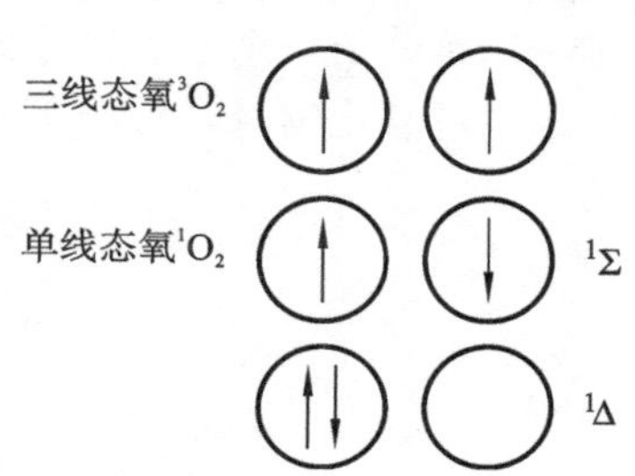


**图 5-15　三线态氧($^3O_2$)和单线态氧($^1O_2$)电子自旋方向**

食品体系中单线态氧的产生主要是通过食品中的光敏剂在吸收光能后形成激发态光敏素，激发态光敏素与三线态氧发生作用，能量转移使三线态氧转变为单线态氧。单线态氧具有极强的亲电性，其亲电子能力比三线态氧强 1500 倍，它能迅速与脂类分子中具有高电子密度的部位(双键)发生结合，从而引发常规的自由基链式反应，进一步形成氢过氧化物(图 5-16)。

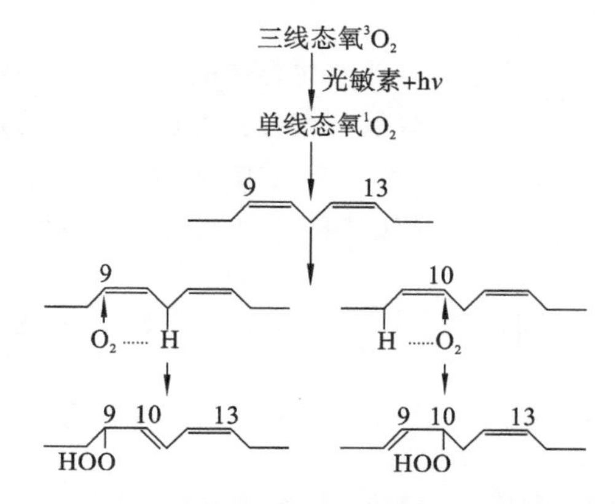


**图 5-16　单线态氧促使亚油酸氢过氧化物形成机理**

$$光敏素(基态) + h\upsilon \longrightarrow 光敏素*(激发态)$$
$$光敏素*(激发态) + {}^3O_2 \longrightarrow 光敏素(基态) + {}^1O_2$$
$$不饱和脂肪酸 + {}^1O_2 \longrightarrow 氢过氧化物$$

食品中存在的一些天然色素（如叶绿素、肌红素）都是光敏素。β-胡萝卜素则是最有效的单线态氧淬灭剂，一些具有抗氧化作用的物质（如生育酚、花青素、儿茶素）也具有淬灭单线态氧的作用。

3）酶促氧化

大多数植物和动物组织中含有脂肪氧合酶（LOXs），自然界中存在的 LOXs 可以使氧气与脂肪发生反应而生成氢过氧化物。脂肪氧合酶为含有铁元素的细胞质酶，没有活性时，LOXs 中的铁以二价形式存在，当被激活后 LOXs 中铁以三价形式存在。生物体中的 LOXs 具有高度的基团专一性，它只能作用于 1，4-顺-戊二烯结构位置。因此，LOXs 作用于亚油酸 C-8 亚甲基上。在脂肪氧合酶的作用下催化氢从间位亚甲基碳转移，脂肪酸的 C-8 失去质子形成烷基自由基，并将 LOXs 铁转化为二价，从而形成脂肪酸烷基自由基-LOXs 复合物。接着 LOXs 二价铁的一个电子转移给过氧化自由基形成过氧化阴离子，当过氧化阴离子与氢反应生成氢过氧化物时，LOXs 从脂肪酸中释放（图 5-17）。

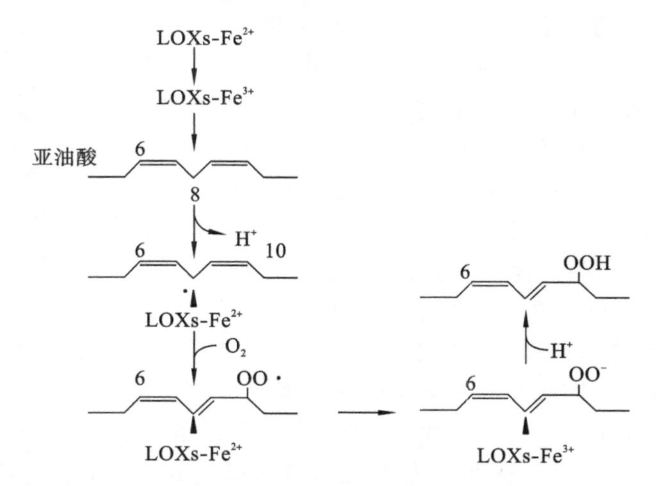


图 5-17　亚油酸在 LOXs 酶催反应的机理生成氢过氧化物机理

4）氢过氧化物的分解与油脂酸败

氢过氧化物极不稳定，当食品体系中此类化合物的浓度达到一定水平时就开始分解，主要发生在氢过氧基两端的单键上，形成烷氧基自由基再通过不同的途径形成烃、醇、醛、酸等化合物，这些化合物具有异味，使油脂出现所谓的“哈喇味”。

氢过氧化物分解的第一步是氢过氧化物的氧—氧键断裂，产生烷氧基自由基与羟基自由基。

$$R_1-\underset{\underset{\underset{\underset{\displaystyle H}{|}}{O}}{\vdots}}{\underset{|}{\underset{\displaystyle O}{CH}}}-R_2 \longrightarrow R_1-\underset{\underset{\displaystyle \cdot}{\underset{|}{O}}}{CH}-R_2+\cdot OH$$

氢过氧化物分解第二步是烷氧基两侧任一侧的碳—碳键发生断裂，断裂发生在羧基或酯一侧通常生成醛和酸（或酯）；断裂发生在烃基（或甲基）一侧生成烃和含氧酸（或氧代酯）；如果断裂产生的是乙烯基，则生成醛，反应如下：

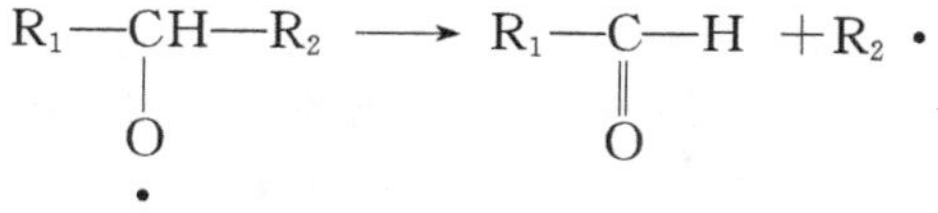

$$R_1—\underset{\underset{\cdot}{O}}{\underset{|}{CH}}—R_2 \longrightarrow R_1—\underset{\underset{O}{\|}}{C}—H + R_2\cdot$$

醛是脂肪氧化的产物，饱和醛容易氧化生成相应的酸，并参加二聚反应和缩合反应。例如三分子的己醛聚合为三戊基三蒽烷。

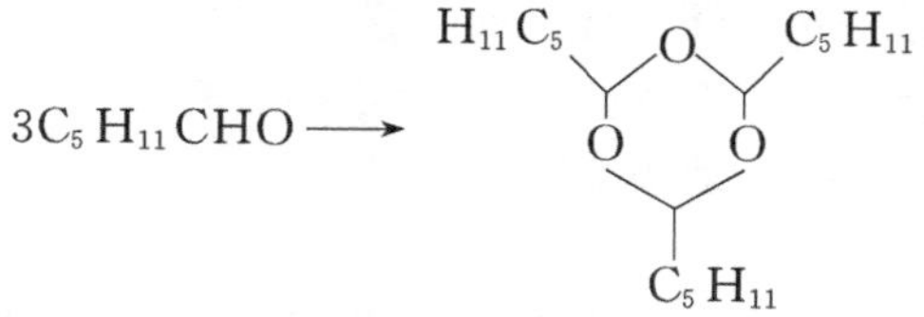

$$3C_5H_{11}CHO \longrightarrow \text{(三戊基三蒽烷：六元环含3个O，各C上连 }C_5H_{11}\text{)}$$

三戊基三蒽烷是亚油酸的次级氧化产物，具有强烈的臭味。脂肪氧化产物很多，除了醛类外，还有酮类、酸类以及其他双官能团氧化物，产生令人难以接受的"酸败味"，即所谓的油脂酸败。

**2. 影响油脂氧化的因素**

1）油脂的脂肪酸组成

不饱和脂肪酸的氧化速度比饱和脂肪酸快，花生四烯酸＞亚麻酸＞亚油酸＞油酸；顺式脂肪酸的氧化速度比反式脂肪酸快；共轭脂肪酸比非共轭脂肪酸快；游离的脂肪酸比结合的脂肪酸快；ω-6 和 ω-9 位的脂肪酸氧化速度比 ω-3 快。

2）温度

温度越高，脂肪氧化速度越快。高温既促进自由基产生又加快氢过氧化物的分解，有研究表明，在 20～60 ℃范围内，温度每上升 16 ℃，氧化速度加快 1 倍。但当温度过高时，氧化速率增加趋势不明显，主要是温度升高，氧分压也随之降低。

3）氧气浓度

环境中氧气充分时，氧浓度对油脂氧化反应速度没有影响。但在有限供氧的条件下，氧化速度与氧气浓度呈正比。故采用真空或充氮包装以及使用低透气性材料包装可以降低含油脂食品的氧化变质。

4）水分

水分活度对油脂的氧化有较大的影响。水分对油脂自动氧化主要取决于水分活度。水分活度偏高或偏低时，油脂酸败发生加快。水分活度控制在 0.3～0.4 之间，食品中油脂氧化酸败变化最小，原因是水分子对油脂具有保护作用，它能抑制自由态游离基的形成。在 $A_W$ 小于 0.25 的干燥食品中，氧气进入食品的阻力小，脂类氧化反应速度非常迅速。在 $A_W$ 大于 0.5 的食品中，水的存在提高了催化剂的流动性，使油脂食品的氧化速度加快。当水分子呈单分子吸附水平时，可抑制催化剂的催化作用，阻止氧向脂相传递，通过氢键使化合物稳定，在冷冻条件下，水以冰晶形式析出，使脂肪失去水膜的保护，因而冷冻的含脂食品仍然会发生酸败。$A_W$ 过高（＞0.8），催化剂以及反应物被稀释，脂肪氧化反应速率下降。

5）光和射线

可见光、紫外线和高能射线都能加速脂类氧化。这是因为它们都能引发产生自由基，促进氢过氧物的分解，尤其是紫外线和 γ 射线。因此油脂要避光保藏，或使用不透光材料包装。对于油脂高的食品在进行紫外线或射线杀菌处理时，要注意可能引发油脂自动氧化发生。

6）助氧化剂

许多金属都能够促进油脂的氧化，特别是过渡金属元素，催化能力强，如铜、锰、铁等。如果油脂与这些元素接触，浓度低至 0.1 ppm 就可使诱导期缩短，氧化速度增大。大多数食用油脂都含有微量的重金属，主要来自油料作物生长的土壤、动物体，以及加工储存过程中的金属设备和包装容器。不同金属对油脂氧化反应的催化能力由强到弱排列如下：

铅＞铜＞锡＞锌＞铁＞铝＞不锈钢＞银

血红素中的铁能诱发脂肪氧化产生游离基，促进脂肪的氧化。这可能是肉类冷藏时，其过氧化物值上升速率明显高于单纯动物油脂的原因之一。

7）乳化

在 O/W 或 W/O 体系中，氧分子必须扩散到水相并通过油—水界面才能接触脂肪，进而产生氧化反应。因此，油脂的氧化反应速率与乳化剂的类型和浓度、油滴直径大小、黏度有关。通常 O/W 型乳状液有降低氧化的作用。

8）抗氧化剂

一些植物油中存在着天然抗氧化物质。如米糠油、大豆油、棉籽油、麦胚油中含有维生素 E，能有效防止和延缓油脂的自动氧化。还有一些酚类物质，如花青素、儿茶酚等，它们都具有良好的抗氧化作用。烹饪中常用的香辛料，很多都具有一定的抗氧化性，如花椒、丁香、芫荽、姜、胡椒、肉桂、茴香等均含有抗氧化成分。

抗氧化剂的作用是能与过氧化物结合，阻止氧化过程中链式反应的进行，推迟自动氧化，图 5-18 是酚类化合物抗氧化作用的过程。

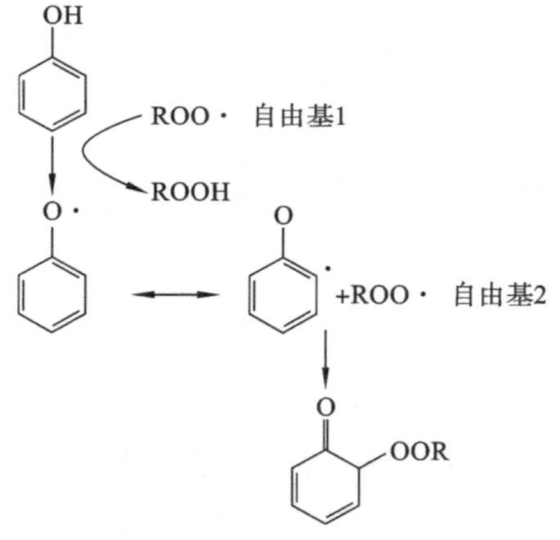

**图 5-18　酚类化合物和脂质过氧化物自由基(ROO·)之间的终止反应**

具有抗氧化作用的物质较多，根据抗氧化机理可将其分为如下几种。①自由基清除剂：酚类抗氧化剂，丁基羟基茴香脑(BHA)、二丁基羟基甲苯(BHT)、没食子丙酯(PG)等，它们具有电子给予体的作用，可以与氧化过程中产生的中间物结合，阻止反应的进行。②氢过氧化物分解剂：含硫或含硒化合物，分解氢过氧化物形成非自由基产物。③金属螯合剂：柠檬酸、磷酸、维生素 C、EDTA 等，与金属离子产生螯合，减少金属离子的催化作用。④单线态氧淬灭剂：维生素 A、维生素 E、β-胡萝卜素等。⑤脂氧合酶抑制剂：葡萄糖氧化酶、超氧化物歧化酶(SOD)、一些重金属等，阻止或减弱氧化酶的活动。

油脂氧化会导致油脂的食用性降低，所以必须防止其氧化作用发生。常用的方法除采用低温、避光储藏，精炼、控制水分和去氧包装外，还可以通过加入抗氧化剂，阻止或延缓自动氧化发生。

**3. 油脂酸败**

油脂的酸败是指油脂或含油脂的食品在储存过程中，由于受到相关因素的影响，脂肪分子发生化学反应，油脂劣化，甚至失去食用价值，表现为颜色变深、产生苦涩味和不良气味（哈喇味、质油味）。根据油脂发生酸败的原因不同可将油脂酸败分为以下几种。

（1）水解型酸败　油脂在加热以及酶的作用下水解生成一些具有异味的酸，如丁酸、己酸、庚酸等，致使油脂产生臭味和苦涩味。

（2）酮型酸败（也称生物氧化型）　脂肪水解产生的游离脂肪酸在一系列酶的作用下氧化，最后形成酮酸和甲基酮。例如食物中存在灰绿青霉、曲霉、细菌等微生物时，微生物分泌大量的脂肪氧化酶，使脂肪酸氧化酸败。

（3）自动氧化型酸败　脂肪在氧气、光、射线作用下，氧化形成的一些低级脂肪酸、醛、酮。

不同类型油脂酸败影响因素和产物比较见表 5-9。

**表 5-9　不同类型油脂酸败影响因素和产物比较**

| 类型 | 原因 | 产物 | 影响因素 |
|---|---|---|---|
| 水解型 | 油脂中混入少量水 | 游离脂肪酸 | 水、温度 |
| 酮型 | 生物酶、微生物污染 | 酮酸、甲基酮、乙酰辅酶 A 等 | 温度、氧气、水、氧化剂 |
| 氧化型 | 含烯不饱和键与基态氧反应产生自由基 | 酯、酚、酮、烷烃类、水、氧气、氢气 | 光、射线、氧、温度、氧化剂 |

油脂的酸败可以由单一因素引起，也可以由多个因素共同引起。因此，酸败有单一型，也有混合型，在食品储藏过程中三个类型往往同时发生。

**4. 油脂酸败对食品质量的影响**

1）破坏食品营养价值

氧化酸败使油脂的热能利用率降低，人体必需的多不饱和酸（如亚油酸、亚麻酸等）受到破坏。油脂的自动氧化还破坏了油脂中的脂溶性维生素，如维生素 A、维生素 E、维生素 D 等。当食物中的其他成分，如氨基酸、糖、维生素接触已酸败的油脂时，也会发生连锁反应而被破坏，从而引起食物营养价值降低。

2）产生有害成分

自动氧化产生的聚合物，特别是二聚体，能够被人体吸收，但进入体内不能被代谢，在体内聚积产生毒副作用。例如，酸败油脂对机体的琥珀酸氧化酶和细胞色素氧化酶等几种重要的酶系统有损害作用。长期食用变质油脂，会出现中毒现象。自动氧化产生的自由基对蛋白质、核酸大分子有损伤作用。

3）油脂性能劣变

自动氧化使油脂最终裂解为低分子的醛、酮、酸，产生强烈刺激性气味和难以接受的口感，导致食品品质严重降低。酸败还会使食物的色泽发生变化。酸败的油脂，其酸价值、过氧化值上升，而碘价值和烟点降低，比重和黏度增大。加热时油烟多、油泡多，油脂透明度下降，甚至发生固化，油脂的工艺性能劣变。

**5. 油脂酸败的预防**

为了避免或减缓油脂的氧化变质，实际中常采取以下措施。①避光：储存油脂或高油脂食物时，避免光照。油脂或含油脂丰富的食品，宜用有色或遮光容器包装。②减少与氧气接触：储油容器应开口小，加盖密封，容器装满油脂，尽量排出空气。烹饪中提倡油脂分装成小容器，以减少与空气直接接触的机会与时间。③低温：储存油脂时，应尽量避开高温环境。对未经加工处理的动物脂肪其冷冻时间不宜过长。④选择适当材料的容器和工具来处理和加工油脂，不使用铜、铁等材料的容器来储存、加工油脂。⑤适当炼制生油：对于毛油和生油，适当的加热可以使脂肪氧合酶失去活力。⑥添加抗氧化剂：可在油脂中添加香料和合成抗氧化剂来延长油脂的储存期。例如添加花椒、丁香、丁基羟基茴香脑（BHA）、维生素 A、维生素 E 等。

## 五、油脂高温劣变

油脂在高温下烹饪或长时间的加热，可导致各种化学反应的发生。主要有热分解、热氧分解、热聚合、热氧聚合、缩合、水解等反应，生成的物质较为复杂，有低级脂肪酸、羟酸、酯类、酮类、醛类等物质以及二聚体、三聚体，从而使油脂的颜色加深、黏度增大、酸价值升高、碘价值降低并有刺激性气味产生，最终导致脂肪酸组成发生变化、油脂营养价值降低、安全性问题产生。

**1. 热分解**

饱和油脂和不饱和油脂在高温下都会发生热分解反应。根据反应有无氧参与又分为无氧热分解和有氧热分解，金属离子的存在可以催化热分解反应。油脂在无氧情况下，加热温度为 260～300 ℃时，C—C 键、C—H 键发生断裂，产生小分子醛、酮、酸、醇物质，并产生强烈的气味。图 5-19 所示为饱和油脂的热分解反应。

$$\begin{array}{l} CH_2OOCR \\ | \\ CHOOCR \\ | \\ CH_2OOCR \end{array} \longrightarrow \begin{array}{l} CHO \\ | \\ CH_2 \\ | \\ CH_2OOCR \end{array} + \underset{\text{醚}}{R-\overset{O}{\overset{\|}{C}}-O-\overset{O}{\overset{\|}{C}}-R}$$

$$\begin{array}{l} CH_2OOCR \end{array} \longrightarrow \underset{\text{酸}}{R-COOH} + \begin{array}{l} CHO \\ | \\ CH \\ \| \\ CH_2 \end{array} \ \text{烯醛}$$

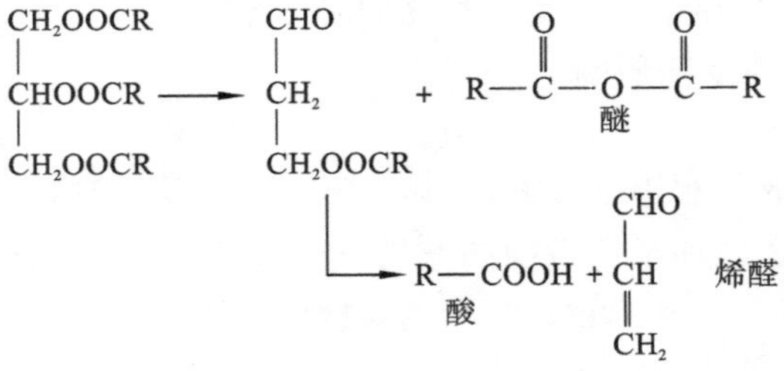

图 5-19　饱和油脂的热分解反应

在有氧情况下，热分解较无氧更易发生，分解反应时间缩短，反应温度下降。在 150 ℃时油脂即可发生分解产生大量的酸、醛、酮、烃类等物质。热氧化时油脂的分解一般首先在羧基的 α-碳或 β-碳或 γ-碳上形成氢过氧化物，然后氢过氧化物进一步裂解生成醛、酮、烃等低分子化合物。如图 5-20 所示，当氧攻击 β 位置时形成氢过氧化物，氢过氧化物引发 H—C 键断裂，然后再发生 C—C 键断裂生成一系列化合物。

油脂的有氧热分解在金属离子（如铁、铜）起催化作用的条件下，与无氧热分解相比，温度更低、时间更短，饱和脂肪酸也会发生分解。

**2. 热聚合**

油脂经过加热后，特别是温度在 300 ℃以上或长时间反复加热时，不仅会发生热分解反应，还会发生热聚合反应，其结果是使油脂色泽变暗，黏度增加，严重时冷却后会发生凝固现象，油脂的起泡性也会增加，泡沫的稳定性增强。

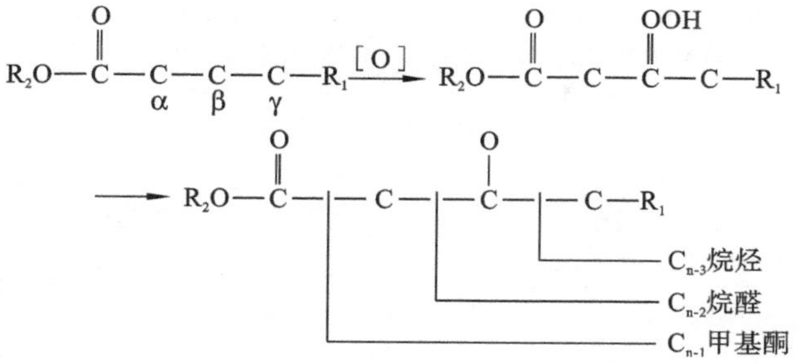

$$R_2O-\overset{O}{\overset{\|}{C}}-\underset{\alpha}{C}-\underset{\beta}{C}-\underset{\gamma}{C}-R_1 \xrightarrow{[O]} R_2O-\overset{O}{\overset{\|}{C}}-C-\overset{OOH}{\overset{\|}{C}}-C-R_1$$

$$\longrightarrow R_2O-\overset{O}{\overset{\|}{C}}-C-\overset{O}{\overset{\|}{C}}-C-R_1$$

$C_{n-3}$烷烃
$C_{n-2}$烷醛
$C_{n-1}$甲基酮

图 5-20 油脂有氧热分解反应

聚合作用可以发生在同一分子的酰基甘油的脂肪酸残基之间，形成二聚或多聚酸；也可以发生在不同的酰基甘油分子之间，形成二聚、多聚甘油酯。热聚合与氧化聚合不同，它不会产生难闻的气味，消费者不易发现它们的存在，因此它的危害更大。

油脂在 200～300 ℃条件下，发生热聚合生成环状化合物，聚合的方式有分子间聚合和分子内聚合，通常分子间聚合大于分子内聚合，主要为二聚体和三聚体。油脂热氧化时发生聚合反应一般有以下形式。

(1) 狄尔斯-阿德尔(Diels-Alder)反应　共轭二烯烃与双键加成反应，生成环己烯类化合物。反应首先是多不饱和脂肪酸的双键异构化生成共轭二烯化合物，然后共轭二烯化合物与不饱和脂肪酸反应生成环已烯类化合物，如图 5-21 所示。狄尔斯-阿德尔反应不仅发生在分子间，也可以发生在同一脂肪分子的两个不饱和脂肪酸酰基之间。

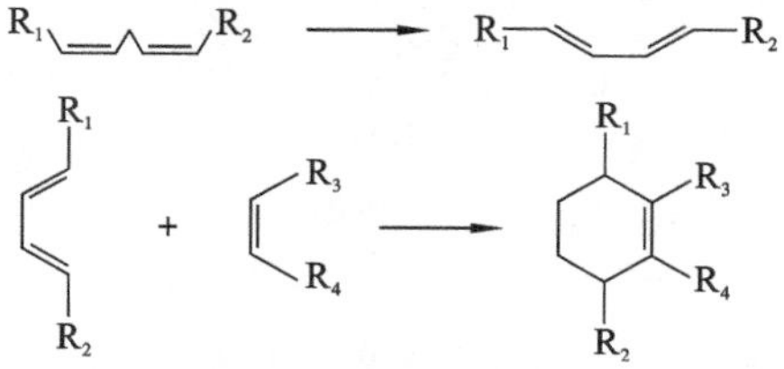

$R_1$ $R_2$ → $R_1$ $R_2$

$R_1$ $R_2$ + $R_3$ $R_4$ → $R_1$ $R_3$ $R_4$ $R_2$

图 5-21 油脂分子间的热聚合反应

(2) 通过游离基之间结合形成非环状二聚混合物　有氧情况下，油脂氧化双键均裂生成自由基，自由基之间再经 C—C 结合产生非环状二聚体(图 5-22)。

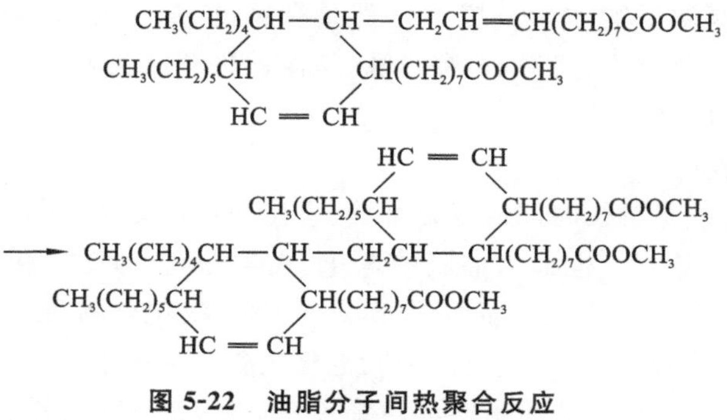

$CH_3(CH_2)_4CH-CH-CH_2CH=CH(CH_2)_7COOCH_3$
$CH_3(CH_2)_5CH$　$CH(CH_2)_7COOCH_3$
$HC=CH$

$HC=CH$
$CH_3(CH_2)_5CH$　$CH(CH_2)_7COOCH_3$
$\longrightarrow CH_3(CH_2)_4CH-CH-CH_2CH-CH(CH_2)_7COOCH_3$
$CH_3(CH_2)_5CH$　$CH(CH_2)_7COOCH_3$
$HC=CH$

图 5-22 油脂分子间热聚合反应

游离基与双键发生加成反应，产生环状或非环状化合物。在高温下油脂热氧化机理还不是非常清楚，油脂氧化热聚合和非氧化热聚合，导致油脂黏度增大，泡沫增多。如炸鱼、虾类的油脂泡沫中含有较多二聚体，对人体有害。不饱和油脂中含有双键，很容易发生热聚合，形成各种聚合体。图 5-23 为油脂在高温条件下氧化、分解、聚合反应形成不同产物的途径，因而烹饪加工中，一般食用调和油不宜作为煎炸油来煎炸食物。

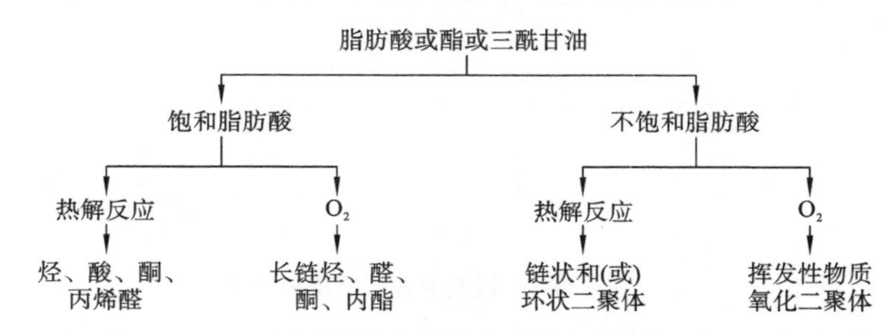


**图 5-23　油脂在高温条件下氧化、分解、聚合反应产物**

### 3. 热缩合

在高温下，特别是在油炸条件下，食品中的水进入到油中，首先使油脂发生部分水解，然后再缩合成相对分子质量较大的环氧化合物(图 5-24)。

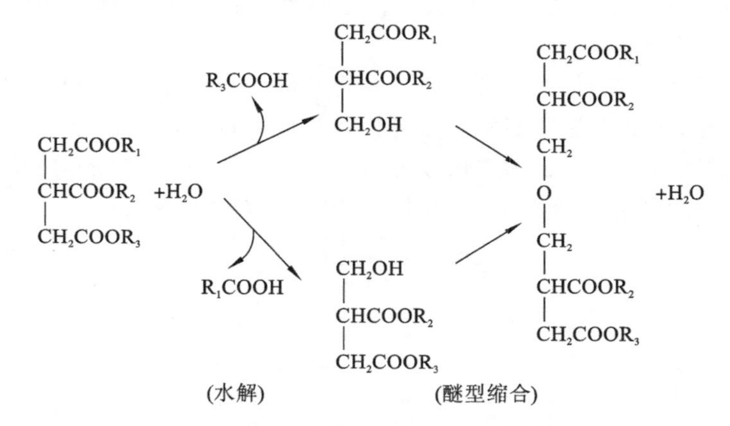


**图 5-24　油炸食品过程中油脂水解、缩合反应**

一般来讲，油脂在油炸过程中的变化与油脂的组成、食物的成分、油炸时间、温度和使用的容器均存在着较大的关系，例如，采用敞口锅油炸食物，因与空气接触面增大，氧化速度加快。

烹饪中，油脂在高温下的化学反应不全都是有害的，通常油炸食品能够产生特有的香气，其主要成分是羰基化合物(烯醛类)和内酯，从而促进食品的美拉德反应。

### 4. 油脂热劣变的预防

1) 油脂劣变的表现

油脂高温加热特别是较长时间或反复加热，会出现色泽变深、黏度变稠、泡沫增加、发烟点下降等现象，这种现象有时也称为油脂的老化(或劣变)。油脂老化不仅使油脂的味感变差，营养价值降低，而且也使其风味品质下降，并产生环状化合物质、二聚甘油酯、三聚甘油酯和烃等有毒有害成分，影响人体健康。油脂老化主要表现如下。

(1) 色泽变深　反复使用的油脂明显色泽变暗，除了烹饪原料在高温下发生焦糖化反应、羰氨反应等产生的黑色素外，更主要的是油脂自身生成的高分子聚合物使油脂变色。

(2) 黏度增大　油脂加热时间越长，黏度越大。以棉籽油为例，加热后黏度可增大几倍。黏度增大的主要原因是各种聚合反应、缩合反应使油脂生成高分子聚合物所致。

(3) 挥发性增强　油脂长时间加热后，泡沫不断增多，且不易消失。油脂在高温条件下，由于热分解作用产生的物质都会降低油脂的发烟点，长时间加热后会出现加热氧化酸败的气味。

(4) 安全性差　老化油脂中的烃类、羟基脂肪酸、过氧化物、环状聚合物及酰基甘油的二聚物或多聚物对人体都有一定的毒副作用。老化过程中热分解产生的环烃类物质有很高的毒性。例如，在大鼠的饲料中加入链长在9碳以上的烃(占饲料20%)，会导致受试动物全部死亡。老化产生的很多聚合物与代谢酶类结合，影响酶的催化作用，造成动物生长停滞、肝脏肿大、生殖功能障碍，并有致癌的可能性。近年来的研究表明，老化的油脂对动脉硬化有促发作用，人若经常食用变质油脂，就会增加患动脉硬化、胃癌、肝癌的可能性。

除此以外，加热后的油脂其表面张力减小，折光率等也发生改变。

2) 油脂热变化的预防

(1) 加热温度控制　油温越高，油脂热氧化作用越剧烈。尤其当温度超过200 ℃时，油脂劣变速度加快。因此烹饪中油温应控制在150 ℃左右，不超过200 ℃。食品工业可以通过温度计测量油脂温度，但烹饪时，温度只能通过感官来判断。对于厨师来说，一般通过两个途径来确定温度：一是手掌心的热感觉或手指的触觉；二是观察油表面的状态(表5-10)。

表5-10　油温与油表面的关系

| 油温/℃ | 油表面现象 |
| --- | --- |
| 50～100 | 少许气泡产生，油面平静 |
| 100～120 | 气泡消失，油面平静 |
| 120～170 | 油面出现油自中心向外翻滚 |
| 170～210 | 有少量青烟产生，油表面产生波纹 |
| 210～250 | 有明显的青烟产生 |

(2) 采用高稳定性油脂　不饱和油脂因含有不饱和脂肪酸，加热中双键易受到氧原子的攻击而产生断裂，因此其稳定性较饱和油脂差。例如，大豆油、玉米油较易劣变，所以这类油脂不宜重复使用；而棕榈油、猪油饱和程度高，可以用来煎炸、烘烤食物，但也不能重复多次使用。而作为油炸食品，如方便面则要使用专门的煎炸油，如氢化油和抗氧化油。

(3) 减少氧气接触面积　在有氧情况下，油脂劣变的速度会大大增加，所以在高温油炸食物时要尽量减少油脂与氧气接触，因此在选择烹饪器具时既要考虑方便性，也要注意其科学性。例如，传统的炸油条采用大口径的敞口尖底铁锅，这样既不利于保温，与氧接触面增大，而且铁有催化作用。而新型的锅采用平底或宽底，长方形口不锈钢锅有温控设备，既利于保温和控制油温，又可减少与氧接触面，同时避免了铁引起的催化作用，从而提高产品的质量。

(4) 减少金属离子催化作用　金属离子有催化油脂氧化的作用，最常见的有铁、铜，如铁锅、铜锅等。因此，高温油炸食物时要采用不锈钢容器以减少油脂劣变。

(5) 降低食物含水量　食物的含水量也是影响油脂劣变的一个重要因素。油脂在高温多水的环境下容易发生水解生成脂肪酸，使油脂劣变速度加快。因此，在油炸食物前要预先去除部分水分，不能去除水分的采用挂糊、裹芡等方法。

(6) 合理的加工工艺　为了减少加热时间，烹饪中常采取间歇法、复炸法。间歇法是油脂加热到一定温度时，停止加热，待温度下降后再加热；复炸法是食物经过一轮的加热后，等其冷却，再进行第二次、第三次加热。例如，油炸肉丸子，油炸鸡棒等，通过复炸使得食物外酥、内嫩。

**真空油炸技术**

油炸结合脱水是一种被广泛应用的成熟食品加工与储藏技术。在湿与热的同时转移过程中，水分子以蒸汽的形式离开食品，同时食物也会吸收油脂，表现出良好性状。油炸过程中，食物的物理、化学及感官指标得到了改善。真空油炸技术是在较低的压力下（约 6.65 kPa）进行的，它降低了油、水的沸点，从而使煎炸油的温度降低。真空油炸产品含油量低，风味独特，非常适合于生产果蔬类风味小吃。

真空油炸技术的原理：真空油炸过程中，食物中的水分在减压条件下快速蒸发。真空环境中，浸在热油中的水沸点降低，同时，食物表面温度迅速升高，表面自由水以泡沫的形式迅速蒸发，此时周围的油温降低，但通过对流传热得以补充，由于蒸发使表面干燥，表面亲油性增加，油黏附在外表面。当油炸食品离开油炸锅时，气孔里面的蒸气冷凝和孔之间的压力差引起黏附在表面的油浸入空隙，水分的蒸发也引起组织膨胀并产生孔隙，形成松脆感。

真空油炸食品的优点如下。①保色作用，采用真空油炸，温度大大降低，而且锅内氧气浓度大幅度减少，油炸食品不易褪色、变色、褐变，保持原料本身的颜色。但对于脂溶性色素，如类胡萝卜系的色素、叶绿素类色素在油炸时，色素易溶出，故在油炸前应对原料进行预处理，以保持色素的稳定。②保香作用，采用真空油炸，原料在密封状态下被加热，原料中的呈味成分大多具有双溶性，在油脂中并不溶出，并且随着原料的脱水，这些呈味成分进一步得到浓缩。因此采用真空油炸技术可以很好地保存原料本身具有的香味。③降低油脂劣变程度，油脂高温劣化包括氧化、聚合、热分解、水解反应等。在真空油炸过程中，油处于负压状态下，水和溶于油脂中的气体快速逸出，而且油炸温度低，因此，油脂的劣化程度大大降低。

## 六、油脂辐照裂解

目前辐照技术广泛用于食品储藏保鲜工业，放射剂量高于 10～50 kGy 时，对微生物有杀灭作用，可以用于肉、肉制品灭菌；中等剂量 1～10 kGy 时，用于鲜鱼、鸡、水果、蔬菜的冷藏；剂量低于 1 kGy 时，用于防止马铃薯、洋葱发芽，延迟水果、蔬菜的成熟，粮食杀虫等。

关于辐照食品卫生 FAO/WHO 联合专家委员会的结论，任何食品商品在辐照平均剂量达到 10 kGy 时，无毒理危险，按此剂量处理无须再进行毒理实验。但从实验研究结果看，正如油脂加热劣变一样，辐照对油脂的裂解受处理因素的影响，辐照剂量在 5～60 kGy 时，可分析到 150 种挥发性产物，其中以烃、醛、酯和游离脂肪酸为主。

油脂辐照裂解的原理：当油脂吸收电离能后，分子间共价键断裂，形成自由基和较小的分子。在饱和脂肪酸分子中，由于氧原子上电子不足，高度定域化决定了断裂部分选择在羰基附近，而其他地方是随机的。油脂食品经过辐照后发生分解反应，产生辐照味。

# 第四节 油脂稳定性及质量评价

各种来源的油脂，其组成、特征值及稳定性均不相同。在油脂的使用、储藏过程中，其品质会因发生化学变化而逐渐降低。油脂的氧化是引起油脂酸败的主要因素，加热、水解、辐照也会导致油脂的品质降低。因此，食品加工中对油脂的稳定性及质量评价是非常必要的。

## 一、油脂稳定性的测定

油脂的稳定性很难从外观上确定，为了在较短时间内明确其稳定性高低，通常将油脂进行加热、通气、光照等处理，以期尽快检测出氧化程度，通常将这类测试称为“破坏性检测”。

**1. 活性氧法**

活性氧法(action oxygen method，AOM)，也称通气法或吸氧法，在 25 mm×200 mm 的试管中注入待检测油脂 20 mL，在 97.8 ℃±0.2 ℃的恒温槽中，以 2.33 mL/s 的速度连续加入空气，测定 POV 值，植物油脂达到 100，动物油脂达到 20 所需要的时间(小时)。该法也可以用于比较不同抗氧化剂的抗氧化能力。

**2. 耐热法**

耐热法也称为史卡尔(Schal)法，将 50 g 油样加入 250 mL 烧杯中，置于 63 ℃±0.5 ℃烘箱内，定期测定油脂 POV 值的变化，确定油脂出现氧化性酸败的时间，或用感官评定确定油脂达到败坏的时间。

**3. 油脂稳定性指数法**

油脂稳定性指数法(oil state index，OSI)应用与 AOM 法原理相似，将定时检测过氧化值改为检测分解产物对水的导电率的影响并通过计算机记录，该方法操作简单、快速、方便，可取代 AOM 法成为预测油脂储藏期的新方法。

OSI 法的原理是：油脂氧化时除产生醛、酮等物质外，还产生挥发性脂肪酸，将其导入吸管会使管中水的导电率上升，由其变化曲线可以知道油脂氧化诱导期的长短。此法简单，可以同时检测多个样品，并能实现自动化，目前一些国家已将此方法定为 AOM 的替代方法。

## 二、油脂劣变程度评定

**1. 过氧化值**

过氧化值(POV)是油脂氧化时生成的过氧化物数量的定量测定值。按规定的方法用硫代硫酸钠滴定向油脂试样中加入碘化钾后的游离碘量，计算每千克油样所需硫代硫酸钠的量即为该油脂的过氧化值。

$$ROOH + 2KI \longrightarrow ROH + I_2 + K_2O$$

$$I_2 + Na_2S_2O_3 \longrightarrow 2NaI + Na_2S_4O_6$$

但需要注意的是，过氧化物极易分解，评测分解的产物愈多则油脂劣化程度愈深，此时用 POV 值就不能说明实际油脂氧化的情况。因此，POV 值只能用于评测油脂氧化之初的状态。

**2. 羰基值**

油脂氧化所产生的过氧化物分解后产生含有羰基的醛、酮、酸类化合物。这些二次分解的产物的量以羰基值表示。羰基值(carbonyl value，CA)是指中和 1 g 油脂与盐酸羟胺反应生成 HCl 所消耗的氢氧化钾的质量(mg)。羰基的大小直接反映油脂酸败的程度。对于变质油脂和煎炸残油来说，羰基值的变化比过氧化值的变化更为灵敏。油脂或含油脂食品的羰基值受加工、储存条件的影响较大，会随加热时间、温度和储存期的延长而显著增加。

羰基化合物与 2，4-二硝基苯肼(2，4-DNOH)作用生成有色物质腙，在一定波长(300 nm)下有吸收高峰，通过比色法测定，当羰基价为 0.2 时就表示油脂已经开始酸败。

**3. 硫代巴比妥酸法**

油脂氧化产生的醛类可以与硫代巴比妥酸(TBA)反应生成有色化合物，如丙二醛与 TBA 生成有色化合物在 530 nm 处有最大吸收峰，而其他醛(烷醛、烯醛等)与 TBA 生成有色化合物最大吸收峰在 450 nm 处，用两个波长处的吸光度来衡量油脂氧化程度。

此法不足之处在于并非所有的油脂氧化都有丙二醛产生，而且有些非氧化物也可以与 TBA 反应显色，如蛋白质与 TBA 反应。因此，此方法不可用于不同体系食品的氧化情况，但仍可以用于同一食品不同氧化阶段的比较。

**4. 酸价值**

酸价值(acid value，AV) 是指中和 1 g 油脂中游离脂肪酸所需要的氢氧化钾的量(mg)。该指标可以衡量油脂中游离脂肪酸的含量，也可以反映油脂品质的好坏。新鲜油脂酸价值较低，但随着储存时间的延长其酸价值会增加，我国油脂标准规定 AV 值不能大于 5 mg。

**5. 感官评定法**

感官评定法是最终评定食品氧化风味的方法，评价任何一个客观的化学或物理方法的实用价值最终还是取决于它与感官评定结果的相符合程度。但感官的评定一般是需要受过训练或经过培训的评定小组采用规定的程序才能进行的。

# 第五节　类　　脂

脂类物质除了三酰甘油外，还存在许多物理、化学性质类似脂肪的物质，即类脂。类脂主要包括磷脂、糖脂、固醇、蜡质等。本节主要介绍烹饪原料中的重要类脂类物质。

## 一、磷脂

磷脂(phospholipid)是分子中含有磷酸的复合脂。磷脂按其组成中含有醇的不同，可分为甘油磷脂和非甘油磷脂(鞘氨醇磷脂)两类。从生物学上讲，两者都非常重要，但对食品生产加工来说，甘油磷脂更重要。在食品加工中使用较广泛的甘油磷脂有卵磷脂、脑磷脂、肌醇磷脂。其结构通式如下。

```
                                  O
                                  ‖
             O          CH—O—C—R1
             ‖           |
      R2—C—O—CH          O⁻
                         |           |
                        CH—O—P—O—X
                                  ‖
                                  O
```

式中，$R_1$、$R_2$分别代表脂肪酸烃残基，X代表氨基醇或肌醇。

从甘油磷脂结构可以看出，一个甘油磷脂分子同时存在极性部位与非极性部位。甘油磷脂的两条长碳氢链构成非极性尾部，其余部分构成它的极性头部，属两亲分子。因此，磷脂可在细胞膜的表面按一定的方向排列，构成双磷脂层，对细胞膜的稳定性和通透性起着重要作用，是重要的食品营养添加剂。

**1. 磷脂酰胆碱**

磷脂酰胆碱俗称卵磷脂，是食品加工中常用的天然乳化剂。卵磷脂是动植物中分布最广泛的磷脂，主要存在于动物的卵、植物的种子（如大豆）及动物的神经组织中，因其在卵黄中含量最多，故得此名。卵磷脂的X基团是胆碱，其分子结构如下。

```
                              O
                              ‖
           O         CH—O—C—R1
           ‖          |
    R2—C—O—CH        O⁻
                      |       |                    +
                     CH—O—P—O—CH2CH2—N(CH3)3
                              ‖                    |
                              O                   OH
```

卵磷脂分子中的$R_1$脂肪酸是饱和脂肪酸，如硬脂酸或软脂酸；$R_2$脂肪酸是不饱和脂肪酸，如油酸、亚油酸、亚麻酸或花生四烯酸等。

纯净的卵磷脂为吸水性很强的无色蜡状物，溶于乙醚、乙醇，不溶于丙酮。因为卵磷脂中含有不饱和脂肪酸，稳定性差，遇空气容易氧化，所以在食品中常用作抗氧化剂。

卵磷脂还是食品中常用的乳化剂，在调配西餐蛋黄酱、soup调味汁时发挥重要作用。

**2. 磷脂酰乙醇胺**

磷脂酰乙醇胺俗称脑磷脂，主要存在于动物的脑组织和神经组织中，以脑组织含量最高，占脑干物质重量的4%～6%。脑磷脂与卵磷脂结构非常相似，只是氨基乙醇替代了胆碱。脑磷脂同样是双亲物质，由于自然界分布较少，很少用于食品。脑磷脂分子结构如下。

```
                              O
                              ‖
           O         CH—O—C—R1
           ‖          |
    R2—C—O—CH        O⁻
                      |       |                +
                     CH—O—P—O—(CH2)2NH3
                              ‖
                              O
```

非甘油磷脂有神经鞘磷脂。它是神经酰胺、磷酸、胆碱结合起来的产物，是高等动物组织中含量较丰富的鞘脂类。神经鞘磷脂分子结构如下。

$$CH_3—(CH_2)_{12}—CH{=}CH—CHOH—\underset{\underset{NH—COR^1}{|}}{CH}—CH_2—O—\overset{\overset{O^-}{|}}{\underset{\underset{O}{\|}}{P}}—O—CH_2CH_2—\overset{+}{\underset{\underset{OH}{|}}{N}}(CH_3)_3$$

## 二、甾醇类

食物中对人体健康影响最大的甾醇类物质是胆固醇。胆固醇广泛存在于动物性食物中，在动物的神经组织中含量特别丰富，约占脑固体物质的17%，在肝、肾和表皮组织中含量也相当多，其次在蛋黄、海产软体动物中含量也较高。主要食物中的胆固醇含量见表5-11。

**表5-11 食物中的胆固醇含量** （单位：mg/100 g）

| 食品名称 | 胆固醇含量 | 食品名称 | 胆固醇含量 | 食品名称 | 胆固醇含量 |
|---|---|---|---|---|---|
| 猪脑 | 3100 | 猪肝 | 368 | 鸡肉 | 117 |
| 牛脑 | 2670 | 猪肾 | 405 | 鸭肉 | 80 |
| 羊脑 | 2099 | 牛肝 | 257 | 牛奶 | 13 |
| 鸡蛋粉 | 2302 | 牛肾 | 340 | 全奶粉 | 104 |
| 鸡蛋黄 | 1705 | 羊肾 | 354 | 大黄鱼 | 79 |
| 鸡蛋（全蛋） | 680 | 猪肉（瘦） | 77 | 带鱼 | 97 |
| 鸭蛋黄 | 1522 | 猪肉（肥） | 107 | 鲳鱼 | 68 |
| 鸭蛋（全蛋） | 634 | 牛肉（瘦） | 63 | 鲢鱼 | 103 |
| 鹅蛋黄 | 1813 | 牛肉（肥） | 173 | 鲫鱼 | 93 |
| 鹅蛋（全蛋） | 704 | 鸽肉 | 110 | 鲤鱼 | 83 |
| 蟹子（鲜） | 466 | | | 海蜇皮（水发） | 16 |
| 虾子 | 896 | | | 海参 | 0 |

胆固醇是人体正常的组成成分，是人体不可缺少的物质。其生理功能与生物膜的通透性、神经髓鞘的绝缘性、抗毒素的侵入、脂肪的消化吸收等有关。人类既能够吸收利用食物中的胆固醇，也能自行合成一部分。从食物中获得的胆固醇称为外源性胆固醇。如果从食物中获取的胆固醇过多，会抑制体内胆固醇的合成，并使体内胆固醇的正常调节机制发生障碍，导致血液胆固醇浓度升高，在血管内壁沉积从而引发心血管疾病。

胆固醇的化学性质相当稳定，基本不受酸、碱、热等烹饪加工因素的影响，所以烹饪原料加工后胆固醇没有损失，可完全吸收进入体内。因此，人体对高胆固醇食物的摄取应有所控制。

## 三、蜡质

蜡质是由长碳链醇和长链脂肪酸组成的酯。蜡质在自然界中分布较广，有动物性蜡质和植物性蜡质。在植物茎、叶及果实的表面，均覆盖有一薄层蜡质，起到保护植物，防止水分过度蒸发的作用。许多动物的皮毛、甲壳以及微生物的胞膜，常有蜡质层的保护。动物蜡质组成成分较复杂，一般是多种酯的混合物。除了高级一元醇与高级脂肪酸外，还混有脂肪酸醇和饱和烃类。如蜂胶中蜡质由三十碳醇与硬脂酸组成，羊毛中羊毛蜡质由胆固醇与软脂酸、硬脂酸、油酸组成。植物蜡质多由长碳链的醇与长碳链的酸组成，如苹果表皮蜡质由二十七碳醇与二十七碳酸组成。

常温下，蜡质呈固态，熔点范围在 60～90 ℃；蜡质较为稳定，仅在碱性条件下缓慢水解，且不完全。人体消化道不能消化吸收，故蜡质无营养性。

## 第六节　烹饪中油脂的应用

油脂在烹饪中的作用与水齐名，俗称“油水”。油与水互不相溶，在化学性质上常作为极性和非极性溶质的溶剂。烹饪中，油与水两者的性质和相互作用得到了充分的体现。一是它们都作为传热介质，起加热的作用；二是它们都作为溶剂，起分散物质的作用；三是油与水相互作用起到保水与隔水的效果。

### 一、烹饪中常用的油脂

**1. 煎炸油**

煎炸油要求稳定性高，高温下不易发生分解、氧化、水解、聚合等化学反应。油脂的烟点、燃点高，有利于操作。脂肪酸饱和程度高，稳定性好，熔点范围广，起酥性好。普通煎炸油，由棕榈油作为主要原料，添加适量的稳定剂制成。高稳定的煎炸油是经过选择性的氢化油，并加入少量的抗氧化剂、助氧化剂、硅酮油。

煎炸油由于脂肪酸饱和程度高，碳链长，不利于吸收，营养性相对较差，大量食用对人体健康有影响。

**2. 调和油**

调和油是根据营养学理论，按人体必需的脂肪酸合理调制而成的。因此调和油又称营养油。营养理论认为人体脂肪供能占总能量的 20%～30%，其中，膳食饱和脂肪酸、单不饱和脂肪酸、多不饱和脂肪酸供能分别为 10%以下、10%和 10%以上。ω-6 与 ω-3 适宜比值为(4～6)：1，膳食能量的 3%～5%应该由必需脂肪酸，即亚油酸和 α-亚麻酸提供。调和油不能重复使用和用于煎炸。

**3. 人造奶油**

人造奶油是由精制的食用油添加水及其他辅料，经乳化、急冷捏合而成的具有天然奶油特色的可塑性制品。人造奶油中油脂占 80%，我国人造奶油主要以植物油为原料，可以添加维生素 A、D 等，根据工艺，并可添加食盐、乳化剂、防腐剂、香味剂、着色剂等。

**4. 起酥油**

起酥油由精炼的动植物油和氢化油混合而成。有固态与液态两种形式，固态起酥油，如人造黄油，其制作工艺是不同饱和度油脂与水按一定的比例混合，通过急冷、搅拌、捏合而成。液态起酥油，由不同饱和度油脂按一定的比例混合，搅拌而成，不需要急冷捏合。起酥油用于糕点、烘焙食品的制作。起酥油有通用型，用于面包、饼干类食品；乳化型，用于重糖糕点类食品，如月饼制作；高稳定型，用于椒盐饼干、煎炸类食品。

## 二、油脂在烹饪中的作用

**1. 传热作用**

烹饪中总是期望菜点达到预期的感官性状，这需要有较高的反应温度。如煎炸类食品，期望食物获得外焦内嫩的质感，需要去除食物中部分水分，在高温下外层物质快速脱水形成焦脆状，并发生美拉德反应形成漂亮的色彩和风味，而内部成分保持不变或少变，通常温度需要达到 150～200 ℃范围。由于油脂燃点在 350 ℃左右，适用于加热食物温度范围较广，可满足不同烹饪方法需要。

烹饪中常用手掌心的热感觉或手指尖的触觉来测量油温。习惯上将油温分为 10 个层级，以闪点中间值 200 ℃为标准，4～5 层为 80～120 ℃，6～7 层为 120～140 ℃，依次类推。具体操作还需要在实践中体验和积累。

**2. 风味作用**

1）增加食品润滑感

油脂具有塑性和呈膜性，能在食物表面和口腔中形成一层疏水的油膜，增加润滑感。菜点制作中，油脂的正确使用是产品达到良好品质的关键，当混合油脂中固液比例适当时，油脂呈现良好的塑性和呈膜性，有利于附着在蔬菜表面形成润滑的油膜，咀嚼时也可以包覆舌头，从而提供一种特征油质感。脂肪晶体较大时通常表现为粒状或砂质感，脂肪晶体较小时能够提供一种光滑的质地。脂肪晶体在口腔中熔化产生冰凉感觉，这也是许多脂肪产品重要的感官指标之一。

2）添色增香

烹饪工艺中，油脂对菜品有保色和添色作用。烹饪好的菜肴出锅时淋上明油，利用油脂的疏水、隔氧性，防止菜肴失水变色、变形和氧化变色。同时利用油脂反光和半透明性保持其色泽的亮丽。根据菜品需要，可淋上不同的有色油脂，如红椒油。油脂的增香作用来源于两个方面：一是天然油脂中含有的脂溶性气味物质，加热时挥发产生香气，例如花生油、芝麻油；二是油脂在加热过程中自身或与食品中其他成分产生一些气味物质，如油炸马铃薯产生低分子脂肪酸、硫化合物和吡嗪衍生物。

**3. 改善质构**

食品在加工中通过增加水分来提高“嫩度”，添加油脂达到“润滑”。因此，油与水通常结合起来改善食品的质构。油脂对食品质构的影响主要是由油脂的状态特性决定的（如块状脂肪、乳化脂肪和结构脂肪）。对于液体油脂，如烹调油或色拉油，其质构主要是由不同温度范围时的黏度决定的；对于部分结晶脂肪，如巧克力、黄油、起酥油和人造奶油，其质构主要是由浓度、形态、脂肪晶体相互作用决定的，而脂肪晶体的熔化特性对质构、稳定性、分散能力和口感均有较大的影响。许多水包油型食品乳状液中的特征奶油质感是由脂肪液滴决定的（如奶油、甜点、蛋白黄酱），在这些体系中，整个体系的黏度由油滴浓度决定。而油包水食品体系中，体系的质构主要是由油相的流变性质决定的。在这一体系中，油相部分结晶并有塑性。油脂的乳化作用和疏水保水功能，能改变食品的质地。如面点的制作中利用油脂增加面团的可塑性，由于面粉中面筋蛋白的吸水性，使面团有较好的黏性、弹性、韧性，因而面团可塑性小，不易成形。加入疏水的油脂，在面粉颗粒周围形成隔膜，面粉吸水率下降，黏性、弹性减小，可塑性增加。当面粉中加入 8.64%的油脂，其吸水性由 35.2% 下降到 32.4%；加入 25.9%的油脂，其吸水性下降到 19.0%。油酥面团的制作中加入油脂，分隔面粉颗粒，同时混入少量的空气，面团失去了黏性、弹性、韧性，变得非常松软、滑腻。

## 思考题

1. 名词解释：脂类、饱和脂肪酸、不饱和脂肪酸、反式脂肪酸、同质多晶、油脂塑性、黏性、固体脂肪指数、乳化作用、氢化油、自动氧化、油脂酸败、过氧化值、酸价值、皂化值、碘价值、羰基值。
2. 写出三酰甘油的化学结构通式，简要说明其结构与性质的关系。
3. 天然脂肪酸分子结构上有何特点？比较动物脂肪与植物油脂在脂肪酸组成、理化性质上有何差异。
4. 何谓同质多晶现象？油脂主要晶型有哪几种？其性质有何差异？
5. 简述乳化剂作用机理，举例说明乳状液表现形式，食品加工中常用乳化剂有哪些。
6. 分析说明油脂自动氧化的机理。如何预防油脂氧化？
7. 说明抗氧化剂作用的机理，常用抗氧化剂类型、物质有哪些？
8. 油脂及含油脂食品储存过程中会产生酸败，说明油脂酸败的类型，如何预防？
9. 说明油脂在高温下的化学变化，如何降低油脂高温劣变？
10. 馒头与面包都是发酵面团，为什么两者的感官性状差异较大，请分析其原因。
11. 为什么人造奶油晶型需要调控为 $\beta'$ 型，而巧克力晶型为 $\beta$ 型？
12. 反式脂肪酸对人体健康有影响，分析食品中反式脂肪酸来源的途径有哪些。
13. 面食制品含油馅料有时会出现油浸出的“走油”现象，分析其原因。
14. 用色拉油来炸食品好吗？请你给出合适的用油建议。
15. 油脂质量评价指标在油脂或含油脂食品储藏过程中如何选择应用？为什么？
16. 炒青菜时加点猪油为什么口感比不加猪油要好些？

# 第六章　蛋白质

## 第一节　概　　述

蛋白质(protein)是重要的生命物质，是构成生物体细胞原生质的主要成分，是一切生命现象的物质基础。在生命过程中，蛋白质是活性的中心，参与生物体内各种物理化学变化。绝大多数食物为生物体，研究蛋白质化学组成的多样性及其性质，对掌握食物的性状、风味以及正确运用烹饪技术，有着至关重要的作用。

### 一、食物中的蛋白质

不同的生物体蛋白质种类、数量不同。动物体内蛋白质含量为16%～20%，植物体相对于动物体蛋白质含量较少，为1%～2%，而植物种子蛋白质含量非常高，如大豆中蛋白质含量高达35%以上，常见烹饪原料中蛋白质平均含量见表6-1。蛋白质除了提供营养物质外，食物中蛋白质数量与质量对食品的质构、风味、加工性能也有着不可替代的作用。美食的创造大多是对食材中蛋白质的合理配比与加工。例如全聚德的烤鸭，其选料为北京填鸭，肌肉纤维细腻，脂肪在肌肉与皮下分布均匀，经过烤制后皮香脆可口，其肉肥而不腻，吃起来令人余味饶舌，三日不绝，回齿留香。杭州名肴东坡肉，采用猪五花肉，肥瘦比例适当，经过烹制，形成油、润、酥、糯，香郁味透、肥而不腻的绝佳食肴。

表6-1　常见烹饪原料中蛋白质的平均含量　(单位:100 g)

| 原料 | 蛋白质含量/(%) | 原料 | 蛋白质含量/(%) | 原料 | 蛋白质含量/(%) |
|---|---|---|---|---|---|
| 猪肉 | 13.2 | 鸡蛋 | 12.7 | 四季豆 | 2.0 |
| 猪肝 | 19.3 | 牛奶 | 3.0 | 胡萝卜 | 1.0 |
| 牛肉 | 18.1 | 豆腐 | 5.0 | 马铃薯 | 2.0 |
| 带鱼 | 17.7 | 豆浆 | 1.8 | 菜花 | 2.1 |
| 对虾 | 18.6 | 黄豆 | 35.1 | 花生仁 | 25.0 |

### 二、蛋白质的组成

蛋白质主要由碳、氢、氧、氮和硫元素组成。蛋白质分子中各元素组成相对稳定，碳为

50%～55%，氢为6%～8%，氧为19%～24%，氮为15%～18%，硫为0～2.2%，除此之外，有些蛋白质还含有少量P、Fe、Cu、Zn、Mn、Co等元素。

根据蛋白质的元素组成特点，通常采用凯氏定氮法测定食物中粗蛋白质的含量。设定100 g蛋白质中含氮16 g，即1 g氮相当于6.25 g的蛋白质，6.25也称为蛋白质系数。

蛋白质的分子质量在一万至几百万道尔顿之间，是典型的高分子有机物。庞大的蛋白质分子经过彻底水解，得到α-氨基酸。因此，构成蛋白质的基本单位是氨基酸。

# 第二节　氨　基　酸

## 一、氨基酸的结构与分类

氨基酸(amino acid)是组成蛋白质的基本单元。自然界中的蛋白质是由20种氨基酸组成的。氨基酸是一种非常特殊的化合物(除脯氨酸外)，其结构中至少含有一个羧基、氨基和一个侧链R基团以共价键与碳原子连接，使其具有酸碱两性。与其他化合物相比，氨基酸具有更多的特殊性质。

氨基酸分子具有异构现象，氨基可位于α碳原子两侧，有L、D两种异构体。天然氨基酸的氨基位于α碳原子的左侧，为L-α-氨基酸(图6-1)。

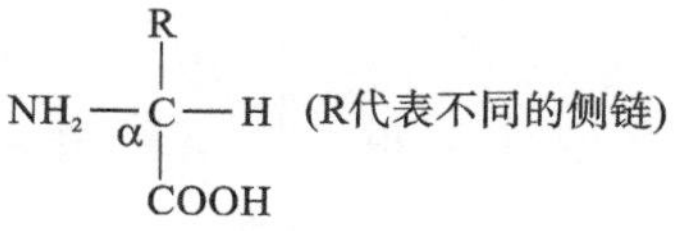

$$\begin{array}{c} R \\ | \\ NH_2 - \underset{\alpha}{C} - H \\ | \\ COOH \end{array} \quad \text{(R代表不同的侧链)}$$

**图6-1　L-α-氨基酸结构**

构成蛋白质的氨基酸共有20种，根据其侧链基团(R基团)的结构不同分为脂肪族、芳香族、杂环族三类(图6-2)。

化学上往往根据氨基酸侧链(R基团)的极性，将蛋白质分为以下四类。

(1) 非极性氨基酸　此类氨基酸的R侧链基团为非极性疏水基团，共有八种：丙氨酸(Ala)、缬氨酸(Val)、亮氨酸(Leu)、异亮氨酸(Ile)具有大小不同脂肪侧链，脯氨酸(Pro)有一个环状的吡咯侧链，苯丙氨酸(Phe)有苯基(芳香环)侧链，蛋氨酸(Met)带有一个硫醚侧链，色氨酸(Trp)带有一上杂环侧链。

(2) 极性氨基酸　此类氨基酸的R侧链基团在中性溶液中不发生解离，但其含有极性基团，可与水分子形成氢键，水溶性比非极性氨基酸大，共有七种：甘氨酸(Gly)具有最小的侧链——氢原子，丝氨酸(Ser)、苏氨酸(Thr)有大小不同的羟基，酪氨酸(Tyr)有酚基，半胱氨酸(Cys)含有巯基，天冬酰胺(Asn)、谷氨酰胺(Gln)有大小不同的酰胺基。

(3) 带负电荷氨基酸　此类氨基酸的R侧链基团在中性溶液中解离，生成带负电荷的氨基酸，共有两种：天冬氨酸(Asp)、谷氨酸(Glu)各带有一个羧基，通常将其称为酸性氨基酸。

(4) 带正电荷氨基酸　此类氨基酸的R侧链基团在中性溶液中解离，生成带正电荷的氨基酸，共有三种：赖氨酸(Lys)有一个氨基，精氨酸(Arg)具有胍基，组氨酸(His)具有咪唑基，通常将其称为碱性氨基酸。

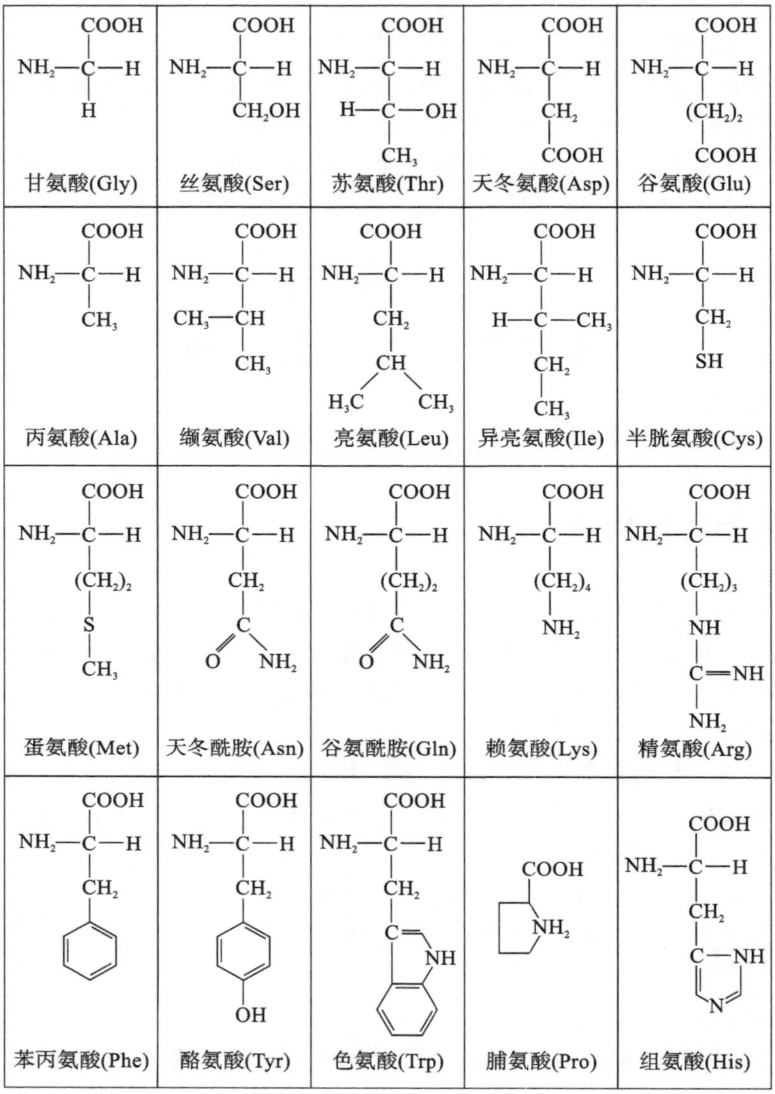

| | | | | |
|---|---|---|---|---|
| 甘氨酸(Gly) | 丝氨酸(Ser) | 苏氨酸(Thr) | 天冬氨酸(Asp) | 谷氨酸(Glu) |
| 丙氨酸(Ala) | 缬氨酸(Val) | 亮氨酸(Leu) | 异亮氨酸(Ile) | 半胱氨酸(Cys) |
| 蛋氨酸(Met) | 天冬酰胺(Asn) | 谷氨酰胺(Gln) | 赖氨酸(Lys) | 精氨酸(Arg) |
| 苯丙氨酸(Phe) | 酪氨酸(Tyr) | 色氨酸(Trp) | 脯氨酸(Pro) | 组氨酸(His) |

**图 6-2　20 种氨基酸的化学结构**

营养学上将二十种氨基酸分为两类，必需氨基酸和非必需氨基酸。必需氨基酸是指人体不能合成必须从食物中获取的一类氨基酸，它们有亮氨酸、异亮氨酸、赖氨酸、蛋氨酸、苏氨酸、色氨酸、缬氨酸、苯丙氨酸八种。其他氨基酸为非必需氨基酸。

## 二、氨基酸的性质

### 1. 物理性质

1）晶体状态

α-氨基酸都是以两性离子（$^{+}H_3N—CHR—COO^{-}$）形式存在的无色晶体，并且有各自特殊的晶型，例如，谷氨酸为六方形晶体，亮氨酸为片状晶体，赖氨酸为粉末状。根据其晶体形状，可以鉴别各种氨基酸。

2）熔点

α-氨基酸的熔点在200～300 ℃之间。各种氨基酸有其固定的熔点。当温度超过200 ℃时，氨基酸开始熔化、分解。在烹饪加工中，一般加热不会影响氨基酸的结构，但温度过高和处理时间过长，氨基酸会发生分解、脱水反应。例如谷氨酸钠（味精）在烹饪加工中，高温加热下发生脱水反应，生成焦谷氨酸钠（图6-3）。焦谷氨酸钠无鲜味，甚至有微苦味。所以在烹调过程中，要注意味精加入时间和烹饪方法，应在菜烧好后出锅前加入，这样可以避免味精被破坏而失去鲜味。高温煎炸食物中无须加入味精，因为高温会使其分解。

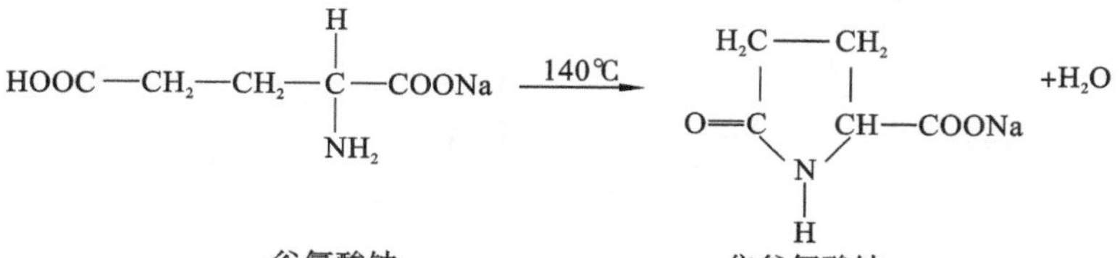

$HOOC-CH_2-CH_2-CH(NH_2)-COONa \xrightarrow{140℃}$ 焦谷氨酸钠（$H_2C-CH_2$，$O=C$，$CH-COONa$，$N-H$ 成环） $+H_2O$

谷氨酸钠　　　　焦谷氨酸钠

**图6-3　谷氨酸钠高温脱水反应**

3）溶解性

α-氨基酸虽然是离子型化合物，但其水溶性与侧链基团的性质有密切的关系，侧链为极性基团其水溶性较好，侧链为非极性基团，则其疏水作用较大，水溶性较差。溶解度大的氨基酸是那些容易质子化的氨基酸，氨基酸侧链R基的极性越大、带有的电荷数目越多，在水中的溶解度越大，例如赖氨酸、谷氨酸、天冬氨酸等带电荷氨基酸。

氨基酸的疏水性可定义为：将1 mol氨基酸从水溶液中转移至乙醇溶液中时所产生的自由能变化。在忽略活度系数变化情况下，此时体系的自由能变化为

$$\Delta G^0 = -R\ln\frac{S_{乙醇}}{S_{水}} \tag{6-1}$$

式中：$S_{乙醇}$、$S_{水}$分别表示氨基酸在乙醇和水中的溶解度（$mol \cdot L^{-1}$）。

因氨基酸分子中有多个基团，则 $\Delta G^0$ 应该是氨基酸中多个基团的加和函数，即

$$\Delta G^0 = \sum \Delta G^{0'} \tag{6-2}$$

将氨基酸的分子分成两部分，一部分是侧链（R），并设定甘氨酸侧链（R＝H）的 $\Delta G^0$ 为零，则有

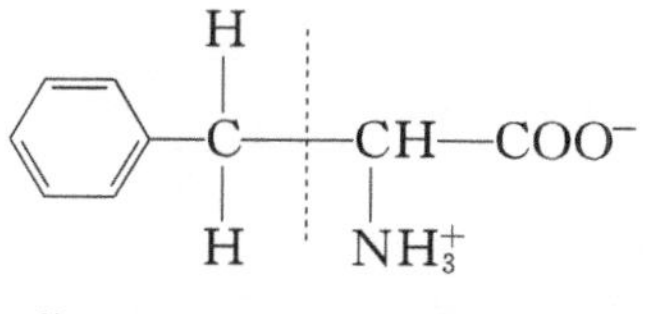

$C_6H_5-CH_2-\,|\,-CH(NH_3^+)-COO^-$

苄基　　　　甘氨酸基

$$\Delta G^0 = \Delta G^0_{侧链} + \Delta G^0_{甘氨酸}$$

而任何一种氨基酸侧链残基的疏水性则为

$$\Delta G^0_{侧链} = \Delta G^0 - \Delta G^0_{甘氨酸}$$

疏水性氨基酸侧链具有较大的正自由能（$\Delta G^0$），它们优先选择疏水相而非水相，疏水性氨基酸残基倾向分布于蛋白质分子内部。反之，亲水性氨基酸侧链具有负自由能（$\Delta G^0$），其氨基酸残基倾向分布于蛋白质分子表面。通过测定各种氨基酸在两种介质中的溶解度，可以确定氨基酸侧链疏水性大小（Tanford法），氨基酸侧链的疏水性见表6-2。这些数值可以

用来预测氨基酸在疏水性载体上的吸附行为，其吸附系数与疏水性大小成正比。

表 6-2　氨基酸侧链的疏水性

| 氨基酸 | $\Delta G^0_{侧链}$/(kJ·mol$^{-1}$) | 氨基酸 | $\Delta G^0_{侧链}$/(kJ·mol$^{-1}$) | 氨基酸 | $\Delta G^0_{侧链}$/(kJ·mol$^{-1}$) |
|---|---|---|---|---|---|
| Ala | 2.09 | Gly | 0 | Pro | 10.87 |
| Arg | 3.1 | His | 2.09 | Ser | −1.25 |
| Asn | 0 | Ile | 12.54 | Thr | 1.67 |
| Asp | 2.09 | Leu | 9.61 | Trp | 14.21 |
| Cys | 4.18 | Lys | 6.25 | Tyr | 9.61 |
| Gln | −0.42 | Met | 5.43 | Val | 6.27 |
| Glu | 2.09 | Phe | 10.45 | | |

4）味感

α-氨基酸都呈现味感，氨基酸的味感与其立体构型有关。D-氨基酸多数带有甜味，而L-氨基酸依其侧链 R 基团极性不同而有甜、苦、鲜、酸四种不同的味感。一般侧链为疏水基团的 L-型氨基酸带有苦味，侧链为极性基团的带有甜味。谷氨酸和天冬氨酸本身带酸味，但其钠盐却有鲜味。

食品中的游离氨基酸是主要呈味基础物质之一，不同氨基酸呈现不同的风味特征。根据 Katekan Dajanta 的分类方法，将氨基酸分为鲜味、甜味、苦味和无味四大类，并且不同氨基酸呈现各自的味觉阈值（表 6-3）。氨基酸呈味阈值各不相同，在食物中对呈味的贡献也不同，通常用呈味强度值（taste active value，TAV）表示：

呈味强度值（TAV）＝ 滋味物质的浓度/该物质的阈值

表 6-3　食品中游离氨基酸呈味及阈值

| 滋味 | 氨基酸 | 阈值/(mg/L) |
|---|---|---|
| 鲜味 | 天冬氨酸(Asp) | 1 |
| | 谷氨酸(Glu) | 0.3 |
| 甜味 | 丙氨酸(Ala) | 0.6 |
| | 甘氨酸(Gly) | 1.3 |
| | 丝氨酸(Ser) | 1.5 |
| | 苏氨酸(Thr) | 2.6 |
| 苦味 | 精氨酸(Arg) | 0.5 |
| | 组氨酸(His) | 0.2 |
| | 异亮氨酸(Ile) | 0.9 |
| | 亮氨酸(Leu) | 1.9 |
| | 蛋氨酸(Met) | 0.3 |
| | 苯丙氨酸(Phe) | 0.9 |
| | 缬氨酸(Val) | 0.4 |
| 无味 | 赖氨酸(Lys) | |
| | 酪氨酸(Tyr) | |
| | 脯氨酸(Pro) | |

通常认为，TAV 值大于 1 时，该物质能够对样品的呈味有贡献，且数值越大，贡献越大。相反，当比值小于 1 时，说明该物质对呈味贡献不大，呈味作用不显著。

**2. 化学性质**

1）氨基酸的酸碱两性

氨基酸至少含有一个氨基和一个羧基。在不同的 pH 值条件下氨基酸既可以接受一个质子($H^+$)，也可以提供一个质子($H^+$)，一个含单氨基、羧基的氨基酸全部质子化以后，可将其看作为一个二元酸。因此，氨基酸有两个解离常数 $pK_{a_1}$、$pK_{a_2}$，分别对应羧基、氨基的解离。当氨基酸侧链还有可解离基团时，例如碱性或酸性氨基酸的 ε-氨基、ε-羧基，此氨基酸有第三个解离常数 $pK_{a_3}$。

$$\underset{\displaystyle NH_3^+}{R{-}\overset{}{CH}{-}COOH} \xrightarrow{pK_{a_1}} \underset{\displaystyle NH_3^+}{R{-}CH{-}COO^-} + H^+$$

$$\underset{\displaystyle NH_3^+}{R{-}CH{-}COO^-} \xrightarrow{pK_{a_2}} \underset{\displaystyle NH_2}{R{-}CH{-}COO^-} + H^+$$

氨基酸的等电点(p$I$)，对于单氨基、羧基氨基酸，其 $pI=1/2(pK_{a_1}+pK_{a_2})$。

对于碱性氨基酸，其 $pI=1/2(pK_{a_2}+pK_{a_3})$。

对于酸性氨基酸，其 $pI=1/2(pK_{a_1}+pK_{a_3})$。

$pK_{a_1}$ 为 α-羧基的解离常数；$pK_{a_2}$ 为 α-氨基的解离常数；$pK_{a_3}$ 为 ε-氨基或 ε-羧基的解离常数。

每种氨基酸都有其特定的等电点(p$I$)，可以根据其等电点分离氨基酸。蛋白质中 20 种氨基酸等电点见表 6-4。

**表 6-4　20 种氨基酸相对分子质量、$pK_a$ 和 $pI$(25 ℃)**

| 氨基酸 | 相对分子质量 | $pK_{a_1}$ (α-COOH) | $pK_{a_2}$ (α-COOH) | $pK_{a_3}$ (-R) | $pI$ |
|---|---|---|---|---|---|
| 甘氨酸 | 75 | 2.34 | 9.60 | | 5.98 |
| 丙氨酸 | 89 | 2.34 | 9.69 | | 6.01 |
| 缬氨酸 | 117 | 2.32 | 9.62 | | 5.97 |
| 亮氨酸 | 131 | 2.36 | 9.60 | | 5.98 |
| 异亮氨酸 | 131 | 2.36 | 9.68 | | 6.02 |
| 脯氨酸 | 115 | 1.99 | 10.96 | | 6.30 |
| 苯丙氨酸 | 165 | 1.83 | 9.13 | | 5.48 |
| 酪氨酸 | 181 | 2.02 | 9.11 | 10.07 | 5.66 |
| 色氨酸 | 204 | 2.38 | 9.39 | | 5.89 |
| 丝氨酸 | 105 | 2.21 | 9.15 | | 5.68 |
| 苏氨酸 | 119 | 2.11 | 9.62 | 5.87 | 6.16 |
| 半胱氨酸 | 121 | 1.96 | 8.18 | 10.28 | 5.05 |
| 蛋氨酸 | 149 | 2.28 | 9.21 | | 5.74 |

续表

| 氨基酸 | 相对分子质量 | $pK_{a_1}$ (α-COOH) | $pK_{a_2}$ (α-COOH) | $pK_{a_3}$ (-R) | p$I$ |
|---|---|---|---|---|---|
| 天冬酰胺 | 132 | 2.02 | 8.08 | | 5.41 |
| 谷氨酰胺 | 146 | 2.17 | 9.13 | | 5.65 |
| 天冬氨酸 | 133 | 1.88 | 9.06 | 3.65 | 2.77 |
| 谷氨酸 | 147 | 2.19 | 9.67 | 4.25 | 3.22 |
| 赖氨酸 | 146 | 2.18 | 8.95 | 10.53 | 9.74 |
| 精氨酸 | 174 | 2.17 | 9.04 | 12.48 | 10.76 |
| 组氨酸 | 155 | 1.18 | 9.17 | 6.00 | 7.59 |

2）氨基酸的等电点

由于氨基酸分子所带的酸性基团和碱性基团的数目不同，或电离的趋势不同，其溶液电中性时的 pH 值不等于 7。某种氨基酸在溶液中正好以两性离子存在，其溶液净电荷为 0 时的 pH 值称为氨基酸的等电点。处于等电点时，氨基酸以偶极离子或两性离子形式存在（图 6-4）。

| 正离子 | | 偶极离子 | | 负离子 |
|---|---|---|---|---|
| R—CH(—$NH_3^+$)—COOH | $\underset{H^+}{\overset{OH^-}{\rightleftharpoons}}$ | R—CH(—$NH_3^+$)—$COO^-$ | $\underset{H^+}{\overset{OH^-}{\rightleftharpoons}}$ | R—CH(—$NH_2$)—$COO^-$ |
| 带正电荷状态 | | 等电状态<br>(净电荷为零) | | 带负电荷状态 |
| pH<p$I$ | | pH=p$I$ | | pH>p$I$ |

**图 6-4 氨基酸等电点及两性电离**

氨基酸在等电点处（pH＝p$I$）其溶液的净电荷数为 0。氨基酸分子在电场中不运动，分子互相结合靠近，与水分子作用弱，氨基酸的溶解性最小，易于沉淀；在 pH＞p$I$ 时（在碱性环境下），酸式解离强于碱式解离，分子带负电荷；在 pH＜p$I$ 时（在酸性环境下），碱式解离强于酸式解离，分子带正电荷。分子不论是带正电或负电状态下，与水分子作用强，其水溶性增加。在一种电离状态下，由于分子带有相同的电荷，因此氨基酸溶液处于稳定状态。溶液 pH 值与氨基酸所带电荷的关系可用图 6-5 表示。

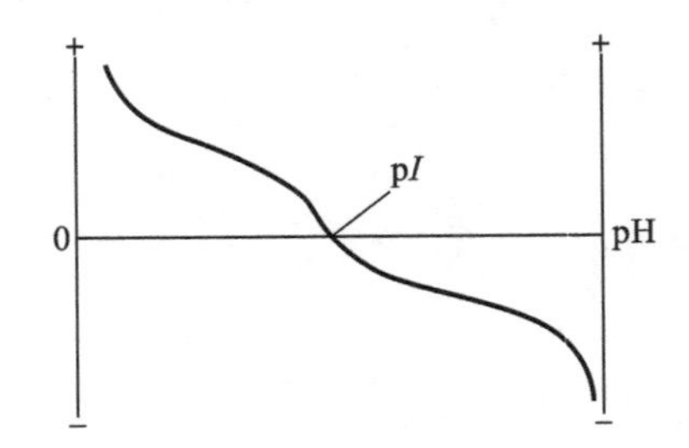


**图 6-5 氨基酸分子带电荷与溶液 pH 值关系**

3）氨基酸的化学反应

氨基酸分子中既有氨基又有羧基，同时还有侧链上的官能团，所以氨基酸均可进行多种化学反应。

（1）与羰基的反应　氨基酸的 α-氨基与羰基脱水缩合，生成 Schiff 碱。该反应与食品中的重要呈色、呈味反应有关，是美拉德反应的重要步骤。虽然该反应为食品提供所需的色泽和风味，但也造成氨基酸尤其是必需氨基酸（赖氨酸）的破坏，在食品储藏中会产生不期望的色泽和气味。

在食品检测中，常用甲醛滴定法测定氨基酸。其反应原理是：在氨基酸溶液中加入甲醛后，甲醛与 α-氨基作用，形成$—NHCH_2OH$、$—N(CH_2OH)_2$等羟甲基衍生物，降低了$—NH_2$的碱性，相对增强了$—NH_3^+$的酸性解离，使其解离常数下降了 2～3 个 pH 单位，用氢氧化钠滴定其解离的$H^+$时，滴定曲线向 pH 值低的方向移动，出现较明显的跃迁，滴定终点也从 pH 11～12 移到 pH 9 附近，可用酚酞作为指示剂指示终点。

$$\underset{\displaystyle NH_3^+}{R—\overset{}{CH}—COO^-} \underset{H^+ +}{\overset{+HCHO}{\rightleftharpoons}} \underset{\displaystyle NH—CH_2OH}{R—CH—COO^-} \underset{H^+}{\overset{HCHO}{\rightleftharpoons}} \underset{\displaystyle N(CH_2OH)_2}{R—CH—COO^-}$$

（2）脱氨基反应　氨基酸在加热、酸处理以及酶作用下，脱去氨基产生水和胺氮类物质。亚硝酸与氨基酸反应生成羟基酸和氮气。但脯氨酸因 α-亚氨基不与亚硝酸作用，不发生此反应。

$$\underset{\displaystyle NH_2}{R—CH—COOH} + HNO_2 \longrightarrow \underset{\displaystyle OH}{R—CH—COOH} + H_2O + N_2$$

（3）脱羧反应　氨基酸在加热、碱处理以及酶作用下，脱去羧基产生二氧化碳和胺类物质。

$$\underset{\displaystyle NH_2}{R—CH—COOH} \xrightarrow{\text{脱羧酶}} RCH_2NH_2 + CO_2$$

（4）茚三酮显色反应　茚三酮在微酸溶液中与 α-氨基酸共热，发生一系列氧化、脱氨、脱羧作用，生成蓝紫色物质。

$$\text{氨基酸}\ H—C(COOH)(R)—NH_2 + \text{茚三酮} \longrightarrow R—CHO + NH_3 + CO_2 + \text{还原型茚三酮}$$

氨基酸　　茚三酮　　还原型茚三酮

$$\text{还原型茚三酮} + NH_3 + \text{茚三酮} \longrightarrow \text{蓝紫色化合物} + 3H_2O$$

蓝紫色化合物

利用此反应，我们可以通过比色分析定性、定量地测定各种氨基酸，也可用量压法通过测定反应释放出的$CO_2$量来定量测定氨基酸的含量。

# 第三节　肽

## 一、肽的组成与分类

肽是若干个氨基酸以肽键连接构成的化合物。一个氨基酸的α-氨基与另一个氨基酸的α-羧基可以脱水缩合形成酰胺键(—CO—NH—)，在蛋白质化学中称这种共价键为肽键(peptide bond)，若干个氨基酸通过肽键连接在一起就组成为肽(peptide)。

$$R_1—\underset{NH_2}{\underset{|}{CH}}—COOH + H_2N—\underset{R_2}{\underset{|}{CH}}—COOH \longrightarrow R_1—\underset{NH_2}{\underset{|}{CH}}—\overset{O}{\overset{\|}{C}}—\underset{H}{\underset{|}{N}}—\underset{R_2}{\underset{|}{CH}}—COOH + H_2O$$

肽的生成是氨基酸构成蛋白质的基本反应。两个氨基酸反应形成二肽，三个氨基酸反应形成三肽，依此类推，多个氨基酸反应则形成多肽。

根据组成氨基酸的数目不同，将10个及以下氨基酸生成的肽称为寡肽，10个及以上氨基酸生成的肽称为多肽。肽链两端为游离端，即氨基端(N端)和羧基端(C端)。多肽链是蛋白质分子的化学结构，也称为一级结构。

肽类物质有较强的生物活性，在人体内具有生理调节功能。例如胃泌素有促进胃酸分泌的作用，催产素、加压素、舒缓素等具有激素作用。肽物质现在广泛用于降低血压，提高免疫力，增强老弱病人营养等保健方面。生物体内最著名的三肽——谷胱甘肽，它是由谷氨酸、半胱氨酸和甘氨酸通过酰胺键(肽键)构成的三肽，Glu—Cys—Gly(G—SH)，由于半胱氨酸含有巯基，是生物体内最有活性的肽物质，在生物氧化—还原反应中起传递电子的作用。

## 二、肽的性质

肽和氨基酸一样具有酸碱两性，pH值在0～14范围内，肽键中的亚氨基不能解离，因此肽的酸碱性主要取决于肽链游离N端、C端的α-氨基和α-羧基以及侧链R上可解离的基团。

肽的化学性质与氨基酸、蛋白质基本类似，大部分氨基酸所发生的反应，肽物质也能发生，只有双缩脲反应是区别肽分子(三肽以上)和氨基酸的一个反应，但该反应不能区别肽与蛋白质。双缩脲反应即在碱性溶液(NaOH)中，双缩脲($H_2NOC—NH—CONH_2$)能与铜离子($Cu^{2+}$)作用，形成紫红色络合物。

$$\mathrm{H_2N{-}C(=O){-}NH{-}C(=O){-}NH_2} + \mathrm{Cu^{2+}} \xrightarrow{\mathrm{OH^-}} \text{络合物}$$

有些特殊肽类具有较强的抑菌作用，如乳酸菌产生的多肽——乳酸链球菌素（Nisin），由 34 个氨基酸残基组成，是一种抑菌剂，对革兰氏阳性菌有很强的抑制作用，食用后可在消化道很快被胰凝乳蛋白酶降解，不会产生抗药性，现作为一种新型食品防腐剂。

# 第四节　蛋白质的结构

## 一、蛋白质的结构

蛋白质按照其不同的结构水平通常分为四级，即一级结构、二级结构、三级和四级结构。

**1. 一级结构**

蛋白质的一级结构，又称为蛋白质的化学结构，是蛋白质分子中氨基酸按照一定的顺序通过酰胺键（肽键）构成的多肽链结构。在一级结构中包含有氨基酸的数目、种类、排列顺序、N 端氨基酸、C 端氨基酸、肽链间的二硫键位置和数量等信息。

蛋白质多肽链链长和 $n$ 个氨基酸残基的连接序列决定了蛋白质的结构、物理性质、化学性质、生物性质。氨基酸序列还作为蛋白质二级和三级结构形成的密码而起作用，从而决定蛋白质的生理功能。蛋白质分子质量从几千至百万道尔顿（D，1 D=1 u）。例如肌联蛋白分子质量超过 100 万道尔顿（D），肠促胰液肽分子质量只有 2300 D。许多蛋白质分子质量为 20000～100000 D。

如果以—$^{\alpha}$CHR—CO—NH—代表一个肽单位。蛋白质多肽链的主链可以看作是用重复的—N—C—C$^{\alpha}$—或—C$^{\alpha}$—C—N—单位表示，在肽链中—CO—NH—酰胺键被描述为一个共价单键，实际上由于电子离域作用而导致的共振结构使它具有部分双键的性质。

$$\mathrm{{-}C(=O){-}N(H){-}} \rightleftharpoons \mathrm{{-}C(O^-){=}N^+(H){-}}$$

肽键的这个特征对于蛋白质的结构具有重要的影响。首先，它的共振结构排除了肽键中 N—H 基的质子化。其次，由于部分双键的特征限制了 CO—NH 键的转动角度，即 ω 角最大值为 6°。由于这个限制，多肽的 6 个原子片段（—$^{\alpha}$C—CO—NH—C$^{\alpha}$—）处在同一平面中（图 6-6）。最后，电子离域作用也使羧基氧原子具有部分负电荷和 N—H 基的氢原子具有部分的正电荷。由于这个原因，在适当条件下，多肽链主链中 C═O 和 N—H 基之间可能形成氢键(偶极—偶极作用)。这些结构特点是形成蛋白质分子的立体结构基础。

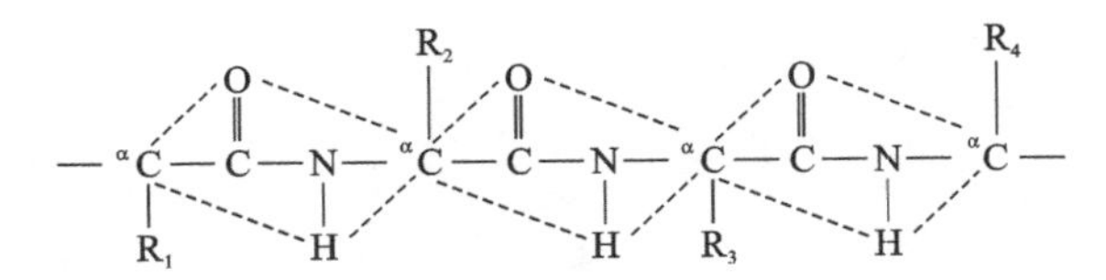


图 6-6　蛋白质酰胺键结构平面图

**2. 二级结构**

蛋白质二级结构是指多肽链借助氢键作用排列成一个具有方向性、周期性结构的构象，主要的构象是 α-螺旋结构和 β-折叠。

规则的 α-螺旋结构，是一种有序且稳定的构象。由 3.6 个氨基酸残基构成螺旋的一圈，螺旋表观直径为 0.6 nm，螺旋之间间距为 0.54 nm，相邻两个氨基酸残基距离为 0.15 nm(图 6-7(a))。蛋白质酰胺键中的氢与螺旋下一圈的羰基氧形成氢键，所以 α-螺旋中氢键的方向和偶极的方向具有一致性。

肽链中氨基酸侧链(R 基团)位于螺旋外侧，其形状、大小、电荷影响 α-螺旋的形成。在酸性或碱性氨基酸集中的区域，由于同电荷排斥作用，不利于 α-螺旋结构的形成；较大的 R 基团(如 Leu、Ile、Phe)集中区域，对 α-螺旋结构的形成也有妨碍作用；由于脯氨酸化学结构无氨基，能妨碍螺旋结构的形成及肽链的弯曲，因此它不能形成 α-螺旋，而形成无卷曲的结构。如酪蛋白中含有一定的脯氨酸，因此酪蛋白形成特殊的结构，对蛋白质的性质产生重要的影响。甘氨酸的侧链为 H，空间占位很小，也会影响该区域螺旋结构的稳定。

β-折叠是一种锯齿状结构，该结构比 α-螺旋结构伸展，蛋白质在加热时 α-螺旋结构转化为 β-折叠。β-折叠结构伸展的肽链两条或多条之间以氢键连接，且所有的肽键都参与结构的形成(图 6-7(b))。肽链的排列分为平行式(所有的 N-端在同一侧)和反平行式(N-端按照顺—反—顺—反排列)，而且氨基酸残基在折叠面的上面或下面。

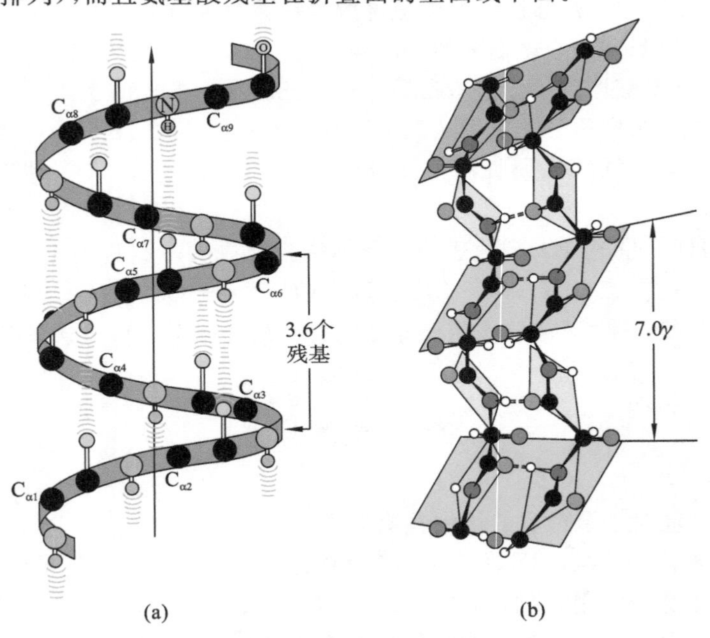


图 6-7　蛋白质二级结构的主要构象

(a) 蛋白质 α-螺旋；(b) β-折叠

存在于蛋白质结构中的β-转角也是一种常见的结构。它可以看作为间距为零的特殊螺旋结构，这种结构使得多肽链自身弯曲，具有氢键稳定的转角构象。

**3. 三级、四级结构**

三级结构是多肽链在二级结构的基础上进一步盘旋、折叠而形成的复杂又有特定专一性的空间结构(图 6-8(a))。四级结构是由两条或多条具有三级结构的多肽链缔合在一起形成的特定结构，每一条肽链称为蛋白质的亚基，担负不同的功能(图 6-8(b))。

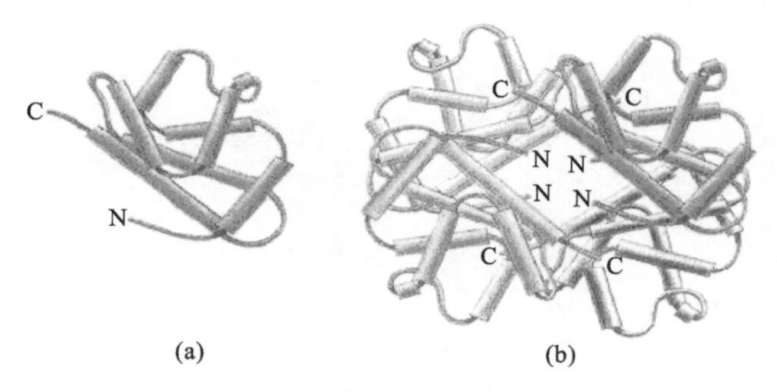


**图 6-8　蛋白质三级、四级结构**

(a) 三级结构；(b) 四级结构

蛋白质分子从线性构型到三级结构是一个复杂的过程。从热力学角度考虑，三级结构的形成涉及蛋白质分子中各种不同基团之间的相互作用(疏水键、氢键、范德华力、静电作用)以及肽键构象熵的最优化，使得分子的自由能尽可能降到最低。伴随着自由能的降低，大多数的疏水性氨基酸残基重新配置在蛋白质分子内部远离水环境，而大多数亲水性氨基酸残基重新排列在蛋白质-水界面。虽然疏水性氨基酸残基有强烈埋藏于蛋白质分子内部的倾向，但是由于空间的位置阻隔往往只有部分残基实现位于内部。例如大多数球蛋白中，水可接近的表面中 40%～50%区域是被非极性氨基酸残基占据着。于是，一些极性基团不可避免地埋藏在蛋白质内部。蛋白质表面的极性与非极性基团的比例是影响其物理、化学性质的重要因素。

蛋白质四级结构通常是一些生理上重要的蛋白质以二聚体、三聚体、四聚体等形式存在的。每一条多肽键构成蛋白质的亚基，这些亚基可以相同，也可以不同。例如β-乳球蛋白在 pH 5～8 时以二聚体存在，pH 3～5 时以八聚体存在，pH 值高于 8 时以单体存在。血红蛋白(图 6-8(b))是由两种不同的多肽链组成，即α和β链构成的四聚体。

**4. 维持蛋白质空间结构作用力**

蛋白质是一个大分子物质，分子质量也很大，分子直径在 1～100 nm 之间。其分子间的作用力较多，主要如下。

1) 氢键

蛋白质结构中，无论是分子内或分子之间，都有大量的氢键形成，尤其是α-螺旋和β-折叠中，氢键是形成螺旋和折叠的基础。氢键键能大小在 8～40 $kJ \cdot mol^{-1}$之间，它取决于所涉及的原子的电负性和键角大小。蛋白质含有一些形成氢键的基团(图 6-9)，在α-螺旋、β-折叠中 N—H 和 C═O 之间形成最大数目的氢键。

2) 范德华力

范德华力随着原子间距离的变化而变化。当距离超过 0.6 nm 时，可以忽略不计。范德华力大小为 1～9 $kJ \cdot mol^{-1}$，主要由分子间色散力、诱导力、取向力组成。在蛋白质分子中，

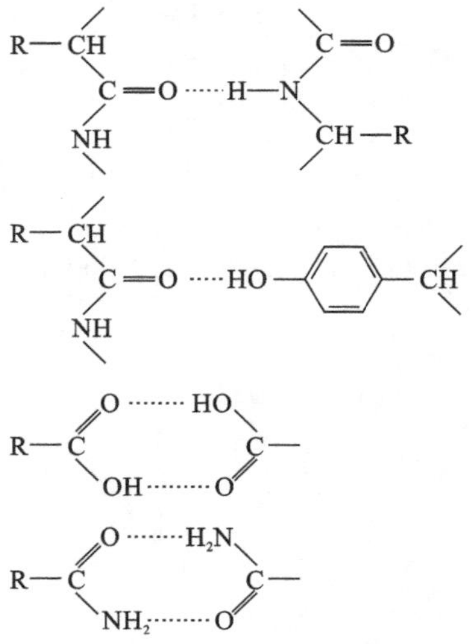

两肽链间酰胺基形成的氢键

肽链与苯丙氨酸侧链苯酚基团间氢键

非离子羟基基团间氢键

侧链酰胺基团间氢键

**图 6-9 存在于蛋白质中的氢键**

由于许多原子对之间存在范德华力，这对于多肽链的折叠和稳定有相当大的作用。

3）疏水作用

蛋白质分子中疏水作用是由于氨基酸残基侧链具有的非极性结构，主要由一些脂肪族与芳香族氨基酸侧链产生。这些基团不能与极性水分子相互作用，它们力图避免与水接触，在蛋白质分子内部形成疏水区域。疏水程度越大，越易占据蛋白质的内部，其疏水力也越大，则形成了一种笼形包合物。在球状蛋白质中，每个氨基酸残基的平均疏水自由能约为 10.5 $kJ \cdot mol^{-1}$。可见，非极性基团的疏水作用是蛋白质三级天然结构形成的重要力量。

4）静电作用

蛋白质分子中带有一些可解离的基团，如 N-端氨基、C-端的羧基和侧链上氨基、羧基（谷氨酸、天冬氨酸、赖氨酸、精氨酸、组氨酸）均可发生解离，形成—$COO^-$、—$NH_3^+$。非极性基团也有部分正、负电荷的分离现象，所以肽链上存在有不同的电荷分布，从而产生分子内的离子—偶极、偶极—偶极静电引力。静电作用能量范围在 40～84 $kJ \cdot mol^{-1}$之间，这取决于基团间的距离和局部介电常数。因此，盐离子和蛋白质溶液的 pH 值是影响分子间静电引力的主要因素。通常向蛋白质溶液中加入极少量的盐或改变 pH 值就能改变蛋白质的空间结构，影响其水溶性。

5）盐键

盐键即化学键，也称盐桥，主要为共价键，键能通常在 330～480 $kJ \cdot mol^{-1}$之间，主要代表是二硫键（—S—S—）、酰胺键（—CO—NH—），由蛋白质中极性基团产生。其中，二硫键由两分子半胱氨酸（Cys）形成，对“锁定”蛋白质某种特定的骨架折叠有重要作用。

总之，蛋白质独特三维结构的形成是各种排斥力和吸引力、非共价键以及共价键、二硫键共同作用的结果（图 6-10）。

## 二、蛋白质的分类

蛋白质有多种分类法，通常根据其形状、物质构成和性质进行分类。

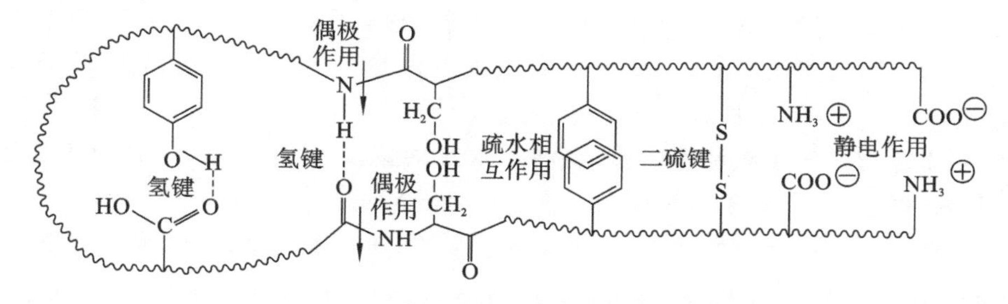


**图 6-10　蛋白质分子空间结构的作用力示意图**

**1. 根据蛋白质的形状分类**

根据蛋白质的形状分为纤维状蛋白和球蛋白。

(1) 纤维状蛋白　这类蛋白的外形似纤维状或细棒状，分子轴比(长轴/短轴)大于 10，主要作为动物体的支架和功能成分，如指甲中的角蛋白、皮肤中的胶原蛋白、骨骼肌中的肌球蛋白和肌动蛋白等。这类蛋白的分子多为有规则的线性结构，蛋白质的二级结构往往是其主体。这类蛋白质一般溶解性较差。

(2) 球蛋白　这类蛋白的外形为球形或椭球形。外形为球状的蛋白质都具有三级以上的结构。在大部分所研究的球形蛋白质分子中，亲水性基团倾向暴露在蛋白质分子的表面，疏水性基团倾向埋在蛋白质分子的内部。球蛋白表面亲水基团与疏水基团所占区域之比，影响其水溶性。亲水基团占比大的球蛋白，这类蛋白较易溶解在水中。非极性基团位于蛋白表面占比大时，则具有疏水作用，呈现为球形。极性基团位于球形内部的蛋白质，当蛋白质变性破坏其结构时，大量的亲水基团暴露出来，因而表现出较强的吸水性。食品中的许多蛋白质属于球蛋白，例如某些脂蛋白、大豆球蛋白、小麦球蛋白、菜籽球蛋白、肌红蛋白、乳清蛋白等。

**2. 根据蛋白质分子组成分类**

蛋白质根据其分子结构和分子组成分为简单蛋白质和结合蛋白质。

1) 简单蛋白质

简单蛋白质是指分子中仅含有氨基酸的蛋白质。简单蛋白质的性质有所不同，根据其溶解性共分为七类：清蛋白(白蛋白)、球蛋白、谷蛋白、醇溶蛋白、组蛋白、精蛋白、硬蛋白。

清蛋白：清蛋白又称为白蛋白，可溶于水、稀盐、稀酸、稀碱溶液，在饱和硫酸铵溶液中沉淀析出，加热凝固。如蛋清蛋白、乳清蛋白、豆清蛋白、谷清蛋白等。这类蛋白质中有丰富的含硫氨基酸，如半胱氨酸、蛋氨酸。

球蛋白：球蛋白不溶于水，溶于稀盐及稀酸、稀碱溶液中，在半饱和硫酸铵溶液中沉淀析出，动物性球蛋白遇热易凝固，如乳球蛋白、肌球蛋白等；植物性蛋白遇热不易凝固，如大豆球蛋白、棉籽球蛋白、豌豆球蛋白等。

谷蛋白：谷蛋白不溶于水、稀盐溶液和乙醇溶液，溶于稀酸和稀碱。谷蛋白主要存在于谷物种子中，如麦谷蛋白和米谷蛋白等。

醇溶蛋白：醇溶蛋白不溶于水、稀盐溶液中，但能溶于50%～80%的乙醇溶液中，加热不凝固。醇溶蛋白主要存在于谷物种子中，如麦醇溶蛋白、玉米醇溶蛋白等。

小麦中的麦谷蛋白和麦醇溶蛋白是小麦面粉的功能性蛋白——面筋的主要成分。这两种蛋白质都不溶于水，但吸水膨胀性很强。麦醇溶蛋白与面筋的黏性、可塑性有关；麦谷蛋白与面筋的弹性有关。面筋在面团形成时起着骨架作用，能很好地保存面团中糖类发酵所产生的气体，从而使蒸烤出的馒头和面包具有多孔性，松软可口，同时又具有一定韧性。

面筋以干重计，含蛋白质86.5%，其中麦胶蛋白为43.02%，麦谷蛋白为39.10%，清蛋白和球蛋白为4.41%，脂肪为2.80%，糖类为8.58%(可溶性糖为2.13%，淀粉为6.45%)。

组蛋白：组蛋白是一类碱性蛋白质，能溶于水及稀酸，不溶于稀氨水，遇热不凝固，水解后产生大量碱性氨基酸。大多数组蛋白在细胞内和核酸结合在一起。

精蛋白：精蛋白是一类碱性蛋白质，溶于水及稀酸，遇热不凝固，在细胞中和核酸结合在一起。其特点是分子中含有大量精氨酸，数量高达25%～30%，典型例子是鱼的成熟精细胞中的鱼精蛋白。

硬蛋白：这类蛋白不溶于水、盐、稀酸、稀碱溶液，故又称为不溶蛋白，在动物组织中起保护作用。结缔组织蛋白多属硬蛋白类。如毛、发、角、爪、筋、骨中的胶原蛋白、角蛋白、弹性蛋白和丝蛋白等。胶原蛋白是结缔组织中的一类重要硬蛋白，当骨骼用稀酸浸泡时，骨中无机盐溶解，剩下的物质即为纯粹的胶原。胶原用水煮沸即成为白明胶。弹性蛋白是腱、韧带中的一种硬蛋白，对水、酸、碱都有抵抗力，可被弹性蛋白酶水解，不容易被消化。角蛋白是角、毛、发、皮肤角质层中的一种硬蛋白，含有大量胱氨酸。丝蛋白是某些昆虫所分泌的丝中的硬蛋白。简单蛋白质的分类及特性见表6-5。

**表6-5　简单蛋白质的分类及特性**

| 类别 | 溶解性 | 特性 | 分布情况 |
|---|---|---|---|
| 清蛋白（白蛋白） | 溶于水，但加硫酸铵至饱和后沉淀 | 加热凝固，可结晶，多为功能蛋白或球状蛋白 | 所有生物中存在，如卵清蛋白、乳清蛋白、豆清蛋白、麦清蛋白等 |
| 球蛋白 | 不溶于水和饱和硫酸铵溶液，但溶于稀盐溶液 | 可结晶，动物球蛋白加热可凝固，植物球蛋白不易凝固 | 所有生物中存在，如大豆球蛋白、乳清球蛋白、肌球蛋白、血清球蛋白、麦球蛋白等 |
| 谷蛋白 | 不溶于水、醇和盐溶液，但溶于稀酸、稀碱 | 加热可凝固，储存蛋白，谷氨酸含量高 | 仅存在于谷禾植物种子中，如米谷蛋白、麦谷蛋白、玉米谷蛋白等 |
| 醇溶蛋白（胶蛋白） | 不溶于水、盐溶液，但溶于稀酸、稀碱和50%～80%乙醇 | 加热不凝固，储存蛋白，无水乙醇不溶 | 仅存在于谷禾植物种子中，如米胶蛋白、麦胶蛋白、玉米醇溶蛋白等 |
| 精蛋白 | 水、稀酸可溶，氨水中不溶 | 加热不凝固，碱性蛋白，含大量精氨酸 | 细胞中与核酸结合，如鱼、蛙精子和卵子中存在，其他食品含量很少 |
| 组蛋白 | 水、稀酸中可溶，但稀氨水中不溶 | 加热不凝固，碱性蛋白 | 细胞中与核酸结合，例如动物胸腺中存在，其他食品含量很少 |
| 硬蛋白 | 不溶于水、盐溶液、稀酸和稀碱 | 不溶蛋白，多为纤维状蛋白，动物的支持材料 | 动物结缔组织或分泌物中存在，如胶原蛋白、弹性蛋白、角蛋白、丝蛋白 |

2）结合蛋白质

结合蛋白质是指蛋白质水解时除了氨基酸生成外，还有一些非氨基酸类物质生成的蛋白质。其非蛋白质部分称为辅基。结合蛋白质在生物的遗传、代谢调控、营养素的转运、氧气和二氧化碳的输送等方面发挥主要作用。与食品加工关系较密切的结合蛋白质是磷蛋白和色蛋白，如牛乳中的酪蛋白就是磷蛋白，鸡蛋黄中的卵黄蛋白，与烹饪中乳化作用相关；而色蛋白中的肌红蛋白和叶绿蛋白与烹饪过程中色泽的变化有关。常见结合蛋白质有核蛋白、糖蛋白、脂蛋白、磷蛋白、色蛋白。结合蛋白质的分类及特性见表 6-6。

**表 6-6　结合蛋白质的分类及特性**

| 类别 | 非蛋白部分 | 特性 | 分布情况 |
| --- | --- | --- | --- |
| 核蛋白 | 核酸 | 组蛋白与核酸结合 | 广泛存在，但含量少，如染色体、核糖体 |
| 脂蛋白 | 脂肪和类脂 | 一般作为脂肪的运输方式或乳化方式 | 广泛存在，如血浆脂蛋白、卵黄脂蛋白、牛奶脂肪球蛋白等 |
| 糖蛋白 | 糖类 | 许多功能蛋白，有些种类黏度大 | 广泛存在，如卵黏蛋白、卵类黏蛋白、血清类黏蛋白等 |
| 磷蛋白 | 磷酸 | 磷酸酯形式，加热难凝固 | 广泛存在，如酪蛋白、卵黄磷蛋白、胃蛋白酶等 |
| 色蛋白 | 色素 | 多为酶等功能蛋白 | 如血红蛋白、肌红蛋白、叶绿蛋白、细胞色素等 |
| 金属蛋白 | 与金属直接结合 | 多为酶或运输功能的蛋白 | 广泛存在，如运铁蛋白、乙醇脱氢酶 |

# 第五节　蛋白质的性质

## 一、蛋白质的酸碱两性

### 1. 蛋白质的两性电离

组成蛋白质的氨基酸分子具有酸、碱两性，因此，蛋白质分子同样具有酸、碱两性。在水溶液中，蛋白质的酸碱性可表示为在酸性、碱性条件下的电离：

酸式解离 ⇢　　　　⇠ 碱式解离

正离子　　　偶极离子　　　负离子

$$\underset{\text{NH}_3^+}{\text{p—CH—COOH}} \underset{\text{H}^+}{\overset{\text{OH}^-}{\rightleftharpoons}} \underset{\text{NH}_3^+}{\text{p—CH—COO}^-} \underset{\text{H}^+}{\overset{\text{OH}^-}{\rightleftharpoons}} \underset{\text{NH}_2}{\text{p—CH—COO}^-}$$

带正电荷状态 $pH < pI$　　等电状态（净电荷为零）$pH = pI$　　带负电荷状态 $pH > pI$

蛋白质的水溶液在酸性或碱性条件下发生电离，其分子带电性发生改变，蛋白质的性质也随之发生改变。

### 2. 蛋白质的等电点

蛋白质的等电点(p*I*)是蛋白质分子完全解离,其分子净电荷为0时溶液的pH值。对于一条多肽链的蛋白质来说,除了有一个游离的羧基末端和一个游离的氨基末端外,蛋白质分子中还含有大量的酸性、碱性侧链基团。如赖氨酸的ε-氨基、精氨酸的胍基和组氨酸的咪唑基,均能接受质子成为带正电荷的基团;谷氨酸、天冬氨酸的γ-羧基均可以供给质子成为带负电荷的基团。所以,蛋白质有各自的等电点。

蛋白质在等电点时,蛋白质的水合作用、渗透压、溶胀能力、黏度和溶解度都降到最低点。由于蛋白质净电荷为零,对水的吸引力小,造成水合作用下降,溶解度下降,原因在于分子内部电斥力最弱,分子更趋紧凑,与水的接触面小,所以渗透压降低,溶胀能力、黏度都降到最低点。蛋白质分子处于等电点时,分子间的静电排斥力消失,分子间引力增大,蛋白质分子更容易聚集在一起产生聚沉,即所谓"等电点沉淀"。

为了提高蛋白质的水合作用和溶解度,必须使溶液偏离蛋白质等电点,其电离增加,提高水合作用。一般动物性蛋白质等电点处于偏酸性状态,烹饪中一般采用加碱方法而不是加酸方法来改善食品的水化状况。因为加碱更能远离蛋白质的等电点,使其带电荷更多,有利于水合作用。常见食品中蛋白质的等电点见表6-7。

表6-7 常见食品中蛋白质的等电点

| 蛋白质 | 来源 | 等电点(p*I*) | 蛋白质 | 来源 | 等电点(p*I*) |
|---|---|---|---|---|---|
| 胶原 | 牛 | 8～9 | 小麦胶蛋白 | 小麦面粉 | 6.4～7.1 |
| 白明胶 | 动物皮 | 4.80～4.85 | 米胶蛋白 | 大米 | 6.45 |
| 乳清蛋白 | 牛奶 | 5.12 | 大豆球蛋白 | 大豆 | 4.6 |
| 乳清球蛋白 | 牛奶 | 4.5～5.5 | 伴大豆球蛋白 | 大豆 | 4.6 |
| 酪蛋白 | 牛奶 | 4.6～4.7 | 肌红蛋白 | 牛肌肉 | 7.0 |
| 卵清蛋白 | 鸡蛋 | 4.5～4.9 | 肌球蛋白 | 牛肌肉 | 5.4 |
| 伴清蛋白 | 鸡蛋 | 6.1 | 肌动蛋白 | 牛肌肉 | 4.7 |
| 卵清球蛋白 | 鸡蛋 | 4.8～5.5 | 肌溶蛋白 | 牛肌肉 | 6.3 |
| (卵清溶菌酶) | 鸡蛋 | 10.5～11.0 | 肌浆蛋白 | 牛肌肉 | 6.3～6.5 |
| 卵类黏蛋白 | 鸡蛋 | 4.1 | 血清蛋白 | 牛 | 4.8 |
| 卵黏蛋白 | 鸡蛋 | 4.5～5.0 | 胃蛋白酶 | 猪胃 | 2.75～3.0 |
| 小麦清蛋白 | 小麦面粉 | 4.5～4.6 | 胰蛋白酶 | 猪胰液 | 5.0～8.0 |
| 小麦球蛋白 | 小麦面粉 | ～5.5 | 鱼精蛋白 | 鲑鱼精子 | 12.0～12.4 |
| 小麦谷蛋白 | 小麦面粉 | 6～8 | 丝蛋白 | 蚕丝 | 2.0～2.4 |

## 二、蛋白质的变性

蛋白质分子是由若干氨基酸按一定顺序组成的高分子,通过分子内、分子间以及周围水分子间的各种作用力达到一个平衡状态,最后形成确定的空间结构。所以天然蛋白质的构象是许多作用力共同作用的结果。为了实现能量的最低化,蛋白质所处的环境(如pH值、离子强度、温度、溶剂组成等)发生变化均会引起蛋白质分子结构的变化以达到一个新的平衡结构。蛋白质分子具有较好的柔韧性，蛋白质分子结构的细微变化并没有导致分子结构的剧烈改变，这种变化通常称为“构象适应性”。但蛋白质受到机械力、电解质、有机溶剂、辐照处理时，引起蛋白质二级结构、三级结构和四级结构发生改变，即蛋白质构象发生改变，从而导致蛋白质性质改变，即蛋白质变性。

**1. 蛋白质变性的概念**

蛋白质变性(protein denaturation)是指蛋白质空间结构的改变(二级结构、三级结构、四级结构较大变化)，但并不伴随一级结构肽链的断裂，从而导致其原有的性质和功能发生部分或全部改变。

蛋白质变性是食品加工中最重要和最常见的一种变化。食品加工、烹饪中天然蛋白质由于温度、酸碱、机械力(搅打、擀、捏等)作用，使其维持构象的各种次级键受一些因素影响而发生变化，从而失去原有的空间结构，引起蛋白质的理化性质发生改变并丧失原有生物功能(图 6-11)，以达到所期望的结果。例如，蛋清蛋白通过搅拌使蛋白质变性，提高它们的乳化性和起泡性；存在于大豆中的胰蛋白酶抑制剂通过加热变性使其失去活性，显著提高豆类蛋白质的消化率。

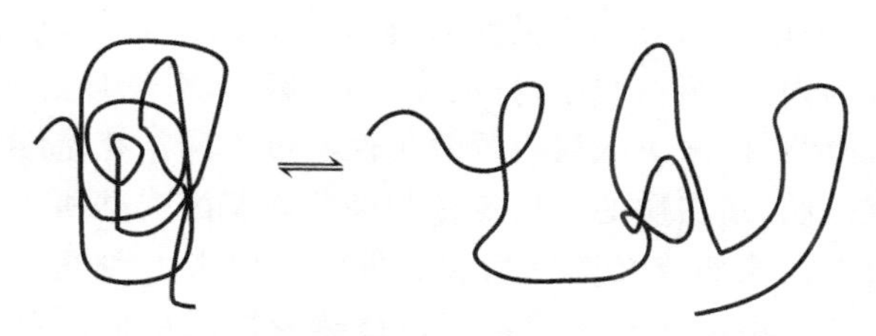

图 6-11 蛋白质变性和复性时分子结构变化示意图

**2. 蛋白质变性对其性质与功能的影响**

由于蛋白质空间构象发生改变，变性后的蛋白质的性质也发生一系列变化，常见的性质变化有：

①蛋白质对水的结合能力发生改变，由于疏水基团(或亲水基团)暴露在分子表面，引起了溶解度降低(或增加)；

②蛋白质三级、四级结构发生了改变，失去了生物活性，如酶、抗原失去其活性，抗体失去其功能；

③由于肽键的暴露，容易受到酶的攻击，增加了蛋白质对酶的敏感性，有利于消化吸收；

④蛋白质分子伸展，黏度增大，蛋白质结晶能力丧失。

因此，可以通过测定蛋白质的一些性质来了解蛋白质变性与否以及变性的程度。例如蛋白质的光学性质、沉降性质、黏度、电泳性质和热力学性质。天然蛋白质的变性有时是可逆的，当导致变性的因素解除后，蛋白质恢复原状，这一过程称之为复性(renaturation)。一般来说，蛋白质在较温和的条件下变性容易复性，而在一些剧烈的条件下变性是不可逆的，当稳定蛋白质构象的二硫键被破坏时就很难复性。

引起蛋白质变性的因素可以分为物理因素和化学因素。物理因素有热处理、辐射、剪切(振动、挤捏、搅打)和高压等；化学因素有酸、碱、表面活性剂、重金属离子、有机溶剂等。但无论何种因素导致蛋白质变性，从蛋白质分子本身的变化来看，变性一般不涉及化学变化，即蛋白质分子一级结构没有变化。

从烹饪的角度讲，蛋白质变性意味着蛋白质类食物的成熟；从食品安全意义的角度讲，蛋白质变性标志着生物活性物质失活，食物的安全性增强；在营养上，蛋白质变性有利于消化与吸收。

**3. 蛋白质的物理变性**

1）加热变性

加热是烹饪的主要处理方式，也是引起蛋白质变性的最常见的因素。蛋白质加热时，使其结构稳定的分子间作用力、氢键等被破坏，分子表现出了相当程度的伸展变形，使得一些疏水残基与反应基团暴露，蛋白质分子间必然会发生排斥、聚集反应，从天然状态转变至变性状态。

蛋白质从天然状态转变为变性状态时的临界温度，就是蛋白质的变性温度（$T_d$）或熔化温度（$T_m$）。蛋白质对温度非常敏感，其温度系数较高，一般 $Q_{10}>100$，即温度每上升 10 ℃，反应速度增加 100 倍以上。而一般化学反应的温度系数 $Q_{10}$ 为 2～4。说明蛋白质对热的变性速度远远高于一般化学变化。利用蛋白质对温度敏感这一性质，在食品加工中采用高温瞬时杀菌（HTST）、超高温灭菌（UHT）技术，快速破坏生物活性蛋白质和微生物中的酶，防止食物败坏，而在较短的时间内维生素等营养物质分解、被破坏的量较少。

加热使蛋白质变性是由蛋白质本身的热稳定性决定的。同时，某种蛋白质的热稳定性又受许多因素影响，分为内因（蛋白质结构、浓度）和外因（水分活度、pH 值、离子等）。因此，不同类型蛋白质以及同型不同来源的蛋白质的变性温度不同。氨基酸组成对蛋白质热稳定性有较大的影响，研究表明，蛋白质的热稳定性与某些氨基酸残基所占百分比之间有很紧密的联系。一般来说，含有高比例疏水性氨基酸的蛋白质比亲水性氨基酸高的蛋白质更为稳定，即水溶性蛋白质热变性温度比非水溶性蛋白质热变性温度低。食物中常见蛋白质的热变性温度见表 6-8。

**表 6-8　食物中常见蛋白质的热变性温度（$T_d$）**

| 蛋白质 | 热变性温度/℃ | 蛋白质 | 热变性温度/℃ |
|---|---|---|---|
| 弹性蛋白酶 | 57 | 胰蛋白酶原 | 55 |
| 血红蛋白 | 67 | 鸡蛋白蛋白 | 76 |
| 肌红蛋白 | 79 | 牛血清白蛋白 | 65 |
| 大豆球蛋白 | 92 | 燕麦球蛋白 | 108 |
| 溶菌酶 | 72 | 弹性蛋白酶 | 55 |

蛋白质变性温度与烹调方法有密切的关系。肌肉在加热熟制过程中，随着加热温度升高蛋白质性质发生变化。30～50 ℃时，蛋白质开始变性；40～50 ℃时，蛋白质水合作用减弱，保水性急剧下降，肌肉的硬度增加；60～70 ℃时，肌肉发生热变性，蛋白质分子收缩；80 ℃时，部分蛋白质开始水解，胶原蛋白转变为可溶性明胶，肌束间的联结减弱，肉质变软；90 ℃时，稍长时间的煮制蛋白质产生凝固硬化，盐类及浸出物从肉中渗出，肌纤维强烈收缩，肉反而变硬；100 ℃以上较长时间炖煮肉类，蛋白质水解较为普遍，肌纤维断裂，肉煮得熟烂。因此，对肉类食物的烹制，温度控制极为重要，如果温度控制不好，或加热时间过长，蛋白质过度变性后容易造成水分丢失过多、肉制品嫩度降低并难以咀嚼的后果。为了达到预期的烹调效果，在高温（150 ℃）下炸、爆、炒、煎时：一是时间要短，仅仅数分钟或数十秒；二是采取保护工艺措施，对肉进行上浆、挂糊等处理；三是做到分切肉的体积大小一致，不宜

过大，以丝、片、丁为佳，便于肉类在短时间内熟化。表 6-9 所示为不同部位的猪肉煮制时的肌肉长度变化。

**表 6-9　70 ℃煮制肌肉长度的变化**

| 煮制时间/min | 肌肉长度/cm | |
| --- | --- | --- |
| | 腰部肌肉 | 腿部肌肉 |
| 0 | 12 | 12 |
| 15 | 7.0 | 8.3 |
| 30 | 6.4 | 8.0 |
| 45 | 6.2 | 7.8 |
| 60 | 5.8 | 7.4 |

注：数据来源于陈智斌等主编的《食品加工学》，哈尔滨工业大学出版社，2012，187 页。

2）冷冻变性

低温(特别是冷冻)处理能够导致大部分蛋白质变性。原因有以下几个方面：①蛋白质的水合环境发生变化，冷冻使肌肉组织中自由水结冰，蛋白质外层水化膜破坏，引起蛋白质聚集；②盐析效应，处于冷冻状态的食物，结冰后，其组织细胞中盐浓度增大，致使一些蛋白质产生盐析作用，使蛋白质变性；③水结冰膨胀产生机械挤压作用，使蛋白质分子间化学键发生改变。如蛋白质分子间发生二硫键(—S—S—)转化反应。

冷冻变性使肉类持水力下降，变硬，质构和口感发生变化。例如冷冻的鱼类、肉类长时间放置，蛋白质会出现溶解性降低、持水力下降、肉质硬化等现象。一般在冷冻食品中加入一定磷酸盐、糖、甘油等抗冷冻剂降低结冰温度，以减小蛋白质冻结变性率。鱼肉冷冻前需要进行充分的漂洗，以除去 $Ca^{2+}$、$Na^{+}$，尽量降低盐析效应。

冷冻变性与温度和冷冻速度有关。－20 ℃以下，采取快速冷冻，食品中的水分迅速形成多个冰核，减小冰的体积，缓解机械挤压作用；蛋白质冷冻变性还与 pH 值有关，在一定 pH 值条件下，降低温度，或者在指定温度下降低 pH 值都能使蛋白质酶失去活性。

3）机械力作用

振荡、捏合、搅动、打擦等通过外力破坏蛋白质的 α-螺旋结构，使蛋白质空间发生改变而导致其变性。剪切速度越大，蛋白质变性程度越大。例如，卵清蛋白起泡，就是通过强烈的、快速的搅拌，使蛋白质分子伸展形成多肽链，多肽链继续搅拌以多种副键交联，形成球状的小液滴，由于在快速搅拌中大量空气进入，致使其体积增大。再例如面团制作中，面粉与水的混合物经过反复的擀、压使蛋白质变性，再经过蛋白质分子交联形成稳定的网络三维结构。在 pH 3.5～4.5 和 80～120 ℃条件下，用 8000～10000 r/min 的剪切速度处理乳清蛋白(10%～20%)水溶液，就可以形成蛋白质类脂肪代替品。

4）高压、辐照作用

虽然天然蛋白质具有比较稳定的构象，但其空间结构仍存在一些间隙，分子具有一定的柔性和可压缩性，在高压作用下(100～1000 MPa)可发生变性，如果压力过高，蛋白质结构中化学键、肽链发生断裂，蛋白质分子结构被破坏。

紫外线、X 射线、γ 射线等高能量电磁波对蛋白质的构象也会产生明显的影响。高能射线被分子中芳香族氨基酸吸收，诱导蛋白质构象改变，同时还会使氨基酸残基发生化学反应,如破坏共价键、氧化氨基酸残基、分子断裂产生离子等。因此辐照不仅使蛋白质变性,还可使其改性,导致蛋白质营养发生变化。

食品储藏中采用辐照保鲜技术,由于使用辐照剂量较低,主要使食品中水裂解,因而安全性较高。

5) 界面效应

蛋白质被吸附于气—液、液—固、液(水)—液(油)界面时,由于同时受到基团亲水力—疏水力的作用,使蛋白质分子发生变性。蛋白质界面变性的原因在于界面上的水分子能量较水体中水分子高,与蛋白质分子作用后,导致蛋白质分子的能量增加。蛋白质分子向界面扩散后,与界面上的水分子作用,其分子内部作用力被破坏,结构发生一定伸展,水分子进入蛋白质分子内部,蛋白质分子进一步延伸,使疏水残基、亲水残基分别在极性不同的两相(气—液)排列,最终导致蛋白质变性(图 6-12)。

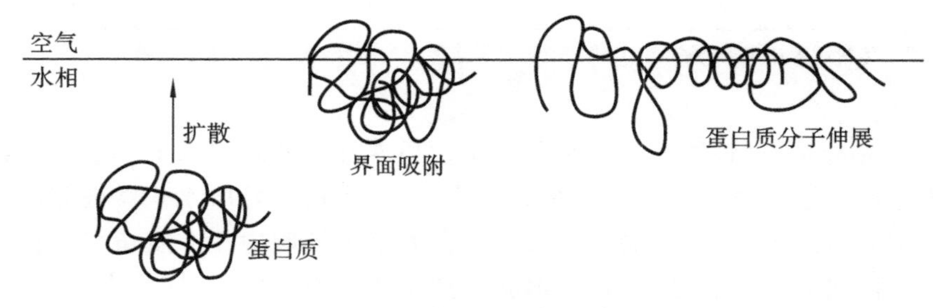


**图 6-12　蛋白质在界面力作用下变性**

吸附于气—液、液—固、液(水)—液(油)界面的蛋白质变性通常是不可逆的变性。蛋白质吸附速率与其向界面扩散的速率相关,由蛋白质组成和排列状态决定。蛋白质具有较疏松的结构时,其界面吸附较易实现,界面作用力较强;如果结构较紧密,或被二硫键稳定,或不具备明显的疏水区和亲水区,此时不易被界面吸附,界面作用力较弱。

**4. 蛋白质的化学变性**

1) 酸碱变性

蛋白质在 pH 4～10 之间较为稳定,在等电点时最稳定。在强的酸、碱性条件下,蛋白质分子中可解离基团(氨基、羧基)发生解离,产生强烈的分子内部静电作用,这些基团试图将自己暴露在水环境中,使分子伸展,蛋白质发生变性。在通常情况下,蛋白质的酸碱变性后,当 pH 值调节至原来范围时,蛋白质可以复性,恢复原来的结构。蛋白质加热的同时加入酸或碱,会导致变性加速,变性温度降低。

烹饪中也常采用酸碱使蛋白质变性。为了保证蛋白质结构不被破坏,应尽量采用稀酸和稀碱。特别是在碱性作用下,蛋白质除了发生变性外,肽链部分水解,谷氨酸、天冬氨酸发生脱酰胺作用以及巯基的破坏,导致蛋白质不可逆变性。糕点、面条、豆制品生产中往往在工艺上加入一定碱,使蛋白质按预期目标变性,以提高其品质,但也会导致蛋白质中氨基酸的破坏;同样,在烹饪肉类时,尤其是牛肉烹饪过程中,为了烹制出鲜嫩的肉片,有时会用少量的碱(如苏打)对肉进行嫩化,就是利用碱使蛋白质的肽链部分水解,产生离子化基团,提高其结合水的能力。同时,这使得氨基酸发生异构化,其营养性发生改变,也会产生一些有害的物质。因此,在食品加工过程中应尽量避免用碱去处理蛋白质。

2) 有机溶剂变性

在蛋白质溶液中,加入与水互溶的有机溶剂,由于有机溶剂与水的亲和力大于蛋白质与水的亲和力，所以有机溶剂能够争夺蛋白质分子上的水膜；同时，在水中加入有机溶剂后，溶液的介电常数降低，低介电常数环境加强了蛋白质分子中肽键的稳定和氢键的形成，促进相反电荷基团之间的吸引和相同电荷基团的排斥，使蛋白质分子趋于凝聚、沉淀。

在低温条件下这种沉淀并不导致蛋白质变性，但在温度较高时，蛋白质就会发生变性。利用这个特点，我们可以用有机溶剂在低温条件下提取蛋白质。常用的有机溶剂有乙醇、丙酮等。

尿素、盐酸胍等小分子有机物除了可以改变介质的介电常数外，还是强的氢键断裂剂，由于尿素、盐酸胍具有形成氢键的能力，高浓度的溶质破坏了水的氢键结构，蛋白质分子因氢键的破坏而产生伸展、变性。尿素、盐酸胍还能通过提高疏水性氨基酸残基在水相中的溶解度，从而降低蛋白质分子的疏水作用，导致蛋白质变性。

此外，表面活性剂（去垢剂）也是一种较强的蛋白质变性剂。例如十二烷基苯磺酸钠（SDS），浓度在 3～8 mmol/L 时可引起大多数球蛋白变性。变性的原因有两个方面：一是破坏蛋白质分子内的疏水作用，使蛋白质分子伸展；二是表面活性剂能与蛋白质强烈结合，改变了蛋白质的带电性，使其伸展趋势增加，促进蛋白质变性。

3）盐类变性

重金属盐也能导致蛋白质变性。这主要是因为重金属离子能与蛋白质的羧基相互作用，生成不溶性沉淀物。如 $Cu^{2+}$、$Hg^{2+}$、$Pb^{2+}$、$Ag^{+}$、$Cd^{2+}$ 等，这些离子易于与蛋白质中巯基（—SH）形成稳定的化合物，或使二硫键转化为巯基，改变了蛋白质结构。该反应在偏碱性条件下更容易进行。生活中在抢救重金属中毒的患者时，为了减少重金属对机体组织器官的破坏，往往需要患者喝下大量的牛乳、豆奶和生鸡蛋，目的就是利用这些食物蛋白结合重金属盐，达到解毒的目的。

盐以两种不同的方式影响蛋白质的稳定性。在低浓度时，离子通过特异性的静电作用与蛋白质部分电荷中和，这种静电中和一般能稳定蛋白质的结构，增加其水溶性。较高浓度（大于 1 mol/L）盐具有影响蛋白质结构稳定性的离子特异效应，有的盐能促进蛋白质结构稳定（如 $Na_2SO_4$），有的盐则有相反作用（如 $NaClO_4$）。阴离子对蛋白质结构的影响强于阳离子。阴离子对蛋白质结构稳定性影响的大小程度为：$F^- < SO_4^{2-} < Cl^- < Br^- < I^- < ClO_4^- < SCN^-$。

**5. 蛋白质的热凝固**

1）蛋白质热凝固的概念

烹饪中常常对肉类进行加热处理，肉类作为蛋白质的集合体，由于不同蛋白质变性温度不同，随着加热过程中温度上升，蛋白质变性的同时也伴随有部分热凝固。加热开始阶段，蛋白质变性，规则的肽链结构被打开呈松散不规则的结构，分子的不对称性增加，疏水基团暴露；随着温度的升高，蛋白质分子间疏水作用加强，进而凝聚成凝胶状的蛋白块，即蛋白质热凝固。烹饪中蛋白质热凝固非常普遍，例如煮熟的鸡蛋，蛋黄和蛋清都发生凝固。在烹制菜肴过程中，由于动物性原料富含蛋白质，加热过程中都可使其凝固，如熘肉片、涮羊肉、蒸水蛋、清蒸鱼等。由于原料表面受高温作用，表面的蛋白质变性凝固，原料内部的养分和水分不易溢出，从而使肉质鲜嫩可口，其营养价值得以保存。这种由于热变性产生的凝固叫热凝固。烹饪工艺中全蛋茨、蛋清茨和蛋泡茨，就是利用鸡蛋蛋白的热凝固性，以保证食物的鲜嫩与营养。一些蛋白质的热凝固温度见表 6-10 所示。

表 6-10 一些蛋白质的热凝固温度(℃)

| 蛋白质 | 热凝固温度 | 蛋白质 | 热凝固温度 |
|---|---|---|---|
| (牛)肌球蛋白 | 45(pH 值 6.5 时) | (鸡)卵类黏蛋白 | 70 |
| (牛)肌溶蛋白 | 52 | α-乳清蛋白 | 83 |
| (牛)血清白蛋白 | 65 | β-乳球蛋白 | 83 |
| (牛)胶原蛋白 | 65 | 面筋蛋白 | 60～70 |
| (牛)血红蛋白 | 67 | 大豆球蛋白 | 92 |
| (牛)肌红蛋白 | 79 | 燕麦球蛋白 | 108 |
| (鸡)卵黄蛋白 | 70 | 酪蛋白 | 160 |
| (鸡)卵清蛋白 | 56 | | |

2) 蛋白质热凝固的影响因素

(1) 盐类　加盐可以降低蛋白质热凝固的温度,加速蛋白质热凝固。因此,凡是制作汤类菜肴,如炖鸡汤等,在制作前都不可先一次性放入全部的食盐,而是分次放入,开始加入1/3,以增加蛋白质的盐溶,熟后再加入 2/3,以免加热中蛋白质凝固,原料的鲜味得不到析出,汤汁的味道则不尽鲜美。相反,若是制作盐水卤的菜肴,如盐水鸭、盐水鹅等,则必须在制作汤卤时先将盐全部放入,目的就是加快蛋白质凝固,尽量减少原料在卤制中蛋白质的渗出,让原料的营养素、鲜味物质仍存其中。

(2) pH 值　当 pH 值接近蛋白质等电点时,最易凝固。酸性状态下(pH<4.8),凝固点上升,甚至不凝固。甜酸类的菜肴制作(如糖醋排骨)正是利用蛋白质这一性质,保持肉质的鲜嫩软口,而糖的加入则起平抑酸味的作用。

# 第六节　蛋白质的功能性质

蛋白质化学结构比较特殊,其性质具有多样性、复杂性。食品加工中往往是多个性质综合作用的结果。例如,在一定温度范围加热可增加蛋白质的水合作用,提高持水能力;但温度过高蛋白质变性,又降低其水溶性,使其含水量下降。因此,烹饪加工中对蛋白质性质的掌握尤其重要,它是食品原料正确加工处理的基础,决定着食品的品质。

蛋白质的功能性质是指食品在加工、储藏、烹制过程中对食品特性生产所提供的特征性物理、化学性质。如蛋白质胶凝作用、水合作用、乳化性和起泡性、黏性等对食品硬度、弹性、咀嚼性、润滑性以及色泽和风味等性状起重要作用的性质。根据蛋白质功能作用特点,将其功能性质分为三类。

(1) 水合性质　取决于蛋白质同水分子间的相互作用,包括水的吸收与保留、湿润性、持水性、溶胀性、黏性、分散性和溶解性等。

(2) 表面性质　取决于蛋白质分子的结构,包括蛋白质表面张力、乳化性、起泡性及泡沫稳定性、成膜性、气味吸收与保留性等。

（3）分子间相互作用性质　取决于蛋白质分子相互作用的方式和程度，包括胶凝作用、弹性、聚沉等。

（4）感官性质　包括色泽、气味、适口性、咀嚼性、爽滑性等。

蛋白质这些性质不是完全独立的，而是相互关联的，它们是蛋白质与水、蛋白质与蛋白质以及蛋白质与其他物质共同作用的结果。

食品中蛋白质与不同成分相互作用的结果产生了各种食品特有的感官性状，为人们评价食品质量和选择消费提供了重要的依据。在食品诸多成分中蛋白质的作用最为显著。例如，烘烤食品的质地与小麦中面筋蛋白质的数量和质量有关；乳制品的质地取决于酪蛋白独有的束状胶体性质；蛋糕的结构与卵清蛋白的起泡性质密切相关；肉制品的质地与多汁性取决于蛋白质的水合性质。表6-11所示为各种蛋白质在不同食品中的功能作用。

**表6-11　各种蛋白质在不同食品中的功能作用**

| 功能 | 机制 | 食品 | 蛋白质种类 |
| --- | --- | --- | --- |
| 溶解性 | 亲水性 | 饮料 | 乳清蛋白 |
| 黏度 | 水结合、流体动力性 | 汤、肉汁、色拉调味料、甜食 | 明胶 |
| 结合水的能力 | 氢键、离子化水 | 肉肠、蛋糕、面包 | 肌肉蛋白、鸡蛋蛋白 |
| 胶凝作用 | 水截留与固定、网状结构形成 | 肉制品、凝胶、蛋糕、焙烤食品、干酪 | 肌肉蛋白、鸡蛋蛋白、乳蛋白 |
| 黏合-黏结 | 疏水结合、离子结合、氢键 | 肉类、香肠、面条、焙烤食品 | 肌肉蛋白、鸡蛋蛋白、乳蛋白 |
| 弹性 | 疏水结合、二硫键交联 | 肉制品、焙烤食品 | 肌肉蛋白、谷蛋白 |
| 乳化 | 界面吸附和形成膜 | 香肠、大红肠、汤、蛋糕、蛋黄酱 | 肌肉蛋白、鸡蛋蛋白、乳蛋白 |
| 起泡 | 界面吸附和形成膜 | 蛋糕、冰激凌、蛋泡糊 | 蛋清蛋白、乳蛋白 |
| 脂肪与风味结合 | 疏水结合、截留 | 低脂肪焙烤食品和油炸食品 | 乳蛋白、肌肉蛋白、谷蛋白 |

## 一、蛋白质的水合作用

### 1. 蛋白质的水合作用

蛋白质与水相互作用而发生的结合称为水合作用，也称蛋白质的水化作用。

大多数的食品是水合(hydration)的固体系，各成分的物理、化学性质和流变学性质不仅受体系中水的影响，而且还受蛋白质的影响。从蛋白质的化学结构来看，其表面有大量的极性基团，因而很容易与水发生作用。蛋白质许多功能性质，如分散性、湿润性、溶胀性、溶解性、黏稠性、吸附保水能力、胶凝作用、凝结、乳化性、起泡性，都取决于水—蛋白质的相互作用，例如，水对无定形和半晶体食品的增塑作用。在诸如焙烤食品、重组肉制品（肉丸、香肠）这样低水分和中等水分食品中，蛋白质水合能力是决定这些食品可接受性的关键因素。

水分不仅影响蛋白质的性质，还影响食品的质地，影响产品的产出量。当干蛋白质粉与相对湿度为90%～95%的水蒸气达到平衡时，每克蛋白质所结合的水的克数被定义为蛋白质结合水的能力。

**2. 水合作用的过程**

蛋白质水合作用是通过蛋白质分子肽键和氨基酸侧链基团与水分子之间相互作用实现的。它们包括:①带电基团,Asp、Glu 的羧基和 Lys、Arg、His 的氨基/亚氨基,这些基团与水以离子—偶极相互作用;②不带电极性基团,主链肽基团,Asn、Gln 的酰胺基,Ser、Thr、Tyr 残基的羟基,它们与水以偶极—偶极相互作用;③非极性残基则以偶极—诱导偶极相互作用和疏水作用(图 6-13)。

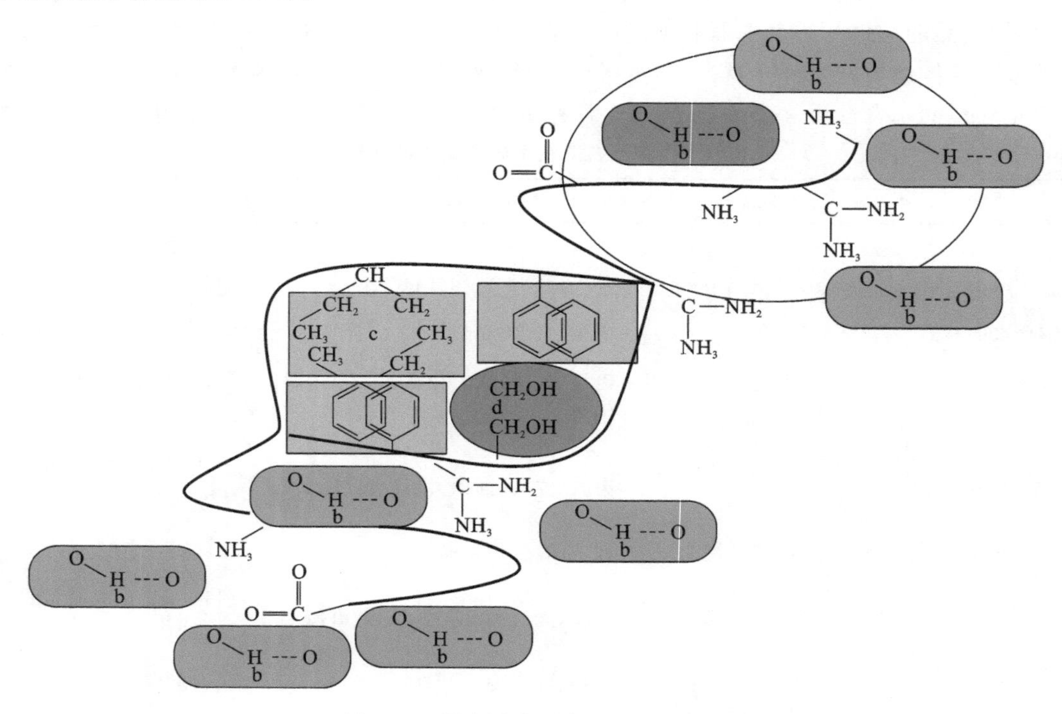


**图 6-13 蛋白质分子水化作用示意图**

食品中蛋白质与水结合多少,以及结合的方式直接影响着食物的质构和口感。干燥的蛋白质原料不可能直接用于烹制,必须先将其水化,通常称为“水发或胀发”,达到所需要的质地才进行烹调。干燥蛋白质遇水后逐步水化,其不同的阶段表现出不同的功能特性。通常将蛋白质水合作用分为五个阶段:

(1) 水分子通过与蛋白质分子中极性基团结合被吸附;

(2) 水被吸附后,由于水分子与水分子间氢键作用形成多层水吸附;

(3) 在蛋白质分子极性基团集中区域局部出现水聚集,形成局部所谓“溶解”状态;

(4) 蛋白质分子吸附较多的水分,体积增大,整体上蛋白质表现为体积增大“溶胀”;

(5) 水合作用的最终结果是根据蛋白质水溶性质不同形成溶胶与凝胶两种形式。对于水溶性蛋白质,水合作用后形成溶胶。不溶性蛋白质,水合后则形成凝胶(图 6-14)。

从蛋白质的水合过程可以看出:蛋白质的吸水性、溶胀、湿润性、持水能力、黏着性与水合作用前四阶段相关。而蛋白质的溶解性,黏弹度与第五阶段相关。对于多数食品中的蛋白质水合作用后,往往以溶胀的固态(或半固态)形式存在,使食品增加湿润性和含水量,从而改善了食品的感官性状。

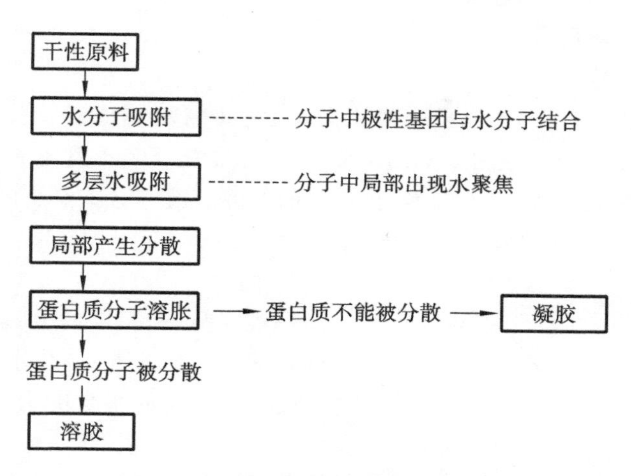


图 6-14　蛋白质水合作用过程示意图

### 3. 水合作用力

蛋白质分子中各种极性、非极性基团结合水的能力与其带电性有关。带电基团的氨基酸残基结合约 6 mol $H_2O$/mol 残基，不带电的极性残基结合 2 mol $H_2O$/mol 残基，而非极性残基结合 1 mol $H_2O$/mol 残基。因此，蛋白质的水合能力与它的氨基酸组成有关——带电的氨基酸数目越大，水合能力越强。蛋白质水合能力可以按下列经验式计算：

$$a = f_c + 0.4f_p + 0.2f_n \tag{6-3}$$

式中：$a$ 是水合能力，g 水/g 蛋白质；$f_c$、$f_p$、$f_n$ 分别代表蛋白质分子中带电、极性、非极性残基所占百分数。

不同蛋白质水合能力不同，常见蛋白质水合能力见表 6-12。

表 6-12　各种蛋白质的水合能力

| 蛋白质 | 水合能力(g 水/g 蛋白质) |
|---|---|
| 纯蛋白质(相对湿度 90%条件下) | |
| 核糖核酸酶 | 0.53 |
| 溶菌酶 | 0.34 |
| 肌红蛋白 | 0.44 |
| β-乳球蛋白 | 0.54 |
| 血清白蛋白 | 0.33 |
| 血红蛋白 | 0.62 |
| 胶原蛋白 | 0.45 |
| 酪蛋白 | 0.40 |
| 卵清蛋白 | 0.30 |
| 商业蛋白产品(相对湿度 90%条件下) | |
| 大豆蛋白 | 0.33 |
| 乳清浓缩蛋白 | 0.45～0.52 |
| 酪蛋白酸钠 | 0.38～0.92 |

**4. 水合作用的影响因素**

1）蛋白质自身结构

蛋白质水溶性与分子形态、分子表面积大小、空间结构的疏密以及极性基团的数目相关。例如，清蛋白可溶于 pH 值为 6.6 的水中；球蛋白能溶于 pH 值为 7.0 的稀盐溶液中；谷蛋白溶于稀碱、稀酸溶液；醇溶蛋白能溶于 70%的乙醇溶液。这主要是由于其分子结构中氨基酸的组成不同，从而产生了不同的溶解性。

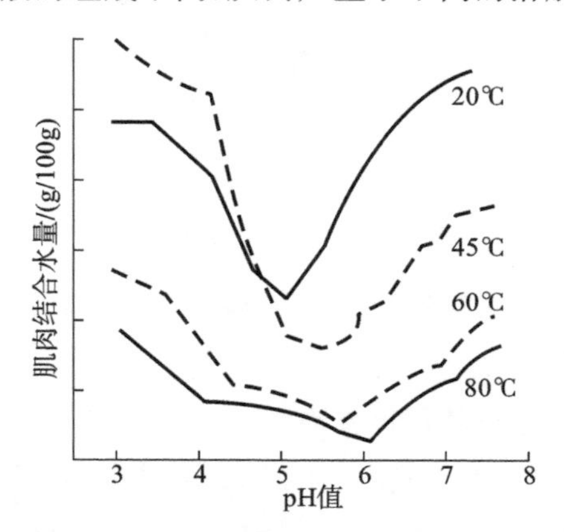

**图 6-15　肌肉在不同温度和 pH 值下的含水量**

2）温度

一般情况下，温度的升高，破坏了蛋白质-水之间的氢键，蛋白质变性，水合能降低。但是有时也提高蛋白质的水合能力，如结构致密的胶原蛋白，加热发生亚基的解离和分子的伸展，增加极性基团数目，结合水能力提高（胶原蛋白通过油发）。通常温度低于 40 ℃时，随温度的升高水溶性增强；当温度高于 50 ℃时，随温度的升高，水溶性下降（图 6-15）。

3）pH 值

pH>p*I* 时，蛋白质带负电荷，pH<p*I* 时，蛋白质带正电荷，pH=p*I* 时，蛋白质不带电荷。可见，溶液的 pH 值低于或高于蛋白质的 p*I* 都有利于蛋白质水溶性的增加。一方面是带电性增强了蛋白质与水分子的相互作用；另一方面蛋白质链之间的相互排斥作用增强。等电点时蛋白质分子易产生沉淀，主要是蛋白质水合作用降低和分子间产生聚集的结果。例如，肌肉在其等电点（p*I*=5.4）时含水量处于最低状态，即所谓的僵直（图 6-15）。

4）离子浓度

离子的浓度直接影响蛋白质的水化作用。离子作用大小与离子浓度和离子化合价相关，离子作用效应可以根据下式计算：

$$\mu = 0.5 \sum c_i z_i^{\,2} \tag{6-4}$$

式中：$c_i$ 表示一种离子浓度；$z_i$ 表示离子价数。离子效应越大，吸水性越大，渗透压越大。离子对蛋白质的水合作用视离子效应的大小表现出盐溶和盐析。

（1）盐溶：在盐浓度很稀的范围内（0.1～1 mol/L），随着盐浓度增加，蛋白质的溶解度也随之增加，这种现象称为盐溶（salting-in effect）。盐溶的作用机理：蛋白质表面电荷吸附某种盐离子后，带电表层使蛋白质分子彼此排斥，而蛋白质分子与水分子间的相互作用加强，因而使溶解度升高。当溶液中的中性盐浓度在 0.5 mol/L 时，可增加蛋白质的溶解性。

（2）盐析：当中性盐浓度增加到一定程度（>1 mol/L）时，蛋白质的溶解度明显下降并沉淀析出，这种现象称为盐析（satling-out effect）。盐析的作用机理：大量盐的加入产生离子化水，使水的活度降低，原来溶液中的大部分自由水转变为盐离子化水，从而降低了蛋白质极性基团与水分子间的相互作用，破坏蛋白质分子表面的水化层。当溶液中的中性盐的浓度大于 1 mol/L 时，蛋白质会沉淀析出，这是盐与蛋白质竞争水分子的结果。

不同盐类对蛋白质的盐析作用强弱不同。这种强弱顺序称为感胶离子序，其排序为：

阳离子：$Mg^{2+} > Ca^{2+} > Sr^{2+} > Ba^{2+} > NH_4^{+} > K^{+} > Na^{+} > Li^{+}$

阴离子：$SO_4^{2-}$＞$Ac^-$＞$Cl^-$＞$Br^-$＞$NO_3^-$＞$I^-$

盐溶与盐析是烹饪工艺中应用最广的技术。盐溶用于增强蛋白质的水合作用，增加其含水量，使食物质构发生改变，降低硬度，增加黏性，产生良好的咀嚼性，即通常所说的变得“嫩”些。例如，肉类食物烹制前的腌制码味，就在肉中加入少量的中性盐和适量的水以及其他调味料，经过搅拌和静置后，蛋白质吸收水分其含水量增加，肉的质感变得嫩滑。盐析则相反，加入大量的中性盐，使食物中水分由于渗透压作用，形成离子化水，食物中蛋白质含水量减少，食物变硬、弹性增加、咀嚼性增加，即感觉有“嚼劲”。例如，传统腊鱼、腊肉的腌制，使用大量的盐（10%～20%）使蛋白质中的水分分离出来形成离子化水，通过降低食物的含水量，改变食物性状，同时也增强防腐功能，有利于食物的保存。

**5. 蛋白质膨润性及影响因素**

蛋白质的膨润是指蛋白质吸水后不溶解，在保持水分的同时赋予食品以一定强度和黏度的一种重要功能特性。烹饪加工中有大量的蛋白质膨润的实例，例如以干凝胶形式保存的干明胶、鱿鱼、海参、蹄筋、鱼皮等原料，烹调前的涨发，就是增强蛋白质膨润性。

蛋白质干凝胶的膨润要经历蛋白质水合过程的前4个阶段（见图6-14）。吸水阶段蛋白质吸收的水量有限，大约每克干物质吸水0.2 g，所以这个阶段蛋白质干凝胶的体积不会发生大的变化，这部分水是依靠原料中的亲水基团（如$—NH_2$、—COOH、—OH、—SH、—C═O—等）吸附的结合水。同时，在蛋白质溶胀阶段吸附的水也有部分是通过渗透作用进入凝胶内部，这些水被凝胶物理截留，这部分水是自由水。由于吸附了大量的水，膨润后的凝胶体积膨大。

干凝胶的膨润程度可以用膨化度表示。膨化度是指1 g干凝胶膨润时吸进的液态的质量。蛋白质膨化度可以直接用于衡量蛋白质吸附水的能力。

$$膨化度=\frac{膨润后样品质量-膨润前样品质量}{膨润前样品质量}\times 100\% \qquad (6\text{-}5)$$

蛋白质的膨化度对于干燥加工食品有重要的意义。膨化度越高说明食品复水性能越好，易于再加工或食用，如方便面和奶粉，要求有高的复水性能，便于食用。影响蛋白质膨润性的因素如下。

1）凝胶干制过程与工艺

干凝胶涨发时的膨化度越大，出品率越高。干蛋白质凝胶的膨润与凝胶干制过程中蛋白质的变性程度有关。在干制过程中，蛋白质变性程度越低，发制时的膨润速度越快，复水性越好，更接近新鲜时的状态。真空冷冻干燥得到的干制品对蛋白质的变性作用最低，所以复水后的产品质量最好。

2）介质的pH值

膨润过程中的pH值对干制品的膨润及膨化度的影响也非常大。蛋白质在远离其等电点的情况下水合作用较大，基于这样的原理，许多原料采用碱法发制。碱发的干货原料主要有鱿鱼、海参、鲍鱼、莲子等。但是，碱易使蛋白质产生化学变化，破坏蛋白质以及氨基酸结构，影响其营养价值。所以，对碱发的时间及碱的浓度都要进行控制，并在发制完成后充分漂洗。碱是强的氢键断裂剂，碱发过度会导致制品丧失应有的黏弹性和咀嚼性，所以，碱发过程中的品质控制是非常重要的。

3）温度

一些干制原料，用水或碱液浸泡都不易涨发，如蹄筋、鱼肚、肉皮等原料，烹饪中先对其进行热油发制或热盐发制。因为这类蛋白质干凝胶大都是由以蛋白质的二级结构为主的纤维状蛋白(如角蛋白、胶原蛋白、弹性蛋白)组成,所以结构坚硬、不易水化。用热油(120 ℃左右)或热盐处理,蛋白质受热后部分氢键断裂,水分蒸发使制品膨大形成多孔结构,有利于蛋白质与水发生相互作用而增加膨润性。

**6. 蛋白质持水性**

蛋白质持水性是指经水合作用的蛋白质胶体牢固束缚水的能力。蛋白质保留水的能力与许多食品(特别是肉类)的质量有重要关系。烹饪过程中肌肉蛋白质持水性越好,意味着肌肉中水的含量越高,制作出的菜肴口感鲜嫩、不柴、易咀嚼。

蛋白质持水能力的测定,通常是将处理后的蛋白质胶体经离心,计算处理后与处理前水分增加的百分数。

$$\text{蛋白质持水力}=\frac{\text{水合作用后样品质量}-\text{水合作用前样品质量}}{\text{水合作用前样品质量}}\times 100\% \qquad (6\text{-}6)$$

提高蛋白质持水能力的方法较多。烹饪中常用的方法有:①调节 pH 值,使肌肉远离其等电点,例如,使用经过排酸的肌肉进行烹饪;②利用蛋白质盐溶,使肌肉蛋白质充分水化;③在肌肉的表面裹上一层保护性物质,如用淀粉、蛋清上芡、挂糊;④采用低温烹制等方法处理。

## 二、蛋白质的胶凝作用

蛋白质是高分子化合物,其分子质量很大,分子体积也大,直径在 1～100 nm 之间,通常带有弱电性,蛋白质能够形成稳定的亲水胶体。在生物体系中,蛋白质一般以凝胶和溶胶的混合状态存在。

**1. 蛋白质溶胶**

溶胶是水溶性蛋白质分子分散在水中形成的分散体系。如鸡蛋清,其稳定性好,对小分子物质吸附能力强。有些食物如豆浆、牛奶、高汤等,除了蛋白质与水形成溶胶外,加之水溶性蛋白质有较好的乳化性,还能将食物中的油脂和水进行乳化。因此,蛋白质溶胶具有其独特的性质。

蛋白质是亲水胶体,在水中能形成热力学稳定的胶体溶液。其稳定因素来自两个方面:首先,由于蛋白质具有酸碱两性,在等电点以外任何 pH 值时,都存在着相同电离形式,分子带有相同电荷,排斥作用阻止了蛋白质分子的聚集。其次,由于蛋白质表面分布着大量的亲水基团,它们能够吸引溶液中的水分子,使蛋白质表面形成一层厚厚的水化膜,蛋白质分子被水化膜隔开而不易发生聚沉(图 6-16)。

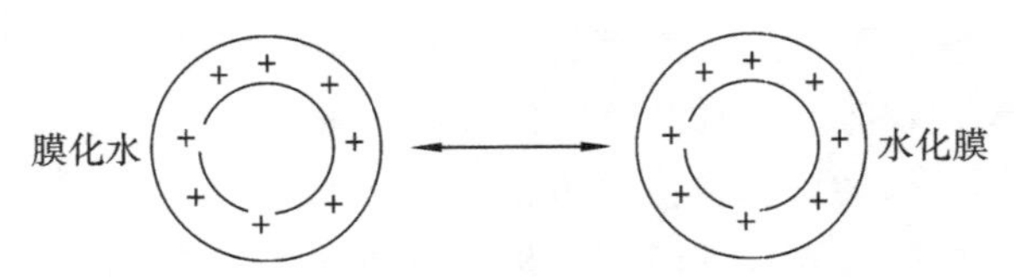


**图 6-16　蛋白质溶胶稳定因素**

蛋白质溶胶的稳定是由于蛋白质分子间相互排斥作用和蛋白质表面完整的水化膜。因此,凡是能够破坏这两方面的因子都会影响溶胶的稳定。破坏蛋白质溶胶稳定的因素有:

(1) 酸、碱物质　酸、碱条件下，蛋白质分子出现解离，溶胶 pH 值达到蛋白质等电点，从而失去水化膜作用；

(2) 重金属盐类　重金属与蛋白质结合形成络合物，改变蛋白质分子的带电性，增加蛋白质质量，使其产生沉淀；

(3) 水溶性有机溶剂　水溶性有机溶剂能与蛋白质争夺水分子，从而影响蛋白质表面水化膜的形成，使其失去稳定性；

(4) 温度　高温会破坏外层水化膜，同时蛋白质因加热变性，甚至失水产生热凝固。

**2. 蛋白质凝胶**

凝胶是介于固体与液体之间的一个中间相。在技术上它被定义为"一种无稳定状态流动的稀释体系"。凝胶是由聚合物经共价键或非共价键交联而形成的一种网状结构，能够截留其他低分子物质。

蛋白质凝胶可以看作是水和一些低分子物质分散在蛋白质分子中形成的胶体体系。蛋白质分子形成网络三维结构，使体系处于凝固或半凝固状态，水分子则分散在蛋白质的网络结构中。大部分蛋白质含量高的食物都可看作是蛋白质的凝胶状态。例如鱼肉、禽肉、蹄筋、豆腐、肉糕等等。形成凝胶的作用力一般认为来自三个方面：蛋白质—蛋白质间相互作用；蛋白质—水间相互作用；以及相邻多肽链之间的吸引力和排斥力。这三种作用相互之间产生了一个平衡的结果。静电吸引力、蛋白质之间的相互作用力（氢键、疏水相互作用）有利于蛋白质分子肽链的靠近；静电排斥力、蛋白质—水间的相互作用有利于蛋白质肽链的分离。上述两种作用的强弱对蛋白质凝胶的强度，凝胶膨润性与润滑性，凝胶的稳定性都有直接影响。因此，蛋白质凝胶的强度与稳定性主要受蛋白质—蛋白质之间相互作用力大小的影响，蛋白质分子间的相互吸引力越大，凝胶强度和稳定性越大。

凝胶与蛋白质的聚沉作用相比，最大的不同在于蛋白质发生凝胶作用时形成更大的蛋白质不溶性结块。

凝胶具有较好弹性、韧性、可加工性等特点，可以根据食品性状的需要调节水分得到预期的效果。许多食品的加工都涉及蛋白质的凝胶作用，例如，加工豆腐、生产灌肠、制作肉皮冻、制作鱼糕、焙烤面团等。干性凝胶（俗称干货）是由于蛋白质失水，体积变小，弹性大，硬度高，有利于物料的储藏，如干贝、干海参、鱼翅，在食用时再进行水化处理。而对于含水量较大的凝胶，其弹性小、咀嚼性差，则可经过去除部分水分使其质地得到改善。如将豆腐失去部分水制成豆干。

以大豆蛋白凝胶（豆腐）为例，来说明蛋白质分子间相互作用是如何进行的。①大豆经水胀发、磨碎，蛋白质大分子解聚，分散于水中，形成蛋白质溶胶；②高温煮浆使大豆蛋白适度变性并充分展开，其中的疏水基团暴露出来，有利于蛋白质分子之间产生疏水相互作用，同时，蛋白质分子表面的亲水基团增加，分子间的吸引力相对减小，形成一种新的相对稳定体系——前凝胶，即熟豆浆；③加入卤水或石膏中的钙、镁离子，使蛋白质中的带电基团以静电相互作用形成桥联；④蛋白质交联后经过冷却有利于蛋白质分子中氢键的形成。这些作用共同完成凝胶过程（图 6-17），再根据需要对凝胶中水分进行处理得到不同质感的豆制品。

蛋白质凝胶的膨润性与润滑性（即持水性），取决于蛋白质—水之间的相互作用。蛋白质与水相互作用越大，水合作用越完全，持水性越好；此外，蛋白质多肽链之间的排斥力越大，蛋白质凝胶膨润的体积越大，凝胶的润滑性越好。在蛋白质等电点附近制备凝胶时，由

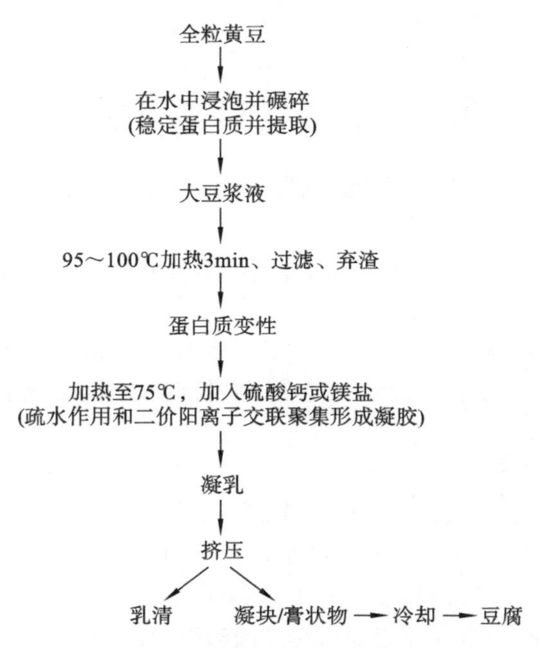


**图 6-17　钙盐或镁盐在大豆白质凝胶形成中的作用**

于蛋白质胶粒带电性最差，导致蛋白质的水合作用较差，蛋白质凝胶的膨化度低，形成凝胶的硬度也较差。

**3. 影响蛋白质凝胶形成的因素**

(1) 蛋白质的浓度　蛋白质溶液的浓度越大越有利于蛋白质凝胶的形成，高浓度蛋白质可在不加热、与等电点相差很大的 pH 值条件下形成凝胶。要形成一个自动凝结的凝胶网状结构，蛋白质浓度是必须达到一定数量的。大豆蛋白、卵清蛋白和明胶的最小浓度分别是 8%、3%和 0.6%。

(2) 蛋白质的结构　蛋白质中二硫键含量越高，形成的凝胶的强度也越高，甚至可以形成不可逆凝胶，如卵清蛋白、β-乳球蛋白。相反含二硫键少的蛋白质可形成可逆凝胶，如明胶等。

(3) 添加物　不同的蛋白质相互混合，可促进凝胶的形成，将这种现象称为蛋白质的共凝胶作用。在蛋白质溶液中添加多糖，如带负电荷的褐藻酸盐或果胶酸盐之间通过离子相互作用形成高熔点凝胶。

(4) pH 值　当 pH 值处于 p*I* 附近时易形成凝胶。当 pH 值远离其 p*I* 时，蛋白质分子带电荷增加，分子间排斥作用加强，不利于凝胶的形成。

**4. 蛋白质溶胶与凝胶的关系**

溶胶与凝胶是蛋白质存在的两种形式。如鸡蛋中，蛋清是溶胶，蛋黄是凝胶。肌肉是凝胶，而肌肉中肌浆(液体)则是溶胶。溶胶状态在一定条件下转变为凝胶状态，这一过程称为蛋白质的胶凝作用。在形成凝胶过程中，蛋白质分子多肽链之间各基团以副键相互交联，形成网络结构，水分子充满网络结构之间的空隙。

蛋白质溶胶因蛋白质分子高度水化，形成了水化层。同时，蛋白质酸碱基团的解离使蛋白质分子带上电荷，增大了分子间的静电排斥力，因此，蛋白质溶液具有稳定性。当条件改变时，蛋白质溶胶会失去稳定性，发生聚集、沉淀、胶凝等变化(图 6-18)。

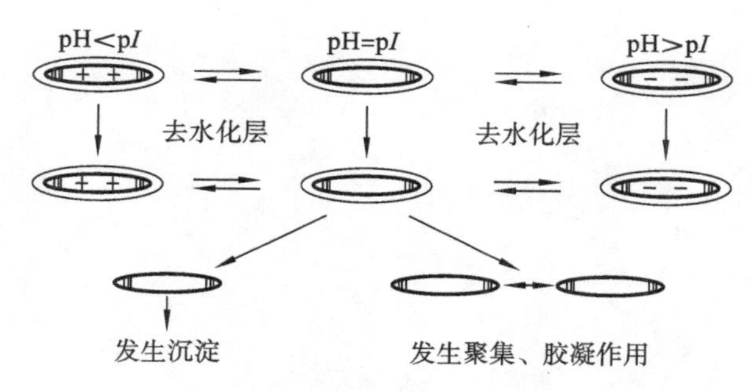


**图 6-18 蛋白质聚集、沉淀、胶凝**

虽然胶凝作用多由蛋白质溶液产生，但不溶、难溶的蛋白质水溶液或蛋白质盐水分散液也可以形成凝胶，因此，蛋白质的溶解性不是蛋白质胶凝作用的必要条件，只是有助于蛋白质的胶凝作用。

蛋白质胶凝作用与聚集、沉淀、絮凝和凝结均属于蛋白质分子在不同水平上的聚集变化。但作用的方式不同，其结构与性质差异较大。聚集（或聚合）一般是指蛋白质分子形成较大的聚合物；沉淀是指蛋白质溶解性完全或部分失去而导致的“水—蛋白质”的分离，蛋白质沉降；絮凝是指没有变性的蛋白质发生的无序聚集反应；凝结则是指变性蛋白质产生无序的聚集反应；胶凝则是变性蛋白质发生有序的聚集反应，蛋白质胶凝后形成的产物就是凝胶，凝胶具有三维网状结构，其空隙可以容纳其他小分子物质。

**5. 蛋白质胶凝**

1）蛋白质胶凝过程

蛋白质胶凝过程一般分为两步：①蛋白质分子构象的改变或部分伸展，蛋白质发生变性；②单个变性的蛋白质分子逐步聚集，有序地形成可以容纳水等小分子物质的网状结构（图 6-19、图 6-20）。如果所形成的是热可逆凝胶，则主要是通过分子间氢键形成而保持稳定；如果是热不可逆凝胶，多涉及分子间二硫键的形成。

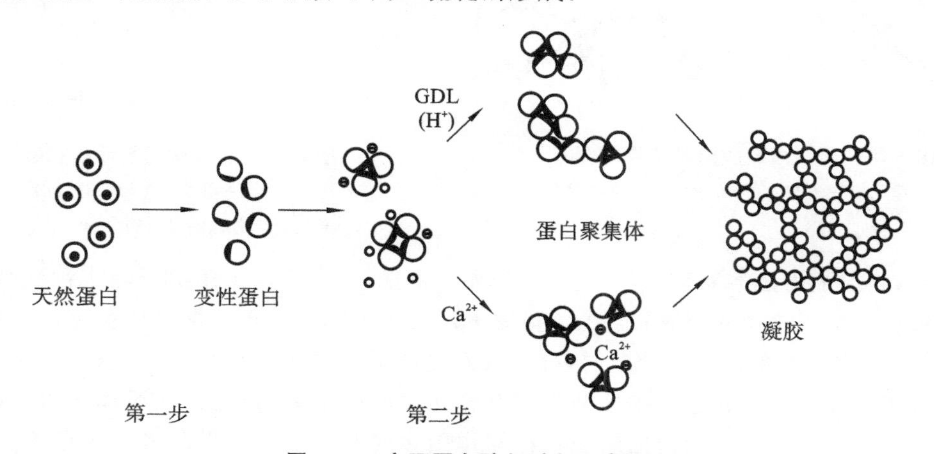


**图 6-19 大豆蛋白胶凝过程示意图**

根据蛋白质胶凝过程，将凝胶分为热凝胶和非热凝胶。典型的热凝胶如卵蛋白加热形成凝胶。通过调节 pH 值，加入二价金属离子，或是部分水解蛋白质而形成的凝胶为非热凝胶。

按形成凝胶后对热的稳定性可分为热可逆凝胶和热不可逆凝胶。如卵蛋白胶凝，经加

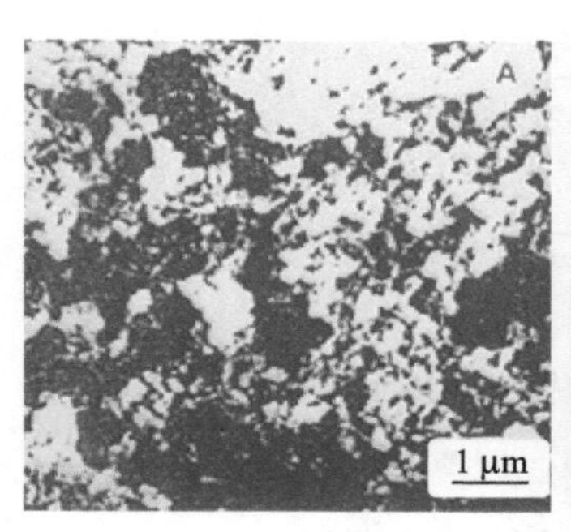

**图 6-20　大豆蛋白凝胶电镜下结构**

热蛋白质间形成二硫键，因此为热不可逆凝胶。明胶是热可逆凝胶，胶原蛋白经过水解形成蛋白质溶胶，在低温下，分子间氢键重新形成凝胶，再加热后氢键破坏，凝胶又形成溶胶。

蛋白质形成凝胶有透明性凝胶和不透明性凝胶。透明性凝胶由肽链的有序串联聚集排列（图 6-21）所形成，例如卵清蛋白、大豆球蛋白、血清蛋白等形成的透明或半透明凝胶；而不透明凝胶由肽链的自由聚集排列所形成，例如肌浆球蛋白、乳清蛋白等形成的凝胶。

蛋白质形成凝胶的类型取决于它们的分子性质和溶液的状态。含有大量非极性氨基酸残基的蛋白质在变性时发生疏水性聚集。不溶性蛋白质聚集体的无序网状结构产生的光散射造成这些凝胶的不透明性。一般情况下凝结块凝胶形成的凝胶较弱，且容易产生脱水收缩。在分子水平上，当蛋白质中 Val、Pro、Leu、Ile、Phe、Trp 残基的总和超过 31.5%（摩尔分数）时，倾向于形成凝结块凝胶；当蛋白质中疏水残基的总和低于 31.5%且溶于水时，通常形成半透明类型凝胶（图 6-22）。

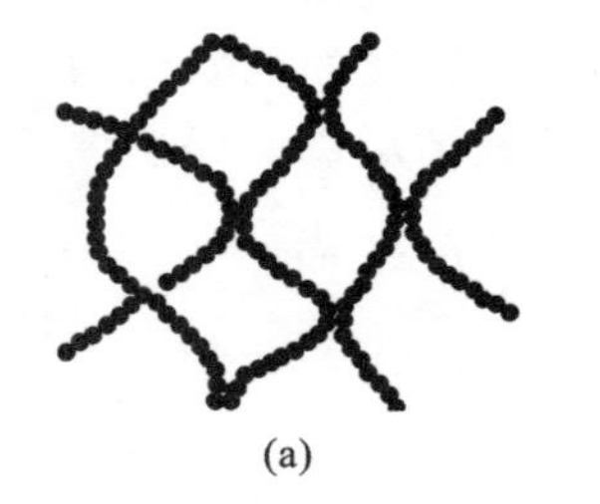
(a)

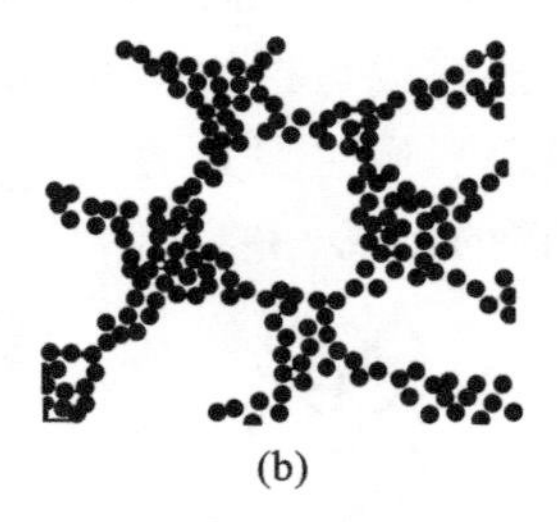
(b)

**图 6-21　蛋白质凝胶网状结构示意图**

（a）串形有序聚集；（b）分子之间的自由聚集

$$nP_N \xrightarrow{\text{加热}} nP_D \rightleftharpoons (P_D)_n \text{（半透明凝胶）}$$

$nP_D$ —冷却→ 聚集作用 → 凝结块类型凝胶

**图 6-22　蛋白质凝胶形成状态**

注：$P_N$为天然蛋白，$P_D$为展开蛋白，$n$ 为参与交联蛋白质的分子数目。

然而，当溶剂为盐溶液时，这一规则不适用。例如，β-乳球蛋含有 32%疏水性残基，它的水溶液形成一个半透明的凝胶；当加入 50 mmol/L NaCl 时，它形成凝结块类型的凝胶。这是因为 NaCl 中和了蛋白质分子上的电荷，从而促进了疏水聚集作用。因此，胶凝机制和凝胶外形取决于疏水吸引和静电排斥两种相互作用之间的平衡，也是这两股作用力控制着凝胶体系中蛋白质—蛋白质和蛋白质—水相互作用之间的平衡。如果前者大于后者，形成沉淀或凝结块，如果后者占优势，体系可能不会凝结成凝胶。

2）胶凝影响因素

蛋白质凝胶是个高度的水合体系，含水量有时可高达 98%。被截留在凝胶中水的化学势能（活度）类似稀水溶液中的水，但缺少流动性，并且不易被挤出。有关液态的水能以不流动的状态被保持在半固体状态凝胶的机制还没有被完全搞清楚。通过氢键相互作用而形成的半透明凝胶比凝结块类凝胶能保持较多的水，并且脱水收缩的倾向也较小。根据这一事实可以推测：凝胶中的水是通过氢键结合至肽键的 C═O 和 N—H 基团，以水合体的形式与带电基团缔合，和/或广泛地存在于类似于冰通过氢键形成的水—水网络中。在凝胶网络微结构受限制环境中，水可能作为肽片断的 C═O 和 N—H 基团之间的氢键交联物，这能限制每一单元中水的流动性，当单元变小时，水的流动受到更大的限制，一部分水可能以毛细管水的形式保持在凝胶的孔中。

凝胶对热和机械力的稳定性取决于每单位链所形成交联的数目和类型。从热力学角度考虑，仅当凝胶网状结构中一个单体的相互作用能量的总和大于热动能时，凝胶网状结构或许是稳定的，这取决于内因（如分子大小和净电荷等）和外因（如 pH 值、温度、离子强度等）。蛋白质凝胶硬度的平方根与分子质量呈线性关系。分子质量越大越有利于形成凝胶，且稳定性高。

影响凝胶硬度的因素是蛋白质浓度。为了形成一个自动凝结的凝胶网状结构，一个最低的蛋白质浓度即最小浓度终点（LCE）是必需的。大豆蛋白、蛋清、明胶的 LCE 值分别为 8%、3%和 0.6%，超过最低浓度时，凝胶强度 $G$ 与蛋白质浓度（$C$）之间的关系通常服从指数定律：

$$G \propto (C - C_0)^n \tag{6-7}$$

式中，$C_0$ 是最小浓度终点。对于蛋白质，$n$ 数值在 1～2 之间变动。

pH 值、盐、离子强度、加热温度和时间等也影响蛋白质的胶凝作用。在接近等电点 p$I$ 时，蛋白质通常形成凝结块类凝胶。在极端 pH 值时，由于强烈的静电排斥作用，蛋白质形成弱凝胶。对于大多数蛋白质，形成凝胶最适宜的 pH 值通常为 7～8。

一定程度的水解有时能促进蛋白质凝胶的形成。干酪的形成就是一个例子。在牛奶的酪蛋白胶束中加入凝乳酶，导致凝结块类凝胶的形成。在室温下，酶催化蛋白质交联也能导致网状结构的形成，食品加工中常采用转谷氨酰胺酶制备凝胶。

$Ca^{2+}$ 和 $Mg^{2+}$ 也可以用来制备蛋白质凝胶，离子在蛋白质分子的负电荷基团之间形成交联。大豆蛋白制备豆腐是此类凝胶中一个很好的例子（图 6-17）。

**6. 蛋白质组织化**

蛋白质是食物质地或结构形成的基础。如动物肌肉和鱼肉的肌纤维是蛋白质组织化的典型例子，香肠、鱼丸、午餐肉、干酪等也是如此，它们有良好的咀嚼性能和感官性状。但是自然界中还有一些蛋白质，不具备相应的组织结构和咀嚼性，或组织结构和咀嚼性不太理想（达不到预期的感官效果），需要对蛋白质进行重新组织化。例如从植物大豆中分离出的大豆蛋白和牛乳中得到的乳蛋白经过加工处理制成具有良好咀嚼性和持水性的薄膜或纤维结构，并且在以后的加工中蛋白质仍保持良好性能，这就是蛋白质的组织化处理。经过组织化处理的蛋白质可以作为肉类的代用品或替代物，在食品加工中广泛应用。烹饪中常常利用动物性蛋白质进行重新组织化，改变食物的感官性状，得到黏弹适宜、咀嚼性好的产品。这方面的食品较多，如传统肉丸子、火腿肠、豆腐、鱼糕等等。

食品工业上蛋白质组织化的方式有以下三种。

1）热凝固和薄膜形成

大豆蛋白浓溶液在平滑的热金属表面发生水分蒸发，蛋白质即可以产生热凝结作用，生成水合蛋白质薄膜；日常生活中传统豆制品腐竹的制作是将大豆蛋白溶液在 95 ℃保持几个小时，由于溶液表面水分的蒸发和蛋白质热凝结，形成一层蛋白膜。蛋白质组织化形成蛋白膜具有稳定的结构，加热处理也不会发生变化，同时具有良好的咀嚼性。

2）热塑性挤压

植物性蛋白质经过热塑性挤压，可以得到多孔状颗粒或块状产品。其方法是将蛋白质的混合物在旋转螺杆的作用下通过一个圆筒，在高压、高温和强剪切的作用下固体物料转化为黏稠状物，然后迅速通过圆筒进入常压状态，物料中水分快速蒸发，形成高度膨胀、干燥的多孔结构，即所谓的组织化蛋白质（膨化蛋白）。得到的产品具有良好的加热性和吸水性能，可以作为肉的替代品和填充物。

3）纤维形成

蛋白质借鉴合成纤维的生产原理，先在 pH＞10 的条件下制备高浓度的蛋白质溶液，由于静电斥力增大，蛋白质分子解离并充分伸展，经过脱气、澄清，最后在高压作用下通过一个带许多小孔的喷头，蛋白质分子沿流出方向定向排列，当喷出的溶液进入 NaCl 的酸性溶液时，由于等电点和盐析的共同作用，蛋白质发生凝结并且通过氢键、离子键、二硫键等相互作用形成水合蛋白纤维。再经过滚筒的转动拉伸，以及加热除去一部分水分，增加黏度和韧性，进一步加工后可形成人造肉或类似肉的蛋白质制品。

烹饪加工中更多的是利用动物蛋白质重组，胶凝化得到更符合烹饪要求的肉制品。

**鱼糜、肉糜制品**

鱼糜制品有鱼丸、鱼糕、鱼饼、鱼肉火腿、鱼香肠、模拟蟹肉等产品，因其具有蛋白质含量高、脂肪含量低、口感佳、弹性好、食用方便等优点，深受消费者的喜爱，近年来市场占有率持续增长。1955 年，日本开始以狭鳕鱼为原料研究冷冻鱼糜的工厂化生产，确定了冷冻鱼糜（无盐鱼糜和加盐鱼糜）的加工工艺，保证了鱼糜制品生产原料的充足供应及生产的持续均衡，解决了因地理位置、季节等因素而限制鱼糜制品生产的难题。

从 20 世纪 80 年代开始，我国沿海省份相继引进日本技术和设备生产冷冻鱼糜以及模拟蟹肉棒等鱼糜制品，开启了我国冷冻鱼糜及鱼糜制品产业发展的新纪元。2007—2013 年，我国鱼糜制品产量由 74.94 万吨增长至 117.16 万吨，鱼糜制品占我国水产加工品的比例由 5.6％增长至 6.14％。

冷冻鱼糜生产实质上是通过一系列的工艺获得高浓度肌原纤维蛋白的过程，其生产流程为：原料鱼→预处理→清洗→采肉→漂洗→脱水→绞肉→擂溃→成形→ 40 ℃低温凝胶化→90 ℃水浴 30 min →冷却→鱼糜凝胶样品。

凝胶强度是衡量冷冻鱼糜品质最关键的指标。鱼肉蛋白质是形成热诱导弹性凝胶体的基础。研究认为：肌球蛋白是形成鱼糜凝胶的重要成分，盐溶性蛋白含量与鱼糜凝胶强度呈明显的正相关（$R=0.7751$，$\alpha=0.0031$），盐溶性蛋白质含量越高，其凝胶强度越大、弹性越好；而与水溶性蛋白质含量呈负相关。

中餐食物中经常制作肉丸、鱼丸、鱼糕、肉糕，同样是利用蛋白质组织凝胶化作用，形成新的风味食物。肉丸的制作在民间有着几百年的历史。肉丸制作工艺为：先将肥瘦（1：3）的猪肉斩碎制成肉糜，在肉糜中加入适量的水、盐、淀粉以及其他辅料，顺一个方向中速搅拌，这时肉糜中蛋白质分子在外力作用下变性、交联，形成网络结构，形成了凝胶，持水能力增强，使肉产生较强的黏弹性。凝胶形成过程中起主要作用是肌动蛋白和肌球蛋白，低浓度盐使肌球蛋白产生盐溶，蛋白质分子产生伸展并和肌动蛋白分离，蛋白质水合作用增加，在外力作用下，变性的肌球蛋白和肌动蛋白等高分子物质重新交联，形成一个有高度组织的空间网络状结构。在凝胶结构中，水、淀粉、调味料、脂肪等组成一个整体，赋予肉丸鲜嫩、口感细腻、滑润、弹性好、黏度适宜的特点。

肉丸中除了蛋白质外，脂肪也是一个重要原料，起到润滑和增加口感、风味的作用。脂肪被蛋白质乳化膜和蛋白质网络结构所固定。在绞碎和乳化过程中，脂肪颗粒或脂肪组织会通过剪切粉碎成细小的颗粒，随着脂肪球的形成，它们被蛋白质覆盖，蛋白质天然的双亲结构，其非极性基团会埋入脂肪中，而极性的基团会伸入到水相中，从而形成了界面膜，可以将油相和水相形成两个不接触的相。蛋白质在脂肪球表面的吸附会降低界面张力，同时吸附作用也使蛋白质产生变性，促进蛋白质凝胶网络结构的形成，进一步增强了乳化能力。肌肉中蛋白质乳化能力顺序为：肌浆球蛋白＞肌动球蛋白＞肌浆蛋白＞肌动蛋白。肉丸中脂肪颗粒的大小和稳定性直接影响肉丸口感和储藏性。脂肪球膜和连续蛋白质网络结构的物理化学性质和流变性质是凝胶乳状体稳定性的决定因素。

## 三、蛋白质的乳化性及其影响因素

**1. 蛋白质的乳化性**

乳化性是蛋白质的功能性质之一。蛋白质与脂类的相互作用有利于食品体系中脂类的分散和乳浊液的稳定。蛋白质分子中具有亲水和疏水基团，因而既能与水结合，又能与油结合，是典型双亲分子结构。可溶性蛋白质有向油—水界面扩散并在界面吸附的能力，一旦蛋白质部分基团与界面接触，其疏水性基团向油相排列，降低了体系的自由能，蛋白质分子发生伸展并吸附在界面上，形成蛋白质吸附层，从而起到稳定乳状液的作用。

蛋白质在许多乳状胶体食品体系中起着乳化的作用。通常蛋白质亲水性较高，因此，蛋白质对水/油(W/O)体系的稳定性差，而对油/水(O/W)体系的稳定性好。例如牛奶、冰激凌、黄油、干酪、蛋黄酱、肉糜等是常见的水包油(O/W)分散系。

不同的蛋白质乳化性不同，天然食品脂肪球中，由磷脂、不溶性脂蛋白、可溶性蛋白质的连续吸附层所构成的膜稳定脂肪球，蛋白质起到了重要作用。

**2. 影响蛋白质乳化的因素**

1）蛋白质表面性质

蛋白质表面亲水基团与疏水基团的比例与分布、蛋白质的柔性等决定了蛋白质的乳化能力。已经证实，理想的活性蛋白质具有三个性能：①能快速吸附到界面；②能快速地展开并在界面上再定向；③一旦达到界面能与邻近分子相互作用形成具有强的黏合和黏弹性质，并能忍受热和机械运动的膜。亲水基团与疏水基团在蛋白质表面的分布方式决定了蛋白质在气—水或气—油界面的吸附速度。如果蛋白质的表面非常亲水，并且不含有可辨别的疏水小区，在这样的条件下，蛋白质处在水相比处在界面或非极性相具有较低的自由能，那么吸附或许就不能发生。随着蛋白质表面疏水小区数目的增加，蛋白质自发地吸附在界面成为可能(图 6-23)。随机分布在蛋白质表面的单个疏水残基既不能构成一个疏水小区，也不具有能使蛋白质固定在界面所需要的能量。即使球蛋白整个可接近的表面的40%被非极性残基覆盖，如果这些残基没有形成隔离的小区，它们就不能促进蛋白质的吸附。

柔性蛋白质与脂肪表面接触时容易展开和分布，并与脂肪形成疏水相互作用，这样在界

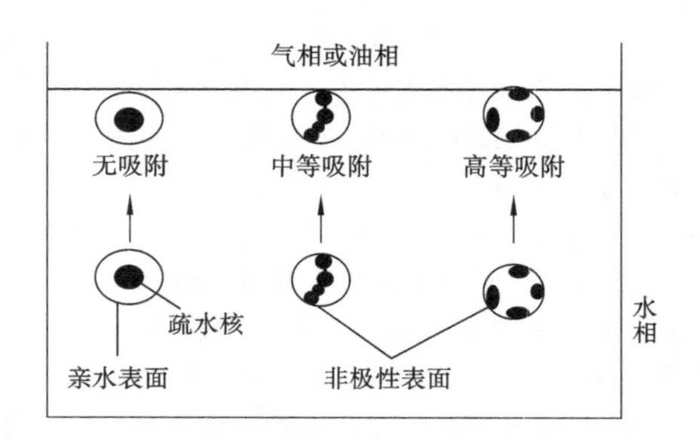


**图 6-23 蛋白质分子界面吸附能力示意图**

面形成良好的单分子膜，能很好地稳定乳状液。球蛋白具有稳定的结构和较大的表面亲水性，因此它们是良好的乳化剂，例如血清蛋白和乳清蛋白。酪蛋白由于其结构特点（无规则卷曲），肽链上有高亲水区域和疏水区域，所以也是一种良好的乳化剂。大豆蛋白分离物、肉和鱼肉蛋白质的乳化性能也较高。

2）蛋白质的溶解度

一般来说，蛋白质的溶解度越高就越容易形成良好的乳状液。虽然高度不溶解的蛋白质不是良好的乳化剂，但是在25%～80%溶解度范围内，蛋白质溶解度与乳化性质之间不存在确定的关系。由于在油—水界面上蛋白质膜的稳定性同时取决于蛋白质—油相和蛋白质—水相的相互作用，因此，蛋白质具有一定的溶解度是必需的。可溶性蛋白质的乳化能力高于不溶性蛋白质的乳化能力。能够提高蛋白质溶解度的方法有助于提高蛋白质的乳化能力。因此，在肉糜制品加工中加入0.5～1.0 mol/L的氯化钠，能提高肌纤维蛋白的乳化能力。需要注意的是，一旦蛋白质乳状液形成，溶解度差的蛋白质粒子，依靠其在界面间的物理障碍作用，也可起着稳定乳状液的作用。

3）介质的pH值

pH值对蛋白质乳状液的形成和稳定性也有影响。这涉及以下几种机制：一是在等电点具有高溶解度的蛋白质（血清蛋白、明胶、蛋清蛋白），在此pH值条件下具有最高乳化活力和乳化能力。在等电点时缺乏净电荷和静电排斥作用有助于在界面达到最高蛋白质载量和促进高黏弹膜的形成，这两者都贡献于乳状液的稳定性。二是乳状粒子之间的静电排斥作用的缺失在某些情况下促进蛋白絮凝和凝结，又降低了乳状液的稳定性。多数蛋白质在远离其等电点的pH值条件下乳化作用更好。这时，蛋白质有高的溶解度并且蛋白质表面带有电荷，有助于形成稳定的乳状液，这类蛋白质有大豆蛋白、花生蛋白、酪蛋白、乳清蛋白及肌纤维蛋白。还有少数蛋白质（血清蛋白、明胶、卵清蛋白）在等电点时具有良好的乳化作用，这是由于已吸附到油—水界面的蛋白质膜在等电点附近更稳定，不易变形和解吸，同时蛋白质与脂肪的相互作用增强，这类蛋白质有明胶和蛋清蛋白。

4）温度

对蛋白质乳状液进行加热处理，通常会损害蛋白质的乳化能力。主要是加热降低了吸附在界面上蛋白质膜的黏度和硬度。但对那些已高度水化的界面蛋白质膜，加热产生的凝胶作用提高了蛋白质表面的黏度和硬度，阻碍油滴相互聚集，反而稳定了乳状液。最常见的例子是冰激凌中的酪蛋白和肉肠中的肌纤维蛋白的热凝胶作用。在对冰激凌配料的杀菌过程中，酪蛋白发生适度变性，在油滴周围形成一层有一定黏弹性的膜，稳定了冰激凌中的油脂。

5）蛋白质浓度和组成

要形成良好的蛋白质乳状液，一定的蛋白质浓度是必需的，这样，蛋白质才能在界面上形成具有一定厚度和弹性的膜。通常蛋白质的浓度要达到0.5%～5%。高浓度时，溶液中蛋白质通常会表现出不相溶性。浓度在15%～30%时，油-水界面上形成的混合蛋白质膜随保存时间的延长可能出现蛋白质的两相分离。

食品中蛋白质一般是由多种蛋白质组成的混合体。例如鸡蛋蛋白质由五种主要蛋白质和几种次要蛋白质组成；而乳清蛋白是α-乳清蛋白和β-乳球蛋白和其他几种次要蛋白组成。乳化过程中，混合蛋白质中各种蛋白成分相互竞争着吸附至界面。界面上形成的蛋白质膜的成分取决于混合蛋白质中各种蛋白的表面活性。例如混合蛋白质中α-酪蛋白、β-酪蛋白的比例为1∶1，当其吸附至油-水界面达到平衡时，蛋白质膜中的α-酪蛋白的总量是β-酪蛋白的两倍，而在气-水界面则出现相反现象。

## 四、蛋白质起泡性

**1. 蛋白质起泡原理**

在食品体系中含有泡沫的现象非常常见，如蛋糕、棉花糖、蛋奶酥、啤酒、面包等。食品泡沫通常是指气体在连续液相或半固相中分散所形成的分散体系。气体为分散质，液体或半固体物质为分散相。气泡的直径从一微米至几个厘米不等，一般泡沫食品的要求：①含有大量的气体；②在气相与连续相之间有较大的表面积；③有能膨胀、具有刚性或半刚性的膜；④溶质的浓度在界面较高。泡沫食品的柔软性由气泡的体积和薄膜的厚度、流变学性质而决定。

泡沫形成后，由于较大的界面张力等因素，所形成的泡沫在一定的时间段内会发生破裂（实际与泡沫形成同时存在）。造成泡沫破裂的原因有三点：①由于重力、压力差、水分蒸发作用造成泡沫薄层的排水，降低了薄层的厚度导致泡沫破裂；②产生泡沫过程中泡沫大小不一，气体在小气泡中压力大，而在大气泡中压力小，气体通过连续相从小气泡向大气泡转移，造成气泡总面积下降，表面张力增加，导致气泡破裂；③受泡沫薄层排水的影响，分隔气泡的薄层厚度与强度下降，泡沫聚结成大的泡沫，最终发生破裂。蛋白质泡沫其实质是蛋白质在一定条件下与水分、空气形成的一种特殊形态的分散系。由于分散的两相（气-液）之间存在界面张力，蛋白质的作用就是吸附在气-液界面，降低界面张力，同时对所形成的吸附膜产生必要的流变学特性和稳定作用。

蛋白质作为起泡剂的机理：蛋白质是高分子极性物质，具有界面特性，在气-液混合物中，分子快速吸附到气-水界面形成分子膜，且不断交联形成黏性膜，在搅动过程中，膜包裹了空气，形成气泡。蛋白质乳化作用有助于降低界面张力，有助于发泡，而表面成膜黏度大，又有助于提高泡沫的机械强度，不易破裂。蛋白质泡沫形成示意图如图6-24所示。

**2. 形成蛋白质泡沫的方法**

形成蛋白质泡沫的方法主要有三种：鼓泡法、打擦起泡法和减压起泡法。

（1）鼓泡法　鼓泡法是将气体不断地送入到一定浓度（2%～8%）的蛋白质溶液中，鼓出大量的气泡。

（2）打擦起泡法　打擦起泡法是利用搅打或振荡使蛋白质在界面上充分吸附并伸展，

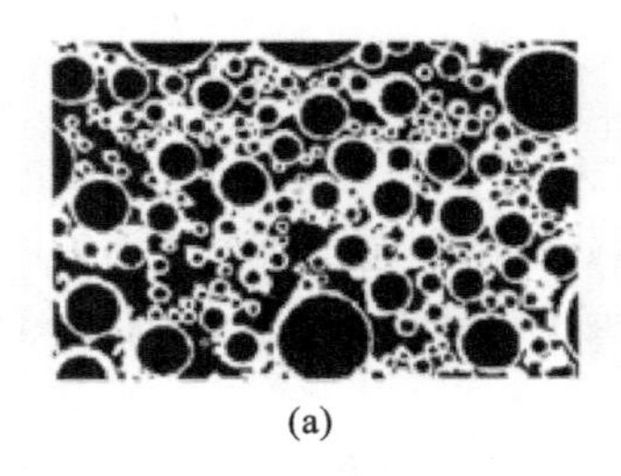
(a)

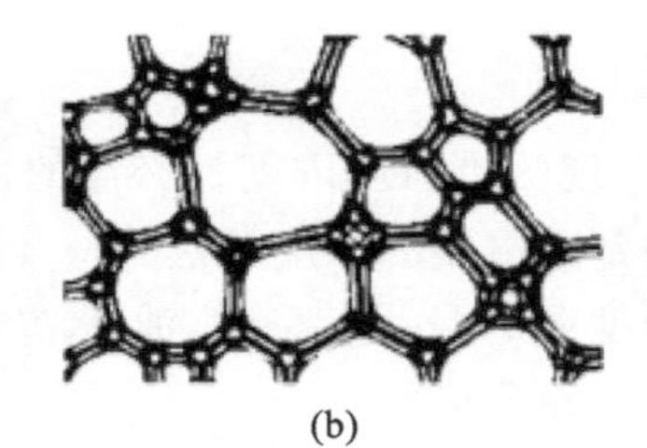
(b)

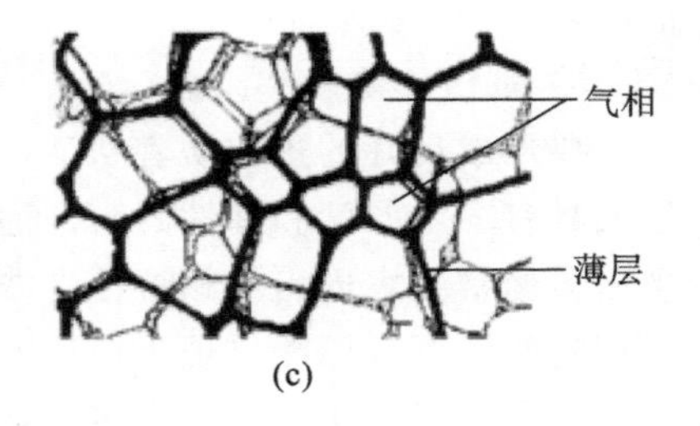

(c)

**图 6-24 蛋白质泡沫形成示意图**

(a) 不稳定的泡沫；(b) 泡沫排液过程；(c) 泡沫的稳定状态

获得大量的泡沫。充分的打擦是必需的，但过度也会造成泡沫的破裂。因此，打擦蛋清一般不宜超过 8 min。

(3) 减压起泡法 减压起泡法是先在高压条件下将气体溶于溶液，再突然将压力解除。减压起泡在生产大豆组织化蛋白时常常使用。

对蛋白质泡沫的评价主要涉及蛋白质的起泡能力和蛋白质泡沫的稳定性。测定的方法很多。蛋白质的起泡能力主要通过形成泡沫前后体积的变化来评价，即膨胀率。蛋清蛋白具有良好的发泡能力，常用于比较各种蛋白质起泡能力的参照物。蛋白质泡沫的稳定性可通过泡沫排水时间，即测定在一定时间内泡沫体积减小的量来进行评价。

$$\text{膨胀度}=\frac{\text{起泡后液体的体积}-\text{起始液体的体积}}{\text{起始液体的体积}}\times 100\% \tag{6-8}$$

**3. 泡沫稳定性及影响因素**

泡沫本身不稳定，有自动聚集，气泡变大、破裂，液相排水等倾向。要形成稳定的食品泡沫，可采用降低气—液界面张力，提高主体液相的黏度，在界面间形成牢固而有弹性的蛋白质膜等方法。

1) 蛋白质

一个具有良好发泡性质蛋白质的条件是：①蛋白质分子能够快速扩散到气—液界面，易于在界面吸附、展开和重排；②分子间作用易形成具有黏弹性的吸附膜。

蛋白质的发泡力与泡沫的稳定性之间通常是相反的。具有良好发泡能力的蛋白质其泡沫稳定性一般较差，而发泡能力差的蛋白质其稳定性较好。原因是发泡能力与稳定性是两类不同分子性质决定的，发泡能力取决于分子的快速扩散、对界面张力的降低、疏水基团的分布等性质，主要由蛋白质溶解性、疏水性、肽链的柔软性决定。泡沫的稳定性是由蛋白溶液的流变学性质决定，蛋白质水合作用、浓度、膜的厚度、适当的分子间相互作用也在一定程度上影响其稳定性。因此，同时具有发泡能力、泡沫稳定性的蛋白质是这两方面的平衡体。

研究表明卵清蛋白是最好的蛋白发泡剂，其他有血清蛋白、明胶、酪蛋白、谷蛋白、大豆蛋白等蛋白质也有不错的发泡性质。蛋清和明胶蛋白虽然表面活性较差，但它可以形成具有一定机械强度的薄膜，尤其是在其等电点附近，蛋白质分子间的静电相互吸引使吸附在空气—水界面上的蛋白质膜的厚度和硬度增加，泡沫的稳定性提高。

蛋白质浓度对泡沫稳定性也有影响。通常蛋白质浓度在 2%～8%时，液相具有良好的黏度，形成的膜具有适当的厚度和稳定性，当浓度大于 10%时，黏度过大，影响蛋白质发泡能力，泡沫变小、变硬。

2）糖类物质

提高泡沫中主体液相的黏度，一方面有利于气泡的稳定，但同时也会抑制气泡的膨胀。糖有较好的水溶性和黏性，卵清中糖蛋白由于能吸附和保持泡沫薄层中的水分，有助于泡沫稳定。泡沫食品制作中通常加入一定比例的糖，就是起到稳定泡沫的作用。但在打擦加糖蛋白质起泡沫时（蛋奶酥、蛋糕、蛋白甜饼等），糖应在打擦起泡后加入，如过早加入，由于糖的黏性影响泡沫的形成，加糖量对泡沫稳定性有较大的影响。

3）脂类

脂类会损害蛋白质的起泡性，脂类干扰了蛋白质在界面的吸附，并且影响已被吸附蛋白质间的作用，从而使泡沫不稳定，产生破裂。因此，在打擦蛋白质起泡时，应避免接触到油脂。但有时也由于蛋白质的起泡而影响加工工艺的操作，要对蛋白质泡沫进行消除，常用的方法就是加入消泡剂——硅油。

4）热处理

泡沫形成前对蛋白质溶液进行适度的热处理可以改进蛋白质的起泡性能，过度的热处理会损害蛋白质的起泡能力。对已形成的泡沫加热，泡沫中的空气膨胀，往往导致气泡破裂及泡沫解体。只有蛋清蛋白在加热时能维持泡沫结构，利用蛋清的这一特点，可以烹调出一些精制的菜点。

5）盐类

盐类物质可以影响蛋白质的溶解、黏度、伸展和解离，也能影响其发泡性质。例如氯化钠一般能提高蛋白质的发泡性能，但会使泡沫的稳定性降低（表 6-13）。$Ca^{2+}$ 通过形成盐桥作用，提高泡沫蛋白质的稳定性。

**表 6-13　NaCl 对乳清分离蛋白质起泡力和泡沫稳定性的影响**

| NaCl 浓度/(mol/L) | 总界面面积/($cm^2$/mL 泡沫) | 50%起始面积破裂时间/s |
|---|---|---|
| 0.00 | 333 | 510 |
| 0.02 | 317 | 324 |
| 0.04 | 308 | 288 |
| 0.06 | 307 | 180 |
| 0.08 | 305 | 165 |
| 0.10 | 287 | 120 |
| 0.15 | 281 | 120 |

6）pH 值

pH 值接近 p*I* 时，蛋白质泡沫体系很稳定，这是由于蛋白质分子间的排斥力很小，有利于蛋白质间的相互作用和蛋白质在膜上的吸附，形成黏稠的吸附膜，提高了蛋白质发泡力和稳定性。即使蛋白质在 p*I* 时不溶解，只有很少的蛋白质参与泡沫的形成，所形成的泡沫数量虽然少，但泡沫稳定性很高。

除此之外，蛋白质泡沫的稳定性还与搅拌时间、强度、方向等有关。适当的搅拌有利于蛋白质伸展和吸附，过度的打擦会使蛋白质产生絮凝，降低膨胀度和泡沫的稳定性，剪切力也会使蛋白质吸附膜和泡沫破裂。

## 五、蛋白质的风味结合作用

蛋白质本身没有气味，但它们能与风味化合物结合，进而影响食品的感官品质。蛋白质与风味物质的结合具有双重性，有些蛋白质，尤其是油料种子蛋白质和乳清浓缩蛋白质，能结合不期望的风味物质，因此限制了它们在食品中的应用价值。这些不良风味物质主要是不饱和脂肪酸氧化产生的醛、酮、醇、酚和酸类化合物。一旦形成，这些羰基化合物与蛋白质结合，从而影响蛋白质的风味特性。例如，大豆蛋白制品的豆腥味和青草气味归因于己醛的存在。在这些羰基化合物中，有的与蛋白质的结合亲和力非常强，以至于采用溶剂都不能将其抽提出来。

蛋白质与风味物质的结合也有有利的一面。在制作食品时，蛋白质可以用作风味物质的载体和改良剂，在加工植物蛋白的仿真肉制品中，蛋白质与风味物质结合，成功地模仿肉类食品的风味，并能使消费者接受。为了使蛋白质能够起到风味载体的作用，它必须与风味物质牢固结合并在加工过程中保留它们，当食品在口腔咀嚼时，风味物质又能够释放出来。由于蛋白质与风味物质的结合亲和力不同，也会导致风味物质的不平衡和不成比例地保留，造成食品加工中出现不期望的风味，甚至形成不良风味。

蛋白质与风味物质的结合有物理结合和化学结合。物理结合有范德华力、非极性风味化合物（配位体）与蛋白质表面疏水小区空穴的相互作用，通常是一个可逆结合。化学结合中涉及氢键、共价键、静电力作用，由于键能较大，通常是不可逆的。极性风味物质（羟基或羧基）与蛋白质结合通过氢键和静电力作用，而醛、酮类化合物能扩散至蛋白质分子疏水内部与氨基酸侧链基团以共价键结合。

现在认为，蛋白质结构中具有一些相同的、但又是相互独立的结合位点，这些位点可以与风味物质作用而产生不同方式结合。由于风味物质主要通过疏水作用和水合作用与蛋白质结合，因此，任何影响蛋白质疏水作用或表面疏水性的因素都会影响风味结合。热变性蛋白质与风味物质的结合能力较强，盐对蛋白质与风味物质结合与它们的盐溶、盐析有关。盐溶使蛋白质疏水作用减弱，从而降低风味物质的结合；盐析则提高风味物质的结合。pH 值对风味物质结合的影响与蛋白质构象有关。通常碱性比酸性更能促进蛋白质与风味物质结合，因为碱性条件下蛋白质发生较强的变性。水解能够破坏蛋白质中疏水区域并减少疏水区域的数量，从而降低了与风味物质的结合。这一方法是油料种子蛋白中去除不良风味的主要方式。

# 第七节　蛋白质在烹饪加工中的化学变化

## 一、蛋白质的水解

蛋白质在酸、碱、酶条件下，分子中酰胺键水解断裂，生成肽链较短的肽分子或游离的氨基酸。其水解反应过程表示如下：

$$蛋白质\xrightarrow{酸、碱、酶}际\longrightarrow胨\longrightarrow低肽\longrightarrow二肽\longrightarrow氨基酸$$

蛋白质的完全水解需要在强酸（盐酸、硫酸）或强碱（氢氧化钠）、长时间加热的条件下进行。但是，水解过程中会造成氨基酸的破坏，碱水解还会使氨基酸发生消旋反应。因此，食品加工中较少用碱来水解蛋白质，酸水解用于化学酱油的生产。而烹饪中蛋白水解酶的应用较为普遍，用蛋白酶使蛋白质部分水解可以改善蛋白质的功能性质，例如溶解性、分散性、乳化性和起泡性。

蛋白质水解程度一般用水解后得到的可溶性蛋白质占总蛋白质质量的比例来表示。

$$水解程度=\frac{水解后可溶性蛋白质质量}{底物蛋白质总量}\times 100\% \quad (6\text{-}9)$$

蛋白质水解时产生的氨基酸和低聚肽有很好的呈味作用，并且这种呈味作用比较鲜明。例如烹饪中高汤的制作就是将牛肉、猪肉或鸡、鸭等动物原料，在 100 ℃左右的温度下长时间加热，原料中的蛋白质发生水解反应，得到蛋白质、肽类、氨基酸的混合物，加之脂肪的乳化作用，使汤汁鲜、香、滑、浓，是各种菜肴制作的重要佐料。原料中蛋白质的水解不仅可使菜肴更加鲜美，而且也有利于人体对食物蛋白质的消化和吸收。

中餐菜谱上见到“皮冻”“蹄冻”及“水晶类”菜肴，就是胶原蛋白水解后形成凝胶的结果。

## 二、蛋白质的热反应

适度对食物中蛋白质加热，使蛋白质变性有利于人体消化吸收，同时还可以防止食品色泽、质地、气味的变化。例如，加热使大豆中蛋白酶抑制剂、胰凝乳蛋白酶抑制剂变性失活，消除植物凝集素对蛋白质营养的影响，提高植物蛋白质的营养价值。适度加热还可以产生风味物质，有利于食品感官质量的提高。

在蛋白质的加热处理中，如果加热进行过度或热处理条件不当，则会引起蛋白质的脱水、脱羧、脱氨等反应和结构的异化，从而降低了蛋白质的营养价值，甚至产生有毒有害物质。因此，烹饪中要十分注意加热处理的条件和温度。

在 115 ℃加热 27 h，50%～60%的半胱氨酸会被破坏，并产生难闻硫化氢气体。在 150 ℃以上加热时，赖氨酸 $\varepsilon$-氨基易与其他侧链羧基形成酰胺键，不仅影响氨基酸的吸收，还可能产生毒副作用。当温度在 200 ℃以上时，蛋白质还可生成环状衍生物，氨基酸残基分解。从烧烤肉中分离和鉴定出了几种热解产物，Ames 试验证实它们是较强的诱变剂。而 Trp、Glu 残基形成的热解产物有较强致癌/诱变性。Trp 热解形成 $\alpha$-咔啉、$\beta$-咔啉、$\gamma$-咔啉，它们有较强的致突变作用。肉在中等温度下（190～220 ℃）也可产生诱变物质。这类物质统称为咪唑喹啉类化合物（IQ），它们是肌酸酐、糖和一些氨基酸（Gly、Thr、Ala、Lys）的缩合产物。烧烤鱼中最强诱变剂结构如图 6-25 所示。

## 三、羰氨反应

羰氨反应也称美拉德反应、非酶褐变反应，是由羰基化合物（包括醛、酮、还原糖）和氨基化合物（包括氨基酸、蛋白质、胺、肽）发生的复杂化学反应。最终分解产物合成不溶解的褐色产物——类黑精。该反应能使食品颜色加深并赋予食品一定的风味。如面包外皮的金黄色、

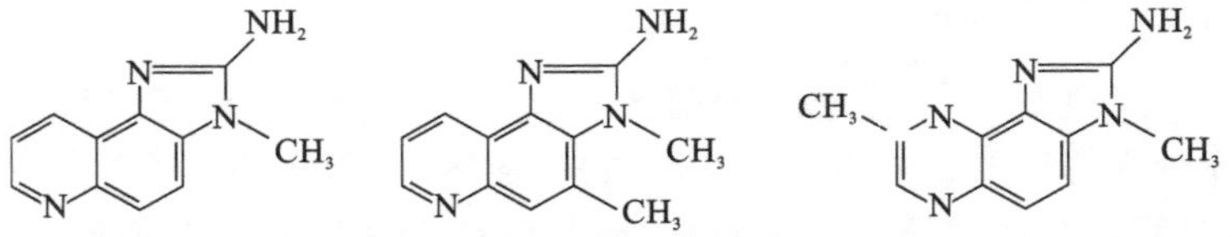

2-氨基-3-甲基咪唑基喹啉(IQ)　　2-氨基-3，4-二甲基咪唑基喹啉(MeIQ)　　2-氨基-3，8-二甲基咪唑基喹啉(MeIQX)

**图 6-25　蛋白质高温加热产生咪唑喹啉类化合物(IQ)**

红烧肉的褐色及浓郁的香味，很大程度上都是由于美拉德反应的结果。

羰氨反应在食品加工中有着复杂的作用。一方面它能给食品良好风味(色泽、香气)，反应的一些产物具有抗氧化作用，有利于食品的保藏；另一方面，羰氨反应破坏了蛋白质营养价值，赖氨酸的 ε-氨基是蛋白质中伯胺的主要来源，发生羰氨反应过程中，赖氨基酸最易损失，造成蛋白质利用率下降，生成物中有些可能有毒有害。但目前羰氨反应是食品烹饪中不可避免的化学反应之一。

## 四、蛋白质分子的交联

在一定条件下，蛋白质分子间可以通过其侧链上的特定基团连接在一起形成更大的分子或三维网状结构，即分子交联。蛋白质的交联作用在面团制作、碎肉重组等方面得到很好应用。蛋白质交联主要有以下几种方式。

**1. 二硫键型交联**

在加热或氧化剂条件下，蛋白质分子可发生巯基与巯基的氧化型交联生成二硫键(—S—S—)。这个反应在有氧化剂(如空气中氧)存在时更显著。大多数食品蛋白质都有这种交联的可能。例如，鸡蛋加热后的凝固、面粉揉制成面团等操作中都有这个反应发生。反应如下：

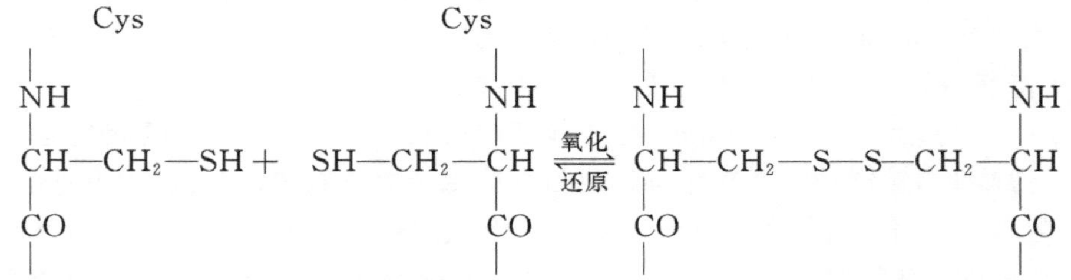

$$\text{Cys—NH—}\underset{\text{CO}}{\text{CH}}\text{—}CH_2\text{—SH} + \text{SH—}CH_2\text{—}\underset{\text{CO}}{\text{CH}}\text{—NH—Cys} \underset{\text{还原}}{\overset{\text{氧化}}{\rightleftharpoons}} \text{NH—}\underset{\text{CO}}{\text{CH}}\text{—}CH_2\text{—S—S—}CH_2\text{—}\underset{\text{CO}}{\text{CH}}\text{—NH}$$

肽链　　肽链　　二硫键交联

**2. 脱水缩合型交联**

蛋白质分子可通过氨基酸羟基、氨基、羧基之间的脱水缩合而交联。最常见的是赖氨酸的 ε-氨基与谷氨酸或天冬氨酸侧链羧基生成酰胺基。

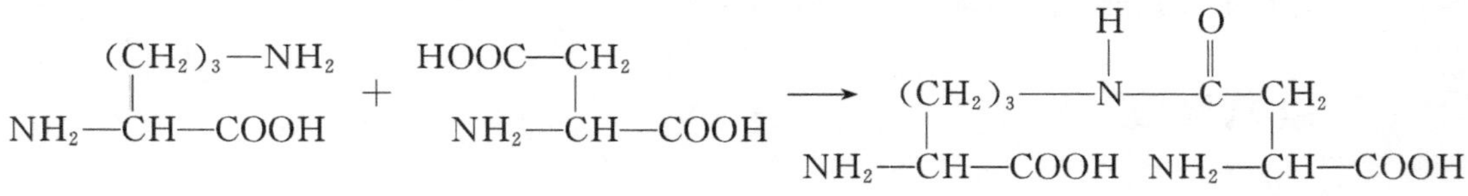

$$NH_2\text{—CH(}(CH_2)_3\text{—}NH_2\text{)—COOH} + NH_2\text{—CH(}CH_2\text{—COOH)—COOH} \longrightarrow NH_2\text{—CH(}(CH_2)_3\text{—NH—C(=O)—}CH_2\text{—CH(}NH_2\text{)—COOH)—COOH}$$

赖氨酸　　天冬氨酸

**3. 脱氢丙氨酸交联**

在碱性条件下，半胱氨酸、羟基氨基酸发生消去反应，脱去水、硫化氢产生脱氢丙氨酸，脱氢丙氨酸与其他氨基酸产生交联作用(图 6-26)。

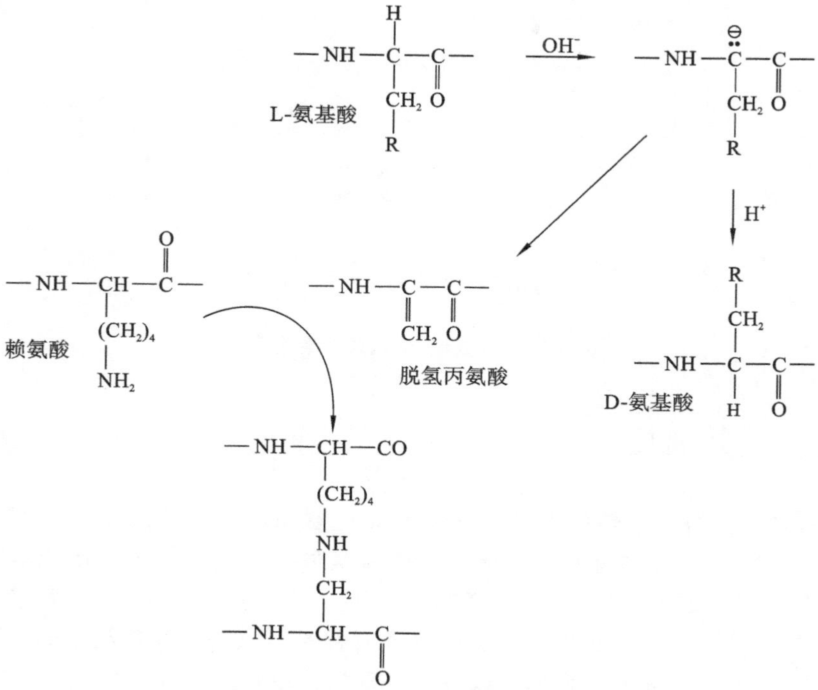

$$—NH—CH(CH_2R)—CO— \xrightarrow{OH^-} —NH—\overset{\ominus}{C}(CH_2R)—CO— \xrightarrow{H^+} —NH—C(H)(CH_2R)—CO—$$

L-氨基酸　　　　D-氨基酸

$$—NH—C(=CH_2)—CO—$$

脱氢丙氨酸

$$—NH—CH[(CH_2)_4NH_2]—CO— + —NH—C(=CH_2)—CO— \longrightarrow —NH—CH—CO—\ |\ (CH_2)_4—NH—CH_2\ |\ —NH—CH—CO—$$

赖氨酸

图 6-26　脱氢丙氨酸交联反应过程

**4．蛋白质酶作用交联**

转谷氨酰胺酶能催化酰基的转移反应，导致赖氨酸酰基残基 ε-氨基经异肽键与谷氨酰胺残基形成共价键交联。此反应能交联不同的蛋白质从而产生新的食品蛋白质，也可以改善蛋白质的性质。在较高的蛋白质浓度下，转谷氨酰胺酶能催化交联反应，形成蛋白质凝胶和蛋白质膜，使赖氨酸或/和蛋氨酸交联到谷氨酰胺残基，也可提高蛋白质的营养价值。

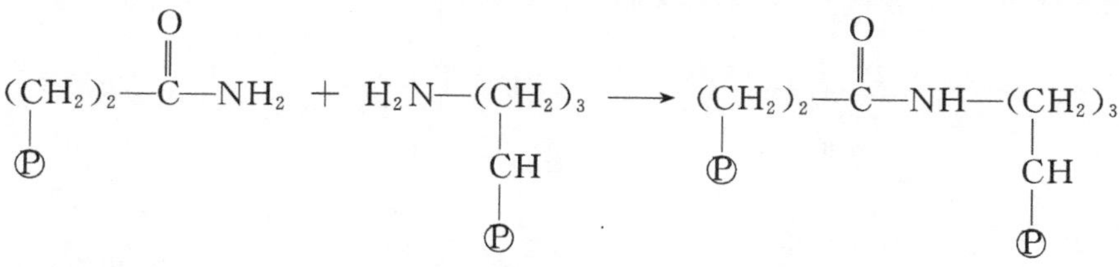

$$Ⓟ—(CH_2)_2—\overset{O}{\overset{\|}{C}}—NH_2 + H_2N—(CH_2)_3—CH—Ⓟ \longrightarrow Ⓟ—(CH_2)_2—\overset{O}{\overset{\|}{C}}—NH—(CH_2)_3—CH—Ⓟ$$

谷氨酸残基　　　　赖氨酸残基

## 五、亚硝酸盐反应

亚硝酸盐与仲胺(或与伯胺、叔胺)反应生成 N-亚硝胺，N-亚硝胺是食品形成的最具有致癌毒性的物质。在食品中加入亚硝酸盐通常是为了改善色泽和防止细菌的生长。参与此反应的氨基酸主要有脯氨酸、组氨酸和色氨酸。酪氨酸、精氨酸和半胱氨酸也可以与亚硝酸盐反应(图 6-27)。此反应主要是在酸性和较高温度下发生。

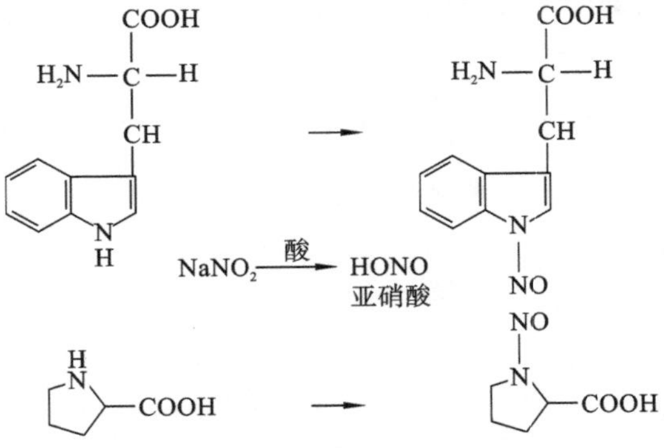

图 6-27　色氨酸、脯氨酸亚硝酸反应

## 六、蛋白质外消旋

蛋白质在碱性条件下经热加工，例如制备组织化食品，不可避免地导致 L-氨基酸部分外消旋至 D-氨基酸。蛋白质酸性水解也造成一些氨基酸的外消旋。蛋白质或含蛋白质的食品在 200 ℃以上温度被烘烤时同样会出现这种反应。在碱性条件下，一个羟基离子从 α-碳原子上获得质子，产生碳负离子失去了它的四面对称性，随后，在碳负离子的顶部或底部加上一个来自溶液的质子，相同的概率导致氨基酸残基的外消旋作用。

氨基酸获得电子的能力影响它的外消旋速率。Asp、Ser、Cys、Glu、Phe、Asn、Thr 残基比其他氨基酸残基更易产生外消旋作用(图 6-28)。有趣的是，蛋白质外消旋作用速率比游离氨基酸速率高 10 倍，这表明蛋白质的分子内作用降低了外消旋作用的活化能。除此之外，碱性条件下，碳负离子也能通过 β-消去反应产生一个活性中间物——脱氢丙氨酸。半胱氨酸和磷酸丝氨酸更多的是发生 β-消去反应。

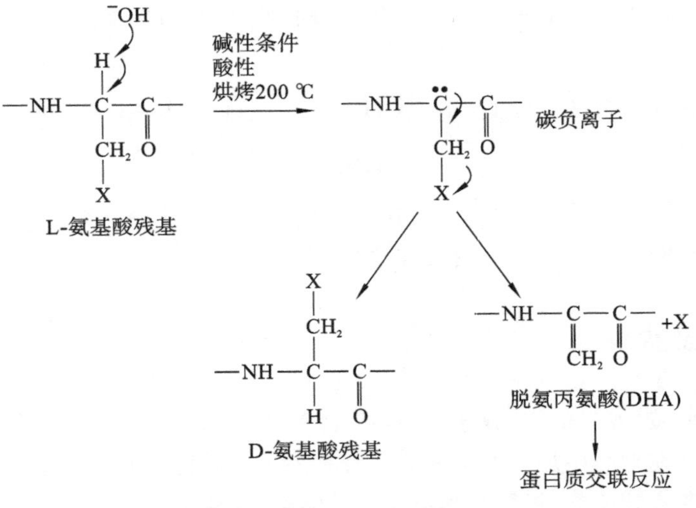

图 6-28　蛋白质碱性条件下外消旋反应

由于 D-氨基酸残基的肽链较难被胃和胰蛋白酶水解，因此氨基酸的消旋反应使蛋白质的消化率降低。必需氨基酸的外消旋反应降低了蛋白质的营养价值。D-氨基酸不易被小肠黏膜细胞吸收，也不能在体内被合成蛋白质。而且一些 D-氨基酸（如 D-脯氨酸）已经发现有神经毒作用。

# 第八节　食物中主要蛋白质及其性质

食物中的蛋白质按来源分为动物性蛋白质和植物性蛋白质。动物性蛋白质有肉类、乳类和卵类蛋白质；植物性蛋白质有谷物类蛋白质、油料种子蛋白质和蔬菜蛋白质。目前蛋白质新资源在不断开发，有单细胞蛋白质、微生物蛋白质、水产类蛋白质和植物叶蛋白。

## 一、动物性蛋白质

### 1. 畜禽类蛋白质

动物组织分为上皮组织、结缔组织、肌肉组织和神经组织。各组织中都含有一定量的蛋白质，其中肌肉组织是人类重要食物和主要的蛋白质来源。动物肌肉组织中蛋白质含量大约为 20%，肌肉组织蛋白质分为三种：肌原纤维蛋白、肌浆蛋白和基质蛋白。

1）肌原纤维蛋白

肌原纤维蛋白是肌肉组织的主要部分，占比在 50%～60%。主要由肌球蛋白和肌动蛋白组成，它们是粗肌丝和细肌丝的组成成分，占据了肌原纤维蛋白总量的 65%或肌肉总量的 40%。这些蛋白质在稀盐溶液（＞0.3 mmol/L）中可以溶解，因此，通常将这部分蛋白称之为肌肉蛋白的“盐溶部分”。在肌原纤维蛋白中，肌球蛋白约占 55%，其分子呈纤维状，不溶于水，等电点为 5.4，对热不稳定，热凝固温度为 43～51 ℃，胰蛋白酶可分解肌球蛋白，将其分为轻酶解肌球蛋白和重酶解肌球蛋白两部分，轻酶解肌球蛋白为肌球蛋白的尾部。木瓜蛋白酶处理重酶解肌球蛋白，将其分解为头部和颈部。肌球蛋白头部具有 ATP 酶活性。肌动蛋白约占 20%，其分子呈球形，不溶于水，可溶于中性盐溶液，等电点为 4.7，热变性温度为 30～35 ℃。许多（约 400 个）肌动蛋白单体相互连接，形成两条有极性的互相缠绕的螺旋链，称为 F-肌动蛋白。肌动蛋白、肌球蛋白与肌钙蛋白的联合作用产生了肌肉的运动。除肌球蛋白和肌动蛋白外，肌原纤维蛋白中还有肌钙蛋白（5%）和原肌球蛋白（5%）等其他蛋白（图 6-29）。

2）肌浆蛋白

肌浆蛋白占肌肉蛋白总量的 25%～30%，肌浆蛋白存在于肌细胞的肌浆中（细胞质部分）。大部分肌浆蛋白是糖酵解、糖原合成与分解反应有关的酶。肌浆蛋白含量随物种、肌纤维类型、动物的年龄不同而差异较大。

肌浆蛋白分为肌溶蛋白和肌红蛋白。肌红蛋白为产生肉类色泽的主要色素，等电点为 6.8，性质不稳定，在外界因素下所含 $Fe^{2+}$ 被转化为 $Fe^{3+}$，导致肉制品色泽的异常。存在于肌纤维间的肌溶蛋白（清蛋白）性质也不稳定，可溶于水，50 ℃左右可以变性，而各类酶变化较大，对肌肉的品质和风味影响最大。如肉在加热过程中，蛋白质与糖发生羰氨反应以及脂肪分解产生特有的风味。

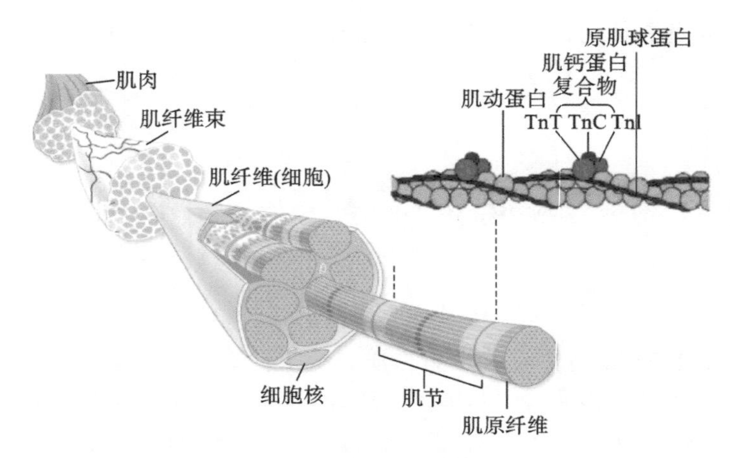


**图 6-29 肌肉蛋白质构成示意图**

3）基质蛋白

基质蛋白占肌肉总量的 10%～20%，是肌肉间的隔膜、肌腱等结构的主要成分，主要由胶原蛋白、弹性蛋白、网状蛋白和黏蛋白等组成。

胶原蛋白属于硬蛋白，它是哺乳类动物体内含量最多的蛋白质，占动物性蛋白质的 25%～33%。动物真皮、软骨、韧带、骨、肌腱等组织中胶原蛋白含量较高。胶原蛋白相对分子质量约为$3\times10^5$，等电点为 7～8，经碱处理后等电点为 5。胶原蛋白中，甘氨酸含量很高，大约占 30%；脯氨酸和羟脯氨酸也各占 10%左右；其他氨基酸含量相对较少，蛋氨酸、酪氨酸含量较少；不含半胱氨酸或色氨酸；营养价值较低。

胶原蛋白结构通常由三条肽链缠绕形成 α-螺旋结构（图 6-30），有较强的弹性和韧性，在酸、碱溶液中才涨发。

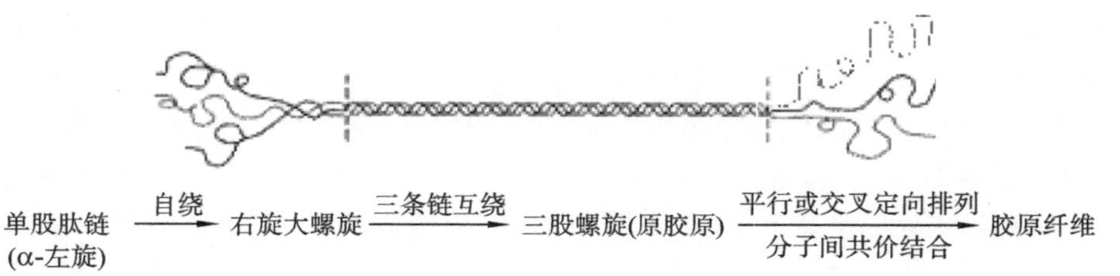


**图 6-30 胶原蛋白结构示意图**

分子间共价交联随动物年龄增大而增多，所以年幼的动物比年老的动物肉娇嫩。胶原蛋白对肉的品质影响极大，例如牛肉、鸡肉和鱼肉，质感嫩度不同，可从其蛋白质种类看出，鱼肉组织比畜肉组织软，其原因是鱼肉基质蛋白中的胶原和弹性蛋白少。表 6-14 所示为几种动物性蛋白质组成。

**表 6-14 动物肉的蛋白质组成（%总蛋白）**

| 肉源 | 肌原纤维蛋白 | 肌浆蛋白 | 基质蛋白 |
|---|---|---|---|
| (老)马肉 | 48 | 16 | 36 |
| (老)牛肉 | 51 | 24 | 25 |
| (成)猪肉 | 51 | 20 | 29 |
| (幼)猪肉 | 50 | 28 | 21 |

续表

| 肉源 | 肌原纤维蛋白 | 肌浆蛋白 | 基质蛋白 |
|---|---|---|---|
| 鸡肉 | 55 | 33 | 12 |
| 鱼肉 | 73 | 20 | 7 |

胶原蛋白不溶于水，具有高度的结晶性，当加热到一定温度时会发生“晶体瓦解”形成明胶，明胶有较强的吸水性和热可塑性。

弹性蛋白是弹性纤维的主要蛋白质，它包在纤维内部，比胶原蛋白更难溶。在韧带、血管等组织中较多，约占弹性组织总固体量的 25%。

弹性蛋白的氨基酸组成具有如下特点：甘氨酸、丙氨酸、缬氨酸、脯氨酸、亮氨酸、异亮氨酸、苯丙氨酸等非极性氨基酸极为丰富，占 90%。因此弹性蛋白对酸、碱、热、酶较稳定。

弹性蛋白和胶原蛋白相似，在很多组织中与胶原蛋白共存。弹性蛋白的弹性较强，但强度不如胶原蛋白。它的化学性质很稳定，一般不溶于水，即使在热水中煮沸也不能分解。胶原蛋白易受胃蛋白酶的消化，而胰蛋白酶不能消化它，相反弹性蛋白在胰蛋白酶作用下易消化，而在胃蛋白酶的作用下不消化。但它们都可被无花果蛋白酶、木瓜蛋白酶、菠萝蛋白酶和胰弹性蛋白酶水解。烹饪中常用这类酶作为嫩肉剂对含基质蛋白较多的动物性食材进行致嫩。

**2. 鱼类蛋白**

鱼类蛋白的特点有：①蛋白质含量高且结合水量多，肉质鲜嫩；②间质蛋白（基质蛋白）含量少，组织结构疏松；③蛋白质中含组氨酸较高，鱼死后形成组胺类物质，易于腐烂。根据鱼肉的色泽分为血合肉、普通鱼肉。烹饪中基于鱼类蛋白质的组成特点，多采用新鲜活鱼进行加工，以保持蛋白质的鲜嫩。

**3. 卵蛋白质**

一个完整的卵类分为蛋白和蛋黄两个部分，两部分的组成成分有较大的差异（表 6-15）。卵蛋白中，各种蛋白基本以球蛋白为主，很容易被分离出来，其性质也得到较好的研究，特别是功能性质的研究。卵黄蛋白中，脂类有 66%为三酰甘油，28%为磷脂、5%为固醇，卵黄磷蛋白为 43%～44%，卵黄类黏蛋白为 30%。因此，卵黄在食品加工中是重要的乳化剂。通常作为蛋黄酱、乳糜性食物的乳化剂。

**表 6-15 蛋白和蛋黄的组成及特性**

| 存在 | 种类 | 含量/(%) | 特性 | | 应用 |
|---|---|---|---|---|---|
| 蛋白 | 蛋清总蛋白 | 9.7～10.6<br>（占蛋清蛋白%） | pI | 热凝温度/(℃) | |
| | 卵清蛋白 | 54 | 4.5 | 84 | 起泡、黏结 |
| | 卵伴清蛋白 | 12 | 6.1 | 61 | 黏结 |
| | 卵黏蛋白 | 3.5 | 4.5～5.0 | — | 黏性、稳泡 |
| | 卵类黏蛋白 | 11 | 4.1 | 70 | 黏性、稳泡 |
| | 溶菌酶 | 3.4 | 10.7 | 75 | |
| | $G_2$-卵球蛋白 | 4.0 | 5.5 | 92.5 | |
| | 抗生物素蛋白 | 0.05 | 10 | — | |

续表

| 存 在 | 种类 | 含量/(%) | 特性 | 应用 |
|---|---|---|---|---|
| 蛋黄 | 蛋黄总蛋白 | 15.7～16.6（占蛋黄固型物%） | | |
| | 卵黄脂磷蛋白 | 16.1 | 60%的脂为磷脂 | 乳化 |
| | 卵黄高磷蛋白 | 3.7 | 含磷 10% | 乳化稳定 |
| | 蛋黄球蛋白 | 11 | 糖蛋白 | |
| | 低密度脂蛋白 | 66 | 含脂 84%～89%，其中中性脂 75% | 抗黏结 |

注：全蛋蛋白质含量 12.8%～13.4%。

卵白是食品加工、烹饪工艺中重要的起泡剂，它的发泡能力优于酪蛋白，卵白发泡能力是多种蛋白质共同作用的结果，比较卵白中各蛋白的发泡能力，其顺序是：卵黏蛋白＞卵球蛋白＞卵清蛋白＞卵类黏蛋白＞溶菌酶。球蛋白的发泡能力虽然较差，但有稳定泡沫的作用。

卵白还是食品加工中重要的胶凝剂，由于其热凝固温度低（50～65 ℃），很容易发生热胶凝作用形成凝胶。其中卵清蛋白也是最常用的胶凝剂。例如烹饪中用蛋清上浆和全蛋上浆工艺。

## 二、植物性蛋白质

### 1. 大豆蛋白

大豆是重要的蛋白质和油脂的来源。大豆中蛋白质含量占 35%～44%，并且有丰富的赖氨酸；脂肪含量为 15%～20%，多为不饱和脂肪酸（占 85%），以亚油酸最多，为 50%；糖类物质为 25%～30%，多为一些低聚糖和多糖。同时大豆也含有一些不良因子：如蛋白酶抑制剂（PI）、豆腥味（脂肪氧化酶产生）、胀气因子（多糖）等物质和保健成分异黄酮等。

大豆蛋白的提取，主要采取蛋白质等电点沉淀方法。大豆经研磨粉碎后脱皮去脂，用稀碱处理脱脂豆粉，溶于水分离去渣，提取蛋白质溶液。提取液加酸酸化至等电点，大豆蛋白沉淀出来，沉淀物经碱中和得到大豆分离蛋白。

大豆蛋白具有良好的乳化、分散、胶凝和增稠作用。溶解性较其他蛋白质高，在食品加工中应用较广。分离蛋白对油的乳化能力可以达到 1 g 蛋白质分散 100～300 mL 的油，对水的吸附能力可达到 1∶4。在肉制品中加入大豆分离蛋白，不但可以改善肉制品的质构和增加风味，而且提高了蛋白质含量，增加了维生素。由于其功能性较强，用量为 2%～5%就可以起到保水、保脂、防止肉汁离析、提高品质、改善口感的作用。在贡丸、牛丸、热狗肠、肉串、午餐肉、三明治等肉制品加工中，大豆分离蛋白的添加可以使产品的结构更完美。表 6-16所示为食物中蛋白质在加工中的应用情况。

表 6-16　食物中蛋白质在加工中的功能作用

| 功能 | 作用机制 | 常见食品 | 蛋白质种类 |
|---|---|---|---|
| 溶解性 | 亲水性 | 汤汁、饮料 | 乳清蛋白 |
| 黏性 | 水合性，流体性，高分子性质 | 汤、肉汁、酱 | 明胶 |
| 持水性 | 氢键、离子化水 | 鲜肉、香肠、蛋糕 | 肌肉蛋白、鸡蛋蛋白 |
| 胶凝作用 | 分子交联，三维网状结构 | 凝胶、肉糕、鱼糕、豆腐 | 肌肉蛋白、大豆蛋白 |
| 乳化作用 | 界面特性 | 香肠、红肠、高汤 | 肌浆蛋白、卵黄蛋白 |
| 起泡作用 | 界面特性 | 冰激凌、蛋糕 | 卵清蛋白、乳清蛋白 |
| 弹性 | 疏水作用和二硫键 | 肉丸、香肠肉制品、面团 | 肌肉蛋白、谷蛋白和麦醇溶蛋白 |

**2. 小麦蛋白质**

小麦面粉蛋白由四种蛋白组成，它们是麦清蛋白、麦球蛋白、麦谷蛋白和麦醇溶蛋白。其中麦谷蛋白和麦醇溶蛋白的总量占总蛋白的80%以上，而麦清蛋白和麦球蛋白共占20%左右。小麦面粉蛋白的结构和性质见表6-17。

表 6-17　小麦面粉蛋白的结构和性质

| 蛋白质 | 含量/(%) | pI | 相对分子质量 | 分子结构特征 | 亚基数 | 溶解/溶胀性能（膨润度） |
|---|---|---|---|---|---|---|
| 麦清蛋白 | 3～5 | 4.5～4.6 | $1.2\times10^4$～$2.8\times10^4$ | 球状 | 1 | 水、盐溶液溶解 |
| 麦球蛋白 | 6～10 | 5.5 | $\leqslant4.0\times10^4$，个别$1.0\times10^6$ | 球状 | 1 | 盐溶液溶解 |
| 麦醇溶蛋白 | 40～45 | 6.4～7.1 | $3.3\times10^4$～$6.0\times10^4$ | 球状→纤维状，有二硫键，且多为分子内 | 1，种类多 | 70%乙醇溶解，水、盐溶液溶胀 |
| 麦谷蛋白 | 45～50 | 6～8 | $3.1\times10^6$～$10\times10^6$ | 纤维状，二硫键多，且多为分子间 | 15 | 水、盐溶液溶胀 |

**3. 面团的形成**

当捏合小麦面粉和水(约3∶1)的混合物时，形成了具有黏弹性的面团，用于制作面包和焙烤食品。小麦面粉中含有可溶性蛋白质清蛋白和球蛋白以及其他糖蛋白，这类蛋白质对面团形成和性质没有太多贡献。不溶性蛋白质麦谷蛋白和麦醇溶蛋白，它们是面筋的主要成分，在与水混合时，面筋形成具有截留气体能力的黏弹面团。

面筋独特的黏弹性质与麦谷蛋白和麦醇溶蛋白氨基酸组成相关。谷氨酸(Gln)和脯氨酸(Pro)占氨基酸残基总数的40%以上(表6-18)。面筋中赖氨酸(Lys)、精氨酸(Arg)、谷氨酸(Glu)和天冬氨酸(Asp)等水溶性较好的氨基酸残基占总数不到10%，而30%左右是疏水性氨基酸残基。这种结构使得面筋具有低的水溶性，疏水的氨基酸残基产生疏水作用使蛋白质形成聚集体，并结合脂类物质和其他非极性物质。

表 6-18　麦谷蛋白和麦醇溶蛋白的氨基酸组成　(单位:%)

| 氨基酸 | 麦谷蛋白 | 麦醇溶蛋白 |
|---|---|---|
| 半胱氨酸(Cys) | 2.6 | 3.3 |
| 蛋氨酸(Met) | 1.4 | 1.2 |
| 天冬氨酸(Asp) | 3.7 | 2.8 |
| 苏氨酸(Thr) | 3.4 | 2.4 |
| 丝氨酸(Ser) | 6.9 | 6.1 |
| 谷氨酸(Glu)+谷氨酰胺(Gln) | 28.9 | 4.6 |
| 脯氨酸(Pro) | 11.9 | 16.2 |
| 甘氨酸(Gly) | 7.5 | 3.1 |
| 丙氨酸(Ala) | 4.4 | 3.3 |
| 缬氨酸(Val) | 4.8 | 4.8 |
| 异亮氨酸(Ile) | 3.7 | 4.3 |
| 亮氨酸(Leu) | 6.5 | 6.9 |
| 酪氨酸(Tyr) | 2.5 | 1.8 |
| 苯丙氨酸(Phe) | 3.6 | 4.3 |
| 赖氨酸(Lys) | 2.0 | 0.6 |
| 组氨酸(His) | 1.9 | 1.9 |
| 精氨酸(Arg) | 3.0 | 2.0 |
| 色氨酸(Trp) | 1.3 | 0.4 |

面筋蛋白质多肽的谷氨酰胺和羟基氨基酸残基具有结合水的作用,它们之间的氢键是面筋所具有的黏附—黏合性质的形成原因。胱氨酸和半胱氨酸残基占面筋总氨基酸残基的2%～3%。在形成面团中这些氨基酸残基中的巯基形成二硫键(2—SH→—S—S—),从而导致面筋蛋白的聚合。

在室温下,水合的面粉在混合揉搓过程中,发生了几种物理和化学的变化。在剪切力和张力作用下,面筋蛋白质吸收水分后,蛋白质分子开始取向排列成行和部分伸展,蛋白质的疏水作用增强,二巯基转换反应生成二硫键,导致线状聚合物形成。线状聚合物进而又互相作用,通过氢键、疏水缔合、二硫键交联形成可以截留气体的片状膜,并形成三维空间上具有黏弹性的蛋白质网络。随着面筋中物理化学变化的发生,面团的抗性随时间而增强,直至达到最大值;随后面团的抗性下降,表明网络结构破裂。

影响面团形成的因素有很多,主要如下。

1) 面筋蛋白质种类与含量

麦谷蛋白和麦醇溶蛋白二者适当平衡非常重要。麦谷蛋白相对分子质量大,分子中含有大量二硫键(链内与链间),它决定着面团的弹性、黏合性和强度;麦醇溶蛋白相对分子质量较小,只含有链内二硫键,它决定着面团的流动性、伸展性和膨胀性。面包的强度与麦谷蛋白有关,但其含量过高会抑制发酵过程中残留 $CO_2$ 气体的膨胀,抑制面团的鼓起;如果麦谷蛋白过低,麦醇溶蛋白过高,则会导致过度膨胀,造成面筋膜破裂、易渗透、面团塌陷。

面筋含量高的面粉需要长时间揉搓才能形成性能良好的面团,而低面筋含量的面粉揉搓时间不能太长，否则会破坏面团的网络结构而不利于面团的形成。

2）面团中加入脂类乳化剂

甘油单脂或双脂有利于麦谷蛋白与麦醇溶蛋白的相互作用，增强面筋的网络结构。中性脂肪的加入，由于成膜作用不利于蛋白质分子间的作用，难以形成黏弹性面团。

3）还原剂

还原剂可引起二硫键的断裂，不利于面团的形成；相反氧化剂有利于二硫键的形成，可增强面团的韧性和弹性，如溴酸盐。

4）面团发酵

利用酵母菌在一定条件（适量水、有氧、适宜温度）下繁殖产生的糖酶对面粉中存在的单糖和某些低聚糖进行分解。随着发酵的进行，淀粉酶激活，淀粉分解产生葡萄糖、麦芽糖，糖在糖酶作用下继续分解产生二氧化碳和水，使面团体积膨大，形成特有的风味。

面团发酵过程包括两个方面：一是酵母菌在有氧条件下发生氧化反应，将葡萄糖分解为二氧化碳和水，并产生热量；二是发酵过程中，面团中心部分缺氧而产生无氧酵解作用，生成少量的乙醇，使面团带有醇香味，乙醇还能提高面筋中的麦醇溶蛋白溶解性和膨润性，增强了面筋的黏弹性。

随着酵母的增长，淀粉酶不断产生并激活，面粉在短时间内完成发酵。为了保证面团品质良好，发酵过程中应注意以下两点：一是以有氧发酵为主，控制和利用适当的无氧酵解；二是纯化酵母菌，控制杂菌生长（如乳酸菌、醋酸菌），使面团酸化。

传统的面团发酵中，为了控制面团的酸度，还要进行“打碱”工艺，以降低发酵过程中生成碳酸的量，防止面团的酸化，同时也可以提高面团的筋力。

**面团调制工艺**

面团调制是将面粉、水和油以及调辅料（糖、盐、膨松剂、香料等）配合，采用调制工艺使之制成适合各式面点加工需要的面团的过程。其主要工艺是配料、和面、揉面。因面点的品种不同，添加调辅料的种类、数量、性质不同，因而得到的面团功能也不同。根据调制工艺，将面团分为水调性面团、油酥性面团、膨松性面团。小麦面粉面团分类见图 6-31。

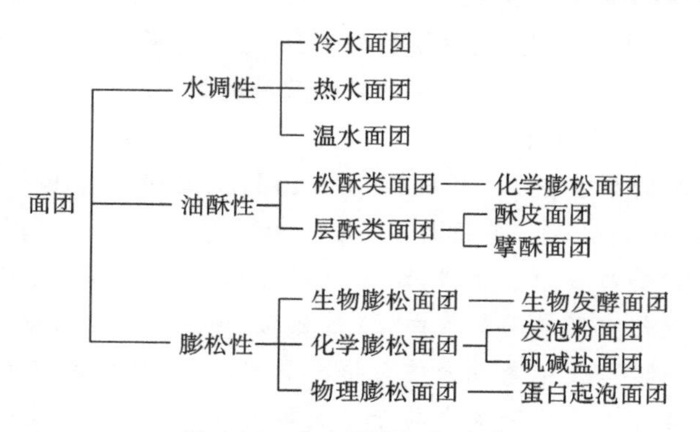


图 6-31　小麦面粉面团分类

调制面团虽然形成面团种类很多，但其用途不同，它们形成的原理主要利用原料中蛋白质、淀粉、油脂的功能性质，通过物理、化学的变化，达到预期食品感官性状。表 6-19 所示为水和油调制面团的性状特点与应用。

表 6-19 水和油调制面团的性状特点与应用

| 面团类型 | 色泽 | 性状特点 | 黏性 | 塑性 | 应用 |
| --- | --- | --- | --- | --- | --- |
| 冷水面团 | 白 | 较硬，弹性高、筋力好、韧性大 | 无黏性 | 无塑性 | 适宜于煮、烙的品种，面条、水饺、面皮等 |
| 温水面团 | 较白 | 较软，筋力适中、有韧性 | 黏性好 | 有一定塑性 | 各类花色饺子，饼类 |
| 热水面团 | 色暗 | 软，无弹性、筋力差，无韧性 | 黏性大 | 塑性好 | 用于包馅制品，不易穿底露馅，易熟 |
| 油酥面团 | 黄 | 松散、软滑，无弹性，无筋力，无韧性 | 无黏性 | 塑性好、起酥性强 | 酥点、酥心 |
| 水油面团 | 浅黄 | 较软滑，有一定弹性、筋力、韧性 | 有一定黏性 | 塑性好、起酥好 | 分层酥、包酥 |

水调面团中，主要利用面粉中蛋白质和淀粉在不同温度下性质发生变化所产生的不同结果。由于蛋白质、淀粉分子在不同水温下与水分子作用形式不同，因而产生的结果也不同。不同条件下所形成的冷水面团、温水面团和热水面团均有各自的特点。表 6-20 所示为不同水温下蛋白质、淀粉和面筋的变化。

表 6-20 不同水温下蛋白质、淀粉和面筋的变化

| 水温/℃ | 蛋白质变化 | 淀粉变化 | 面筋筋力 |
| --- | --- | --- | --- |
| 30 | 水合作用正常 | 不溶于水，吸水性小 | 筋力最强 |
| 40 | 水合作用增加 | 淀粉开始吸水膨胀 | 筋力降低 |
| 50～60 | 水合作用最大 | 淀粉吸水力增加，体积继续膨胀 | 筋力继续大幅下降 |
| 70 | 蛋白质变性，水合作用降低 | 淀粉糊化，黏度迅速增加 | 筋力丧失 |
| 80 | 蛋白质热变性，黏性增加 | 完全糊化，形成糊状体 | 无筋力 |

油调面团中，充分利用油的塑性、黏性和疏水性，形成酥面团和半酥面团。

面团调制中蛋白质、淀粉、油脂的主要功能性质的利用：

(1) 蛋白质的水合、胶凝作用

标准面粉中蛋白质的含量在 9.9%～12.2%之间，主要由麦醇溶蛋白和麦谷蛋白组成，两者占蛋白质总量的 80%～90%，其他为麦球蛋白和麦清蛋白。面团调制中加入适量的水，经过机械力作用(和面)蛋白质分子变性，迅速吸水溶胀，体积增大，膨胀的麦醇溶蛋白和麦谷蛋白分子间产生交联作用形成面筋蛋白，经过揉搓、碾压形成较牢固的面筋网络结构，即面筋。其他分子淀粉、糖类、气体等成分均匀填充其中，形成各具风味的食品。冷水面团的性质主要是蛋白质水合溶胀作用和蛋白质分子交联作用的结果，形成弹性好、筋力大、韧性足，但可塑性差、无黏性的面团。

温度升高，蛋白质发生变性，水合作用降低，蛋白质分子交联作用减弱，不能形成面筋。同样，在面团中加入油脂，由于油脂的塑性成膜作用，将面粉颗粒分隔，蛋白质分子间不可能

产生交联作用，也形成不了面筋。

(2) 淀粉糊化作用

标准面粉中淀粉含量为73%～76%，淀粉颗粒在50 ℃以上时，开始吸收水分糊化，晶体结构破坏，形成黏性的糊状体，与其他物质黏结在一起，形成具有黏性的面团。淀粉糊化作用是热水面团形成的基础。根据淀粉糊化的程度将面团分成未糊化面团(冷水面团)，半糊化面团(温水面团)和糊化面团(热水面团)。

(3) 油脂的黏性与起酥作用

油脂调制面团时，利用其具有良好的塑性及表面张力，将面粉颗粒很好地包裹起来。同时，油脂的黏性又将面粉颗粒黏附在一起，经过打擦形成面团，由于黏结强度不大，与水面团相比，油面团较松散。但在调制油面团时，经过反复进行"擦"，增加了油脂与面粉颗粒的接触面，提高了分散度，表面积增大，表面自由能增加，油脂对面粉颗粒吸附能力增强，油脂的黏性增加，形成了油酥面团。油酥面团由于油脂膜阻隔，蛋白质分子无法交联形成网络结构，即无面筋生成，同时，淀粉分子加热糊化后也无法粘连在一起，故油酥脆面团无弹性、韧性、黏性，而可塑性好，加热熟制后脆性大，酥性好。

## 思考题

1. 名词解释：氨基酸疏水性、氨基酸等电点、肽键、寡肽、多肽、α-螺旋、β-折叠、简单蛋白、结合蛋白、蛋白质等电点、蛋白质变性、蛋白质功能性质、蛋白质水合作用、盐溶、盐析、蛋白质持水力、蛋白质胶凝、蛋白质界面特性、起泡性。
2. 氨基酸根据其侧链极性分为哪几类，其各有何特点？
3. 食物中简单蛋白质有哪几类？简要说明其溶解性。
4. 简述蛋白质结构水平，维持蛋白质结构的作用力有哪些？
5. 等电点时蛋白质的性质有哪些变化？
6. 引起蛋白质变性的因素有哪些？分析蛋白质冷冻变性的原因。
7. 蛋白质有哪些功能性质？列举其在食品加工和烹饪中的应用情况。
8. 以大豆涨发为例说明蛋白质水合作用过程，影响蛋白质水合作用的因素有哪些？
9. 简述蛋白质凝胶形成条件、过程，影响蛋白质胶凝的因素有哪些？
10. 说明蛋白质乳化性、起泡性的原因，影响蛋白质起泡性的因素有哪些？
11. 解释松花皮蛋透明或半透明，而煮鸡蛋不透明。
12. 金华火腿的制作过程中需要进行多次的加盐，说明其原因。
13. 简述面团形成的原理，添加氧化剂、还原剂、油脂对面团有何影响？
14. 豆腐的制作是人类智慧的结晶，请你分析一下在豆腐制作过程中，蛋白质的功能性质是如何应用的。
15. 蛋糕与面包同为泡沫食品，说明起泡性质有何不同，产生两种不同口感的主要因素有哪些？
16. 说明食品加工中采用超高温灭菌技术的原理以及对食品质量的影响。

# 第七章　维生素和矿物质

## 第一节　概　　述

维生素(vitamin)是维持人体生命活动必需的一类小分子有机物。这类物质大部分在体内不能合成,需要从食物中获得。人体内某种维生素长期缺乏或不足时可引起代谢紊乱甚至出现病理现象,形成维生素缺乏症。人类正是在同疾病的长期斗争中认识并研究维生素的。早在公元7世纪,我国医药书籍中就有关于维生素缺乏症和食物防治的记载,用煮米面的汤水可治愈脚气病,其实此病是因缺乏硫胺素(维生素 $B_1$)所致。国外直到1642年才第一次描述这种疾病。此外,中医还首先用猪肝治疗“雀目”(即夜盲症),这是一种维生素A缺乏症。人们对食物中某些因子缺乏和发生疾病之间更广泛深入的了解则是18世纪以后。20世纪人们才确定这些食物中有机因子的化学结构,并完成人工合成。

### 一、维生素的基本特点

维生素是维持人体细胞生长和正常代谢所必需的一类有机化合物,它们都存在于天然食物中,人体多数不能合成或合成不足,必须从食物中获取,但需要量极其微小且在体内不产生热量。维生素通常以mg、μg计量。

维生素是维持人体正常生理功能所必需的一类有机物。它们种类繁多、性质各异,但具有以下共同特点。

(1) 维生素或其前体物质都在天然食物中存在,但是没有一种天然食物含有人体所需的全部维生素,不同食物或同一食物不同部位中维生素的分布情况不相同。

(2) 维生素在体内不提供热能,一般也不是机体的组成成分,但在体内有其重要的功能。它们在体内作用包括以下几个方面:①作为辅酶或其前体物,如B族维生素;②作为抗氧化保护体系的组成部分,如维生素C、维生素E、类胡萝卜素;③基因调节过程中的影响因子,如维生素A、维生素D;④一些特殊性功能,如维生素A对视觉的作用、抗坏血酸(维生素C)对各类羟基化反应、维生素K对特定羧基化反应。

(3) 维生素参与维持机体正常生理功能需要量极少,通常以mg,甚至以μg计,但是绝对不可缺少。

(4) 维生素大多由于不能在体内合成或合成的量少,不能满足机体需要,必须经常由食物供给。

维生素缺乏曾经严重影响人类健康和社会的发展，直到1925年由于缺乏维生素 $B_{12}$ 引起的恶性贫血还折磨着人类。今天，尽管有各种商品维生素可供选用，但是在最发达的国家仍然存在维生素缺乏人群。

造成维生素缺乏的原因除食物含量不足外，还有机体消化吸收出现障碍和生理上增加需要量。而由食物引起的不足一是摄入量少或偏食，二是与食物加工方法有密切关系。例如，在食品加工中，为了满足人们的感官需要，肉类去除内脏、脂肪组织，果蔬类则选择更适口的部分进行加工，都会造成维生素的丢失。然而，食物中维生素损失很重要的原因是储藏、加工过程中维生素自身的氧化、分解。据报道维生素C在绿叶蔬菜采收后2 h损失为10%～18%，10 h后可增加到38%～60%。新鲜食物与非新鲜食物间维生素含量相差非常之大。

## 二、维生素的命名与分类

**1. 维生素的命名**

维生素一词是由波兰生物化学家卡西米尔·冯克最先提出，由拉丁文生命(vita)和胺(amine)缩写而来，当时认为维生素属于胺类物质。后来发现很多维生素不含胺，也不含氮。但最初的命名延续使用下来，只是将胺的最后一个字母“e”去掉。

维生素有三种命名方式。早期维生素按发现的顺序及来源使用拉丁字母和数字命名，出现了维生素A、维生素B等名称；也有按维生素的生理功能来命名，如抗佝偻病维生素(维生素D)、抗坏血酸维生素(维生素C)、抗脚气病维生素(维生素 $B_1$)等等；再往后按维生素的结构来命名，如视黄醇(维生素A)、硫胺素、钴胺素等等。

1967年及1970年国际纯粹与应用化学联合会(IUPAC)与国际营养科学联合会(IUNS)先后规定过维生素命名法则和建议，但人们还是沿用习惯名称。

**2. 维生素的分类**

到目前为止，发现人体必需维生素有十几种，根据维生素的溶解性分为两大类：水溶性维生素和脂溶性维生素。水溶性维生素中比较重要的有维生素C、维生素 $B_1$、维生素 $B_2$、维生素 $B_5$、维生素 $B_6$、维生素 $B_{11}$、维生素 $B_{12}$。脂溶性维生素有维生素A、维生素D、维生素E、维生素K四种。食物中主要维生素及命名见表7-1。

**表7-1 主要维生素的分类、命名及化学结构特点**

| 类别 | 传统名称 | 化学结构或特点 | 化学名称、种类、其他名称 |
|---|---|---|---|
| 脂溶性维生素 | 维生素A及类胡萝卜素 | β-紫罗宁二萜一元醇衍生物 | 维生素 $A_1$、维生素 $A_2$ 等(抗干眼病维生素) |
| | 维生素D | 类固醇(环戊烷多氢菲)衍生物 | $D_3$ 胆钙化醇、$D_2$ 麦角钙化醇等(6种)(抗佝偻病维生素) |
| | 维生素E | 苯并二氢吡喃衍生物 | α-生育酚、β-生育酚等(8种)(生育维生素) |
| | 维生素K | 2-甲基-1,4-萘醌衍生物 | $K_1$ 叶绿醌、$K_2$ 甲萘醌(凝血维生素) |

续表

| 类别 | 传统名称 | 化学结构或特点 | 化学名称、种类、其他名称 |
|---|---|---|---|
| 水溶性维生素 | 维生素 $B_1$ | 嘧啶和噻唑环的衍生物 | 硫胺素(抗脚气病维生素、抗神经炎因子) |
| | 维生素 $B_2$ | 异咯嗪和核糖醇衍生物 | 核黄素 |
| | 维生素 $B_3$ | 二甲基丁酰-丙氨酸 | 泛酸(遍多酸) |
| | 维生素 PP(维生素 $B_5$) | 吡啶-3-羧酸(烟酸和烟酰胺) | 尼克酸和尼克酰胺(抗癞皮病因子) |
| | 维生素 $B_6$ | 吡啶衍生物 | 吡哆醛、吡哆醇和吡哆胺 |
| | 维生素 $B_7$ | 氧代咪唑噻吩衍生物 | 生物素 |
| | 维生素 $B_{11}$ | 蝶酰谷氨酸 | 叶酸 |
| | 维生素 $B_{12}$ | 含钴的类卟啉化合物 | 钴胺素或氰钴胺 |
| | 维生素 C | 烯醇式古洛糖酸内酯 | L-抗坏血酸 |

两大类维生素由于其化学结构不同，性质上差异也较大，在人体消化、吸收、代谢、排泄等方面均有所不同，加工、储藏过程中稳定性也表现出各自的特性(表 7-2)。

**表 7-2　脂溶性维生素和水溶性维生素代谢特点**

| 特　　点 | 脂溶性维生素 | 水溶性维生素 |
|---|---|---|
| 溶解性 | 溶于脂肪及脂溶剂 | 溶于水 |
| 吸收排泄 | 随脂肪吸收进入淋巴系统 | 血液吸收 |
| 蓄积性 | 大部分在体内可以蓄积 | 一般体内无蓄积 |
| 缺乏症出现时间 | 缓慢 | 较快 |
| 毒性 | 摄入过量易引起中毒 | 几乎无毒性 |
| 稳定性 | 大多数稳定性好 | 大多数稳定性差 |

# 第二节　食物中的维生素

## 一、脂溶性维生素

脂溶性维生素包括维生素 A、维生素 D、维生素 E、维生素 K 四种，它们溶于脂肪，不溶于水，可以在人体脂肪组织中储存。

**1. 维生素 A**

维生素 A 是一些具有视黄醇生物活性的 β-紫罗宁衍生物的总称。维生素 A 又称为视黄醇，抗夜盲症维生素。

1）化学结构

维生素 A 是含 20 个碳的不饱和碳氢化合物，维生素 A 相对分子质量为 286.5，维生素 A 类物质典型化学结构包括 4 个头尾相连的异戊二烯单元和 5 个共轭 C=C，其羟基可被酯化或转化生成酯、醛和酸，由于结构中有共轭双键，所以它有多种顺式、反式异构体。维生素 A 分为 $A_1$、$A_2$ 两种类型，其中维生素 $A_1$（视黄醇）为全反式结构，生理活性最强，其他维生素 A 合算成视黄醇当量。维生素 $A_2$ 为 3-脱氢视黄醇，其活性是维生素 $A_1$ 的 40%。其结构如图 7-1 所示。

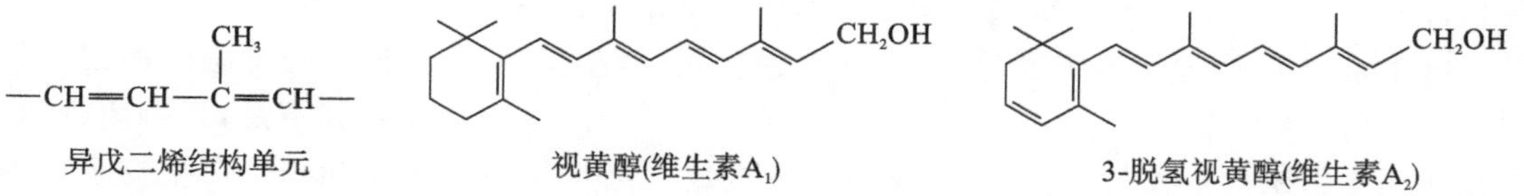

$CH_3$
—CH═CH—C═CH—
异戊二烯结构单元

$CH_2OH$
视黄醇(维生素$A_1$)

$CH_2OH$
3-脱氢视黄醇(维生素$A_2$)

**图 7-1　维生素 A 的化学结构**

植物中不含维生素 A，植物和真菌中含有许多类胡萝卜素，类胡萝卜素被动物摄食后可转变成维生素 A，并具有维生素 A 活性。植物中胡萝卜素没有活性，被称为维生素 A 原。胡萝卜素有 α-胡萝卜素、β-胡萝卜素和 γ-胡萝卜素三种，其中，β-胡萝卜素是活性最高的维生素 A 原，β-胡萝卜素经过酶催化氧化裂解（裂解发生在 15-15’之间）可产生两个等效的维生素 A。类胡萝卜素相对分子质量为 536.9，它实际上是两个尾部相连的视黄醇分子（图 7-2），但是人体真正能吸收的仅为三分之一。β-胡萝卜素不会在人体内蓄积，对人体不会产生危害。

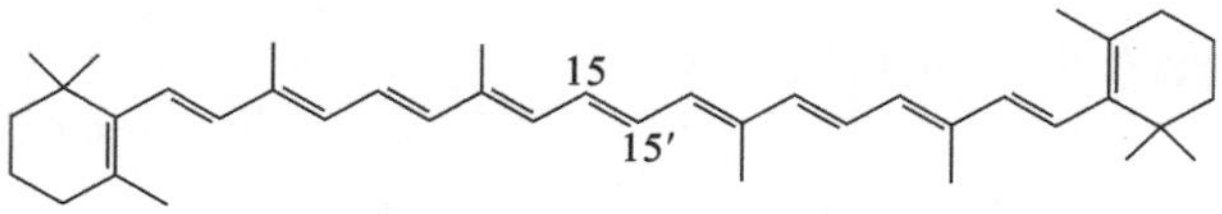

15
15′

**图 7-2　β-胡萝卜素化学结构**

2）一般性质

维生素 A 不溶于水，溶于脂肪及大多数有机溶剂。维生素 A 和类胡萝卜素分子中含有多个碳碳不饱和双键，其性质不稳定，容易发生氧化、分解、异构化反应（图 7-3）。在氧气、氧化剂、光、脂肪氧合酶作用下，加速其氧化，氧化产物为醛、酮、酸等。烹调加热条件下，维生素 A 比较稳定，一般不易破坏。但在酸性条件下不稳定，在有氧情况下，β-胡萝卜素氧化生成 5，6-环氧化物，然后再异构化为 5，8-环氧化物，颜色发生改变。储藏过程中维生素 A、类

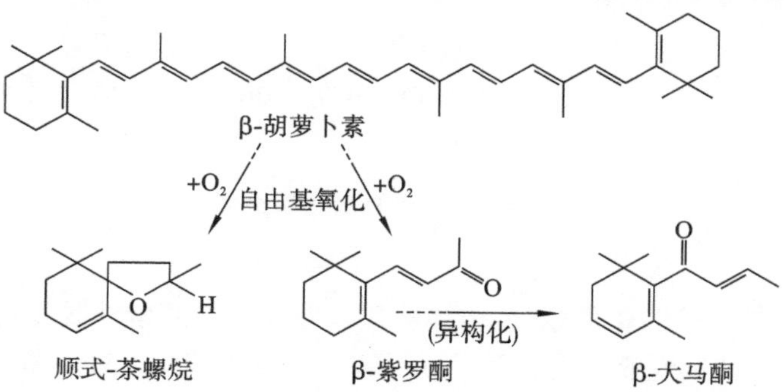

β-胡萝卜素
$+O_2$　自由基氧化　$+O_2$
O　H
顺式-茶螺烷
O
β-紫罗酮
(异构化)
O
β-大马酮

**图 7-3　β-胡萝卜素氧化、分解、异构化反应**

胡萝卜素的降解类似于不饱和脂肪酸的氧化，能促进不饱和脂肪酸氧化的因素通过直接或间接的自由基效应也能加剧维生素 A 的降解。维生素 A、β-胡萝卜素在低氧浓度时都具有抗氧化作用。

3）食物分布

维生素 A 只存在于动物性食品中，来源于各种动物的肝、肾、鸡蛋、鱼卵中。维生素 $A_1$ 存在于动物和海鱼中，以肝脏、血液、视网膜分布较多；维生素 $A_2$ 只在淡水鱼中。植物中没有维生素 A，但可提供作为维生素 A 原的 β-类胡萝卜素，来源于有色蔬菜，如番茄、胡萝卜、辣椒以及水果如杏、柿子等，棕榈油中也含有较多的维生素 A。

维生素 A 的生理作用主要有：①对视觉的作用：维生素 A 形成视神经细胞中的视紫红质，影响到人体对光线的适应能力。当缺少维生素 A 时，视紫红质合成不足，影响暗视力。②影响上皮组织的生长与分化：视黄醇与磷酸构成的酯类是蛋白多糖和糖蛋白生物合成需要糖基的载体。维生素 A 缺乏引起干眼症，出现角膜软化。③生长与生殖：视黄醇与胞质中特异性受体结合，再与细胞核中的染色体结合，影响与生长发育有关的蛋白质的合成。缺乏维生素 A 会引起儿童生长发育的迟缓。

缺乏维生素 A 会患夜盲症与干眼病。严重会发展为永久性夜盲。过量摄入维生素 A 易引起中毒。

维生素 A 的含量可用国际单位(international unit，IU)表示，也可以视黄醇当量(retinol equivalent，RE)表示。1 IU 维生素 A＝0.3 μg 视黄醇当量，1 μg β-胡萝卜素＝0.167 μg 视黄醇当量。

**2. 维生素 D**

维生素 D 又称为胆钙化醇、抗佝偻病维生素。

1）化学结构

维生素 D 是具有胆钙化醇生物活性的类固醇衍生物的总称。具有维生素 D 活性的化合物有十种，主要是维生素 $D_2$(麦角钙化醇)和维生素 $D_3$(胆钙化醇)。二者化学结构十分相似，维生素 $D_2$ 比维生素 $D_3$ 在侧链上多一个双键和甲基。维生素 $D_2$ 分子式为 $C_{28}H_{44}O$(相对分子质量为 396)，维生素 $D_3$ 分子式为 $C_{27}H_{44}O$(相对分子质量为 384)。其结构如图 7-4 所示。

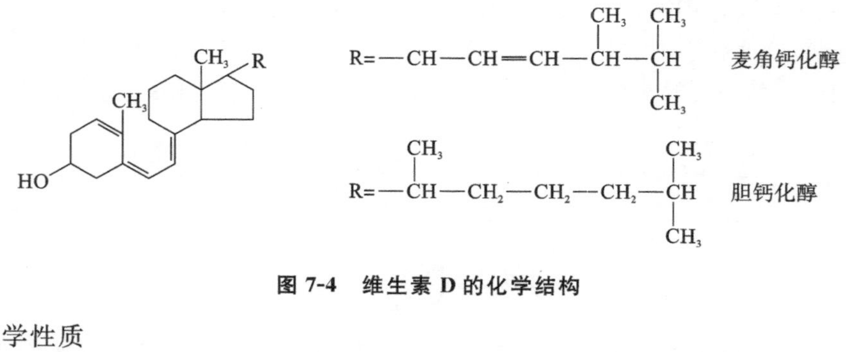

$$R=-CH(CH_3)-CH=CH-CH(CH_3)-CH(CH_3)_2$$ 麦角钙化醇

$$R=-CH(CH_3)-CH_2-CH_2-CH_2-CH(CH_3)_2$$ 胆钙化醇

**图 7-4 维生素 D 的化学结构**

2）化学性质

维生素 D 也存在于维生素 D 原(或前体物质)，前体物质经紫外线作用转变成维生素 D，植物中的麦角固醇在日光或紫外线照射后可以转变成维生素 $D_2$，故麦角固醇可称为维生素 D 原。人体皮下存在有 7-脱氢胆固醇，在日光或紫外线照射下可以转变为维生素 $D_3$(图 7-5)，7-脱氢胆固醇可称为维生素 $D_3$ 原。由此可见多晒太阳是防止维生素 D 缺乏的方法之一。

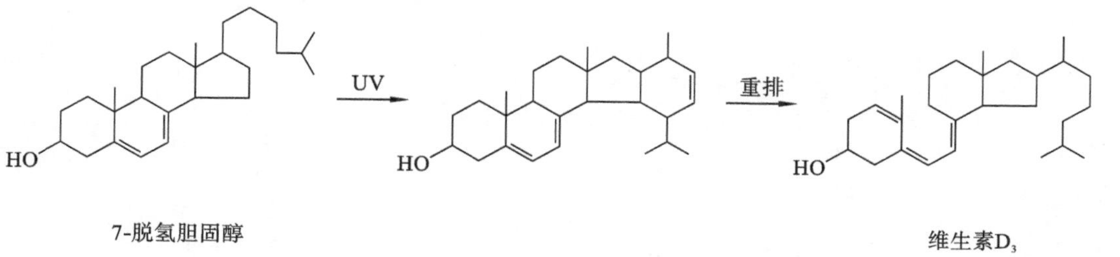

7-脱氢胆固醇

维生素$D_3$

**图 7-5　7-脱氢胆固醇转变为维生素 $D_3$的过程**

维生素 D 很稳定，能耐高温，且不易氧化，在食物烹饪过程中损失较少，蒸煮、高压、冷冻都不影响维生素 D 的活性。例如在 130 ℃时加热 60 min 仍有生物活性。但是它对光敏感，易受紫外线照射而破坏，在有光和氧的作用下，更加容易破坏。因此，储藏过程中要避光、隔氧。维生素 D 溶于脂肪及脂溶剂，化学性质稳定，耐热，中性及碱性溶液中能耐高温和氧化，光及酸性条件下可使其异构化，脂肪酸败可使其损失加快。

3）在食物中的分布

维生素 $D_3$广泛存在于动物性食品中，鱼肝油中含量最高，如每 100 g 鳕鱼、比目鱼肝脏中维生素 $D_3$含量分别为 200～750 μg、500～1000 μg。在鸡蛋、牛乳、黄油中含有少量的维生素 $D_3$，一般每 100 g 食品维生素 D 含量在 1 μg 以下，因此仅从一般食物中获得充足维生素 D 是不够的，但是日光浴是动物合成维生素 $D_3$的一个重要途径。

肉制品加工中，维生素 D 可作为嫩化剂应用，主要原因是维生素 D 能激活肌肉中的钙蛋白酶，从而使肌动蛋白和肌球蛋白产生交联，提高肌肉的持水性。

维生素 D 的主要生理功能包括：促进钙的吸收，维生素 D 与钙同时食用可增加小肠对钙的吸收率；增加骨和牙的密度，防止软骨症、佝偻病、骨质疏松、龋齿等的发生。维生素 D 缺乏与过多都会引起疾病，婴幼儿缺乏引起佝偻病，成年人容易患软骨症、低血钙，严重时出现骨质疏松。

维生素 D 的含量可以用国际单位表示，1 IU 维生素 D＝0.025 μg 维生素 $D_2$或 $D_3$。

**3. 维生素 E**

维生素 E 是所有具有苯并二氢吡喃结构和生育活性化合物的总称，又称生育酚，抗衰老维生素。

1）化学结构

维生素 E 有两种结构：生育酚与三烯生育酚。天然存在的维生素 E 每类又分为 α、β、γ、δ 四种（图 7-6）。在化学结构上，它们均为苯并吡喃的衍生物。各种生育酚的差异仅在于甲基的数目和位置不同。α-生育酚在自然界中分布最广，在生物活性方面也是 α 型活性最大。天然 α-生育酚为右旋体，人工合成的为外消旋体。

2）化学性质

维生素 E 为脂溶性，不溶于水，呈黄色，在无氧条件下对热稳定，即使加热至 200 ℃亦不被破坏。但它对氧十分敏感，易被氧化破坏。金属离子如铁等可促进其氧化。此外，它对碱和紫外光线较敏感。维生素 E 在食品加工时可以由于机械作用而受到损失，这主要是谷类碾磨时脱去胚芽的结果。凡引起脂类物质分离、脱除的任何加工、精制，或脂肪氧化都能引起维生素 E 损失。例如，谷物脱胚时，维生素 E 损失高达 70%以上；制作罐装食品时，经过各种处理，维生素 E 损失达 41%～65%；食物经油炸可损失达 32%～70%。但正常水煮和

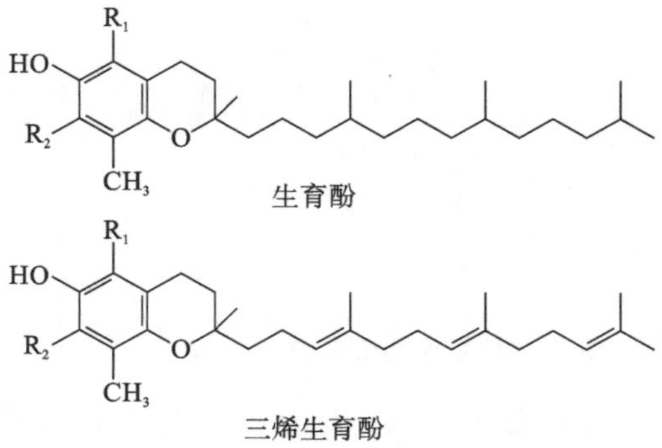

生育酚

三烯生育酚

|  | $R_1$ | $R_2$ |
| --- | --- | --- |
| α- | —$CH_3$ | —$CH_3$ |
| β- | —$CH_3$ | —H |
| γ- | —H | —$CH_3$ |
| δ- | —H | —H |

**图 7-6　生育酚、三烯生育酚结构式及取代基模式**

烘炒损失较小。生鲜类食物储藏中，维生素 E 损失受水分活度影响较大，$A_W$ 较低时（相当于单分子水层值）维生素 E 降解值较小。有研究表明：23 ℃下储藏一个月马铃薯片加工后维生素 E 损失 71%，两个月损失高达 77%。

维生素 E 对氧敏感、易于氧化，是良好的抗氧化剂。维生素 E 可以在体内产生自由基反应从而消除其对细胞膜或大分子的损伤，保持细胞、核酸、蛋白质分子的完整性。维生素 E 具有预防动脉硬化、维持正常免疫功能、保护视网膜神经免受氧化的功能，对胚胎发育和生殖也有重要作用。

食品加工中，可利用维生素 E 的抗氧化性来防止食品败坏。维生素 E 可以提供质子和电子淬灭自由基，从而防止食品中脂类的自动氧化（图 7-7）。生育酚与单线态氧反应活性大小依次为 α>β>γ>δ，而抗氧化能力大小为 δ>γ>β>α。烹饪加工中，往往将维生素 E 与维生素 D 共同作用，使牛肉获得最佳的“色泽—嫩度”。维生素 E 起到抗氧化护色作用，维生素 D 可提高肌肉的持水力。

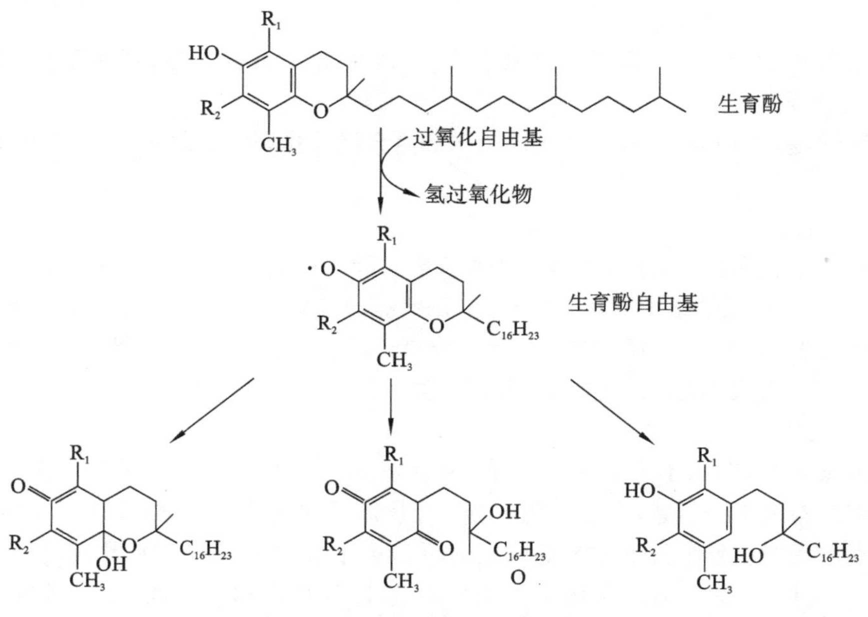


**图 7-7　维生素 E 清除自由基作用机理**

3）在食物中的分布

维生素E广泛分布于动、植物性食品中。它与维生素A、维生素D不同，不集中于动物肝脏，鱼肝油含维生素A、维生素D但不含维生素E。人体所需维生素E大多来自谷类与植物油。植物油中较丰富，一般在100～600 mg/kg的范围内，谷物胚和坚果中含量非常高，可高达1500 mg/kg。此外，肉、鱼、禽、蛋、乳、豆类、水果以及几乎所有的绿色蔬菜也都含有维生素E。

维生素E的含量也可以用国际单位表示，1 mg天然α-生育酚＝1.49 IU。1 mg人工合成L-α-生育酚醋酸酯＝1.10 IU。

**4. 维生素K**

维生素K是萘醌类衍生物，又称叶绿醌，凝血维生素。

1）化学结构

维生素K是2-甲基-1,4-萘醌衍生物的总称。天然维生素K主要有两种，其区别在于3位上的取代基不同。维生素$K_1$存在于绿叶植物中，称叶绿醌。鱼肉中维生素$K_1$也较多，但麦胚油、鱼肝油含量较少。维生素$K_2$主要是甲萘醌类，来源于发酵食品，由细菌所合成，人体肠道中细菌也能合成维生素$K_2$。此外，人工合成的化合物2-甲基-1,4萘醌也具有维生素K的生理作用。维生素$K_1$、$K_2$及2-甲基-1,4萘醌的结构如图7-8所示。

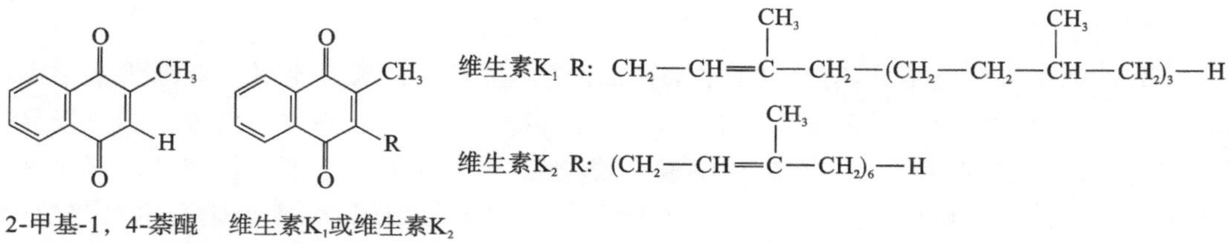

维生素$K_1$ R: $CH_2—CH═C(CH_3)—CH_2—(CH_2—CH_2—CH(CH_3)—CH_2)_3—H$

维生素$K_2$ R: $(CH_2—CH═C(CH_3)—CH_2)_6—H$

2-甲基-1，4-萘醌　　维生素$K_1$或维生素$K_2$

**图7-8　维生素K的结构图**

2）化学性质

维生素K呈亮黄色针状晶体。熔点为107 ℃，对热稳定，不溶于水，微溶于乙醇，可溶于丙酮、苯。维生素K可被空气中氧气缓慢氧化分解，遇光（特别是紫外线）很快破坏。维生素K在酸性下稳定，碱、还原剂均可使其破坏。由于它不是水溶性物质，在一般的食品加工中也很少损失。

3）在食物中的分布

维生素K在绿色蔬菜中含量丰富，鱼肉中也较多。人体所需的维生素K 40%～50%由绿色蔬菜提供，其次某些油类、动物内脏也是维生素K的丰富来源。维生素K含量丰富的食物有椰菜、甘蓝、卷心菜、大豆油、菜籽油、橄榄油等。维生素$K_2$能由肠道中细菌合成，人体一般不会缺乏维生素$K_2$。

维生素K主要是参与机体凝血过程，作用于凝血酶原前体转变成凝血酶，从而具有促进凝血的作用。维生素K不足引起维生素K缺乏症，出现出血不易凝血的症状。

## 二、水溶性维生素

**1. 硫胺素**

硫胺素又称为维生素$B_1$，抗脚气病维生素。

1）化学结构

硫胺素分子中含有两个相连的有机环结构：一个含氨基的嘧啶环，一个含硫的噻唑环，两者通过亚甲基连接。噻唑环上有一个乙醇侧链，自然界中乙醇侧链多与磷酸、焦磷酸、三聚磷酸结合生成磷酸酯。由于硫胺素含有一个四价氮是强碱，因此维生素 $B_1$ 能与酸反应生成相应的盐。维生素 $B_1$ 大多以盐酸盐或硫酸盐的形式存在。在食品中，维生素 $B_1$ 通常根据其酸碱状况发生电离，其电离程度取决于 pH 值。其结构如图 7-9 所示。

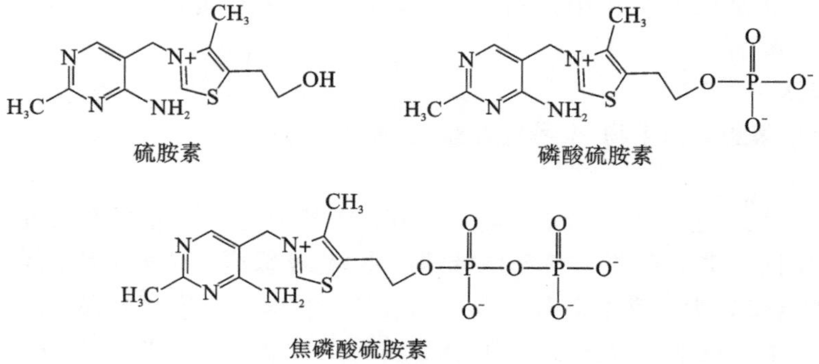

硫胺素　　磷酸硫胺素

焦磷酸硫胺素

**图 7-9　维生素 $B_1$ 焦磷酸结构图**

2）化学性质

盐酸硫胺素为白色结晶，有特殊香味，在水中溶解度较大。硫胺素是所有维生素中不稳定者之一。其稳定性取决于温度、pH 值、离子强度、缓冲体系等。在碱性溶液中加热极易分解破坏，体系中不存在噻唑环。在酸性溶液中较稳定，加热到 120 ℃也不被破坏。氧化剂及还原剂均可使其失去作用，与亚硫酸盐在碱性条件下的降解相似，生成 5-磺胺甲基嘧啶，而与碱作用生成羟甲基嘧啶。噻唑环可发生反应，其环被破坏生成硫化氢、呋喃、噻吩等含硫化合物，这就是食品烹饪加工中产生“肉香味”的原因之一（图 7-10）。

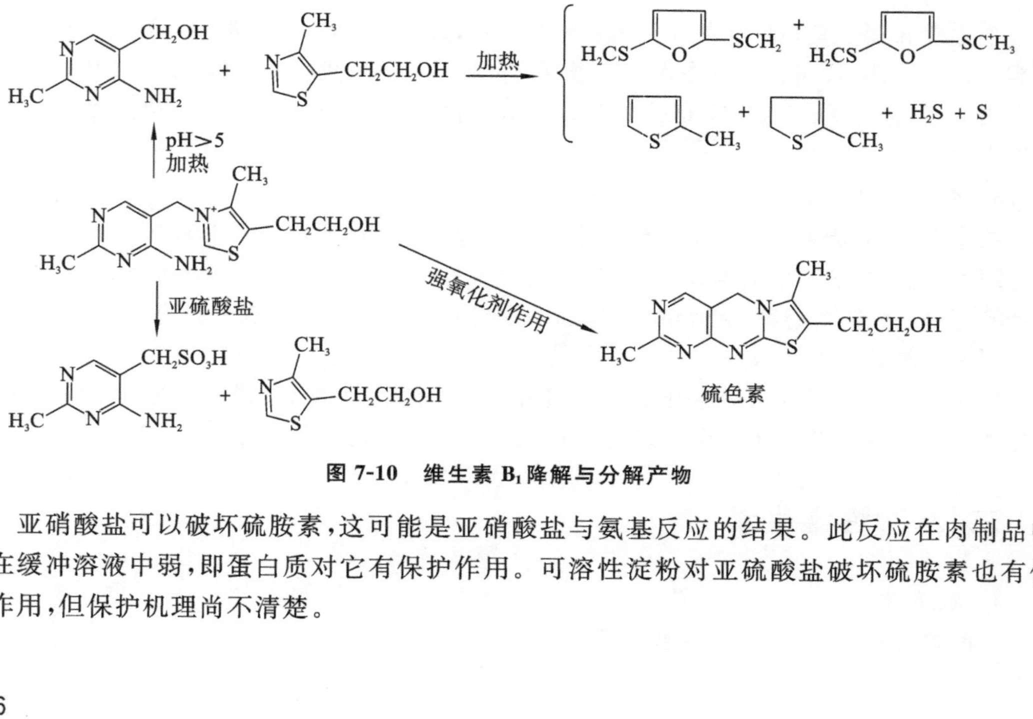

**图 7-10　维生素 $B_1$ 降解与分解产物**

亚硝酸盐可以破坏硫胺素，这可能是亚硝酸盐与氨基反应的结果。此反应在肉制品中比在缓冲溶液中弱，即蛋白质对它有保护作用。可溶性淀粉对亚硫酸盐破坏硫胺素也有保护作用，但保护机理尚不清楚。

由于硫胺素可以多种形式存在，其稳定性取决于各种食物性状和加工方式。在动物性食品中，硫胺素含量还取决于动物屠宰前的营养状况和动物屠宰时的生理紧张状况，它可随组织的不同而有所改变。植物中硫胺素的含量则取决于采收后的加工、储存情况。在谷类中硫胺素的损失主要由于加工造成，谷物中硫胺素主要存在于糊粉层中，大米精加工、淘米时糊粉层损失较多。蒸煮和焙烤也可引起硫胺素的分解。蔬菜和水果中硫胺素的损失则主要由加工和储存稳定性引起，硫胺素和其他水溶性维生素在水果蔬菜的清洗、整理、烫漂和沥滤过程中均有所损失。鲜鱼和甲壳类体内有一种能破坏硫胺素的酶——硫胺素酶，此酶可被热钝化。如淡水贻贝、刺田菁中硫胺素含量较高。

3）在食物中的分布

维生素 $B_1$广泛存在于动物、植物食物中，动物肌肉、内脏中且含量较高。一些绿色蔬菜如豌豆、芦笋、马铃薯等，以及全麦、谷物糊粉层中也含有非常丰富的维生素 $B_1$。鱼类中一般含量较低。

硫胺素在体内参与糖类的中间代谢，主要以焦磷酸硫胺素的形式即辅酶参与羧化，α-酮酸的脱羧。若机体硫胺素不足，则羧化酶活性下降、糖代谢受障碍，并影响整个机体代谢过程。此时神经组织供能不足，因而可出现相应的神经肌肉症状如多发性神经炎、肌肉萎缩及水肿，即脚气病，严重时还可影响心肌和脑组织的结构和功能。

**2. 核黄素(riboflavin)**

核黄素又称维生素 $B_2$、抗口角炎维生素。

1）化学结构

核黄素结构上为异咯嗪衍生物，为机体黄素单核苷酸(FMN)和黄素腺嘌呤二核苷酸(FAD)合成前体物质。核黄素也是体内多种其他黄素酶的合成前体。它在自然界中主要以磷酸物的形式存在于二种辅酶中，即黄素单核苷酸(FMN)和黄素腺嘌呤二核苷酸(FAD)。核黄素、FMN、FAD 结构如图 7-11 所示。与该维生素相结合的酶称为黄酶或黄素蛋白。它们具有氧化还原能力，在葡萄糖、脂肪酸、氨基酸和嘌呤的氧化过程中发挥作用。

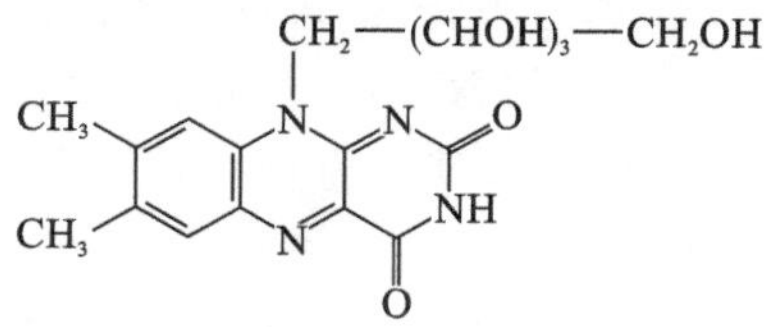

核黄素

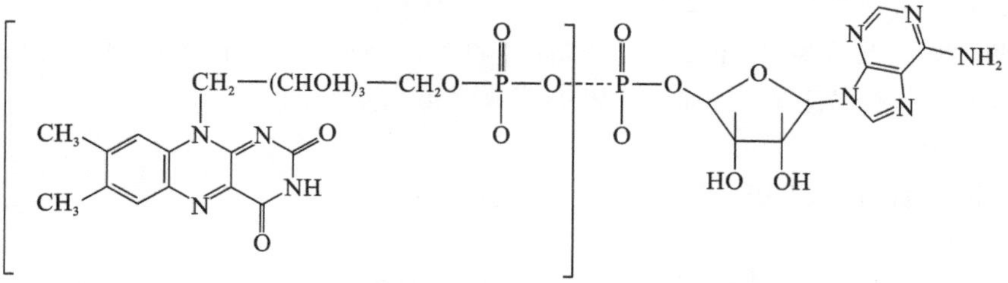

黄素单核苷酸(FMN)　　黄素腺嘌呤二核苷酸(FAD)

**图 7-11　核黄素、黄素单核苷酸、黄素腺嘌呤二核苷酸结构**

2）化学性质

核黄素是黄色有荧光的油状物，加氢后还原型核黄素则无色。核黄素在酸性或中性溶液中对热稳定，即使在 120 ℃加热 6 h 仅少量被破坏，且不受大气中氧的影响，但是在碱性溶液中易被热分解。核黄素对光非常敏感，特别是紫外光引起光化学裂解，产生光黄素，光黄素是一种比核黄素更强的氧化剂，它可破坏许多其他的维生素，特别是抗坏血酸。牛奶放在透明的玻璃瓶内就会产生光黄素，它不仅使牛奶的营养价值受损，而且还可产生一种“日光异味”。此外游离型核黄素的光降解作用比结合型更为显著。牛奶中的核黄素为游离型，若牛奶以日光照射 2 h，其核黄素可被破坏一半，其破坏的程度随温度及 pH 值升高而加深。在大多数食品加工条件下核黄素都很稳定，在蔬菜罐头中，它是水溶性维生素中较为稳定的一种。核黄素在不同 pH 值介质中的光分解反应如图 7-12 所示。

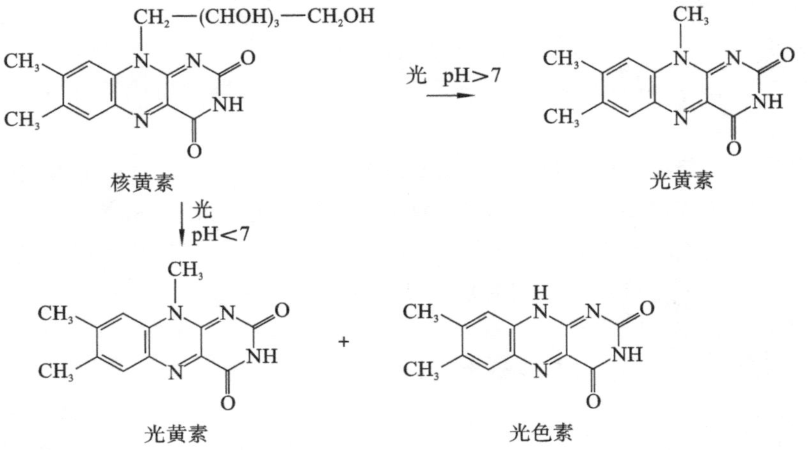

核黄素 —(光 pH>7)→ 光黄素

核黄素 —(光 pH<7)→ 光黄素 + 光色素

**图 7-12　核黄素在不同 pH 值介质中的光分解反应**

3）食物中的分布情况

动物性食物中核黄素含量较高，肝、肾、心、奶、蛋中含量均较高。植物中以绿色蔬菜、豆类中含量较高，谷类糊粉层含量较高，精加工的谷物类由于糊粉层丢失过多使其降低。如精米保留率为 11%，标准面粉为 35%。米饭中核黄素含量随淘洗的次数的多少而变化。一般蔬菜和谷类含量多在 0.1 mg 以下，肾脏约含 1 mg。此外，禽蛋类含量亦颇多，在 0.3 mg 左右。因此核黄素的来源最好是动物性食物，其次为豆类。绿色蔬菜在膳食中占比大，也是核黄素的重要来源。

核黄素是体内黄素酶的辅酶（FMN 和 FAD）的重要组成成分，并具有氧化还原特性，故在生物氧化即组织呼吸中具有很重要的意义，是脱氢酶的辅酶，呼吸链的起点。FMN 和 FAD 以辅基的形式与黄素蛋白结合，其结合比较牢固，使核黄素在体内有一定的稳定性且不易耗尽。但是当氮代谢呈负平衡时，尿中核黄素排出量增加。

**3. 维生素 $B_5$**

维生素 $B_5$ 又称维生素 PP、烟酸、尼克酸、抗癞皮病因子。

1）化学结构

烟酸是吡啶衍生物，化学名称为吡啶-3-甲酸和吡啶-3-酰胺（图 7-13）。其天然形式都有相同的活性。烟酸是脱氢酶的辅酶，人体内烟酰胺腺嘌呤二核苷酸（NAD）和烟酰胺嘌呤二核苷酸磷酸（NADP）的重要组成成分。

2）化学性质

烟酸对光、氧、酸、碱以及热均很稳定，即使在 120 ℃加热 20 min 几乎不被破坏。因此

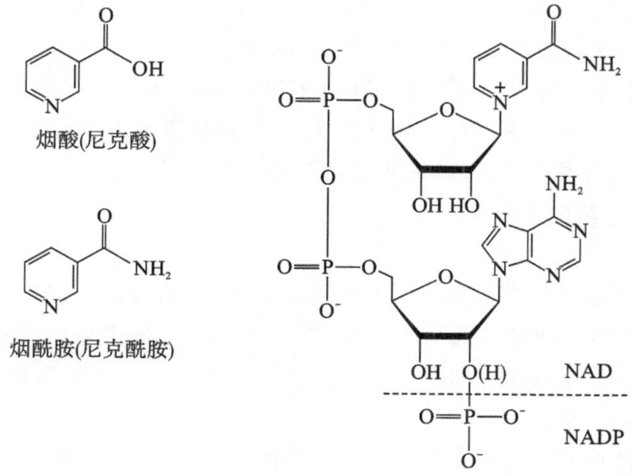

图 7-13 维生素 $B_5$、NAD\NADP 分子结构图

维生素 $B_5$ 在烹饪加工时相当稳定，主要损失与原料的修整、清洗、焯水（烫漂）有关。

3）食物中的分布情况

动物性食物中以尼克酰胺为主，植物性食物中主要存在尼克酸，含量较高的食物有动物肝脏、肾脏、瘦肉、鱼、坚果、豆类及谷类，玉米中的尼克酸都是结合型的，不利于吸收。绿色蔬菜、谷物的麸皮及米糠中也含有丰富的维生素 $B_5$。乳类、咖啡中含有较多的维生素 $B_5$。

烟酸在体内以烟酰胺的形式构成呼吸链中的辅酶，是组织中重要的递氢体。烟酸在代谢中起着重要作用，特别是参与葡萄糖的酵解、脂类代谢、丙酮酸代谢、戊糖合成以及高能磷酸键的形成等。当维生素 PP 缺乏时，容易患癞皮病，主要表现为皮肤症状、神经系统和消化系统的症状。

**4. 维生素 $B_6$**

维生素 $B_6$ 又称抗神经炎维生素，抗皮炎维生素，吡哆醇、吡哆醛、吡哆胺。

1）化学结构和化学性质

维生素 $B_6$ 是一组含氮类化合物，其结构为吡啶的衍生物，在食物中有吡哆醇、吡哆胺和吡哆醛三种形式（图 7-14）。以上三种形式可相互转换，它们在性质和生物活性上相同，三者均可在 5-羟甲基位置上发生磷酸化，并在体内可以互相转化。

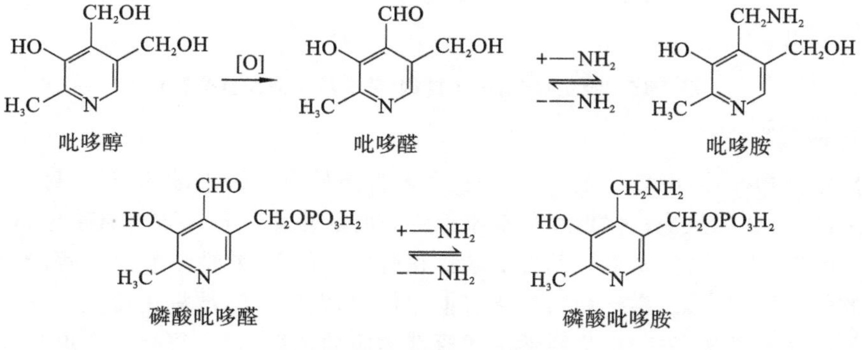

图 7-14 维生素 $B_6$ 分子结构图

2）化学性质

维生素 $B_6$ 的三种形式对热、酸都很稳定，其中吡哆醇最稳定，并常用于食品的营养强化。

维生素 $B_6$ 在碱性条件下不稳定，它们易被碱分解，对光敏感，尤其易被紫外线分解。吡哆醛、吡哆胺暴露在空气中，加热或光照很快被破坏，形成生物学上无活性的产物 4-吡哆酸等。pH 值很低时，维生素 $B_6$ 很稳定，但随着 pH 值的升高，吡哆醛、吡哆胺的稳定性下降，当 pH ＞5 时，开始发生降解反应。烹饪加工中维生素 $B_6$ 除溶解于水中流失外，还包括有内部转化作用、同其他物质反应作用。如吡哆醛可以与氨基酸发生缩合作用生成 Schiff 碱，从而降低其生物活性，对食物营养也有影响。

3）食物中的分布情况

维生素 $B_6$ 广泛存在于许多食物中，肉类、全谷物类制品、蔬菜和坚果类食品。动物食物中以磷酸吡哆醛、磷酸吡哆胺的形式存在，谷物中维生素 $B_6$ 主要以吡哆醇的形式存在，新鲜水果蔬菜中维生素 $B_6$ 以吡哆醇-5-β-糖苷形式存在，通过水解生成吡哆醇。鲜乳中维生素 $B_6$ 的主要存在形式是吡哆醇。

维生素 $B_6$ 是人体内很多酶的辅酶，其中包括转氨酶、脱羧酶、消旋酶、脱氢酶、合成酶和羟化酶等。它可促进碳水化合物、脂肪和蛋白质的分解、利用。在机体组织中维生素 $B_6$ 多以其磷酸酯的形式存在，参与氨基酸的转氨基、某些氨基酸的脱羧基以及半胱氨酸的脱巯基作用。

**5. 维生素 $B_{11}$**

维生素 $B_{11}$ 又称叶酸，抗恶性贫血维生素。

1）化学结构

叶酸是 1941 年由 Mitchell 从菠菜叶子中分离出来而命名的。叶酸包括一系列化学结构相似、生理活性相同的化合物，它们分子结构中由三部分组成，蝶呤、对氨基苯甲酸、谷氨酸。生物中叶酸由几个谷氨酸残基结合，并且蝶呤环以还原态形式存在，主要有四氢叶酸，少量为二氢叶酸。其结构如图 7-15 所示。

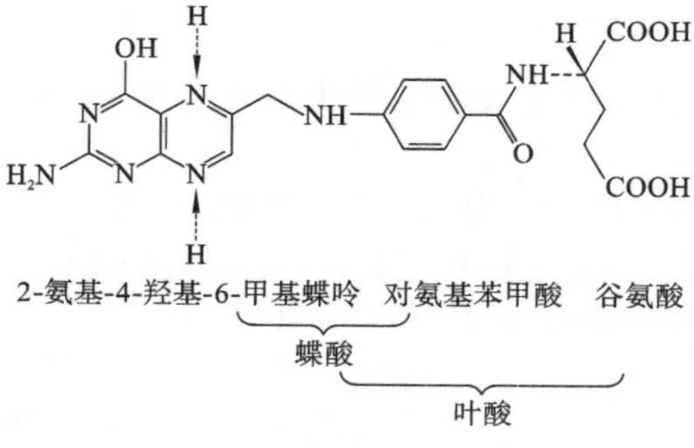

2-氨基-4-羟基-6-甲基蝶呤　对氨基苯甲酸　谷氨酸

蝶酸

叶酸

**图 7-15　维生素 $B_{11}$ 分子结构（箭头所示为加氢位置）**

2）化学性质

叶酸盐化合物对热、酸较稳定，但在中性和碱性条件下很快被破坏；对光敏感，特别是在紫外线的条件下，破坏更快；对氧、氧化剂不稳定。叶酸在无氧条件下对碱稳定，但有氧时遇碱水解侧链断裂，生成对氨基苯甲基谷氨酸。在有氧条件下，酸性溶液中水解产生 6-甲基蝶呤。叶酸的氧化反应中，铜离子和铁离子有催化作用，四氢叶酸被氧化后生成蝶呤类化合物和对氨基苯甲酰谷氨酸，失去生物活性。还原性物质如抗坏血酸、硫醇等会增强叶酸的稳定性，作为还原剂保护叶酸不被氧化。

食品加工（烹饪）中叶酸损失较多，各种食品加工处理对叶酸的影响程度见表 7-3。

表 7-3 加工处理对食品中叶酸的影响程度

| 食物 | 加工方法 | 活性损失率/(%) |
| --- | --- | --- |
| 蛋类 | 油炸、烹调 | 18～24 |
| 猪肝 | 烹调 | 0 |
| 花菜 | 煮 | 69 |
| 玉米粉 | 精加工 | 65 |
| 面粉 | 碾磨 | 20～80 |
| 胡萝卜 | 煮 | 79 |
| 肉类或蔬菜 | 罐装储藏 1 年半 | 0 |

3) 食物中的分布情况

天然叶酸广泛存在于动植物类食品中，尤以酵母、动物肝脏及绿色蔬菜中含量较高。叶酸衍生物在加工食品中的损失程度和机理尚不清楚。乳品的加工和储存研究表明，叶酸的分解过程主要是氧化。叶酸的破坏与抗坏血酸的破坏相平行，而所添加的抗坏血酸可保护叶酸。此两种维生素都可使乳脂肪的氧合作用下降而增强稳定性。

叶酸在维生素 C 和还原型辅酶参与下可转变成具有生物活性的四氢叶酸。四氢叶酸参与“一碳单位”的转移，是体内转移系统的辅酶，其功能是将“一碳单位”从一个化合物转移传递至另一个化合物上，“一碳单位”包括甲基、亚甲基、甲酰基、羟甲基等。叶酸对核酸和蛋白质的生物合成都有重要作用，因此叶酸为各种细胞生长所必需。叶酸缺乏会引起巨幼红细胞贫血(又称为恶性贫血)，孕妇缺乏叶酸易导致胎儿畸形。

**6. 维生素 $B_{12}$**

维生素 $B_{12}$ 又称钴胺素、抗恶性贫血维生素。

1) 化学结构

维生素 $B_{12}$ 为钴胺素，是目前所知唯一含有金属钴的维生素(图 7-16)。金属钴也只有以维生素 $B_{12}$ 的形式才能发挥必需微量元素的作用。维生素 $B_{12}$ 分子中的钴(可以是一价、二价或三价的)能与—CN、—OH、—$CH_3$ 或 5′-腺苷等基团相连，分别称为氰钴胺、羟钴胺、甲基钴胺和 5′-腺苷钴胺。维生素 $B_{12}$ 有两种辅酶形式甲基钴胺和 5′-腺苷钴胺，它们在代谢中的作用各不相同。

2) 化学性质

钴胺素的水溶液在室温下稳定，在 pH 值为 4～6 之间最稳定，此时即使经高压灭菌处理也很少损失。维生素 $B_{12}$ 对强光或紫外线不稳定，易被破坏。氧化剂及还原剂对维生素 $B_{12}$ 也有破坏作用，如抗坏血酸或亚硫酸盐都可加快其降解。碱性条件下加热维生素 $B_{12}$ 发生水解反应，生成无活性的羧酸衍生物。有报道称还原剂如硫醇化合物在低浓度时对维生素 $B_{12}$ 有保护作用，而量大时可以引起破坏。

3) 食物中的分布情况

维生素 $B_{12}$ 的主要来源为肉类，尤以内脏、鱼类、肉类及蛋类为多，其次为乳类。植物性食物一般不含此维生素，但豆制品经发酵后含有一定含量的维生素 $B_{12}$。此外，若植物被细菌污染则可有微量存在，如一些豆类的根瘤部分可含有维生素 $B_{12}$。

维生素 $B_{12}$ 参与体内一碳单位的代谢，例如，维生素 $B_{12}$ 可将 5-甲基四氢叶酸的甲基移去

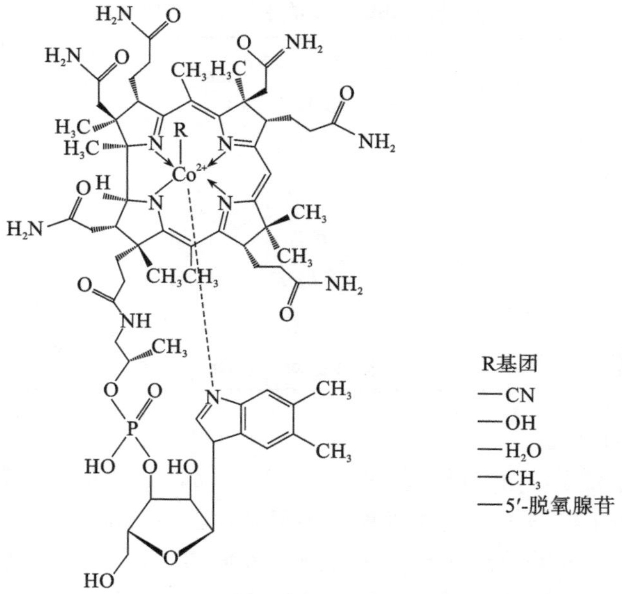

图 7-16　维生素 $B_{12}$ 的分子结构

形成四氢叶酸。所以维生素 $B_{12}$ 可以通过增加叶酸的利用率来影响核酸和蛋白质的合成，从而促进血红细胞的发育和成熟。维生素 $B_{12}$ 缺乏会引起巨幼红细胞贫血。

**7. 维生素 C**

维生素 C 又称抗坏血酸，抗坏血病因子。

1）化学结构

维生素 C 类似于碳水化合物，是一个多羟基羧酸内酯。其酸性和还原性质归因于所含的 2,3-烯醇式结构。它具有高度极性，因而极易溶于水不溶于非极性溶剂。抗坏血酸具有四种异构体（图 7-17），L-抗坏血酸、L-异抗坏血酸、D-抗坏血酸、D-异抗坏血酸。天然的抗坏血酸全为 L 型。其异构体 D 型抗坏血酸的生物活性大约是 L 型的 1%。

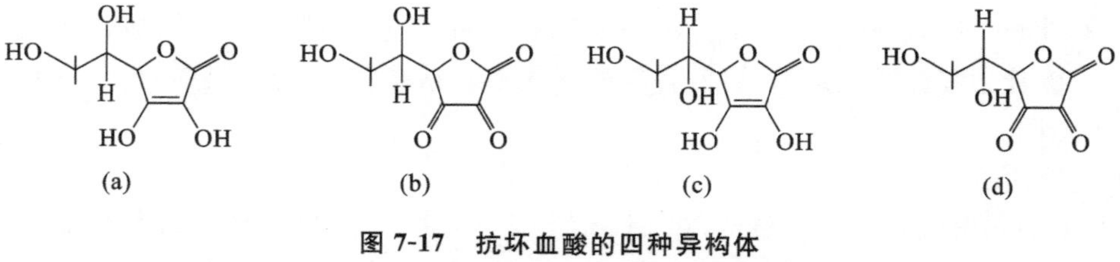

图 7-17　抗坏血酸的四种异构体

(a) L-抗坏血酸；(b) L-异抗坏血酸；(c) D-抗坏血酸；(d) D-异抗坏血酸

2）化学性质

抗坏血酸是最不稳定的维生素。影响其稳定性的因素很多，包括温度、pH 值、氧、酶、金属离子、紫外线的辐照等，抗坏血酸的稳定性与初始浓度、糖和盐的浓度，以及抗坏血酸与脱氢抗坏血酸的比例等相关。

抗坏血酸的氧化降解速度因温度、pH 值而不同。温度越高，抗坏血酸的破坏越大，其在酸性条件下稳定而在碱性时易分解。在有氧条件下，抗坏血酸（$AH_2$）首先形成单价阴离子（$AH^-$），进一步氧化形成脱氢抗坏血酸（A）。在这一过程中如果有金属离子作催化剂（如铜或铁离子），维生素 C 的降解速度或成倍增加。生成的脱氢抗坏血酸（A），通过温和的还原反应可以转化为抗坏血酸($AH_2$),其生物活性不会丧失。维生素 C 的损失发生于内酯开环水解生成 2,3-二酮古洛糖酸(图 7-18),2,3-二酮古洛糖酸不再有生物活性。2,3-二酮古洛糖酸经过脱羧生成木酮糖或 3-脱氢戊酮糖。

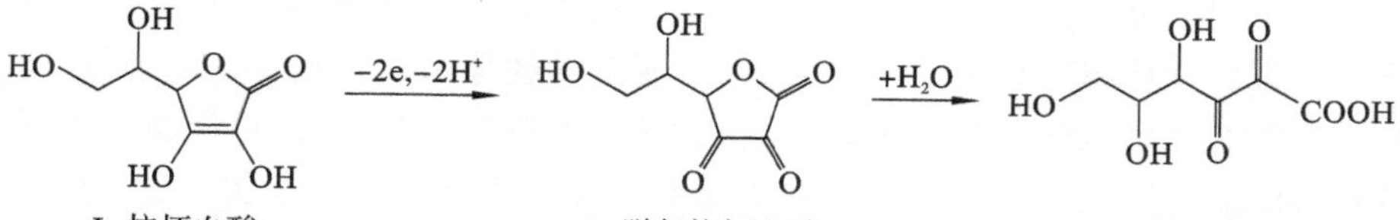

L-抗坏血酸　L-脱氢抗坏血酸　2,3-二酮古洛糖酸

**图 7-18　L-抗坏血酸氧化反应**

抗坏血酸的破坏是遵循一级反应还是二级反应,尚有争论,但是果汁罐头中抗坏血酸的损失似乎遵循一级反应,并取决于氧的浓度,一直进行到氧气耗尽再继续以无氧降解。在固体橘汁中,抗坏血酸的降解似乎仅与温度和水分含量有关。尽管它在很低的水分含量时都有降解,但是降解速度慢,即使长期储存都无多大损失。抗坏血酸在冷冻或冷藏时,有很大的损失。但是,通常其稳定性随温度的降低而增强。

食品烹饪时,原料需要漂洗、加水烹煮,由于抗坏血酸等易溶于水中,所以它很容易流失,为此在原料加工时要先洗后切分。烹饪方法上采用汽蒸来减少维生素 C 的流失,汽蒸热烫还可以抑制蔬菜中酶的活性,减少维生素 C 氧化酶、多酚氧化酶、过氧化物酶对维生素 C 的破坏作用。

在食品加工、储藏保鲜过程中,加入了某些添加剂,如漂白剂亚硫酸盐可破坏维生素 C 的活性。

3) 食物中的分布情况

维生素 C 广泛存在于植物组织和水果中,柑橘类、绿色蔬菜类、番茄、马铃薯及一些浆果中含量极为丰富,猕猴桃、番石榴中较高,称之为“维生素 C 之王”。动物性食品中含量较少,主要存在于新鲜鱼内脏之中,鲜牛乳和鲜动物肝脏中也含有少量。

抗坏血酸因具有抗坏血病的作用而得名。抗坏血酸的作用与其激活羟化酶,促进组织中胶原蛋白的形成密切有关。胶原蛋白中含大量羟脯氨酸与羟赖氨酸。脯氨酸与赖氨酸需经羟化还原,必须有抗坏血酸参与,否则,胶原蛋白合成受阻。此外,色氨酸合成 5-羟色氨酸,其中的羟化作用也需维生素 C 参与。它还参与类固醇化合物的羟化以及酪氨酸的代谢等。抗坏血酸还可参与体内的氧化还原反应,这与谷胱甘肽的氧化和还原密切相关。体内的氧化型谷胱甘肽可使还原型抗坏血酸氧化成脱氢抗坏血酸,而后者又可被还原型谷胱甘肽还原,变成还原型抗坏血酸。

# 第三节　烹饪加工对维生素的影响

## 一、维生素的稳定性

维生素是食品中含量较低的组分之一,但在营养价值上是最重要的一部分。从营养学的角度来讲，最大程度保留维生素有着非常重要的意义。但从化学的角度看，由于维生素作为还原剂、自由基淬灭剂、褐变反应的反应物以及作为食品烹饪加工中的风味前体物质，在烹饪中通常稳定性较差，保留率较低，甚至少数维生素在烹饪加工中完全损失。

通常状态下，热、光、氧（空气）、金属离子、酸、碱等环境因素对维生素的稳定性均有影响。关于维生素的性质研究较多，但对于它们在复杂食物体系的性质却了解很少。目前，研究维生素的稳定性大多数采用模拟体系，这与食品体系有较大的差异性，不能完全反映食品中维生素真实的稳定状况。但这些研究对于了解食品的性质还是有重要的意义。表 7-4 总结了维生素稳定性研究方面的结果及烹饪加工中可能存在的最大损失量。

**表 7-4　维生素的稳定性及烹饪加工中损失情况**

| 维生素 | 中性 | 酸性 | 碱性 | 空气或氧气 | 光 | 热 | 最大烹饪损失/(%) |
|---|---|---|---|---|---|---|---|
| 维生素 A | S | U | S | U | U | U | 40 |
| 维生素 D | S | S | U | U | U | U | 40 |
| 生育酚 | S | S | S | U | U | U | 55 |
| 维生素 K | S | U | U | S | U | S | 5 |
| 硫胺素 | U | S | U | U | S | U | 80 |
| 核黄素 | S | S | U | S | U | U | 75 |
| 维生素 $B_6$ | S | S | S | S | U | U | 40 |
| 泛酸 | S | U | U | S | S | U | 50 |
| 烟酸 | S | S | S | S | S | S | 75 |
| 叶酸 | U | U | U | U | U | U | 100 |
| 维生素 $B_{12}$ | S | S | S | U | U | S | 10 |
| 胆碱 | S | S | S | U | S | S | 5 |
| 维生素 C | U | S | U | U | U | U | 100 |
| 生物素 | S | S | S | S | S | U | 60 |
| 胡萝卜素 | S | U | S | U | U | U | 30 |

注：S—稳定（未受重大破坏），U—不稳定（显著破坏）。

## 二、烹饪加工过程中维生素的变化

维生素在食品烹饪加工中的损失主要是沥滤流失和分解破坏两方面。最容易流失的是各种水溶性维生素，它们在加工中随食品水分的流失而损失，特别是食品组织结构被破坏、食品原料被切得过小、过碎，在水中浸泡时间过长，都容易使水溶性维生素流失。维生素的破坏是因发生化学反应所致，特别是维生素在烹饪加工中会发生热分解和热氧分解，在储存中会发生氧化、光照分解，均导致维生素的大量破坏。

**1. 食品原料处理阶段的损失**

水果与蔬菜中维生素随成熟期、生长地、气候和农业条件不同而变化。例如，地域对水果和蔬菜中抗坏血酸和类胡萝卜素的影响特别大。水果、蔬菜细胞受损后释放出来的氧化酶和水解酶，还会导致收获后维生素在含量、活性和不同化学构型之间比例上的变化。脂肪氧化酶的氧化作用会破坏很多脂溶性维生素及一些易被氧化的水溶性维生素，但抗坏血酸氧化酶只减少抗坏血酸的含量。如果采收后采取合适的处理方法，例如降低水分活度、通过气调包装、低温下冷藏等措施，保护好果蔬的组织，果蔬中维生素的变化就会减少。

动物制品中的维生素含量与动物种类和动物的饲料结构有关，也与动物生长周期和组织中留存的酶有关。以B族维生素为例，肌肉中B族维生素的浓度，取决于吸收B族维生素并将其转化为辅酶形式的能力，所以若在饲料中补充水溶性维生素，可使肉中的维生素含量迅速增加。谷物类食物在原料的加工过程中，加工精度的不同，随着糊粉层的去除，维生素含量也随之大量降低。

**2. 食品加工阶段的损失**

1）食品原料的清洗和蒸煮

食品原料的清洗、修整等必然会导致维生素的损失。水果和蔬菜的去皮造成茎皮中维生素的损失；谷物类食物在磨粉去除麸皮和胚芽时，会造成谷物中烟酸、类胡萝卜素、硫胺素等维生素的损失。烹饪前对肌肉的切分、焯水等处理使肉汁流失，从而造成肉中B族维生素的损失，这是不可避免的。米饭的淘米过程中，大米搓洗次数越多，浸泡时间越长，淘米水温越高，各种营养素损失也越多。此外，米饭的制作方法不同，维生素损失的多少也不一样，如果把米放在水中煮到半熟后将米捞出蒸熟、剩下的米汤大部分弃掉的捞饭，米汤中含有的大量维生素、无机物、蛋白质和糖类都会丢失（表7-5）。

**表 7-5　捞饭和蒸饭营养成分的比较**(500 g)

| 营养成分 | 捞米饭 | 煮米饭 | 损失率/(%) |
|---|---|---|---|
| 脂肪含量/g | 0.5 | 2.5 | 80.0 |
| 碳水化合物含量/g | 128.0 | 136.0 | 5.9 |
| 磷含量/mg | 215.0 | 455.0 | 42.7 |
| 铁含量/mg | 2.0 | 5.0 | 60.0 |
| 维生素 $B_1$ 含量/mg | 0.1 | 0.2 | 50.0 |
| 维生素 $B_2$ 含量/mg | 0.05 | 0.1 | 50.0 |
| 尼克酸含量/mg | 1.5 | 2.5 | 10.0 |

采用烧、煮、炖烹饪时，食品中的水溶性维生素容易从组织流出而丢失。与空气的接触状态（氧量）、起催化作用的痕量金属离子的浓度、加入的物质（如酸碱）等都会影响维生素的稳定性。经过碱处理会大大增加叶酸、抗坏血酸和硫胺素等维生素的损失，加酸会提高其稳定性，因此烹饪中有“宁加酸、不加碱”之说。

生鲜蔬菜烹调时维生素的损失程度与原料的切分程度、加热温度、加热时间有关，切分越细、温度高、时间长维生素损失就越多，特别是维生素C。蔬菜加工方法对叶酸的影响见表7-6。因此，保留热敏性维生素的烹饪加工方法宜采用旺火快炒。

表 7-6　蒸煮对部分蔬菜中叶酸含量的影响

| 蔬菜(水中煮 10 min) | 总叶酸含量/(μm/100 g 新鲜质量) | | |
|---|---|---|---|
| | 新鲜 | 煮后 | 叶酸蒸煮后水中的含量 |
| 芦笋 | 175±25 | 146±16 | 39±10 |
| 花椰菜 | 169±24 | 65±7 | 116±35 |
| 芽甘蓝 | 88±15 | 16±4 | 17±4 |
| 卷心菜 | 30±12 | 16±8 | 17±4 |
| 花菜 | 56±18 | 42±7 | 47±20 |
| 菠菜 | 143±50 | 31±10 | 92±12 |

动物性食品一般有多种烹调方法，加热的温度和时间对其有很大的差别，所以一些营养素在不同的烹调方法中被破坏的程度不同。为了减少肉类或其他动物性食物中维生素的损失，最好用急火快炒的烹调方法。例如爆炒肉丝和爆炒猪肝时，维生素 $B_1$ 和维生素 $B_2$ 损失较少；煮鸡蛋比油煎炒鸡蛋维生素损失少得多。烹调时加入适量淀粉，如挂糊上浆、勾芡浇汁，除使汤汁稠浓外，既可保护各种营养素不受损失，又能使色、香、味、形俱佳，促进食欲，增加营养价值。

2) 食品干燥、高温加热

食品的过分干燥会造成对氧敏感的维生素的明显损失。在无氧化脂类存在时，低水分食品中水分活度是影响维生素稳定的首要因素。食品中水分活度若低于 0.2～0.3(相当于单分子水合状态)，水溶性维生素一般只有少量分解。若水分活度上升则维生素分解的量增加。在相当于单分子层水分的水分活度时，脂溶性维生素的降解速度达到最低，而无论水分活度升高或降低都会加快此类维生素的降解。

高温加热食品会极大地破坏维生素。维生素损失的程度取决于食品组织结构、操作工艺，例如烘、烤、炸、烧等烹调方法，会使热敏性维生素，如抗坏血酸、硫胺素损失较多。表 7-7 说明了烘、烤、炸三种不同烹调方法对 B 族维生素的影响。

表 7-7　烘、烤、炸对肉中 B 族维生素的保留值

| 原材料 | 加工生产方法 | B 族维生素的保留值/(%) | | |
|---|---|---|---|---|
| | | 维生素 $B_1$ | 维生素 $B_2$ | 尼克酸 |
| 猪肉 | 烘 | 40～70 | 74～100 | 65～85 |
| | 在烘架上烤 | 70 | 100 | 85 |
| | 油炸 | 50～60 | 77 | 75～97 |
| 牛肉 | 烘 | 41～64 | 83～100 | 72 |
| | 在烘架上烤 | 59～77 | 77～92 | 73～92 |
| | 油炸 | 89 | 98 | 92 |

烹饪中挂糊油炸是保护营养素、增加呈味的一种好方法。挂糊就是炸前在原料表面裹

上一层淀粉或面粉调制的糊，使原料不与热油直接接触，从而减小原料中蛋白质和维生素损失。挂糊可使油不浸入原料内部，而原料所含的汁液、鲜味成分、维生素也不容易外溢，这样原料经过油炸，便形成外焦里嫩的风味。

食品生产加工过程中，不恰当地使用食碱，可使食物中的B族维生素和维生素C受到严重的破坏。动物类脂肪，在光、热的作用下氧化酸败，失去其营养价值，同时还加重了脂溶性维生素的破坏。

3）食品储存阶段的损失

食品储存过程中，特别是生鲜食物储存时，由于酶的催化作用，维生素会不断地损失。采取科学的储藏方法可以大大减少维生素含量的损失。主要方法有：①低温储藏，在低温条件下化学一级反应速率降低，食品中酶的活性也降低；②自发气调包装储藏，氧气浓度降低，其氧化作用减弱；③加热或浓缩（干燥或冷冻）导致酶的活性降低；④pH值下降也有利于硫胺素、抗坏血酸等维生素的稳定。储存食品不同温度下硫胺素的保留率如表7-8所示。

**表7-8　储存食品不同温度下硫胺素的保留率**

| 品种 | 储藏12个月保留率/（%） | |
|---|---|---|
| | 38 ℃ | 1.5 ℃ |
| 杏 | 35 | 72 |
| 绿豆 | 8 | 76 |
| 豌豆 | 68 | 100 |
| 番茄汁 | 60 | 100 |
| 橙汁 | 78 | 100 |

### 3. 加工中使用的化学物质和食品的其他组分对维生素的影响

食品中的某些化学成分会强烈地影响一些维生素的稳定性。例如动物肌肉中的血红素往往会破坏易氧化的维生素及硫胺素；而植物中的多酚（如黄酮）可使维生素C更加稳定。食品中的氧化剂直接导致抗坏血酸、维生素A、类胡萝卜素和维生素E分解，同时也间接影响其他维生素。具有还原性的抗坏血酸、异抗坏血酸和硫醇可增加易氧化的维生素的稳定性。

某些食品添加剂的作用更不容忽略。例如，抗氧化剂由于能抑制脂肪的自动氧化，因此能显著地改善食用油脂中脂溶性维生素的稳定性；褐变阻剂（二氧化硫、亚硫酸盐、偏亚硫酸盐）对抗坏血酸有保护作用，而对其他维生素则有不利影响；亚硫酸根可直接作用于硫胺素，使其失去活性；亚硫酸盐能与羰基发生反应，使维生素$B_6$（吡哆醛）转化为无活性的磺酸盐衍生物；发色剂亚硝酸盐能与抗坏血酸发生氧化反应，生成2-亚硝基抗坏血酸酯；消毒剂常采用次氯酸（$HClO$）、分子氯（$Cl_2$）或二氧化氯（$ClO_2$），这些物质能与维生素发生亲电取代、氧化或与双键的氯化反应，造成维生素的损失。如果这些作用只局限于产品表面则其影响较小。因此，食物的消毒处理宜采取先消毒沥干再切分，有利于减少维生素的损失。

总之，为了尽量减少维生素在加工储存中的损失，应该选用作用时间短、条件温和、工艺简便、副作用小的食品添加剂。

# 第四节　矿　物　质

目前自然界中发现的元素有106种，人体内发现的有50余种，植物体内有60余种。烹饪原料中矿物质的分布与土壤中元素分布一致。矿物质通过生物的富集作用由土壤转移到生物体，再通过食物链进入人体。虽然矿物质在食物中质量占比较少，但是食物中营养素之一，在烹饪中对食物的性状有重要的影响，常作为食品添加剂使用。

## 一、食物中矿物质概述

**1. 食物中矿物质的概念**

当食物经过高温灼烧后，除生成水、二氧化碳外，最后留下的残渣(灰分)即为矿物质。食物中除去C、H、O、N四种构成水分和有机物的元素之外，其他元素统称为矿物质或无机盐。食物中的矿物质绝大多数以电解质的形式存在，是生物电位产生的物质基础。矿物质总量虽只占动物体和人体总重的5%左右，不提供能量，却是人体和动物体构成机体组织和维持正常生理功能不可缺少的成分。人体必须从日常均衡的膳食中获得足够的矿物质来满足机体的生长和发育需求。

**2. 食物中矿物质分类**

食物绝大多数为生物体，矿物质是生物体组成成分之一。通常根据人体中矿物质含量多少和需要量的不同来分类。

(1) 常量元素或宏量元素　指在人体中含量占体重0.01%以上的元素，人体常量元素每天需要量较大，在100 mg以上。例如，构成骨骼的钙、镁和构成体液的钠、钾、氯等元素，以及参与构成蛋白质的磷和硫元素。

(2) 微量元素　指在人体中含量占体重0.01%以下的元素，人体每天需要量少，为10～50 mg，甚至更少。例如，铁、锌、铜、锰、碘、硒、氟、钼、铬、钴十种元素。这些元素含量虽少，通常是构成功能性大分子物质的重要部分。如铁是血红蛋白的重要组成部分；碘是甲状腺素的合成元素；氟是牙齿重要组成原料。

根据矿物质在人体的作用分为营养性元素(或必需元素)、有毒元素和非必需元素。

(1) 必需元素　指那些在人体正常组织中都存在，而且含量比较固定，缺乏时会导致组织和生理异常，补充这种元素后，生理正常活动得到恢复，或能防止异常情况发生的微量元素。目前确定有10种必需微量元素，即Fe、Zn、Cu、I、Mn、Mo、Co、Se、Cr、F。

(2) 非必需元素　非必需元素有Sn、Ni、Si、V，目前还没有证据证明它们对人体有益或有害。

(3) 有毒元素　有毒元素有Hg、Pb、As、Cd、Al，现代医学证明这些元素的摄入会导致人体急、慢性中毒反应。

**3. 矿物质的生理功能**

人体所需矿物质正常情况下通过食物获取，如果饮食不能满足人体对矿物质的需要，往往会影响机体正常代谢和发育，导致疾病的发生。食物中的无机矿物质对人体的营养作用表现在如下几个方面。

(1) 构成生物组织的重要成分　矿物质 Ca、P、Mg 影响骨骼的生长；而 N、S、P 是蛋白质的组成成分；$Na^{+}$、$K^{+}$、$Cl^{-}$ 是体液的主要成分；Fe 参与构成血红蛋白肌红蛋白和细胞色素。

(2) 维持细胞内外的渗透压和酸碱平衡　细胞内外液中矿物质与蛋白质一起调节细胞通透性、控制水分，维持正常的渗透压和酸碱平衡，维持神经肌肉兴奋性。保持一定的 $K^{+}$、$Na^{+}$、$Ca^{2+}$、$Mg^{2+}$ 比例是维持神经、肌肉兴奋性，细胞膜通透性以及所有细胞正常功能的必要条件。人体正常的血液 pH 值要求为 7.35～7.45，过高或过低都会使机体受到损害，这主要依靠机体内存在的蛋白质、氨基酸有机缓冲体系以及 K、Na 的磷酸、碳酸盐构成的无机缓冲体系来维持。

(3) 构成酶的成分或酶激活因子　酶是生物体内重要的催化剂，参与、促进、调控物质代谢。许多无机离子是体内各种酶系统的活化因子、辅助因子或是某些具有特殊生理功能的物质的成分之一，参与体内的生化反应。如 $H^{+}$ 是胃蛋白酶原的活性因子；$Fe^{2+}$、$Fe^{3+}$ 参与过氧化氢酶电子的传递；$Zn^{2+}$ 是胰岛素活性因子。

人体是一个复杂而平衡的系统，矿物质摄入过少会引起疾病，同样，如果矿物质摄入过多也会产生不良的反应。例如，氟元素摄入不足会影响骨骼、牙齿的坚固性，但体内氟过多又会产生氟骨病，骨骼、牙齿出现中毒而松脆。因此，人体正确、合理地摄入矿物质才能保持身体健康。

## 二、食物中的矿物质

### 1. 食物中矿物质的存在形式

矿物质作为电解质在食物中主要以离子形式存在，表现出离子效应，部分以不溶性盐和胶体存在，少数直接参与生物大分子构成。

(1) 参与有机体的构成　由磷、硫、氮等元素组成的磷酸根、硫醇基、氨基作为氨基酸、核酸等大分子结构的重要基团，参与蛋白质和核苷酸的构成。锰、钴、铬元素是金属酶构成的重要组成部分。

(2) 绝大多数以离子形式存在　矿物质在食物中大多数以离子的形式存在于细胞液和组织液中，以维持细胞、组织的渗透压平衡。主要的离子形式阳离子有 $K^{+}$、$Na^{+}$、$Ca^{2+}$、$Mg^{2+}$；阴离子有 $Cl^{-}$、$CO_3^{2-}$、$NO_3^{-}$、$PO_4^{3-}$ 等。

(3) 以不溶性盐和胶体溶液构成的动态平衡体形式存在　多价元素则以离子、不溶性盐和溶胶构成的动态平衡体形式存在。例如骨骼中的钙和磷以羟基磷灰石 [$Ca_{10}(PO_4)_6(OH)_2$] 形式存在，并且受机体内激素分泌水平、血液中钙离子浓度和环境酸碱度的影响，在机体不同生长发育阶段保持动态的平衡。肉、乳中的矿物质常以胶体形式存在，例如牛乳中大部分钙是以酪蛋白、磷酸或柠檬酸结合为酪蛋白胶粒构成胶体体系。

(4) 多价元素以螯合物形式存在　过渡金属的离子多以螯合物形式存在于食品中。螯合物形成的特点是配位体至少提供两个配位原子与中心金属离子形成配位键。配位体与中心金属离子多形成环状结构。螯合物中常见的配位原子是 O、S、N、P 等原子。影响螯合物稳定的因素很多，如配位原子的碱性大小、金属离子电负性大小以及 pH 值等。一般来说，配位原子的碱性越大，形成的螯合物越稳定；pH 值越小，螯合物的稳定性越低。食物中的叶绿素、血红素、维生素 $B_{12}$ 和钙酪蛋白等是都是六元环螯合物。植物性食物中草酸是常见的螯合剂，能与钙、镁、铁等金属离子形成螯合物（图 7-19）。

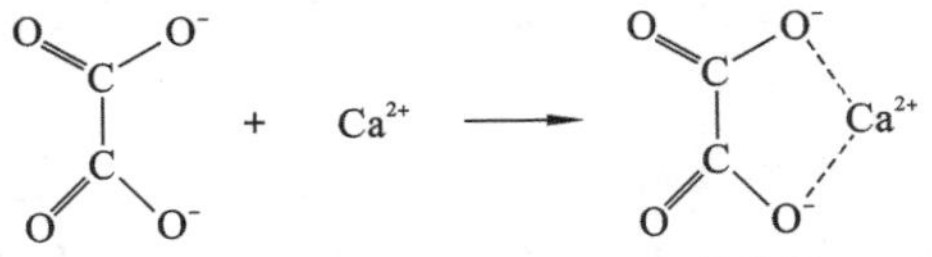

草酸根　　钙离子　　草酸钙

**图 7-19　钙离子与草酸根作用形成草酸钙**

**2. 主要食物原料中的矿物质**

1）乳品中的矿物质

乳品中的总矿物质含量比较固定，为 0.7%，但牛乳中各种矿物质含量受季节、饲养条件及乳牛个体等诸多因素的影响。正常牛乳中主要矿物质的平均含量见表 7-9。

**表 7-9　牛乳中主要矿物质的平均含量**

| 组　分 | 正常含量/(mg/100 mL) |
|---|---|
| $Na^{+}$ | 50 |
| $K^{+}$ | 145 |
| $Ca^{2+}$ | 120 |
| $Mg^{2+}$ | 13 |
| P(总 P) | 95 |
| P(无机 P) | 75 |
| $Cl^{-}$ | 100 |
| $S^{2-}$ | 10 |
| 碳酸盐(以 $CO_2$ 计) | 20 |
| 柠檬酸盐(以柠檬酸计) | 175 |

可以看出，牛乳中 $K^{+}$ 的含量是 $Na^{+}$ 的 3 倍，它主要以可溶性氯化物、磷酸盐、柠檬酸盐、碳酸盐形式存在。牛乳中大部分的钙、镁与酪蛋白、磷酸、柠檬酸结合成酪蛋白胶粒构成胶体溶液，小部分与牛乳中弱酸如磷酸、柠檬酸、碳酸结合成可溶性弱酸盐，共同构成一个均衡的矿物质平衡体系。

加热与蒸发会破坏上述盐的平衡从而影响牛乳中蛋白质胶粒的稳定性。加热或搅拌造成 $CO_2$ 损失，使乳液 pH 值升高，牛乳中钙盐由可溶性转化为不可溶性胶体，如 $Ca_3(PO_4)_2$。降低牛乳的 pH 值使牛乳中盐的平衡向可溶性盐方向移动，提高不溶性盐的溶解性。当 pH=5.2 时，牛乳中钙的磷酸盐全部变为可溶性盐。在浓缩时，一方面由于体积缩小造成钙的磷酸盐变成不溶性的胶体，另一方面释放出的氢离子有助于不溶性胶体磷酸钙的解离，其净效应取决于开始时牛乳中盐的平衡及加热的方式。磷酸盐对牛乳的稳定性有很大的影响，向牛乳中添加磷酸盐特别是聚磷酸盐，其可以和牛乳中的钙形成螯合物，大大增强了牛乳中酪蛋白的稳定性。相反，添加钙离子会降低牛乳的稳定性。

2）肉类中的矿物质

肉类的矿物质含量一般为0.8%～1.2%。肉类中的矿物质一部分以氯化物、磷酸盐和碳酸盐等可溶性盐的形式存在，另一部分和蛋白质结合成非溶性复合物。所以瘦肉中的矿物质含量更高。

肉类组织含有40%细胞内液、20%细胞外液和40%的干物质。在细胞内液中主要分布着$K^+$、$Mg^{2+}$、$PO_4^{3-}$、$SO_4^{2-}$，在细胞外液中有$Na^+$、$Cl^-$和$HCO_3^-$。在冷冻和解冻过程中，肉的汁液流失，损失的是细胞外液中的矿物质，如钠，其次还有少量钙、磷酸盐及钾。烹调时，只有钠损失，其他矿物质一般能保留下来。如果加入食盐，则基本上不发生矿物质损失。

肉类组织中的离子平衡对肉的持水性起重要作用。在尸僵或尸僵后期，肉的pH值接近肌肉中肌动球蛋白的等电点，这时蛋白质所带净电荷数目最少，肉的持水能力最低。如添加酸性盐或碱性盐，会使蛋白质交联断裂，电荷排斥力增大，蛋白质网络结构丧失，造成更多的水与蛋白质以氢键结合，肉的持水能力提高。表7-10是牛肉中的主要矿物质含量。

**表7-10 牛肉中的主要矿物质含量(牛肉)**

| 组　分 | mg/100 g |
|---|---|
| 总钙 | 8.6 |
| 可溶性钙 | 3.8 |
| 总镁 | 24.4 |
| 可溶性镁 | 17.7 |
| 总柠檬酸及盐 | 8.2 |
| 可溶性柠檬酸及盐 | 6.6 |
| 总无机磷 | 233.0 |
| 可溶性无机磷 | 95.2 |
| $Na^+$ | 168 |
| $K^+$ | 244 |
| $Cl^-$ | 18 |

3）植物原料中的矿物质

植物中矿物质元素除极少部分以矿物质形式存在外，大部分与植物中的有机物结合成复合物，或成为有机物的一部分。

谷物中的矿物质元素分布不均匀，主要存在于谷壳、谷糠、糊粉层和胚中。硬质红小麦中的矿物质含量见表7-11。

**表7-11 硬质红小麦中的矿物质含量**

| 部位 | P/(%) | K/(%) | Na/(%) | Ca/(%) | Mg/(%) | Mn/(mg/kg) | Fe/(mg/kg) | Cu/(mg/kg) |
|---|---|---|---|---|---|---|---|---|
| 总胚乳 | 0.10 | 0.13 | 0.0029 | 0.017 | 0.016 | 2.4 | 13 | 8 |
| 总麦糠 | 0.38 | 0.35 | 0.0067 | 0.032 | 0.11 | 32 | 31 | 11 |
| 麦仁中心 | 0.35 | 0.34 | 0.0051 | 0.025 | 0.086 | 29 | 40 | 7 |
| 麦仁芽端 | 0.55 | 0.52 | 0.0036 | 0.051 | 0.13 | 77 | 81 | 8 |
| 总种仁 | 0.44 | 0.42 | 0.0064 | 0.037 | 0.11 | 49 | 54 | 8 |

因此，粮食加工精度越高，面粉颜色越白，矿物质含量越低。面粉中矿物质含量对谷物类食品的质量有直接影响。在生产面包类发酵食品时，如果面粉的灰分含量过高，即使蛋白质含量较高，也难以形成好的面筋，从而影响发酵制品的体积、蜂窝质构、弹性、颜色；面粉的灰分含量过低，造成谷物发酵食品体积膨大、蜂窝质构不好。所以，在生产谷物类食品时，应考虑灰分含量因素。

谷物和豆类中植酸含量较大，它是磷的主要存在形式。植酸是肌醇的磷酸酯衍生物，其结构如下：

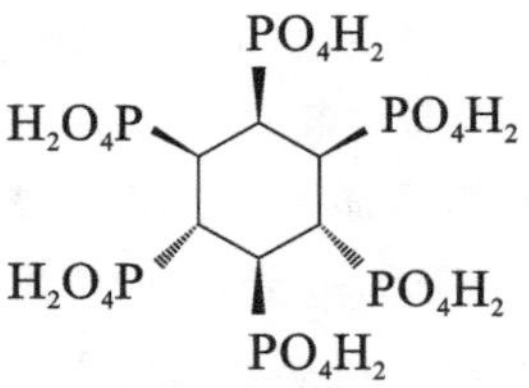

$PO_4H_2$

$H_2O_4P$　　$PO_4H_2$

$H_2O_4P$　　$PO_4H_2$

$PO_4H_2$

植酸（肌醇六磷酸）

植酸可以和金属离子形成盐，如不溶性的植酸钙镁复盐，阻碍人体对 Ca、Mg、P 的吸收，并对蛋白质的溶解性产生影响。

果蔬是人体所需各种矿物质的主要来源，尤其是蔬菜中的矿物质含量更高。常见水果中矿物质的平均含量如表 7-12 所示。果蔬的矿物质组成、含量与果蔬质量及耐储性有密切关系。如影响苹果质量的矿物质元素有 Ca、Mg、N、P 等，特别是 Ca 含量直接影响苹果的硬度及储藏时间。利用钙处理可以提高果实质量，延长储藏时间。另外，在果蔬烹饪加工时，为了保持果蔬的形状，维持一定的硬度，也可采用钙盐溶液浸泡或预煮的措施，使钙和果胶酸结合成不溶性物质。

**表 7-12　常见水果中矿物质的平均含量(mg/100 g 可食部分)**

| 水果 | Ca | P | K | Na | Mg | Fe | Zn | Se | Cu | Mn |
|---|---|---|---|---|---|---|---|---|---|---|
| 苹果 | 4 | 12 | 119 | 1.6 | 4 | 0.6 | 0.19 | 0.12 | 0.06 | 0.03 |
| 梨 | 9 | 14 | 92 | 2.1 | 8 | 0.5 | 0.46 | 1.14 | 0.62 | 0.07 |
| 桃 | 6 | 20 | 166 | 5.7 | 7 | 0.8 | 0.34 | 0.24 | 0.05 | 0.07 |
| 葡萄 | 5 | 13 | 104 | 1.3 | 8 | 0.4 | 0.18 | 0.20 | 0.09 | 0.06 |
| 橙子 | 20 | 22 | 159 | 1.2 | 14 | 0.4 | 0.14 | 0.31 | 0.03 | 0.05 |
| 香蕉 | 7 | 28 | 256 | 0.8 | 43 | 0.4 | 0.18 | 0.87 | 0.14 | 0.65 |
| 荔枝 | 2 | 24 | 151 | 1.7 | 12 | 0.4 | 0.17 | 0.14 | 0.04 | 0.06 |

## 三、矿物质在烹饪中的应用

### 1. 矿物质的基本性质

1）溶解性与渗透作用

矿物质作为电解质，有良好的水溶性，食品中矿物质绝大多数以离子形式存在于细胞组织和体液中，维持渗透压平衡和正常电位平衡。烹饪中对矿物质溶解性与渗透作用的应用较普遍，常用的有码味和腌渍。原料经过腌制码味加工，其组织结构和化学性质都发生了变化，以满足食品烹饪加工的需要。例如，对动物性原料进行码味处理，未经码味的肌肉中蛋白质处于非溶解状态或凝胶状态，经过腌制码味后由于受到适当离子强度的作用，蛋白质水合作用增大，使蛋白质吸水，非溶解状态或凝胶状态的蛋白质变成溶解状态或溶胶状态。进行加热熟制中，溶胶状态的蛋白质又变为凝胶状态，同时将大量的水固定在蛋白质凝胶网状结构中，大大提高了肌肉的保水性，增加了肉的嫩度。腌渍工艺则是利用矿物质的渗透压作用，使原料中的蛋白质等大分子物质丢失水分，原料失去部分水变干、变硬，弹性、咀嚼性增加，以利于食品质地改善和储藏。例如，腌鱼、腌肉。

2）酸碱性

根据酸碱质子理论，任何能够提供质子的物质是酸，能够接受质子的物质是碱。电子理论进一步说明阳离子或类阳离子具有接受电子对的空轨道表现为酸性，而电子对的给予体表现为碱性。矿物质具有酸碱性，能改变食品的 pH 值和蛋白质、糖类、脂肪等物质的功能性质。此外，不同的矿物质元素被人体吸收后，表现出不同的生理酸碱性。

（1）碱性食品　一般来说，金属元素钾、钠、钙、镁等在人体内氧化成带阳离子的碱性氧化物，如 $Na_2O$、$K_2O$、CaO、MgO 等，在人体内呈碱性。含金属元素较多的食品，在生理上被称为碱性食品。

（2）酸性食品　食品中所含磷、硫、氯等非金属元素，在人体内氧化后，生成带阴离子的酸根，如 $PO_4^{3-}$、$SO_4^{2-}$、$Cl^-$ 等，在人体内呈酸性。含非金属元素较多的食品，在生理上被称为酸性食品。

大部分的蔬菜、水果、豆类、乳品等含金属元素较多属于碱性食品。大部分的肉、鱼、禽、蛋等动物性食物中含有丰富的含硫蛋白质，而谷物含磷较多，所以它们均属于酸性食品。

正常条件下，由于人体中存在缓冲体系，所以血液 pH 值保持在 7.35～7.45 之间。人们食用适量的酸性或碱性食品后，其中的非金属元素经体内氧化，生成阴离子酸根，在肾脏中与氨结合成铵盐，被排出体外；而金属元素经体内氧化，生成阳离子的碱性化合物，与二氧化碳结合成碳酸盐，从尿中排出。这就使得血液的 pH 值保持在正常的范围内，生理上达到酸碱平衡。如果饮食中各种食品搭配不当，偏食酸性或碱性食品，长期下去势必造成体内酸碱平衡失调、血液 pH 值改变而引发多种疾病，所以饮食中必须注意。

3）氧化还原性

食物中金属离子具有氧化作用，氧化作用的结果使食物变色、变质。例如，肌肉中肌红素 $Fe^{2+}$ 氧化为 $Fe^{3+}$，肌肉的色泽由红变红褐色。$Fe^{3+}$ 作为氧化剂，能引起脂肪的氧化酸败。

同样，食物中金属离子具有还原作用，能够防止物质的氧化反应发生，通常称为抗氧化元素。例如硒、锰元素。

4）螯合效应

矿物质能与大分子有机物发生螯合反应，生成更大分子的物质影响营养素的吸收，从而降低食物的营养性。例如，脂肪与钙盐产生皂化反应，影响了脂肪酸的吸收和消化。植物性食物中的植酸与多种物质形成螯合物，除降低食物的营养作用外，还能够导致人体肠道黏膜的损伤，引起消化道疾病。同样，利用螯合作用将一些人体必需微量元素以螯合物形式加入到食品或饮料中，可提高其吸收和利用率。例如铁营养强化剂常用 EDTA（乙二胺四乙酸）与 $Fe^{2+}$ 形成螯合物加入食品中。

**2. 烹饪加工对矿物质的影响**

1）沥滤

涉及沥滤的烹饪操作，如焯水、蒸汽蒸煮、水冷却、盐渍、挤水等都很容易导致矿物质的损失，尤其是水溶性矿物质的损失。损失的程度与原料品种、烹饪方式及矿物质的性质有关。

水煮豆角和西红柿时，如除去液体部分，其中的 Mg、Ca 和 Zn 量可损失 50%以上；若使用水煮的汤汁烹调食物，矿物质的损失则较少。

加工及烹饪用水也影响着食物的矿物质含量。如用硬水煮菠菜，菠菜的 Ca、Mg、Mn 的含量增加；用软水煮，Na 的含量增加。加工时水的用量也直接影响到矿物质的沥滤损失。蒸汽加热比用水直接烧煮损失的矿物质要少。压力锅烹煮或用少量水烧煮，可使矿物质保存量增加至 85%。若烹饪原料全部浸没在水中烧煮，其矿物质量将减少 75%。

烧煮及沥滤时间的长短也对矿物质的损失有影响。煮面条时，面条的 Ca、Mg、Fe 的沥滤损失，主要发生在最初的 10 min 内。

2）修整、清洗

植物性食物原料（如蔬菜、水果）经过修整处理和分档，矿物质元素有所损失。这主要是由于某些富含矿物质的部分被丢弃，如果皮、稍老的茎叶等。清洗过程中，由于矿物质的水溶性质，会使部分电解质溶于水而丢失。有时也会出现某些矿物质元素含量升高的情况，这是由于其被容器和水中的矿物质沾染的结果。如用硬水清洗后，烹饪原料中 Ca、Mg 浓度会增加，使用铁器或铜器后烹饪原料可能沾染 Cu、Fe 等。

3）热加工

烹饪中热加工对微量元素的含量及利用率有较大影响。在热处理过程中，易挥发性矿物质元素较易损失，例如碘和硒。为了不破坏碘盐中的碘，要注意盐的加入时间，即应在临出锅时加入。对果蔬类烹饪原料来说，热加工时间越长对其细胞壁的破坏越严重，矿物质的损失也就越大，所以应尽可能地缩短果蔬的烹饪时间。一些和蛋白质结合的矿物质元素在热处理时损失较少，如煮豆时，沥水损失的矿物质相对较少。

4）污染

食物加工过程中，容器中的某些金属元素会出现在食品中，造成食品中这种元素的含量增加。如加工乳中的镍几乎全部来自不锈钢加工设备，铁锅炒菜时会使食物中铁的含量增加，包装材料会使食物中铝的含量提高，马口铁罐头可增加食品中的 Zn、Fe、Pb、Sn 等。罐头食品中锡的含量与罐头中氧气的含量、pH 值、有机酸的种类及数量有关。在缺氧、无螯合作用的强的有机酸（如植酸、草酸）存在的情况下，罐头食品中锡的含量较低。马口铁罐中的锡溶入食品中对食品的色泽有较好的影响，但铁往往会破坏食品的色泽。

**3. 烹饪中矿物质的应用**

1）碱剂

食品碱剂，主要用于调节食品 pH 值，也可用于改善色泽、风味、溶解性等。常用的碱剂有以下几种。

碳酸钠，俗称纯碱，面碱，无水碳酸钠（$Na_2CO_3$），结晶水碳酸钠有 $H_2O\cdot Na_2CO_3$、$2H_2O\cdot Na_2CO_3$、$10H_2O\cdot Na_2CO_3$。结晶水碳酸钠呈白色，易溶于水，对热较稳定。

氢氧化钠（钾），俗称苛性钠、烧碱、火碱，碱性大，腐蚀性强，通常禁止在食品中使用，会引起蛋白质劣化、油脂皂化和维生素的分解破坏，烹饪中主要作皂化剂用于油污的清洗。

碱剂的作用有：①调节食品 pH 值，中和酸性物质。如面团发酵过程中往往会混入杂菌或发酵时间过长产生酸性物质，影响面团的质量，需要加入碱中和酸，碱的加入也可以提高面团的筋力。②作为发胀剂，主要有氧化钙、氢氧化钙、碳酸钠等，用于干制原料墨鱼、鱿鱼等的涨发，碱破坏了胶原蛋白分子间的氢键或/和肽键，增加了蛋白质与水结合的能力。③改善色泽，少量的碳酸氢钠可以增强羰氨反应，在糖果、巧克力、糕点生产中应用。④去皮作用，果蔬在 60～82 ℃ 3%的碱液中浸泡，加快植物细胞壁中果胶水解为果胶酸，稍加揉搓即可快速去皮。⑤促进淀粉的糊化。

2）膨松剂

膨松剂是指在食品加工过程中加入，在适当的温度和湿度条件下作用产生气体，使食品形成致密多孔组织，具有膨松、柔软或酥脆的分散体系。例如：在食品焙烤过程中，水蒸气和气体的放出，使食品形成了特有的孔状结构。膨松剂主要用于面包、饼干及发酵食品，其功效有增加食品体积，产生多孔结构并使组织蓬松，形成松、软、酥、脆的感觉。膨松剂类型有以下几种。

（1）碳酸氢钠，又称小苏打，重碱。溶于水，对热不稳定，170 ℃时加热分解，产生二氧化碳气体。由于分解产物为碳酸钠，因而使用过量会产生碱化作用，食品出现苦味。同时，碳酸钠（碱）与面粉中所含有的黄酮类色素反应，生成物呈黄色。为了达到感官品质较好的目的，要注意小苏打的使用剂量。

$$2NaHCO_3 \xlongequal{\triangle} Na_2CO_3 + CO_2\uparrow + H_2O$$

（2）碳酸氢铵，俗称臭粉、臭碱。其水溶液非常不稳定，在 70 ℃时分解产氨气和二氧化碳气体。碳酸氢铵产气量大，发泡能力强，容易造成产品过松，内部和表面出现较大的空洞，表面还可出现爆裂。此外，由于产生的氨气具有强烈的氨味，给食品带来不良影响。

$$NH_4HCO_3 \xlongequal{\triangle} NH_3 + CO_2\uparrow + H_2O$$

（3）矾碱（硫酸铝钾）与碳酸钠的混合物，加热分解产生二氧化碳气体起蓬松作用，同时生成氢氧化铝，由于氢氧化铝具有酸碱两性，因此，该膨松剂能够较好保持食品的 pH 值。但由于铝元素对人体有害，现行食品安全法规规定主要食品（如馒头、婴幼儿食品）不准使用硫酸铝钾。

$$2AlK(SO_4)_2\cdot 12H_2O + 3Na_2CO_3 \xlongequal{\triangle} K_2SO_4 + 3Na_2SO_4 + 2Al(OH)_3 + 3CO_2\uparrow + 9H_2O$$

（4）混合膨松剂又称为复合膨松剂，通常由三部分组成，碱剂、酸剂和填充剂组成。碱剂有碳酸氢钠、酸性盐（酸性磷酸钙）等，酸剂多为有机酸，如酒石酸、柠檬酸等，填充剂（也称助剂）由淀粉、脂肪等组成。碳酸氢盐起产气作用，酸性盐控制产气的速度，调节酸碱度，助剂起到防止膨松剂吸湿、失效的作用，有利于储藏。例如碳酸氢钠-磷酸钙复合膨松剂。

$$2NaHCO_3 + CaH_2(PO_4)_2 \xlongequal{\triangle} Na_2CaH_2(PO_4)_2 + 2H_2O + 2CO_2\uparrow$$

食品中常用的复合膨松剂主要组成情况如下：

①碳酸盐，用量主要占 20%～40%；

②酸性盐或者有机酸，用量为 35%～50%；

③助剂，用量为 10%～40%，有淀粉、脂肪酸、食盐等。

3）保水剂

目前烹饪中化学保水剂为磷酸盐类，主要有磷酸、焦磷酸二氢钠、焦磷酸钠、磷酸二氢钙、磷酸二氢钾、磷酸氢二铵、磷酸氢二钾、磷酸氢钙、六偏磷酸钠、三聚磷酸钠。

磷酸盐作为保水剂的作用原理:通过增加蛋白质的带电性,改变蛋白质的 pH 值,增加蛋白质交联等作用。肉在冻结、冷藏、解冻、加热等加工过程中,会失去一定的水分,从而降低肉原料的品质。当在肉中加入磷酸盐时,则能提高肉的持水能力,使肉在加工过程中仍能保持水分,减少营养成分的流失,也保存了肉的柔嫩性。

磷酸盐应用于肉制品的作用有以下几点。

(1) 改变肉中的 pH 值　磷酸盐是一种具有缓冲作用的碱性物质,加到肉中后,能使肉中的 pH 值向碱性方向移至 7.2～7.6,在这种情况下,肌肉中的肌球蛋白和肌动蛋白偏离等电点(pH 5.4)而发生溶解,因而提高了肉的持水能力。

(2) 增大蛋白质的静电斥力　磷酸盐具有结合二价金属离子的能力,将其加入肉中后,原来与肌肉中肌原纤维结合的 $Ca^{2+}$、$Mg^{2+}$ 被磷酸盐夺取,肌原纤维蛋白在失去 $Ca^{2+}$、$Mg^{2+}$ 后释放出羧基,由于蛋白质羧基带有同种电荷,在静电斥力作用下,肌肉蛋白质结构松弛,提高了肉的持水能力。

(3) 肌球蛋白溶解性增大　磷酸盐是具有多价阴离子的化合物,在较低的浓度下,就有较高的离子强度。肌球蛋白在一定离子强度范围内,溶解度增大,成为胶溶状态,从而提高了持水能力。

(4) 肌动球蛋白发生解离　焦磷酸盐和三聚磷酸盐具有解离肌肉中肌动球蛋白的特殊作用,能将肌动球蛋白解离成肌球蛋白和肌动蛋白,提取大量的盐溶性蛋白质(肌球蛋白),因而提高了持水能力。

目前,生产上使用的磷酸盐多为焦磷酸盐、三聚磷酸盐和六偏磷酸盐的复合盐。作为化学合成品质改良剂,几种磷酸盐经常组合起来使用效果较好。

## 思考题

1. 名词解释:维生素、常量元素、微量元素、有害元素、碱剂、膨松剂、保水剂。
2. 维生素的特点,维生素分为哪几类?
3. 影响维生素稳定的主要因素有哪些?
4. 比较分析烹饪过程中最容易损失的维生素有哪些,说明造成损失的主要原因。
5. 哪些维生素具有抗氧化功能,说明其抗氧化作用机理。
6. 分析烹饪加工对维生素的影响,如何防止维生素的损失?
7. 食品中矿物质存在的形式,矿物质主要性质。
8. 简要说明不同化学膨松剂作用原理和实用性。
9. 简要说明磷酸盐作为保水剂的作用原理。
10. 分析碱物质对于食品的利与弊,如何正确使用碱剂。

# 第八章　酶

## 第一节　概　　述

生命的基本特征是新陈代谢。新陈代谢过程包含着许多复杂而有规律的物质变化和能量变化。新陈代谢中所有的化学反应顺利地在生物体内进行，其中必须要有一种特殊的物质——酶参与。酶不仅与生命活动息息相关，对食品加工、储藏保鲜也有着重要的意义。如动物屠宰后，肌肉会出现僵直、后熟、软化、自溶，这些变化都是酶作用的结果。如果对酶的作用控制得当，可使肌肉嫩化、多汁、富有弹性，肉香味浓郁。蔬菜、水果采摘后的存放过程中，会发生颜色、滋味和口感的改变，同样是酶作用的结果。

食品中的酶有两类，内源性酶和外源性酶。内源性酶是指存在于食物原料细胞中的酶。如谷物中存在的淀粉酶、脂肪氧化酶等等。外源性酶是人为添加到食品中以引起某些期望变化的酶。如烹饪中使用木瓜蛋白酶对动物肌肉进行致嫩，用酵母菌产生糖酶来发酵食品等等。外源性酶可以从其他生物体中获取。

酶(enzyme)是由生物体活细胞产生，在细胞内、外均能起催化作用并且有高度专一性的特殊蛋白质。生物体内各种生物化学变化都须酶参与，由生物酶所催化的反应称为酶促反应(enzymatic reaction)。在酶促反应中被催化的物质称为反应底物，反应生成物称为反应产物。

酶具有的催化能力称为酶活性，使酶获得活性的过程称为酶的激活，使酶失去活性的过程称为酶的失活。

### 一、酶的化学本质及组成

#### 1. 酶的化学本质

所有的酶其化学本质都是蛋白质。相对分子质量为 $1\times10^4\sim1\times10^6$（70～600 个氨基酸残基）。酶与蛋白质有着相同的组成、结构和性质。

（1）酶的元素组成和含氮量与蛋白质相同。

（2）化学结构与空间构象与蛋白质相同。酶同蛋白质一样，由氨基酸以肽键形成肽链，有二级、三级或四级空间构象。维持构象的次级键容易受到理化因素的影响而使酶变性，酶变性后活性消失。

(3) 酶两性电离性质与蛋白质相同。酶与蛋白质一样,在不同的酸碱溶液中呈现不同的解离状态。等电点时,其溶解度最低。

(4) 酶与蛋白质一样其水溶液是大分子胶体化合物,不能透过半透膜。

(5) 酶与蛋白质一样会发生变性、降解、颜色反应(如双缩脲反应)等。

**2. 酶的结构**

酶的种类很多,在结构上除了含蛋白质成分外还有一些非蛋白质成分,根据其化学结构将酶分为两类:单纯蛋白酶和结合蛋白酶。

1) 单纯蛋白酶

单纯蛋白酶又称单成分酶,仅由氨基酸残基构成。所以单纯蛋白酶水解的终产物是氨基酸,无其他物质。大多数水解酶都是单纯蛋白酶。如胃蛋白酶、脲酶、木瓜蛋白酶等。

2) 结合蛋白酶

结合蛋白酶又称双成分酶。这些酶除含有蛋白质成分外,还有其他非蛋白质成分。结合蛋白酶的蛋白质部分称为酶蛋白,非蛋白质部分称为活性基或辅助因子。结合蛋白酶必须两部分结合起来组成全酶才具有催化活性。全酶的任何一部分单独存在都不具有催化活性。

$$全酶(结合酶)=酶蛋白(活性中心)+辅酶或辅基$$

在结合酶中,根据非蛋白成分与酶蛋白结合的松紧程度,活性基又有辅酶与辅基之分。辅基与酶蛋白结合紧密,用透析法不易除去;辅酶与酶蛋白结合疏松,易被透析法除去。最常见的组成辅酶或辅基的成分有两类:一类是低分子有机化合物,如黄素(FAD、FMN)、烟酰碱(NAD、NADP)、生物素、硫辛酸等B族维生素及其衍生物;另一类是无机金属离子,如$Fe^{3+}$、$Cu^{2+}$、$Zn^{2+}$、$Ca^{2+}$等组成的金属酶。表8-1列出了一些常见的辅助因子及相关酶类。

**表8-1 常见的辅助因子及相关酶类**

| 辅助因子 | | 酶 |
|---|---|---|
| 金属离子 | $Mg^{2+}$ | 磷酸酶、核酸酶、激酶 |
| | $Ca^{2+}$ | 脂肪酶、胰蛋白酶、α-淀粉酶 |
| | $Zn^{2+}$ | 木瓜蛋白酶、菠萝蛋白酶、胶原酶 |
| | $Cu^{2+}$ | 抗坏血酸氧化酶、细胞色素氧化酶、酪氨酸酶 |
| | $Fe^{3+}$ | 过氧化物酶、过氧化氢酶、脱氢酶 |
| 有机化合物 | 生物素 | 乙酰辅酶A羧化酶、丙酮酸羧化酶 |
| | 烟酰胺核苷酸(NAD) | 乳酸脱氢酶、谷氨酸脱氢酶 |
| | 黄素核苷酸(FMN) | 氨基酸氧化酶、琥珀酸脱氢酶、葡萄糖氧化酶 |
| | 硫辛酸 | 丙酮酸脱氢酶、2-酮戊二酸脱氢酶 |
| | 硫胺素焦磷酸 | 丙酮酸脱氢酶、2-氧-谷氨酸脱氢酶 |
| | 卟啉 | 过氧化物酶、过氧化氢酶 |

## 二、酶的催化特性

### 1. 酶的催化活力

催化剂可以提高反应速率，但其自身不会发生化学变化。催化剂只能影响化学反应速率，而不能改变反应的平衡点，在热力学规律的限制下起催化作用。它们的作用是降低反应物转变为产物所需要的能量障碍。反应物（底物 S）向产物（P）转变的阶段，首先形成过渡态（$S^{\#}$）。相对于非催化反应（$\Delta G_{uncat}$），催化反应的自由能（$\Delta G_{cat}$）降低了（图 8-1）。

酶的活性就是生物体内催化剂。酶活性的测定是在一定条件下测定所催化的反应的速率，如果条件相同，反应速率越大，酶的活性越高。国际生物化学与分子生物学联合会（IUBMB）规定：在特定条件下（温度、pH 值、底物浓度等），每一分钟催化 1 $\mu$mol 底物转化为产物所需要的酶量定义为 1 个酶活性单位（U），即国际单位（IU）。

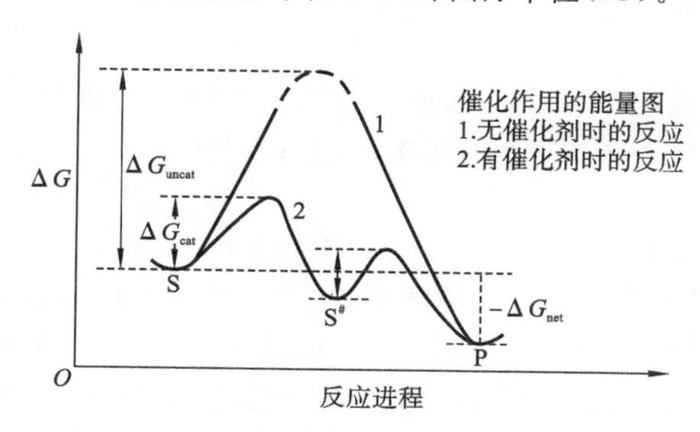


**图 8-1　催化反应与非催化反应自由能的比较**

### 2. 酶的催化特性

1）高催化效率

酶的催化效率极高，比一般催化剂高 $10^6 \sim 10^{13}$ 倍。如 1 分子过氧化氢酶，每分钟可催化 $5\times10^6$ 个过氧化氢分子分解为水和氧气，比铁粉催化过氧化氢分解的效率高 $10^{10}$ 倍。1 g 结晶的细菌 α-淀粉酶在 56 ℃、15 min 内可使 $2\times10^3$ kg 淀粉水解为糊精。

酶催化反应的高效率是长期以来最引人注目的研究课题之一，它不仅有理论意义，而且也具有重要的实际意义。目前，酶工程作为生物工程之一，广泛应用于食品、医学、环保等领域。

2）高度专一性

酶对其所催化物质的选择性比其他催化剂严格。如质子（$H^+$）可催化淀粉、脂肪和蛋白质等物质的水解，对其催化物质并无特殊要求。而酶则不然，α-淀粉酶只能催化淀粉水解生成麦芽糖，而不能催化麦芽糖水解成葡萄糖。蛋白酶只能催化蛋白质水解，而不能催化其他物质水解。

（1）绝对专一性　一种酶只能作用于一类化合物，或作用于一定的化学键或一种立体异构体，从而产生一定的产物。这种现象称为酶的专一性或特异性。

（2）相对专一性　一种酶与结构相似的一类化合物或化学键发生某种催化反应，其对底物的专一化程度要求较低。例如烹饪中使用的蛋白酶多为木瓜蛋白酶，虽然来自植物体但对动物性蛋白质水解也有催化作用。

3）反应条件温和

酶催化的反应是在常温、常压和近中性的溶液条件下进行。酶本身是蛋白质，故强酸、强碱、高温、高压、紫外线、重金属盐等一切导致蛋白质不可逆变性的因素，都能使酶受到破坏而丧失其催化活性。

4）酶活性的调控

生物体内化学反应的过程具有严格地有序性。这种有序性受多方面因素调节和控制。正因为如此，酶在生物体内才能顺利地发挥其催化功能，生命活动才能有条不紊地进行。例如，胃蛋白酶，通常以胃蛋白酶原形式存在，没有活性。当进食后，细胞分泌胃酸，蛋白酶原在酸（$H^+$）的作用下激活为胃蛋白酶，产生消化作用。当酸消失后，胃蛋白酶失去活性。因此，pH 值对胃蛋白酶起到调控作用。

## 三、酶的命名与分类

酶的命名有习惯命名和系统命名两种方法。国际生物化学与分子生物学联合会（IUBMB）酶学委员会（EC）确定了酶的系统命名法则，并对酶进行了系统的命名和分类。

**1. 酶的分类**

国际系统分类法将所有的酶按酶促反应性质分为六大类。①氧化还原酶类（oxidoreductase），催化底物发生氧化-还原反应。如乳酸脱氢酶、琥珀酸脱氢酶、细胞色素氧化酶等；②转移酶类（transferase），催化分子间基团的转移反应。如转氨酶、转甲基酶等；③水解酶类（hydrolase），催化水解反应。如胃蛋白酶、脂肪酶等；④裂解酶类（lyase），裂解酶催化底物以非水解方式移去一个基团或增加一个基团的反应，催化一种化合物分裂为两种化合物或催化有两种化合物合成一种化合物的反应，如醛缩酶、柠檬酸合成酶等；⑤异构酶类（isomerase），催化各种同分异构体的相互转变；⑥合成酶类（也称连接酶类，ligase），催化两个分子合成一个分子，合成过程中伴有 ATP 分解，如谷氨酰胺合成酶、谷胱甘肽合成酶等。

烹饪加工中最常用的酶为水解酶，主要有糖类水解酶和蛋白质水解酶。如 α-淀粉酶、β-淀粉酶、木瓜蛋白酶、无花果蛋白酶等。

**2. 酶的命名**

按照国际系统命名原则，每一种酶有一个系统名称和习惯名称。习惯名称简单，便于使用，如溶菌酶。系统命名则应明确标明酶的底物及催化反应的性质，其原则有：①列出底物，并用"："隔开；②指明所催化的反应性质；③若底物之一是水时，可将水略去不写；④底物的名称必须确切，若有不同构型，则必须注明 L-或 D-型，α-型或 β-型等。例如，L-丙氨酸：α-酮戊二酸氨基转移酶。

在科技文献中，为严格起见，一般使用酶的系统名称，但是因某些系统名称太长，为了方便，国际酶学委员会还采用数字编号。六个大类中又可分为若干亚类，各亚类又分为若干次亚类，并进行编号，每种酶都有一个四组数字的号码。含义依次为：大类（反应类型）、亚类（反应底物、供体、键）、次亚类（亚类其他基团、底物特征）、编号（前三位数字相同的酶顺序编号）。例如过氧化氢酶的数字号码：EC：1.11.1.6；α-淀粉酶号码：EC：3.2.1.1；β-淀粉酶号码：EC：3.2.1.2。

# 第二节　酶的作用机制

## 一、酶的活性中心

在酶分子中显示酶催化活性直接相关的区域称为酶的活性部分(active site)，亦称为酶的活性中心。酶的活性中心是酶结构的一小部分，但却极其重要，当这一部分遭到破坏时，酶就失去其活性。从结构上看，酶的活性部分通常由酶蛋白分子中的氨基酸侧链活性基团及辅基构成，一般位于分子的凹槽或两结构域的结合部。酶活性部位有7种氨基酸出现的频率较高，它们是丝氨酸(Ser)、组氨酸(His)、半胱氨酸(Cys)、酪氨酸(Tyr)、天冬氨酸(Asp)、谷氨酸(Glu)和赖氨酸(Lys)。活性部位的氨基酸残基在酶蛋白的一级结构上往往相距较远，甚至不在一条肽链上，但依靠蛋白质的二级、三级结构，通过肽链螺旋、折叠使其空间构象上相互靠近。例如胰凝乳蛋白酶的活性部位基团为His 57、Ser 195(图8-2)；溶菌酶为Glu 35、Asp 52(图8-3)。

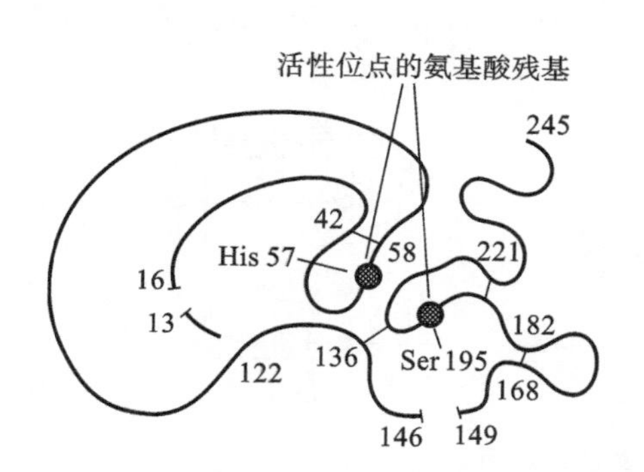


图8-2　胰凝乳蛋白酶分子活性中心

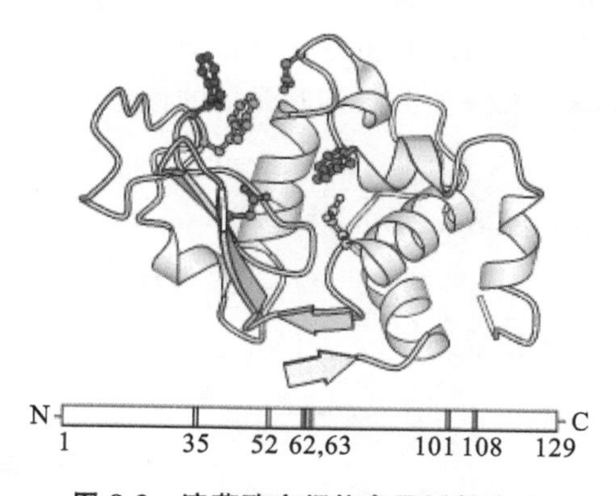


图8-3　溶菌酶空间构象及活性中心

酶活性部分的作用机理有多种学说，即锁钥学说、匹配学说、诱导契合学说等(图8-4)。其中诱导契合学说认为：酶的催化反应并不是底物与酶活性部位的互补匹配，而是在底物诱导下酶分子发生了一定的构象变化。认为酶分子的局部区域具有一定的可运动性或柔性。我国著名生物化学学家邹承鲁提出酶活性部分的柔性假说。酶活性部分的柔性是酶催化作用所必需的，在酶的三维空间结构中，其活性部分与其他部位相比有较大的柔性。因此，在低浓度蛋白质变性剂的作用下，酶刚性部分保持完整，柔性部分活性发生变化，从而导致酶失活。

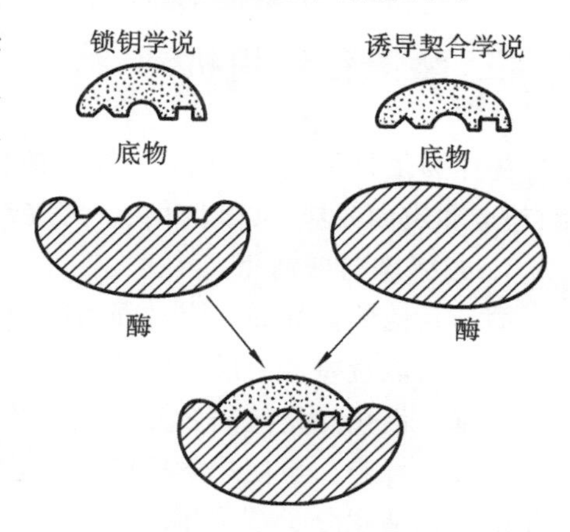


图8-4　酶与底物相互作用示意图

## 二、酶的激活

**1. 酶原**

不具有生物活性酶的前体物质称为酶原。酶原在一定条件下经适当的作用，可以转变成有活性的酶。生物体内绝大多数的酶以酶原的形式存在于细胞中，当条件发生变化时，酶原转化为酶，发挥生理作用。

**2. 酶原的激活**

酶原转变成酶的过程称为酶原的激活。例如人体胃黏膜分泌的胃蛋白酶原，一般情况下没有活性，进食后，刺激黏膜细胞分泌胃酸，胃蛋白酶原在酸的作用下转变为具有活性的胃蛋白酶。

**3. 酶激活剂**

使酶原激活的物质称为激活剂。不同生物酶有不同的激活剂，例如胃蛋白酶的激活剂是酸（$H^+$）；而胰蛋白酶原的激活剂则是碱（$OH^-$），pH＞7 时酶原被激活转变为酶，产生生理作用。

$$\text{胰蛋白酶原} \xrightarrow{\text{肠激酶}} \text{胰蛋白酶}$$

从图 8-5 中可看出，胰蛋白酶原的激活，实际上是酶的活性中心形成或暴露的过程。由于活性中心的形成，从而使胰蛋白酶原变成有活性的胰蛋白酶。酶原激活的外界条件有多种，既有物理作用，也有化学作用，甚至还有另一种或几种酶的作用，例如胰蛋白酶原的激活就是靠肠黏膜所分泌的肠激酶的催化而实现的。

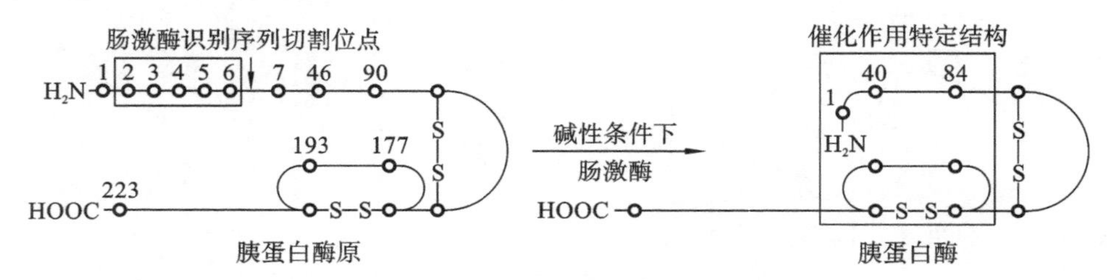


**图 8-5 胰蛋白酶原的激活示意图**

## 三、酶催化作用机制

酶作为生物催化剂，关于酶催化的作用机制目前有多种学说，主要有过渡态与低活化能、趋近和定向效应、共价催化、广义酸碱催化等学说。

**1. 过渡态与低活化能**

酶与其他催化剂的反应过程类似，要经历初态、过渡态、中间物、产物等过程。过渡态与基态之间的能量差称为反应的活化能（$\Delta G$），是进行该步反应所需的最低能量，它决定了反应的速率。活化能是使一般分子成为活化分子所需要的能量。可见活化能越低，则有更多的分子参与反应。要使化学反应迅速进行，必须增加反应的活化分子数，催化剂就是起降低活化能增加活化分子数的作用。

酶作为生物催化剂，可以大大降低反应的活化能，其降低幅度比无机催化剂要大许多倍，因而催化的反应的速率也更快。例如过氧化氢的分解，无催化剂时，每摩尔反应的活化能为 75.3 kJ；而有过氧化氢酶存在时，每摩尔反应的活化能仅为 8.36 kJ，反应速率大大提高。

关于酶降低反应活化能的机制，目前比较易接受的是中间产物学说。其基本论点是：首先酶(E)与底物(S)结合，生成不稳定的中间产物(ES)，然后中间产物再分成产物(P)，并释放出酶(E)。酶促反应过程活化能的变化见图 8-6。

$$E+S \longrightarrow ES \longrightarrow E+P$$

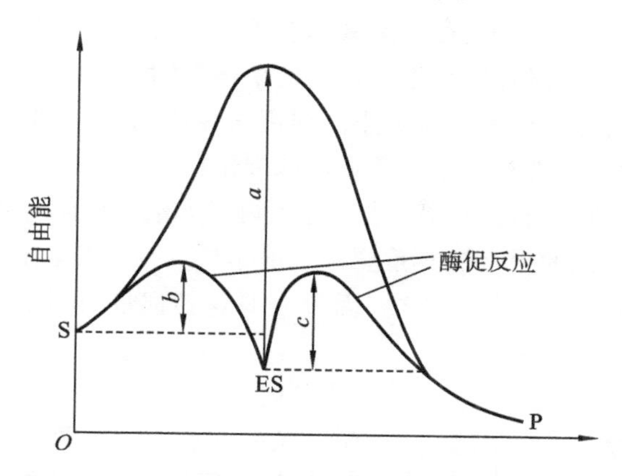


图 8-6　酶促反应过程活化能的变化

从图 8-6 中可以看到，进行非催化反应时，反应 S $\longrightarrow$ P 所需的活化能为 $a$。而进行酶促反应时，由 S+E $\longrightarrow$ ES，活化能为 $b$；再由 SE $\longrightarrow$ E+P，所需活化能为 $c$。$b$ 和 $c$ 均比 $a$ 小得多。所以酶促反应比非催化反应所需的活化能要小得多，因此也大大加快了反应的速率。

**2. 趋近和定向效应**

酶催化作用首先需要酶的活性部位与底物分子密切结合。当酶的活性部位与底物分子接触时，酶活性部位的可运动性促使其发生一定的构象变化以匹配底物分子，并在活性部位的有限区域内会有多个底物分子相互趋近，从而降低了进入过渡态的能量，增加了反应的速率，这就是趋近效应(或邻近效应)。趋近效应使酶活性部位区域的底物浓度剧增，大大增加了底物与酶相互碰撞的概率，从而加快反应。酶的活性部位与底物的有效结合还需要有正确的方向性。定向效应就是在底物分子进入过渡态后，反应基团的分子轨道相互交叉，确保基团之间维持正确合理的方向，以最低的能量消耗进行催化反应。因此定向效应可进一步降低反应所需的活化能，加快反应速率。

**3. 酸碱催化作用**

酸碱催化是指在酶的催化过程中，酶与底物分子通过质子传递以稳定过渡态，降低反应所需活化能的一种理论。酶的活性中心具有某些氨基酸残基的 R 基团，例如氨基、巯基、羧基、羟基等等，这些基团往往是良好的质子供体或受体，在水溶液中这些广义的酸性基团或碱性基团，进行频繁质子传递对许多化学反应是有力的催化剂。

**4. 共价催化作用**

共价催化是指酶与底物共价结合形成过渡态来加速反应，一般分为亲核催化和亲电催化。底物的亲电基团从酶的多电子基团(亲核基团)接受电子的过程，称为亲核催化。反之，酶从底物接受电子的过程称为亲电催化。组成蛋白酶的氨基酸残基侧链上有许多亲核基团,例如氨基、巯基、羧基、羟基、咪唑基等。在催化时,亲核基团或亲电基团分别提供或接受电子并作用于底物的亲电或亲核中心,形成酶与底物的共价中间态,从而降低活化能,加快反应速率。

## 四、影响酶促反应的因素

酶促反应对于烹饪、食品加工、食品储藏具有重要意义。许多重要的内源性酶在生物生长、发育、成熟和凋亡过程中起着重要作用。植物采摘、动物宰杀后,细胞内依然存在着酶的催化反应,直至酶的底物耗尽或酶失活为止。利用这一性质,食品生产加工中通过控制原料中内源性酶或外加酶的活力来有效改善食物风味和结构性质。

烹饪中除了要对原料的品质、性状、储藏性了解外,还常常为改善食物的结构使用酶制剂。因此,掌握影响酶活性的因素极其重要。酶的本质为蛋白质,所以酶促反应过程势必容易受到环境因素对它的制约和影响。这些因素主要包括温度、pH 值、酶浓度、底物浓度、压力、水分活度等。

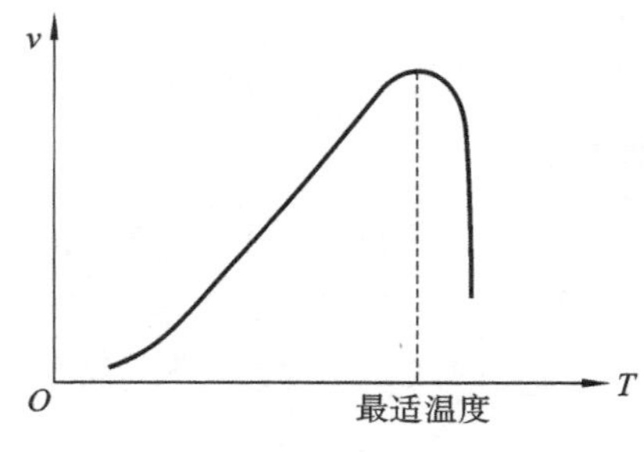


图 8-7 温度对酶促反应速率的影响

**1. 温度**

温度是酶促反应的重要影响因素之一。其影响主要表现为两方面:第一阶段,在低温度范围内随着温度的升高,反应速率增大,达到最大值。其原因是温度的升高,反应的活化分子数增加,酶促反应速率增大。当升到某一温度时,反应速率达到最大。第二阶段,当温度升高到一定值时,若继续升高温度,酶促反应速率则不再提高,反而降低(图 8-7)。这是由于温度超过某一值时,破坏了酶蛋白中的氢键或疏水作用,酶蛋白的热变性使酶变性失活,从而使酶促反应速率迅速下降。

每一种酶都有它最适宜的活性温度。我们把酶促反应速率达到最大值时的温度称为酶促反应的最适温度。通常植物体内的酶,最适温度一般在 45~50 ℃;动物体内的酶,最适温度一般在 37~40 ℃。

酶对温度的敏感性与酶蛋白分子的结构和大小有一定的关系,一般来说,相对分子质量较小的单条肽链构成并含有二硫键的酶对温度的敏感性较低。而结构复杂,相对分子质量较大的酶类对温度敏感性较高。食物中由于酶存在于生物体内组织中,酶的结构可以被其他物质如蛋白质、脂肪、淀粉、果胶等包围保护,使酶更为耐热。最适温度不是酶的特征常数,它与实验条件有关。反应时间的长短、酶浓度以及 pH 值等条件对最适温度都有影响。例如,作用时间长,最适温度较低;反之则较高。

低温使酶的活性降低,但不能破坏酶。当温度回升时,酶的催化活性又可随之恢复。例如在 8~12 min 内将活鱼速冻至 −50 ℃后可以保鲜储藏较长时间,食用时再进行解冻复活,这就从根本上保证了鱼的鲜活度,使人们能够随时吃到新鲜的鱼。这就是应用了低温不破坏酶活性的原理。

当温度较高,酶变性以后,一般不会再恢复活性。食品生产中的巴氏消毒、煮沸、高压蒸汽灭菌、烹饪加工中蔬菜的焯水、滑油等处理,就是利用高温使食品或原料内的酶或微生物酶受热变性，从而达到食物加工的目的。

**2. pH 值**

pH 值对酶促反应速率的影响是复杂的，它不但影响酶的稳定性，而且还影响酶的活性部位中重要基团的解离状态、酶-底物复合物的解离状态以及底物的解离状态，从而影响酶的反应速率。绝大多数酶的反应速率随着 pH 值的变化往往呈钟罩形曲线，如图 8-8 所示。曲线的最高峰是酶促反应速率最大时的 pH 值，我们称为最适 pH 值。在此 pH 值条件下，酶促反应速率最大。

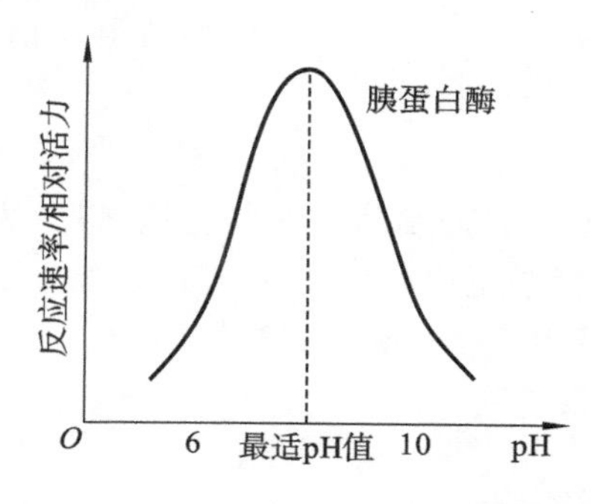


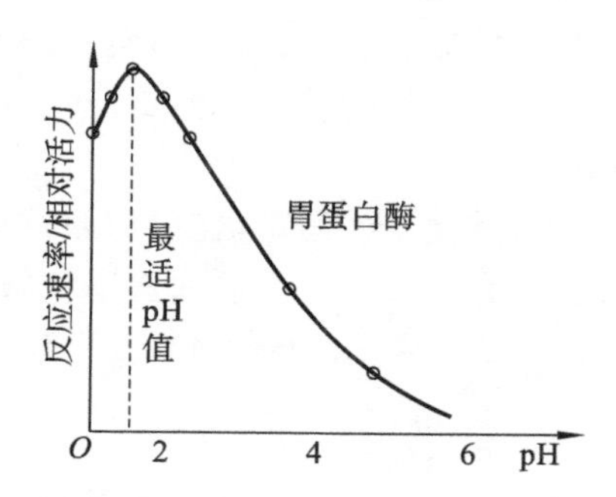


**图 8-8　pH 值对酶促反应速率的影响**

各种酶的最适 pH 值各不相同，一般酶的最适 pH 值在 4～8 之间。植物和微生物体内的酶，其最适 pH 值多在 4.5～6.5；动物体内大多数酶，其最适 pH 值接近中性，一般为 6.5～8.0 之间。个别酶的最适 pH 值可在较强的酸性或碱性区域，如胃蛋白酶的最适 pH 值在 1.5，精氨酸酶的最适 pH 值为 9.7。另外，同是蛋白酶，由于来源不同，它们的最适 pH 值差别也很大。所谓中性蛋白酶、碱性蛋白酶、酸性蛋白酶是指它们的最适 pH 值分别在中性、碱性、酸性的 pH 值区域。

与酶的最适温度一样，酶作用的最适 pH 值也不是一个特征常数，它也受其他因素的影响。影响最适 pH 值的因素有：酶的纯度，底物的种类和浓度，缓冲液的种类和浓度等。所以，酶的最适 pH 值只有在一定条件下才有意义，表 8-2 为食物中常见酶的最适 pH 值。

**表 8-2　食物中一些常见酶的最适 pH 值**

| 酶 | 最适 pH 值 |
|---|---|
| 胃蛋白酶 | 1.5 |
| 组织蛋白酶(肝) | 3.5～5 |
| 凝乳酶(牛胃) | 3.5 |
| β-淀粉酶(麦芽) | 5.2 |
| α-淀粉酶(细菌) | 5.2 |
| 果胶酶(植物) | 7.0 |
| 胰蛋白酶 | 7.7 |
| 过氧化物酶(动物) | 7.6 |
| 蛋白酶(栖土曲霉) | 8.5～9.0 |
| 精氨酸酶 | 9.7 |

**3. 水分活度**

水是生物细胞的重要组成部分，在酶促反应中既是溶剂，也是水解酶类的底物。水化作用起到活化酶和底物的效果，使底物与酶分子接近。酶蛋白的催化作用受水分活度的影响，水分活度低时，酶促反应受到抑制或停止；水分活度高时，酶的水合作用达到一定程度后，酶促反应速率加快。

在食品加工储藏中，通过降低食物的水分活度来提高食品的稳定性，主要是由于低水分活度下酶的催化作用得到了控制，同时也阻止了微生物的生长繁殖。例如，大米储藏中，控制大米中水分活度在0.3以下，淀粉酶、氧化酶等受到较大的抑制，可以在一定时间内保证其质量，但仍然会发生缓慢的催化反应。故长期储藏的大米，由于其淀粉酶的微弱催化作用，会导致其黏度降低。完整谷物中，由于酶与底物分别存在不同的组织中且相互不接触，降低水分活度，其保存的时间比大米要长。

**4. 酶浓度**

当底物过量，其他条件固定，在反应系统中不含有抑制酶活性的物质，以及无其他不利于酶发挥作用的因素时，酶促反应的速率和酶浓度成正比。如图8-9所示，如果反应继续进行，速率会下降，这主要是由于底物浓度下降以及生成物对酶的抑制作用。

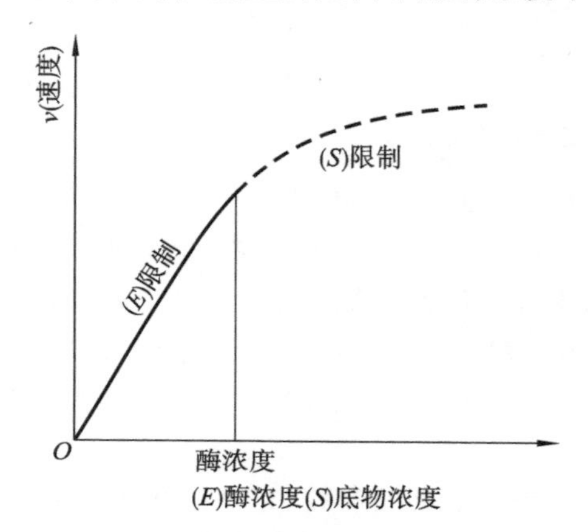


**图8-9　酶浓度对酶促反应速率的影响**

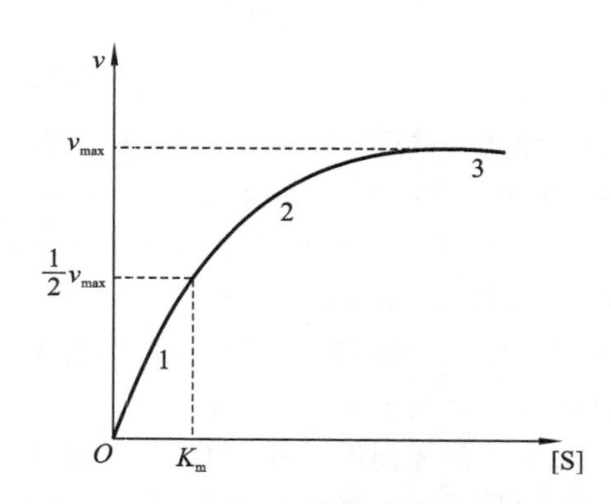


**图8-10　底物浓度对酶促反应速率的影响**

**5. 底物浓度**

所有的酶促反应，如果其他条件恒定，则反应速率取决于酶浓度和底物浓度。如果酶浓度保持不变，当底物浓度增加时，反应的初速率随之增加，并以双曲线形式达到最大速度。图8-10的曲线表明，在底物浓度较低时，反应速率随底物浓度的增加而急剧加快，两者成正比关系（图8-10中阶段1）。当底物浓度较高时，反应速率虽然也随底物的增加而增加，但增加程度不如底物浓度较低时那样明显，反应速率与底物浓度不再成正比关系（图8-10中阶段2）。当底物浓度达到一定程度时，反应速率将趋于恒定，即使再增加底物浓度，反应速率也不会增加（图8-10中阶段3），即达到最大速率（$v_{max}$）。这说明酶已达到饱和状态，所有的酶都有饱和现象，但酶达到饱和状态时所需要的底物浓度各不相同。

底物浓度与反应速率之间的这种关系，可用Michaelis和Menten提出的中间产物学说解释。按照中间产物学说，酶促反应速率取决于中间产物的浓度，而不是简单地与底物浓度成正比。当底物浓度很低时，底物的量不足以结合所有的酶，此时增加底物浓度，中间产物随之增加，反应速率亦随之加快；当底物浓度增加至一定程度时，全部的酶都与底物结合成中间产物，反应速率达到最大值，此时即使再增加底物浓度也不会增加中间产物的浓度，反应速率趋于恒定。

根据对酶促反应动力学的研究推导出表示整个反应中底物浓度和反应速率关系公式，即米氏方程(Michaelis-Menten equation)：

$$v=\frac{v_{\max}[S]}{K_m+[S]} \tag{8-1}$$

式中：$v_{\max}$为酶促反应的最大速率；$K_m$ 为米氏常数；[S]为底物浓度；$v$ 为反应速率。

米氏常数的意义：当底物的浓度$[S]=K_m$ 时，由式(8-1)可得 $v=v_{\max}/2$，因此，$K_m$ 是催化反应的速率达到最大速率一半时的底物浓度。如果一种酶的 $K_m$ 值小，则它在低底物浓度下可达到最大催化效率。

$K_m$ 是酶的特征常数，与酶的底物种类和酶作用时的 pH 值、温度有关，与酶的浓度无关。酶的种类不同，$K_m$ 值不同；同一种酶与不同的底物作用时，$K_m$ 值也不同。$K_m$ 值表示酶与底物之间的亲和程度，$K_m$ 值大表示亲和程度小，酶的活性低；反之，则表示亲和程度大，酶的活性高。

$K_m$ 值的测定常用的方法是 Lineweaver-Burk 的双倒数作图法。将米氏方程两边取倒数，转化为下列形式：

$$\frac{1}{v}=\frac{K_m}{v_{\max}[S]}+\frac{1}{v_{\max}} \tag{8-2}$$

然后以 $\frac{1}{v}$ 对 $\frac{1}{[S]}$ 作图，得到一条直线，外推至 $x$ 轴和 $y$ 轴的截距分别是 $1/K_m$ 和 $1/v_{\max}$ (图 8-11)。

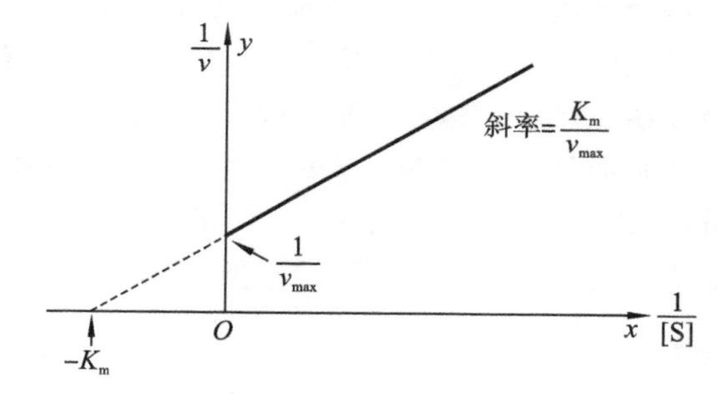


**图 8-11　双倒数作图法求截距**

通过双倒数法，可以对米氏方程进行求解，从而得出米氏常数 $K_m$。$K_m$ 在实际应用中具有重要的意义：①鉴定不同的酶；②判断酶的最适底物；③计算一定速率下的底物浓度；④了解酶的底物在体内具有的浓度水平；⑤判断反应方向及趋势；⑥判断抑制类型。

**6. 激活剂和抑制剂**

激活剂是指能提高酶活性的物质。激活剂对酶的作用具有一定的选择性。有时一种酶激活剂对某种酶起激活作用，而对另一种酶则可能不起作用。酶的激活剂多为无机离子或简单有机化合物。无机离子如 $K^+$、$Na^+$、$Mg^{2+}$、$Zn^{2+}$、$Fe^{2+}$、$Ca^{2+}$、$Cl^-$、$I^-$、$Br^-$、$NO_3^-$ 等。氯离子能使唾液淀粉酶的活力增强，它是唾液淀粉酶的激活剂。镁离子是多种激酶和合成酶的激活剂。

简单的有机化合物有抗坏血酸、半胱氨酸、谷胱甘肽等，对酶也有一定的激活作用。许多化合物能与某种酶进行可逆或不可逆的结合，使酶的催化作用受到抑制。

抑制剂是指能降低酶活性的物质。如重金属、药物、抗生素、毒物(一氧化碳、氢氰酸、硫化氢等)，抗代谢物等都是酶的抑制剂。一些动物、植物组织和微生物能产生多种水解酶的抑制剂,如大豆中含有胰蛋白酶抑制剂、胰凝乳蛋白酶抑制剂,如果加工处理不当,会影响其食用安全性和营养价值。

酶抑制剂按动力学分类有可逆抑制剂和不可逆抑制剂。可逆抑制剂与酶的结合是可逆的,可以通过透析或超滤的方法去除抑制剂,使酶恢复活性。可逆抑制剂又分为竞争性抑制剂、非竞争性抑制剂以及反竞争性抑制剂。竞争性抑制剂与底物竞争与酶活性中心结合;非竞争抑制剂既能与酶结合,也能与酶-底物复合物结合;反竞争抑制剂仅能与酶-底物复合物结合形成一个或多个中间复合物,阻止酶促反应。不可逆抑制剂一旦与酶结合就无法将其除去,酶的催化作用受到抑制且不能再恢复。

## 第三节　烹饪加工中重要的酶

烹饪领域所涉及的酶主要有三种:①新鲜生物原料中的酶类。它们的存在直接影响到烹饪原料的质量变化。任何动植物和微生物来源的新鲜食物,均含有一定的酶类,这些内源酶类对食品的风味、质构、色泽等感官质量具有重要的影响。其作用有的是被期望的,有的则是不被期望的。如动物屠宰后,水解酶类的作用使肉质嫩化,改善肉食原料的风味和质构;水果成熟时,内源酶类综合作用的结果使各种水果具有各自独特的色、香、味,但如果过度作用,水果会变得过熟和酥软,甚至失去食用价值。②烹饪加工过程中所涉及的酶类。在食品加工、储藏过程中,有酚酶、过氧化物酶、脂肪氧化酶、维生素 C 氧化酶等氧化酶类引起的酶促褐变对许多食品的感官质量具有极为重要的影响。另外,这些酶的存在还会直接或间接地导致一些营养成分(如维生素 A 原、维生素 C 等)的损失。③烹饪加工过程中为了改善食物的性状、风味、营养而人为加入的酶,有淀粉酶、蛋白酶等。

### 一、淀粉酶

淀粉酶广泛地存在于动物、植物和微生物体中,其主要功能是水解淀粉、糖原及其衍生物中的 α-1,4-糖苷键。根据其性质和作用分为:α-淀粉酶、β-淀粉酶、葡萄糖淀粉酶、环麦芽糊精转移酶等。

**1. α-淀粉酶**

α-淀粉酶(EC:3.2.1.1)作用直链淀粉、支链淀粉及其他多糖内的 α-1,4-糖苷键,将淀粉水解为更小分子的糊精、麦芽糖。α-淀粉酶相对分子质量在 50000 左右,每一分子酶中结合一个 $Ca^{2+}$,使酶具有较高的活性和稳定性。α-淀粉酶最适反应温度因来源不同各有差异,一般在 50～70 ℃,一些细菌的 α-淀粉酶最适温度通常较高。$Ca^{2+}$ 的加入可适度提升酶的反应温度并增加酶反应的可控性。α-淀粉酶最适 pH 值在 4.5～7.0 之间,不同来源的酶也存在差异。

α-淀粉酶以随机的方式水解淀粉分子内部的 α-1,4-糖苷键,使淀粉成为含有 5～8 个葡萄糖残基的低级糊精,从而成为黏度较小的淀粉悬浮液,之后再缓慢水解,最终产物是麦芽糖和葡萄糖。

$$\text{直链淀粉} \xrightarrow{\alpha\text{-淀粉酶水解}} \text{低级糊精(DP}=5\sim8) \longrightarrow \text{葡萄糖、麦芽糖}$$

支链淀粉与直链淀粉在结构上有一定的差异。直链淀粉主要由 α-1,4-糖苷键组成，而支链淀粉的构成除含有 α-1,4-糖苷键外，还通过 α-1,6-糖苷键连接主链和支链。因此，其水解产物也与直链淀粉有所不同。α-淀粉酶是一种内切酶，水解 α-1,4-糖苷键而产物的构型保持不变，不能水解 α-1,6-糖苷键，但能越过该键继续水解α-1,4-糖苷键。因此，α-淀粉酶水解支链淀粉的产物为麦芽糖、葡萄糖和具有 α-1,6-糖苷键的 α-极限糊精。

$$\text{支链淀粉} \xrightarrow{\alpha\text{-淀粉酶水解}} \text{麦芽糖、葡萄糖、}\alpha\text{-极限糊精}$$

**2. β-淀粉酶**

β-粉酶(EC:3.2.1.2)主要存在于高等植物大麦、小麦、大豆、白薯中。β-淀粉酶的分子质量高于 α-淀粉酶，其热稳定性与来源有关，最适 pH 值通常为 5.0～6.0。β-淀粉酶是一种外切酶，水解淀粉非还原末端的 α-1,4-糖苷键，依次将淀粉上的麦芽糖单位裂解下来，其糖单位构型由 α 型转变为 β 型。β-淀粉酶不能水解 α-1,6-糖苷键，也不能越过此键继续水解 α-1,4-糖苷键。因此，β-淀粉酶在水解直链淀粉分子时，产生麦芽糖和少量葡萄糖。

$$\text{直链淀粉} \xrightarrow{\beta\text{-淀粉酶水解}} \beta\text{-麦芽糖}+\text{少量 }\beta\text{-葡萄糖}$$

β-淀粉酶作用于支链淀粉时，只能使外部支链分解到 α-1,6-糖苷键处为止，而对 α-1,6-糖苷键结合内部核心部分的 α-1,4-糖苷键不能产生作用，最终产物是麦芽糖(约 54%)和较大的极限糊精。因而反应不能快速降低淀粉的黏度。

$$\text{支链淀粉} \xrightarrow{\beta\text{-淀粉酶水解}} \text{极限糊精}+\beta\text{-麦芽糖}$$

**3. 淀粉酶在食品加工中的应用**

1）淀粉转化

淀粉酶现广泛用于商业化的生产，例如玉米糖浆、糊精、高果糖浆以及其他甜味料如麦芽糖和葡萄糖浆等产品的生产。一般采用固相酶反应器进行转化，目前已发展到第三代产品，产品中果糖含量达到 90%，葡萄糖为 7%，高碳糖为 3%，固形物达到 80%。

2）烘焙食品

焙烤食品中加入淀粉酶，最开始有理论认为，在制造面包时，面粉中的 α-淀粉酶为酵母提供糖分以改善产气能力，从而改善面团结构，延缓陈化时间。淀粉酶添加到生面团中以降解破损淀粉和/或补充低质面粉的内源性淀粉酶活性。现在却认识到，直接添加到生面团的淀粉酶将降低生面团黏性、增加面包的体积、提高面包的柔软度(抗老化)以及改善外皮色泽。大部分这些效应都归因于焙烤期间淀粉糊化时的部分水解。黏度下降(变稀)可以加快面团调制和烘焙中的反应，帮助改善产品的质构和体积。抗老化效应被认为是直链淀粉特别是支链淀粉有限水解所产生的较大糊精，保持了面包中糊化淀粉网状结构的完整性(柔软、但不黏糊)，淀粉的有限水解在一定程度上迟滞了糊化淀粉的老化。

3）酿制与发酵

自 1833 年在发芽的谷物中发现了"糖化"现象，淀粉水解酶一直认为是酿造工业的必需酶。由于谷物内部的淀粉酶不足，其发酵后产物浓度、稳定性不高，因此，在发酵过程中加入 α-淀粉酶和 β-淀粉酶，并对发酵过程进行控制，以保证产品的质量。

谷物中 α-淀粉酶还影响粮食的食用质量，米放久后出现陈化现象，煮熟的饭黏度下降，没有新米好吃，其主要原因之一是在淀粉酶作用下使其发生水解，淀粉分子变小糊化度变差。

## 二、细胞壁降解酶

真核生物的细胞壁主要成分是纤维素和果胶，其次是半纤维素、木质。细胞壁的化学结构分为三层：①中胶层（胞间层），位于两个相邻细胞之间，为两相邻细胞所共有的一层膜，主要成分为果胶质；②初生壁，主要成分为纤维素、半纤维素，并有结构蛋白存在；③次生壁，位于质膜和初生壁之间，主要成分为纤维素，并常有木质存在。这三层结构中，果胶起着非常重要的作用，通过果胶酯将纤维素、半纤维素胶联在一起，对细胞壁可起到稳定的作用。如果果胶变为果胶酸，细胞壁结构被破坏，细胞得不到保护而破裂，组织发生溃烂。作用于细胞壁的酶有果胶甲酯酶（PE）、多聚半乳糖醛酸酶（PG）和木葡聚糖内糖基转移酶（XET）。

**1. 果胶甲酯酶（PE）**

未成熟的果实中，果胶以原果胶（甲酯化）的形式存在于细胞壁中，并与纤维素和半纤维素结合。原果胶不溶于水，将细胞紧密粘接，从而使组织较为坚硬；成熟时原果胶在酶的作用下逐渐水解而与纤维素分离，转变成醇或果胶酸渗入细胞液中，细胞间即失去粘接，组织变得松散，硬度下降。

果胶甲酯酶（EC：3.1.1.11）主要作用于细胞壁的胞间层果胶类物质（多聚半乳糖醛酸酯）。作用机制为：首先，果胶甲酯酶（PE）作用脱去半乳糖醛酸羟基上的甲醇基，然后多聚半乳糖醛酸酶（PG）作用于多聚半乳糖醛酸，将果胶水解。除果胶酶外，还有果胶酸裂解酶和果胶降解酶，它们都作用于多聚半乳糖醛酸，使其分解。

如果有二价金属离子 $Ca^{2+}$ 存在时，生成的果胶酸通过 $Ca^{2+}$ 在分子间形成化学键（盐桥），能够防止细胞壁被破坏，提高果皮的强度，这种技术已广泛应用于果蔬的硬化处理。

**2. 多聚半乳糖醛酸酶（PG）**

多聚半乳糖醛酸酶（EC：3.2.1.15）能水解果胶分子中脱水半乳糖醛酸单元间的 α-1，4-糖苷键。其作用结果是果胶的解聚，聚半乳糖醛酸的逐步溶解，细胞间屏障（细胞薄层）被破坏。如果该酶持续作用，果胶溶液的黏度将下降。

**3. 木葡聚糖内糖基转移酶（XET）**

木葡聚糖是构成细胞壁的半纤维素，紧密地结合在纤维素上，对细胞壁的膨胀性起限制作用。XET 作用机理为：切断木葡聚糖链，使细胞壁膨胀松软，促进细胞生长。

细胞壁中还有纤维素酶，纤维素是细胞壁的骨架，纤维素的结构单位是 β-D-葡萄糖。纤维素酶作用于 β-1，4-糖苷键使纤维素分解。

**4. 细胞壁降解酶的应用**

细胞壁降解酶对于细胞壁的稳定起决定性的作用，对果蔬类食物原料来说，保持其固有硬度、脆性、完整性和新鲜度与酶的活性有直接关系。因此，常常通过抑制或破坏果胶酶活性，减少果胶的水解，防止细胞的破裂。例如烹饪中用焯水方法，破坏细胞壁酶的活性，保持蔬菜天然的脆性和新鲜度。泡菜时利用酸降低 pH 值抑制酶的活性，同时酸也阻止果胶水解成果胶酸，保持其脆度。

在果汁生产中，利用外源性果胶酶和细胞壁降解酶对细胞壁进行降解，增加果汁产量或使提起液澄清。原始初果汁较浑浊，它是由含有蛋白质内核和处于外层的果胶（半乳糖醛酸残基部分解离带负电）构成的胶体颗粒，果胶降解酶溶解或破坏果胶层，使蛋白质可以与其他颗粒的果胶层产生静电作用，导致颗粒聚集、絮凝，从而使果汁澄清。

## 三、蛋白酶

### 1. 水解类蛋白酶

蛋白酶的种类较多，其中水解酶类在烹饪中应用较广。凡是能水解蛋白质或多肽的酶都可称为蛋白水解酶。其作用方式是水解蛋白质肽链中的肽键，使蛋白质成为多肽或氨基酸。根据蛋白质的水解方式可将蛋白酶分为内肽酶和外肽酶。内肽酶从肽链内部水解肽键，结果主要得到较小的多肽碎片。外肽酶从肽链的某一端开始水解肽键。故又可以分为两类：氨肽酶和羧肽酶。从肽链的氨基末端开始水解肽键称为氨肽酶；从肽链的羧基末端开始水解肽键称为羧肽酶。

目前烹饪中应用的蛋白酶来自植物性蛋白酶，通过水解部分蛋白质，使肉质变嫩。例如，从番木瓜胶乳中得到的木瓜蛋白酶，从菠萝汁和粉碎的基质中提取的菠萝蛋白酶，从无花果中得到无花果蛋白酶，这几种植物性蛋白酶都是内肽酶。

木瓜水解酶(EC：3.22.2)被认为在水解肽键时有广泛的选择性。研究清楚地显示木瓜蛋白酶是一种蛋白水解酶，相对分子质量为23406，由一种单肽链组成，含有212个氨基酸残基。至少有三个氨基酸残基存在于酶的活性中心部位，他们分别是Cys 25、His 159和Asp 158，另外六个半胱氨酸残基形成了三对二硫键，且都不在活性部位。其断裂肽链氨基酸残基点集中在以下位点：

Phe-Ala——Ala

Phe-Ala——Ala-Ala

Phe-Ala——Ala-Lys-Ala-$NH_2$

Ala-Phe-Ala——Lys-Ala-$NH_2$

Ala-Ala-Phe-Lys——Ala-$NH_2$

不同蛋白酶嫩化肉所需的酶量不同。烹饪中嫩化肉所需的酶量(酶单位/克肉)为：木瓜蛋白酶为2.5、菠萝蛋白酶为5.0、无花果蛋白酶为5.0。

### 2. 其他蛋白酶

1）动物蛋白酶

动物蛋白酶存在于动物体的组织细胞内，在肌肉中的含量比在其他组织中的含量低。这种酶在动物死亡后释放出来并被激活，产生催化作用，因而肉的食用质量与这种酶有密切的关系。动物消化道中的蛋白酶主要是胃蛋白酶、胰蛋白酶、胰糜蛋白酶等，它们都是内肽酶，都可将蛋白质水解为际、胨等相对分子质量较小的片段。

(1) 胃蛋白酶　胃分泌的胃蛋白酶原，在$H^+$或已激活的胃蛋白酶作用下，脱去一段相对分子质量较小的肽链而成为有活性的胃蛋白酶。它可以在胃酸这样的环境中(pH=1.5)起催化作用，而其他的酶在这样的条件下则会变性失活。

(2) 胰蛋白酶　胰腺分泌的胰蛋白酶原，在肠激酶或已有活性的胰蛋白酶作用下，脱去一个六肽片段而成为有活性的胰蛋白酶(图8-5)，其最适pH值为7～9。

(3) 胰糜蛋白酶　胰腺分泌的胰糜蛋白酶原，在胰蛋白酶或已有活性胰糜蛋白酶的作用下，脱去两个二肽片段，成为有活性的胰糜蛋白酶，其最适pH值也是7～9。

2）微生物蛋白酶

细菌、酵母菌、霉菌等微生物中都含有多种蛋白酶，是蛋白酶制剂的重要来源。我国目前生产的微生物蛋白酶及菌种主要用枯草杆菌1398和栖土曲霉3952生产中性蛋白酶，用地衣芽孢杆菌2709生产碱性蛋白酶等。生产用于食品和药物的微生物蛋白酶，其菌种目前主要限于枯草杆菌、黑曲霉、米曲霉三种。

**3. 蛋白酶的应用**

1）蛋白质的水解产物

通过蛋白酶对蛋白质的水解可以改善蛋白质/肽的功能特性，例如营养性质、风味/感官性质、质构和化学性质（溶液性、起泡性、乳化性、胶凝性）以及生物性（抗原性）。典型蛋白质水解产物的制备过程为：蛋白质水解前进行预处理使其部分变性，这样有利于蛋白酶的接近和水解进行；选择性肽链内切酶水解几个小时，然后采用加热处理使酶失去活性。一般而言，功能性的运动食品和临床营养食品，蛋白质水解度应控制在3%～6%，肽的平均相对分子质量为2000～5000。婴儿食品和抗过敏食品，蛋白质水解程度达到50%～70%，平均相对分子质量为1000。目前通过水解蛋白质得到功能性肽有较多的研究。

2）肉的嫩化

肌肉组织中蛋白酶较多，向没有足够嫩化的肉或含肉组织中加入木瓜蛋白酶或巯基肽链内切酶（无花果蛋白酶、菠萝蛋白酶），它们可水解肉组织中胶原蛋白和弹力蛋白，从而使肉得到很好的嫩化效果。蛋白酶可以做成粉末状制剂直接涂抹在肉组织表面，也可以做成稀盐溶液注射或浸泡肉组织。但是，外源性肽链内切酶用于肉的嫩化存在两个缺陷：一是它们很容易添加过量，使蛋白质过度水解，肌肉失去组织性；二是嫩化方式与肉的自然熟化（嫩化）不同，在风味上存在着差异。

3）增加蛋白质胶凝性

谷氨酰胺转氨酶（TGs）存在于动物、植物和微生物中，谷氨酰胺转氨酶在动物体内的典型功能是促使血纤维蛋白交联（血凝）和角质化。在加工食品重组肉制品过程中加入谷胺酰胺转氨酶，利用其交联功能，使蛋白质分子通过交联作用成为更大的分子网络结构。在蛋、乳、大豆蛋白、面团等食品基质中添加可以形成不可逆的、热稳定的凝胶。例如在肉类制品中，谷胺酰胺转氨酶还能增加并控制鱼糜制品的凝胶强度，可以作为黏结剂将碎肉交联成整块肉产品，提高火腿、香肠、肉糕制品的凝胶强度。在焙烤食品中，向面团中加入谷氨酰胺转氨酶可以促进网络结构形成，提高面团的稳定性、面筋强度和黏弹性，使产品的体积、结构、面包屑质量均有改善。

## 四、脂肪酶

**1. 脂肪水解酶**

粮油中含有脂肪酶（EC：3.1.1.3，三酰基甘油水解酶），脂肪酶可催化水解一定量的脂肪从而使游离脂肪酸含量升高，导致粮油的变质变味、品质下降。脂肪酶又称脂肪水解酶，它能将脂肪水解为脂肪酸和甘油。最适温度为30～40 ℃，最适pH值一般在8左右。脂肪酶在较低水分活度（$A_W$为0.1～0.3）下仍有较大的活性。在原料中，脂肪酶与它作用的底物在细胞中各有固定的位置，彼此不易发生反应。但制成成品粮食后，两者有了接触的机会，因此原料比成品粮食更易于储存。

**2. 脂肪氧合酶**

脂肪氧合酶（EC：1.13.11.12）广泛存在于植物、动物和真菌中，早期称为脂肪氧化酶和胡萝卜素氧化酶。脂肪氧合酶对食品的色泽、风味有较大的影响，它是大豆食品、玉米、蘑菇、黄瓜等食品产生不良气味的主要原因。豆类的制成品特别容易产生氧化性的腐臭，其原因是它们的脂肪氧合酶含量较高，导致脂肪氧化；果蔬储藏中色泽变化是由脂肪氧合酶破坏叶绿素和胡萝卜素造成；含油脂的食物出现“哈喇味”也是脂肪氧合酶作用使脂肪氧化酸败的结果。

脂肪氧合酶对水果、蔬菜成熟过程中风味的形成也有影响，例如黄瓜中风味化学物质是2-反式己烯醛和2-反式-6-顺式壬二烯醛，它们是亚麻酸的酶促氧化产物。黄瓜中风味化合物的酶促作用机制见图8-12所示。

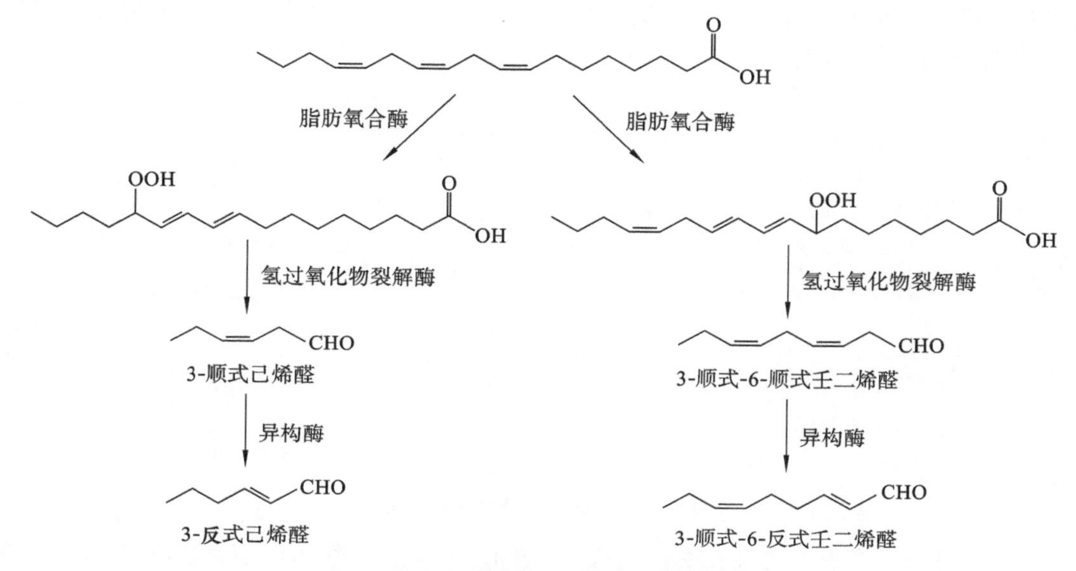


**图8-12 黄瓜中风味化合物的酶促作用机制**

脂肪氧合酶对食品品质有重要的功能作用，其中一些作用有利于食品加工和风味形成，一些则对食品品质不利。

有利方面：一是氧化或/和分解色素，产生漂白作用，例如在面粉中加入一些大豆粉使面粉漂白。二是面团形成过程中氧化面筋蛋白，促使二硫键形成，提高面团质量，同时面粉中脂肪氧化产物及分解产物有利于面包风味形成。

不利方面：脂肪氧合酶破坏叶绿素和胡萝卜素，使果蔬失去正常色泽；它还使脂肪氧化，产生羰基类化合物(酸、醛、酮)，导致不良气味，如大豆制品中的豆腥味；脂肪氧合酶使脂溶性维生素破坏，降低食品营养价值。

控制加工温度是使脂肪氧合酶失活的有效手段，例如大豆加工时，将原料在80～100 ℃的热水中研磨10 mim，可以消除豆浆不良气味，也可以将大豆浸泡4 h后热烫处理10 min，使脂肪氧合酶失活。其次是酸处理，大豆原料在pH 3.8左右进行研磨，可以使脂肪氧合酶失活。一些酚类抗氧化剂(生育酚、没食子酸丙酯等)对脂肪氧合酶也有抑制作用。

## 五、影响食品风味的酶

### 1. 多酚氧化酶

酚酶以Cu为辅基，以氧为受氢体，它作用的底物为一元或二元酚(邻酚)。因此，一种观点认为酚酶兼能作用于一元酚和二元酚两类底物；另一种认为它是由酚羟化酶（也称甲酚酶）和多元酚氧化酶（又称儿茶酚酶）构成的复合体。酚酶能引起食品酶促褐变。酚酶种类较多，有酚氧化酶、多酚氧化酶、儿茶酚酶、甲酚酶、酪氨酸酶等。

酚酶广泛存在于植物性食物中，许多蔬菜、水果的酶促褐变都因它而引起。茶叶、可可豆等饮料的色泽形成也与酚酶有关。水果、蔬菜中的多酚氧化酶最适宜的 pH 值一般为 4～7，最适温度为 30～50 ℃，其温度稳定性相对较高，在 55～80 ℃其半衰期达到数分钟，在加热过程中，酚酶可被激活，原因是 60～65 ℃的温度处理会使细胞发生渗漏（去隔离），使酶与底物发生混合与接触。某些粮食类食物在烹饪中的变色现象，如甘薯粉、荞麦面蒸煮变黑，糯米粉蒸煮变红等，也与酚酶有关。多酚氧化酶可作用于单酚、对位二酚，常见的底物有酪氨酸、咖啡酸等（图 8-13）。

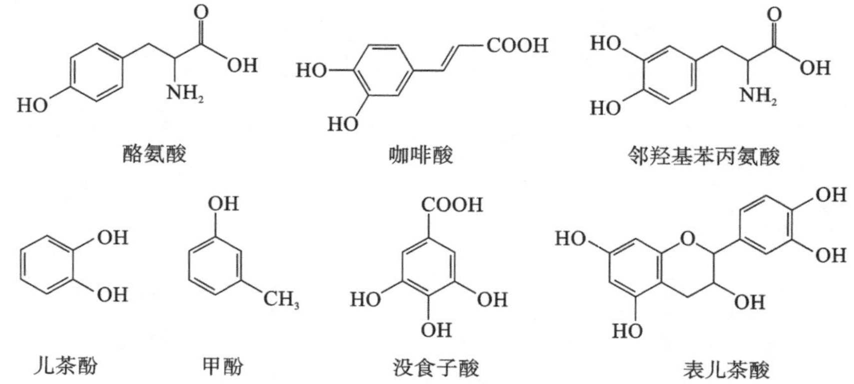

酪氨酸　咖啡酸　邻羟基苯丙氨酸

儿茶酚　甲酚　没食子酸　表儿茶酸

**图 8-13　多酚氧化酶作用的底物**

多酚氧化酶在有氧存在的条件下，与底物发生作用，生成醌类物质，醌类物质不断聚合，最后形成黑色素，在此过程中，色泽不断加深，由黄色变为棕色、褐色，最后变为黑色（图 8-14）。

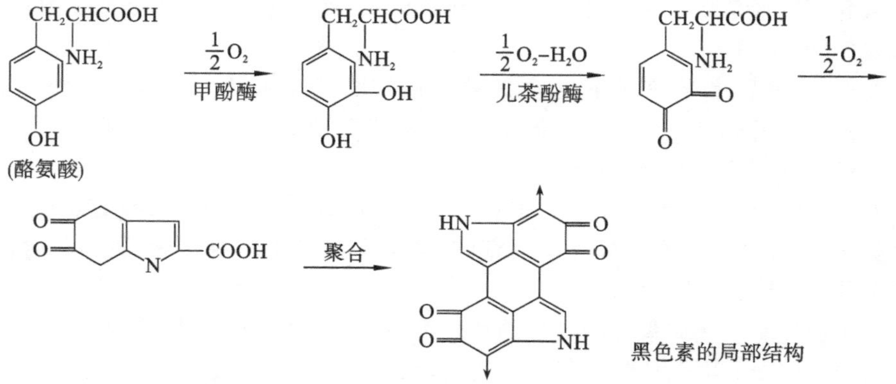

(酪氨酸)　$\frac{1}{2}O_2$ 甲酚酶　$\frac{1}{2}O_2-H_2O$ 儿茶酚酶　$\frac{1}{2}O_2$　聚合　黑色素的局部结构

**图 8-14　多酚氧化酶引起酶促反应**

食品发生酶促褐变，必须具备三个条件：有多酚类物质、多酚氧化酶和 $O_2$。有些瓜果，如柠檬、柑橘及西瓜等由于不含多酚氧化酶，故不会发生酶促褐变。

只要消除这三个条件中的任何一个，就可防止食品酶促褐变发生。比较有效的办法是抑制多酚酶的活性；其次是防止其与 $O_2$ 接触。抑制多酚酶的方法很多，其作用机理不同，但在用于食品时，还需要考虑是否会引起食品风味的改变，食品的卫生，应用条件的限制等因素。

**2. 叶绿素酶**

叶绿素酶(EC:3.1.1.14)存在于植物和一些藻类生物体中，它是一种酯酶，能够催化叶绿素水解为叶绿醇和叶绿酸。叶绿素酶在水、乙醇、丙酮溶液中均有活性，在果蔬中最适宜的活性温度为 60～82 ℃，超过 80 ℃时酶活性降低，达到 100 ℃时则完全失去活性。从加热到酶活性丧失过程时间的长短对叶绿素的保留有重要的意义，它决定了菜品的色泽。时间长，其酶的活性较高，加快了叶绿素的分解；时间短则叶绿素保留率较高。因此，烹饪蔬菜大多时宜采用大火、短时的爆炒方式，以减少叶绿素的损失。

植物性原料的储藏过程中，由于叶绿素酶的作用，植物的色泽由绿转变为黄色，通常采用降低温度和水分活度的方法，阻止或减缓颜色的变化。

**3. 辛辣风味形成酶**

蒜氨酸酶(EC:4.4.1.4)，又称为蒜氨酸裂解酶，存在于葱属植物中，例如洋葱、大蒜、青蒜、香葱、韭菜和一些蘑菇。蒜酶催化反应包括非蛋白质氨基酸衍生物的裂解，即 S-烷(烯)基-L-半胱氨酸亚砜(ASCO)的裂解(图 8-15)。反应中间产物为次磺酸(R—SOH)，自发凝聚形成硫代亚磺酸盐。在洋葱中，1-丙烯基次磺酸重排成丙烷基硫醛—S—氧化物，即所谓的催泪因子。该反应在植物组织破裂时发生，此时细胞溶质中的底物(ASCO)与液泡中的酶接触。

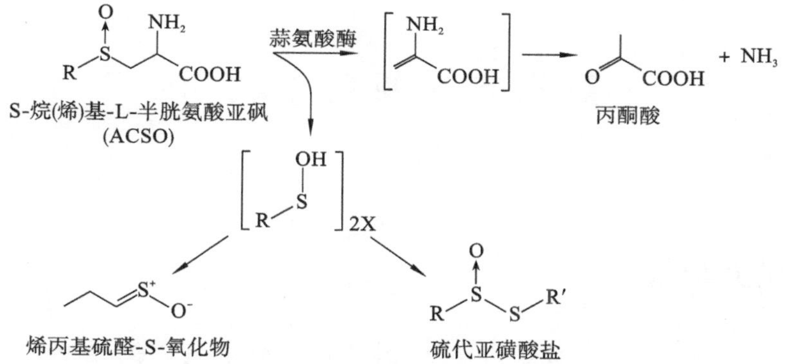

**图 8-15　蒜氨酸酶作用机理及风味的产生**

除了组织破损后产生期望的风味外，蒜氨酸酶反应还可以影响食品质量。切碎和储藏或酸化(腌渍)的葱属植物组织会褪色和产生粉色/红色(洋葱)或蓝色(大蒜)，1-丙烯基-S-R 硫代亚磺酸盐是导致褪色的主要原因。

不同来源的蒜氨酸酶其最适 pH 值不同。洋葱、青蒜、甘蓝和蘑菇中的蒜氨酸酶最适 pH 值为 7～8，大蒜中相关酶的最适 pH 值为 5.5～6.5。

## 思考题

1. 名词解释：酶、酶原、酶促反应、酶的活性单位、活化能、米氏常数、酶的激活、酶的抑制。
2. 简述酶促反应类型与酶的命名。
3. 简述酶的作用机制，趋近和定向效应学说的主要内容是什么？
4. 说明温度、pH 值、水分活度、底物对酶促反应速度的影响。
5. 简要说明果胶酶、纤维素酶、脂肪氧合酶对食品质量的影响。
6. 说明烹饪加工中对酶的应用有哪些，作用的目的和注意事项是什么？
7. 说明米氏方程在实验应用中的意义。

# 第九章　食品颜色

食物中除了营养物质和无机盐外，还包括色泽和风味物质，它们共同构成了食物的特定品质。对于一种食物，人们第一感官判断就是色泽。如果不具备某种色泽或色泽发生了变化，一般不被消费者接受。在我国的饮食文化中，非常强调食物的“色、香、味、形”性状，色泽排列在感官品质的第一位，可见食品颜色的重要性。食品的色泽除了反映食品的品质外，在食品评价体系中，色泽的评价通常是最直观的判断指标。例如，食品的败坏通常伴随着色泽的改变，成熟的水果具有相应的色泽，异常色泽的出现可以判断其品质的变坏。故对食品色泽和色素的研究，已成为食品科学研究的一个重要内容。

## 第一节　颜色与视觉

### 一、可见光与颜色

光是一种电磁波。根据其波长划分为几个不同的部分，有射线、紫外线、可见光、红外线、无线电波等。人体视觉能观察到的只是电磁波中极小的一部分，也就是可见光，频率为400万～800万 Hz，即波长为380～780 nm(图 9-1)。

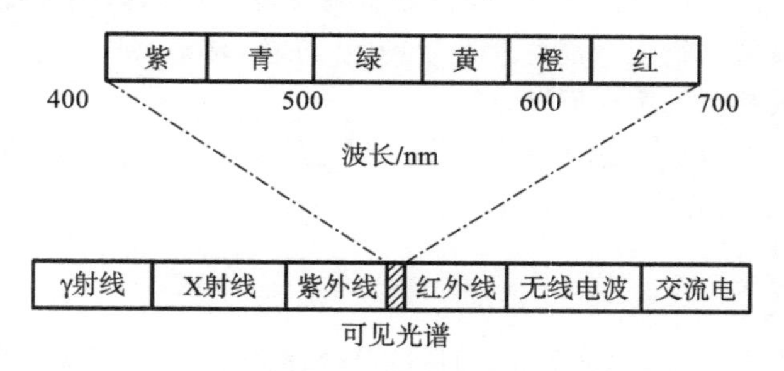


图 9-1　各种电磁波及可见光范围

不同的物质，能吸收不同波长的电磁波。如果物质吸收可见光区域内的某些波长的光线，它们就能反射出未被吸收的可见光线，从而表现出特定的颜色。反射出来的颜色是被吸收的颜色的补色，也就是能够看到的颜色。例如某种有机物选择吸收波长为 510 nm 的绿色光，那么人们看到它的颜色便是紫色，即紫色是绿色的互补色；如果某物质能吸收可见光区域内所有波长的电磁波，该物质就必定表现为黑色。不同波长光线的颜色及其互补色见表 9-1。

表 9-1　吸收光与其补色的关系

| 波长/nm | 吸收光的颜色 | 吸收光的补色 |
| --- | --- | --- |
| 400～455 | 紫 | 黄～绿 |
| 455～480 | 蓝 | 黄 |
| 480～490 | 绿～蓝 | 橙 |
| 490～500 | 蓝～绿 | 红 |
| 500～569 | 绿 | 紫～红 |
| 560～580 | 黄～绿 | 紫 |
| 580～595 | 黄 | 蓝 |
| 595～605 | 橙 | 绿～蓝 |
| 605～750 | 红 | 蓝～绿 |

物体呈现出一定颜色的关键在于它选择性吸收可见光的一部分，而没有吸收的光则按三色原理形成颜色。当白光通过棱镜后被分解成多种颜色逐渐过渡的色谱，依次为红、橙、黄、绿、青、蓝、紫。其中人眼对红、绿、蓝最为敏感，人的眼睛就像一个三色接收器，大多数的颜色可以通过红、绿、蓝三色按照不同的比例合成产生。同样绝大多数单色光也可以分解成红、绿、蓝三种色光。这是色度学的最基本原理，即三基色原理。三种基色是相互独立的，任何一种基色都不能由其他两种颜色合成。红、绿、蓝是三基色，这三种颜色合成的颜色范围最为广泛。红、绿、蓝三基色按照不同的比例相加合成混色称为相加混色（图 9-2）。

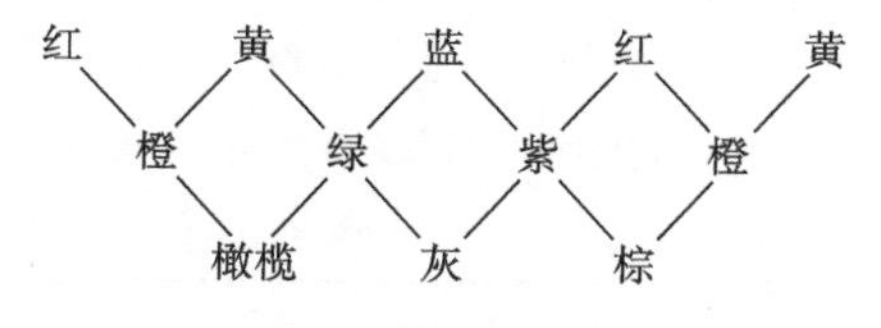


图 9-2　三色原理混色图

## 二、视觉与饮食

眼睛是人类观察颜色的器官，在视网膜上分布有大量的神经细胞，依据结构特征称为锥状（cone）细胞和杆状（rod）细胞。当光聚焦于视网膜上，通过锥状细胞和杆状细胞中感光色素（视网膜紫质）的光化学反应，分子结构发生变化而产生电信号，然后经神经传递到大脑产生相应的视觉。视网膜紫质对光的最大吸收波长为 505 nm。被称作蓝视锥细胞（B）、绿视锥细胞（G）、红视锥细胞（R）的最大吸收波长分别为 440 nm、540 nm、570 nm。正是由于视锥细胞对蓝、绿、红三色的敏感性，所以只要适当混合红色、蓝色和绿色（三原色）就能产生任何一种色泽。

食品的色泽就是由于它们能够反射或吸收一定波长的可见光，并为眼睛接收而产生相应的刺激。当物质对光全部反射时产生白色；当物质对光全部吸收时产生黑色；而一种液体被全部光透过，就是无色透明的。如果物质部分吸收某一波长的可见光，则物质的色泽由剩余波长的光混合确定。

颜色是食品感官的重要指标。人们对食品色泽的追求由来已久，孔子就说过：色恶不食。美国人 Birren 对食欲和颜色的关系做过调查，结果表明：最能引起食欲的颜色为红色到橙色，在黄色和橙色之间有一个低谷。然而，黄色之后的黄绿色却令人倒胃口，绿色又可以使人的食欲上升，紫色又使人难以接受。其结果如图 9-3 所示。

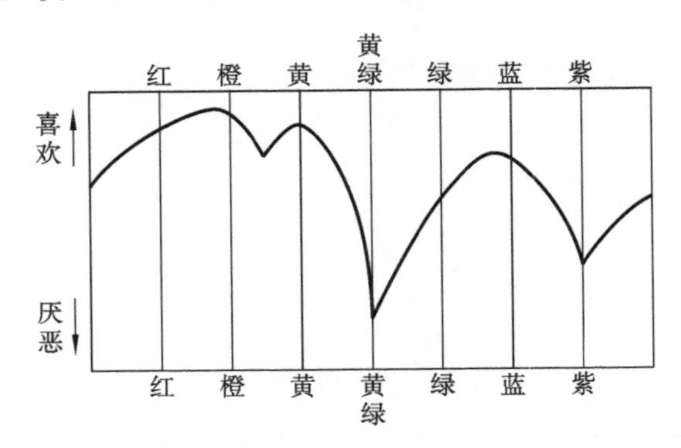


**图 9-3　食品的颜色与食欲的关系**

不同国家、地区与民族对食品的颜色有不同的取向标准。日本人在食物颜色与人的感官研究上较为全面，其结果如表 9-2 所示。

**表 9-2　食品颜色与饮食感觉印象**

| 颜色 | 感官印象 | 颜色 | 感官印象 | 颜色 | 感官印象 |
|---|---|---|---|---|---|
| 白色 | 有营养、清爽、卫生、柔和 | 深褐色 | 难吃、硬、暖 | 暗黄色 | 不新鲜、难吃 |
| 灰色 | 难吃、脏 | 橙色 | 甜、滋养、味浓、美味 | 淡黄绿色 | 清爽、清凉 |
| 粉红色 | 甜、柔和 | 暗橙色 | 不新鲜、硬、暖 | 黄绿色 | 清爽、新鲜 |
| 红色 | 甜、滋养、新鲜、味浓 | 奶油色 | 甜、滋养、爽口、美味 | 暗黄绿色 | 不洁 |
| 紫红色 | 浓烈、甜、暖 | 黄色 | 滋养、美味 | 绿色 | 新鲜 |

颜色对食品的滋味也有很大的衬托作用，无色或错色都可能导致感官对食品滋味评价的偏差。因此，无论是食品工业还是烹饪行业，都把对食品的保色、发色、褪色等作为保证食品质量的重要手段。然而，为了片面追求色泽，对一些菜点进行过度的着色、染色、漂白等现象应以摒弃。

# 第二节　食物色泽

食物中色素是生物次级代谢产物。色素物质广泛存在动、植物中，全球年产量在数十亿吨以上，作为食品原料的谷物、蔬菜、水果、藻类、动物都含有相应的色素。食品原料提供人体营养素的同时，多彩的颜色也增强了人们的食欲。随着对类胡萝卜素、多酚类色素生理功能的研究，结果显示它们有很好的抗氧化作用，在调节人体内脂肪代谢，预防心血管等慢性疾病、美容化妆品开发等方面有广阔的前景。

## 一、食物色泽产生的机制

食品中能产生色泽的物质大多为有机化合物，其化学结构中存在多个共轭的双键，即所谓的发色团(chromophore)结构。发色团可以是碳碳双键，也可以是碳氧双键、氮氮双键、碳氮双键等。一个物质是否能够产生色泽，与其分子结构中的发色团的结构、数目有关。当光通过发色团时，对一定波长的电磁波产生吸收，电子被激发而发生跃迁，电子从最高能量轨道(HOMO)跃迁到最低能量轨道(LOMO)，如果分子中存在共轭体系，并且共轭双键越多，所吸收的电磁波波长就越长。例如乙烯分子最大吸收波长为 171 nm，丁二烯则为 217 nm，1,3,5-反式已三烯 268 nm。

在简单的共轭体系中，电子发生跃迁为 $\sigma$-$\sigma^*$ 跃迁时，需要较高的能量，吸收一般在紫外光区的短波长区；但是如果存在 $\pi$-$\pi^*$ 跃迁，则需要的能量较低，吸收可能发生在近紫外区；当共轭双键数目足够多时，吸收发生在可见光区。当发色团上直接连接有氧、氮、硫等原子时(助色基团)，使得化合物的最大吸收波长向长波段方向移动，即向红移动，反之，向蓝移动。根据爱因斯坦-玻意耳定律：

$$E=h\upsilon=hc/\lambda \tag{9-1}$$

式中：$E$ 表示能量；$h$ 表示普朗克常量；$\upsilon$ 表示电磁波的频率。

对于肉眼所能够辨别的电磁波，短波长的紫光(380 nm)，由一个光量子而导致的能量变化为 $5.22\times10^{-19}$ J，或 314 kJ/mol；长波长的红光(780 nm)，由一个光量子而导致的能量变化是 $2.5\times10^{-19}$ J，或 150 kJ/mol。

物质所产生的色泽的深浅是由其对光波的吸收能力决定的，也就是物质的吸光系数。物质对光吸收能力强，其吸光系数大。在食品中加入少量的该物质(着色剂)就可以产生足够的光吸收，从而产生所需要的色泽效果。

## 二、食物色素的分类

由于食品的色泽种类较多且烦琐，通常根据天然食物色素的化学结构来分类，可将色素分为四类。

(1) 四吡咯化合物类，其分子结构中含有四个吡咯环，也称为卟啉结构，主要有叶绿素、血红素、胆汁色素等。

(2) 异戊二烯衍生物类，分子主要由碳、氢两种元素组成，有些分子中含有氧元素，其特征单元为异戊二烯，主要有胡萝卜素、类叶黄素等，呈现红、黄、橙颜色。

(3) 苯并吡喃衍生物类，这类色素分子结构特征有两点：一是含有苯并吡喃环，二是分子为多酚，因此也称为多酚类色素。其主要有花青苷类、类黄酮化合物、儿茶素类和单宁。这类色素呈色最为丰富，从无色到蓝色。

(4) 其他天然色素，这类色素的化学结构没有统一特征，无法归属于以上任何一类。例如红曲色素、姜黄、甜菜红等。

以上色素在自然界中以前三种存在量最多，广泛分布在动物、植物性食品中，赋予食品以各种不同的色泽，特别是植物性食物色泽，在保持食物新鲜和营养方面尤为重要，随着植物化学研究的不断深入，蔬菜、水果中的天然色素物质以及色素合成前体物质的功能作用越来越受到重视。

# 第三节　天然食物色素

## 一、四吡咯化合物

**1. 叶绿素**

1）叶绿素的结构

叶绿素是绿色植物、海藻和光合微生物中进行光合作用的主要色素。它是一种镁卟啉衍生物，其结构见图 9-4。由四个吡咯环经单碳键连接而成，其中四个 N 原子与 Mg 形成络合，镁离子以＋2 价氧化态存在。根据其化学组成叶绿素为镁卟啉二羧酸叶绿醇甲醇二脂。即叶绿素是由叶绿酸与叶绿醇、甲醇构成的含 20 个碳原子的高级二元酯。高等植物中叶绿素主要有两个类型，叶绿素 a 和叶绿素 b，两者之比为 a∶b＝3∶1。差别是环上 3 位碳原子上的取代基不同，叶绿素 a 含一个甲基，而叶绿素 b 则含一个甲醛基。藻类中叶绿素 b 含量相对较高。

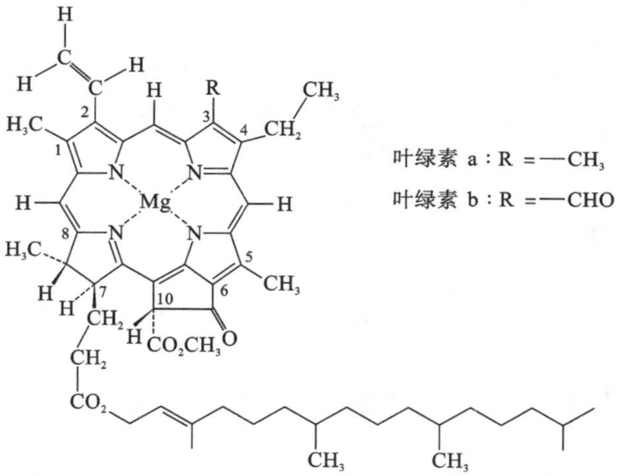

**图 9-4　叶绿素的分子结构**

2）叶绿素的性质

对于植物来说，叶绿素位于植物细胞内器官的薄层中，与蛋白质、类胡萝卜素、脂质相结合，进行光合作用，是有机物合成的场所。叶绿素与其他分子间的连接作用较弱（非共价键），容易发生断裂，因而可将植物组织置于有机溶剂中将其萃取出来。叶绿素不稳定，对光、热、酸等多个因素敏感，极易发生氧化分解反应。

（1）酶促反应　叶绿素酶是已知唯一能够促使叶绿素分解的酶。该酶在水、乙醇或丙酮类溶剂中有活性。作为一种脂酶它可以催化植醇从叶绿素及其无镁衍生物（脱镁叶绿素）中解离，分别形成脱植醇叶绿素和脱镁脱植醇叶绿素。蔬菜中叶绿素酶最适温度为 60～82.

2 ℃。当植物组织受热温度超过 80 ℃时，酶的活性降低；当温度超过 100 ℃时，叶绿素酶完全失活。

（2）热和酸的影响　在加热或热处理过程中，形成的叶绿素衍生物，根据四吡咯中心是否存在镁原子分为两类。含镁的衍生物显绿色，脱镁则显橄榄褐色。脱镁叶绿素如果有足量的铜或锌离子存在时，可与锌或铜形成绿色的络合物。

叶绿素受热时分子发生异构化，10 位碳上的甲氧甲酰基（$—CO_2CH_3$）被转化，形成叶绿素的异构体。甲氧甲酰基进一步降解脱除并被 H 取代，生成焦脱镁叶绿素和焦脱镁叶绿酸。加热时叶绿素中的镁原子极易被两个氢所取代，形成橄榄褐色的脱镁叶绿素，这个反应在水溶液中是不可逆的。

烹饪加热时，蔬菜组织中叶绿素降解受组织中 pH 值的影响。在碱性介质中（pH 9.0），叶绿素对热非常稳定，而在酸性介质中（pH 3.0），叶绿素不稳定。植物加热过程中所释放出的酸可使体系的 pH 值降低一个单位，这对叶绿素的降解速度产生较大的影响。所以烹饪中如果加热过度会使蔬菜变色，主要原因是由于加热时使叶绿蛋白水解生成叶绿素，叶绿素在有机酸作用下脱镁变色。如果加盖烹煮则更不利于有机酸的挥发，色泽变化更快更深。

蔬菜的腌渍过程中，由于 pH 值下降，叶绿素 $Mg^{2+}$ 被 $H^+$ 取代生成脱镁叶绿素，因此蔬菜的腌渍过程中很难保持蔬菜的绿色。

（3）碱的影响　叶绿素在碱作用下产生水解反应，生成叶绿酸、叶绿醇和甲醇，叶绿酸与碱进一步反应生成叶绿酸盐，仍具有稳定的绿色。

$$\text{叶绿素} + OH^- \longrightarrow \text{叶绿酸} + \text{甲醇} + \text{叶绿醇}$$

$$\text{叶绿酸} + \text{无机盐} \longrightarrow \text{叶绿酸盐}$$

（4）金属络合物形成　无镁叶绿素衍生物的四吡咯环中的两个氢原子易被锌和铜离子所取代，形成绿色络合物。锌和铜络合物在酸性溶液中的稳定性较碱性溶液高，在 pH 值为 2.0的溶液中仍保持稳定，只有当酸破坏了卟啉环时，才能除去络合物中的铜。研究表明铜的络合作用速率比锌高，当铜浓度低至 1～2 mg/kg 时，仍能从蔬菜中检测出铜络合物。温度、pH 值对络合物的形成有影响，当 pH 值从 4.0 上升至 8.5 时，在 121 ℃下保温 60 min，锌焦脱镁叶绿素 a 的含量可增加 11 倍；当 pH 值提高到 9.0 时，形成络合物数量下降，原因是锌发生了沉淀。

（5）叶绿素氧化、光降解作用　储藏中叶绿素可与空气中氧发生氧化反应，生成 10-羧基叶绿素和 10-甲氧基内酯，叶绿素 b 的主要氧化产物为 10-甲氧基内酯衍生物。植物在生长过程中，由于类胡萝卜素和脂质包围，叶绿素受到保护使其免遭光的破坏。叶绿素对光敏感且产生单线态氧，由于类胡萝卜素可淬灭这种活性态氧而保护植物免受光降解。一旦植物衰老，这种保护作用丧失，叶绿素很快见光分解，裂解生成无色化合物。

3）蔬菜护绿技术

为了保持蔬菜的绿色而采取的措施主要集中在以下几个方面：①叶绿素的保留；②叶绿素绿色衍生物即叶绿酸盐的形成和保留；③通过生成金属络合物形成一种可以接受的绿色。

（1）中和酸护绿　叶绿素与碱生成叶绿酸盐，食品加工中常用氧化钙、磷酸二氢钠作为护绿剂，使产品的 pH 值保持或提高到 7.0，钙离子对蔬菜的质地有硬化作用。但是由于碱的添加可能会导致植物组织的软化并产生碱味。碱对食物的营养素也会造成损失，如维生素类降解，脂肪在碱性条件下分解产生酸败等。

（2）高温处理护绿　食物高温汽蒸或焯水是杀菌和使酶失活的重要手段，但加热时间过久会导致叶绿素的变化，因而要尽可能减少加热时间。采用超高温瞬时杀菌(HTST)比常规温度下杀菌所需时间短，因而与常规加热处理食品相比，它们具有维生素、风味和颜色的保留率高的特点。

(3) 金属络合物的应用　在蔬菜的加工中，加入足量的 $Cu^{2+}$、$Zn^{2+}$，与叶绿素生成铜或锌络合物，得到很好的绿色，这一过程称为“绿再生”工艺。其结果主要是由于蔬菜经加热处理后叶绿素 a 迅速减少，而脱镁叶绿素 a 锌和焦脱镁叶绿素 a 锌络合物增加，进一步加热后焦脱镁叶绿素 a 锌含量继续增加，最终产品中绿色物质主要是焦脱镁叶绿素 a 锌络合物。由叶绿素转变为焦脱镁叶绿素 a 络合物的过程中，铜比锌更容易形成叶绿素络合物。

在蔬菜的储藏过程中，还可以通过以下方法来减少叶绿素的分解保护绿色。一是降低水分活度，使 $H^+$ 活动降低，从而达到护绿作用；二是采用低温保存技术，降低酶的活性和抑制植物体内衰老激素乙烯生成，延缓植物的衰老过程。

烹饪中常常采用以下方法护绿：①蔬菜烹煮时应敞开锅盖，有利于有机酸的挥发；②采取急火爆炒减少烹饪时间，减少脱镁叶绿素生成量；③焯水：烹饪中焯水处理 3～5 min，温度 80 ℃以上，为了提高焯水温度，可加点植物油，焯水同时还可以去除草酸；④控制 pH 值：烹制绿色蔬菜前用弱碱液处理，然后再高温烹制；⑤烹制后在绿色蔬菜表面淋上一层油，防止氧化、失水，使颜色更鲜亮。

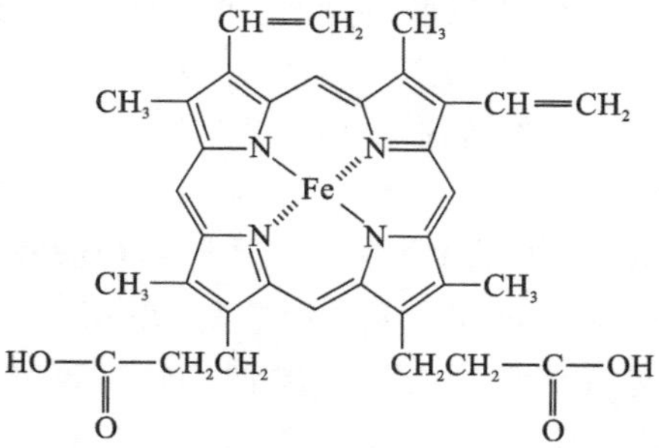

**2. 血红素**

1) 血红素的结构和存在方式

血红素是一个铁离子和卟啉构成的铁卟啉化合物，其结构见图 9-5。



**图 9-5　血红素的结构**

血红素是高等动物血液、肌肉中的红色色素。血红素中二价铁与蛋白质和氧结合形成血红蛋白，在呼吸过程中辅助血红蛋白运送 $O_2$ 和 $CO_2$。肌红蛋白和血红蛋白都是球蛋白，血红蛋白由四个血红素与四条肽链构成，相对分子质量为 $6.7\times10^4$；肌红蛋白由一个血红素与一条多肽链构成，相对分子质量为 $1.7\times10^4$。对于动物性的食品，肌红蛋白是肌肉的主要色素物质，同一种肌肉由于饲养的时间长短其色素的深浅不同。肌肉的颜色通常是作为判断和鉴定肌肉品质的指标。

2) 血红素的性质

在肌红蛋白中对颜色起作用的因素有：铁的氧化状态、球蛋白的物理状态和配位键的种类。在新鲜肉中存在着三种状态的血色素化合物，即还原型亚铁离子并且配位键只有五个的肌红蛋白(Mb)；还原型亚铁离子，配位键为六个且与氧分子形成氧合肌红蛋白($MbO_2$)；还原型铁被氧化为+3 价的高铁肌红蛋白(MetMb)。三者之间可以转化，见图 9-6。

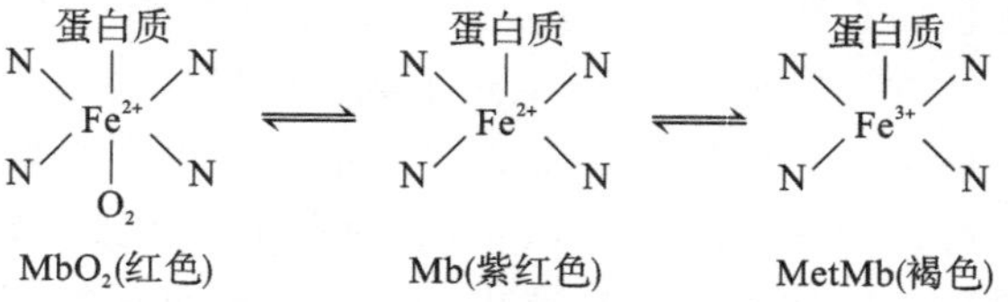

**图 9-6　$MbO_2$、Mb、MetMb 转化**

影响肌肉颜色变化的因素主要是氧气。新鲜的肉由于氧合血红蛋白的存在而呈红色，在储存过程中通过两个阶段变为褐色。一是动物屠宰放血后，肌肉组织氧停止供给，由于组织环境变化，此时肌肉的色素为肌红蛋白(Mb)，因而呈现紫红色；肌肉切割后放置在空气中时，表面肌红蛋白迅速与氧气结合形成氧合肌红蛋白($MbO_2$)，氧合肌红蛋白的稳定性比肌红蛋白高，组织呈现鲜红色，不过由于肌肉内部处于缺氧状态，因而内部肌肉呈现紫红色。二是在有氧(高氧分压)或氧化剂存在时，氧合肌红蛋白可被氧化为高铁肌红蛋白(MetMb)，形成棕褐色，此时它不能够结合氧分子，第六个配位键由水分子占据(图 9-7)。

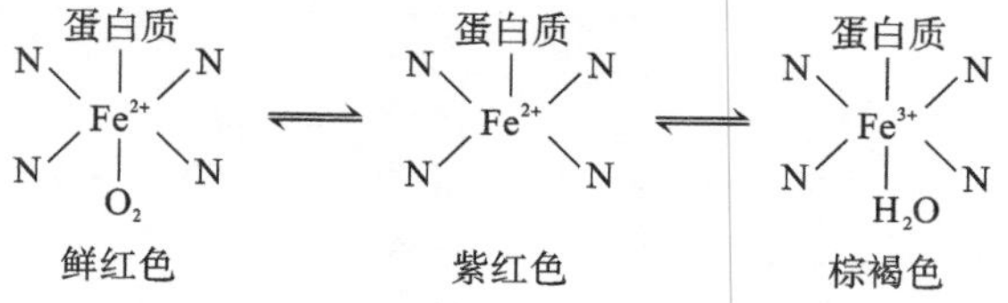

蛋白质—$Fe^{2+}$(N)₄—$O_2$ ⇌ 蛋白质—$Fe^{2+}$(N)₄ ⇌ 蛋白质—$Fe^{3+}$(N)₄—$H_2O$

鲜红色　紫红色　棕褐色

**图 9-7　肌肉组织的色泽变化**

肌肉的色泽还受到其他因素的影响，这在鲜肉的储藏、加工中非常重要。如果有还原性的巯基(—SH)存在时，肌红蛋白会形成绿色的硫肌红蛋白(SMb)。当有其他还原性物质(如抗坏血酸)存在时，可以生成胆肌红蛋白(ChMb)，并很快被氧化分解生成球蛋白和四吡咯环。此反应发生的范围为 pH 5～7。当有氧化剂存在时(如过氧化氢)，肌红蛋白被氧化为胆绿蛋白。烹饪加热时，肌红蛋白中的球蛋白发生变性，$Fe^{2+}$ 被氧化为 $Fe^{3+}$，肉的色泽变为褐色，此时生成的色素称为高铁血色原，但是如果加热过程中肉内部还存在还原性物质，铁能被还原为＋2 价铁，生成粉红色的还原性血色原。脂肪发生氧化生成的过氧化物对肉色也有影响，肌红蛋白被氧化为胆绿蛋白。

影响肉类色素稳定性的因素除了上述以外，还有光、温度、水分活度、pH 值、微生物的污染繁殖等。在较高的温度、低的 pH 值时，球蛋白变性导致卟啉失去保护，血色素很快被氧化为高铁肌红蛋白。微生物繁殖导致蛋白质、脂肪分解，生成硫化氢、过氧化氢等物质，产生的硫肌蛋白、胆绿蛋白，使肌肉腐败变色。

对肉进行腌制加工时，肌红蛋白同亚硝酸盐的分解产物 NO 发生反应，生成不稳定的亚硝酰基肌红蛋白(NO-Mb)，亚硝酰基肌红蛋白在加热后可以形成稳定的亚硝基血色原，它是腌制肉的主要色素。

硝酸盐或亚硝酸盐→NO-Mb→亚硝基血色素

还原剂在肉腌制过程中有着非常重要的作用。肉类腌制所添加的还原剂有抗坏血酸、异抗坏血酸，它们的加入不仅使高铁肌红蛋白还原为肌红蛋白，还有助于防止腌制过程中亚硝酸与胺类化合物作用生成具有致癌作用的亚硝胺类化合物，提高腌制肉的安全性。

## 二、异戊二烯衍生物

### 1. 类胡萝卜素的分布和结构

类胡萝卜素是自然界中分布最广的天然色素，估计全球每年生物合成量约为 1 亿吨，其中大部分是由海藻所合成。高等植物中类胡萝卜素常被高含量的叶绿素所掩盖，只是到了秋天，植物凋谢时，叶绿素开始分解，胡萝卜素的橙黄色才表现出来。类胡萝卜素存在于红色、橙色、黄色植物中，如番茄、南瓜、西瓜、桃、辣椒、柑橘、胡萝卜、玉米等，动物中也有存在，如虾黄素、蟹黄素等。类胡萝卜素的结构与在食物中的分布情况如表 9-3 所示。

**表 9-3　类胡萝卜素的结构与在食物中的分布情况**

| 颜色 | 名称 | 结构式 | 存在 |
|---|---|---|---|
| 橙黄色类 | β-胡萝卜素 | 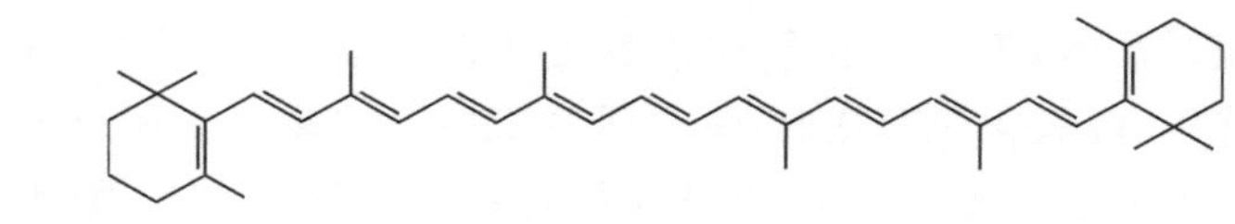 | 胡萝卜、柑橘、南瓜、蛋黄、绿色植物 |
| | 叶黄素 | 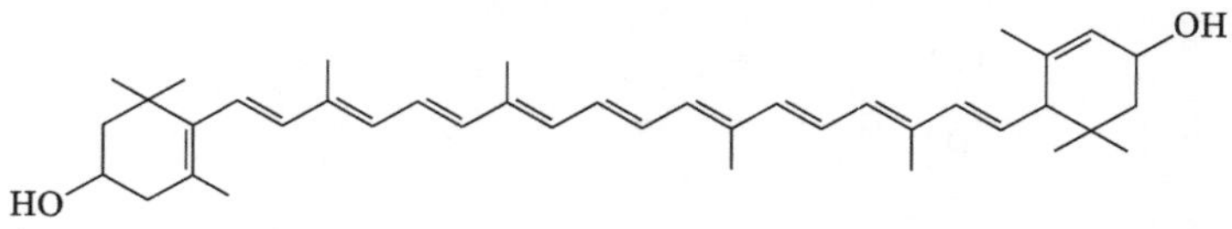 | 柑橘、南瓜、蛋黄、绿色植物 |
| | 玉米黄素 | 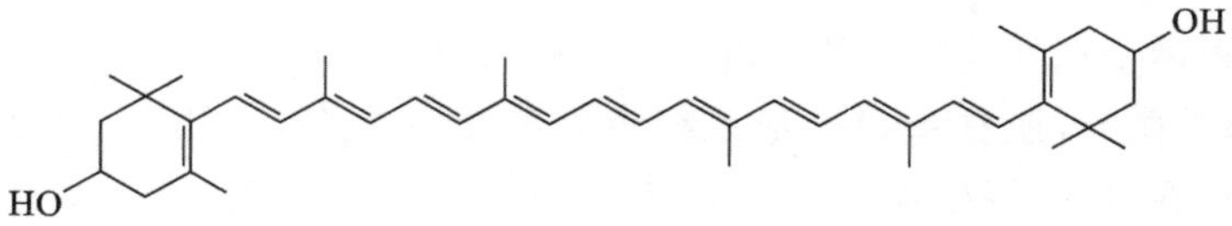 | 玉米、肝脏、蛋黄、柑橘 |
| 红色类 | 番茄红素 | 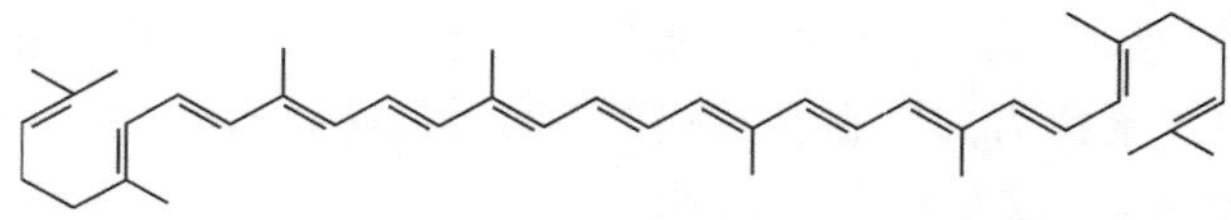 | 番茄、西瓜 |
| | 虾黄素 | 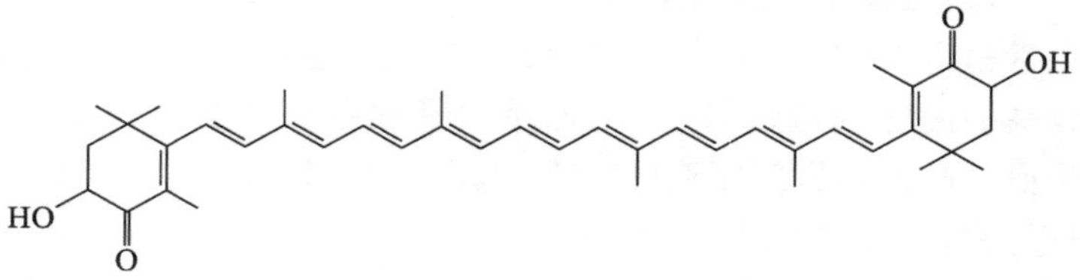 | 虾、蟹、鲑鱼 |
| | 辣椒素 | 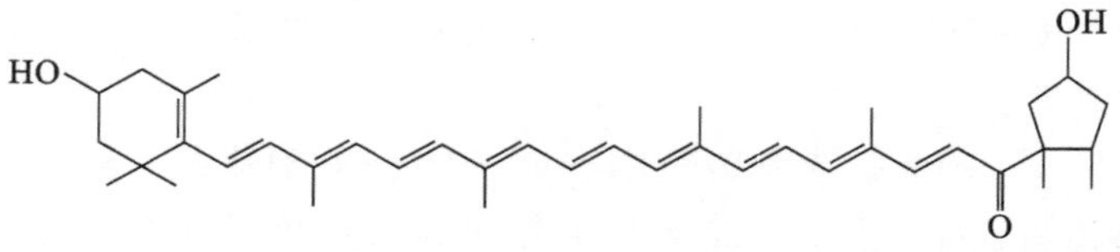 | 辣椒 |
| | 辣椒红玉素 | 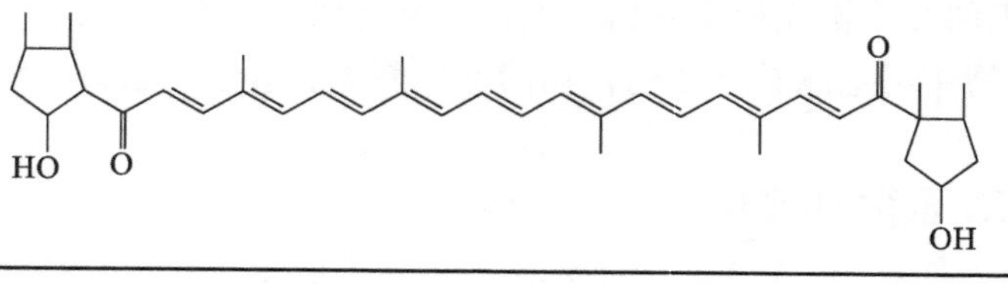 | |

近几十年来，人们已经知道类胡萝卜素对于植物组织的光合作用和光保护作用非常重要，在所有含叶绿素的植物组织中，类胡萝卜素在捕捉光能量的过程中起第二级色素的作用。类胡萝卜素还可以淬灭并使由于光和氧而形成的活性氧失活。

类胡萝卜素因其分子中含有多个碳碳双键，故又称为多烯类色素。其化学结构活性部分是异戊二烯。类胡萝卜素根据其结构中是否有氧原子分为两类：即烷烃类胡萝卜素和氧合叶黄素。前者是由C、H两种元素组成，主要有番茄红素、α-胡萝卜素、β-胡萝卜素、γ-胡萝卜素；后者为含氧衍生物组成，常见的取代基有羟基、环氧基、醛基和酮基。如叶黄素、虾黄素、玉米黄素、辣椒红素等等。

**2. 类胡萝卜素的性质**

各种类胡萝卜素均为亲脂性化合物，因而它们可溶于脂肪和有机溶剂中。类胡萝卜素有中度的热稳定性，但氧化后易变色。类胡萝卜素因热、光、酸的作用可发生异构化。

1）氧化

类胡萝卜素分子基本骨架为头-尾或尾-尾共价连接的异戊二烯单元，因而其包含较多共轭双键，极易被氧化。此反应是导致食品中类胡萝卜素褪色、降解的原因。由于类胡萝卜素高度的共轭和不饱和结构，其氧化降解的产物非常复杂，首先形成环氧化合物和羰基化合物，再继续氧化为短链单环或双环氧合物，使作为维生素A原的胡萝卜素失去活性。酶的活性，尤其是脂肪氧合酶，可加速类胡萝卜素的氧化降解。这一反应为间接机制，脂肪氧合酶首先催化不饱和或多不饱和脂肪酸氧化，生成过氧化物再与类胡萝卜素色素反应使其氧化降解。

2）异构化

通常类胡萝卜素的共轭双键多为全反式构型，只发现数量极少的顺式异构体存在于天然藻类中。天然的类胡萝卜素经热处理、暴露于有机溶剂、与某些表面活性剂长期接触、酸处理以及光照极易引起异构化反应。类胡萝卜素的异构化导致其吸收光谱的变化，例如全反式类胡萝卜素结构中引入一个或多个顺式双键，将会导致最大吸收峰向蓝光谱移动，同时色泽变浅。

3）抗氧化作用

由于类胡萝卜素容易被氧化，因而具有抗氧化剂的特性。类胡萝卜素除了可在细胞内或活体外对单线态氧引起的反应起保护作用外，在低氧分压时也可以抑制脂肪的过氧化反应。在高氧分压的情况下，β-胡萝卜素具有促氧化反应的特性。当有分子氧、光敏化剂（即叶绿素）和光存在时，可产生具有高度氧化活性的单线态氧，而类胡萝卜素具有淬灭单线态氧的功能，因而保护细胞免遭氧化破坏。

类胡萝卜素的抗氧化作用：已有学者提出其具有抗癌、抑制白内障、防止动脉硬化和抗衰老作用。摄入富含β-胡萝卜素、番茄红素和其他类胡萝卜素的水果蔬菜，有降低心血管疾病发生概率的可能性。

4）烹饪加工中的稳定性

大多数果蔬在储藏和加工中，类胡萝卜素的性质相对稳定。冷冻对其影响甚微。热烫（焯水）可以使脂肪氧合酶失活，对类胡萝卜素有保护作用。植物通过热烫处理，可以提高类胡萝卜素的提取效率。

## 三、苯并吡喃衍生物

多酚类色素的结构特点是含有苯并吡喃环。多酚类色素为植物水溶性色素的主要成分，大量存在于自然界，具有不同的色泽。其颜色变化非常大，从无色、黄色、橙色、红色、紫色到蓝色。常见类型有：花青素（anthocyan）、类黄酮（flavonoid）、儿茶素（catechin）、单宁（tannin）。它们均属于多酚类化合物，所以将其称为多酚类色素。

**1. 花青素**

花青素是酚类色素中的一大类，多与糖形成糖苷，故又称为花青苷。

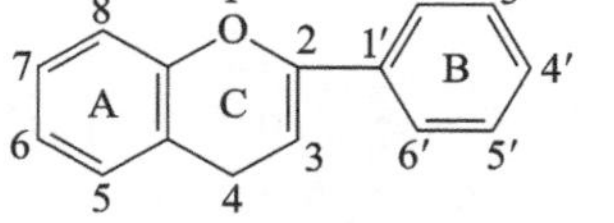

图 9-8　花青素的基本母核结构

1）花青素的结构与分布

所有花青素的基本结构母核是 2-苯基苯并吡喃，即花色苷元（图 9-8）。自然界中的花青素有 20 种，最重要的是 6 种，天竺葵色素、矢车菊色素、飞燕草色素、芍药色素、牵牛色素、锦葵色素。其区别在于，花青素 B 环上 3′,5′位上的基团不同，以及所连接糖苷的种类、位置和是否被羧酸酰化。B 环上 3′,5′位上的基团不同可以造成花青素的色泽不同，以结构最简单的天竺葵色素为例，当它的取代基羟基数增加时，最大吸收波长增加（色泽向蓝移动）；当羟基被甲氧基取代时，其最大吸收波长减少（色泽向红移动）。

食品中的花青素主要存在于花、叶、果类蔬菜和水果中，如茄子皮的蓝紫色、苹果的红色等色素。葡萄果汁色素是由 7 种以上的花青素组成的，主要为锦葵-葡萄糖苷色素，呈现紫红色。

2）花青素的色泽

花青素一般色泽呈红色，最大吸收波长在 520 nm 附近，但其稳定性很差，在各种因素的影响下，花青素色泽会发生改变。

（1）pH 值的影响　花青素在不同的 pH 值条件下，其化学结构发生变化，导致其色泽变化。在较低的 pH 值时（pH＝1），花青素以红色的离子存在；介质 pH 值升高时（pH 4～6），花青素以无色的假碱形式存在；在较高的 pH 值时（pH 8～10），花青素与碱作用形成相应的酚盐，呈现出蓝色（图 9-9）。例如，矢车菊色素在 pH 值等于 3 时为红色，在 pH 值等于 8.5 时为紫色，在 pH 值等于 11 时为蓝色。虽然这些变化均是可逆的，但经过较长时间，假碱结构开环生成浅色的查尔酮，花青素的变化将不可逆。所以要维持花青素的红色，必须使花青素保存在酸性条件下。饮料、色酒等保存在酸性条件下均是基于此原理。

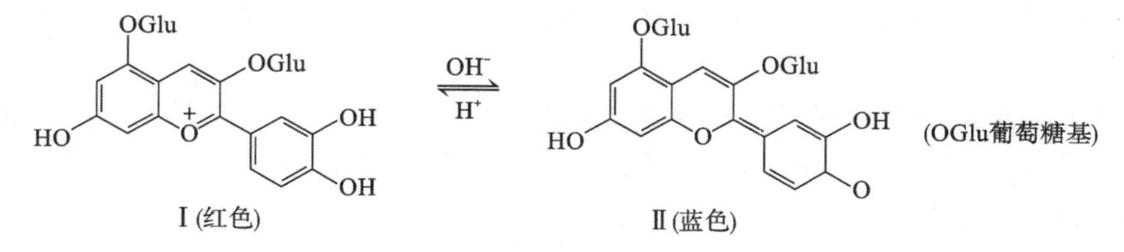


图 9-9　花青素在酸碱作用下呈色变化

（2）取代基不同　花青素的 B 环上存在不同的取代基，会导致花青素最大吸收波长的变化，从而显示色调的变化。从天竺葵色素到矢车菊色素再到飞燕草色素，B 环上的羟基数目依次增加，羟基具有供电子作用，色素显示的蓝色增加；从飞燕草色素到牵牛色素再到锦葵色素，甲氧基的数目依次增加，色素所显示的红色加深，这是由于甲氧基的供电子能力大于羟基，因此，导致相应的色素加深（图 9-10）。另外，花青素与糖结合生成糖苷时，其吸收光谱也会发生改变。

（3）金属离子影响　由于花青素具有多个酚羟基，其中有相邻羟基，可与一些多价的金属离子形成螯合物，色泽一般呈现蓝色，因而自然界中一些花青素以蓝色形式出现。能与花青素形成蓝色化合物的金属离子有 $Sn^{2+}$、$Fe^{2+}$、$Cu^{2+}$、$Al^{3+}$ 等，因此，当使用金属罐装食品

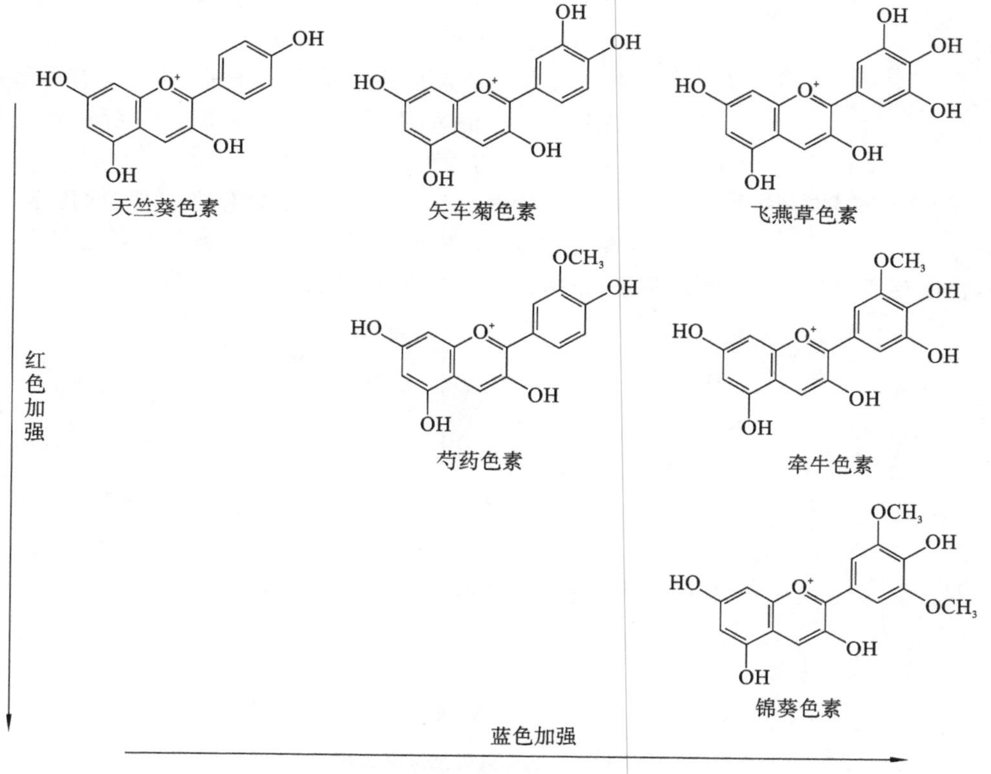

天竺葵色素　矢车菊色素　飞燕草色素

芍药色素　牵牛色素

锦葵色素

红色加强

蓝色加强

**图 9-10　不同取代基造成花青苷色素的变化**

时，要进行必要的内壁防腐技术，否则会因内壁的腐蚀，金属离子的释放造成食品色泽的变化。

（4）其他因素　在中性或碱性条件下，加热、光照都能促进其降解。水分活度、氧化剂、有机物和酶对花青素的颜色都有影响。常用的漂白剂亚硫酸盐类、二氧化硫，可以使花青素类褪色。其主要原理是花青素与亚硫酸盐发生加成反应，破坏了原有的共轭体系，所以产物以无色为主，但这些反应是可逆的，如果加热或酸化处理，可去掉已结合的亚硫酸根，花青素得以再生，重新恢复原来的红色。

3）花青素的稳定性

花青素是一个不稳定的色素，易受到酸、温度、氧、水分活度、金属离子的影响。主要原因是结构中 2 位上的碳原子受到邻位氧原子的影响，容易与各种活性基团作用发生反应，还容易在此处打开环状结构。花青素稳定性受温度影响较大，在高温下其降解速率增大。已知其热降解反应是一级反应。光对花青素的降解具有促进作用，这与花青素所含糖基数、脂肪酸数有关，其糖基数、脂肪酸数较多时，花青素稳定性较高。另外，水分活度，抗氧化剂、酶对花青素的稳定性也有较大的影响。

**2. 类黄酮**

1）类黄酮的结构与分布

类黄酮化合物又叫黄酮类色素，广泛分布于植物界，是一大类水溶性天然色素，呈浅黄色或橙黄色。类黄酮具有苯并吡喃结构，与花青素不同之处是母体结构为苯并吡喃酮。最为典型的类黄酮结构如图 9-11 所示。类黄酮一般同一些糖类如葡萄糖、鼠李糖、木糖、半乳

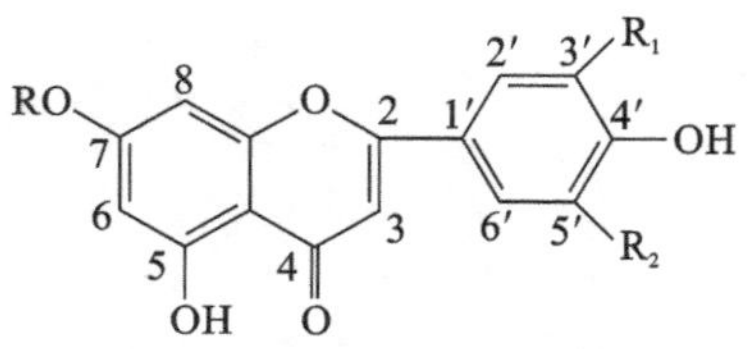

糖等结合生成糖苷，糖基的结合位置常在 7 位上，也有 5 位和 3′、4′、5′位。

图 9-11　类黄酮结构单元

类黄酮色素自然界中有上千种，其中具有典型的类黄酮结构的是黄酮、黄酮醇、异黄酮、黄烷酮、黄烷酮醇（图 9-12），前两种为黄色晶体，后两者为无色晶体。

食物中比较常见的类黄酮有橙皮素、柚皮素、芹菜素、桷皮素、杨梅黄酮、异黄酮等。类黄酮存在于水果、蔬菜中，含量较高的有茶叶、葡萄、苹果、柑橘、玉米、芦笋、柚子、柠檬、大豆等。

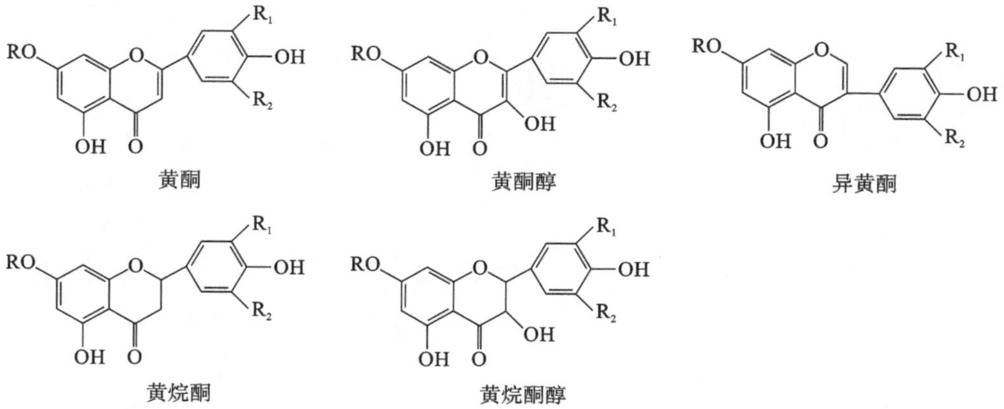

黄酮　黄酮醇　异黄酮

黄烷酮　黄烷酮醇

图 9-12　五种典型类黄酮结构

2）类黄酮的性质

在自然情况下，类黄酮的颜色自浅黄至无色，鲜见明显黄色，一些因素可使其结构发生改变，从而引起色泽的变化。从化学结构上看，类黄酮都含有酚羟基，是弱酸性化合物，可以与强碱作用。但在遇碱时却会变成明显的黄色，其机制是黄酮类物质在碱性条件下其苯并吡喃酮的 1，2 碳位间的 C—O 键断开成查耳酮型结构所致（图 9-13），各种查耳酮的颜色自浅黄至深黄不等，在酸性条件下，查耳酮又恢复为闭环结构，于是颜色消失。例如，做点心时，面粉中加碱过量，蒸出的面点外皮呈黄色，这就是黄酮类色素在碱性溶液中呈黄色的缘故。马铃薯、稻米、芦笋、荸荠等在碱性水中烹煮变黄，也是由于黄酮类物质在碱作用下生成查耳酮。

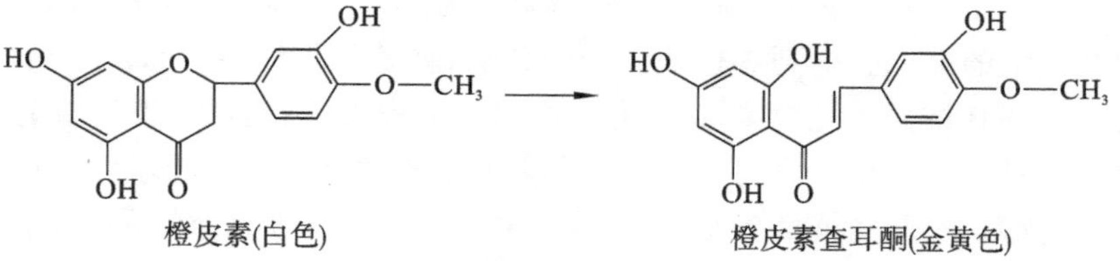

橙皮素(白色)　橙皮素查耳酮(金黄色)

图 9-13　类黄酮与碱的作用

大多数的类黄酮与金属离子（$Al^{3+}$、$Pb^{2+}$、$Cr^{3+}$ 等）结合并形成深色的化合物，例如类黄酮与 $Fe^{2+}$ 结合形成颜色很深的螯合物，这往往是食品在烹饪过程中色泽异常的原因之一。类黄酮能够被氧化剂氧化，生成有颜色的化合物（通常为褐变），这也是常见果蔬类食物变色的原因。

目前对类黄酮的研究较多，主要集中在其功能性质上，包括抗氧化作用、植物雌激素作用、清除自由基、降血脂、降胆固醇、免疫促进作用和防治心血管疾病等，类黄酮存在于红茶、绿茶、红葡萄酒等饮料中，显示出强的心脏保护功能。其机制一是类黄酮在体内、体外都具有很好的抗氧化性；二是类黄酮化合物可以抑制血小板凝聚。

**3. 儿茶素**

1）儿茶素的分布与结构

这是一类黄烷醇的总称，此类化合物大量存在于茶叶中，绿茶与红茶均含有，红茶中以茶黄素和茶红素为主，其含量为茶叶中多酚类总量的60%～80%。儿茶素的基本结构为α-苯基苯并吡喃(图 9-14)。

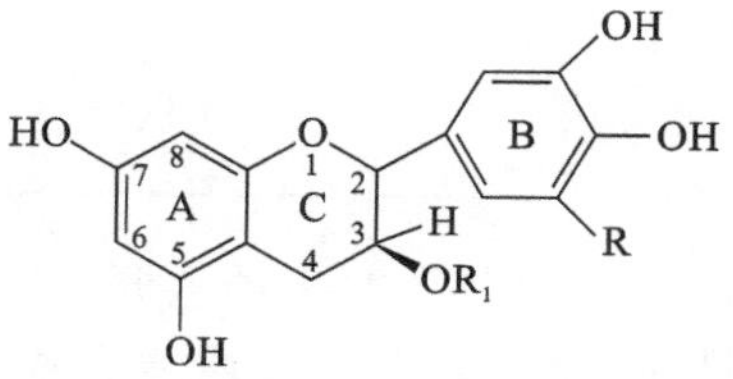

**图 9-14 儿茶素结构图**

当 R＝ $R_1$＝H 时，B 环为儿茶酚基，则该物质为儿茶素。

当 R＝OH、$R_1$＝H 时，B 环为焦没食子酸基，则该物质为棓儿茶素。

茶叶的儿茶素主要有四种：儿茶素、棓儿茶素、表儿茶素和表棓儿茶素，区别在于 3 位上羟基数目、位置不同，儿茶素都可与没食子酸发生酯化反应生成表儿茶素没食子酸酯、表棓儿茶素没食子酸酯(图 9-15)。

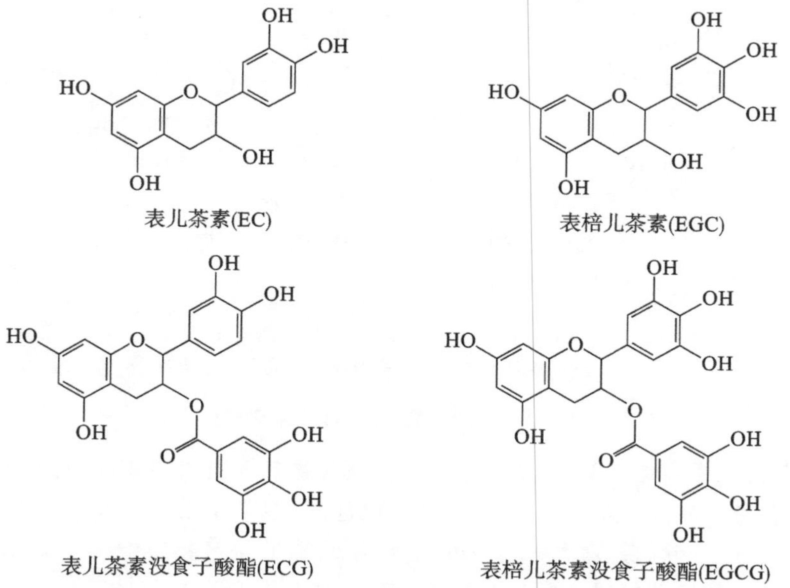

表儿茶素(EC)

表棓儿茶素(EGC)

表儿茶素没食子酸酯(ECG)

表棓儿茶素没食子酸酯(EGCG)

**图 9-15 儿茶素、没食子儿茶素及其没食子酸酯**

2）儿茶素的性质

儿茶素本身无色，有涩味，可与蛋白质反应生成沉淀，或与金属离子反应生成有色沉淀，具有较强还原性。例如，儿茶素与 $Fe^{3+}$ 生成绿黑色沉淀，遇醋酸铅生成灰黄色沉淀。

儿茶素中含有酚羟基，由于其具有还原性，儿茶素很容易被氧化为有色物质，这就是茶水放置在空气中容易变色的原因。某些果蔬中由于存在多酚氧化酶，儿茶素在多酚氧化酶的催化下氧化发生褐变，即酶促褐变。茶叶的生产过程中，对于褐变的控制直接影响到茶叶的品质。例如红茶中存在的茶黄素与茶红素的比例，决定了红茶的色泽；绿茶中的杀青效果影响绿色，它们均与多酚氧化酶催化有关(表 9-4)。

表 9-4　绿茶、红茶中多酚物质含量水平

| 成分 | 绿茶/(%) | 红茶/(%) | 成分 | 绿茶/(%) | 红茶/(%) |
|---|---|---|---|---|---|
| 黄烷醇　EGCG | 10～15 | 4～5 | 黄烷双醇 | 2～3 | |
| ECG | 3～10 | 3～4 | 黄酮醇 | 5～10 | 6～8 |
| EGC | 3～10 | 1～2 | 酚酸和缩酚酸 | 3～5 | 10～12 |
| EC | 1～5 | 1～2 | 茶黄素 | | 3～6 |
| | | | 茶红素 | | 10～30 |

茶叶作为世界上的重要饮料，主要是因为茶叶中含有氨基酸、矿物质、维生素和茶多酚等物质，茶多酚的还原性能明显抑制亚硝基化合物在体外及体内的合成，能减弱多种致癌物质对人体的致癌作用，还能减少或抑制某些肿瘤的发生和生长。绿茶中所含的表棓儿茶素没食子酸酯是主要抗癌物质，因而茶饮广受人们的喜欢。目前茶叶保健作用的研究集中在茶叶的抗氧化作用、降血脂作用、预防糖尿病和抑菌作用。

**4. 植物鞣质**

1）鞣质的结构与分布

植物中含有一种具有鞣革性能的物质，称为植物鞣质，简称鞣质或单宁。其化学结构属于高分子多元酚衍生物，鞣质主要由下列单体组成(图 9-16)。

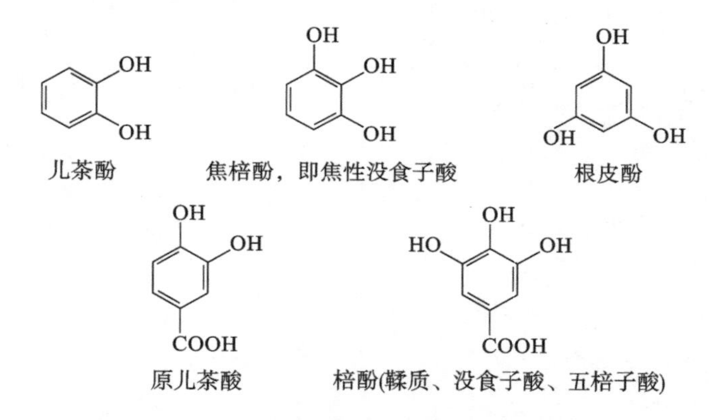


**图 9-16　植物中常见的鞣质组成单体**

鞣质化合物主要存在于柿子、茶叶、咖啡、石榴、魔芋等植物组织中，这些植物在尚未成熟时，其鞣质含量尤其高。虽然单宁的化学结构复杂，但其水解后通常生成三类物质：葡萄糖、没食子酸或其他多酚酸(鞣酸)，说明它们也是糖苷类化合物。植物中单宁分为两类，一是缩合单宁，二是葡萄糖的没食子酸多酯，即水解单宁(图 9-17)。

2）鞣质的性质

植物鞣质作为色素，颜色较浅，一般为淡黄、褐色，对食品的重要性主要表现为其易被氧化，发生褐变作用。酶、金属离子、碱性及加热都能促使它褐变。所以含鞣质多的果蔬，在加热、存放时要特别注意。另外，鞣质有涩味，是植物可食部分涩味的主要来源，如石榴、咖啡、茶叶、柿子等都存在。

植物鞣质是无定形粉末，易溶于水中。除儿茶素外，其他鞣质具收敛作用，能使蛋白质变性凝固。鞣质与明胶可生成沉淀或混浊液，用这种方法可检出 0.01%的鞣质。生物碱及某些有机碱可使鞣质沉淀；重金属离子可与鞣质生成不溶性盐；氯化钠或氯化铵等盐类可使鞣质发生盐析。

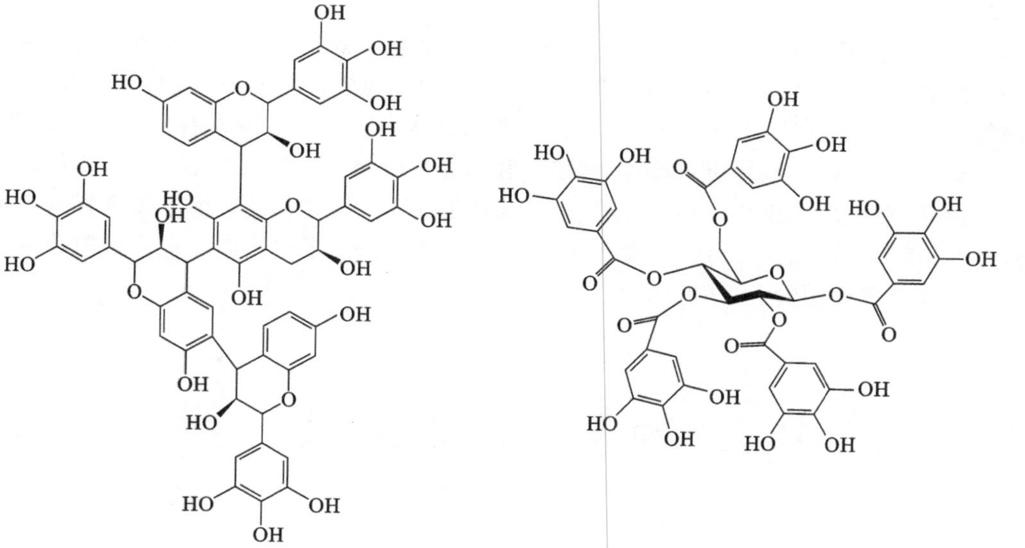

(a)　　(b)

图 9-17　植物中单宁结构图缩合类单宁和部分水解单宁

## 四、其他色素

### 1. 红曲色素

红曲色素是存在于红曲米中一类微生物色素的总称。这类色素为酮类的衍生物，红曲色素传统的制作工艺是将大米经过浸泡、蒸熟、接种（红曲霉菌、紫红曲霉菌、安卡红曲霉菌）并进行发酵，制得的产品称为红曲。红曲经粉碎后可直接用于食品着色，也可以通过乙醇提取其中的色素作为着色剂使用。

红曲色素有六种，分别属于黄色、紫色和橙色红曲色素，主要是 R 基团不同。其化学结构如下：

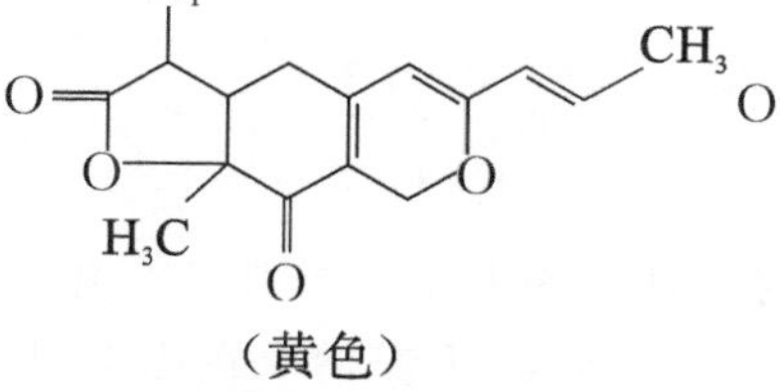

| （黄色） | （红色） | （紫色） |
| --- | --- | --- |
| $R_1 = —COC_3H_{11}$ | $R_2 = —COC_5H_{11}$ | $R_3 = —COC_5H_{11}$ |
| 红曲素 | 红斑红曲素 | 红斑红曲胺 |
| $R_1 = —COC_7H_{15}$ | $R_2 = —COC_7H_{15}$ | $R_3 = —COC_7H_{15}$ |
| 黄红曲素 | 红曲玉红素 | 红曲玉红胺 |

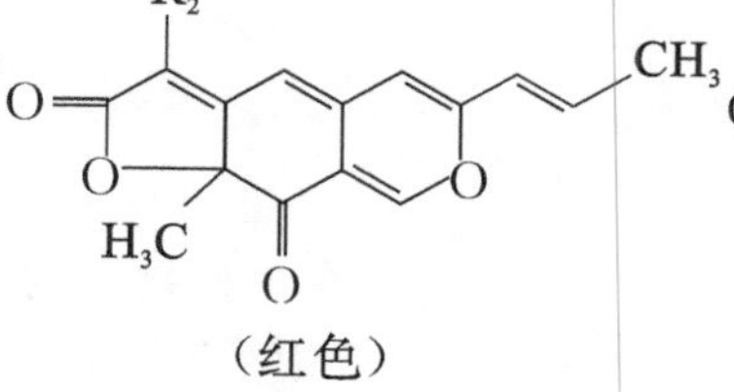

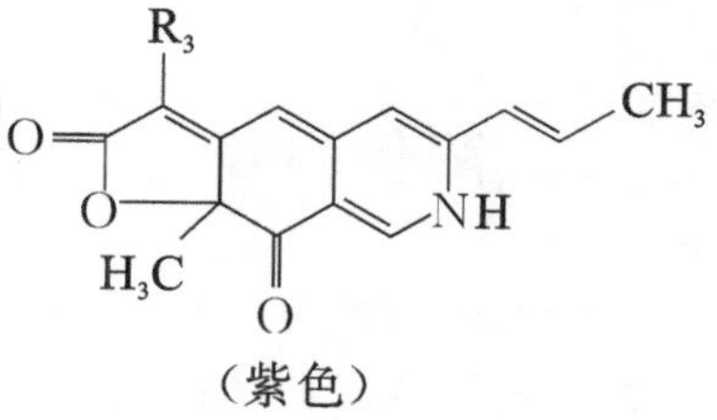

红曲色素易溶于水，具有很好的耐光、耐热和耐碱性，在 pH 值为 11 时色泽稳定，且颜色不随 pH 值变化而变化。红曲色素还不与金属离子、氧化剂和还原剂发生反应，具有很强的着色能力，尤其对蛋白质的着色。但次氯酸盐对红曲色素有强的漂白作用。红曲色素现广泛用于肉制品（粉蒸肉）、糕点、糖果的着色，我国允许按正常生产的需要量添加于食品中。

**2. 姜黄素**

姜黄素是从草本植物姜黄的根茎中提取的一种黄色色素。它是自然界中含量比较少的一种二酮类色素。姜黄素在姜黄中的含量为3%～6%，为橙黄色的粉末，不溶于水，但溶于乙醇等有机溶剂，也可溶于稀碱溶液，具有特殊的风味和芳香。姜黄素有较强的还原性，对食品的着色能力强，尤其是蛋白质，但耐热性和耐光性较差。姜黄素在不同的pH值时呈现不同的颜色，在中性或酸性条件下为黄色，在碱性条件下呈现红褐色。由于姜黄素具有相邻的羟基和甲氧基，因此其有与金属离子络合的能力，如与铁离子络合而变色。目前我国允许添加量以姜黄素计一般为10 mg/kg。

# 第四节　食品褐变

## 一、食品褐变概述

褐变是食品加工和烹饪过程中普遍存在的一种变色现象。有些褐变对食品有益，是加工和烹调过程中所希望的。例如，油炸食物、面色、糕点、炒咖啡豆等食品在烘烤过程中生成焦黄色和由此引起的香气等，它可以增强人们的食欲。但在多数情况下，褐变是有害的，因为它使食品原料丧失其固有的色泽，影响其外观，降低食品营养价值，特别对于水果、蔬菜和某些肉制品来说，褐变是判断其腐败的重要标志之一。

食品褐变可以分为酶促褐变和非酶促褐变两种类型。酶促褐变发生于植物性食品原料在离株以后、动物性原料在死亡离体以后的加工和储存过程中。由于酶作用，其代谢过程呈不可逆的变化趋势，结果普遍呈现变色现象。而非酶促褐变是没有酶参与的情况下，食品在加工储藏过程中发生颜色变化并不断变深的现象，主要是由于食品中化学反应引起，如美拉德反应、焦糖化反应等。

## 二、酶促褐变

酶促褐变是指发生在新鲜水果、蔬菜等植物性食物中的一种由酶所催化的变色现象。生鲜果蔬原料在采收后，组织中仍在进行生命代谢活动。在正常情况下，完整的果蔬组织中氧化还原反应是偶联进行的，但当发生机械性的损伤(如削皮、切分、压伤、虫咬等)或处于异常的环境变化下(如受冻、受热等)时，其原有代谢转变为异常代谢，甚至为不受控制的个别酶反应，发生氧化产物的积累，造成变色。

大多数情况下，酶促褐变是一种不希望出现的颜色变化，如香蕉、苹果、梨、茄子、马铃薯等都很容易在削皮切开后产生褐变。但诸如茶叶、可可豆、蜜饯等食品，适当的褐变则是形成良好的风味与色泽所必需的条件。

**1. 酶促褐变的机理**

酶促褐变的产生是植物细胞内酚类物质被多酚氧化酶催化氧化聚合的结果。正常植物中的酚类物质虽然也被氧化，但其氧化产物醌又可被其他还原物还原成酚物质，不会产生累积。在异常情况下，由于细胞中还原物减少，多酚氧化酶又以游离态形式出现，加上组织破损后，与氧气接触面大大增加，氧气直接可将酚氧化成醌，大量醌便自动聚合成相对分子质量很大的高分子物质，其吸光性强，即黑色素。其变化过程可简单表示如下：

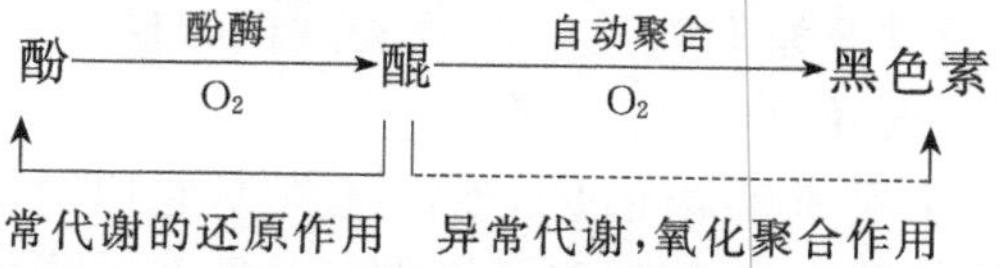

$$酚 \xrightarrow[O_2]{酚酶} 醌 \xrightarrow[O_2]{自动聚合} 黑色素$$

正常代谢的还原作用　异常代谢，氧化聚合作用

例如，马铃薯切开后，其自身的一种酚类化合物——酪氨酸，在其酚氧化酶催化下，被空气中氧气迅速氧化。其过程如图 9-18 所示。

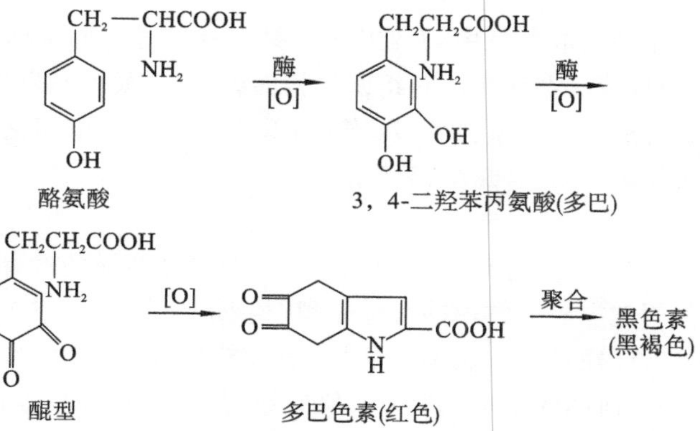

**图 9-18　马铃薯酶促褐变过程**

氨基酸及类似的含氮化合物与邻二酚作用可产生颜色很深的复合物。其机理是酚类物质先经酶促氧化生成相应的醌，然后醌和氨基酸发生非酶的缩合反应，从而导致褐变。如白洋葱、大蒜、大葱在加工中出现的粉红色就属于此变化。

另外一些结构较复杂的酚类衍生物如花青素、黄酮类、儿茶酚都能作为酚酶的底物。例如，红茶鲜叶中的儿茶酚经酶促氧化、缩合等作用，生成的茶黄素和茶红素，是构成红茶色泽的主要成分。

从酶促反应过程来看，果蔬类食物发生酶促褐变必须具有三个要素：①酚类底物：花青素、类黄酮、儿茶素、含有酚结构的氨基酸等酚类物质，都是酶促褐变的底物。②多酚氧化酶：植物体内多酚氧化酶是一个寡聚体，每一个亚基含有一个铜离子作为辅基，以氧为受氢体，多酚氧化酶可以催化两类反应，一类是羟基化作用，产生酚的邻羟基；另一类是氧化作用，使邻二酚氧化为醌。因此，多酚氧化酶是一个多酚体系。③氧气：氧气既可作为酚酶的受氢体，也是醌聚合的氧化剂。食品发生酶促褐变以上三个条件都需具备，否则不会发生酶促褐变。例如有些瓜果，柠檬、橘子及西瓜等由于不含多酚氧化酶，故不会发生酶促褐变。

**2. 酶促褐变的预防**

食品发生酶促褐变除了需要多酚类物质(底物)、酚氧化酶、空气中的氧气外，还同时存在植物组织结构破坏等异常代谢状态。土豆较容易发生酶促褐变，但土豆如果能保持其组织的完整，也不会褐变。具体抑制酶促褐变的方法如下。

1）热处理

在适当的温度和时间条件下通过热处理(烫漂、汽蒸、焯水等)新鲜果蔬，使酚酶及其他酶失活，是使用最广泛的抑制酶促褐变的方法。来源不同的多酚氧化酶对热的敏感度是不同的，然而在 70～95 ℃时加热约 7 s 可使大部分多酚氧化酶失去活性。

加热处理的关键是要在最短时间内达到钝化酶的要求，否则易因加热过度而影响食品的质量；相反，如果热处理不彻底，热烫虽破坏了细胞结构，但未钝化酶，反而会强化酶和底物的接触而促进褐变。如白洋葱如果热烫不足，变粉红色的程度比未热烫的还要厉害；炒藕片时，温度不够，随时间延长会导致明显的变色。

但加热处理也有缺点，水果和蔬菜经过加热后，会影响它们原来的风味。所以必须严格控制加热时间，以达到既能使酶失去活性，又不影响产品原有风味的效果。微波能的应用为热力钝化酶活性提供了新的有力手段，可使组织内外迅速一致受热，对食品质构和风味的保持极为有利。

应该注意的是食品加工或烹饪中初加工的原料不能通过冷冻来防止褐变。因为，酶在低温下仍然有活力，而且冷冻会导致原料组织结构的破坏，反而容易发生褐变。

水分活度也是影响酶活性的重要因素，当 $A_w$ 低于 0.85 时，酚酶活性降低，但降低水分主要应用于果蔬干燥储藏，不适合新鲜果蔬。

2）酸处理

酚酶的最适 pH 值在 6～7 之间，pH 值低于 3.0 时已基本无活性，所以利用酸处理防止酶促褐变也是广泛使用的方法。常用的有柠檬酸、苹果酸、磷酸以及抗坏血酸等。柠檬酸除降低 pH 值外，还有螯合酚酶的 Cu 辅基的作用，一般柠檬酸与维生素 C 混用，0.5%柠檬酸+0.3%维生素 C。抗坏血酸除了有调节 pH 值的作用外，还具有还原作用。当抗坏血酸存在时，醌能被抗坏血酸还原，重新转化为相应的酚，从而防止褐变的发生。其反应原理如图 9-19 所示。抗坏血酸、异抗坏血酸、脱氢抗坏血酸以及抗坏血酸与磷酸复合剂防止酶促褐变作用效果见图 9-20。

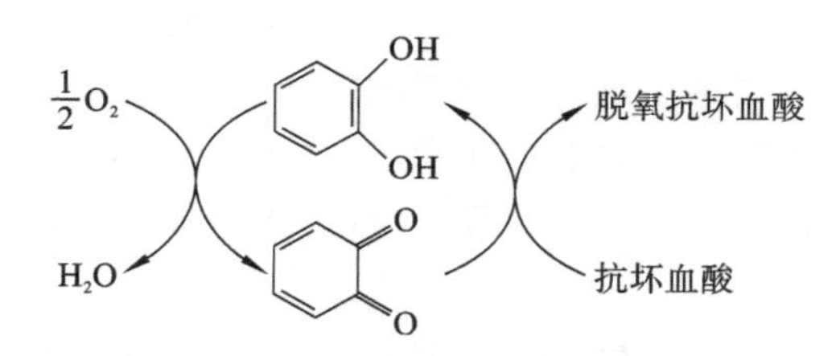


**图 9-19　酸处理防止酶促褐变**

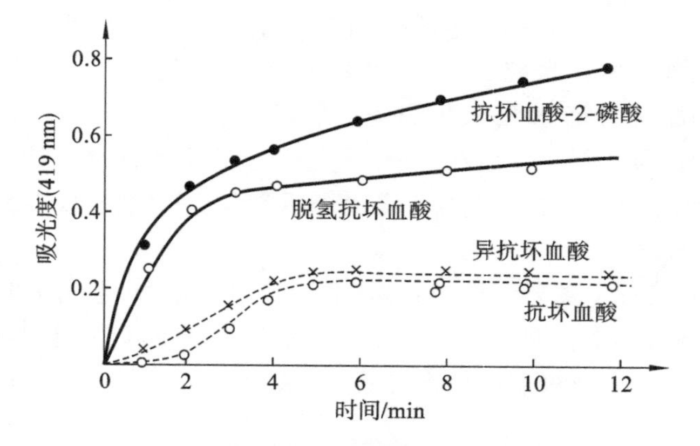


**图 9-20　不同抗坏血酸预防酶促褐变的效果**

3）多酚酶的抑制剂

二氧化硫及常用的亚硫酸盐（如 $Na_2SO_3$、$NaHSO_3$）、焦亚硫酸钠（$Na_2S_2O_5$）、连二亚硫酸钠（$Na_2S_2O_4$）都是广泛使用于食品工业中的酚酶抑制剂，而且它们还是还原性漂泊剂，对变色有很好的抑制作用。实验结果表明，$SO_2$ 及 $Na_2SO_3$ 在 pH=6 时效果最好。2.86 mg/m$^3$ 的二氧化硫约降低酶活性 20%，浓度达到 28.6 mg/m$^3$ 时几乎可以完全抑制酶的活性。但考虑到挥发，反应损失等，一般二氧化硫浓度增加为 858 mg/m$^3$，残留低于 20 mg/kg。但添加此类试剂会造成食品褪色和维生素 $B_1$ 的破坏。

如果食品不宜采用加热处理时，可采用亚硫酸盐法，此法不仅可以防止酶促褐变，而且有一定的防腐作用，还可以避免维生素 C 氧化失效。使用亚硫酸及其盐类也有一些不利的方面，因为它会使食品产生令人不愉快的气味，并使食品脱色（尤其是含有花青素的苹果，如芹菜、草莓等不能用此法，因为二氧化硫对它们有漂白作用）。亚硫酸及其盐类浓度较高时，还有碍人体健康，因此使用量一般不能超过 3 g/kg。

乙二胺四乙酸（EDTA）和巯基化合物，它们能直接使多酚氧化酶失活。其作用机理主要源于它们与酶中 $Cu^{2+}$ 形成络合物使酶失去活性。为了保持果蔬的形态，可以把去皮的果蔬泡在氯化钠溶液中。一般氯化钠多与柠檬酸和抗坏血酸混合作用。单独使用氯化钠抑制果蔬中酚酶的活性，浓度须达到 20%才有效，这样高的浓度会破坏食品的风味，因此在使用上受到很大的限制。

此外，酚酶底物类似物，如肉桂酸、对位香豆酸及阿魏酸等酚酸可以有效地控制苹果汁的酶促褐变。由于这三种酸都是水果蔬菜中天然存在的芳香族有机酸，无添加安全问题。肉桂酸钠盐的溶解性好，控制褐变的时间长。

4）驱氧或隔氧法

隔氧最简便的方法是将果蔬放入水中，与空气隔绝从而抑制酶促褐变。常用的隔氧方法有以下几种：①将去皮或切分果蔬浸入清水、糖水或盐水中，为了更好地达到隔氧的效果并保持果蔬的风味，采用抗坏血酸溶液浸泡，以消耗切开水果表面组织中的氧，并在切开的表面组织形成了一层阻氧的扩散层，以防止组织中氧引起酶促褐变；②在切分的水果上面涂上人造奶油，做成水果沙拉，将空气中的氧隔开，防止其褐变；③使用壳聚糖等多糖物质浸泡后沥干，在果蔬表面形成一层膜结构，与氧气形成隔离，并具有防腐作用。

5）保持组织结构的完整性

保持组织结构的完整性，能有效防止酶促褐变。这其中主要有两方面的原因：一是细胞结构完整时，酶与底物被正常结构分隔；二是细胞中存在还原性物质，能有效地将氧化物还原为酚类物质，保持色泽的正常。对于新鲜果蔬，若不是马上食用，应尽量不要损伤其组织，不要让微生物、昆虫等侵蚀。冷藏能够降低酚酶的活性，减缓酶促褐变的速率。但要注意其最适温度，温度过低会导致果蔬的冻伤，使酶促褐变反应加快。烹饪加工时，应尽量缩短生鲜果蔬加工时间，做到即食即做。

## 三、非酶促褐变

### 1. 美拉德反应

美拉德反应又称为羰氨反应，指食品体系中含有氨基的化合物与含有羰基的化合物之间发生反应而使食品颜色加深。羰氨反应的过程复杂，可分为三个阶段。

(1) 初始阶段　羰基缩合与分子重排。羰氨反应的第一步是含氨基的化合物与含羰基的化合物之间缩合而形成 Schiff 碱并随后环化成为 N-葡萄糖基胺，再经 Amadori 分子重排生成果糖胺，果糖胺进一步与一分子葡萄糖缩合生成双果糖胺。

(2) 中间阶段　重排后的果糖胺进一步降解的过程。果糖胺脱水生成羟甲基糠醛，羟甲基糠醛积累后导致褐变；果糖胺重排形成还原酮，还原酮不稳定，进一步脱水后与胺类化合物缩合；氨基酸与二羰基化合物作用生成吡嗪等杂环化合物。

(3) 终止阶段　羟醛缩合与聚合形成类黑素。

**2. 焦糖化作用**

焦糖化作用是指在没有氨基化合物存在情况下，将糖类物质加热到熔点以上温度，糖类物质脱水发焦变黑的现象。在高温作用下糖类形成两类物质，一类是糖的脱水产物；另一类是糖的裂解产物。焦糖化作用有三个阶段：

(1) 从蔗糖熔融开始，蔗糖脱去一分子水形成异蔗糖酐，形成的产物无甜味有温和的苦味。

(2) 继续加热，异蔗糖酐失水量约为 9%，形成焦糖酐，平均分子式为 $C_{24}H_{36}O_{18}$，熔点为 138 ℃，有苦味。

(3) 焦糖酐进一步脱水生成焦糖烯，继续加热形成难溶性的深色物质焦糖素（$C_{125}H_{188}O_{88}$）。焦糖素有一定的等电点，pH 3.0～6.9 之间。

**3. 抗坏血酸褐变**

抗坏血酸褐变也是常见的食品非酶促褐变。其褐变有两种情况，一是抗坏血酸氧化形成脱氢抗坏血酸，再水合形成 2,3-二酮古洛糖酸，脱水，脱羧后形成糠醛，糠醛聚集再形成褐色素（图 9-21）；二是抗坏血酸分子中存在着羰基，可与氨基酸或胺类物质发生羰氨反应。

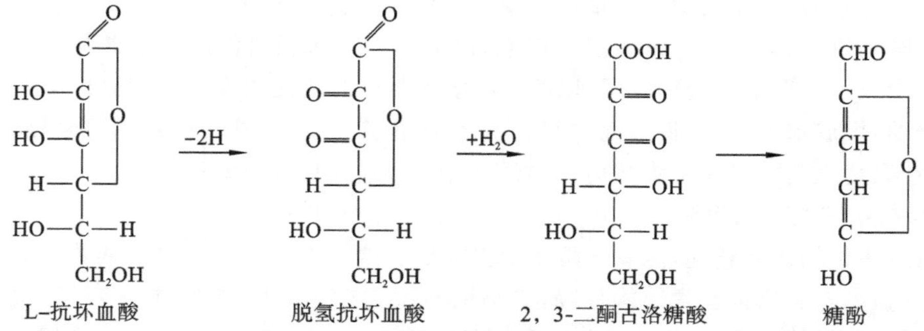

L-抗坏血酸 —(−2H)→ 脱氢抗坏血酸 —(+$H_2O$)→ 2，3-二酮古洛糖酸 → 糖酚

图 9-21　抗坏血酸褐变

抗坏血酸褐变影响因素有氧气、温度、pH 值和抗坏血酸浓度。中性或碱性条件下，脱氢抗坏血酸生成快，易发生褐变；酸性条件下褐变速度较慢。金属离子能够加快抗坏血酸氧化褐变的速度，铜、铁离子影响较大，因此不宜使用金属容器盛放鲜果汁类食物。

## 思考题

1. 名词解释：发色基团、助色基团、三原色、肌红蛋白、氧合肌红蛋白、高铁肌红蛋白、酶促褐变、非酶促褐变。
2. 说明食物天然色素的类型及分类？

3. 说明叶绿素的化学性质，食品加工、烹饪加热过程中，叶绿素会发生哪些变化，如何进行护绿？
4. 影响肌肉颜色的因素有哪些，肉制品中常用发色剂、助色剂有哪些物质？
5. 类胡萝卜素色素的结构有何特点，如何预防其变色？
6. 说明酶促褐变的机理、条件，预防酶促褐变有哪些措施？
7. 烹饪原料中多酚色素物质有哪些？在酸性、碱性条件下其色泽有何变化？
8. 说明食品加工中非酶促褐变的类型，如何利用与预防？

# 第十章　食品风味物质

## 第一节　概　　述

食品的三大功能体现在营养价值、感官效果和保健作用。人们对食品色、香、味、形(质地)的追求既是感官的享受,也是生理、心理的满足,这就是食品风味。中国烹饪对食品风味而言,有“一招鲜”的情怀,“适口者珍”的实用,“味道”的包容。食品风味的追求融化在几千年的文化之中,增添了食品风味更多的内涵。然而,中餐烹饪长期缺少对风味物质和风味形成机制的研究。

近代食品科学由于气相色谱和质谱检测仪器的广泛使用,风味物质的研究得到了空前的发展,形成了食品风味化学(food flavor chemistry)。食品风味的评定在人的感官基础上,广泛使用质构仪、电子鼻等设备,形成了食品感官评定学(food sensory evaluation)、食品质构学(food texture)等专门学科,系统研究食品风味物质、风味形成机制和食品感官(风味)评价方法。

食品风味概念有广义和狭义之分,广义的风味是指人们对食品的颜色、香气、滋味、形态、质地的综合感觉,而狭义的风味单指食品滋味和气味。现代食品科学对风味(flavour)定义是指人们经口腔味觉感受器感受到的滋味(taste)和经鼻腔嗅觉感受器感受到的香气(odor)。

### 一、风味物质的特点

从本质上讲,食物的成分决定其风味性质,食品中所有的成分,都对其风味产生有影响。但是在全部化学成分中往往只有少量的物质对食品的风味呈现有重大的作用,通常把这些对食品风味有重大影响的物质称为风味物质。被称为风味成分的物质,主要有以下几个特性:

(1) 在食品中含量少,但呈味性大。

(2) 呈味性与其分子结构有高度特异性关系。

(3) 风味物质相对分子质量通常较小,其性质不稳定。

(4) 除少数物质以外,多数为非营养素。

## 二、食品风味与食品营养

食品风味与营养表现为统一而又对立的矛盾关系。良好的食品“风味”首先能刺激人们的感觉器官，产生条件或非条件反射，刺激人的食欲，增加人体对食物的摄取、消化和吸收，从而增加人体营养。其次食品“风味”增加人们的新鲜感、好奇感，通过品尝、认识、对比作用，促进了人们的进食活动，增加了人体的营养。

另一方面，食品风味与营养又是矛盾的。对食品色、香、味等的过分加工，使食品营养素结构、性质发生改变，不利于人体吸收、消化和利用，降低或破坏了食物营养价值，甚至产生有害物质。例如食品加工中美拉德反应给食品增添了良好的色泽和香气，但也破坏了糖类物质和氨基酸的营养价值，甚至还可能产生环丙酰胺有害物质。

食品风味与营养的关系要求在食品加工和烹饪中要做到食品风味与营养的有机结合，消除或减少不利因素，增强有利作用，创造科学、完美的食品加工工艺。

# 第二节 气味与嗅觉

## 一、嗅觉

嗅觉是挥发性物质刺激鼻腔嗅觉神经细胞而在中枢神经引起的一种感觉。其中产生令人喜爱感觉的称为香气，产生令人厌恶感觉称为臭气。

人体的嗅觉感受器神经元位于中鼻甲一个相当小的区域（面积约 2.5 $cm^2$），称为嗅上皮组织，如图 10-1 所示。

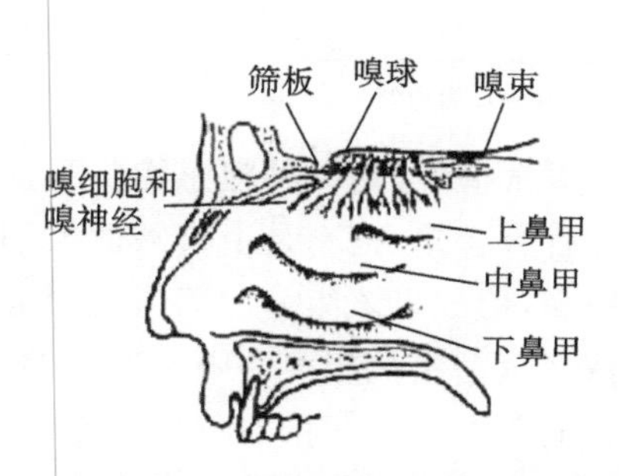

图 10-1 人类鼻腔嗅觉细胞聚集的部位

理查德-阿克塞尔（Richard Axe）与琳达-巴克（Linda B Buck）对气味受体与嗅觉的研究表明：气味物质首先与鼻腔黏膜中嗅觉细胞膜上受体结合，气味受体被气味分子激活后，嗅觉细胞就会产生电信号传输到大脑嗅球的微小区域，并进而传至大脑其他区域。由此，人就能有意识地感受到气味，并在大脑中记忆保留。人体大约有 1000 个基因用来编码嗅觉细胞膜上的不同气味受体，占人体基因总数的 3%。人的嗅觉系统具有高度“专业化”的特征，每个气味受体会对有限的几种相关分子做出反应。尽管气味受体只有约 1000 种，但它们可以产生大量的组合，形成大量的气味模式，这也就是人们能够辨别和记忆约 10000 种不同气味的基础。

嗅觉神经系统与支配呼吸、循环、消化等功能的自主神经相连，因此，气味对诸如呼吸器官、消化器官、循环器官等都有明显的影响。气味能促使各种动物在行为上做出反应，人类作为最高级的动物，其嗅觉行为不单是一种生理现象，由此会产生心理行为，有人称之为气味心理学。

## 二、气味物质的特性

### 1. 特征效应物

嗅感是一种比味感更复杂、更敏感的感觉现象。人们从嗅到气味物质直至产生感觉，仅需 0.2～0.3 s 的时间。食物所产生的气味，一般都由许多种挥发性物质所组成，其中的某一组分往往不能单独表现出该食品的整个嗅感。嗅感物是指能在食物中产生嗅感并具有确定结构的化合物，通常把某一种或几种能使食品产生特征风味的挥发性化合物称为特征效应物。异味或香气缺陷则是由于食品中特征效应化合物的损失或组成改变所引起的气味异常现象。例如吲哚类具有粪便臭味，但是在极低浓度却呈茉莉花香，吲哚类是茉莉花香的特征效应物；麝香、灵猫香等通常是臭味，只有在稀释到一定浓度后才能产生香味。

### 2. 香气阈值

不同类的嗅感物质所产生的气味不同，能产生具有类似气味的嗅感物质，其嗅感强度也有很大差别。香气阈值(aromas threshold)是指人体嗅觉所能感受到某种气味物质的最低浓度。各嗅感物质的嗅感强度可以用阈值来表示(表 10-1)。

表 10-1　部分嗅感物质的阈值(CT)

| 名　称 | mg/L | 名　称 | mg/L |
|---|---|---|---|
| 甲醇 | 8 | 乙醇 | $1\times10^{-5}$ |
| 乙酸乙酯 | $4\times10^{-2}$ | 香叶烯 | 5 |
| 丁香酚 | $2.3\times10^{-4}$ | 乙酸戊酯 | 0.1 |
| 柠檬醛 | $3\times10^{-6}$ | 癸醛 | $2\times10^{-3}$ |
| 硫化氢 | $1\times10^{-7}$ | 2-甲氧基-3-异丁基吡嗪 | $4\times10^{-4}$ |
| 甲硫醇 | $4.3\times10^{-8}$ | | |

注：mg/L 为空气中。

香气值，反映一种嗅感物质对食品嗅感风味贡献大小的指标。它既不是由嗅感物质的组分百分含量，也不是由其阈值大小所单一决定的。因为有些组分虽然在食品中的百分含量很高，但如果该组分的阈值也很大时，那它对总的嗅感作用的贡献也不会很大。例如，用水蒸气蒸馏法从胡萝卜中所提取的挥发性组分中，异松油烯含量占 38%，但其阈值为 0.2，它在胡萝卜中所起的香气作用仅占 1%左右；而组分中的 2-壬烯醛的含量虽只有 0.3%，因其阈值为 $8\times10^{-5}$，故它在胡萝卜的香气中所起的作用却为 22%左右。

判断一种嗅感物质在体系中香气作用的大小，常用香气值(或嗅感值)来表示，它是嗅感物质的浓度与其阈值之比值：

$$香气值(FU)=嗅感物质浓度/阈值$$

如果某物质组分的 FU 小于 1.0，说明该物质没有引起人们嗅觉器官的嗅感；FU 值大，说明它是该体系的特征嗅感化合物。

### 3. 人体嗅觉特性

1) 灵敏性与个体差异性

人的嗅觉相当敏锐，一些嗅感物质即使在很低的浓度下也会被感觉到。经过训练对气味的辨别能力可以大幅提升。人体嗅觉的敏感性除了与训练有关外，很大程度上与遗传因素有关。不同的人嗅觉差别很大，即使嗅觉敏锐的人也会因气味而异。对气味不敏感的极端情况是嗅盲，也多与遗传有关。嗅觉灵敏性还与人的性别、年龄、健康状况、精神状态等有关。通常嗅觉的灵敏度和年龄成反比，青壮年的嗅觉比老年人灵敏得多。

2）易疲劳性

“久居兰室，不闻其香”。说明人体嗅觉细胞长期处于某种气味刺激下易产生疲劳，进而对该气味不灵敏。原因在于嗅球中枢神经元由于某种气味的长期刺激而陷入负反馈状态，感觉受到抑制而产生适应性。另外，当人的注意力分散时也会发生感觉的不敏感性，长时间对该气味形成习惯。疲劳、适应和习惯这三种现象会共同发挥作用。

3）阈值变动性

当人的身体疲劳或营养不良时，也会引起嗅觉功能降低。如人在生病时会感到食物平淡无香，嗅感阈值下降，说明人各种生理活动是相互影响的，味觉的下降也会引起嗅觉的不敏感。嗅觉的不稳定性与气味成分的变化有关。气味成分多是在化学反应中即时产生的微量、超微量成分，容易随时间延长挥发、转化消失。所以，烹调加工时的气味往往是食物呈味最佳的时候，放一段时间会迅速降低，这也是烹调的菜肴不能长时间保存的原因之一。

## 三、气味物质的化学结构

具有气味的物质一般相对分子质量较小，沸点低，具有一定的亲水性或亲脂性（双亲性）。在其较小的相对分子质量中，官能团所占的分量较大，往往决定其气味形成，这些官能团称之为发香基团。发香基团有羟基（—OH）、羧基（—COOH）、醛基（—CHO）、酯基（—COOR）、羰基（—CO—）、酰胺基（$—CONH_2$）、异氰基（—CN）、苯基（$—C_6H_5$）。

含有 N、S、P 等原子的官能团往往都能产生气味。含硫化合物是一大类气味物质，且阈值很低，大部分低级的硫醇和硫醚有难闻的臭气或令人不快的嗅感；大多数易挥发的二硫或三硫化合物能产生有刺激性的葱蒜气味。含氮化合物中与食品气味有关的主要是胺类，如甲胺、二甲胺、三甲胺、乙胺、腐胺、尸胺等均有令人厌恶的臭气。

气味不仅与官能团有关，还与分子结构、形状、大小等有关。一些小的极性分子（如 $H_2S$、$NH_3$、$CH_3NH_2$ 等）在与嗅觉细胞接触时，很容易进入受体的结合位置，从而产生强烈的嗅感。随着相对分子质量增加，分子的体积增大，嗅感分子与细胞受体的结合变得具有选择性，产生的嗅觉信息也就变得简单且相对稳定。例如芳香烃类的物质都具有较为稳定的香气。当分子中含有不饱和键时，其呈味性增强，气味也特别，分子结构的顺式与反式其嗅感也不相同。如 6-顺-壬烯醇具有甜瓜清香气味，6-反-壬烯醇则具有花样香气。

## 四、气味物质的分类

根据气味物质结构中官能团的不同，将气味物质分为脂肪族类、含硫化合物类、含氮化合物类和杂环化合物类。

**1. 脂肪族类**

1）醇类

当相对分子质量为 $C_1$～$C_3$ 时，醇类表现为愉快香气，如乙醇气味醇香；$C_4$～$C_6$ 有近似麻醉气味，如丁醇、戊醇具有醉人的香气；$C_7 \sim C_{10}$的醇具有芳香气味。$C_{10}$以上气味逐步减弱以至无嗅感。挥发性较高的不饱和醇具有特别的芳香味，往往比饱和醇更强烈，但多元醇一般没有气味。

2）酮、醛类

低分子酮类物质具有薄荷味，如低浓度丁二酮有奶油香味，高浓度则有酸臭味。高分子（$C_{15}$以上）甲基酮有油脂酸败味"哈喇味"。低分子醛类物质具有刺鼻气味，如甲醛有强烈的刺鼻气味。随着相对分子质量增加（$C_4 \sim C_{12}$），醛类浓度低时产生愉悦香气，壬醛具有愉快的玫瑰香味和杏仁香味；而相对分子质量较大（$C_{12}$以上）的醛类物质，味感减弱，浓度高时产生不愉快气味。

3）酸类

低级饱和脂肪酸具有刺鼻的气味，如甲酸、乙酸具有较强的刺激性气味。酸类浓度低时产生欣快感，浓度高时则产生刺鼻感。随着相对分子质量增加酸类物质则带有酸味和脂肪气味，如丁酸有酸败味，已酸有汗臭味。$C_{16}$以上的酸由于挥发性低无明显嗅感。不饱和脂肪酸具有愉快的香气，如2-已烯酸具有愉快油脂香味。

4）酯和内酯

低级饱和、不饱和酯类具有各种愉快的水果香气。它们是形成水果蔬菜香气的主要成分，如甲酸乙酯、乙酸乙酯、乙酸丁酯等是梨、苹果的香气成分。酯类也是发酵食品的香气来源，如白酒、食醋、酸奶等香气都含有乙酸戊酯、乙酸丁酯、乙酸乙酯等酯类。

内酯也具有特殊的香气。尤其是γ-内酯和δ-内酯大量存在于水果中，能产生特殊的香气。如香豆素具有樱花香气；芹菜内酯是芹菜香气的主体成分；γ-十一烷酸内酯有桃子的香气。

$CH_3(CH_2)_4$—（呋喃酮环）=O

椰子香气

$CH_3(CH_2)_3$—（吡喃酮环）=O

坚果香气

$CH_3(CH_2)_6$—（呋喃酮环）=O

桃子香气

（苯并呋喃酮环）—$(CH_2)_3CH_3$

芹菜内酯，芹菜香气

5）芳香烃类

芳香族化合物多有特殊的嗅感。苯甲酸具有杏仁香气，苯丙烯醛具有肉桂香气，丁香酚具有紫丁香味，苯甲酸异丁酯有玫瑰香气。酚类及酚醚多有强烈的香气，多属于香辛料的香气成分。除苯酚、苯甲酚有酚臭外，茴香脑有茴香香味；丁香酚有丁香味；黄樟脑有香草醛香气；百里香酚和香芹酚则有特殊的香辛气味。

OH（苯环）

苯酚，酚臭味

（苯环，甲基、OH、异丙基）

百里香酚，辛香气味

OH、$OCH_3$（苯环）、$CH_2CH{=}CH_2$

丁香酚，丁香气味

$OCH_3$（苯环）、$CH{=}CHCH_3$

茴香脑，茴香气味

6）萜类

萜类化合物(terpenoid)是从植物内提取的一系列具有香味的物质，这些物质往往具有挥发性，可用水蒸气蒸馏或乙醚提取，是许多植物香精油的主要成分，如薄荷油、松节油等。分子式为 $C_{10}H_{16}$ 的烃类（萜是 10 的意思），这类烃分子中含有双键，所以称它们为萜烯。萜类化合物从结构上可划分为若干个异戊二烯单元，大多数萜类分子是由异戊二烯头尾相连而成，少数由头头相连或尾尾相连而成(图 10-2)。

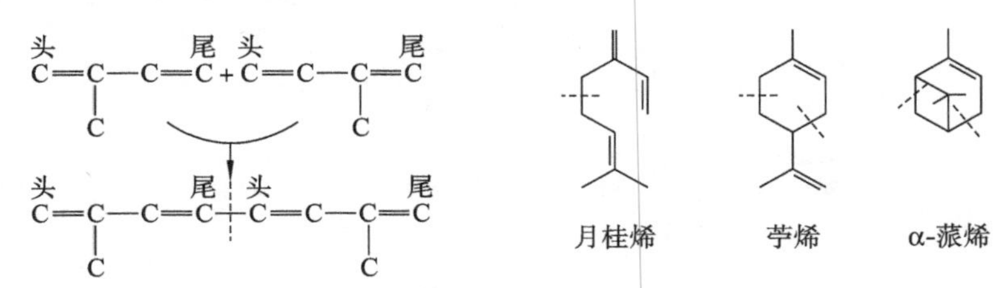


图 10-2　萜烯类分子的结构示意图

萜类化合物多存在于中草药和水果、蔬菜以及全谷粒食物中。富含萜烯类的食物有柑橘类水果、芹菜、胡萝卜、茴香、番茄、辣椒、茄子、苦瓜、西葫芦等。

**2. 含硫化合物**

食品中含硫化合物主要有硫醇、硫醚、异硫氰酸酯。硫化物是一类嗅感非常强的化合物，挥发性硫化合物大多很臭，只有当其浓度很低（微量）时，才产生让人可接受的气味。如硫化烯类是米饭香味；洋葱、蒜、葱、韭菜中存在的半胱氨酰烷基衍生物，在酶的作用下，可产生许多具特征香气的丙烯类硫化物。

异硫氰酸酯类(RNCS)是芥子油类的主要成分。此类化合物具有催泪性刺激辛香气味，在植物中主要有以下类型：

$CH_2=CHCH_2NCS$　　异硫氰酸丙烯酯

$CH_3(CH_2)_3NCS$　　异硫氰酸丁酯

$C_6H_5CH_2NCS$　　苯甲基异硫氰酸酯

$CH_3CH=CHNCS$　　丙烯基异硫氰酸酯

最典型的基本肉香味物质是硫化合物。它们包括 3-呋喃硫化物、3-巯基-2-丁醇、α-巯基酮类、1，4-二噻烷类、四氢噻吩-3-酮类(图 10-3)。

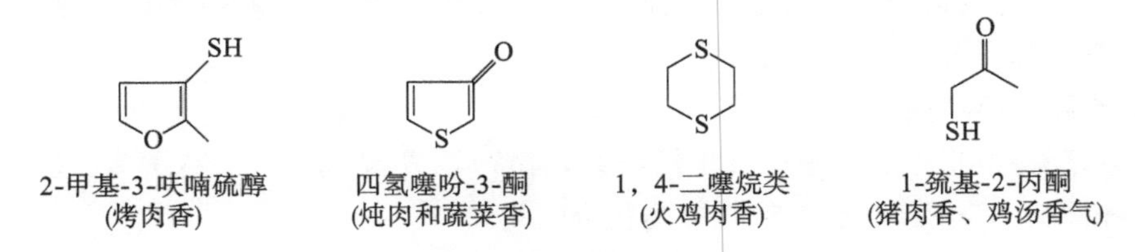


图 10-3　基本肉香味物质

**3. 含氮类化合物**

食品中含氮类化合物有蛋白质、氨基酸、核苷酸。蛋白质无气味，核苷酸和部分氨基酸有特殊气味。当蛋白质、核苷酸分解生成胺类物质（甲胺、二甲胺、三甲胺、丁二胺、尸胺）、吲哚、甲基吲哚时，产生腐臭味，它们也是食物腥臭的主要成分。

**4. 杂环化合物**

杂环化合物是指组成环状化合物的原子除碳以外，还含有其他的原子，常见的原子是N、O、S。杂环化合物以微量存在于食物中，香气种类复杂多样，气味强烈。焙烤食品、肉制品典型的香气成分都与杂环类化合物相关。这类物质的嗅感一方面与其含N、S、O有关，另一方面与其环状结构有关，同时也与其在食品中的浓度有关。如吲哚浓度高时，产生强烈的恶臭气，浓度低时，则产生茉莉花香气。食品中部分杂环化合物如图10-4所示。

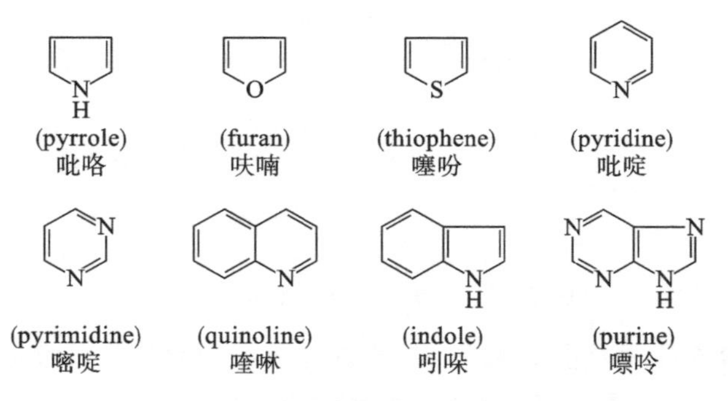


**图10-4 食品中部分杂环化合物**

# 第三节 食物中的气味物质

烹调食品的目的之一就是希望给进食者以愉悦的香气或保持食物原料中自然的气味，去掉那些令人厌恶的气味，从而达到齿颊留香的嗅觉效果。为此，我们必须了解和掌握天然食物原料中的呈香物质及其变化规律。

## 一、蔬菜、水果的香气成分

果蔬中香气主要成分通常是低级脂肪酸、酯类、醛类、醚类和萜烯类以及含硫化合物。新鲜水果、蔬菜都有各自独特的浓郁香气。

**1. 葫芦科、茄科类蔬菜**

葫芦科、茄科植物主要是一些瓜果类蔬菜，有黄瓜、青椒、番茄、马铃薯等。其含有清香气味，主要由$C_6$～$C_9$不饱和醇、醛、吡嗪类化合物贡献。

黄瓜的清香气源于它所含有的少量游离的有机酸，从而使人的口感清爽。黄瓜的香精油含量约为10 mg/kg，香气的主体成分为6-壬二烯醇和6-壬二烯醛。另外还含有乙醛、丙醛、正己醛、2-己烯醛、2-壬烯醛等醛类化合物，它们对黄瓜的清香气也有贡献。

番茄中香气成分的含量较低，为2～5 mg/kg，而且随成熟的程度不同而改变。香气成分已鉴定出300多种，主要是醇类、酯类、醛类、含硫化合物，其次是烃类、酚类和胺类。如青草气味主要成分是青叶醇($CH_3CH_2CH=CHCH_2CH_2OH$)和青叶醛($CH_3CH_2CH_2CH=CHCHO$)。特征香气物质是顺-3-己烯醇、反-2-己烯醛和顺-3-己烯醛。

马铃薯香气成分种类较少，3-乙基-2-甲氧基吡嗪是生马铃薯香气特征化合物。苯乙醛和 1-辛烯-3-醇也是马铃薯挥发性成分，但对其香气影响不大。马铃薯经烹饪加热处理，香气物质有近 50 余种，包括 $C_2 \sim C_8$ 的饱和与不饱和醛、酮、芳香醛等羰基化合物，硫醇、硫醚、噻唑类含硫化合物。油炸马铃薯所产生的香气成分主要来自使用的油脂。烘烤产生的香气物质主要来自美拉德反应。

**2. 十字花科蔬菜**

十字花科蔬菜包括卷心菜、花茎甘蓝、芜菁、芥菜以及萝卜和辣根。十字花科蔬菜含有挥发性辛辣成分，产生特殊性的芳香。组织被破坏后的新鲜风味是由硫代葡萄糖苷前体在硫代葡萄糖苷酶作用下生成异硫氰酸酯产生的(图 10-5)。

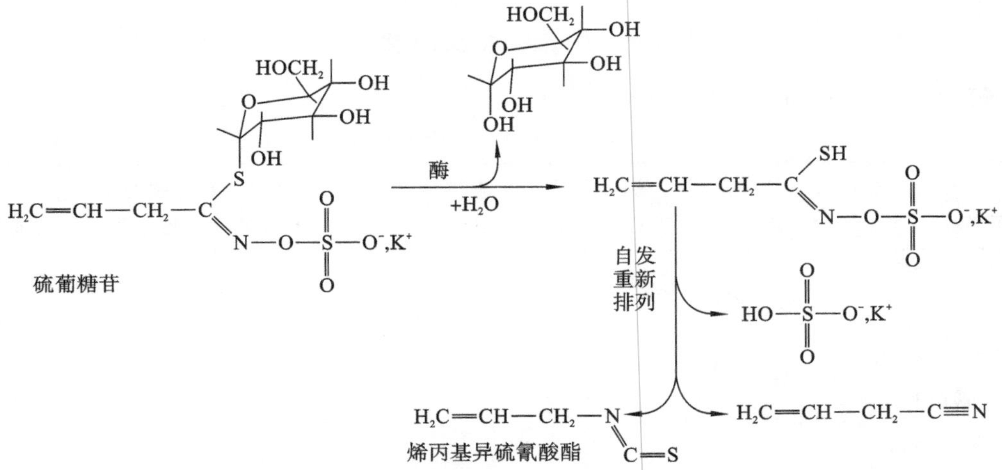

图 10-5　十字花科植物蔬菜香气主体成分异硫氰酸酯形成过程

甘蓝的青草气味源于青叶醇和青叶醛，而轻微的辛辣味则由异硫氰酸烯丙酯引起，从新鲜甘蓝中已检出异硫氰酸酯、硫醚和二硫化物共 20 多种，也有少量黑芥子苷，但在干燥的甘蓝中则丧失殆尽。如果在某些甘蓝品种的干品中加入黑芥子硫甘酸酶后重新复水，就又出现新鲜的甘蓝气味，检出的呈香物质都是含硫有机物，不同品种的成分也不相同，如红紫色甘蓝中就有 3-丁基异硫氰酸酯。

萝卜温和辛辣味是由芳香化合物 4-甲硫基-3-反式-丁烯基异硫氰酸酯产生的。如刨萝卜丝时产生的辛辣气味就是由异硫氰酸烯丙酯造成，放置时间过长，就会分解产生甲硫醇的臭气。辣根和黑芥末的主要辛辣成分是异硫氰酸烯丙酯。2-苯乙基异硫氰酸酯是水田芥的重要芳香化合物。

尽管卷心菜和花茎甘蓝没有明显的辛辣味，但它们都含有异硫氰酸烯丙酯和烯丁腈，而且其浓度随生长条件、可食部位和加工程度的变化而变化。

**3. 百合科类蔬菜**

百合科类蔬菜有大蒜、葱、洋葱、韭菜等，它们都具有强烈的辛辣气味，其主体成分都是含硫化合物。这些化合物是其风味前体物质经过酶的作用转变而来。在大蒜中，当组织结构完整时，气味并不浓烈，因为此时硫化物以蒜氨酸形式存在(含量约占 0.24%)，当组织破损时，蒜氨酸经过一系列反应生成大蒜素(图 10-6)。

大蒜素的学名为(+)-S-烯丙基-L-半胱氨酸亚砜，大蒜素进一步被还原，生成丙烯类硫

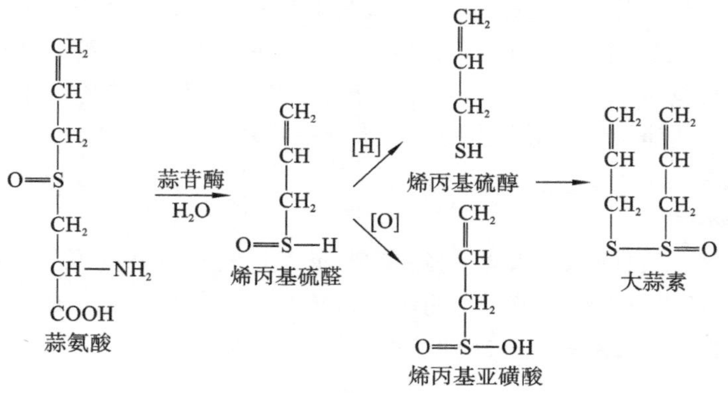

蒜氨酸（$CH_2=CH-CH_2-S(=O)-CH_2-CH(NH_2)-COOH$） $\xrightarrow[H_2O]{蒜苷酶}$ 烯丙基硫醛（$CH_2=CH-CH_2-S(=O)-H$）

烯丙基硫醛 $\xrightarrow{[H]}$ 烯丙基硫醇（$CH_2=CH-CH_2-SH$）

烯丙基硫醛 $\xrightarrow{[O]}$ 烯丙基亚磺酸（$CH_2=CH-CH_2-S(=O)-OH$）

烯丙基硫醇 ⟶ 大蒜素（$CH_2=CH-CH_2-S-S(=O)-CH_2-CH=CH_2$）

**图 10-6　蒜氨酸酶转化为大蒜素反应**

化合物（表 10-2），从而产生大蒜的特征气味。

**表 10-2　葱、蒜等的气味组成成分**　　（单位：%）

| 蔬菜名称＼硫化物名称 | 二甲基二硫化物 | 二烯丙基硫醚 | 甲基丙基二硫化物 | 甲基烯丙基二硫化物 | 二丙基二硫化物 | 丙基烯丙基二硫化物 | 二烯丙基二硫化物 |
|---|---|---|---|---|---|---|---|
| 西洋长葱叶 | 0 | 2 | 54 | 2 | 38 | 3 | ＜1 |
| 洋葱 | 0～4 | 0 | 2～25 | 1～2 | 60～93 | 4～9 | ＜1 |
| 韭菜 | 87 | ＜1 | 9 | 2 | ＜1 | ＜1 | ＜1 |
| 葱（白） | 9 | 5 | 15 | 2 | 65 | 4 | ＜1 |
| 早生种蒜 | 1 | 3 | ＜1 | 22 | ＜1 | ＜1 | 74 |
| 晚生种蒜 | 3 | 3 | ＜1 | 33 | ＜1 | ＜1 | 61 |
| 独头蒜 | 4 | ＜1 | 3 | 31 | ＜1 | 5 | 55 |

洋葱的风味前体物质是 S-1-丙烯基-L-半胱氨酸亚砜，由半胱氨酸转化而来。当洋葱组织破损时，其中的蒜酶激活，在蒜酶作用下生成丙烯基次磺酸和丙酮酸，前者不稳定重排成硫代丙醛亚砜（催泪物质），同时部分次磺酸重排为硫醇、三硫化物、二硫化物和噻吩等，它们均对洋葱的香味有贡献。

目前，已知大蒜的挥发物有 20 多种，洋葱有 40 多种，它们按一定的比例混合，形成大蒜和洋葱的特殊风味。所以说，蒜氨酸等是这些风味物质的前体物质，经过烹调加热等操作，形成它们的特殊风味。

**4. 伞形科蔬菜**

伞形科蔬菜有芹菜、香芹菜、芫荽、防风等，它们都具有浓郁的香气，其中芹菜的特征香气是瑟丹内酯（苯并呋喃类化合物）、丁二酮、3-己烯基丙酮酸酯等，香芹菜（荷兰芹）的香气的特殊成分是洋芹脑，芫荽的主香物质为芫荽醇、蒎烯、伽罗木醇、香叶醇、癸醛等。这些成分都容易挥发，一经加热便大量挥发。有些人不喜欢芫荽，主要是对癸醛反感。

许多具有辛辣气味的蔬菜，其香气前体除蒜氨酸等以外，黑芥子苷是一种常见化合物，系列异硫氰酸酯都由它而产生。

现代检测技术发现：各种蔬菜在烹调时所发出的香气，几乎都含有 $H_2S$、甲醛、乙醛、甲硫醇、乙硫醇、丙硫醇、甲醇、二甲硫醚等，当它们以不同比例混合挥发时，便产生各蔬菜品种熟制时所发出的特征香气。某些蔬菜的香气成分见表10-3所示。

表10-3 某些蔬菜的香气成分(主体香或特征香)

| 菜类 | 化学成分 | 气味 |
| --- | --- | --- |
| 萝卜 | 甲基硫醇 异硫氰酸丙烯酸 | 刺激辣味 |
| 蒜 | 二丙烯基二硫化物 甲基丙烯基二硫化物 丙烯硫醚 | 辣辛气味 |
| 葱类 | 丙烯硫醚 丙基丙烯基二硫化物 甲基硫醇 二丙烯基 二硫化物 二丙基二硫化物 | 香辛气味 |
| 姜 | 姜酚 水芹 姜萜 莰烯 | 香辛气味 |
| 椒 | 天竺葵醇 香茅醇 | 蔷薇香气 |
| 芥类 | 硫氰酸酯 异硫氰酯 二甲基硫醚 | 刺激性辣味 |
| 叶菜类 | 叶醇 | 青草臭 |
| 黄瓜 | 2,6-壬二烯 2-醛基壬烯 2-醛基已烯 | 青臭气 |
| 西红柿 | 青叶醇和青叶醛 | 青草气味 |
| 芹菜 | 瑟丹内酯(Ⅰ) | 强烈气味 |
| 荷兰芹 | 洋芹脑(Ⅱ) | 强烈气味 |
| 芫荽 | 芫荽醇、蒎烯、加罗木醇、香叶醇 | 强烈气味 |

**5. 水果的香气**

水果香气的主要成分是有机酸酯类,除了酯类之外,还有醛类、萜类化合物、醇类、酮类和一些挥发性弱的有机酸等。

(1) 苹果 苹果中已鉴定出320多种挥发性化合物,以丙醇～已醇酯类为主,特征效应物有:戊酸戊酯,丁酸戊酯、乙酸异戊酯、戊酸乙酯为辅,配合丁醇、戊醇、已醇等。

(2) 柑橘 柑橘风味主要由几类风味成分产生,包括萜烯类、醛类、酯类和醇物质。不同品种其风味成分有较大的差异。例如甜橙中主要风味物质有辛醇、壬醛、柠檬醛、丁酸乙酯、d-苧烯、α-蒎烯。

(3) 香蕉 目前已知香蕉中有230种以上的气体成分,香蕉香气为带有霉味的甜蜜水果香气。香蕉中含$C_4$～$C_6$醇的低沸点酯类,特征香气化合物一般是酯类,如乙酸异戊酯、戊醇的酯和乙酸、丙酸、丁酸的酯等。

其他水果如梨重要的香气成分是不饱和脂肪酸的酯类,如顺-2-反-4-癸二烯酸的甲酯、乙酯;葡萄重要的特征香气化合物是邻氨基苯甲酸甲酯;桃子香气物质有苯甲醛、苯甲醇;哈密瓜重要香气物质有$3t,6c$-壬二烯醛。

## 二、蕈类香气成分

香菇、冬菇等食用菌类食物,它们香气的成分有香菇酸、肉桂酸甲酯、1-辛烯-3-醇($CH_2=CH-CH(OH)-(CH_2)_4CH_3$)等20多种化合物。其主要风味化合物香菇酸的前体是由硫代-L-半胱氨酸亚砜与γ-谷氨酰基结合形成的肽,首先在γ-谷氨酰基转肽酶的参与下产生香菇氨酸类,再进一步在裂解酶作用下生成风味物质——香菇精(图10-7)。这些反应只有在组织破损后,经过干燥的组织放置一段时间后才能产生。由此可见,香菇所特有香气的形成是经过了一系列复杂的生化反应过程完成的。

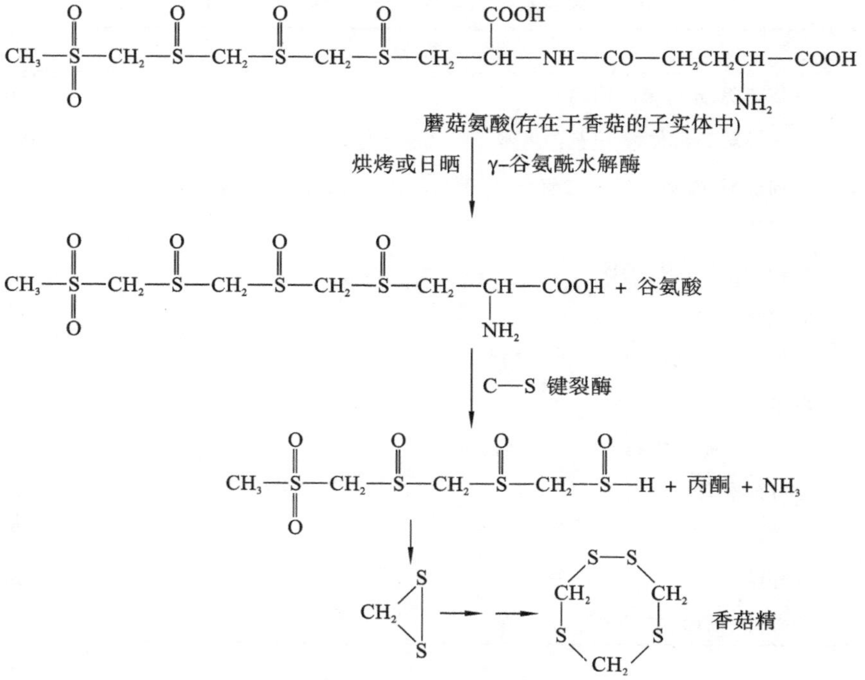

$$CH_3-\overset{O}{\underset{O}{\overset{\|}{\underset{\|}{S}}}}-CH_2-\overset{O}{\overset{\|}{S}}-CH_2-\overset{O}{\overset{\|}{S}}-CH_2-\overset{O}{\overset{\|}{S}}-CH_2-\overset{COOH}{\overset{|}{CH}}-NH-CO-CH_2CH_2\underset{NH_2}{\underset{|}{CH}}-COOH$$

蘑菇氨酸(存在于香菇的子实体中)

↓ 烘烤或日晒 | γ-谷氨酰水解酶

$$CH_3-\overset{O}{\underset{O}{\overset{\|}{\underset{\|}{S}}}}-CH_2-\overset{O}{\overset{\|}{S}}-CH_2-\overset{O}{\overset{\|}{S}}-CH_2-\overset{O}{\overset{\|}{S}}-CH_2-\underset{NH_2}{\underset{|}{CH}}-COOH + \text{谷氨酸}$$

↓ C—S 键裂酶

$$CH_3-\overset{O}{\underset{O}{\overset{\|}{\underset{\|}{S}}}}-CH_2-\overset{O}{\overset{\|}{S}}-CH_2-\overset{O}{\overset{\|}{S}}-CH_2-\overset{O}{\overset{\|}{S}}-H + \text{丙酮} + NH_3$$

↓

$CH_2$（S—S 三元环） ——→ ——→ 香菇精（S—S、$CH_2$、S、$CH_2$、S、$CH_2$ 构成的环）

图 10-7　蕈类主要的香气成分香菇精的生成

## 三、海藻类香气成分

海藻的主要香成分是二甲基硫醚，它在海藻中的前体物质是β-(二甲硫基)烯丙酸，分解后即产生二甲基硫醚，即：

$$(CH_3)_2S-CH=CH-COOH \xrightarrow[\triangle]{} CH_3-S-CH_3+CH_2=CH-COOH$$

海藻的鱼腥气味，则来自三甲胺。此外，海藻中也含有萜类化合物。烤紫菜的香气中，有一定量因美拉德反应而生成的芳香物质，因为紫菜含有较多的氨基酸。

## 四、水产品气味物质

水产品风味物质随着种类(鱼类、贝类、甲壳类)品种的不同而不同。通常新鲜鱼有淡淡的清香气味，是内源酶作用于不饱和脂肪酸生成中等分子不饱和羰基化合物产生。风味成分有 $C_6$～$C_9$ 的醛、酮、醇类化合物，它们由特定的脂肪氧合酶催化不饱和脂肪酸生成(图10-8)。水产品加热熟制后，产生二甲基硫化合物，它是一些海产品加热后的主要风味化合物。如二甲基硫醚在低浓度时，产生蟹香味。鱼肉中脂肪含量较多，加热使多不饱和脂肪酸分解产生醛、酮、醇类化合物。

一旦水产品发生腐败，其气味发生巨大变化，含氮类化合物的品质和气味变化相关。淡水鱼的腥臭味主体成分为六氢吡啶类化合物(尸胺)，该成分是赖氨酸在细菌作用下的分解产物，同时它又可进一步分解为δ-氨基戊酸和δ-氨基戊醛。鱼体表面和血液中均含有δ-氨

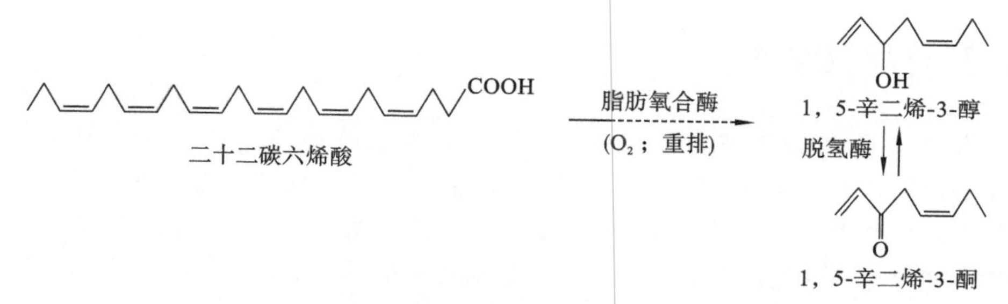


**图 10-8　海产品风味物质的形成过程**

基戊酸和 δ-氨基戊醛，它们都具有强烈的腥臭味。淡水鱼表面黏液中含有蛋白质、磷脂、氨基酸等物质，当细菌繁殖时会产生氨、甲胺、硫化氢、甲硫醇、六氢吡啶，色氨酸等，最终产生吲哚类化合物。这些物质不仅造成鱼的臭味，当含量较高时还能够导致食物中毒的发生。

海水鱼中不愉快气味的形成主要是微生物和酶作用的结果。海水鱼中含有三甲胺氧化物，它的作用与调节鱼体中的渗透压有关。三甲胺氧化物本身没有气味，但是，在微生物的作用下将其转化为甲胺、二甲胺、三甲胺、胺和甲醛，产生了典型鱼臭味。其反应过程如图 10-9 所示。

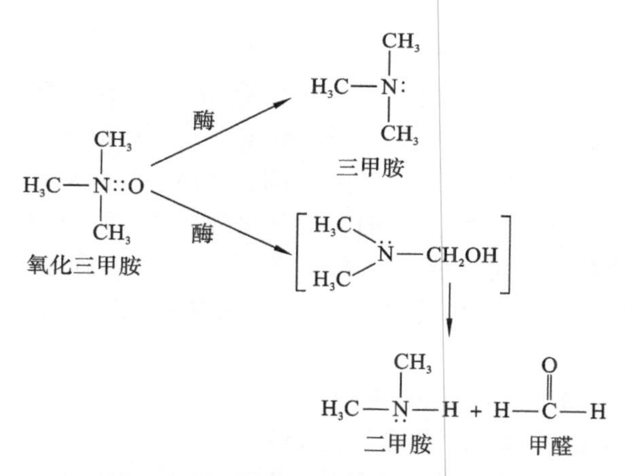


**图 10-9　海水鱼中三甲胺氧化物分解过程**

鲨鱼新鲜度降低时会产生强烈的腐败腥臭味，这是由于肌肉中含有的大量氧化三甲胺都被还原成三甲胺。一般淡水鱼中所含的氧化三甲胺较海水鱼中少，故其新鲜度降低时，其腥臭味不如海水鱼那样强烈。

鱼臭的综合嗅感还来源于新鲜鱼贝类体中所含的一定量的尿素，以及黏液中的蛋白质、氨基酸等和鱼体脂肪中的不饱和羧酸在细菌作用下氧化分解产生的氨、甲胺、硫化氢、甲硫醇、吲哚、粪臭素、四氢吡咯、六氢吡啶、甲酸、丙烯酸、2-丁烯酸、丁酸、戊酸等，这些物质的综合气味便是鱼臭。所以鱼贝类在烹前用醋洗，或烹饪时加醋、加酒，都可以使腥臭气味大为减弱。一是大多数腥臭物质为碱性，酸有中和作用；二是通过乙醇溶解作用促进腥味物质的挥发。

在水产品的品质分析鉴定中，鱼组织中所含挥发性氨、三甲胺、吲哚、组胺的含量水平，可以作为判断产品新鲜度的指标。

## 五、畜肉类气味物质

新鲜畜肉，一般都带有家畜原有的生臭气味。主要成分有 $H_2S$、$CH_3SH$、$C_2H_5SH$、$CH_3CHO$、$NH_3$、$CH_3COCH_3$等挥发性化合物，具有典型的血腥味。畜肉的气味各有特点，差异性较大。这取决于它们所含有的特殊的挥发性脂肪酸，如乳酸、丁酸、己酸、辛酸、己二酸等的种类和含量。这些化合物的种类与含量随牲畜的品种、性别、饲料、管理状况等的不同而变化。

羊肉膻气的主要成分是4-甲基辛酸和4-甲基壬酸，绵羊肉的膻气较轻，山羊肉有氨味，而羔羊肉则和母牛肉相似，具有类似牛奶的气味。猪肉的气味相当淡，但母猪肉有臊气味。饲养了8～11个月到30～32个月的牛，其肌肉色味较浓，生牛肉的挥发成分除乳酸等脂肪酸外，还发现有乙醛、丙酮、丁酮、乙醇、甲醇和乙硫醇等。牲畜在宰杀前若吃了一些带有特殊气味的饲料，则在肉体中也会出现这些气味，但经过冷藏一段时间后，这些气味便会消失。

宰杀畜肉经后熟，由于乳酸的增多，肉中的pH值降低，蛋白质的水溶性提高，脂肪水解反应产生低级脂肪酸风味物质，次黄嘌呤、醚类、醛类等化合物聚积，肉的气味得到了较大改善。

肉类经加热制熟后产生的香气味，其组成较为复杂。例如清炖牛肉的香气成分中含有300多种化合物，几乎包括所有类型的小分子化合物，而且加热的温度不同，香气成分也不相同。因此现在已经鉴定检出的香气成分，很难确定谁是主香物质，只能说是多种成分综合的结果。肉香气中的主要化合物有：脂肪酸、醛、酮、醇、醚、吡咯、呋喃、内酯（γ-丁内酯、γ-己内酯）、芳香烃，还有含硫化合物（噻唑、噻吩）、含氮化合物（噁唑、吡嗪）600余种。

不管这些化合物的结构如何复杂，种类如何多，肉类香气的前体物质就是肉中水溶性提取物，包括氨基酸、多肽、核酸、糖类、脂类等。这些前体物质通过如下三种途径生成肉香成分：

（1）脂类物质的自动氧化、水解、脱羧反应。

（2）糖类物质、氨类物质的美拉德反应、分解和氧化反应。

（3）上述两类反应生成物之间的二次反应（聚合、缩合、酯化）。

其中美拉德反应是综合性的反应，呋喃类、吡嗪类衍生物以及含硫化合物都可以在美拉德反应中生成。例如含硫氨基酸与糖类之间的美拉德反应生成肉香的主要成分如图10-10所示。

## 六、乳及乳制品的气味物质

新鲜牛奶的香气成分较复杂，但主体物质是二甲硫醚（阈值很低），另外还有低级脂肪酸、丙酮酸、甲醛、乙醛、丙酮、2-戊酮、2-己酮等。如二甲硫醚含量过高，便有乳牛臭气味和麦芽臭气味产生。另外，饲料和牛厩中的草腥臭、樟脑臭、葱蒜臭等不良气味，也会转移到牛奶中来。

酸败后的乳品，因有较多的丁酸等成分，故有强烈的酸败气味。乳中脂肪氧化后所产生的臭气，其主体成分是$C_5$～$C_{11}$的醛类，尤以2,4-辛二烯醛和2,4-壬二烯醛为甚。牛奶经日光曝晒后的气味，与氨基酸和肽有关，例如蛋氨酸在维生素$B_2$（核黄素）的作用下，生成β-甲硫基丙醛，有类似甘蓝的气味。

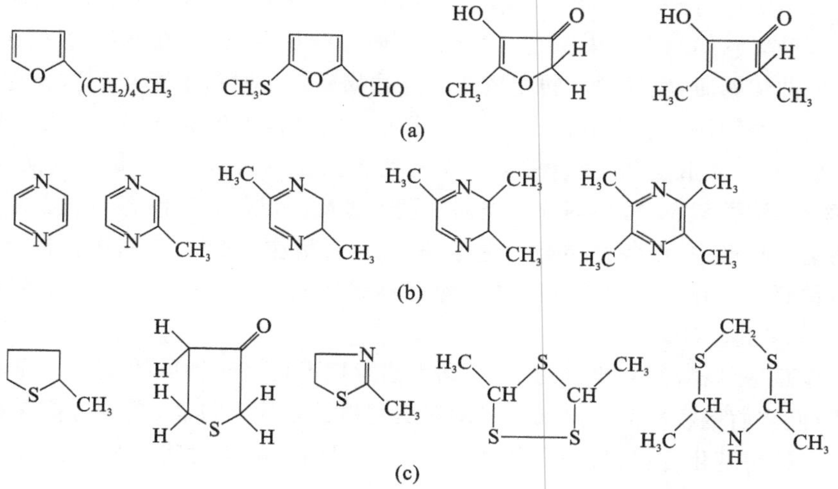

(a)

(b)

(c)

**图 10-10　含硫氨基酸与糖类之间的美拉德反应生成肉香的主要成分**

(a) 呋喃衍生物；(b) 吡嗪衍生物；(c) 含硫化合物

$$\underset{\text{蛋氨酸}}{CH_3SCH_2CH_2CH(NH_2)COOH} \xrightarrow{\text{光/核黄素}} \underset{\beta\text{-甲硫基丙醛}}{CH_3—S—CH_2CH_2CHO} + CO_2 + NH_3$$

乳制品加工过程中，如加热过度，便会形成不良气味，其中含有甲酸、乙酸、丙酸、丙酮酸、乳酸、糠醛、羟甲基糠醛、糠醇、麦芽醇、乙二醛、硫化氢、硫醇、δ-癸内酯等。其中δ-癸内酯具有乳香气味，现已人工合成，用作调香剂和增香剂。

经过发酵的乳制品，其气味的主体成分是丁二酮、3-羟基丁酮等（图 10-11）。

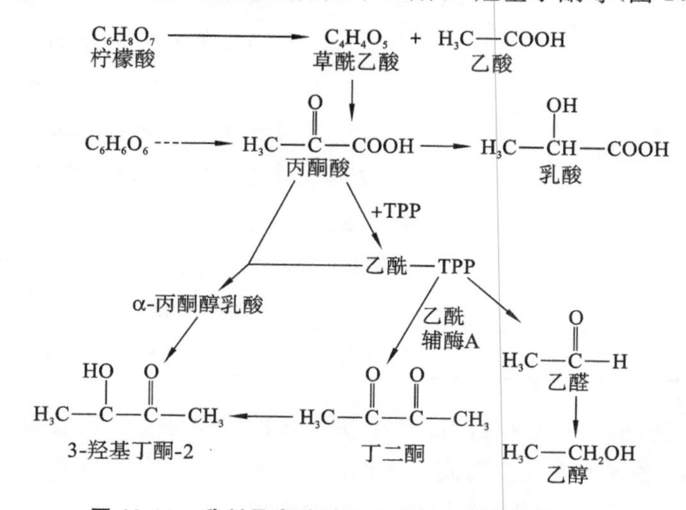


**图 10-11　乳制品发酵过程中风味物质的形成途径**

## 七、发酵食品的气味物质

这是一类经过微生物作用生成的食品，品种很多，烹饪中常用的有酒类、酱油和食醋。

1）酒类

酒是饮料，也是烹调时常用的调料，酒的香气成分非常复杂，我国食品科学界近 30 年来对我国的各种名酒进行研究，已确认的呈香成分达 100 多种。而国外已发现酒类的呈香物质总数逾 600 种。它们的主要来源是：①原料中原有的呈香物质，在发酵过程中转入酒中。②原料原有的前体物质，经发酵后转变成新的呈香物质。③原料中原有的呈香物质，经发酵后转变成新的呈香物质。④在老熟、陈化、窖藏等工艺过程中生成的呈香物质。由此可见，酒类的芳香成分，与酿造工艺、原料种类等有密切关系。以白酒为例，我国食品界把它分为酱香型、浓香型、清香型、花香型等香型类别。至于过滤酒(果酒、啤酒等)，就更复杂了。

酒类的呈香物质中，以各种酯类为主体，其他还有醇类、酸类、羰基化合物、含氮含硫化合物等。每种酒的呈香物质种类和配合比例都不尽相同。在一般的白酒中，各种酯的平均含量为 0.2～0.6 mg/100 mL。

酒被用作烹饪调料，其主要目的是：①利用乙醇把不良气味抽取挥发。②降低香气物质的蒸汽分压，使它们更容易散发出来。③调料酒用得最多的是黄酒，其本身就含有可以增加菜肴香气的多种羰基化合物，特别是焦香气味。④利用乙醇与食物中的有机酸通过酯化作用形成酯类物质，增加食品风味。

2) 酱油

酱油和酱都是以大豆、小麦等粮食为原料，经霉菌、酵母等综合作用所得到的调味料，是我国和东亚地区各国的传统调味品。酱油和酱的香气成分是制醪后期发酵形成的，已经检出的香气成分就有 300 多种。按香型分，酱油有焦糖香、花香、水果香、肉香、酒香等。酱油香气的主体物质是酯类化合物。与酒类相似，酱油和酱的香气成分与生产工艺和原料种类有密切关系，其中一些主要成分如表 10-4。

**表 10-4　酱油和酱香气的主要成分**

| 香气物质分类 | 主 要 成 分 |
|---|---|
| 醇类 | 乙醇、正丁醇、异戊醇、β-苯乙醇 |
| 酚类 | 4-乙基愈创木酚、4-乙基苯酚、对-羟基苯乙醇 |
| 羧酸类 | 乙酸、丙酸、异戊酸、己酸、乳酸 |
| 酯类 | 乙酸戊酯、乙酸丁酯、乙酸乙酯等 |
| 羰基化合物 | 乙醛、丙酮、丁醛、异戊醛、糠醛、其他不饱和醛酮 |
| 缩醛类 | α-羟基异己醛二乙缩醛、异戊醛二乙缩醛 |
| 含硫化合物 | 硫醇、硫醚 |
| 其他 | 呋喃类、内酯类、吡啶、吡嗪、噻唑、萜类等 |

在烹调中加入酱油后再加热，醇、酯和羰基化合物等成分易于蒸发逸去，酯和缩醛等也会水解，从而失去其诱人的香气。因此在添加酱油时要注意加热的温度和时间。

3) 食醋

食醋的香气来源于发酵过程中产生的各种酯类以及人工添加的各种香辣剂。酯类以乙酸乙酯为主，另外还有乙酸异戊酯、乙酸丁酯、异戊酸乙酯、乳酸乙酯、琥珀酸乙酯等。由于酯化反应的速率较慢，而酿醋的新工艺生产发酵周期短，故酯含量低，香气不足；老法酿醋生产发酵周期长，故醋的香气浓郁，陈醋更胜一筹。我国制醋历史悠久，风味多样，在世界上独树一帜，老陈醋的酯香、熏醋的独特焦香，令人神往。不过在酿醋过程中，如果生成的丁二酮和 3-羟基-2-丁酮含量过多时，就会有馊饭味。而这两者却是发酵乳制品的主要香气成分。

发酵的面食如馒头等的清淡香气，其主要香气成分是醇和有机酸，也有少量的酯。

## 八、烘焙、油炸食品的气味物质

烘焙食品特别是焙炒的食品如炒咖啡豆、炒茶叶、炒麦茶、炒花生、炒芝麻、炒瓜子、炒黄豆、炒面粉等，其主要香气成分都是吡嗪类化合物。它们的生成与羰氨反应（美拉德反应）的中间产物之一的3-脱氧-D-葡萄糖醛酮有关，这个化合物和氨基酸反应，生成醛和烯胺醇，进而环化形成吡嗪类化合物。具体过程可表示如图10-12所示，这类化合物有很多种，更多内容参见前面章节。

C—$NH_2$ / C—OH → H—C—$NH_2$ / C═O —双分子缩合→ (二氢吡嗪) —−2H→ (吡嗪)

图10-12　烘烤食品吡嗪类化合物的生成

油炸食品除了羰氨反应是香气形成的主要途径以外，研究证实，其香气还来自油脂的高温分解产物，其主要香气成分是羰基化合物。例如将三亚油酸甘油酯加热至185 ℃，每隔30 min通2 min水蒸气，前后加热共74 h，从其挥发物中分离出77种化合物，其中5种直链状的2,4-二烯醛和内酯呈现油炸物特有的香气。从棉籽油、大豆油、牛脂、猪脂脱臭的馏出物中则检出了2,4-癸二烯醛。若单用油酸甲酯与水共热使之分解，分解产物中的羰基化合物的主要成分也是2,4-癸二烯醛，其香气阈值是$5\times10^{-13}$。

油炸食品的香气成分中，小麦粉中的游离氨基酸和油脂中的亚油酸含量对其也有影响。研究者用大豆油、玉米胚油和橄榄油作炸油，都证实了这一点。

## 九、米饭的香气成分

大米中存在的维生素$B_2$对米饭香气的形成有较大的贡献。在L-半胱氨酸和L-胱氨酸的水溶液中加入维生素$B_2$，并暴露在日光下，可形成米饭香气。关于米饭的挥发性成分，过去认为是$H_2S$、乙醛和$NH_3$。对新蒸煮的米饭顶空分析测得其挥发性成分已达40种，绝大多数是低相对分子质量的醇、醛、酮类化合物，甚至还有几种芳烃和氯仿。放凉以后的米饭，其香气和米糠的挥发成分相似，其中含量最多的是乙醇、正己醛、正壬醛、乙酸乙酯和乙烯基苯酚，另外还有链烃、芳烃、醇、醛、酮、脂肪酸、酯、内酯、缩醛、酚和呋喃、噻吩、噻唑、吡啶、吡嗪、吲哚、喹啉等类杂环化合物，总数达150种以上。

# 第四节　烹饪加工中香气的形成

日本的一些学者以芳香（aroma）、浓郁（mplitude）和留香（continuity）三者作为食品香气的基本要素。芳香是呈香物质必备的基础条件，浓郁保证人们在进食时有能够感知这种香气的浓度，留香是指呈香物质应有足够的停留时间，挥发性不要太大，否则稍纵即逝。三者共同构成了食物香气预期的效果。烹调中的调香除了要根据香气物质的理化性质外，还要高超的技法将香气物质有机地调和一起，达到芳香愉悦、浓淡优雅、飘香时宜。中餐烹饪中调香工艺主要有调料调香和热变生香。

## 一、调料调香机制

各种香气不可加和，但可以产生遮掩作用和夺香作用。遮掩作用即“以香掩臭”，夺香作用则是加入某种少量呈香物质后，使原有的香气格调改变。在烹调过程中，利用天然或自然加工调香料制品进行矫枉、遮掩处理。常用天然香料有葱、生姜、蒜、辣椒、胡椒、花椒、芫荽、芝麻、豆蔻、薄荷、肉桂、茴香等，加工调香料制品也相当丰富，有香（麻）油、辣椒油、豆瓣酱、豆豉、五香粉等调料进行调香。调料调香机制主要如下。

**1. 挥发增香**

利用天然原料本身的香气成分增香。洋葱、蒜、葱、韭菜都是增香蔬菜，这些植物体存在的风味前体在酶的作用下，可产生许多具有特征香气的丙烯类硫化物。将大蒜、葱制成蒜泥和葱段，经过爆炒或稍加热，酶从组织细胞中释放出来并被激活，会产生强刺激气味，利用食品加热产生的热气达到香飘四溢。但要注意的是洋葱、蒜、葱等香料物质不能过度加热，丙烯类二硫化合物受热时都会分解生成相应的硫醇，所以蒜葱等在煮熟后不仅辛辣味减弱，而且还产生甜味。

**2. 吸附带香**

利用香气物质的溶解性，先经过抽提，将产生香气的物质保留在食物中。由于多数香气物质具有脂溶性，利用脂类物质较稳定，烹饪中先用油脂对香料中的香气成分进行溶解提取并保留在油脂中，为烹制食品备用，例如香油（芝麻油）、花椒油、辣椒油等，烹饪工艺中的“炝锅”工艺就是利用这一原理。炒菜前先将葱、姜、蒜在热油中煸炒一下，使香气物质溶于油脂中，再加入食品原料烹炒，带有香气成分的油脂黏附在食物表面，产生良好的气味。食物直接蘸料食用也是烹饪中吸附带香的应用。

**3. 扩散入香**

在制作某些食品时，希望香气物质浸入到食物之中，使之保持长久些，不仅可以闻香，而且有咀嚼生香的效果。扩散入香就是根据物质扩散的原理让香气成分均匀地渗透到食品中。香气物质兼具水溶性和脂溶性，将食物、香料放在水中加热，同时加入一定量的油脂，以加快香气物质的提取和增加其扩散速率。香气成分通过水和油脂均匀分布在食品组织中，产生良好气味。例如卤制食品、四川泡凤爪等。

**4. 除腥抑臭**

动物性的食物有些带有腥、膻、臊等令人不愉快的气味，烹饪加工中要给予去除或做适当地处理。除腥抑臭是针对这类食品原料调香的重要手段。其作用原理是利用调香料分解、溶出、掩盖这些不良成分。例如鱼的腥臭味主要成分是胺类物质，加入食醋，利用酸碱中和作用去除腥味，单独使用食醋效果不佳，加入料酒通过乙醇将腥味成分溶解出来，增强去腥效果。有些异味物质采用焯水（溶于水）、过油（溶于油脂）以及用食醋、料酒处理还难以奏效，烹饪中采用浓烈辛香料来加以掩盖，如利用葱、姜、蒜、胡椒、花椒、辣椒，加入食醋、料酒共同作用，压抑、掩盖异味。

## 二、热变生香机制

加热条件下，还原糖和氨基化合物的作用会导致美拉德反应，产生褐变和风味。食品原料在烹饪加热时可发生许多化学反应，其中水解是最容易发生的一类反应，虽然蛋白质、糖类物质的水解产物并不能直接挥发产生气味，但水解产物为更进一步的分解反应创造了条件。如发酵过的豆瓣，因开始的水解，加热时能产生特别显著的香气。对相对分子质量较小的酯、糖苷等进行水解能直接产生香气成分。油脂的水解也有明显气味生成。加热时能直接产生气味的反应主要是下面三类反应：

**1. 糖物质的热分解**

单糖、低聚糖及多糖都能在加强热条件下（200～300 ℃）裂解产生气味物质。相对分子质量较小的单糖、低聚糖裂解的温度低，产物更易挥发。糖热变的产物主要有各种呋喃衍生物，如5-甲基糠醛、羟甲基糠醛、乙酰呋喃等（图10-13）。另外小分子的醛、酮也起重要作用。焦糖化反应是典型的糖热生香反应，在食品加工、烹饪中应用很广，以至于将焦糖香气作为高温加热后食品的一个标志和特征。

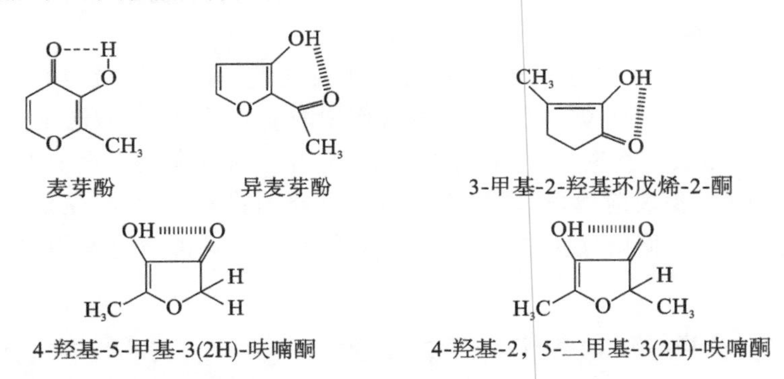


**图10-13 糖热变的产生主要风味物质**

**2. 氨基酸热分解**

氨基酸加热时的脱氨、脱羧及侧链基团的反应，生成的气味物质更多、更具特征性，如半胱氨酸、丝氨酸、苏氨酸、赖氨酸等分解产物。一般食品加工或模拟加工时产生大量的风味物质，目前还难以从化学角度来解释它们形成的机理。烷基吡嗪是所有焙烤食品和类似加热食品的重要风味化合物，它们形成的直接途径是α-二羰基化合物与氨基酸的氨缩合，发生Strecker降解，蛋氨酸作为Strecker降解反应的氨基酸，其分子中含有硫原子可以生成甲磺醛，甲磺醛被认为是煮马铃薯和干酪饼干风味的重要特征化合物（图10-14）。

**3. 脂肪的热分解**

脂肪在水中加热产生水解生成脂肪酸，一些低碳分子脂肪酸对风味有较大的作用。$C_4$～$C_{12}$短中链脂肪酸对干酪、乳制品的风味极为重要，其中丁酸是风味最强、影响最大的化合物。脂肪酸水解后产生内酯类化合物，赋予焙烤食品理想的椰子或桃子般风味。利用动物原料熬制的高汤，具有鲜香的风味，脂肪的水解对风味有较大的贡献。

原料经过油炸后常产生诱人的香气。各种羰基化合物是油炸食品香气的重要成分，其中2,4-癸二烯醛是油炸食品的特有香气成分，其阈值为$5\times10^{-4}$ mg/kg。油炸食品的香气还包括吡嗪类和酯类物质以及油脂本身的香气。但是，油脂经过长时间的加热处理，例如高

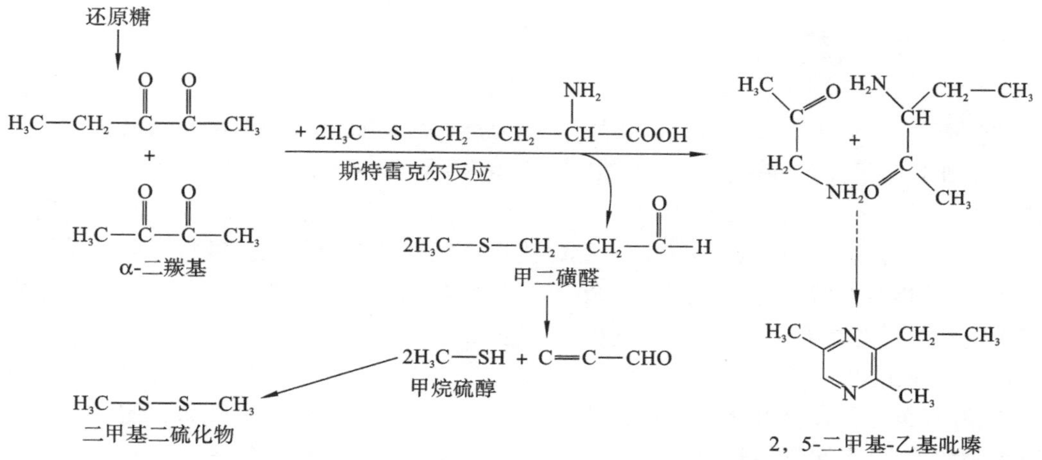

还原糖

$H_3C—CH_2—C(=O)—C(=O)—CH_3$

+

$H_3C—C(=O)—C(=O)—CH_3$

α-二羰基

$+ 2H_3C—S—CH_2—CH_2—CH(NH_2)—COOH$

斯特雷克尔反应

$2H_3C—S—CH_2—CH_2—C(=O)—H$

甲二磺醛

$2H_3C—SH + C=C—CHO$

甲烷硫醇

$H_3C—S—S—CH_3$

二甲基二硫化物

$H_3C$ $C=O$ $H_2C$ $NH_2$ + $H_2N$ $CH—CH_2—CH_3$ $C=O$ $CH_3$

2，5-二甲基-乙基吡嗪

**图 10-14　蛋氨酸作为 Strecker 降解反应的氨基酸**

温油炸，可导致各种化学反应的发生，包括有氧化反应、分解反应、聚合反应和热缩合反应。这种脂肪热分解是烹饪中应该避免的问题，一般油炸食品的油温控制在 180 ℃以下。

**4. 糖、胺类、油脂的相互反应**

糖类与氨类物质除自身要分解外，它们之间还会发生一些反应（图 10-15），产生更复杂的气味成分。羰氨反应是还原糖、氨基酸等相互作用的重要反应，它不仅在生成色素方面发挥作用，同样在对食品气味物生成方面也发挥重要作用。油脂加热分解产生大量的羰基化合物（醛、酮），加快了羰氨反应速率。羰氨反应能产生各种杂环化合物，主要有吡啶类、内酯、呋喃类和吡嗪类，Strecker 降解反应中，也会产生吡嗪、醛、酮、烯醇胺等产物，它们均是食品气味物质。

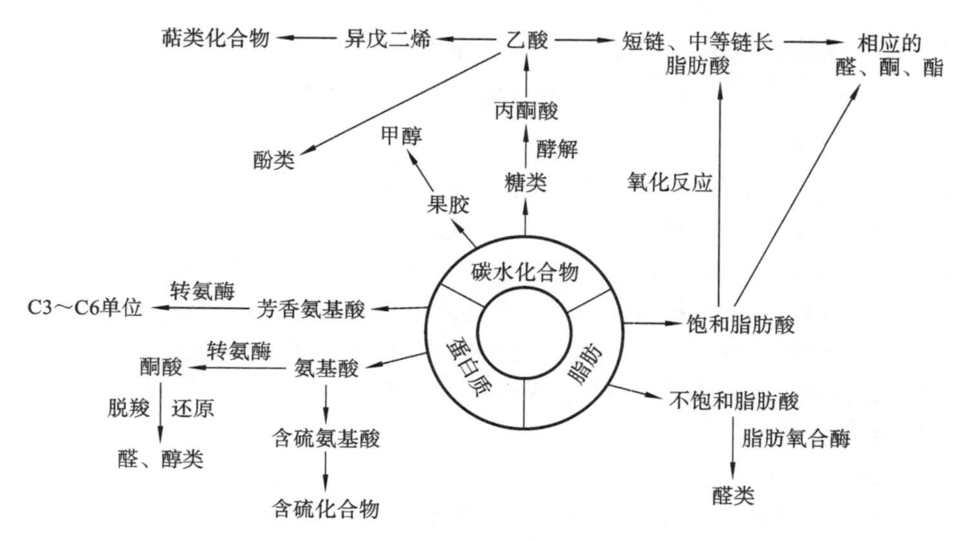


**图 10-15　糖类、蛋白质、脂类物质的热分解风味形成途径**

羰氨反应产生的色泽和香气成为某些加工食品特征性的标志。研究表明：不同氨基酸与不同的糖反应，通过生成不同的内酯、吡嗪等杂环化物，从而产生出不同的气味（见表 10-5）。

表 10-5 氨基酸和糖共热时产生的气味

| 温度 | 糖 | 甘氨酸 | 谷氨酸 | 赖氨酸 | 蛋氨酸 | 苯丙氨酸 |
|---|---|---|---|---|---|---|
| 100 ℃ | 葡萄糖 | 焦糖味(+) | 旧木料味(++) | 炒甘薯味(+) | 煮过分甘薯味(+) | 酸败后的焦糖味(−) |
| | 果糖 | 焦糖味(−) | 轻微旧木料味(+) | 烤奶油味(−) | 切碎甘蓝味(−) | 刺激臭(−−) |
| | 麦芽糖 | 轻微焦糖味(−) | 同上 | 烧湿木料味(−) | 煮过头甘蓝味(−) | 甜焦糖味(+) |
| | 蔗糖 | 轻微氨味(−) | 焦糖味(++) | 腐烂马铃薯味(−) | 燃烧木料味(−) | 同上 |
| 180 ℃ | 葡萄糖 | 燃烧糖果味(++) | 鸡舍味(−) | 烧燃油炸马铃薯味(+) | 甘蓝味(−) | 同上 |
| | 果糖 | 牛肉汁味(+) | 鸡粪味(−) | 油炸马铃薯味(+) | 豆汤味(+) | 脏犬味(−−) |
| | 麦芽糖 | 牛肉汁味(+) | 炒火腿味(+) | 腐烂马铃薯味(−) | 山嵛菜味(−) | 甜焦糖味(++) |
| | 蔗糖 | 牛肉汁味(+) | 烧肉味(+) | 水煮后的肉味(++) | 煮过头甘蓝味(−) | 巧克力味(++) |

注:(+ +)良;(+)可;(−)不愉快;(−−)极不愉快。

**5. 维生素的降解**

除了糖、脂肪、蛋白质三大基本成分外,某些维生素的降解反应也是食品风味形成的重要途径。抗坏血酸在有氧热降解中,生成糠醛、乙二醛、甘油醛等醛类。糠醛类化合物是熟牛肉、茶叶、炒花生香气的重要成分之一。低分子醛本身具有良好的香气,同时也参与其他反应生成新的嗅感物质。

硫胺素热降解成分十分复杂,至今尚未完全清楚。但是硫胺素分解产物具有特征气味,经检测主要成分有呋喃类、噻吩类、噻唑类、咪啶类和含硫化合物。其中,双(2-甲基-3-呋喃)硫化物阈值最小,是“真正的”具有硫胺素气味的成分。硫胺素降解生成的呋喃类化合物和含硫化合物大多是肉类受热产生香气的成分。

# 第五节 食品滋味

狭义的食品风味是指滋味和气味。滋味包括人体味觉感受器感受到的酸、甜、苦、咸味觉外,还有一些则是通过痛觉、触觉和温度觉所产生的感觉。

## 一、味觉与味觉器官

近代生理科学研究表明:食品的各种滋味,都是由于食品中可溶性成分溶于唾液或食品溶液刺激舌头表面上的味蕾以及口腔黏膜，产生电脉冲经神经纤维转达到大脑的中枢，经过大脑的识别而感知。人体味觉感受器为味蕾，味蕾由 40～60 个细胞构成的花蕊状结构，分布于舌的背面，特别是舌尖(图 10-16)。一般成年人有 2000 多个味蕾，它们以短管(即味孔口)与口腔内表面相通，并紧连着味神经纤维。味蕾在舌黏膜皱褶中的味乳头的侧面分布最为密集，因此当用舌头向硬腭上研磨食物时，味感受器最容易兴奋起来，加上唾液溶解呈味物质的作用，便有了“咀嚼有味”的感受。

不同呈味物质在味觉细胞受体上有不同的结合位置，而且有严格的空间专一性。根据试验的结果，舌面上不同部位的味蕾，对不同味道的敏感程度不同。一般来说，舌面的前部对甜味最敏感，舌尖和边缘对咸味最敏感，靠腮两侧的舌面对酸味最敏感，舌根部对苦味最敏感(图 10-17)。

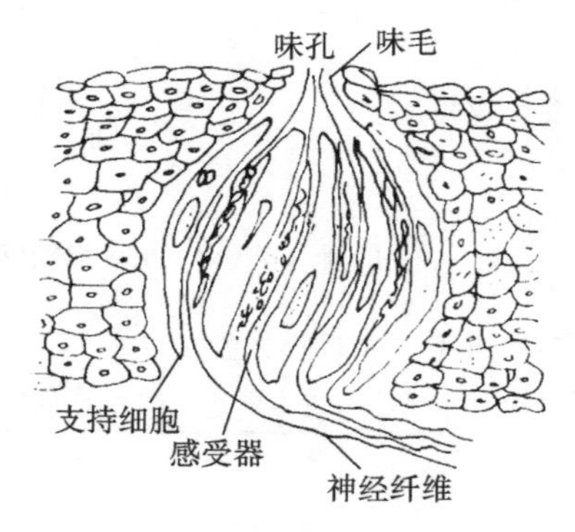


图 10-16　味蕾结构图

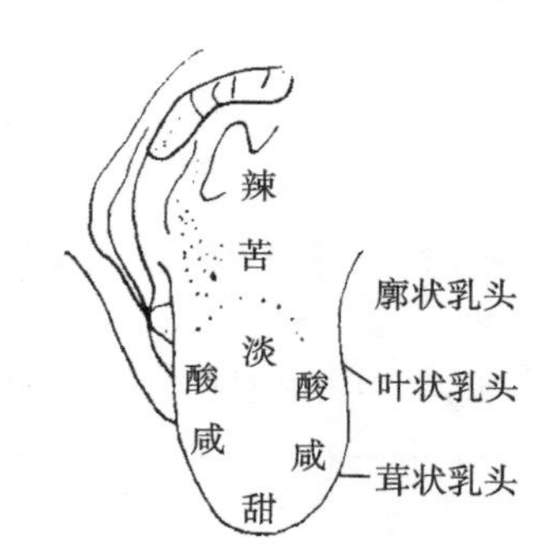


图 10-17　舌头各味感区域示意图

## 二、滋味的分类

人们对食物滋味的感受与人类代代相传长期养成的习惯有很大的关系。日常生活中所说五味、百味，是形容食品滋味丰富而言。不同国家饮食习惯不同，基本味觉也不相同。日本将滋味分为咸、酸、甜、苦、辣；欧洲有咸、酸、甜、苦、辣、金属味；而我国滋味则较为丰富，主要有咸、酸、甜、苦、辣、鲜、涩、麻。

从生理学讲，人体通过味觉感受器所能感受的基本味只有咸、酸、甜、苦四种。其他的滋味则是人体各种感受器互相作用的综合结果。如辣味是一种皮肤的灼烧疼痛感觉，涩味是对黏膜蛋白质的凝固感觉，麻味则是对感觉神经的麻痹作用。

实际烹调中通常把滋味分为基本味和复合味两大类。基本味，又称单一味或单纯味，由一种呈味物质形成。复合味，由基本味和其他的一种或几种味以一定的比例调和而成。食物中复合味较普遍，主要有甜酸味、咸鲜味、咸辣味、酸辣味、鲜香味、咸甜麻辣味等等。

## 三、味感强度

### 1. 味感灵敏度与阈值

味感的强弱与人体味觉灵敏性相关。味觉灵敏性是指人体对滋味的敏感程度。由味感速度、味觉分辨率、味觉阈值综合反映。人体味感速度为 1.4～4.0 ms，相当于神经传导速度。味觉分辨率是人对味感细微差异分辨的能力，不同的人其能力各异，品酒师有很高的味觉分辨率。味觉阈值是滋味敏感性的指标，即感受到某种物质的最低浓度，阈值越低说明其感受性越高。

近代科学研究中，对味感强度的测量和表达，目前都采用品尝统计法，即由一定数量的味觉专家在相同条件下进行品尝鉴定，得出其统计值，并采用阈值作为衡量标准。阈值(CT)：是指能感受到某种物质的最低浓度(%、mg/kg)。一种物质的阈值越低，说明其敏感度越高。表 10-6 所示为四种基本味标准呈味物质的近似阈值。

**表 10-6　呈味标准物质的呈味阈值**(25 ℃)

| 物质名称 | 味道 | 阈值/(mol/L) | 阈值/(%) |
|---|---|---|---|
| 蔗糖 | 甜 | 0.03 | 0.5 |
| 食盐 | 咸 | 0.01 | 0.25 |
| 盐酸 | 酸 | 0.009 | 0.007 |
| 硫酸奎宁 | 苦 | 0.00008 | 0.0016 |

**2. 影响味感的主要因素**

呈味物质的呈味强度和味感，除了与其化学结构有关外，还受温度、接触时间、浓度、人的年龄和生理状态影响。

1) 溶解度与浓度

首先呈味物质必须溶于水或唾液，才能进入味蕾与味觉细胞结合产生电化学反应，否则只能产生物理感觉，如冷热、软硬、麻辣等。因此，溶解度高的呈味物质味感产生快，消失也快；而溶解度低的呈味物质味感响应慢，持续时间长，后味作用明显。

呈味物质在适当浓度时通常会使人有愉快的感觉，而不适当的浓度则会使人产生不愉快的感觉。人们对各种滋味的反应是不同的，一般来说，甜味在任何被感觉到的浓度下都会给人带来愉快的感受；单纯的苦味则总是令人不愉快；而酸味和咸味在低浓度时使人感到舒适、愉快，高浓度时则会使人产生不适和不愉快的感觉。

2) 温度

温度对味觉的灵敏度有显著的影响。一般来说，最能刺激味觉的温度是 10～40 ℃，最敏感的温度是 20～30 ℃。温度过高或过低都会导致味觉的减弱，例如在 50 ℃以上或 0 ℃以下，味觉反应显著变得迟钝。表 10-7 所示为 4 种呈味物质在不同温度时的感觉阈值。

**表 10-7　不同温度对味感阈值的影响**

| 呈味物质 | 味道 | 25 ℃阈值/(%) | 0 ℃阈值/(%) |
|---|---|---|---|
| 盐酸奎宁 | 苦 | 0.0001 | 0.0003 |
| 食盐 | 咸 | 0.05 | 0.25 |
| 柠檬酸 | 酸 | 0.0025 | 0.003 |
| 蔗糖 | 甜 | 0.1 | 0.4 |

3) 生理状态

由于人体各种感觉神经是互相交联的，生理、心理状态对味觉的影响较明显。年幼时味蕾数量多，味感敏锐；随着年龄的增加其味蕾数目递减，老年人味感较差；生病时由于体内液体发生变化，引起味觉的变异，味感阈值发生改变，出现对某一呈味物质味感的增强或减弱。

# 第六节 食物中的滋味物质

## 一、甜味及甜味物质

甜味(sweet taste)亦称甘味，甜味给人以愉快感觉和甜美的心理感受，是人们最喜欢的滋味之一。甜味的强弱称为甜度，是评价甜味剂的重要指标。一般选用蔗糖(非还原糖，有较好的稳定性)为参考标准，其他的甜味剂与之相比较，得到相对甜度。天然的糖类物质中甜度最大的是果糖，其甜度是蔗糖的 1.75 倍。而甜味剂的甜度一般都非常高，是蔗糖的几百倍，甚至上千倍。如糖精钠甜度是蔗糖的 500～700 倍。

### 1. 甜味的机理

尽管人们喜欢甜味，但甜味的强度与呈味物质化学结构之间的关系，一直以来有多种理论。夏-克甜味学说较具有代表性，由 R. B. Shallenberger 和 T. E. Acree 在 20 世纪 70 年代前后提出的 AH/B 理论认为所有具有甜味感的物质都有一个电负性的原子 A，如 O、N，这个原子上连有一个质子氢，以共价键连接，所以 A-H 可代表—OH、$—NH_2$、$—NH^-$ 等，它们为质子供给体。从 A-H 起的 0.25～0.4 nm 的距离内，必须有另外一个电负性的原子 B，(O、N)，则甜味物质中的 AH-B 单位可和味蕾上的 AH-B 单位相作用，形成氢键，产生甜味感，如图 10-18 所示。

甜味物质 —A—H--------------B— 味觉感受器
—B--------------H—A—

图 10-18 夏-克甜味学说模型

用 AH/B 理论可以解释常见的甜味分子如果糖、葡萄糖、某些呈甜味的氨基酸、糖精、氯仿等的呈味机理(图 10-19)。但是不能解释同样具有 AH/B 结构的化合物，为什么甜度相差较大。在此基础上 Kier 提出三点接触学说：除 AH/B 结构外，分子具有一个适当的亲脂区域 γ，通常是$—CH_2CH_3$、$—C_6H_5$等疏水性基团；γ 与 AH、B 两个基团的关系在空间位置上有一定要求(图 10-20)。这个经过补充后的学说称之为 AH-B-γ 学说，它解释了甜味与苦味形成的差别。

### 2. 甜味的强度和影响因素

由于目前对甜味的机理仍知之甚少，因此物质的甜度只能靠人的感官来直接测定。目前普遍以蔗糖作为比较的相对标准，即以 5% 或 10% 的蔗糖溶液 20 ℃时的甜度为 1(或 100)，然后再与其他物质在同样浓度条件下，用一批人的几次品尝结果的统计方法获得相对甜度的数据。表 10-8 所列的就是用这种方法测得的部分甜味剂的相对甜度。

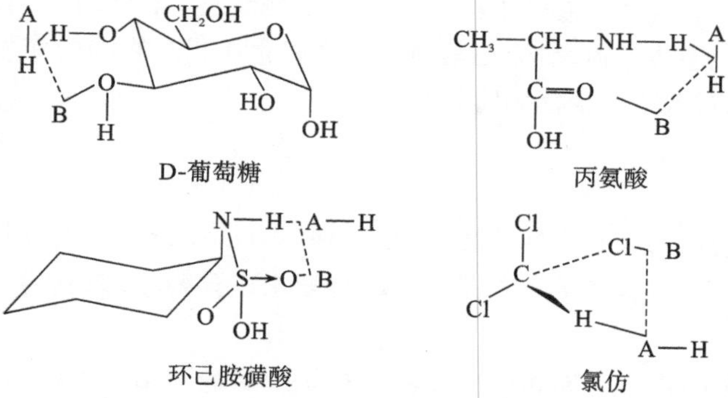

D-葡萄糖　丙氨酸

环己胺磺酸　氯仿

图 10-19　葡萄糖、丙氨酸、环己胺磺酸、氯仿呈味结构

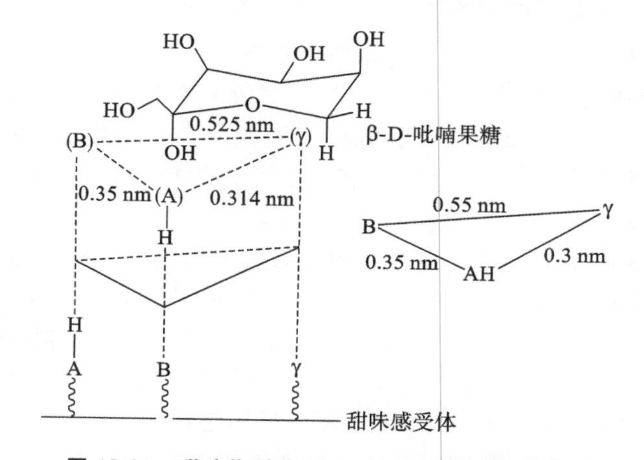


图 10-20　甜味物质分子中 AH-B-γ 学说结构关系

表 10-8　常用天然糖的相对甜度

| 甜味剂 | 相对甜度 | 甜味剂 | 相对甜度 |
|---|---|---|---|
| 蔗糖 | 1 | 棉籽糖 | 0.23 |
| 葡萄糖 | 0.69 | 乳糖 | 0.39 |
| 果糖 | 1.5～1.75 | 麦芽糖 | 0.46 |
| 鼠李糖 | 0.33 | 山梨糖 | 0.51 |
| 甘露糖 | 0.59 | 木糖醇 | 1.25 |
| 半乳糖 | 0.63 | 甘露醇 | 0.69 |
| 木糖 | 0.67 | 麦芽糖醇 | 0.95 |

甜度作为一种相对值，影响甜度的主要因素有：①浓度，总的来说，糖溶液的浓度越大，相对甜度越大。但浓度对各种糖的甜度提高的程度不一样，蔗糖溶液的甜度随浓度的变化较小，其他糖的甜度随浓度变化更为明显。如在 40%浓度以下，蔗糖溶液甜度比葡萄糖高，浓度大于 40%时，两者甜度却相差无几。②温度，温度对甜味的影响表现在两个方面：一是温度对味觉感受器的影响，30 ℃时人体感觉器官最为敏感，过高与过低温度都影响味觉灵敏度。二是温度对糖分子结构的影响，温度较高时，糖分子结构发生异构化，影响糖物质的相对甜度。③结晶颗粒大小与溶解度，甜味化合物只有在溶解状态时才能与味觉细胞上的

受体结合产生相应的电信号并被脑中枢识别。结晶颗粒大小和溶解度能影响甜味产生的快慢和持续时间长短。④共存物,甜味与其他滋味之间存在相互影响的作用,例如低浓度的食盐可以使蔗糖增甜,而高浓度食盐则刚好相反。

**3. 甜味物质**

1) 天然甜味剂

糖类是最有代表性的天然甜味物质,重要的种类有蔗糖、果糖、葡萄糖、麦芽糖、乳糖等。常见的白砂糖、红砂糖、冰糖实际上都是蔗糖。蜂蜜中以葡萄糖、果糖为主。糖果中有蔗糖、果糖以及转化糖等。

(1) 蔗糖　蔗糖的化学组成和性质在糖类物质中已经介绍。蔗糖因结晶的粗细和杂质含量不同有白砂糖、绵白糖、冰糖、赤砂糖、红糖、黄糖等商品名称。蔗糖是用量最大的甜味剂,它本身是生热量相当大的营养素。

(2) 麦芽糖　麦芽糖是淀粉在淀粉酶作用下水解的中间产物,其甜度仅为蔗糖的 1/3。烹饪中通常用麦芽糖的制成品(饴糖)作为调味品,饴糖是糊精和麦芽糖的混合物,其中糊精占2/3,麦芽糖占 1/3。麦芽糖受热后易形成焦糖色,也易于参与美拉德反应和 Strecker 降解反应,在烹饪中常作为增色、增香的调料。如烤乳猪、北京烤鸭烤前在其表面刷上一层饴糖水。

(3) 蜂蜜　蜂蜜是一种淡黄色至红黄色的半透明的黏稠浆状物,当温度较低时,会有部分结晶而呈浊白色,可溶于水及乙醇中,略带酸味。其组成为葡萄糖 36.2%、果糖 37.1%、蔗糖 2.6%、糊精 3.0%、水分 19.0%,还有少量的含氮化合物、花粉、蜡、甲酸和一定量的铁、磷、钙等矿物质。蜂蜜是各种花蜜在甲酸的作用下转变而来的,即花蜜中的蔗糖转化为葡萄糖和果糖,两者的比例接近 1∶1,所以蜂蜜实际上是转化糖。

蜂蜜在烹调中是常用甜味剂,应用于糕点和风味菜肴的制作中。它不但有高雅的甜度,而且营养价值也很高,还是传统的保健食品。由于蜂蜜中转化糖有较大的吸湿性,所以用蜂蜜制作的糕点质地柔软均匀,不易龟裂,而且富有弹性。但在酥点中不宜多用,否则制品很快吸湿而失酥。

2) 非糖天然甜味剂

在一些植物中常含有某些非糖结构的甜味物质,可供食用。如木糖醇(甜度与蔗糖相当)、甘草苷(比甜度为 100～300)、甜叶菊苷(比甜度为 200～300)、甘茶素(又称甜茶素,比甜度为 400)。

(1) 木糖醇　木糖醇是木糖代谢的正常中间产物。自然界中广泛存在于水果、蔬菜、谷物、蘑菇之类食物和木材、稻草、玉米芯等植物中。木糖醇分子式为 $C_5H_{12}O_5$,相对分子质量为 152.15。木糖醇是一种白色粉末或白色结晶体,有吸湿性,易溶于水,微溶于乙醇,对热稳定性好。木糖醇是糖醇中最甜的一种,具有清凉甜味。它不被细菌和酵母菌利用,能预防龋齿形成。木糖醇在体内也不产生热量,有预防糖尿病的功效,作为糖尿病患者糖的替代品。木糖醇无还原性,不发生美拉德反应。

(2) 甜叶菊苷　甜叶菊苷是从甜料植物甜叶菊的叶、茎中提取的一类天然物质。糖部分是葡萄糖、槐糖,苷元是四环双萜化合物,分子式为 $C_{38}H_{60}O_{18}$,相对分子质量为 804.88。甜叶菊苷为白色或浅黄色晶体粉末,有吸湿性,易溶于水和乙醇,甜味醇正,后味可口,残留时间长,有一种轻快甜味感。甜叶菊苷不使食品产生褐变,食用后不被吸收和产生热量,可用于饮料和膨化食品。

3）合成的甜味剂

合成的甜味剂主要有糖精、甜蜜素、安赛蜜、三氯蔗糖等。

（1）糖精（saccharin）　化学名为邻苯酰磺酰亚胺，甜度极高，其钠铵盐更甜，钠盐甜度为蔗糖的500～700倍，易溶于水，稳定性好，在酸性食品、焙烤食品中均可使用。最大使用量为0.15 g/kg。但在人们大量食用的主食（如馒头）、婴幼儿食物、患者食物中不应使用。

糖精钠加热转化为邻氨基磺酰苯甲酸（苦味），酸能催化该反应。所以在使用糖精作甜味剂时要注意：①用量不得过大；②不要长时间加热或煮沸；③不要在呈酸性的食品中使用。

（2）甜蜜素（sodium cyclamate）　化学名为环己胺磺酸钠，溶于水，甜度为蔗糖的40～50倍，是人工合成甜味剂中甜度最低的。由于甜蜜素具有低热值、耐热、耐酸碱、不吸潮等特点，其多应用于食品加工中。

（3）甜味素（APM）　商品名为阿斯巴甜（Aspartame），化学名为天冬酰苯丙氨酸甲酯，是由天冬氨酸与苯丙氨酸形成的二肽。甜味素为白色晶体，溶于水，阈值为0.001%，甜度是蔗糖的100～200倍。在体内同氨基酸物质一样可以被吸收、消化、利用，因摄入量少，也不会造成能量问题，因此甜味素使用比较安全。但甜味素在高温下可转化为环状化合物二羰基哌嗪而失去甜味，因此多用于饮料中。

（4）安赛蜜（acesulfame potassium）　化学名为乙酰磺胺酸钾盐，结构上与糖精钠有相似之处，属于双氧噁噻嗪类化合物。其甜度是蔗糖的200倍，在高温、酸性条件下具有很好的稳定性，适用于酸性饮料。

（5）卤代糖（halogenated sugar）　卤代糖是蔗糖中的羟基被卤族元素取代后的产物。一些卤代糖甜度大于蔗糖，其原因是引入了疏水性基团。卤代糖的甜度与被取代的羟基数目、位置、卤族元素的种类相关，如三氯蔗糖（TGS）甜度是蔗糖的650倍。

## 二、酸味及酸味物质

**1. 酸味的机理**

在经典的酸碱理论中，酸是氢离子（$H^+$）所表现的化学性质。酸味的产生是由于呈酸性物质的稀溶液在口腔中，与舌头黏膜相接触时，溶液中的$H^+$与受体细胞膜离子通道结合，导致$Na^+$通道关闭，细胞去极化，从而导致酸的感觉。所以，凡是在溶液中能解离产生$H^+$的化合物都能引起酸感。酸味的阈值与酸的种类有关，无机酸阈值pH值为3.4～3.5；有机酸阈值pH值为3.7～4.9。由于大多数食物pH值为5.0～6.5，因此通常感觉不到食品有酸味。当pH值小于3.0时，其酸往往令人难以忍受。

**2. 酸味的强度与影响因素**

酸的强弱和酸味强度之间不是简单的正比关系。酸味强度与口腔黏膜的生理状态有很大的关系，口腔黏膜产生的黏液可以中和酸，会使酸味减弱，并逐步消失。由于每种酸的阈值不相同，相同浓度的酸其酸味强度都不一样，因为各种酸的酸感不等于$H^+$的浓度。在口腔中产生的酸感，与酸根的结构和种类、唾液pH值、可滴定的酸度、缓冲效应以及其他食物特别是糖的存在有关。有人曾以柠檬酸为基准，比较了一些食用酸的酸感，如表10-9所示。

应当指出：在实验中用的是水溶液，因此所测定的酸感与实际食物测得的酸感是有差异的。加之，唾液和食物中的许多成分都有缓冲作用，而酸感与缓冲作用有关，在相等的pH值条件下，有机酸的酸感反比无机酸强。

表 10-9　常见食用酸的性质($0.5\ mol \cdot L^{-1}\ H^+$的溶液)

| 酸 | 味感相当量* | 电离常数 | 味感特征 | 存在食物 |
|---|---|---|---|---|
| 酒石酸 | 68～71 | $1.04\times10^{-2}$ | 强烈、涩感 | 葡萄 |
| 苹果酸 | 54～56 | $3.9\times10^{-4}$ | 清鲜、稍苦 | 葡萄、苹果、梨、樱桃、杏 |
| 抗坏血酸 | 208～217 | $7.94\times10^{-5}$ | 温和、爽快 | 草莓、橙、葡萄、猕猴桃 |
| 醋酸 | 72～87 | $1.75\times10^{-3}$ | 醋味、刺激 | 食醋含3%～5%醋酸 |
| 乳酸 | 104～110 | $1.26\times10^{-4}$ | 尖利、稍涩 | 泡菜、酸菜、酸奶 |
| 柠檬酸 | 100 | $8.4\times10^{-4}$ | 温和、新鲜 | 浆果、柠檬、菠萝 |

注：*是指当柠檬酸为100时，其他酸的味感与之相当的量。

### 3. 酸味物质

1）食醋

食醋的主要物质组成水占比为90%以上，酸味成分为醋酸，含量为3%～5%，还有其他成分如乳酸、琥珀酸、氨基酸、醇类、酯类和糖等。酿制食醋中含有18种以上的游离氨基酸，为使食醋的口感达到预期效果发挥了重要的作用。食醋在调制时还加入适量的糖色作调色料。用作调味品的食醋都是用发酵法生产的，即

$$\text{糖或淀粉原料}\xrightarrow{\text{发酵}}\text{酒精}\xrightarrow{\text{氧化}}\text{醋酸}$$

醋酸是食醋风味的决定成分。以粮食酿制的食醋特点是醋酸等挥发性酸含量高，不挥发性酸含量低，因而酸味较强烈；以果汁酿制的水果醋含不挥发性酸多，有乳酸、苹果酸、葡萄糖酸和琥珀酸等，味感柔和，刺激性小。因此食醋生产中常通过熏醅、陈酿来降低挥发性酸的含量而提高不挥发性酸的含量，以增强食醋的风味。我国著名的山西老陈醋、镇江香醋、四川保宁醋等都是经过陈酿而成。

食醋除了在烹调中增加菜肴香味，除腥解腻，改善原料组织性状外(溶解植物纤维和软化动物胶原蛋白)，还有非常多的营养保健作用。大多数维生素在酸性条件下稳定，添加食醋对维生素有保护作用，减少烹饪中维生素的损失；同时，食醋促进原料中钙、磷、铁等无机物的溶解，以利于人体消化吸收；食醋具有开胃，刺激食欲，有利于消化的作用；食醋可以软化血管，预防动脉硬化；食醋还能防止果蔬的褐变和具有防腐作用。

2）乳酸

乳酸化学名称为α-羟基丙酸，分子式为$C_3H_6O_3$，其结构式为$CH_3—CH(OH)—COOH$。乳酸广泛存在于我国传统食品的泡菜、酸菜中，也存在于酸奶中，另外在醋、辣酱油和酱菜的制作中，也加入乳酸作酸味剂。

$$\text{葡萄糖或淀粉}\xrightarrow{\text{发酵}}\text{乳酸}+\text{酒精}+\text{二氧化碳}$$

泡菜的酸感和脆嫩风味，主要是由于乳酸的作用。首先，乳酸菌体内缺少分解蛋白质的蛋白酶，它不能破坏植物组织细胞内的原生质，在乳酸菌的繁殖生长过程中，只利用蔬菜渗出液中的糖分和氨基酸等可溶性物质作营养源，从而使泡制的蔬菜组织仍保持完整状态；其次，乳酸的积累，使泡菜汁的pH值降至4以下，在这种酸性环境中，阻止了植物细胞壁间果胶的水解，保持细胞的完整性；再次，随着乳酸的积累，在低pH值下，腐败细菌生长繁殖受到抑制。

3）苹果酸

苹果酸化学名称为 α-羟基丁二酸。苹果酸为白色结晶体，易溶于水，吸湿性强，无臭，存在于一切植物果实中，苹果中含量较高。苹果酸具有略带刺激性的爽快酸味感，略有苦涩味，但其后味持续时间长。

苹果酸应用较广，主要作为食品酸味剂使用。苹果酸在烹饪行业中可用作甜酸点心的酸味剂，在食品工业中用作果冻、饮料、果露酒等的酸味剂，一般用量为 0.05%～0.5%。

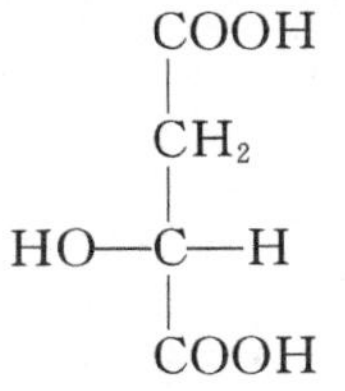

$$\begin{array}{c} COOH \\ | \\ CH_2 \\ | \\ HO—C—H \\ | \\ COOH \end{array}$$

L-苹果酸

$$\begin{array}{c} CH_2COOH \\ | \\ HOOC—C—OH \\ | \\ CH_2COOH \end{array}$$

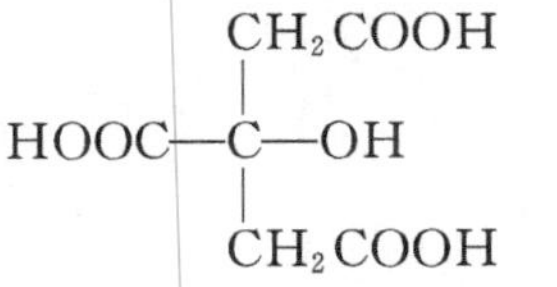

L-柠檬酸

4）柠檬酸

柠檬酸又名枸橼酸，化学名称为 3-羟基-3-羧基戊二酸。柠檬酸是无色透明晶体，易溶于水和乙醇，在 20 ℃的水中溶解度可达到 100%，在冷水中的溶解度大于热水，1%柠檬酸水溶液的 pH 值为 2.31。

柠檬酸在果蔬中分布很广，是柠檬、柚子、柑橘等天然酸味的主要成分。柠檬酸酸味柔和优雅，入口即达到最高酸感，后味持续时间较短，与柠檬酸钠复配使用，其酸味更加柔和。烹饪中在制作拔丝类菜肴及一些水果类甜菜时，都因为原料中含有一定量的柠檬酸，使菜肴的酸味爽快可口。柠檬酸在食品工业中用得更为普遍，除了作为酸味剂使用外，柠檬酸还是良好的防腐剂或作为防腐剂的增效剂，能抑制细菌增殖；它还能增强抗氧化剂的抗氧化能力，延缓食品中脂质的氧化；柠檬酸分子中有三个羧基，具有很强的金属离子螯合作用，加之柠檬酸水溶液酸性较强，常用作果蔬的防褐变剂。

5）葡萄糖酸

葡萄糖酸是开链式葡萄糖分子中的醛基被氧化成羧基的产物，用溴水氧化或电解氧化葡萄糖溶液，即可生成葡萄糖酸。葡萄糖酸水溶液在 40 ℃的真空中浓缩，很容易形成葡萄糖酸内酯。葡萄糖酸内酯在水溶液中能自发地发生下列平衡：

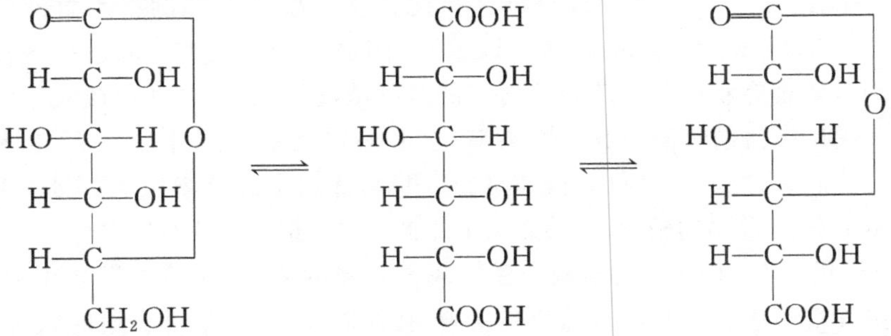

$$\begin{array}{c} O{=}C \\ | \\ H—C—OH \\ | \\ HO—C—H \quad O \\ | \\ H—C—OH \\ | \\ H—C \\ | \\ CH_2OH \end{array} \rightleftharpoons \begin{array}{c} COOH \\ | \\ H—C—OH \\ | \\ HO—C—H \\ | \\ H—C—OH \\ | \\ H—C—OH \\ | \\ COOH \end{array} \rightleftharpoons \begin{array}{c} O{=}C \\ | \\ H—C—OH \quad O \\ | \\ HO—C—H \\ | \\ H—C \\ | \\ H—C—OH \\ | \\ COOH \end{array}$$

D-葡萄糖酸-δ-内酯　　D-葡萄糖酸　　D-葡萄糖酸-γ-内酯

葡萄糖酸是无色至淡黄色浆状液体，易溶于水，微溶于乙醇，不溶于其他溶剂。因其不容易结晶，故市售商品多为其 50%的水溶液。

葡萄糖酸的酸味清爽，现在普遍食用的内酯豆腐就是用葡萄糖酸-δ-内酯作凝固剂制成的。葡萄糖酸内酯为白色晶体或结晶粉末，易溶于水，在加热条件下可以重新复水，复水速度取决于温度和 pH 值，这一特点使其成为迟效性酸味剂，受热后产生酸。将葡萄糖酸内酯加入豆浆中混匀后再加热，即生成葡萄糖酸，使大豆蛋白在酸性状态下凝固。生成的豆腐比传统豆腐细腻软嫩。葡萄糖酸可直接用于清凉饮料、食醋的调配，可替代柠檬酸、乳酸。

现代食品工业经常使用的酸味剂还有酒石酸(2,3-二羟基丁二酸)、琥珀酸(丁二酸)、延胡索酸(反丁烯二酸)和抗坏血酸(维生素 C)等等。对于烹饪行业来说，酸味剂的使用主要是利用天然食物中自然存在的酸性物质。

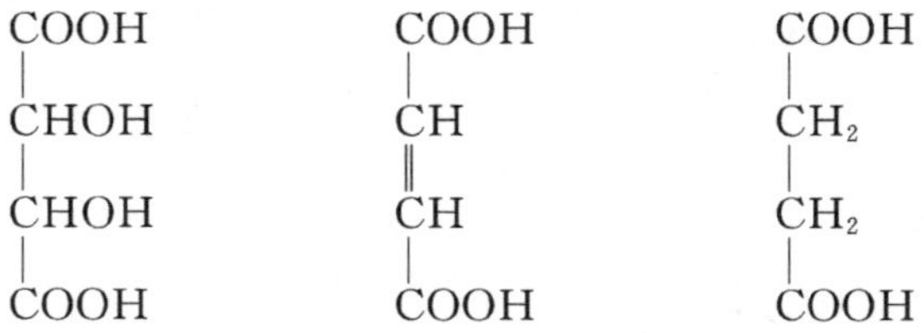

$$\begin{array}{ccc} \mathrm{COOH} & \mathrm{COOH} & \mathrm{COOH} \\ | & | & | \\ \mathrm{CHOH} & \mathrm{CH} & \mathrm{CH_2} \\ | & \| & | \\ \mathrm{CHOH} & \mathrm{CH} & \mathrm{CH_2} \\ | & | & | \\ \mathrm{COOH} & \mathrm{COOH} & \mathrm{COOH} \\ \text{酒石酸} & \text{延胡索酸} & \text{琥珀酸} \end{array}$$

## 三、咸味及咸味物质

**1. 咸味的形成**

咸味是由盐类解离出的正、负离子共同作用的结果。盐的正、负离子对咸味产生的作用不同，阳离子能够产生咸味，而阴离子则修饰咸味。产生咸味的阳离子主要是碱金属和铵离子，其次是碱土金属离子。钠和锂离子只产生咸味，钾等其他碱金属离子除了产生咸味外，还带有苦味。阴离子通过抑制阳离子的呈味来修饰咸味，它们本身也产生一定的味感。

食盐(NaCl)是咸味的典型代表性化合物。其他一些盐类也具有咸味，但没有 NaCl 咸味醇正。无机盐产生咸味或苦味与阳离子、阴离子的直径有关。通常直径小于 0.658 nm 时，盐类一般为咸味，超出此范围则表现为苦味。如总离子半径小于 0.658 nm 的 LiCl、NaCl、KCl 咸味醇正；总离子半径为 0.658 nm 的 KBr 既有咸味又有苦味；总离子半径大于 0.658 nm 的 $MgCl_2$、$MgSO_4$、$CaCl_2$ 和 $CaCO_3$ 等呈现相当苦的味感。

**2. 咸味物质**

食盐是最完美的咸味剂。但食盐也因产地、制盐原料和杂质含量的不同，而有各种不同的商品名称和品级标志，但其基本成分都是氯化钠。食盐(NaCl)的稀水溶液(0.02～0.03 $mol \cdot L^{-1}$)有甜味，较浓(0.05 $mol \cdot L^{-1}$ 以上)时则显咸苦味或纯咸味。一般说来，浓度为 0.8%～1.0%的食盐溶液是人类感到最适口的咸味浓度，过高或过低都使人感到不适。

烹饪中把咸味作为调味的主味，为“百味之主”，有“无盐不成味”之说。在调味中，咸味好似起着控制其他味的作用。所以有经验的烹调师，都把用盐量作为重要的技术诀窍。

食盐(NaCl)作为重要的辅料，在食品烹饪、加工中其重要作用如下：

(1) 调味作用　在调味中，食盐咸味是构成复合味的基础，在某些复合味中甚至起决定性作用。如在咸甜鲜味、酸甜味中，适当的咸味达到甜而不腻、酸而不烈的效果。食盐的调味是一个复杂的过程，其机理还没有完全搞清楚，这与 NaCl 的化学性质有密切关系。小分子的 NaCl 扩散速度快，渗透力强，能够改变食物中水的分布状况，影响一些呈味物质(鲜味物质、酸味物质、苦味物质)、蛋白质、糖类物质的性质。在烹饪中，食盐的添加通常采取分次加入方法，先放入 1/3 的量(或 1/2)让食盐充分与食物中物质作用，等熟后再加入剩余的量，这样调味的效果会更好。

（2）离子作用　食盐是一种强电解质，在低浓度下，食盐化学性质表现为离子作用，可以增加蛋白质电性使其水合作用增强（盐溶作用），促进部分蛋白质变性，有利于蛋白质的重组、交联作用，使组织结构发生改变，食品性状得到预期的结果。如面团制作中加入一定量的食盐，可以提高面团中面筋蛋白的形成，增加面团的筋力和弹性；肌肉通过码味（腌渍），变得滑嫩、柔软、多汁，改善了食品的口感。在高浓度下，食盐性质以渗透压效应为主，食品中的水与食盐形成离子化水（盐析效应），造成食物的失水变干、变硬。一定量的失水可以增加食品的弹性、咀嚼性。

（3）防腐保鲜作用　食盐是传统的防腐剂，肉类食物经过高浓度的盐腌制之后脱水，可保存较长时间不腐败。食盐可以降低水中的溶解氧量，因此一定浓度的食盐水泡制蔬菜可以抑制微生物的生长，减少泡菜的氧化作用。

## 四、苦味及苦味物质

**1. 苦味的机理**

日本学者认为苦味是危险性食物的信息。凡是过于苦的食物，人们都有一种拒食的心理。但由于长期的生活习惯和心理作用的影响，人们对某些带有苦味的食物，例如茶叶、咖啡、啤酒，甚至有苦味的蔬菜如苦瓜等，却又有特别的偏爱，当它与甜、酸或其他味感调配得当时，能起着某种丰富和改进食品风味的特殊作用。

在 AH-B-$\gamma$ 理论中，认为苦味来自呈味物质分子内的疏水基受到了空间阻碍，即苦味物质分子内的氢供体和氢受体之间的距离在 0.15 nm 以内，远小于甜味化合物 AH-B 之间的距离（大于 0.3 nm），从而形成了分子内氢键，使整个分子的疏水性增强，而这种疏水性又是与细胞脂膜中多烯磷酸酯合成的苦味受体相结合的必要条件，因此给人以苦味感。

从化学结构看，一般苦味物质都含有$—NO_2$、$—NH_2$、—SH、—S—S—、$>C=S$、$—SO_3H$等基团。另外无机盐类中的 $Ca^{2+}$、$Mg^{2+}$、$NH_4^+$ 等阳离子也有一定程度的苦味。

食物原料中所含的天然苦味物质，植物来源的有生物碱和糖苷两大类，动物来源的主要是胆汁。

**2. 食物中的苦味物质**

1）生物碱类

生物碱主要是指存在于植物中的碱性含氮有机物，也称为植物碱。生物碱的种类很多，在自然界中分布也很广，在罂粟科、防己科、小檗科、茄科、茜草科等植物中较为多见。生物碱大都具有明显的生理作用，许多中草药的有效成分就是生物碱。

生物碱在植物体内是由氨基酸转化来的，一种植物中可以含有多种生物碱，同一种植物来源的生物碱，其结构通常是相似的。生物碱的结构一般较复杂，具有环状或开链状的结构，常与无机酸或有机酸结合成盐而存在于植物中，也有的以游离碱、糖苷形式存在。生物碱是分子中含有氮的有机碱，碱性越强则越苦，成盐后仍然呈苦味。

2）奎宁

奎宁，又名金鸡纳碱，存在于热带的金鸡纳树中，硫酸（或盐酸）奎宁常作为苦味基准物质。奎宁属于喹啉（苯并吡啶）族生物碱，其味感阈值仅有 0.0016%。奎宁作为抗疟的药物，其化学结构为：

茶碱、咖啡因、可可碱，三者都是黄嘌呤的甲基衍生物，存在于茶叶、咖啡和可可中，都具有苦味。它们还有兴奋中枢的作用，其中以咖啡因的作用最强。

咖啡因　　茶碱　　可可碱

啤酒的苦味来自其制造中添加的啤酒花。啤酒花是从植物中提取，是一些独特的异戊二烯衍生物，苦味是啤酒花风味的一个重要方面。这些非挥发性苦味物质通常归为葎草酮或蛇麻酮，啤酒酿造中称为 α-酸和 β-酸等，属于萜类物质。它们对啤酒风味产生重要的影响。葎草酮分子结构如下，结构中 R 有多种变化。

3）糖苷类

糖苷是许多果蔬表皮和核仁中常见的苦味物质。柚皮苷、新橙皮苷、芸香苷、苦杏仁苷等存在于柑橘类、桃、杏、李等水果中，使它们带苦味。糖苷根据其结构可分为含氰苷（苦杏仁苷、木薯毒苷）、芥子油苷、含脂肪醇苷、含酚苷，在蔬菜中，也有苦味带毒的糖苷。如苦杏仁苷这类含氰苷，它们能产生剧毒的氢氰酸，加工时应予以充分处理。

4）氨基酸、肽

一部分氨基酸如亮氨酸、异亮氨酸、苯丙氨酸、酪氨酸、色氨酸、组氨酸、赖氨酸和精氨酸都有苦味。水解蛋白质和发酵成熟的干酪常有明显的令人厌恶的苦味，这是由于多肽的氨基酸侧链的总疏水性引起的。所有的肽都含有适当数目的 AH 型极性基团，它们与受体极性部位相匹配，但是肽的分子大小和所含疏水性基团变化很大，因而这些疏水基团与苦味受体相互结合的能力也不相同。有学者提出，肽的苦味可以通过计算平均疏水值 $Q$ 来预测。

$$Q = \Delta G/n$$

式中：$\Delta G$ 为氨基酸的自由能；$n$ 为氨基酸残基数目。

通常肽中所含疏水性氨基酸越高，其 $Q$ 值相应地越大，苦味越明显。肽的相对分子质量也是影响苦味的因素。只有相对分子质量低于 6000 的肽才可能产生苦味，大于 6000 的肽因太大而难以进入受体作用部位，因而不会产生苦味。

5）胆汁酸

动物胆汁是一种色浓而味极苦的有色液体。胆汁中的苦味成分主要有三种，即胆酸、鹅胆酸和脱氧胆酸。

## 五、辛辣味与辛辣物质

**1. 辛辣味的机理**

辣味(pungency)是辣味物质刺激舌、口腔和鼻腔黏膜引起的灼痛感觉，是口腔、鼻腔中味觉、触觉、痛觉、温度觉共同作用的一种感觉。它不但刺激舌、口腔和鼻腔的神经，同时也会刺激皮肤产生灼烧感。根据辣味成分和辣感的不同，将辣味物质分为两类，热辣味和辛辣味。辛辣味还伴随有挥发性的物质，主要作用于黏膜。

虽然辣味不是一种基本味觉，但由于辣味物质具有一些独特的生理功能，并且在烹调中能够构成食物的特殊风味，因此是烹饪中重要的调味品之一，辣味的运用尤其在川菜中显著。适当的辣味可以加强食品的味感，掩盖异味，解腻增香，刺激唾液分泌和提高消化功能，从而增进食欲。

烹调常用的辣味料都是来自植物，如辣椒、胡椒、葱、姜、蒜、花椒等。咖喱是一种复合辛辣味料，采用胡椒、姜黄、番椒、茴香、陈皮等的粉末制成。人对不同的辣味料所感受的辣味程度强弱不等，常用天然辣味料的辣味强度大小排列如下：

热辣————————————→辛辣

辣椒、胡椒、花椒、生姜、蒜、葱、洋葱、芥末

**2. 天然食用物质的辣味成分**

1）辣椒

它的主要辣味成分为辣椒素，是一类碳链长度不等($C_3 \sim C_{11}$)的不饱和单羧酸香草基酰胺化合物。不同辣椒所含的辣椒素含量差别很大，甜椒通常含量极低，红辣椒约为0.06%，牛角红椒为0.2%，印度萨姆椒为0.3%，乌干达辣椒可高达0.85%。

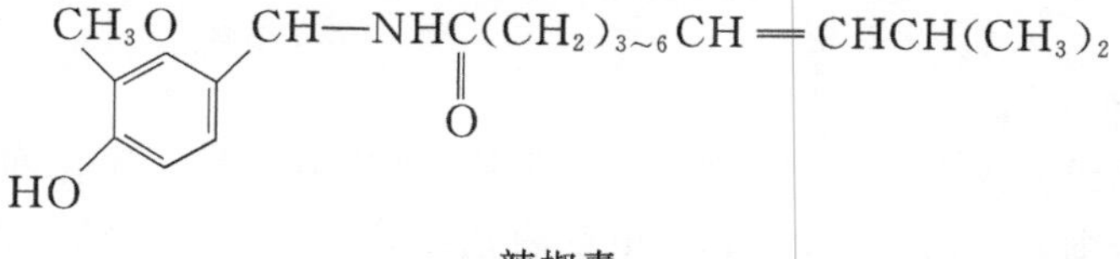

$$CH_3O,\ HO-C_6H_3-CH-NHC(=O)(CH_2)_{3\sim6}CH=CHCH(CH_3)_2$$

辣椒素

辣椒素不溶于水，可溶于乙醇、油脂中。因此，工业上或烹饪中通过油脂来提取辣椒素。

2）胡椒

常见的有黑胡椒和白胡椒两种，都是由胡椒果实加工而成。它们的区别在于黑胡椒由尚未成熟的绿色果实制得；白胡椒则是采用色泽由绿变黄而未变红时收获的成熟果实制得。胡椒中主要辣成分是胡椒碱，它是一种胺类化合物，分子式如下：

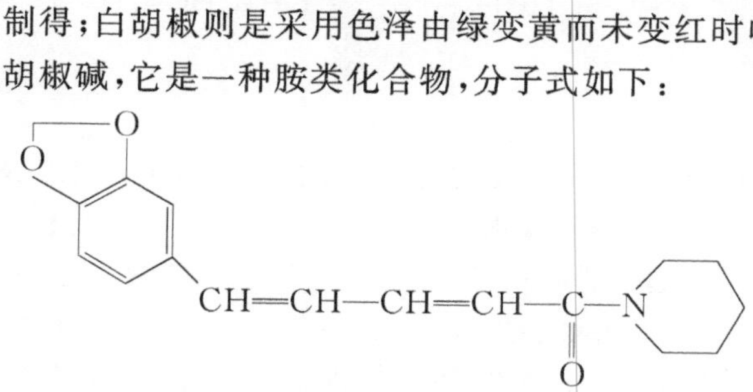

$$C_6H_3(O_2CH_2)-CH=CH-CH=CH-C(=O)-N(C_5H_{10})$$

胡椒碱

胡椒碱不饱和烃基有顺式和反式异构体，其中反式不饱和烃类是产生强烈辛辣味所必

需的。胡椒经光照或长时间储存后辣味会降低，主要是由于双键异构化为顺式结构。胡椒中也含有挥发性物质，包括 L-甲酰基哌啶和胡椒醛。

3）花椒

花椒主要辣味成分为花椒素，也是酰胺类化合物，除此之外还含有少量异硫氰酸烯丙酯等。它与胡椒、辣椒一样，除辣味成分外还含有一些挥发性香味成分。

4）生姜

生姜的辛辣成分是一类邻甲氧基酚基烷基酮，分子环上侧链碳链长度和基团各不相同。其中最具活性的为姜醇，鲜姜经干燥储存，姜醇会脱水生成姜酚类化合物，后者较姜醇更为辛辣。当姜受热时，环上侧链断裂生成姜酮，辛辣味较为缓和。三者辛辣味比较：姜酚＞姜醇＞姜酮。

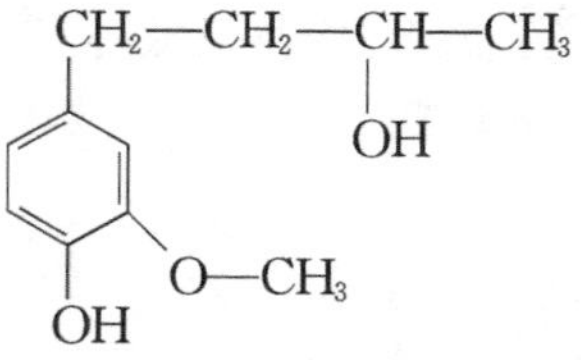

$CH_2—CH_2—CH(OH)—CH_3$，OH，$O—CH_3$

姜醇

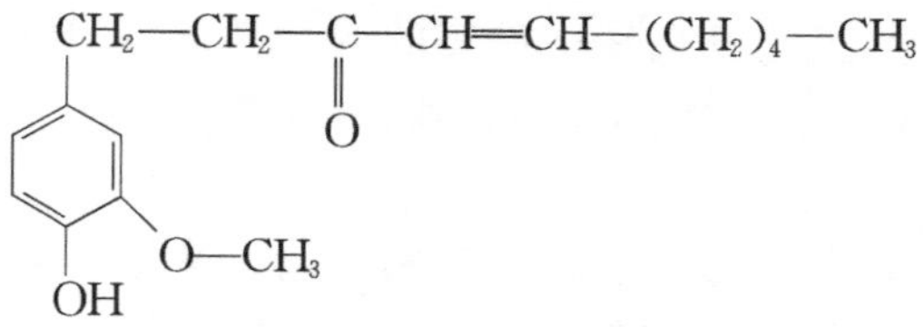

$CH_2—CH_2—C(=O)—CH=CH—(CH_2)_4—CH_3$，OH，$O—CH_3$

姜酚

$CH_2—CH_2—C(=O)—CH_3$，OH，$O—CH_3$

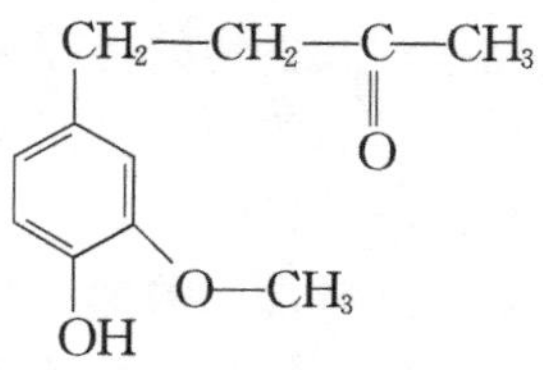

姜酮

5）肉豆蔻和丁香

肉豆蔻和丁香的辛辣成分主要是丁香酚和异丁香酚。这类化合物也含有邻甲氧基苯酚基团。

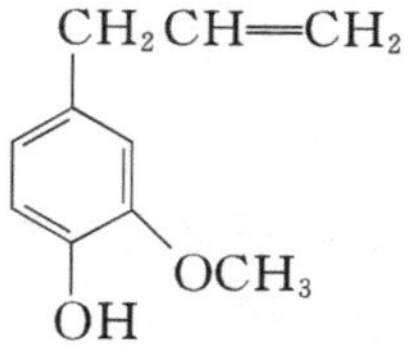

$CH_2CH=CH_2$，$OCH_3$，OH

丁香酚

$CH=CHCH_3$，$OCH_3$，OH

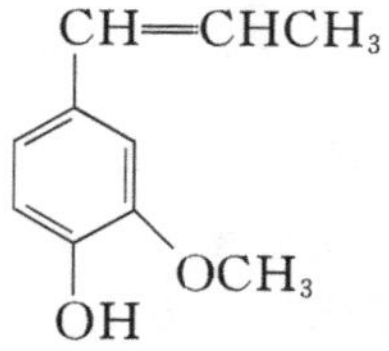

异丁香酚

6）蒜、葱、韭菜

蒜的主要辛辣成分为蒜素、二烯丙基二硫化物、丙基烯丙基二硫化物三种。大葱、洋葱的主要辛辣味成分则是二丙基二硫化物、甲基丙基二硫化物等。韭菜中也含有少量上述二硫化物。

蒜的三种主要辣味成分中蒜素的生理活性最大。大葱、洋葱的主要辣味成分则是二丙基二硫化合物、甲基丙基二硫化物等。

$$CH_2=CHCH_2—S—S(=O)—CH_2CH=CH_2$$

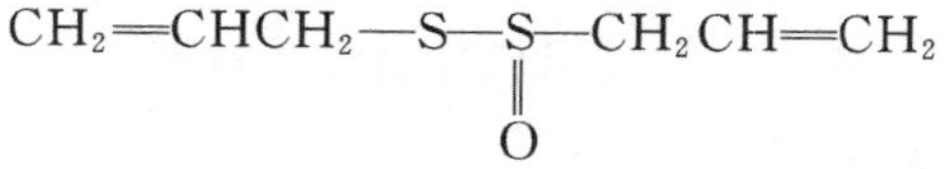

蒜素

$$CH_2=CHCH_2—S—S—CH_2CH=CH_2$$

二烯丙基二硫化物

$$CH_3—S—S—C_3H_7$$

甲基丙基二硫化物

$$CH_2=CHCH_2—S—S—C_3H_7$$

丙基烯丙基二硫化物

$$C_3H_7—S—S—C_3H_7$$

二丙基二硫化物

这些二硫化物在受热时都会分解生成相应的硫醇，所以蒜葱等在煮熟后不仅辛辣味减弱，而且还产生甜味。

7）芥末、萝卜

芥末、萝卜中的主要辣味成分为异硫氰酸酯类化合物，其中异硫氰酸丙酯也叫芥子油，刺激性辣味较为强烈。它们在受热时会水解为异硫氰酸，辣味减弱。

$CH_2=CHCH_2-N=C=S$　　$CH_3CH=CH-N=C=S$

异硫氰酸烯丙酯　　异硫氰酸丙烯酯

$CH_3(CH_2)_3-N=C=S$　　$C_6H_5CH_2-N=C=S$

异硫氰酸丁酯　　异硫氰酸苄酯

烹饪中常出现麻辣味，这实际上是一种综合感觉，除在口腔中产生灼痛的感觉以外，同时产生某种程度的麻痹感，是四川菜独特的基本味型。相应的烹饪原料是辣椒和花椒的混合物，诸如由辣椒、花椒、胡椒、葱、蒜、生姜等调料混合配制而成。

## 六、鲜味及呈鲜物质

**1. 鲜味的机理**

鲜味（delicious taste）是一种很复杂的综合味觉，它能够使人产生食欲、增加食物可口性。日本学者把鲜味作为一种基本味，认为鲜味是氨基酸、肽、蛋白质和核苷酸的综合味觉反映信息。然而，至今人们还没有发现鲜味在生理上的特征感受器。西方学者认为鲜味只是一种味觉增效作用（flavor potentiating activity），而不是一种基本味。因此，我们可将鲜味物质称为风味增效剂（flavor synergist）。

**2. 鲜味物质**

中国烹饪传统的增鲜手段是利用"高汤"，并且因此发明了制汤技术。高汤是利用各种动物原料的下脚料（主要为畜禽和鱼类的骨头）经长时间熬煮的汤汁，也有采用整只鸡、火腿和鲜猪蹄肘炖制的汤汁。在素菜制作中，也讲究用的鲜汤，是用黄豆芽、鲜竹笋、蚕豆瓣或鲜蘑菇等熬制的汤汁。即使是西餐，也讲究制汤技术，例如取砸碎的牛腿骨用洋葱煸香后熬汤。1912 年日本学者池田莉苗（Kikunaelkeda）从海带水解液中提取谷氨酸成功，并发现谷氨酸及其钠盐有增鲜作用，才有专门鲜味剂的使用，即商品鲜味剂。

鲜味剂从化学结构可分为氨基酸类、核苷酸类、有机酸类。不同种鲜味物质的典型代表有谷氨酸钠（MSG）、肌苷酸（5′-IMP）、琥珀酸钠。

1）谷氨酸钠（味精）

天然 α-氨基酸中，L 型的谷氨酸和天冬氨酸的钠盐都具有良好的鲜味。现代产量最大的商品味精就是 L-谷氨酸钠盐，在谷氨酸钠的 D 及 L 两种构型中只有 L 型有鲜味。L-谷氨酸钠俗称味精，简写为 MSG，具有强烈的肉类鲜味，阈值为 0.03%。其结构如下：

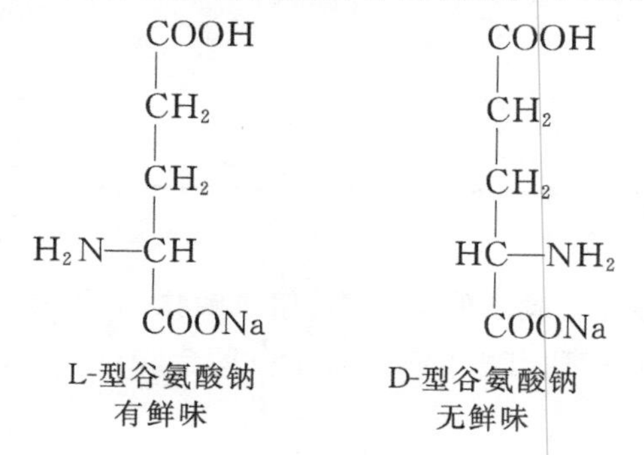


L-型谷氨酸钠　有鲜味　　D-型谷氨酸钠　无鲜味

谷氨酸钠的性质，商品的谷氨酸钠含有一分子结晶水，易溶于水而不溶于酒精，纯品为无色结晶体，熔点为 195 ℃。谷氨酸钠的 p$I$(等电点)为 3.2，在酸性下其鲜味降低。谷氨酸钠在烹饪条件下较稳定，120 ℃可发生分子间脱水生成焦性谷氨酸钠，失去鲜味。谷氨酸钠与空气接触可发生氧化，生成小分子物质，在大量还原糖存在状态下发生褐色反应。

烹饪中影响味精呈鲜效果的因素：

(1) 食盐　谷氨酸钠的鲜味只有在食盐存在时才得以呈现，并且对酸味和苦味有一定的抑制作用，如果单独用谷氨酸调味，反而会有令人不快的腥味。因此，味精总是与适量的食盐一同使用。有研究表明在溶液中，食盐与谷氨酸钠最佳呈味效果有一定的比例关系，其结果如表 10-10 所示。

**表 10-10　食盐与味精的适口度关系**

| 食盐/(%) | 谷氨酸钠/(%) |
|---|---|
| 0.40 | 0.48 |
| 0.52 | 0.45 |
| 0.80 | 0.38 |
| 1.08 | 0.31 |
| 1.00 | 0.30 |
| 1.20 | 0.28 |

(2) pH 值　菜肴的表观酸碱度(pH 值)过大或过小，味精增鲜效果都不好，其增鲜作用的最适 pH 值在 6～7 之间，呈鲜效果最好。其原因是味精以离子形式存在。当 pH＜6 时，味精的解离度下降，离子浓度减小，呈鲜效果降低；当 pH＝3.2，即在谷氨酸钠的等电点时，其解离度最低，呈鲜效果最差；当 pH＞7 时，谷氨酸钠易生成谷氨酸二钠，没有增鲜作用。

(3) 温度　烹调温度在 120 ℃以上时，谷氨酸会分解而失去鲜味。所以用味精增鲜，只需要其溶解，而无须长时间加热。表 10-11 所示为不同加热温度和时间时焦性谷氨酸钠的生成情况。

$$\text{味精}\xrightarrow{120\ ℃\text{脱水}}\text{无水谷氨酸钠}\xrightarrow{\text{脱水}}\text{焦性谷氨酸钠(无鲜味)}$$

正常烹饪中，因为焦性谷氨酸钠生成量较少，所以味精的呈味效果不会受到影响。焦性谷氨酸钠无鲜味，研究尚未证明焦性谷氨酸钠有毒性作用。

**表 10-11　谷氨酸水溶液受热失水的变化**

| 谷氨酸钠浓度/(%) | 加热温度/℃ | 加热时间/h | 焦性谷氨酸钠/(%) |
|---|---|---|---|
| 10 | 100 | 0.4 | 0.5 |
| | 107 | 0.9 | 1 |
| 40 | 80 | 8 | 0.54 |
| 55 | 107 | 4 | 2.27 |

2) 肌苷酸和鸟苷酸

在 20 世纪初就发现核苷酸具有鲜味，但其用作鲜味剂，则在 20 世纪 60 年代以后。这类鲜味剂主要有如下三种：5′-肌苷酸(5′-IMP)、5′-鸟苷酸(5′-GMP)、5′-黄苷酸(5′-XMP)。其结构式如下：

R═H，　5′-肌苷酸
R═$NH_2$，　5′-鸟苷酸
R═OH，　5′-黄苷酸

其中以肌苷酸鲜味最强，鸟苷酸次之。肌苷酸主要存在于香菇、酵母等菌类食物中，动物体中含量较少。鸟苷酸广泛存在于肉类中，瘦肉中的含量尤多。表 10-12 列举了肌苷酸、鸟苷酸在一些食物中的含量。用作鲜味剂的核苷酸，主要是从一些富含核苷酸的动植物组织中萃取得到，或用核苷酸酶水解酵母核苷酸的方法制得。

**表 10-12　部分天然食物中肌苷酸和鸟苷酸的含量(以 100 g 计)**

| 食物名称 | 牛肉 | 猪肉 | 鸡肉 | 干香菇汤 | 鲜香菇汤 | 海带 | 刀鱼 | 鲫鱼 | 河豚 |
|---|---|---|---|---|---|---|---|---|---|
| 肌苷酸含量/mg | 2.2 | 2.5 | 1.5 | 156.5 | 18.5～45.4 | 0 | — | — | — |
| 鸟苷酸含量/mg | 107 | 122 | 76 | — | — | — | 186 | 215 | 189 |

动物(畜、禽、鱼、贝)肉中，核苷酸主要是由肌肉中的 ATP 降解而产生的。动物在宰杀后，体内的 ATP 依下列途径降解：

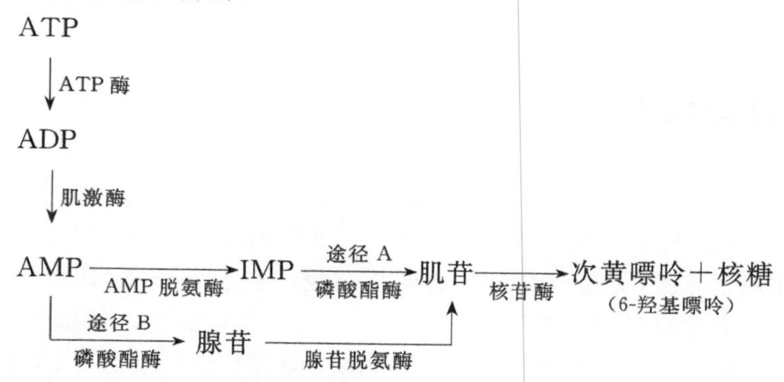


肉类在屠宰后要经过一段时间“后熟”方能变得美味可口，这是因为 ATP 转变成 5′-肌苷酸需要时间。但鱼体完成这一过程所需时间很短，肉类存放时间过长，5′-肌苷酸会继续降解为无味的肌苷，最后分解成有苦味的次黄嘌呤，使鲜味降低。

5′-肌苷酸与谷氨酸钠 1∶5～1∶20 混合使用，可以使鲜味提高 6 倍以上；按 1∶1 混合 5′-鸟苷酸与谷氨酸钠产生的鲜味是谷氨酸钠的 30 倍。但是，核苷酸稳定性较差，易被酶分解，加热容易破坏，应注意使用方法。

3）琥珀酸

琥珀酸学名为丁二酸(HOOC—$CH_2$—$CH_2$—COOH)，除了具有酸味感之外，还有明显的鲜味效应，特别是贝类食物的鲜味主要来自琥珀酸。另外酱油和酱类调味品的鲜味也与琥珀酸有密切关系。

琥珀酸在鸟、兽、禽等动物中均有存在，而以贝类中含量最多。表 10-13 列出了一些原料中琥珀酸的含量。

表 10-13　一些原料中琥珀酸的含量

| 名称 | 含量/(%) | 名称 | 含量/(%) |
|---|---|---|---|
| 干贝 | 0.37 | 螺肉 | 0.07 |
| 蚬肉 | 0.14 | 牡蛎 | 0.05 |
| 蛤蜊 | 0.14 | 鲍鱼 | 0.03 |

琥珀酸的特点是在食盐存在的情况下，溶解度减小。这就是在烹制贝类海鲜的菜肴时，应先使贝类中的琥珀酸慢慢溶解进入汤汁，后期再加入食盐的道理。

4）复合鲜味剂

目前，随着快餐业的发展，食品烹制加工中出现各式各样的复合鲜味剂。复合鲜味剂成分复杂，味感也各不相同。复合鲜味剂的生产根据其途径分为两大类：复配型和天然型。复配型鲜味剂由氨基酸、味精、核苷酸、天然萃取物或水解物、有机酸、甜味剂、无机盐、油脂、香辛料等调配而成，具有品种多，味型多，易于工业化生产的特点。天然复合鲜味剂主要是由浸出物(或萃取物)和水解产物经过浓缩而成，具有品种少、产量低、味感自然的特点。

烹饪中各种汤料的制作都属于天然型复合鲜味剂。其制作方法也主要是通过加热水解得到浸出物。如动物性浸出物，采用原料为畜禽类和水产类的肌肉、内脏和骨架，浸出物以谷氨酸、肌苷酸、鸟苷酸或腺苷酸为鲜味的中心物质，还包括氨基酸、乳酸、琥珀酸等有机酸，而且还有各种量比的糖类物质、氧化三胺、肽类以及脂肪等物质，构成了独特的风味。除了动物性浸出物外，还有蔬菜类浸出物、海藻类浸出物，采用的原料也是根据风味的需要各不相同。

## 七、涩味及涩味物质

### 1. 涩味的机理

涩味(astringency)通常是由于单宁或多酚与唾液中的蛋白缔合而产生沉淀或聚集体而引起的。它不作用于味蕾，而是刺激触觉的末梢神经所引起的感觉，即是作用于口腔黏膜(尤其是舌黏膜)引起黏膜蛋白质凝固而产生的一种收敛性的感觉。如柿子、香蕉等未成熟水果含有较多的涩味物质。许多未成熟的水果和某些蔬菜(菠菜、竹笋等)常有涩味感。

产生涩味的物质根据其性质可分为以下几类：①无机盐中铝、锌、铬、硼等多价金属和非金属离子，如明矾是典型的涩味物质；②植物中多酚类物质；③有机物中一些脱水性溶剂，如乙醇、丙酮等等。

食品中更多的产生涩味的单宁通常是多酚氧化产生的浓缩单宁，这些分子有很大的横截面积(图 10-21)，有利于与蛋白质进行疏水性结合。单宁分子中有很多能够转变为醌的酚羟基，这些基团能依次与蛋白质发生交联，这种交联结合可能产生涩味。

### 2. 主要涩味物质

食品中的涩味物质主要是鞣质(单宁)，其次有草酸、醛类、酚类、多价金属离子和不溶性无机盐。涩味的食品饮料有茶叶、葡萄酒。

1）茶叶

极强的涩味不可能被接受，但较淡的涩味与其他滋味复合时则产生独特的风味(如红酒)，给人一种“沧桑”美感。茶叶中有多酚和单宁，前者涩味轻爽快，后者涩味重刺舌。茶叶

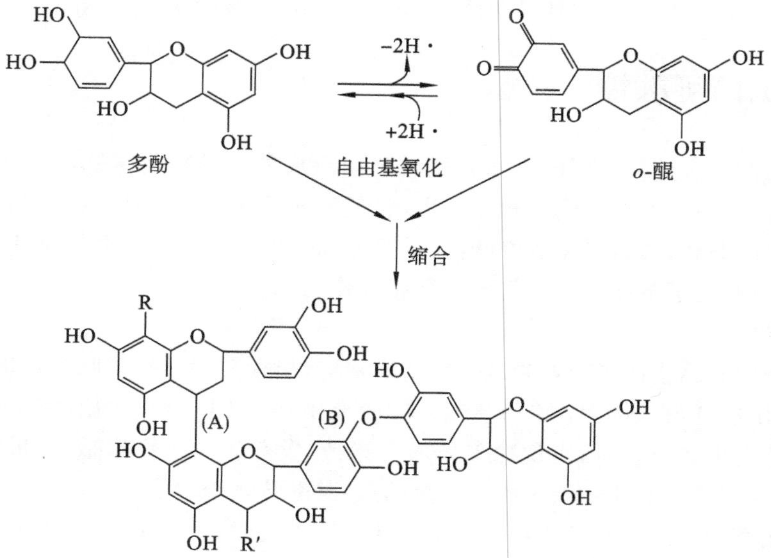

图 10-21 原青花素中浓缩的单宁增大其横截面积

的成品，依其种类不同，其中多酚物质和单宁含量各不相同，因而涩味强弱感觉也不一样。一般讲，绿茶未经发酵，含茶多酚较多，涩味较明显；红茶类经过发酵，多酚类物质经过氧化，含量大大降低，涩味不及绿茶强。

涩味在极淡时近似苦味，与其他味掺杂可以产生独特的风味。茶叶中化学成分有 500 种之多，除了多酚类、单宁外，还有生物碱、维生素、糖类。这正是品茶所需要的清香甘甜中带有适度苦涩味的感觉。

2）葡萄酒

葡萄酒是一种同时具有酸、甜、苦、涩味感的传统酒精饮料，其中涩味和苦味物质多来自多酚类物质。

葡萄是最好的酿酒果实，果汁充盈，含糖量高，酸度适中，气味香浓，色泽鲜艳，维生素丰富并含有多种氨基酸。葡萄酒甜中带酸、酸中带涩，甜酸中稍有苦味，使其风味更加突出。适当饮用葡萄酒有开胃增进食欲，促进消化吸收的作用，同时多酚类物质具有抗氧化功能。

涩味影响菜品的口感，烹调前往往对原料进行预先处理，将涩味去除或降低。如菠菜含草酸较多，可经沸水焯之，将其草酸去除一部分，因为大多数涩味物质都是可溶性的，也可以将水果等储存一定时间，通过后熟中的氧化作用，可溶性的单宁氧化聚合为不溶性的单宁，涩味就会消失。

# 第七节 烹饪中滋味的调和

烹饪习惯上称为烹调，一是烹，二是调。烹饪中需要对原辅料进行调配，营养调配、色泽调配和滋味的调和。滋味是人体的各种感觉的综合反映，没有加和性，但它具有融合性。滋味的调和正是根据人体感觉器官之间的相互联系，互相融合的原理来实现的。

## 一、味觉的可融性

味觉可融性是指数种不同的滋味相互融合而形成的一种新的味感，即复合味。复合味不是简单的叠加，而是滋味之间的相互作用，它是各种呈味物质相互影响的结果。所谓的调味就是复合味的调和，菜肴鲜美的滋味，通过烹与调表现出来。要掌握好调味这一烹调的关键技术，我们有必要了解味与味之间的各种相互作用。

**1. 味的对比**

对比是指同时品尝两种或两种以上的不同滋味，出现其中一种呈味物质的味感（一般是主味）更加突出的现象。例如，在15%的蔗糖溶液中加0.017%的食盐，结果感到其甜味比不加食盐时感觉更甜爽；鸡汤或食物中只加入味精，没有盐时无鲜味感，如果加入少量的食盐，其鲜味则较明显。酸味物质中添加少量的盐，其酸味表现增强。

味的对比有同时对比和继时对比。两个味一同品尝时，所产生主味增强的现象，称为同时对比；两个味先后品尝时，前味能使后味突出，称为继时对比。

对比现象在调味中有广泛的应用。烹饪同一菜肴中主味与次味搭配、筵席中多味搭配的原理均基于此。例如，以咸味为主的菜肴，可以加上少量的食糖，加糖但不呈甜味，这时菜肴的滋味比不加糖的更适口。而在制作甜食时，加少量的盐，感觉甜而不腻，更加适口，以改善其风味。

**2. 味的相消（相抵）**

相消是指同时品尝两种或两种以上的不同滋味，出现其中一种味道或多种味道比单独存在时所呈现的味道有所减弱的现象。例如，在食盐、蔗糖、奎宁、盐酸四种不同味觉的呈味物质之间，把其中任何两种呈味物质以适当浓度混合后，会使其中任何一种味感比单独存在时的减弱。如在橘子汁中添加少量柠檬酸，会感觉甜味减少；若再加入一定量的蔗糖，又会感到酸味弱了。

相消一般发生在两种味感强度都比较大的时候，采用味的相消原理，将味感强度大的味降下来。在烹调过程中不慎把菜的味调得过酸或过咸时，常常可以再加些适量的糖或味精，就可使菜肴原来的酸味或咸味有所减弱，达到适口的效果。

**3. 味的相乘**

相乘是指同时品尝同一味感的两种或两种以上的物质时，出现使该类味感猛增的现象（有时也叫协同作用）。味精与核苷酸共存时，味精与肌苷酸按1∶5相混合，结果所呈现的鲜味强度比两者单独使用时鲜味更加强烈。甘草酸铵本身甜度为蔗糖的50倍，但与蔗糖共用时，甜度可猛增到100倍，这些并非是简单的甜度加成，而是具有相乘的增强作用。

烹饪中鲜味相乘的应用较为多见。例如，在制作炖汤、煨汤、烧菜时，多要用到数种以上的原料，一般是将富含核苷酸的动物性原料（如鸡、鸭、蹄髈、猪骨等）和富含谷氨酸的植物性原料（如竹笋、冬笋、香菇、蘑菇、草菇等）混合在一起，这样可以大大增强菜肴的鲜味。

**4. 味的转化**

由于受某一种味感的呈味物质的影响，使得另一种呈味物质原有的味感的性质发生了改变，这种现象称为味的转化作用。例如，当尝过食盐或苦味的奎宁以后，立即饮用无味的冷开水，这时会有甜味的感觉产生。又如，口腔内放入糖，有浓厚的甜味感觉，接着喝酒，口腔内只有苦味的感觉。由于味有这种变味的现象，在菜肴调味或安排菜单顺序时要予以注意。宴席上先上清淡菜肴，后上味重菜肴，甜菜应安排在最后一道菜，以避免味的转化。

复合味的产生以及目前使用的一些复合调味料产品，都是根据味之间的关系按一定比例复配而成，如鱼香味、麻辣味、怪味等。

## 二、咸味与诸味的关系

### 1. 咸味与甜味

甜味为主味时，咸味对甜味有对比作用。在蔗糖溶液中，添加食盐的量是蔗糖量的1%～1.5%时，甜味都增加。浓度低的糖溶液相对于浓度高的糖溶液，添加较多的食盐，才能产生对比作用。当食盐之咸味逐渐呈味显著后，甜味又下降，这是相消作用。

咸味为主味时，甜味对咸味是相消关系。不过高浓度(20%)的 NaCl 的咸味不能被甜味完全遮掩。

烹饪中，在咸味中加入甜味的目的并非是为了得到甜味，而是改变咸味或减弱咸味，使咸味变得更柔和。

### 2. 咸味与酸味

咸味与酸味能产生相互对比现象。即在咸味中加少量醋酸，咸味会加强。如在1%～2%的食盐水中加入0.01%的醋酸，或在10%～20%的食盐水中加入0.1%的醋酸，咸味都会增加。而在酸味中加少量盐，酸味也会增强。所以烹调中有“盐咸醋才酸”的说法。

咸味与酸味彼此相当时，相互产生相消作用，两者彼此抵消。但咸味、酸味不能完全掩盖对方，会产生变味现象，如在柚柑中加上少量的盐，酸味减弱，甜味增加。

### 3. 咸味与苦味

咸味与苦味是相消作用。咸味溶液中加入苦味物质可导致咸味减弱。如在食盐溶液中加入适量的苦味物质咖啡因，就会使咸味降低。

苦味溶液中由于加入咸味物质而使苦味减弱。如0.05%的咖啡因溶液，随着加入食盐量的增加而苦味减弱。苦瓜生吃时苦味难以接受，但经过加盐烹制之后，苦味降低变得柔和适口。

### 4. 咸味与鲜味

咸味与鲜味是相辅相成的，咸味因鲜味而趋缓柔和；鲜味因咸味而更突出。食盐起着助鲜剂的作用。

另外，咸味对辣味有一定的减弱作用。

## 三、其他滋味的调和

### 1. 酸味与诸味

首先，酸味物质之间有相乘作用和相加作用，同时不同酸的酸根阴离子会相互补充，产生一种复合的酸味。例如食醋中除有醋酸外，还有乳酸、氨基酸、琥珀酸等其他有机酸，食醋的风味是多种成分的综合效果。

其次，酸味和甜味的相消作用，构成了特定的酸甜复合味。

另外，苦味物质往往使酸味增强，形成不可口的酸苦味，在食品中要避免这种现象产生。

**2．苦味与诸味**

甜味可以掩盖苦味；咸味对苦味有相消作用外；辣椒素（辣味）有降低苦味的作用；柠檬酸、苹果酸等有机酸能有效降低蛋白质水解物胺类的苦味；鲜味物质谷氨酸也能有效降低苦味。

**3．鲜味与诸味**

鲜味可使咸味变缓和，而适口的咸味使鲜味增强，所以咸鲜味是大多数菜肴的主要味型；鲜味使酸味变缓，反之酸味使鲜味减弱以至消失，因此，在鲜汤之类的菜肴中较少放入酸味物质；鲜味与甜味混合产生复杂的味，如果有咸味存在的话，则产生咸甜鲜的风味；鲜味可使苦味减弱，因此，苦瓜经过清炒（加盐、加味精）之后其苦味较之前大大降低，且表现为咸鲜苦适口的风味。

## 思考题

1．名词解释：食品风味、特征效应物、香气阈值、香气值、基本味、复合味、甜味三点接触学说，味的对比、相消、相乘、转化。
2．食品风味的实质是什么？包括哪些要素？
3．试述食品风味与食品营养的关系？
4．气味物质按化学结构分为哪几类？说明其特点。
5．简述形成甜味、苦味化学物质的结构特点，甜味、苦味形成机理。
6．利用基本味阈值，如何调制复合的酸甜咸味？
7．试述烹饪加工中食品调香生香的原理与机制。
8．说明食品加工中加热生香形成途径有哪些？
9．鱼腥味的主要化学成分是什么？烹饪中如何去除？
10．烹饪中利用滋味的融合性如何降低菜肴的咸味和苦味，提高鲜味？

# 参考文献


[1] 王学泰. 华夏饮食文化[M]. 北京：商务印书馆，2013.

[2] 王雪萍.《周礼》饮食制度研究[M]. 扬州：广陵书社，2010.

[3] 王仁湘. 品味中国——味无味：餐桌上的历史风景[M]. 成都：四川人民出版社，2015.

[4] 赵荣光. 中国饮食娱乐史[M]. 上海：上海古籍出版社，2011.

[5] 赵新淮. 食品化学[M]. 北京：化学工业出版社，2006.

[6] 曲保中，朱炳林，周伟红. 新大学化学[M]. 3 版. 北京：科学出版社，2012.

[7] 黄刚平. 烹饪基础化学[M]. 北京：旅游教育出版社，2005.

[8] 毛羽扬. 烹饪化学[M]. 3 版. 北京：中国轻工业出版社，2010.

[9] 周晓燕. 烹调工艺学[M]. 北京：中国纺织出版社，2008.

[10] 南昌大学. 大学化学[M]. 北京：化学工业出版社，2013.

[11] 曾洁. 烹饪化学[M]. 北京：化学工业出版社，2013.

[12] 李文卿. 面点工艺学[M]. 北京：高等教育出版社，2003.

[13] 路新国. 中国烹饪高等教育 30 年回顾与思考——基于扬州大学烹饪与营养教育专业创办 30 年[J]. 美食研究，2014，31(1)：2-7.

[14] 魏跃胜，李茂顺，王辉亚，等. 烹饪中"火候"的运用与物质化学变化关系的探讨[J]. 武汉商业服务学院学报，2016，26(1)：93-96.

[15] 魏跃胜. 中国人饮食方式演变研究[J]. 武汉商业服务学院学报，2014(6)：87-90.

[16] 邓力. 烹饪过程动力学函数、优化模型及火候定义[J]. 农业工程学报，2013，29(4)：278-283.

[17] 邓力. 基于时间温度积分器将手工烹饪转变为自动烹饪的方法[J]. 农业工程学报，2013，29(6)：287-292.

[18] 张建军，齐宝玲，周晓燕，等. 烹饪机器人中影响肉丝成熟度的因素分析[J]. 食品科技，2009，25(4)：24-27.

[19] 朱文政，李辉，鞠美玲，等. 基于自动烹饪机器人的中式快餐发展模式[J]. 扬州大学烹饪学报，2011，28(3)：30-33.

[20] 董姝君，刘国瑞，朱青青，等. 烹饪对食物中持久性有机污染物含量和分布的影响[J]. 科学通报，2014，59(16)：1479-1486.

[21] 王书民. 无机化学[M]. 北京：科学出版社，2013.

[22] 张祖德. 无机化学[M]. 合肥：中国科学技术大学出版社，2008.

[23] 季鸿崑. 烹饪化学[M]. 北京：中国轻工业出版社，2004.

[24] 刘光东，崔宝秋. 物理化学[M]. 武汉：华中科技大学出版社，2010.

[25] 冯辉霞，王毅. 无机化学[M]. 北京：中国石化出版社，2012.

［26］ 崔黎丽，刘毅敏．物理化学［M］．北京：科学出版社，2011．
［27］ 傅玉普，王新平．物理化学简明教程［M］．大连：大连理工大学出版社，2007．
［28］ 陈六平，童叶翔．物理化学［M］．北京：科学出版社，2011．
［29］ 谢笔钧．食品化学［M］．3版．北京：科学出版社，2011．
［30］ 陈键，吴国杰，赵谋明．食品化学原理［M］．广州：华南理工大学出版社，2015．
［31］ 谢明勇．食品化学［M］．北京：化学工业出版社，2011．
［32］ 陈智斌，张筠，赵晶．食品加工学［M］．哈尔滨：哈尔滨工业大学出版社，2012．
［33］ 冯凤琴，叶立扬．食品化学［M］．北京：化学工业出版社，2009．
［34］ 张力田，罗志刚．碳水化合物化学［M］．2版．北京：中国轻工业出版社，2013．
［35］ 杨月欣，王光亚，潘兴昌．中国食物成分表(第一册)［M］．北京：北京大学医学出版社，2002．
［36］ 杨月欣，王光亚，潘兴昌．中国食物成分表(第二册)［M］．北京：北京大学医学出版社，2004．
［37］ 刘红英，高瑞昌，戚向阳．食品化学［M］．北京：中国质检出版社，2013．
［38］ 何东平．油脂化学［M］．北京：化学工业出版社，2013．
［39］ 龚跃法，郑炎松，陈东红，等．有机化学［M］．武汉：华中科技大学出版社，2012．
［40］ 张世春，曾晓燕，张铁涛，等．pH 和 NaCl 对乳清蛋白油水乳浊液物理性质的影响［J］．食品研究与开发，2004，25(1)：134-136．
［41］ 许晓鹏，魏慧贤，麻建国，等．乳化剂的复配对 w/o/w 型复乳稳定性影响的研究［J］．哈尔滨商业大学学报(自然科学版)，2007，23(3)：280-285．
［42］ 刘魁英．食品研究与数据分析［M］．北京：中国轻工业出版社，2009．
［43］ 周莹，赖桂春．有机化学［M］．北京：化学工业出版社，2011．
［44］ 宋江峰．多糖对蛋白质乳浊液稳定性影响机理研究［J］．粮食与油脂，2008(9)：1-3．
［45］ 汪张贵，闫利萍，彭增起，等．脂肪剪切乳化和蛋白基质对肉糜乳化稳定性的重要作用［J］．食品工业科技，2011(8)：466-469．
［46］ 彭珊珊，钟瑞敏．食品添加剂［M］．3版．北京：中国轻工业出版社，2013．
［47］ Mingrou Guo．功能性食品学［M］．于国萍，程建军，等译．北京：中国轻工业出版社，2011．
［48］ 赖灯妮，彭佩，李涛，等．烹饪方式对马铃薯营养成分和生物活性物质影响的研究进展［J］．食品科学，2017(21)：294-301．
［49］ 黄梅丽，王俊卿．食品色香味化学［M］．2版．北京：中国轻工业出版社，2008．
［50］ 孙长颢．营养与食品卫生学［M］．6版．北京：人民卫生出版社，2007．
［51］ 金宗濂．功能食品教程［M］．北京：中国轻工业出版社，2007．
［52］ 赵镭，刘文．感官分析技术应用指南［M］．北京：中国轻工业出版社，2011．